高等学校理工类"互联网+"规划教材

# 新编大学物理学

主　编　王　平　余昌永　苏　磊
副主编　李冰冰　黄梦影　张广文

本书资源使用说明

北京邮电大学出版社
·北京·

## 内 容 提 要

本书是根据教育部颁布的《理工科类大学物理课程教学基本要求(2023年版)》,结合作者多年的教学实践经验,并充分吸收现有同类教材的优点编写而成的。全书内容包括质点运动学、质点动力学、刚体的定轴转动、狭义相对论、机械振动、机械波、气体动理论、热力学基础、静电场、稳恒磁场、变化的电磁场、光学、量子物理基础、近代物理的应用。

本书理论叙述严谨、精练,概念明确,系统性强,可以作为普通高等教育理工科院校教材,也可供其他相关专业人士参考。

**图书在版编目(CIP)数据**

新编大学物理学 / 王平,余昌永,苏磊主编.
北京 :北京邮电大学出版社,2024. -- ISBN 978-7-5635-7475-9

Ⅰ. O4

中国国家版本馆 CIP 数据核字第 2024N2F265 号

**策划编辑**:肖玉坤　　**责任编辑**:韦爱荣　　**封面设计**:七星博纳

---

**出版发行**:北京邮电大学出版社
**社　　址**:北京市海淀区西土城路10号(100876)
**电话传真**:010-82333010　62282185(发行部)　010-82333009　62283578(传真)
**网　　址**:www.buptpress3.com
**电子信箱**:buptpress3@163.com
**经　　销**:各地新华书店
**印　　刷**:涿州汇美亿浓印刷有限公司
**开　　本**:787 mm×1 092 mm　1/16
**印　　张**:25
**字　　数**:637千字
**版　　次**:2024年12月第1版
**印　　次**:2024年12月第1次印刷

---

ISBN 978-7-5635-7475-9　　定价:78.00元

# 前 言/PREFACE

现今是充满生机和活力、竞争和挑战的时代，是经济全球化、知识多元化的时代，也是科学技术突飞猛进和经济迅速发展的时代。在新的时代，培养有创新精神、有发展潜力、能够胜任国际竞争的挑战、适应社会和经济建设需要的人才，是大学教育的一个重要目标。党的二十大报告提出“加强教材建设和管理”。教材作为教育目标、理念、内容、方法、规律的集中体现，是教育教学的基本载体，是教育核心竞争力的重要体现。同时，教材也是人才培养的重要支撑，是引领创新发展的重要基础。

大学物理不仅是自然科学的基础理论，也是从事自然科学研究或工程技术研发所必需的世界观与方法论。大学物理教材必须紧跟国家发展需求，不断更新升级，以便更好地服务于国家人才的培养。

本书是根据教育部颁布的《理工科类大学物理课程教学基本要求(2023 年版)》，结合作者多年的教学实践经验，并充分吸收现有同类教材的优点编写而成的。本书在编写过程中，注重课程内容的有机结合，强调对基本理论、解题方法的严谨精练阐述，力求例题和习题具有综合性和实际应用性，重视对学生分析问题的能力、解决问题的能力及创新能力的培养。

为适应不同教学对象和不同专业类别的教学需要，本书在满足教学基本要求必学内容的基础上，还编入了一些选学内容。为方便读者，选学内容均冠以“*”号。这些选学内容可以拓展读者的知识面，使读者能更广泛地了解物理学的新成就和新技术等。大到章，小到节与段，所有选学内容均自成体系，教师可选讲或指导学生自学，跳过不讲也不影响全书的系统性。

本书由王平、余昌永、苏磊任主编，李冰冰、黄梦影、张广文任副主编。北京邮电大学出版社有关人员在本书的编辑出版过程中付出了大量的劳动，在此一并致谢。

由于编者水平有限，编写时间较仓促，因此书中存在不当之处在所难免。我们衷心希望广大读者提出宝贵意见。

**编　者**

**2024 年 9 月**

# 目录/CONTENTS

第 1 章

# 质点运动学

物体的运动形式通常包括机械运动、分子热运动、电磁运动、原子和原子核运动以及其他微观粒子运动等，其中机械运动是这些运动中最简单、最常见的运动形式，而力学所研究的就是物体机械运动的规律. 一般把宏观物体之间（或物体内各部分之间）相对位置的变动称为**机械运动**. 在经典力学中，通常将力学分为运动学、动力学和静力学三部分，本章只研究运动学，即只从几何的观点来描述物体的运动，研究物体的空间位置随时间变化而变化的规律，不涉及引发物体运动和改变物体运动状态的原因. 物体在运动过程中，若物体内各点所移动的路径完全相同，则可用物体上任意一点的运动来代表整个物体的运动，从而研究物体的空间位置随时间变化而改变的情况，在力学中，这部分内容称为质点运动学.

## 1.1 参考系 坐标系

任何一个物理过程都是很复杂的.为了清楚地描述物体的运动,给出其在任意时刻的数学表达式,必须选择参考系,建立坐标系,并提出物理模型.

### 1.1.1 运动的绝对性和相对性

自然界中的一切物体都处于运动之中.就机械运动而言,任何物体都在不停地运动着.例如,地球自转的同时还绕着太阳公转,太阳又相对于银河系中心以大约 250 $km \cdot s^{-1}$ 的速率运动,而银河系又相对于其他星系运动着.所以,绝对静止的物体是不存在的,这就是运动的绝对性.

然而运动又是相对的,因为通常所研究的物体运动都是在一定的环境和特定条件下的运动.例如,当提到一个物体运动了,肯定是相对于另一个物体而言的,因此离开特定的环境、特定的条件谈论运动没有任何意义.所以说,运动又具有相对性.

### 1.1.2 参考系

运动是绝对的,是错综复杂的.在这些错综复杂的运动中,要描述一个物体的运动,必须先选择另一个物体作为参考,然后研究这个物体相对于参考的物体是如何运动的,这些参考的物体称为**参考系**.

同一个物体的运动,由于所选参考系不同,对其运动的描述就会不同.例如,在匀速直线运动的车厢中,物体自由下落,相对于车厢是做直线运动;相对于地面,却是做抛物线运动;相对于太阳或其他天体,运动的描述则更为复杂.这一事实充分说明了运动的描述是相对的.

从运动学的角度讲,参考系的选择是任意的.但由于选择不同的参考系会使研究同一个问题的复杂程度不同,所以通常以使对问题的研究最方便、最简单为原则.研究地球上物体的运动,在大多数情况下,以地球为参考系最为方便(本书中,若不作特别说明,研究地球上物体的运动时,都是以地球为参考系的).但是,当在地球上发射"人造天体"时,则需以太阳为参考系.

通过上面的讨论可以知道,要明确地描述一个物体的运动,应先选取某一个确定的参考系,而且由此作出的描述总是具有相对性的.

### 1.1.3 坐标系

为了从数量上确定物体相对于参考系的位置,需要在参考系上选用一个固定的坐标系. 一般在参考系上选定一点作为坐标系的坐标原点, 取通过坐标原点并标有长度的线作为坐标轴并建立坐标系. 最常用的坐标系是直角坐标系. 根据需要, 也可选用其他的坐标系, 如极坐标系、自然坐标系、球坐标系、柱坐标系等.

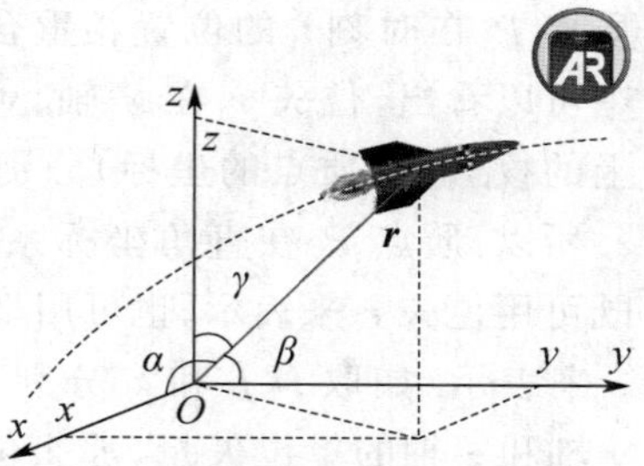


当参考系选定后, 无论选择何种坐标系, 物体的运动性质都不会改变, 若坐标系选择得当, 则可使计算简化.

### 1.1.4　物理模型

任何一个真实的物理过程都是极其复杂的. 为了寻找某过程中最本质、最基本的规律, 需要根据所提出的问题, 对真实过程进行理想化的简化, 然后经过抽象提出一个可供数学描述的物理模型.

现在所提出的问题是确定物体在空间中的位置. 当物体的线度比它运动的空间范围小很多时, 或当物体只做平动时, 物体上各部分的运动情况完全相同, 可以忽略物体的形状、大小, 而把它看成一个只具有一定质量的点, 称为**质点**.

物理中的模型化

还可以推出质点系的概念, 即把这个物体看成由许许多多质点所组成的系统. 当把组成这个物体的各个质点的运动情况描述清楚了, 也就描述清楚了整个物体的运动.

如果研究物体的转动, 就必定涉及物体的空间方位, 此时, 质点模型已不适用, 因为一个点是无方位可言的. 然而, 若在所研究的问题中, 物体的微小形变可以忽略不计, 则可以引入刚体模型. 所谓刚体, 是指在任何情况下, 都不会发生形变的物体(关于刚体将在第 3 章中讲述).

质点和刚体是在力学中所遇到的最初的物理模型.

综上所述, 选择合适的参考系, 可以方便确定物体的运动性质; 建立恰当的坐标系, 可以定量地描述物体的运动; 提出较准确的物理模型, 可以确定所提出的问题中最基本的运动规律.

## 1.2　运动的描述

### 1.2.1　位置矢量和位移

#### 1. 位置矢量

在坐标系中, 质点的位置常用**位置矢量**来表示. 位置矢量简称**位矢**, 是一个有向线段. 如图 1-1 所示, 位矢 $\boldsymbol{r}$ 的始端位于坐标系的坐标原点 $O$, 末端则与

质点 $P$ 在时刻 $t$ 的位置相重合. 从图 1-1 中可以看出,位矢 $\boldsymbol{r}$ 在 $x$ 轴、$y$ 轴和 $z$ 轴上的投影(即质点的坐标)分别为 $x$,$y$ 和 $z$. 所以,质点 $P$ 在直角坐标系中的位置,既可用位矢 $\boldsymbol{r}$ 来表示,也可用坐标 $x$,$y$ 和 $z$ 来表示. 如取 $\boldsymbol{i}$,$\boldsymbol{j}$ 和 $\boldsymbol{k}$ 分别为沿 $x$ 轴、$y$ 轴和 $z$ 轴的单位矢量,那么位矢 $\boldsymbol{r}$ 也可写成

$$\boldsymbol{r}=x\boldsymbol{i}+y\boldsymbol{j}+z\boldsymbol{k}. \qquad (1\text{-}1)$$

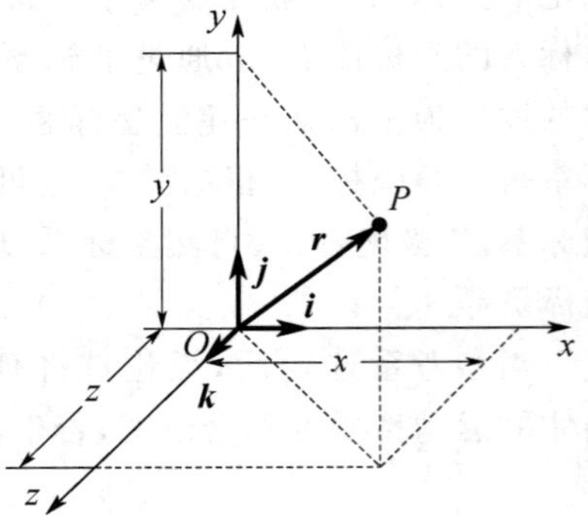

图 1-1 位置矢量

位矢 $\boldsymbol{r}$ 的大小(模)为

$$r=|\boldsymbol{r}|=\sqrt{x^2+y^2+z^2}.$$

位矢 $\boldsymbol{r}$ 的方向余弦为

$$\cos\alpha=\frac{x}{r}, \quad \cos\beta=\frac{y}{r}, \quad \cos\gamma=\frac{z}{r},$$

式中,$\alpha$,$\beta$,$\gamma$ 分别是 $\boldsymbol{r}$ 与 $x$ 轴、$y$ 轴、$z$ 轴之间的夹角.

**2. 运动方程**

当质点 $P$ 运动时,它相对于坐标原点 $O$ 的位矢 $\boldsymbol{r}$ 是随时间变化的,如图 1-2 所示. 因此,$\boldsymbol{r}$ 是时间的函数,即

$$\boldsymbol{r}=\boldsymbol{r}(t)=x(t)\boldsymbol{i}+y(t)\boldsymbol{j}+z(t)\boldsymbol{k}. \qquad (1\text{-}2)$$

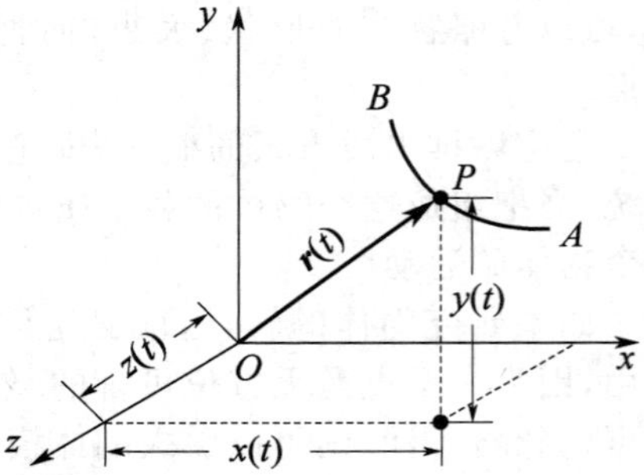

图 1-2 运动方程

式(1-2)称为质点的**运动方程**. $x(t)$,$y(t)$和 $z(t)$是运动方程的分量式,也称为运动方程的**参数方程**,从中消去参数 $t$ 便得到质点运动的**轨迹方程**. 值得指出的是,运动学的重要任务之一就是找出各种具体运动所遵循的运动方程.

**3. 位移**

在如图 1-3 所示的直角坐标系中,有一质点沿曲线从时刻 $t_1$ 的点 $A$ 运动到时刻 $t_2$ 的点 $B$,质点相对于坐标原点 $O$ 的位矢由 $\boldsymbol{r}_1$ 变化到 $\boldsymbol{r}_2$. 显然在时间间隔 $\Delta t=t_2-t_1$ 内,位矢的长度和方向都发生了变化. 这时把从始点 $A$ 指向终点 $B$ 的有向线段 $\overrightarrow{AB}$ 称为点 $A$ 到点 $B$ 的**位移矢量**,简称**位移**. 位移 $\overrightarrow{AB}$ 反映了质点位矢的变化. 如果把 $\overrightarrow{AB}$ 写成 $\Delta\boldsymbol{r}$,则由图 1-3 可以看出,点 $B$ 的位矢 $\boldsymbol{r}_2$ 应等于点 $A$ 的位矢 $\boldsymbol{r}_1$ 与 $\Delta\boldsymbol{r}$ 的矢量和,即

$$\boldsymbol{r}_2=\boldsymbol{r}_1+\Delta\boldsymbol{r}.$$

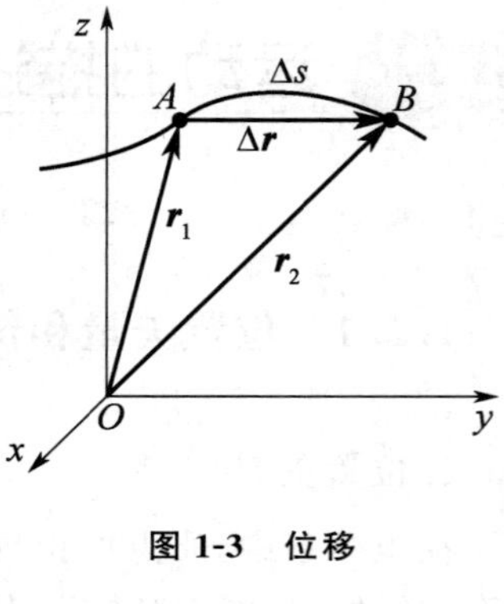

图 1-3 位移

由此可得,质点从点 $A$ 到点 $B$ 的位移为

$$\Delta \boldsymbol{r} = \boldsymbol{r}_2 - \boldsymbol{r}_1. \tag{1-3}$$

由式(1-2)可将 $A$,$B$ 两点的位矢 $\boldsymbol{r}_1$ 与 $\boldsymbol{r}_2$ 分别写成

$$\boldsymbol{r}_1 = x_1\boldsymbol{i} + y_1\boldsymbol{j} + z_1\boldsymbol{k},$$
$$\boldsymbol{r}_2 = x_2\boldsymbol{i} + y_2\boldsymbol{j} + z_2\boldsymbol{k}.$$

于是,位移 $\Delta \boldsymbol{r}$ 也可写成

$$\Delta \boldsymbol{r} = \boldsymbol{r}_2 - \boldsymbol{r}_1 = (x_2 - x_1)\boldsymbol{i} + (y_2 - y_1)\boldsymbol{j} + (z_2 - z_1)\boldsymbol{k} = \Delta x\boldsymbol{i} + \Delta y\boldsymbol{j} + \Delta z\boldsymbol{k}. \tag{1-4}$$

位移的大小为

$$|\Delta \boldsymbol{r}| = \sqrt{(x_2 - x_1)^2 + (y_2 - y_1)^2 + (z_2 - z_1)^2}. \tag{1-5}$$

应当注意,位移是描述质点位置变化的物理量,它只表示位置变化的效果,并非质点所经历的实际路程.如图 1-3 所示,曲线所示的路径是质点实际运动的轨迹,轨迹的长度 $\Delta s$ 为质点所经历的路程,而位移则是 $\Delta \boldsymbol{r}$.当质点经一闭合路径回到原来的起始位置时,其位移为零,而路程不为零.可见,质点的位移和路程是两个完全不同的概念.只有在 $\Delta t$ 很小的极限情况下,位移的大小才可视为与路程相同.位移和路程的单位均是长度的单位,在国际单位制(SI)中为 m(米)(在后面的内容中凡是没有特别说明的单位都是 SI 单位).

位移和路程的计算和理解

### 1.2.2　速度和加速度

#### 1. 速度

研究质点运动时,不仅要知道质点的位置变动——位移,还必须知道质点在多长的一段时间内通过的这段位移,也就是要知道质点运动的快慢程度.

如图 1-3 所示,在时刻 $t$ 到 $t+\Delta t$ 这段时间内,质点的位移为 $\Delta \boldsymbol{r}$,那么 $\Delta \boldsymbol{r}$ 与 $\Delta t$ 的比值,就称为质点在 $t$ 时刻附近 $\Delta t$ 时间内的**平均速度**,记为

$$\overline{\boldsymbol{v}} = \frac{\Delta \boldsymbol{r}}{\Delta t}. \tag{1-6}$$

从式(1-6)不难看出,平均速度的方向与位移 $\Delta \boldsymbol{r}$ 的方向相同,平均速度的大小与在相应的时间 $\Delta t$ 内的单位时间的位移大小相同.

显然,用平均速度描述物体的运动是不精确的.因为在 $\Delta t$ 时间内,质点各个时刻的运动情况不一定相同,质点的运动可以时快时慢,方向也可以不断地改变,平均速度并不能反映质点真实运动的细节.如果要精确地知道质点在某一时刻或某一位置的实际运动情况,需要使 $\Delta t$ 尽量小,即令 $\Delta t \to 0$,用平均速度的极限值——**瞬时速度**(简称**速度**)来描述.

质点在某时刻或某位置的瞬时速度,等于该时刻附近 $\Delta t$ 趋于零时平均速度的极限值,其表达式为

$$\boldsymbol{v} = \lim_{\Delta t \to 0} \frac{\Delta \boldsymbol{r}}{\Delta t} = \frac{\mathrm{d}\boldsymbol{r}}{\mathrm{d}t}. \tag{1-7}$$

可见**速度等于位矢对时间的一阶导数**.

速度的方向就是当 $\Delta t \to 0$ 时，平均速度 $\frac{\Delta \boldsymbol{r}}{\Delta t}$ 的极限方向，即沿质点所在处轨迹的切线方向，并指向质点前进的方向. 速度是矢量，既有大小又有方向.

描述质点运动时，常采用一个称为**速率**的物理量. 速率是标量，等于质点在单位时间内所经过的路程，不考虑质点运动的方向. 如图 1-3 所示，在 $\Delta t$ 时间内质点所经过的路程为曲线 $\overset{\frown}{AB}$. 设曲线 $\overset{\frown}{AB}$ 的长度为 $\Delta s$，那么 $\Delta s$ 与 $\Delta t$ 的比值就称为在 $t$ 时刻附近 $\Delta t$ 时间内的平均速率，即

$$\bar{v} = \frac{\Delta s}{\Delta t}. \tag{1-8}$$

值得注意的是，平均速率与平均速度不能等同看待. 例如，在某一段时间内，质点走了一个闭合路径，显然质点的位移等于零，平均速度也为零，而质点的平均速率却不等于零. 虽然如此，但在 $\Delta t \to 0$ 的极限条件下，曲线 $\overset{\frown}{AB}$ 的长度 $\Delta s$ 与直线 $AB$ 的长度 $|\Delta \boldsymbol{r}|$ 相等，即在 $\Delta t \to 0$ 时，$\mathrm{d}s = |\mathrm{d}\boldsymbol{r}|$，这时所得到的平均速率的极限值称为瞬时速率，记为

$$v = \lim_{\Delta t \to 0} \frac{\Delta s}{\Delta t} = \frac{\mathrm{d}s}{\mathrm{d}t} = \frac{|\mathrm{d}\boldsymbol{r}|}{\mathrm{d}t} = |\boldsymbol{v}|, \tag{1-9}$$

即**瞬时速率等于瞬时速度的模**.

在直角坐标系中，由式(1-1)可知，速度可表示成

$$\boldsymbol{v} = \frac{\mathrm{d}\boldsymbol{r}}{\mathrm{d}t} = \frac{\mathrm{d}x}{\mathrm{d}t}\boldsymbol{i} + \frac{\mathrm{d}y}{\mathrm{d}t}\boldsymbol{j} + \frac{\mathrm{d}z}{\mathrm{d}t}\boldsymbol{k} = v_x\boldsymbol{i} + v_y\boldsymbol{j} + v_z\boldsymbol{k}. \tag{1-10}$$

式中，$v_x = \frac{\mathrm{d}x}{\mathrm{d}t}$，$v_y = \frac{\mathrm{d}y}{\mathrm{d}t}$，$v_z = \frac{\mathrm{d}z}{\mathrm{d}t}$ 分别称为速度在 $x$ 轴、$y$ 轴、$z$ 轴的分量. 这时速度的模可以表示成

$$v = |\boldsymbol{v}| = \sqrt{v_x^2 + v_y^2 + v_z^2}. \tag{1-11}$$

速度大小和速率在量值上都是长度与时间之比，它们的单位在 SI 中为 $\mathrm{m \cdot s^{-1}}$（米每秒）.

**例 1-1** 已知某时刻 $t$，质点所在位置的坐标为 $(t^2, 2t-1)$，试求：

(1)质点在 2 s 时的位矢，以及其大小和方向；

(2)质点的运动方程.

**解** (1)由题意知，$t=2$ s 质点位置的坐标分量为

$$x = t^2 = 4\ \mathrm{m},\ y = 2t-1 = 3\ \mathrm{m}.$$

由位矢的定义得 2 s 时质点的位矢为 $\boldsymbol{r} = 4\boldsymbol{i} + 3\boldsymbol{j}$ (SI).

位矢的大小为

$$r = \sqrt{x^2+y^2} = \sqrt{4^2+3^2}\ \mathrm{m} = 5\ \mathrm{m}.$$

方向是与 $x$ 轴的夹角为

$$\alpha = \arccos\frac{x}{r} = \arccos\frac{4}{5} = 36.9°.$$

(2)质点的运动方程为

$$\boldsymbol{r} = t^2\boldsymbol{i} + (2t-1)\boldsymbol{j}\ (\mathrm{SI}).$$

**例 1-2** 已知一质点运动方程的参数方程为 $x = 5t$ , $y = 4t^2 + 1$,式中各单位均为 SI 单位.

(1)求质点在第 2 s 内的位移及平均速度;

(2)求质点在 $t = 1$ s 时的速度;

(3)求质点运动的轨迹方程.

**解** (1)由题意可得质点的运动方程为

$$\boldsymbol{r} = 5t\boldsymbol{i} + (4t^2 + 1)\boldsymbol{j}.$$

所以,$t = 1$ s 和 $t = 2$ s 时的位矢分别为

$$\boldsymbol{r}_1 = 5\boldsymbol{i} + 5\boldsymbol{j} \quad 和 \quad \boldsymbol{r}_2 = 10\boldsymbol{i} + 17\boldsymbol{j}.$$

于是质点在第 2 s 内的位移为

$$\Delta\boldsymbol{r} = 5\boldsymbol{i} + 12\boldsymbol{j}.$$

质点在第 2 s 内的平均速度为

$$\overline{\boldsymbol{v}} = \frac{5\boldsymbol{i} + 12\boldsymbol{j}}{2-1} = 5\boldsymbol{i} + 12\boldsymbol{j}.$$

(2)由题意可得质点速度的分量分别为

$$v_x = \frac{\mathrm{d}x}{\mathrm{d}t} = 5 \quad 和 \quad v_y = \frac{\mathrm{d}y}{\mathrm{d}t} = 8t.$$

所以,$t = 1$ s 时质点的速度分量分别为

$$v_x = 5 \quad 和 \quad v_y = 8.$$

于是质点在 $t = 1$ s 时的速度为

$$\boldsymbol{v} = 5\boldsymbol{i} + 8\boldsymbol{j}.$$

(3)由已知参数方程 $x = 5t$ , $y = 4t^2 + 1$,消去 $t$ 得质点运动的轨迹方程为

$$y = \frac{4}{25}x^2 + 1.$$

**2. 加速度**

在力学中,位矢 $\boldsymbol{r}$ 和速度 $\boldsymbol{v}$ 都是描述物体机械运动的状态参量. 即当 $\boldsymbol{r}$ 与 $\boldsymbol{v}$ 已知时,质点的运动状态就确定了. 下面要引入的加速度概念是用来描述速度随时间变化的物理量. 由于速度是个矢量,所以无论是其数值发生了变化,还是其方向发生了变化,都表示速度发生了改变. 为了有效衡量速度的变化,下面将从曲线运动出发引出加速度的概念.

如图 1-4 所示,质点在直角坐标系内的运动轨迹是一条曲线,$\boldsymbol{v}_A$ 表示质点在 $t$ 时刻(位置 $A$ 处)的速度,$\boldsymbol{v}_B$ 表示质点在 $t+\Delta t$ 时刻(位置 $B$ 处)的速度. 从速度矢量图可以看出,在时间间隔 $\Delta t$ 内质点速度的增量为

$$\Delta\boldsymbol{v} = \boldsymbol{v}_B - \boldsymbol{v}_A.$$

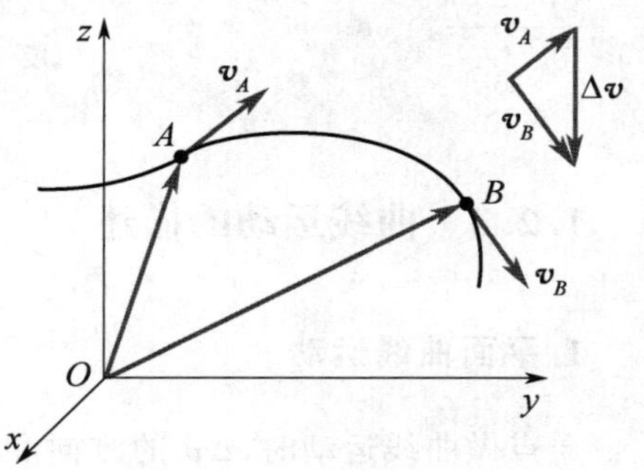


**图 1-4 速度矢量图**

与平均速度的定义相类似,比值 $\dfrac{\Delta\boldsymbol{v}}{\Delta t}$ 称为 $t$ 时刻附近 $\Delta t$ 时间内的**平均加速度**,即

$$\overline{\boldsymbol{a}} = \frac{\boldsymbol{v}_B - \boldsymbol{v}_A}{\Delta t} = \frac{\Delta\boldsymbol{v}}{\Delta t}. \tag{1-12}$$

平均加速度只是反映在时间间隔 $\Delta t$ 内速度的平均变化率. 为了准确地描述质点在某一时刻 $t$(或某一位置处)的速度变化率,须引入瞬时加速度的概念.

质点在某时刻或某位置处的**瞬时加速度**(简称**加速度**)等于该时刻附近

$\Delta t$ 趋于零时平均加速度的极限值，其数学表达式为

$$\boldsymbol{a}=\lim_{\Delta t\to 0}\frac{\Delta \boldsymbol{v}}{\Delta t}=\frac{\mathrm{d}\boldsymbol{v}}{\mathrm{d}t}=\frac{\mathrm{d}^2\boldsymbol{r}}{\mathrm{d}t^2}. \tag{1-13}$$

可见，**加速度是速度对时间的一阶导数，或位矢对时间的二阶导数.**

在直角坐标系中，加速度的表达式为

$$\boldsymbol{a}=\frac{\mathrm{d}^2\boldsymbol{r}}{\mathrm{d}t^2}=\frac{\mathrm{d}^2x}{\mathrm{d}t^2}\boldsymbol{i}+\frac{\mathrm{d}^2y}{\mathrm{d}t^2}\boldsymbol{j}+\frac{\mathrm{d}^2z}{\mathrm{d}t^2}\boldsymbol{k}=a_x\boldsymbol{i}+a_y\boldsymbol{j}+a_z\boldsymbol{k}, \tag{1-14}$$

式中，$a_x=\frac{\mathrm{d}v_x}{\mathrm{d}t}=\frac{\mathrm{d}^2x}{\mathrm{d}t^2}$，$a_y=\frac{\mathrm{d}v_y}{\mathrm{d}t}=\frac{\mathrm{d}^2y}{\mathrm{d}t^2}$，$a_z=\frac{\mathrm{d}v_z}{\mathrm{d}t}=\frac{\mathrm{d}^2z}{\mathrm{d}t^2}$，分别称为加速度在 $x$ 轴、$y$ 轴、$z$ 轴上的分量. 加速度的大小为

$$a=|\boldsymbol{a}|=\sqrt{a_x^2+a_y^2+a_z^2}. \tag{1-15}$$

加速度的方向是当 $\Delta t\to 0$ 时，平均加速度 $\frac{\Delta \boldsymbol{v}}{\Delta t}$ 或速度增量的极限方向.

**例 1-3** 已知一质点的速度与时间的关系为 $\boldsymbol{v}=3t\boldsymbol{i}+(4t+5)\boldsymbol{j}$，式中各单位均为 SI 单位. 试求：

(1)该质点在运动开始的 2 s 内的平均加速度；

(2)该质点在 $t=2$ s 时的加速度.

**解** (1)由已知的速度与时间关系

$$\boldsymbol{v}=3t\boldsymbol{i}+(4t+5)\boldsymbol{j}$$

可知，质点在 $t=0$ s 和 $t=2$ s 时的速度分别为

$$\boldsymbol{v}_1=5\boldsymbol{j} \quad 和 \quad \boldsymbol{v}_2=6\boldsymbol{i}+13\boldsymbol{j}.$$

于是，质点在开始的 2 s 内的平均加速度为

$$\bar{\boldsymbol{a}}=\frac{(6\boldsymbol{i}+13\boldsymbol{j})-5\boldsymbol{j}}{2-0}=3\boldsymbol{i}+4\boldsymbol{j}.$$

(2)由已知的速度与时间关系

$$\boldsymbol{v}=3t\boldsymbol{i}+(4t+5)\boldsymbol{j}$$

可得

$$\boldsymbol{a}=\frac{\mathrm{d}\boldsymbol{v}}{\mathrm{d}t}=3\boldsymbol{i}+4\boldsymbol{j}.$$

于是，质点在 $t=2$ s 时的加速度为

$$\boldsymbol{a}=3\boldsymbol{i}+4\boldsymbol{j}.$$

上式说明质点做匀变速运动，所以平均加速度和加速度一致.

### 1.2.3 曲线运动的描述

**1. 平面曲线运动**

质点做曲线运动时，$\Delta\boldsymbol{v}$ 的方向和 $\frac{\Delta \boldsymbol{v}}{\Delta t}$ 的极限方向一般不同于速度 $\boldsymbol{v}$ 的方向，而且在曲线运动中，加速度的方向总是指向曲线凹进的一边. 如果速率是减慢的，则 $\boldsymbol{a}$ 与 $\boldsymbol{v}$ 成钝角；如果速率是加快的，则 $\boldsymbol{a}$ 与 $\boldsymbol{v}$ 成锐角；如果速率不变，则 $\boldsymbol{a}$ 与 $\boldsymbol{v}$ 成直角，如图 1-5 所示.

为方便运算，平面曲线运动中的加速度常采用平面自然坐标系加以讨论，即将加速度沿着质点所在处轨迹的切线方向和法线方向进行分解，这样得到的加速度分量分别称为**切向加速度**和**法向加速度**.

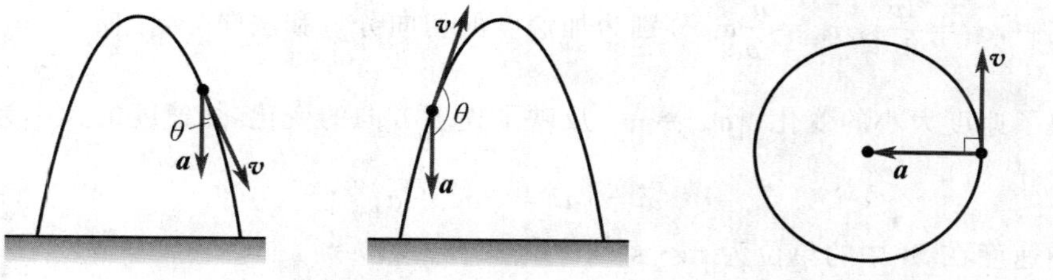


图 1-5 曲线运动中的加速度

设质点的运动轨迹如图 1-6(a)所示：$t$ 时刻质点在点 $P_1$，速度为 $\boldsymbol{v}_1$；$t+\Delta t$ 时刻，质点运动到点 $P_2$，速度为 $\boldsymbol{v}_2$. $P_1$，$P_2$ 两点的邻切角为 $\Delta\theta$，在 $\Delta t$ 时间内，速度改变量为 $\Delta\boldsymbol{v}$. 图 1-6(b)表示了 $\boldsymbol{v}_1$，$\boldsymbol{v}_2$，$\Delta\boldsymbol{v}$ 三者之间的关系. $\Delta\boldsymbol{v}$ 就是图中 $\overrightarrow{BC}$ 矢量. 如果在 $\overrightarrow{AC}$ 上截取 $\overrightarrow{AD}$，使 $|\overrightarrow{AD}|=|\overrightarrow{AB}|=|\boldsymbol{v}_1|$，则剩下的部分为

$$|\overrightarrow{DC}|=|\overrightarrow{AC}|-|\overrightarrow{AB}|=|\boldsymbol{v}_2|-|\boldsymbol{v}_1|=|\Delta\boldsymbol{v}_\tau|=\Delta v,$$

即 $|\Delta\boldsymbol{v}_\tau|=\Delta v$ 反映了速度大小的改变量. 连接 $\overrightarrow{BD}$，并记作 $\Delta\boldsymbol{v}_\mathrm{n}$，其反映了速度方向的改变量. 不难看出，速度改变量 $\Delta\boldsymbol{v}$ 包含速度大小的改变量和速度方向的改变量这两个方面的含义，可以通过 $\Delta\boldsymbol{v}_\tau$ 和 $\Delta\boldsymbol{v}_\mathrm{n}$ 得到定量的描述，即

$$\Delta\boldsymbol{v}=\Delta\boldsymbol{v}_\tau+\Delta\boldsymbol{v}_\mathrm{n}.$$

由图 1-6(c)可以看出，当 $\Delta t\to 0$ 时，$\Delta\theta\to 0$，则 $\angle ABD\to\frac{\pi}{2}$，即在极限条件下，$\Delta\boldsymbol{v}_\mathrm{n}$ 的方向垂直于过点 $P_1$ 的切线，即沿曲线在点 $P_1$ 的法线方向；同时，在 $\Delta\theta\to 0$ 的极限条件下，$\Delta\boldsymbol{v}_\tau$ 就是 $\boldsymbol{v}_1$ 的方向，也就是沿点 $P_1$ 的切线方向.

切向加速度

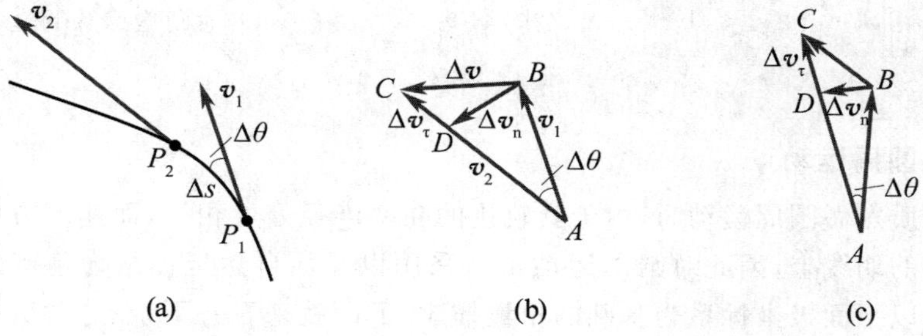


图 1-6 切向加速度与法向加速度

由图 1-6(c)还可以看出，当 $\Delta\theta\to 0$ 时，$|\Delta\boldsymbol{v}_\mathrm{n}|=v\Delta\theta$，如果以 $\boldsymbol{e}_\mathrm{n}$ 表示点 $P_1$ 处法线方向的单位矢量，以 $\boldsymbol{e}_\tau$ 表示点 $P_1$ 处切线方向(且指向质点前进方向)的单位矢量，则有

$$\boldsymbol{a}=\lim_{\Delta t\to 0}\frac{\Delta\boldsymbol{v}}{\Delta t}=\lim_{\Delta t\to 0}\frac{\Delta\boldsymbol{v}_\tau}{\Delta t}+\lim_{\Delta t\to 0}\frac{\Delta\boldsymbol{v}_\mathrm{n}}{\Delta t}=\frac{\mathrm{d}v}{\mathrm{d}t}\boldsymbol{e}_\tau+v\frac{\mathrm{d}\theta}{\mathrm{d}t}\boldsymbol{e}_\mathrm{n}. \tag{1-16}$$

由于 $\frac{\mathrm{d}\theta}{\mathrm{d}t}=\frac{\mathrm{d}\theta}{\mathrm{d}s}\frac{\mathrm{d}s}{\mathrm{d}t}=v\frac{1}{\rho}$，式(1-16)中 $\rho$ 为过点 $P_1$ 的曲率圆的曲率半径，则式(1-16)可写为

$$\boldsymbol{a}=\frac{\mathrm{d}v}{\mathrm{d}t}\boldsymbol{e}_\tau+\frac{v^2}{\rho}\boldsymbol{e}_\mathrm{n}=\boldsymbol{a}_\tau+\boldsymbol{a}_\mathrm{n}, \tag{1-17}$$

式中，$\boldsymbol{a}_{\tau}=\frac{\mathrm{d}v}{\mathrm{d}t}\boldsymbol{e}_{\tau}$，$\boldsymbol{a}_{n}=\frac{v^2}{\rho}\boldsymbol{e}_{n}$ 分别为加速度的切向分量和法向分量. $|\boldsymbol{a}_{\tau}|=\frac{\mathrm{d}v}{\mathrm{d}t}$，反映了速度大小的变化；$|\boldsymbol{a}_{n}|=\frac{v^2}{\rho}$，反映了速度方向的变化. 加速度的大小为

$$a=|\boldsymbol{a}|=\sqrt{a_{\tau}^2+a_{n}^2}. \tag{1-18}$$

加速度在 SI 中的单位为 m · s$^{-2}$（米每二次方秒）.

**例 1-4** 已知质点的运动方程为 $\boldsymbol{r}=\left(\frac{1}{2}t^2-t\right)\boldsymbol{i}+\frac{4}{3}\sqrt{t^3}\,\boldsymbol{j}$（SI），求质点在自然坐标系下的切向加速度和法向加速度的大小.

**解** 由已知的运动方程 $\boldsymbol{r}=\left(\frac{1}{2}t^2-t\right)\boldsymbol{i}+\frac{4}{3}\sqrt{t^3}\,\boldsymbol{j}$ 可得速度为 $\boldsymbol{v}=\frac{\mathrm{d}\boldsymbol{r}}{\mathrm{d}t}=(t-1)\boldsymbol{i}+2\sqrt{t}\,\boldsymbol{j}$. 所以速度大小为

$$v=\sqrt{(t-1)^2+(2\sqrt{t})^2}=t+1,$$

切向加速度大小为

$$a_{\tau}=\frac{\mathrm{d}v}{\mathrm{d}t}=\frac{\mathrm{d}(t+1)}{\mathrm{d}t}=1.$$

法向加速度大小为 $a_n=\frac{v^2}{\rho}$，由于题中未给出曲率半径，所以应用 $a_n=\sqrt{a^2-a_{\tau}^2}$ 求出法向加速度的大小.

而质点的总加速度的大小为

$$a=\left|\frac{\mathrm{d}\boldsymbol{v}}{\mathrm{d}t}\right|=\sqrt{\left[\frac{\mathrm{d}(t-1)}{\mathrm{d}t}\right]^2+\left[\frac{\mathrm{d}(2\sqrt{t})}{\mathrm{d}t}\right]^2}$$

$$=\sqrt{1+\frac{1}{t}}.$$

于是可得法向加速度的大小为

$$a_n=\sqrt{a^2-a_{\tau}^2}=\sqrt{\left(\sqrt{1+\frac{1}{t}}\right)^2-1^2}$$

$$=\sqrt{\frac{1}{t}}.$$

在自然坐标系中，加速度的表达式为

$$\boldsymbol{a}=a_{\tau}\boldsymbol{e}_{\tau}+a_n\boldsymbol{e}_n=\boldsymbol{e}_{\tau}+\sqrt{\frac{1}{t}}\boldsymbol{e}_n.$$

其大小 $a=\sqrt{1+\frac{1}{t}}$，与直角坐标系下的总加速度大小完全一致.

**2. 圆周运动**

当质点做圆周运动时，由于其轨迹的曲率半径处处相等，而速度方向始终在圆周的切线上，因此对圆周运动常常采用以平面自然坐标系为基础的线量描述和以平面极坐标系为基础的角量描述. 下面就来看一下，在这两种平面坐标系中如何描述质点的圆周运动.

在自然坐标系中，位矢 $\boldsymbol{r}$ 是轨迹 $s$ 的函数，即

$$\boldsymbol{r}=\boldsymbol{r}(s).$$

如图 1-7 所示，$O'$ 为自然坐标系的坐标原点，$\boldsymbol{e}_{\tau}$ 和 $\boldsymbol{e}_n$ 分别为切向单位矢量和法向单位矢量. 当 $|\mathrm{d}\boldsymbol{r}|=\mathrm{d}s$ 时，在自然坐标系中位移和速度分别表示为

$$\mathrm{d}\boldsymbol{r}=\mathrm{d}s\boldsymbol{e}_{\tau},$$

$$\boldsymbol{v}=\frac{\mathrm{d}\boldsymbol{r}}{\mathrm{d}t}=\frac{\mathrm{d}s}{\mathrm{d}t}\boldsymbol{e}_{\tau}=v\boldsymbol{e}_{\tau}. \tag{1-19}$$

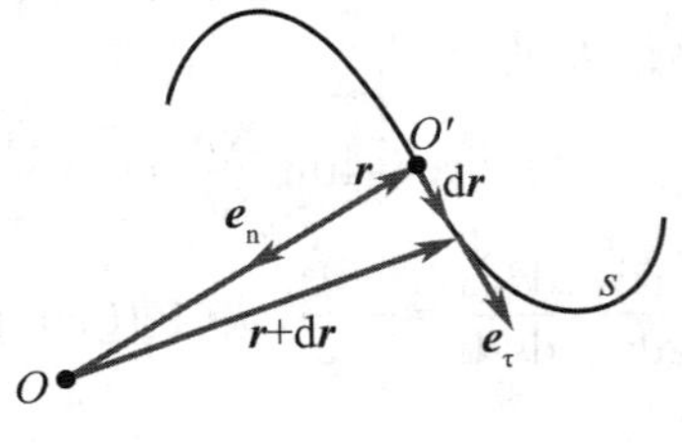


图 1-7 用自然坐标系表示质点的位置

根据式(1-17)，圆周运动中的切向加

速度和法向加速度分别为

$$\boldsymbol{a}_{\tau}=\frac{\mathrm{d}v}{\mathrm{d}t}\boldsymbol{e}_{\tau}=\frac{\mathrm{d}^2 s}{\mathrm{d}t^2}\boldsymbol{e}_{\tau}, \tag{1-20}$$

$$\boldsymbol{a}_{\mathrm{n}}=\frac{v^2}{\rho}\boldsymbol{e}_{\mathrm{n}}=\frac{v^2}{R}\boldsymbol{e}_{\mathrm{n}}, \tag{1-21}$$

式中，$R$ 是圆轨迹半径. 于是，所谓匀速圆周运动，就是指切向加速度为零的圆周运动，即匀速率圆周运动.

如果以圆心为**极点**，任意引一条射线为**极轴**，那么质点位置对极点的矢径 $\boldsymbol{r}$ 与极轴的夹角 $\theta$ 就称为质点的**角位置**，用 $\Delta\theta$ 表示位矢在 $\Delta t$ 时间内转过的**角位移**. 角位移既有大小又有方向，其方向的规定为：用右手四指表示质点的旋转方向，与四指垂直的大拇指则表示角位移的方向，即角位移的方向是按右手螺旋定则规定的. 在图 1-8 中，质点逆时针转动，这时角位移的方向垂直于纸面向外. 有限大小的角位移不是矢量（因为其合成不服从交换律）. 但可以证明，只有在 $\Delta t \to 0$ 时的角位移才是矢量. 质点做圆周运动时，其角位移只有两种可能的方向，因此，可以在标量前冠以正、负号来表示角位移的方向. 如果过圆心作一垂直于圆面的直线，任选一个方向规定为坐标轴的正方向，那么由上述方式规定的角位移，其方向与坐标轴正向相同，则为正号；反之，则为负号.

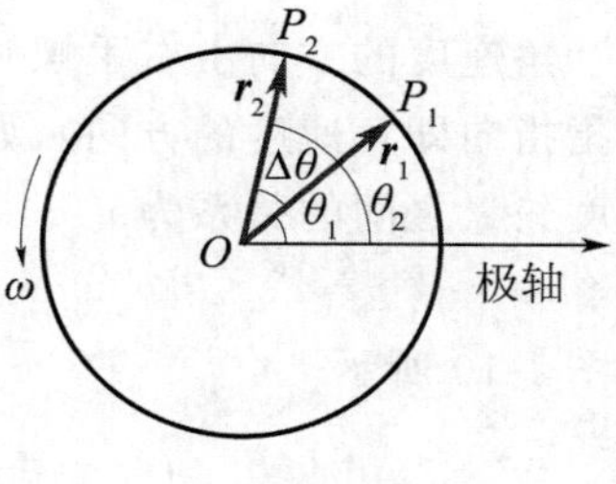

**图 1-8　角位移**

同前面引进速度、加速度的方法一样，也可以引进**角速度**（单位为 $\mathrm{rad\cdot s^{-1}}$）和**角加速度**（单位为 $\mathrm{rad\cdot s^{-2}}$），即

$$\omega=\lim_{\Delta t\to 0}\frac{\Delta\theta}{\Delta t}=\frac{\mathrm{d}\theta}{\mathrm{d}t}, \tag{1-22}$$

$$\alpha=\lim_{\Delta t\to 0}\frac{\Delta\omega}{\Delta t}=\frac{\mathrm{d}\omega}{\mathrm{d}t}=\frac{\mathrm{d}^2\theta}{\mathrm{d}t^2}. \tag{1-23}$$

当质点做圆周运动时，$R$ 为常数，角位置只是时间 $t$ 的函数，这样只需一个坐标（即角位置 $\theta$）就可描述质点的位置. 这和质点的直线运动有些类似. 因此，也可比照匀变速直线运动的方法建立起描述匀角加速圆周运动的公式，即在匀角加速圆周运动中有

$$\begin{cases}\omega=\omega_0+\alpha t,\\ \theta=\theta_0+\omega_0 t+\dfrac{1}{2}\alpha t^2,\\ \omega^2-\omega_0^2=2\alpha(\theta-\theta_0).\end{cases} \tag{1-24}$$

不难证明，在圆周运动中，线量和角量之间存在如下关系：

$$\begin{cases} ds = R\,d\theta, \\ v = \dfrac{ds}{dt} = R\,\dfrac{d\theta}{dt} = R\omega, \\ a_\tau = \dfrac{dv}{dt} = R\,\dfrac{d\omega}{dt} = R\alpha, \\ a_n = \dfrac{v^2}{R} = R\omega^2. \end{cases} \tag{1-25}$$

角速度的方向由右手螺旋定则确定(右手的四指向质点运动方向弯曲，则拇指指向即角速度的方向)，如图 1-9 所示. 按照矢量积法则，角速度矢量与线速度矢量之间的关系为

$$\boldsymbol{v} = \boldsymbol{\omega} \times \boldsymbol{r}, \tag{1-26}$$

如图 1-10 所示.

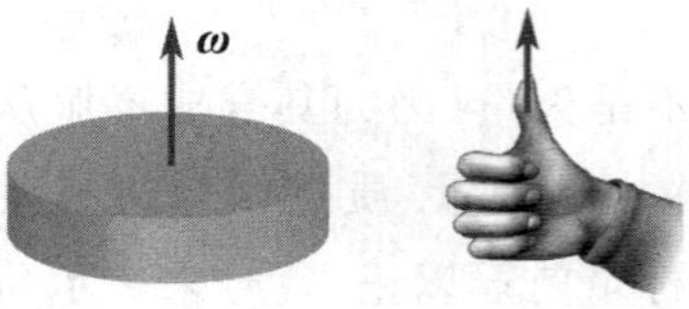


图 1-9　角速度方向

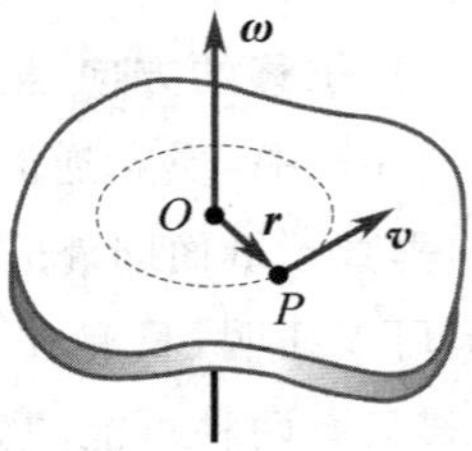


图 1-10　角速度矢量与线速度矢量的关系

运动学中的两类问题

### 1.2.4　运动学中的两类问题

位矢 $\boldsymbol{r}$ 和速度 $\boldsymbol{v}$ 是描述质点运动状态的两个物理量，这两个物理量可从运动方程求出，所以知道了运动方程就能确定质点在任意时刻的运动状态. 因此，概括来说，运动学问题有两类：一类是由已知运动方程求运动状态；另一类是由已知运动状态求运动方程. 下面举几例加以说明.

**1. 已知运动方程求运动状态**

**例 1-5**　已知一质点的运动方程为 $\boldsymbol{r} = t^2\boldsymbol{i} + (2t-1)\boldsymbol{j}$，求该质点在任意时刻的加速度.

**解**　由加速度的定义

$$\boldsymbol{a} = \frac{d\boldsymbol{v}}{dt}$$

可知，可以先求出质点在任意时刻速度，再求出加速度.

质点在任意时刻的速度为

$$\boldsymbol{v} = \frac{d\boldsymbol{r}}{dt} = 2t\boldsymbol{i} + 2\boldsymbol{j}.$$

在任意时刻的加速度为

$$\boldsymbol{a} = 2\boldsymbol{i}.$$

显然，加速度是一个恒量，质点做匀变速运动.

**例 1-6**　一质点沿半径为 1 m 的圆周运动，它通过的弧长 $s$ 按 $s=t+2t^2$ 的规律变化．求它在 2 s 末的速率、法向加速度和切向加速度．

**解**　由速率定义，有

$$v=\frac{ds}{dt}=1+4t.$$

将 $t=2$ s 代入，得 2 s 末质点的速率为

$$v=(1+4\times2)\ \mathrm{m\cdot s^{-1}}=9\ \mathrm{m\cdot s^{-1}}.$$

其法向加速度大小为

$$a_n=\frac{v^2}{R}=81\ \mathrm{m\cdot s^{-2}}.$$

由切向加速度的定义，得 $a_\tau=\frac{d^2s}{dt^2}=4\ \mathrm{m\cdot s^{-2}}$，即 2 s 末的切向加速度大小为 $4\ \mathrm{m\cdot s^{-2}}$．

**例 1-7**　一飞轮半径为 2 m，其上质点运动方程为 $\theta=2+3t-4t^3$，$\theta$ 的单位为 rad，$t$ 的单位为 s，求距飞轮轴心 1 m 处的质点在 2 s 末的速率和切向加速度．

**解**　由题可知

$$\omega=\frac{d\theta}{dt}=3-12t^2,\quad \alpha=\frac{d\omega}{dt}=-24t,$$

将 $t=2$ s 代入，得 2 s 末的角速度为

$$\omega=(3-12\times2^2)\mathrm{rad\cdot s^{-1}}=-45\ \mathrm{rad\cdot s^{-1}},$$

2 s 末的角加速度为

$$\alpha=-24\times2\ \mathrm{rad\cdot s^{-2}}=-48\ \mathrm{rad\cdot s^{-2}}.$$

于是，距飞轮轴心 1 m 处的质点在 2 s 末的速率为

$$v=R\omega=-45\ \mathrm{m\cdot s^{-1}},$$

切向加速度为

$$a_\tau=R\alpha=-48\ \mathrm{m\cdot s^{-2}}.$$

## 2. 已知运动状态求运动方程

**例 1-8**　已知一质点沿 $x$ 轴做直线运动，其加速度大小为 $a=4x+1(\mathrm{m/s^2})$，当该质点开始运动时，$x_0=0$ m，$v_0=0\ \mathrm{m\cdot s^{-1}}$，求该质点在任意坐标处的速度大小．

**解**　因为 $a=\frac{dv}{dt}=\frac{dv}{dx}\frac{dx}{dt}=v\frac{dv}{dx}$，

又由题意知　　$a=4x+1$，

所以　　$v\frac{dv}{dx}=4x+1.$

分离变量得　　$v\,dv=(4x+1)dx.$

积分得　　$\int_0^v v\,dv=\int_0^x(4x+1)dx$，

即　　$\frac{v^2}{2}=2x^2+x$，

所以　　$v=\sqrt{4x^2+2x}.$

**例 1-9**　一质点做半径为 $R$ 的圆周运动，其转动角加速度为 $\alpha=\theta+2$．已知质点从角位置 $\theta_0=0$ 处以角速度 $\omega_0=2$ 开始转动，求该质点在任意角位置时的角速度．

**解**　因为 $\alpha=\frac{d\omega}{dt}=\frac{d\omega}{d\theta}\frac{d\theta}{dt}=\omega\frac{d\omega}{d\theta}$，

又题意知　　$\alpha=\theta+2$，

所以　　$\omega\frac{d\omega}{d\theta}=\theta+2.$

分离变量得　　$\omega\,d\omega=(\theta+2)d\theta.$

积分得　　$\int_2^\omega\omega\,d\omega=\int_0^\theta(\theta+2)d\theta$，

即　　$\omega^2=\theta^2+4\theta+4$，

所以　　$\omega=\theta+2.$

# 1.3 相对运动

在 1.1 节中曾指出，选取不同的参考系，对同一物体运动的描述会不同，这说明运动的描述是相对的. 下面研究同一质点运动在有相对运动的两个参考系中的位矢、速度和加速度之间的关系.

## 1.3.1 时间和空间

在图 1-11 中，小车以较低的速度 $\boldsymbol{v}$ 沿水平方向先后通过点 $A$ 和点 $B$. 如站在地面上的人测得通过点 $A$ 和点 $B$ 的时间间隔为 $\Delta t=t_B-t_A$；而站在车上的人测得通过 $A$，$B$ 两点的时间间隔为 $\Delta t'=t'_B-t'_A$，则两者是相等的，即 $\Delta t=\Delta t'$. 也就是说，在两个做相对直线运动的参考系（地面和小车）中，时间的测量是绝对的，与参考系无关.

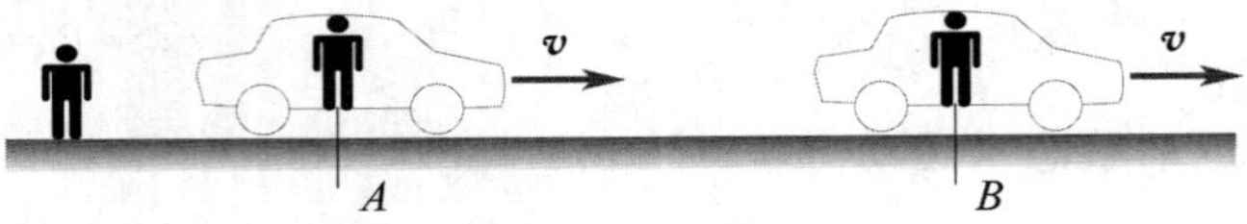


**图 1-11 在低速运动时，时间和空间的测量是绝对的**

同样，在地面上的人和在车上的人测得 $A$，$B$ 两点之间的距离也是相等的，都等于 $AB$. 也就是说，在两个做相对运动的参考系中，长度的测量也是绝对的，与参考系无关.

在人们的日常生活和生产实践中，上述关于时间和空间的测量的结论是毋庸置疑的. 时间和长度的绝对性是经典力学的基础. 以后还将介绍，当相对运动的速度接近于光速时，时间和空间的测量将依赖于相对运动的速度. 只是由于经典力学所涉及物体的运动速度远小于光速，即 $v\ll c$，所以在经典力学范围内，运动质点的位移、速度和运动轨迹才可以视为与参考系的选择无关. 本节将着重讨论这方面的问题.

相对运动

## 1.3.2 相对运动

当研究小车上物体的运动时，一方面要知道该物体相对于地面的运动，另一方面又要知道该物体相对于小车的运动. 为此，把地面定义为静止参考系，而把小车定义为运动参考系. 但是，当研究宇宙飞船的发射时，则需把太阳作为静止参考系，而把地球作为运动参考系. 也就是说，“静止参考系”“运动参考系”的称谓是相对的. 一般情况下，当研究地面上物体的运动时，把地球作为静止参考系比较方便.

当定义了静止参考系后，对于一个处于运动参考系中的物体，把它相对于静止参考系的运动称为**绝对运动**，把运动参考系相对于静止参考系的运动称为**牵连运动**，把物体相对于运动参考系的运动称为**相对运动**.

如图 1-12 所示，设 $S$ 为静止参考系，$S'$为运动参考系. 为简单起见，假定相应坐标轴保持相互平行，$S'$系相对于 $S$ 系沿 $x$ 轴做直线运动. 这时两参考系间的相对运动情况，可用 $S'$系的坐标原点 $O'$相对于 $S$ 系的坐标原点 $O$ 的运动来代表. 设有一质点位于 $S'$系中的 $P$ 点，它对 $S$ 系的位矢为 $\boldsymbol{r}$（也称为**绝对位矢**），对 $S'$系的位矢为 $\boldsymbol{r}'$（也称为**相对位矢**），而 $O'$点对 $O$ 点的位矢为 $\boldsymbol{r}_0$（也叫**牵连位矢**）. 由矢量加法的三角形法则可知，$\boldsymbol{r}$，$\boldsymbol{r}'$，$\boldsymbol{r}_0$ 之间有如下关系：

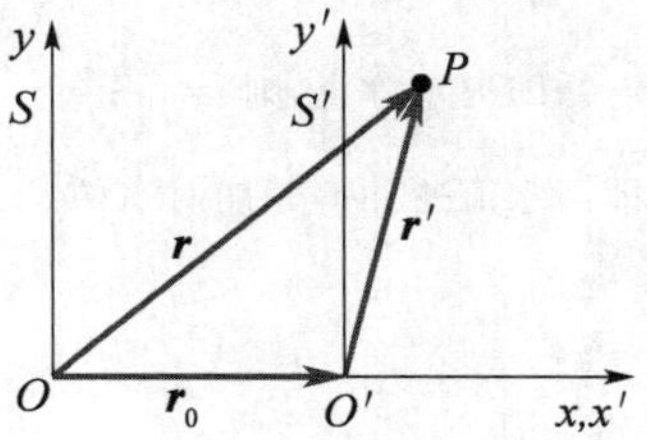


**图 1-12　运动描述的相对性**

$$\boldsymbol{r}=\boldsymbol{r}_0+\boldsymbol{r}', \tag{1-27}$$

即绝对位矢等于牵连位矢与相对位矢的矢量和.

将式(1-27)两边对 $t$ 求导，即可得

$$\boldsymbol{v}=\boldsymbol{v}_0+\boldsymbol{v}', \tag{1-28}$$

式中，$\boldsymbol{v}$ 为**绝对速度**，$\boldsymbol{v}_0$为**牵连速度**，$\boldsymbol{v}'$为**相对速度**.

将式(1-28)两边对 $t$ 求导，可得

$$\boldsymbol{a}=\boldsymbol{a}_0+\boldsymbol{a}', \tag{1-29}$$

式中，$\boldsymbol{a}$ 为**绝对加速度**，$\boldsymbol{a}_0$ 为**牵连加速度**，$\boldsymbol{a}'$为**相对加速度**.

应该指出的是，式(1-27)、式(1-28)、式(1-29)所表示的位矢、速度、加速度的合成法则，只在物体的运动速度远小于光速时才成立. 当物体的运动速度可与光速相比时，上述三式不再成立，此时遵循的是相对论的时空的坐标、速度、加速度的变换法则. 另外，当两个参考系之间还有相对转动时，它们的速度、加速度之间的关系要复杂得多，此处就不作讨论了.

雨中走还是跑淋雨会少?

**例 1-10**　如图 1-13(a)所示，河宽为 $L$，河水以恒定速度 $\boldsymbol{u}$ 流动，岸边有 A，B 两码头，A，B 连线与岸边垂直，码头 A 处有船相对于水以恒定速率 $v_0$ 开动. 求船在 A，B 两码头间往返一次所需时间.

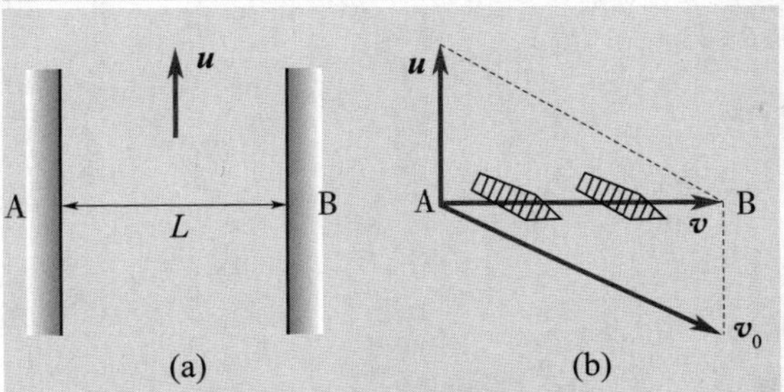


**图 1-13　例 1-10 图**

**解**　设船相对于岸边的速度(绝对速度)为 $\boldsymbol{v}$，由题知，$\boldsymbol{v}$ 的方向必须指向 A，B 连线，此时河水流速 $\boldsymbol{u}$ 为牵连速度，船对水的速度 $\boldsymbol{v}_0$为相对速度，于是有

$$\boldsymbol{v}=\boldsymbol{u}+\boldsymbol{v}_0.$$

据此作出矢量图，如图 1-13(b)所示，可知

$$v=\sqrt{v_0^2-u^2}.$$

因此，当船由 B 返回 A 时，船对岸的速度的大小也由上式给出. 因为在 A，B 两码头往返一次的路程为 $2L$，故所需时间为

$$t=\frac{2L}{v}=\frac{2L}{\sqrt{v_0^2-u^2}}=\frac{\frac{2L}{v_0}}{\sqrt{1-\left(\frac{u}{v_0}\right)^2}}.$$

讨论：(1)若 $u=0$，即河水静止，则 $t=\frac{2L}{v_0}$；

(2)若 $u=v_0$，即河水流速 $u$ 等于船对水的速率 $v_0$，则 $t\to\infty$，即船由码头 A(或 B)出发后就永远不能再回到原出发点了；

(3)若 $u>v_0$，则 $t$ 为一虚数，这是没有物理意义的，即船不能在 A，B 码头间往返.

综上所述，船在 A，B 码头间往返的必要条件是

$$v_0>u.$$

## 本章提要

(1)参考系：描述物体运动时被选作参考的物体.

(2)运动描述.

①位矢：$\boldsymbol{r}=x\boldsymbol{i}+y\boldsymbol{j}+z\boldsymbol{k}$.

②运动方程：$\boldsymbol{r}(t)=x(t)\boldsymbol{i}+y(t)\boldsymbol{j}+z(t)\boldsymbol{k}$.

③位移：$\Delta\boldsymbol{r}=\boldsymbol{r}_2-\boldsymbol{r}_1$.

④轨迹方程：将运动方程中的参数方程 $x(t)$，$y(t)$，$z(t)$ 消去参数 $t$ 即可.

(3)速度：

$$\boldsymbol{v}=\frac{\mathrm{d}\boldsymbol{r}}{\mathrm{d}t}=\frac{\mathrm{d}x}{\mathrm{d}t}\boldsymbol{i}+\frac{\mathrm{d}y}{\mathrm{d}t}\boldsymbol{j}+\frac{\mathrm{d}z}{\mathrm{d}t}\boldsymbol{k}=v_x\boldsymbol{i}+v_y\boldsymbol{j}+v_z\boldsymbol{k}.$$

(4)加速度：

$$\boldsymbol{a}=\frac{\mathrm{d}\boldsymbol{v}}{\mathrm{d}t}=\frac{\mathrm{d}v_x}{\mathrm{d}t}\boldsymbol{i}+\frac{\mathrm{d}v_y}{\mathrm{d}t}\boldsymbol{j}+\frac{\mathrm{d}v_z}{\mathrm{d}t}\boldsymbol{k}=\frac{\mathrm{d}^2x}{\mathrm{d}t^2}\boldsymbol{i}+\frac{\mathrm{d}^2y}{\mathrm{d}t^2}\boldsymbol{j}+\frac{\mathrm{d}^2z}{\mathrm{d}t^2}\boldsymbol{k}=a_x\boldsymbol{i}+a_y\boldsymbol{j}+a_z\boldsymbol{k}.$$

(5)曲线运动.

①切向加速度：$\boldsymbol{a}_\tau=\frac{\mathrm{d}v}{\mathrm{d}t}\boldsymbol{e}_\tau$.

②法向加速度：$\boldsymbol{a}_\mathrm{n}=\frac{v^2}{\rho}\boldsymbol{e}_\mathrm{n}$.

③加速度：$\boldsymbol{a}=\frac{\mathrm{d}v}{\mathrm{d}t}\boldsymbol{e}_\tau+\frac{v^2}{\rho}\boldsymbol{e}_\mathrm{n}=\boldsymbol{a}_\tau+\boldsymbol{a}_\mathrm{n}$.

(6)圆周运动.

①角位置：质点位置对极点的矢径 $\boldsymbol{r}$ 与极轴的夹角 $\theta$.

②角位移：$\Delta\theta=\theta_2-\theta_1$.

③角速度：$\omega=\frac{\mathrm{d}\theta}{\mathrm{d}t}$.

④角加速度：$\alpha=\frac{\mathrm{d}\omega}{\mathrm{d}t}=\frac{\mathrm{d}^2\theta}{\mathrm{d}t^2}$.

(7)圆周运动中的线量与角量的关系：

$$\mathrm{d}s=R\mathrm{d}\theta,\quad v=R\omega,\quad a_\tau=R\alpha.$$

(8)匀变速直线运动与匀角加速度圆周运动对比：

$$v=v_0+at,\quad \omega=\omega_0+\alpha t,$$

$$s=v_0t+\frac{1}{2}at^2,\quad \Delta\theta=\omega_0t+\frac{1}{2}\alpha t^2,$$

$$s=\frac{v^2-v_0^2}{2a},\quad \Delta\theta=\frac{\omega^2-\omega_0^2}{2\alpha}.$$

(9)相对运动：

$$\boldsymbol{r}=\boldsymbol{r}_0+\boldsymbol{r}',\quad \boldsymbol{v}=\boldsymbol{v}_0+\boldsymbol{v}',\quad \boldsymbol{a}=\boldsymbol{a}_0+\boldsymbol{a}'.$$

## 习题

**1-1**　选择题.

(1)一质点做曲线运动,在时刻 $t$ 的位矢为 $\boldsymbol{r}$,速度为 $\boldsymbol{v}$,速率为 $v$,$t$ 至 $t+\Delta t$ 时间内的位移为 $\Delta\boldsymbol{r}$,路程为 $\Delta s$,位矢大小的变化量为 $\Delta r$(或 $\Delta|\boldsymbol{r}|$),平均速度为 $\bar{\boldsymbol{v}}$,平均速率为 $\bar{v}$.

①根据上述情况,则下列表述中正确的是(　　).

(A) $|\Delta\bar{\boldsymbol{r}}|=\Delta s=\Delta r$

(B) $|\Delta\bar{\boldsymbol{r}}|\neq\Delta s\neq\Delta r$,当 $\Delta t\to 0$ 时,有 $|\mathrm{d}\boldsymbol{r}|=\mathrm{d}s\neq\mathrm{d}r$

(C) $|\Delta\bar{\boldsymbol{r}}|\neq\Delta r\neq\Delta s$,当 $\Delta t\to 0$ 时,有 $|\mathrm{d}\boldsymbol{r}|=\mathrm{d}r\neq\mathrm{d}s$

(D) $|\Delta\bar{\boldsymbol{r}}|\neq\Delta s\neq\Delta r$,当 $\Delta t\to 0$ 时,有 $|\mathrm{d}\boldsymbol{r}|=\mathrm{d}s=\mathrm{d}r$

②根据上述情况,则下列表述中正确的是(　　).

(A) $|\bar{v}|=v$, $|\bar{\boldsymbol{v}}|=\bar{v}$

(B) $|\boldsymbol{v}|\neq v$, $|\bar{\boldsymbol{v}}|\neq\bar{v}$

(C) $|\boldsymbol{v}|=v$, $|\bar{\boldsymbol{v}}|\neq\bar{v}$

(D) $|\boldsymbol{v}|\neq v$, $|\bar{\boldsymbol{v}}|=\bar{v}$

(2)根据速度 $\boldsymbol{v}$ 的定义,在直角坐标系中,其大小 $|\boldsymbol{v}|$ 可表示为(　　).

(A) $\dfrac{\mathrm{d}r}{\mathrm{d}t}$

(B) $\dfrac{\mathrm{d}x}{\mathrm{d}t}+\dfrac{\mathrm{d}y}{\mathrm{d}t}+\dfrac{\mathrm{d}z}{\mathrm{d}t}$

(C) $\left|\dfrac{\mathrm{d}x}{\mathrm{d}t}\boldsymbol{i}\right|+\left|\dfrac{\mathrm{d}y}{\mathrm{d}t}\boldsymbol{j}\right|+\left|\dfrac{\mathrm{d}z}{\mathrm{d}t}\boldsymbol{k}\right|$

(D) $\sqrt{\left(\dfrac{\mathrm{d}x}{\mathrm{d}t}\right)^2+\left(\dfrac{\mathrm{d}y}{\mathrm{d}t}\right)^2+\left(\dfrac{\mathrm{d}z}{\mathrm{d}t}\right)^2}$

(3) 一个质点在做匀速率圆周运动时(　　).

(A) 切向加速度改变,法向加速度也改变

(B) 切向加速度不变,法向加速度改变

(C) 切向加速度不变,法向加速度也不变

(D) 切向加速度改变,法向加速度不变

(4) 一质点在平面上运动,已知质点位矢的表示式为 $\boldsymbol{r}=at^2\boldsymbol{i}+bt^2\boldsymbol{j}$(其中 $a$,$b$ 为常量),则该质点做(　　).

(A) 匀速直线运动　　(B) 变速直线运动

(C) 抛物线运动　　(D)一般曲线运动

(5)一质点在半径为 $r$ 的圆周上运动,其角位置为 $\theta=4t^3+2$,则下列表述中正确的是(　　).

(A) 该质点在做匀速率圆周运动

(B) 该质点在做变速率圆周运动

(C) 该质点在做匀变角速率圆周运动

(D) 无法确定

**1-2**　填空题.

(1)某质点在 $t$ 时刻位于直角坐标系中的坐标为 $P(3t,2t^2+1)$,则在该时刻质点的运动方程为________;其轨迹方程为________.

(2)一质点的运动方程为 $x=6t-2t^2$(SI),则在前 4 s 内质点的位移大小为________.

(3)一质点的运动方程为 $\boldsymbol{r}=2t\boldsymbol{i}+(2-t^2)\boldsymbol{j}$(SI),则 $t$ 时刻该质点的速度为________.

(4)一质点沿半径为 $R$ 的圆周运动,运动方程为 $\theta=3+2t^2$(SI),则 $t=2$ s时刻该质点的角加速度大小为________.

(5)一质点做半径为 1 m 的圆周运动,其运动方程为 $\theta=\pi/4+t^2/2$(SI),则其切向加速度大小为________.

**1-3**　进站火车上的旅客看到行李架上的行李直线下落用的是什么参考系?站台上旅客看到行李的曲线下落用的又是什么参考系?

**1-4**　回答下列问题.

(1)位矢和位移有何区别?

(2)速度和速率有何区别?

(3)平均速度和瞬时速度有何联系?

(4)角速度和速度有何区别和联系？

(5)角加速度和加速度有何区别和联系？

(6)匀角加速圆周运动和匀变速直线运动有何区别和联系？

**1-5** 质点在做圆周运动时，其速度和速率是不是一定要变化？加速度、切向加速度和法向加速度是不是必须都存在？请举例加以说明.

**1-6** 试说明：为什么速度与加速度方向成锐角质点就会加速？成钝角就减速？若成直角又是什么情况？

**1-7** 已知一质点的运动方程为 $\boldsymbol{r}=(t+1)\boldsymbol{i}+(t^2+4t+5)\boldsymbol{j}$ (SI)，求：

(1)轨迹方程；

(2)质点到达点 $P(3\ \mathrm{m}, 17\ \mathrm{m})$ 时的速度；

(3)当速度大小为 $v=3\ \mathrm{m\cdot s^{-1}}$ 时的加速度.

**1-8** 有一质点沿 $x$ 轴做直线运动，$t$ 时刻的坐标为 $x=3t^2-t^3$ (SI)．求：

(1)第 2 s 内的平均速度；

(2)第 2 s 末的瞬时速度和加速度；

(3)前 4 s 内的路程.

**1-9** 一质点的运动方程为 $\boldsymbol{r}=(-t+3t^2)\boldsymbol{i}+(t-4t^2)\boldsymbol{j}$ (SI). 求：

(1)初速度的大小和方向；

(2)加速度的大小和方向.

**1-10** 一质点沿 $x$ 轴运动，其加速度大小为 $a=12t$ (SI)，已知 $t=0$ s 时，质点位于 $x=10$ m 处，初速度大小为 $v=0\ \mathrm{m\cdot s^{-1}}$. 求其位置和时间的关系式.

**1-11** 已知一质点做直线运动，其加速度为 $a=4x+1$ (SI)，当开始运动时，$x=0$ m，$v_0=0\ \mathrm{m\cdot s^{-1}}$，求该质点在任意坐标处的速度大小.

**1-12** 一半径为 0.50 m 的飞轮在启动时的短时间内，其角速度与时间的平方成正比. 在 $t=2.0$ s 时测得轮缘一点的速度大小为 $4.0\ \mathrm{m\cdot s^{-1}}$. 求：(1)该轮在 $t'=0.5$ s 的角速度，轮缘一点的切向加速度和总加速度；(2)该点在 2.0 s 内所转过的角度.

**1-13** 一质点自静止做半径为 0.5 m 的圆周运动，其角加速度 $\alpha=0.2\ \mathrm{rad\cdot s^{-2}}$，求：(1) $t=2$ s 时该质点的角速度；(2)前 2 s 内的角位移；(3)从开始到角速度达到 $\omega=2\ \mathrm{rad\cdot s^{-1}}$ 时所转过的角位移.

**1-14** 一质点自静止做半径为 2 m 的圆周运动，其角加速度 $\alpha=3\ \mathrm{rad\cdot s^{-2}}$，求 $t=\frac{2}{3}$ s 时该质点的速度、法向加速度、切向加速度和合加速度.

**1-15** 当一火车静止时，乘客发现雨滴下落方向偏向车头，偏角为 30°；当该火车以 $35\ \mathrm{m\cdot s^{-1}}$ 的速率沿水平直路行驶时，乘客发现雨滴下落方向偏向车尾，偏角为 45°. 假设雨滴相对于地的速度保持不变，试计算雨滴相对于地的速度大小.

**1-16** 当一火车以 $36\ \mathrm{km\cdot h^{-1}}$ 的速率水平向东行驶时，相对于地面匀速竖直下落的雨滴，在该火车的窗子上形成的雨迹与竖直方向成 30°角.

(1)雨滴相对于地面的速度的水平分量有多大？相对于火车的速度的水平分量有多大？

(2)雨滴相对于地面的速率有多大？相对于火车的速率如何？

第 2 章

# 质点动力学

在第 1 章中，我们介绍了描述质点运动的位矢、速度和加速度等物理量及这些物理量之间的关系，这些是运动学所要研究的内容. 质点的各种运动是由什么因素决定，各因素之间的关系是什么样的，这些就是动力学所要研究的内容.

本章的主要内容是：牛顿运动定律及其应用、质点和质点系的动量定理、角动量定理和动能定理、保守力与非保守力，以及动量守恒定律、角动量守恒定律、机械能守恒定律和能量守恒定律.

# 2.1 牛顿运动定律

牛顿

古希腊哲学家亚里士多德认为，静止是物体的自然状态，要是物体以一定的速度运动，必须受到力的作用. 这种观点在当时来看是毋庸置疑的，地面上滚动的皮球最后要静止下来，抛出去的铅球最终也会落回地面，因此这一观点被多数人所接受并逐渐变成了一种绝对权威. 直到 16 世纪，近代科学的先驱伽利略在做了大量的实验后得出结论，力不是维持物体运动的原因，而是改变物体运动状态的原因.

牛顿继承和发展了伽利略的思想，在 1687 年发表的《自然哲学的数学原理》一书中全面总结了这些成果，这标志着经典力学体系的确立. 书中所概括的三条基本定律就是通常所说的牛顿运动定律.

## 2.1.1 牛顿第一定律

**牛顿第一定律：任何物体都保持静止或匀速直线运动状态，直到外力迫使它改变这种状态.**

牛顿第一定律指出，任何物体都保持静止或匀速直线运动状态. 这种保持其运动状态不变的性质，称为**惯性**. 因此，牛顿第一定律也称惯性定律.

牛顿第一定律还指出，要使物体的运动状态发生改变，必须有其他物体对它作用，这种物体间的相互作用称为力，即其他物体的作用是改变物体运动状态的原因. 所以牛顿第一定律给出了力的定性定义. 事实上，任何物体都不可能完全不受其他物体的作用，但当物体处于力平衡时，则物体仍保持其原运动状态不变. 因此，牛顿第一定律也可理解为物体处于力平衡时的运动规律. 数学形式为

$$\boldsymbol{F}=\boldsymbol{0}\text{ 时}，\quad \boldsymbol{v}=\text{恒矢量}. \tag{2-1}$$

由于描述物体运动都是相对于某个参考系而言的，所以牛顿第一定律还定义了一种参考系. 如果在这个参考系中观察，物体不受外力时保持静止或匀速直线运动，那么这个参考系称为**惯性参考系**. 牛顿第一定律只有在惯性参考系中才成立. 在研究地面附近物体运动时，可将地球视为惯性参考系来处理. 还须指出，牛顿第一定律所说的物体都是指质点.

## 2.1.2 牛顿第二定律

**牛顿第二定律：物体受到外力作用时，它所获得的加速度的大小与外力大小成正比，与物体质量成反比，并且加速度的方向与外力的方向相同.** 其数学形式为

$$\boldsymbol{F}=m\boldsymbol{a}.$$

但是，这并不是牛顿对牛顿第二定律的表述. 牛顿在《自然哲学的数学原理》中对牛顿第二定律表述的原意是这样的：**运动的变化与所加的动力成正比，并且发生在所加的力作用的直线方向上.**

牛顿第二定律中所说的“运动”是指运动量，其有严格的定义，即物体的质量与速度的乘积，现在称为**动量**，用 $\boldsymbol{p}$ 表示，即

$$\boldsymbol{p}=m\boldsymbol{v}. \tag{2-2}$$

动量 $\boldsymbol{p}$ 也是一个矢量，其方向与速度 $\boldsymbol{v}$ 的方向相同. 而牛顿在牛顿第二定律中所说的运动的变化是不够确切的，确切的表述应该是动量的变化率，因此，牛顿第二定律的数学形式为

$$\boldsymbol{F}=\frac{\mathrm{d}\boldsymbol{p}}{\mathrm{d}t}=\frac{\mathrm{d}(m\boldsymbol{v})}{\mathrm{d}t}. \tag{2-3a}$$

牛顿第二定律的理解

其物理意义为**物体动量关于时间的变化率等于物体所受的合外力**. 而当物体的运动速度远小于光速（$v\ll c$）时，物体的质量可视为一个与其速度无关的常量. 于是式(2-3a)可写成

$$\boldsymbol{F}=m\frac{\mathrm{d}\boldsymbol{v}}{\mathrm{d}t}=m\boldsymbol{a}, \tag{2-3b}$$

这就变成我们所熟悉的形式了.

由牛顿第一定律知道，惯性表现为物体保持其运动状态不变的特性. 惯性还体现在改变物体运动状态的难易程度上，在相同的外力下，物体的惯性越大，要使它改变运动状态就越难，获得的加速度越小；物体的惯性越小，要使它改变运动状态就越容易，获得的加速度越大. 从牛顿第二定律可知，质量越大，物体的惯性越大；质量越小，物体的惯性越小；质量就是物体惯性大小的量度. 因此，牛顿第二定律中的质量也称为惯性质量.

牛顿第二定律所反映的合外力和加速度之间的关系是瞬时关系. 某一时刻的力决定该时刻的加速度，力改变了，加速度也立刻改变. 牛顿第二定律也表明，**力是使物体获得加速度的原因**，而不是使物体具有速度的原因.

实验证明，当有几个力同时作用于物体上时，物体产生的加速度等于每个力单独作用时产生的加速度的叠加，也等于这几个力的合力所产生的加速度. 这就是**力的独立性原理或力的叠加性原理**. 其数学形式为

$$\boldsymbol{F}=\boldsymbol{F}_1+\boldsymbol{F}_2+\cdots+\boldsymbol{F}_i=m\boldsymbol{a}_1+m\boldsymbol{a}_2+\cdots+m\boldsymbol{a}_i=m\boldsymbol{a}.$$

牛顿第二定律为矢量式，在实际应用中常写成适当的分量形式. 在直角坐标系中的分量式为

$$\begin{cases}F_x=ma_x=m\dfrac{\mathrm{d}v_x}{\mathrm{d}t}=m\dfrac{\mathrm{d}^2x}{\mathrm{d}t^2},\\[2ex] F_y=ma_y=m\dfrac{\mathrm{d}v_y}{\mathrm{d}t}=m\dfrac{\mathrm{d}^2y}{\mathrm{d}t^2},\\[2ex] F_z=ma_z=m\dfrac{\mathrm{d}v_z}{\mathrm{d}t}=m\dfrac{\mathrm{d}^2z}{\mathrm{d}t^2};\end{cases} \tag{2-4}$$

在自然坐标系中的分量式为

$$\begin{cases} F_\tau = ma_\tau = m\dfrac{dv}{dt}, \\ F_n = ma_n = m\dfrac{v^2}{\rho}, \end{cases} \tag{2-5}$$

式中，$F_\tau$ 和 $F_n$ 分别表示合外力的切向分量和法向分量.

必须指出，牛顿第二定律也只适用于质点的运动，并且只在惯性参考系中才成立.

### 2.1.3 牛顿第三定律

**牛顿第三定律：两个物体之间的作用力和反作用力在同一直线上，大小相等，方向相反，分别作用在两个物体上.** 其数学形式为

$$\boldsymbol{F}_{12} = -\boldsymbol{F}_{21}. \tag{2-6}$$

把 $\boldsymbol{F}_{12}$ 和 $\boldsymbol{F}_{21}$ 中的一个称为作用力，则另一个就称为反作用力. 牛顿第三定律表明，作用力和反作用力总是成对出现的，它们同时产生，同时消失，没有主次之分；并且作用力和反作用力属于同种性质的力. 例如，书本对桌面的压力和桌面对书本的支持力都属于弹性力.

如何从运动的车里跳下来?

此外，由于牛顿第三定律不涉及运动，因此与牛顿第一定律、牛顿第二定律不同，它不要求参考系必须是惯性参考系.

### 2.1.4 力学相对性原理

上面讲过，牛顿第一定律在其中成立的参考系称为惯性参考系. 经验表明，惯性参考系不止一个. 例如，地球就是一个惯性参考系，地球上牛顿第一定律成立. 而在地面上匀速直线行驶的火车中，牛顿第一定律也成立，那么地面上匀速直线行驶的火车也是惯性参考系. 因此，相对于惯性参考系做匀速直线运动的所有参考系都是惯性参考系.

假设 $S$ 系是一个惯性参考系，$S'$ 系相对于 $S$ 系做匀速直线运动，那么 $S'$ 系也是惯性参考系. 根据伽利略变换可得，质点在两个参考系中加速度的关系为

$$\boldsymbol{a}' = \boldsymbol{a}.$$

确定论系统中的随机行为

质点在 $S$ 系中所受的力为 $\boldsymbol{F}$，质点在 $S'$ 系中所受的力为 $\boldsymbol{F}'$，那么可得

$$\boldsymbol{F}' = m\boldsymbol{a}' = m\boldsymbol{a} = \boldsymbol{F}. \tag{2-7}$$

这就是说，牛顿第二定律在两个惯性参考系中的数学表示具有相同的形式. 由此可知，所有惯性参考系在经典力学中都是等价的. 换句话说，在所有惯性参考系中，力学的规律都具有相同的形式，在一个惯性参考系内所做的任何力学实验，都不能确定该惯性参考系相对于其他惯性参考系是否在运动，这就是**力学相对性原理**. 最后再次强调，相对于惯性参考系做匀速直线运动的一切参考系都是惯性参考系.

## 2.2 常见力和基本力

### 2.2.1　几种常见力

力是物体间的相互作用,要应用牛顿运动定律解决问题,首先必须正确分析物体的受力情况.下面对日常生活和工程技术中经常遇到的力产生的原因和它们的特征进行简单总结.

**1. 重力**

地球表面附近的物体都受到地球的吸引作用,这种由于地球吸引而使物体受到的力称为**重力**.在重力作用下,任何物体产生的加速度都是重力加速度 $\boldsymbol{g}$,若以 $\boldsymbol{P}$ 表示物体受到的重力,以 $m$ 表示物体的质量,则由牛顿第二定律有

$$\boldsymbol{P}=m\boldsymbol{g}, \tag{2-8}$$

即重力的大小等于物体的质量和重力加速度大小的乘积,重力的方向和重力加速度的方向相同,即竖直向下.

**2. 弹性力**

发生形变的物体,由于要恢复原状,因此对与它接触的物体会产生力的作用,这种力被称为**弹性力**.由于形变的原因不同,因此弹性力的表现形式也不相同,主要表现形式如下.

(1)**压力**(或**支持力**):两个相互接触的物体,因挤压都会发生形变,即使形变十分微小,难以观察到,但形变总是存在的,因而产生对对方的弹性力作用,即压力(或支持力).它们的大小取决于相互挤压的程度,方向总是垂直于接触面而指向对方.例如,书本放在桌面上,桌面受到书本的挤压而发生形变,因而产生一个向上的弹力支撑起书本.

(2)**绳的拉力**(或**张力**):绳的拉力是由于绳发生了形变而产生的弹性力.它的大小取决于绳被拉紧的程度,方向总是沿着绳而指向绳收紧的方向.当绳产生拉力时,其内部各段之间也有相互的弹力作用,这种内部的弹力称为张力.一般情况下,绳线上各点张力的大小是不相等的.但在很多实际问题中,绳的质量往往可以忽略,这时,绳上各点张力的大小是相等的,而且等于外力.

(3)**弹簧的弹力**(或**恢复力**):当弹簧被拉伸或被压缩时,它会对与之相连的物体有弹力的作用.这种弹力总是要使弹簧恢复原状,所以也称为恢复力.弹簧的弹力遵守胡克定律:在弹性限度内,弹性力的大小 $F$ 与弹簧的形变量 $x$ 成正比,即

$$F=-kx, \tag{2-9}$$

式中,$k$ 是弹簧的刚度系数,由弹簧本身的结构和性质决定,负号表示弹性力

的方向总是与形变发生的方向相反.

**3. 摩擦力**

两个相互接触的物体有相对滑动或相对滑动趋势时,在它们的接触面间产生的一对阻止相对运动的力,称为摩擦力.相互接触的两个物体在外力作用下,虽有相对运动的趋势,但并不产生相对运动,这时的摩擦力称为静摩擦力.每个物体所受静摩擦力的方向与该物体相对于另一物体的运动趋势的方向相同.静摩擦力的大小视外力的大小而定,在0和最大静摩擦力 $f_s$ 之间.实验表明,最大静摩擦力大小与正压力 $N$ 成正比,即

$$f_s=\mu_s N, \tag{2-10}$$

式中,$\mu_s$ 是静摩擦系数,它与接触面的材料和表面情况有关.

当外力超过最大静摩擦力时,两个相互接触的物体有相对滑动,在它们的接触面之间产生的一对阻碍相对运动的力,称为滑动摩擦力.实验表明,滑动摩擦力的方向与物体相对运动的方向相反,其大小 $f_k$ 与物体间的正压力大小 $N$ 成正比,即

$$f_k=\mu_k N, \tag{2-11}$$

式中,$\mu_k$ 是滑动摩擦系数,它不仅与接触面的材料、粗糙程度、干湿程度等因素有关,还与相对滑动速度的大小有关,在大多数情况下,速度越大,$\mu_k$ 越小.在相对速度不太大时,$\mu_k$ 可视为常数.

一般来说,对于给定的一对接触面,$\mu_s>\mu_k$,并且两者都小于1.但是在一般问题的简要分析中也可以认为 $\mu_s=\mu_k$.

## 2.2.2 四种基本力

在日常生活和工程技术中,遇到的力有很多种,如气体的压力、液体的浮力、带电体的静电力、磁铁的磁力、分子间的分子力及原子核内粒子间引力和斥力等.尽管力的种类看起来如此复杂,但近代物理学证明,自然界中只存在四种基本力或相互作用,这四种力是万有引力、电磁力、强力和弱力,其他的力都是这四种力的不同表现.

**1. 万有引力**

郭守敬望远镜

在自然界中,任何两个物体之间都存在相互吸引的力,这种力称为万有引力.其遵循牛顿提出的万有引力定律:任何两个质点之间的万有引力的大小 $F$ 与这两个质点的质量乘积 $m_1\cdot m_2$ 成正比,与它们之间的距离 $r$ 的二次方成反比,方向沿两质点的连线,即

$$F=G\frac{m_1\cdot m_2}{r^2}, \tag{2-12}$$

式中,$G=6.67\times10^{-11}\ \mathrm{N\cdot m^2\cdot kg^{-2}}$,是万有引力常量.根据尚待证实的物理理论,物体间的引力是以一种称为“引力子”的粒子作为传递媒介的.

应当指出的是,式(2-12)中的 $F$ 是两个质点之间的引力的大小.对于两个

有限大的物体，它们之间的引力为组成此物体的各个质点和组成另一个物体的各个质点之间的所有引力的矢量和. 对于两个均匀球体之间的引力，计算表明，式(2-12)仍然适用. 这时，$m_1$ 和 $m_2$ 分别表示两个球体的质量，$r$ 则表示两个球心的距离.

重力是由地球对它表面附近物体的万有引力引起的，忽略地球自转的影响(这一忽略引起的误差不超过 4‰)，物体所受重力就等于它所受的万有引力，即

$$P = G\frac{M \cdot m}{R^2} = mg.$$

由此可得，地面上重力加速度的理论公式为

$$g = G\frac{M}{R^2},$$

式中，$M$ 为地球的质量，$R$ 为地球的半径. 一般计算时，地球表面附近的重力加速度取 $g = 9.80\ \mathrm{m \cdot s^{-2}}$. 地面上相隔 1 m 的两个人之间的万有引力大约是 $10^{-7}$ N，这对人的活动没有任何影响，是完全可以忽略的.

**2. 电磁力**

带电粒子或带电物体间的电性力和磁性力，由于在本质上相互联系，因此总称**电磁力**. 电磁力是以光子作为传递媒介的和万有引力一样都是长程力，但与万有引力不同，电磁力既有引力也有斥力，而且比万有引力大得多. 例如，两个相邻质子之间的电磁力是它们之间万有引力的 $10^{36}$ 倍.

由于分子或原子都是由电荷组成的系统，所以它们之间的作用力就是电磁力. 物体间的弹力、摩擦力，以及气体的压力、浮力、黏性阻力等都是邻近原子或分子之间作用力的宏观表现，因此从根本上说也是电磁力.

钱伟长

**3. 强力**

原子核内质子之间的电磁力是斥力，但原子核并没有自动分离，这说明在质子之间还存在一种比电磁力更强的自然力，正是这种力把原子核内的质子及中子紧紧地束缚在一起. 这种存在于质子、中子、介子等强子之间的作用力称为**强力**. 它是以胶子作为传递媒介的. 强力比电磁力更强，两个相邻质子之间的强力是它们之间电磁力的 $10^2$ 倍. 强力是一种短程力，其作用范围非常短. 当粒子之间距离超过 $10^{-15}$ m 时，强力很小可以忽略不计；当粒子之间距离小于 $10^{-15}$ m 时，强力占主要支配地位；而且直到距离减小到约 $0.4 \times 10^{-15}$ m 时，它都表现为引力；距离再减小，强力就表现为斥力.

**4. 弱力**

**弱力**也是各种粒子之间的一种相互作用，但仅在粒子间的某些反应如 β 衰变中才能显示出重要性. 弱力是以中间玻色子作为传递媒介的. 它的力程比强力还要短，而且力比强力弱. 两个相邻质子之间的弱力是它们之间强力的百万分之一.

爱因斯坦一生最大的愿望就是追求世界的和谐、简洁和统一，他试图把万

有引力和电磁力统一起来，但没有成功. 1967—1968 年，温伯格、萨拉姆和格拉肖在杨振宁等提出的理论基础上又提出一个理论，把电磁力与弱力统一为电弱相互作用，后来这个理论为实验所证实. 受到发现电弱相互作用的鼓舞，许多物理学家正在进行电弱相互作用和强力之间统一的研究，并希望把万有引力作用也包括进去，从而最后创立统一四种基本力的"超统一"理论.

## 2.3 牛顿运动定律的应用举例

本节将通过举例来说明如何应用牛顿运动定律分析问题和解决问题. 质点动力学问题一般有两类，一类是已知物体的受力情况求其运动状态；另一类是已知物体的运动状态求作用在物体上的力. 这两类问题的分析方法都是一样的，可以按以下步骤进行.

(1)认物体：首先选定一个物体作为分析对象. 如果问题涉及多个物体，则逐个地作为对象进行分析，认出每个物体的质量.

(2)看运动：分析选定物体的运动状态，包括它的位置、速度和加速度等. 如果问题涉及多个物体，则还要找出它们的运动之间的联系.

(3)查受力：要正确地分析选定物体的受力情况，并画出表示物体受力情况与运动情况的示意图，即示力图.

(4)列方程：把上面分析出的质量、加速度和力用牛顿第二定律联系起来，列出方程式. 在方程式足够多的情况下就可以求解未知量了.

(5)解方程：解方程时，一般先进行符号运算，然后代入具体数据得出结果，最后进行必要的讨论，判断结果是否合理.

**例 2-1** 如图 2-1(a)所示，一根轻绳穿过定滑轮，轻绳两端各系质量分别为 $m_1$ 和 $m_2$ 的物体 1 和 2，且 $m_1>m_2$，设滑轮的质量不计，滑轮与绳及轴间摩擦不计，定滑轮以加速度 $\boldsymbol{a}_0$ 相对于地面向上运动，试求两物体相对定滑轮的加速度大小及绳中张力.

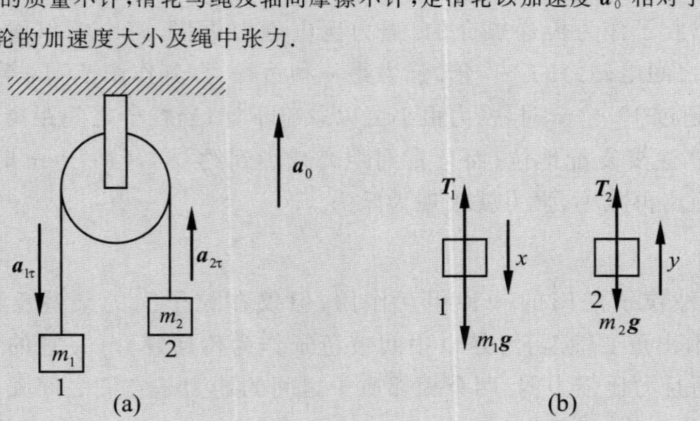


图 2-1 例 2-1 图

**解** 设 1 相对于定滑轮及地面的加速度分别为 $\boldsymbol{a}_{1\tau}$，$\boldsymbol{a}_1$，2 相对于定滑轮及地面的加速度分别为 $\boldsymbol{a}_{2\tau}$，$\boldsymbol{a}_2$，由牛顿第二定律，得

$$m_1\boldsymbol{g}+\boldsymbol{T}_1=m_1\boldsymbol{a}_1=m_1(\boldsymbol{a}_{1\tau}+\boldsymbol{a}_0),$$
$$m_2\boldsymbol{g}+\boldsymbol{T}_2=m_2\boldsymbol{a}_2=m_2(\boldsymbol{a}_{2\tau}+\boldsymbol{a}_0).$$

如图 2-1(b)所示选取坐标系，并注意 $a_{1\tau}=a_{2\tau}=a_\tau$，$T_1=T_2=T$，有

$$m_1g-T=m_1(a_\tau-a_0),$$
$$m_2g+T=m_2(a_\tau+a_0),$$

解得

$$a_\tau=\frac{m_1-m_2}{m_1+m_2}(g+a_0),$$
$$T=\frac{2m_1m_2}{m_1+m_2}(g+a_0).$$

**例 2-2** 如图 2-2 所示，长为 $l$ 的轻绳，一端系质量为 $m$ 的小球，另一端系于坐标原点 $O$，开始时小球处于最低位置，若小球获得初速度 $\boldsymbol{v}_0$，在竖直面内做圆周运动. 求小球在任意位置的速率及绳的张力.

**解** 如图 2-2 所示应用自然坐标系，小球运动到 $A$ 处时，有

$$F_n-mg\cos\theta=ma_n=m\frac{v^2}{l}, \quad ①$$

$$-mg\sin\theta=ma_\tau=m\frac{dv}{dt}. \quad ②$$

由式②，有

$$-g\sin\theta=\frac{dv}{dt}=\frac{dv}{d\theta}\cdot\frac{d\theta}{dt}=\frac{dv}{d\theta}\omega=\frac{v}{l}\frac{dv}{d\theta},$$

即

$$vdv=-gl\sin\theta d\theta,$$

作如下积分

$$\int_{v_0}^{v}vdv=\int_0^\theta -gl\sin\theta d\theta,$$

有

$$\frac{1}{2}(v^2-v_0^2)=gl(\cos\theta-1),$$

得

$$v=\sqrt{v_0^2+2gl(\cos\theta-1)},$$

代入式①，得

$$F_n=m\left(\frac{v_0^2}{l}+3g\cos\theta-2g\right).$$

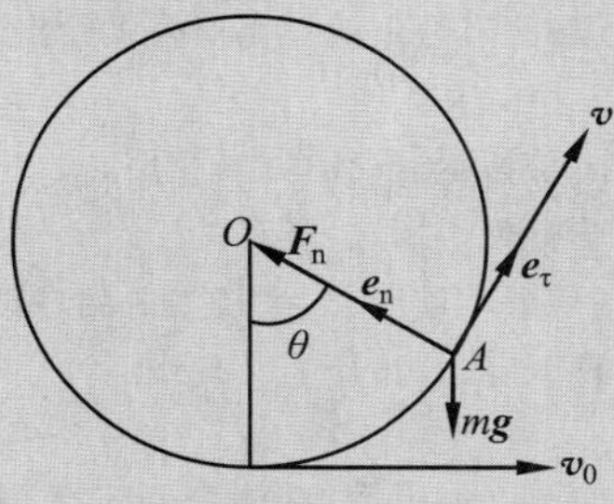


图 2-2 例 2-2 图

**例 2-3** 一细绳穿过一光滑、静止的细管，两端分别拴着质量为 $m$ 和 $M$ 的小球 1 和 2. 当小球 1 绕管的几何轴转动时，其到管口的绳长为 $l$，绳与竖直方向的夹角为 $\theta$，如图 2-3(a)所示. 两球和管的半径均可以忽略. 试求小球 1 的速度和它所受的向心力，并证明：$\cos\theta=\frac{m}{M}$，以及小球 1 转动的周期 $T=2\pi\sqrt{\frac{ml}{Mg}}$.

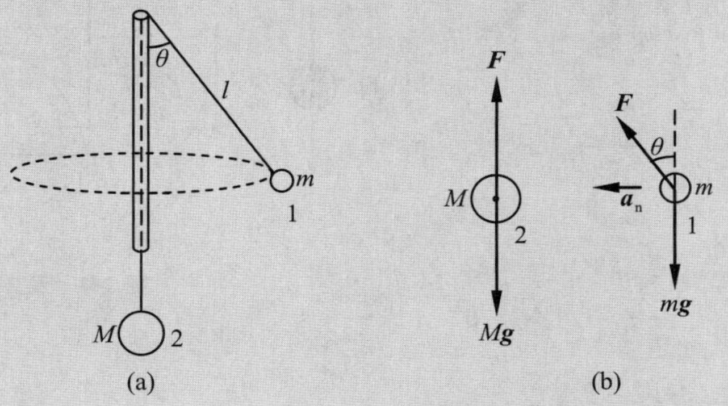


图 2-3 例 2-3 图

**解** 小球 2 和 1 的受力如图 2-3(b)所示，当小球 1 绕竖直轴转动时，有

$$F\cos\theta-mg=0,\qquad ①$$

$$F\sin\theta=ma_{n}=m\omega^{2}l\sin\theta,\qquad ②$$

则小球 2 的运动方程为

$$F=Mg.\qquad ③$$

联立方程解得

$$\omega=\sqrt{\frac{Mg}{ml}},$$

因而小球 1 的速度为

$$v=\omega l\sin\theta=\sqrt{\frac{Mlg}{m}}\sin\theta.$$

小球 1 所受向心力是其重力和绳的拉力的合力，即

$$F_{n}=F\sin\theta=Mg\sin\theta.$$

由式①和式③得

$$\cos\theta=\frac{m}{M}.$$

所以向心力

$$F_{n}=Mg\sqrt{1-\left(\frac{m}{M}\right)^{2}}.$$

小球 1 的转动周期

$$T=\frac{2\pi}{\omega}=2\pi\sqrt{\frac{ml}{Mg}}.$$

**例 2-4** 物体在流体中运动时，要受到流体阻力的作用. 一般来说，流体阻力的大小与物体的尺寸、形状、速率以及流体的性质有关. 当速率不太大时，流体阻力主要是黏性阻力. 对于球形的物体，当其速率不太大时，黏性阻力由斯托克斯公式给出：

$$f=6\pi r\eta v.$$

阻力的方向与物体运动的方向相反，式中，$r$ 为球形物体的半径，$v$ 为其速率，$\eta$ 为流体的黏性系数，与流体本身性质有关，并和温度有关.

问题：一个质量为 $m$、半径为 $r$ 的球体，由水面静止释放，试求此球体的下沉速度与时间的关系. 假设球体竖直下沉，其路径为一直线.

**解** 如图 2-4 所示，球体受到三个力的作用，重力 $P=mg$，方向竖直向下；浮力 $B=m'g$，大小为物体所排开水的重力大小，方向竖直向上；黏性阻力 $f=6\pi r\eta v=bv$，方向竖直向上. 重力与浮力的合力 $F_0=mg-m'g$ 为恒量，根据牛顿第二定律，可得

$$F_0-f=ma,$$

即

$$F_0-bv=m\frac{\mathrm{d}v}{\mathrm{d}t},$$

因而有

$$\frac{\mathrm{d}v}{\mathrm{d}t}=-\frac{b}{m}\left(v-\frac{F_0}{b}\right),$$

分离变量，得

$$\frac{\mathrm{d}v}{v-\frac{F_0}{b}}=-\frac{b}{m}\mathrm{d}t,$$

积分，得

$$\int_0^v\frac{\mathrm{d}v}{v-\frac{F_0}{b}}=\int_0^t-\frac{b}{m}\mathrm{d}t,$$

得

$$v=\frac{F_0}{b}\left[1-\mathrm{e}^{-(b/m)t}\right].$$

速度与时间的关系如图 2-4(b)所示，从图中可以看出：(1)当 $t$ 增大时，$v$ 增大；(2)当 $t\to\infty$ 时，$v$ 趋于极限速度 $v_{\mathrm{L}}=F_0/b$.

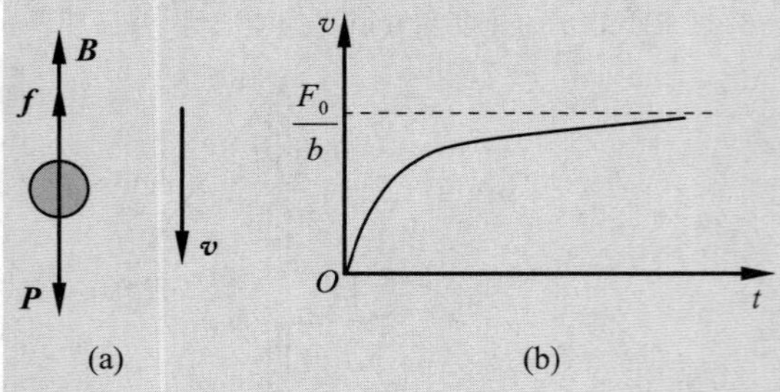


图 2-4 例 2-4 图

# *2.4 非惯性系　惯性力

如图 2-5 所示，在车厢的桌面上放置一个木球，木球与桌面之间光滑无摩擦. 当车厢以加速度 $\boldsymbol{a}$ 相对于地面向右做加速运动时，站在地面上的观察者看到木球保持原来的静止或匀速直线运动状态不变，而在车厢内的观察者看到木球以加速度 $\boldsymbol{a}$ 向左运动. 显然，地面参考系是惯性参考系，在这个惯性参考系中牛顿运动定律是适用的，而相对于地面做加速运动的车厢则是非惯性参考系，在非惯性参考系中牛顿运动定律则是不适用的. 总之，相对于惯性参考系做加速运动的参考系就是非惯性参考系. 在非惯性参考系中，牛顿运动定律不能适用.

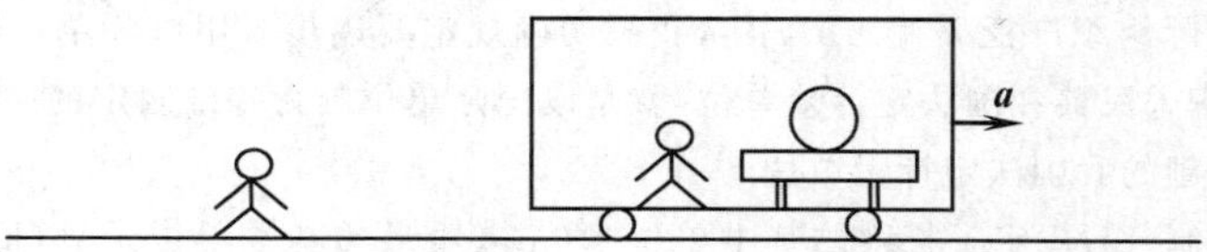


图 2-5　非惯性参考系

实际问题中，为了在非惯性参考系中方便地求解力学问题，引入了一个称为惯性力的虚拟力. 假设一参考系以加速度 $\boldsymbol{a}'$ 相对于惯性参考系运动，则可认为作用在该参考系物体上的惯性力为

$$\boldsymbol{F}_{\mathrm{i}} = -m\boldsymbol{a}',$$

方向与 $\boldsymbol{a}'$ 的方向相反. 引入惯性力以后，如果作用在物体上的合外力为 $\boldsymbol{F}$，则在非惯性参考系中，可以应用牛顿第二定律

$$\boldsymbol{F} + \boldsymbol{F}_{\mathrm{i}} = m\boldsymbol{a},$$

其中，$\boldsymbol{a}$ 为物体相对于非惯性参考系的加速度. 惯性力是非惯性参考系中物体所受的一种力，这种力是由非惯性参考系相对于惯性参考系的加速运动引起的. 它不是物体之间的一种相互作用力，所以它没有施力者，也没有反作用力，故惯性力是虚拟的力. 但是在非惯性参考系中，惯性力是可以测量的. 实质上，在非惯性参考系中惯性力的效应，从惯性参考系来看完全是惯性的一种表现.

例如，在水平放置的转台上，有一轻质弹簧放在细绳中间，细绳的一端系在转台的中心，另一端系一质量为 $m$ 的小球. 设转台平面非常光滑，它与小球和弹簧的摩擦力均可忽略不计. 细绳与弹簧的长度为 $l$，转台可绕竖直轴以角速度 $\omega$ 转动. 站在转台的观察者观测到：小球静止，除了受到大小为 $ml\omega^2$ 的向心力的作用，还将受到一个惯性力的作用，这个惯性力称为惯性离心力，大小也是 $ml\omega^2$，方向与向心力的方向相反. 向心力与惯性离心力大小相等，方向相反，时刻保持“平衡”，但二者不是平衡力，不能互相抵消，也不是作用力与反作用力，不服从牛顿第三定律. 向心力是真实的力，可出现在惯性参考系和非惯性参考系中，而惯性离心力是虚拟力，只能出现在非惯性参考系中.

自然界中的科里奥利效应

## *2.5 单位制和量纲

单位制就是由选定的一组基本单位和由定义方程式与比例系数确定的导出单位组成的一系列完整的单位体制.单位制的形成和发展对人类科技的进步和生产的发展具有重要的意义.

1795 年,法国科学家创立了以“米”为基本单位的计量制度(米制).1875 年,17 个国家正式签署了“米制公约”,为米制的传播和发展奠定了国际基础,米制成为国际上最早公认的单位制.国际计量委员会在 1956 年将经过 21 个国家同意的计量单位制草案命名为国际单位制,以 SI 来表示.1960 年第十一届国际计量大会正式通过了国际单位制.由于国际单位制先进、实用、简单、科学,并适用于文化教育、科学技术和经济建设各个领域,因此已被世界各国及国际组织广泛采用.1977 年,我国明确规定要逐步采用国际单位制.1984 年我国颁布的《中华人民共和国法定计量单位》就是以国际单位制为基础制定的.本书采用以国际单位制为基础的我国法定计量单位.

国际单位制(SI)规定了长度的基本单位米(m)、质量的基本单位千克(kg)、时间的基本单位秒(s)、电流的基本单位安培(A)、热力学温度的基本单位开尔文(K)、发光强度的基本单位坎德拉(cd)、物质的量的基本单位摩尔(mol)共 7 个基本量的基本单位,还有两个辅助量的辅助单位分别为平面角的单位弧度(rad)和立体角的单位球面度(sr).其余的物理量都是导出量,单位也都是导出单位.例如,速度的单位米每秒($m\cdot s^{-1}$),加速度的单位米每二次方秒($m\cdot s^{-2}$).详见附录.

在物理学中,导出量与基本量之间的关系可用量纲来表示.在国际单位制中,表示力学量只要三个基本量,即长度、质量和时间,分别用 L,M,T 表示这三个基本量,则其他力学量 $Q$ 的量纲可表示为 L,M,T 的一定幂次组合,即

$$\dim Q = L^p M^q T^s.$$

例如,速度的量纲是 $LT^{-1}$,角速度的量纲是 $T^{-1}$,力的量纲是 $LMT^{-2}$ 等.

只有量纲相同的物理量才能判断是否相等和相加减,这一法则称为量纲法则.因此,一个物理公式只有在量纲正确的情况下才可能正确,而且可以利用量纲在基本量相同的单位制间进行单位换算.

## 2.6 质点和质点系的动量定理

牛顿第二定律指出,在外力的作用下,质点的运动状态会发生变化,即得到加速度,这是瞬间发生的.但在实际问题中,力的作用需要持续一段时间,或者需要持续一段距离,这就是力对时间的累积作用和力对空间的累积作用.因此,不仅要研究力的瞬时效应,而且还要研究力的累积效应.在这两种累积作用中,质点系的动量、动能或能量将发生变化,而在一定条件下,质点系内的动量或能量将保持恒定.

### 2.6.1 质点的动量定理

牛顿第二定律数学形式为

$$\boldsymbol{F}=\frac{\mathrm{d}\boldsymbol{p}}{\mathrm{d}t}=\frac{\mathrm{d}(m\boldsymbol{v})}{\mathrm{d}t}.$$

现在,把牛顿第二定律写成如下形式:

$$\boldsymbol{F}\mathrm{d}t=\mathrm{d}\boldsymbol{p}=\mathrm{d}(m\boldsymbol{v}). \tag{2-13}$$

式(2-13)就是**动量定理的微分形式**. 式中 $\boldsymbol{F}\mathrm{d}t$ 就表示力在时间 $\mathrm{d}t$ 内的累积量,称为在 $\mathrm{d}t$ 时间内质点所受合外力的**冲量**. 式(2-13)表明在 $\mathrm{d}t$ 时间内质点所受的合外力的冲量,等于此时间内质点动量的增量. 在低速运动时,质点的质量可视为是不变的. 一般来说,作用在质点上的力是随时间改变而改变的,从时间 $t_1$ 到时间 $t_2$,对式(2-13)的积分为

$$\boldsymbol{I}=\int_{t_1}^{t_2}\boldsymbol{F}\mathrm{d}t=\boldsymbol{p}_2-\boldsymbol{p}_1=m\boldsymbol{v}_2-m\boldsymbol{v}_1. \tag{2-14}$$

式中,$\boldsymbol{p}_1$ 和 $\boldsymbol{v}_1$ 分别是质点在 $t_1$ 时刻的动量和速度,$\boldsymbol{p}_2$ 和 $\boldsymbol{v}_2$ 分别是质点在 $t_2$ 时刻的动量和速度,左侧积分表示合外力在时间 $t_1$ 到时间 $t_2$ 这段时间内的**冲量**,以 $\boldsymbol{I}$ 表示,即

$$\boldsymbol{I}=\int_{t_1}^{t_2}\boldsymbol{F}\mathrm{d}t, \tag{2-15}$$

则式(2-15)可写成

$$\boldsymbol{I}=\Delta\boldsymbol{p}=\boldsymbol{p}_2-\boldsymbol{p}_1. \tag{2-16}$$

式(2-14)和式(2-16)是**动量定理的积分形式**,其物理意义是:**在给定时间间隔内,外力作用在质点上的冲量等于质点在此时间内动量的增量**.

下面对动量定理作几点说明.

(1)动量是一个状态量,而冲量是一个过程量. 质点动量的改变是由合外力和合外力作用时间两个因素,即冲量决定的. 要获得同样大的冲量,力大,时间短一些;力小,时间长一些. 只要力的冲量一样,就可以产生同样的动量增量,所以从过程的角度看,动量 $\boldsymbol{p}$ 比速度 $\boldsymbol{v}$ 能够更恰当地反映物体的运动状态.

(2)质点的动量定理是个矢量方程,其表明质点所受合外力冲量的方向并不与质点动量的方向相同,而是与质点的动量增量的方向相同. 帆船能够逆风行驶,是这一结论的生动例证. 如图 2-6 所示,风沿与航向成锐角 $\alpha$ 的方向吹来,设风的初速度为 $\boldsymbol{v}_1$,风吹到船帆上后,由于船帆的作用,速度变为 $\boldsymbol{v}_2$,风速 $\boldsymbol{v}_1$ 和 $\boldsymbol{v}_2$ 的大小基本相等,但方向不同. 由动量定理知,风所受到帆的作用力 $\boldsymbol{F}$ 和风的速度增量 $\Delta\boldsymbol{v}$ 方向一致,此力的方向偏向船的后方. 根据牛顿第三定律,风对帆的作用力 $\boldsymbol{F}'$ 与 $\boldsymbol{F}$ 大小相等而方向相反,此力的方向偏向船前进的方向.

如图 2-6 所示，力 $\boldsymbol{F}'$ 沿与船的航向平行方向的分力 $\boldsymbol{F}_{/\!/}$ 就是推动帆船前进的动力.

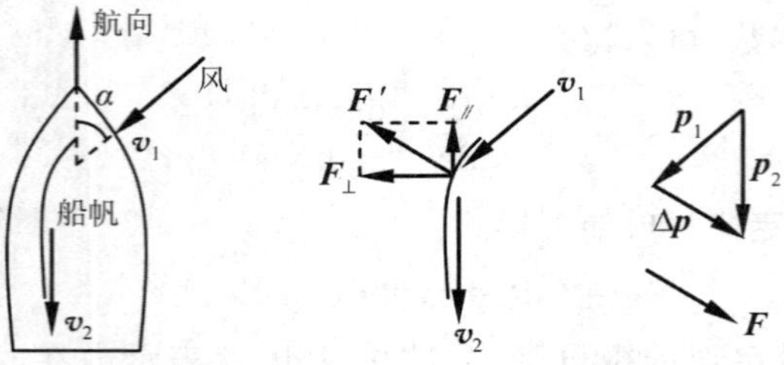


图 2-6 逆风行舟

是否能逆风行舟

(3)在具体应用时，往往要把矢量投影到坐标轴的方向，用分量方程进行计算，如在直角坐标系中动量定理可写成

$$\begin{cases} I_x = \int_{t_1}^{t_2} F_x \mathrm{d}t = mv_{2x} - mv_{1x}, \\ I_y = \int_{t_1}^{t_2} F_y \mathrm{d}t = mv_{2y} - mv_{1y}, \\ I_z = \int_{t_1}^{t_2} F_z \mathrm{d}t = mv_{2z} - mv_{1z}. \end{cases} \tag{2-17}$$

由分量式可知，质点某一方向上的动量增量，仅与质点所受合外力在该方向上的冲量分量有关.

(4)在实际问题中力往往是变化的，不易直接求出. 例如，当用锤子击打物体时，锤子对物体的作用力是不断变化的. 但不论作用力怎样变化，力的作用效果——冲量都等于动量的增量. 利用这一点，可以在研究短暂过程的冲击、碰撞等问题时，忽略复杂的中间过程，从而大大简化问题. 为了对冲击的大小有个估计，通常引入平均冲力的概念，如图 2-7 所示. 它是冲力对碰撞时间的平均. 以 $\boldsymbol{F}$ 表示平均冲力，则

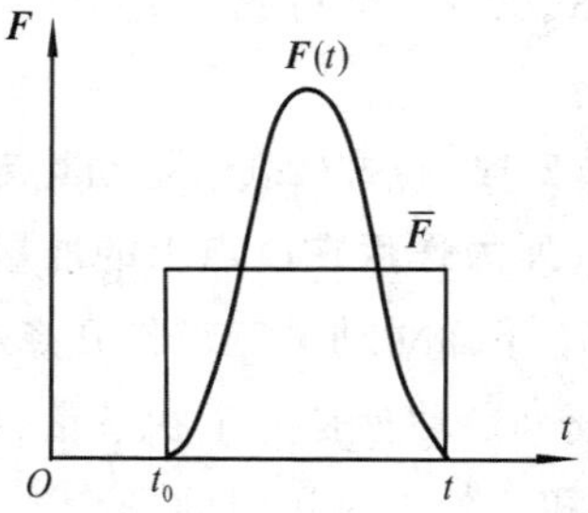


图 2-7 平均冲力

$$\overline{\boldsymbol{F}} = \frac{1}{t - t_0} \int_{t_0}^{t} \boldsymbol{F} \mathrm{d}t .$$

由式(2-15)和式(2-16)，得

$$\overline{\boldsymbol{F}} = \frac{\Delta \boldsymbol{p}}{\Delta t}.$$

(5)由于动量定理是由牛顿运动定律导出的，所以动量定理也仅适用于惯性参考系.

**例 2-5**　如图 2-8 所示，一质量为 0.05 kg、速率为 10 m·s$^{-1}$ 的钢球，以与钢板法线呈 $\alpha=45°$ 角的方向撞击在钢板上，并以相同的速率和角度弹回来. 设球与钢板的碰撞时间为 0.05 s，求在此碰撞过程中钢板所受的平均冲力.

**解**　如图 2-8 所示，$\boldsymbol{v}_1$，$\boldsymbol{v}_2$ 均在 $Oxy$ 平面内，$\boldsymbol{v}_1$ 在 $x$ 轴、$y$ 轴上的速度量大小分别为 $v_{1x}=-v\cos\alpha$，$v_{1y}=v\sin\alpha$，$\boldsymbol{v}_2$ 在 $x$ 轴、$y$ 轴上的分速度大小分别为 $v_{2x}=v\cos\alpha$，$v_{2y}=v\sin\alpha$. 由动量定理的分量式可得在碰撞过程中球所受的平均冲量分量大小为

$$\begin{aligned}\overline{F}_x\Delta t&=mv_{2x}-mv_{1x}=mv\cos\alpha-(-mv\cos\alpha)\\&=2mv\cos\alpha,\end{aligned}$$

$$\overline{F}_y\Delta t=mv_{2y}-mv_{1y}=mv\sin\alpha-mv\sin\alpha=0.$$

因此，球所受的平均冲力的大小为

$$\overline{F}=\overline{F}_x=\frac{2mv\cos\alpha}{\Delta t},$$

方向为 $x$ 轴正方向. 如令 $\overline{\boldsymbol{F}}'$ 为球对钢板的平均冲力，则由牛顿第三运动定律，有 $\overline{\boldsymbol{F}}=-\overline{\boldsymbol{F}}'$，即球对钢板作用的平均冲力与钢板对球作用的平均冲力大小相等，方向相反，故有

$$\overline{F}'=\frac{2mv\cos\alpha}{\Delta t}.$$

代入已知数据，得

$$\overline{F}'=\frac{2\times0.05\times10\times\cos45°}{0.05}\text{N}=14.1\text{ N}.$$

$\overline{\boldsymbol{F}}'$的方向为 $x$ 轴负方向.

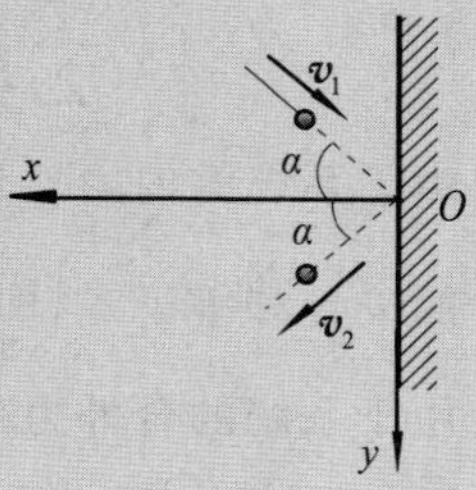


图 2-8　例 2-5 图

## 2.6.2　质点系的动量定理

包含两个或两个以上互相有联系的质点组成的力学系统称为**质点系**. 系统以外的其他物体对系统内质点的作用力称为**外力**. 系统内各质点间的相互作用力称为**内力**. 例如，由地球和月球组成的系统，太阳对地球或月球的引力都是外力，地球和月球之间的相互作用力就是内力. 讨论了质点的动量定理，然而许多问题还需要研究质点系的动量变化与作用在质点系上的力之间的关系.

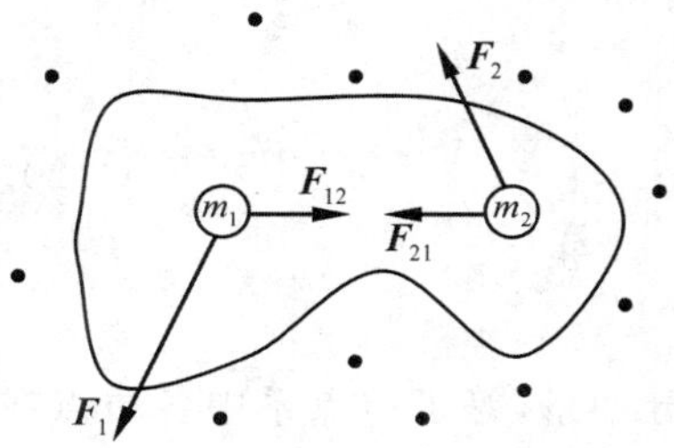


图 2-9　质点系的外力和内力

如图 2-9 所示，设此质点系是由两个质点组成的，两质点的质量分别为 $m_1$ 和 $m_2$. 设作用在两个质点上的外力分别为 $\boldsymbol{F}_1$ 和 $\boldsymbol{F}_2$，两个质点之间的相互作用的内力分别为 $\boldsymbol{F}_{12}$ 和 $\boldsymbol{F}_{21}$. 根据质点的动量定理，在 $\Delta t=t_2-t_1$ 的时间间隔内，两质点所受力的冲量，以及由此引起的动量的变化分别为

$$\int_{t_1}^{t_2}(\boldsymbol{F}_1+\boldsymbol{F}_{12})\mathrm{d}t=m_1\boldsymbol{v}_1-m_1\boldsymbol{v}_{10},$$

$$\int_{t_1}^{t_2}(\boldsymbol{F}_2+\boldsymbol{F}_{21})\mathrm{d}t=m_2\boldsymbol{v}_2-m_2\boldsymbol{v}_{20}.$$

两式相加，得

$$\int_{t_1}^{t_2}(\boldsymbol{F}_1+\boldsymbol{F}_{12})\mathrm{d}t+\int_{t_1}^{t_2}(\boldsymbol{F}_2+\boldsymbol{F}_{21})\mathrm{d}t=(m_1\boldsymbol{v}_1+m_2\boldsymbol{v}_2)-(m_1\boldsymbol{v}_{10}+m_2\boldsymbol{v}_{20}),$$

式中,$\boldsymbol{F}_{12}$ 和 $\boldsymbol{F}_{21}$ 是一对作用力和反作用力,依据牛顿第三运动定律

$$\boldsymbol{F}_{12}+\boldsymbol{F}_{21}=0,$$

所以

$$\int_{t_1}^{t_2}(\boldsymbol{F}_1+\boldsymbol{F}_2)\mathrm{d}t=(m_1\boldsymbol{v}_1+m_2\boldsymbol{v}_2)-(m_1\boldsymbol{v}_{10}+m_2\boldsymbol{v}_{20}).\tag{2-18}$$

式(2-18)表明,在给定的时间间隔内,作用于两质点组成的质点系的合外力的冲量等于两质点系统总动量的增量.

质点系内质点 $i$ 所受的合外力和合内力分别为 $\boldsymbol{F}_i^{\mathrm{ex}}$ 和 $\boldsymbol{F}_i^{\mathrm{in}}$,将上述结论可以推广应用到多个质点组成的系统中,有

$$\int_{t_1}^{t_2}\left(\sum_{i=1}^{n}\boldsymbol{F}_i^{\mathrm{ex}}\right)\mathrm{d}t+\int_{t_1}^{t_2}\left(\sum_{i=1}^{n}\boldsymbol{F}_i^{\mathrm{in}}\right)\mathrm{d}t=\sum_{i=1}^{n}m_i\boldsymbol{v}_i-\sum_{i=1}^{n}m_i\boldsymbol{v}_{i0}.$$

由于系统的内力总是成对出现,且每对力总是大小相等,方向相反,所以它们的矢量和等于零,即 $\sum_{i=1}^{n}\boldsymbol{F}_i^{\mathrm{in}}=\mathbf{0}$. 令 $\sum_{i=1}^{n}\boldsymbol{F}_i^{\mathrm{ex}}=\boldsymbol{F}^{\mathrm{ex}}$ 即系统所受合外力,可得到作用于系统的合外力的冲量与系统动量增量之间的关系

$$\int_{t_1}^{t_2}\boldsymbol{F}^{\mathrm{ex}}\mathrm{d}t=\sum_{i=1}^{n}m_i\boldsymbol{v}_i-\sum_{i=1}^{n}m_i\boldsymbol{v}_{i0}=\boldsymbol{p}-\boldsymbol{p}_0.\tag{2-19}$$

此即为**质点系的动量定理**,它表明,**在给定的时间间隔内,作用于质点系的合外力的冲量等于质点系的总动量的增量.**

冲量与动量定理

可以看出,只有外力的冲量才能改变系统的总动量,而内力不改变系统的总动量,只是将系统的总动量在系统内部重新分配. 注意,质点系在任意时刻的总动量等于质点系内每一个质点在该时刻动量的矢量和.

同质点的动量定理一样,质点系的动量定理也可以写成分量形式

$$\begin{cases}\int_{t_1}^{t_2}F_x^{\mathrm{ex}}\mathrm{d}t=p_x-p_{0x},\\ \int_{t_1}^{t_2}F_y^{\mathrm{ex}}\mathrm{d}t=p_y-p_{0y},\\ \int_{t_1}^{t_2}F_z^{\mathrm{ex}}\mathrm{d}t=p_z-p_{0z}.\end{cases}\tag{2-20}$$

即质点系所受的合外力在某一坐标轴方向的分冲量,等于质点系中各质点在该方向的动量增量之和.

猫从高处落下后为什么不会受伤害?

质点系动量定理的微分形式可写成

$$\boldsymbol{F}^{\mathrm{ex}}\mathrm{d}t=\mathrm{d}\boldsymbol{p},\tag{2-21}$$

或

$$\boldsymbol{F}^{\mathrm{ex}}=\frac{\mathrm{d}\boldsymbol{p}}{\mathrm{d}t}.\tag{2-22}$$

由此表明,**系统的总动量随时间的变化率等于该系统所受的合外力**. 内力能使系统内各质点的动量发生变化,但它们对系统的总动量没有影响.

**例 2-6**　如图 2-10 所示，一链条长为 $l$，单位长度的质量为 $\lambda$. 链条放在桌上，桌上有一小孔，链条一端由小孔稍伸下，其余部分堆在小孔周围. 由于某种扰动，链条因自身重力开始落下. 求链条下落速度与落下距离之间的关系. 设链条与各处的摩擦均略去不计，且认为链条柔软，可自由伸开.

**解**　选取如图 2-10 所示坐标系，设某时刻 $t$ 下垂部分的链长为 $y$，此时桌面上尚余有长为 $l-y$ 的链条. 选取链条为一系统，那么此系统含有竖直悬挂的链条和在桌面上的链条两部分，它们之间的作用力为内力. 由于链条与各处的摩擦略去不计，故下垂部分链条所受的重力为 $m_1\boldsymbol{g}$，桌面上链条所受的重力为 $m_2\boldsymbol{g}$，所受的支持力为 $\boldsymbol{N}=-m_2\boldsymbol{g}$，所以作用于系统的外力为 $\boldsymbol{F}^{ex}=m_1\boldsymbol{g}$，其中 $m_1=\lambda y$. 在无限小时间间隔 $dt$ 内，外力 $\boldsymbol{F}^{ex}$ 在 $y$ 轴上的冲量应为 $\boldsymbol{F}^{ex}dt$，所以，由质点系的动量定理可得

$$\boldsymbol{F}^{ex}dt=\lambda yg\,dt=d\boldsymbol{p}. \quad ①$$

$d\boldsymbol{p}$ 为系统即整个链条的动量增量. 考虑到桌面上那部分链条处于静止状态，其速度恒为零，因此整个链条中只有下垂部分的动量在改变.

在时刻 $t$，链条下垂部分长度为 $y$，下落速度大小为 $v$，因此这部分链条的动量大小为

$$p=m_1v=\lambda yv.$$

随着链条下落，链条下垂部分的长度及速度均在增加. 在 $dt$ 时间里，下垂部分链条动量的增量大小为

$$dp=\lambda d(yv),$$

把它代入式①有

$$\lambda yg\,dt=\lambda d(yv)，即$$

$$yg=\frac{d(yv)}{dt},$$

等式两边各乘以 $ydy$，为

$$gy^2dy=y\frac{dy}{dt}d(yv)=yvd(yv). \quad ②$$

已知在开始时，链条尚未下落，其下落速度当然也为零，即 $(yv)|_{y=0}=0$. 于是式②的积分为

$$g\int_0^y y^2dy=\int_0^{yv}yvd(yv),$$

得

$$v=\left(\frac{2}{3}gy\right)^{\frac{1}{2}}.$$

这就是链条下落速度与落下距离之间的关系.

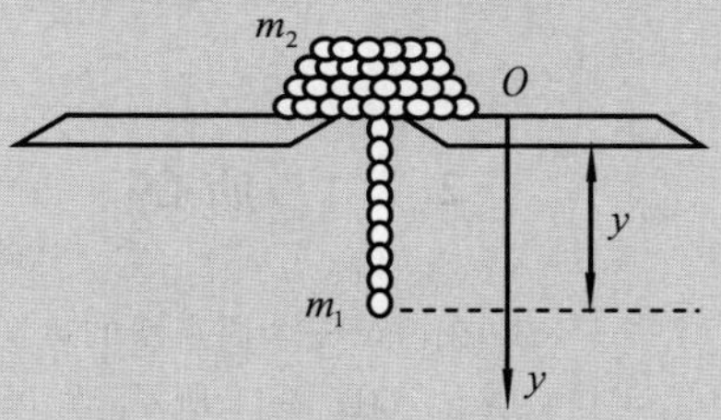


**图 2-10　例 2-6 图**

## 2.6.3　动量守恒定律

由式(2-19)可以看出，当质点系不受外力或所受合外力为零，即 $\boldsymbol{F}^{ex}=\boldsymbol{0}$ 时，质点系的总动量保持不变，则

$$\boldsymbol{p}=\sum_{i=1}^{n}m_i\boldsymbol{v}_i=\text{恒矢量} \quad (2\text{-}23)$$

这就是说**当一个质点系所受的合外力为零时，该质点系的总动量就保持不变**. 这一结论称为**动量守恒定律**.

当应用动量守恒定律分析、解决问题时，应该注意以下几点.

(1)在动量守恒定律中，系统的总动量不变，是指系统内各物体动量的矢量和不变，而不是指其中某一个物体的动量不变. 此外，各物体的动量还必须相对于同一惯性参考系而言.

(2)系统动量守恒的条件是合外力为零，即 $\boldsymbol{F}^{ex}=\boldsymbol{0}$. 但在外力比内力小得多的情况下，外力对系统的总动量变化影响很小. 这时可以认为近似满足守恒

条件,也就是说可近似地应用动量守恒定律.例如,两物体的碰撞过程中,由于相互碰撞的内力往往很大,所以即使有摩擦力或重力等外力,也常可以忽略它们,而认为整体的总动量守恒.又如,爆炸过程也属于内力远大于外力的过程,可以认为在此过程中系统的总动量守恒.

(3)动量守恒定律表示式(2-23)是矢量关系式.在实际问题中,常应用其在直角坐标系中的分量式

$$\begin{cases} p_x = \sum m_i v_{ix} = \text{常量}, F_x^{\text{ex}} = 0, \\ p_y = \sum m_i v_{iy} = \text{常量}, F_y^{\text{ex}} = 0, \\ p_z = \sum m_i v_{iz} = \text{常量}, F_z^{\text{ex}} = 0. \end{cases} \tag{2-24}$$

由分量式可知,当系统沿某方向所受的合外力为零时,则系统总动量沿该方向的分量守恒.

(4)动量守恒定律是物理学中基本的定律之一.但动量守恒定律由于是用牛顿运动定律导出的,所以只适用于惯性参考系.

动量守恒定律的应用

## *2.7 质心 质心运动定律

### 2.7.1 质心

在讨论一个质点系的运动时,常常会引入质心的概念.如图 2-11 所示,设 $N$ 个质点组成的质点系,第 $i$ 个质点的质量为 $m_i$,位矢为 $\boldsymbol{r}_i$,则质点系的质心位矢表达式为

$$\boldsymbol{r}_c = \frac{\sum\limits_{i=1}^{n} m_i \boldsymbol{r}_i}{\sum\limits_{i=1}^{n} m_i} = \frac{\sum\limits_{i=1}^{n} m_i \boldsymbol{r}_i}{m}. \tag{2-25}$$

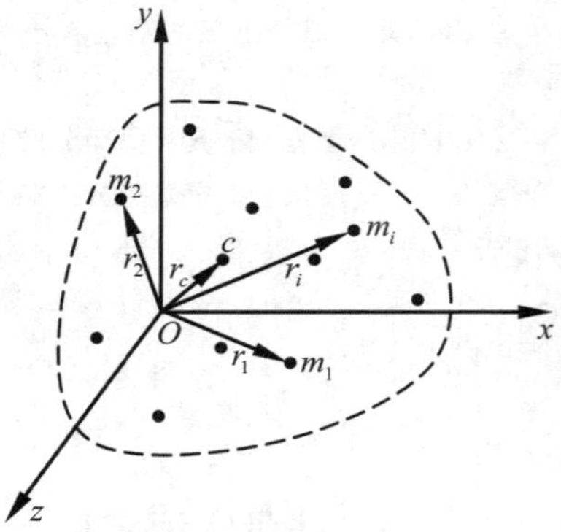


图 2-11 质心的位矢

作为位矢,质心矢量与坐标系的选择有关.但可以证明质心相对于质点系内各质点的位置是不随坐标系的选择而变化的,即质心是相对于质点系本身的一个特定位置.

在直角坐标系中,质心位矢各分量的表达式为

$$\begin{cases} x_c = \dfrac{\sum\limits_{i=1}^{n} m_i x_i}{m}, \\ y_c = \dfrac{\sum\limits_{i=1}^{n} m_i y_i}{m}, \\ z_c = \dfrac{\sum\limits_{i=1}^{n} m_i z_i}{m}. \end{cases} \tag{2-26}$$

连续分布的物体，可以认为由许多质点组成，则其质心的计算公式为

$$\boldsymbol{r}_c = \frac{1}{m}\int \boldsymbol{r}\,\mathrm{d}m, \tag{2-27}$$

分量形式为

$$\begin{cases} x_c = \dfrac{1}{m}\displaystyle\int x\,\mathrm{d}m, \\ y_c = \dfrac{1}{m}\displaystyle\int y\,\mathrm{d}m, \\ z_c = \dfrac{1}{m}\displaystyle\int z\,\mathrm{d}m. \end{cases} \tag{2-28}$$

选择的坐标系不同，质心的坐标也不同. 对于密度均匀、形状对称的物体，其质心在物体的几何中心处. 质心不一定在物体上，例如，圆环的质心在圆环的圆心上. 质心和重心是两个不同的概念，质心是由质量分布决定的特殊的点，而重心是地球对物体各部分引力合力的作用点. 当物体远离地球时，重力就不存在了，重心的概念也失去意义，但质心还是存在的.

### 2.7.2 质心运动定律

将质心公式(2-25)对时间 $t$ 求导，可得质心运动的速度为

$$\boldsymbol{v}_c = \frac{\mathrm{d}\boldsymbol{r}_c}{\mathrm{d}t} = \frac{\sum_{i=1}^{n} m_i \dfrac{\mathrm{d}\boldsymbol{r}_i}{\mathrm{d}t}}{m} = \frac{\sum_{i=1}^{n} m_i \boldsymbol{v}_i}{m}. \tag{2-29}$$

由式(2-29)可得

$$m\boldsymbol{v}_c = \sum_{i=1}^{n} m_i \boldsymbol{v}_i = \boldsymbol{p}. \tag{2-30}$$

式(2-30)表明，**系统内各质点的动量的矢量和等于系统质心的速度与系统质量的乘积.**

由质点系的动量定理已知，系统内各质点间相互作用的内力矢量和为零. 因此，作用在系统上的合力就等于合外力，于是由式(2-30)对时间 $t$ 求导可得

$$\boldsymbol{F}^{\mathrm{ex}} = \frac{\mathrm{d}\boldsymbol{p}}{\mathrm{d}t} = m\frac{\mathrm{d}\boldsymbol{v}_c}{\mathrm{d}t} = m\boldsymbol{a}_c. \tag{2-31}$$

式(2-31)就称为**质心运动定律**. 其表明**作用在系统上的合外力等于系统的总质量与系统质心加速度的乘积**. 它与牛顿第二定律在形式上完全相同，相当于系统的质量全部集中于系统的质心，在合外力的作用下，质心以加速度 $\boldsymbol{a}_c$ 运动. 无论系统内各质点的运动如何复杂，但是质心的运动可能相当简单，只由作用在系统上的外力决定，内力不能改变质心的运动状态. 质心是质点系平动的代表点，各质点追随质心运动，表现出系统的整体运动.

## 2.8 角动量定理及角动量守恒定律

在讨论质点运动时，用动量来描述质点的运动状态，并在研究力对质点作用时，考虑力对时间的累积作用引出动量定理，从而得到动量守恒定律. 同样，在讨论质点相对于空间某一定点的运动时，也可以用角动量来描述物体的运

动状态. 本节将从力矩对时间的累积作用引入角动量的概念，得出角动量定理和角动量守恒定律.

### 2.8.1 质点的角动量

力的三要素是力的大小、方向、作用点. 为了全面考虑力的三要素，首先引入力矩这一概念. 力 $\boldsymbol{F}$ 对参考点 $O$ 的力矩 $\boldsymbol{M}$ 定义为从参考点 $O$ 到力 $\boldsymbol{F}$ 的作用点 $P$ 的位矢 $\boldsymbol{r}$ 和该力 $\boldsymbol{F}$ 的矢量积，即

$$\boldsymbol{M}=\boldsymbol{r}\times\boldsymbol{F}. \tag{2-32}$$

由式(2-32)可知，力矩是一个矢量. 如图 2-12 所示，力矩的大小为

$$M=rF\sin\theta. \tag{2-33}$$

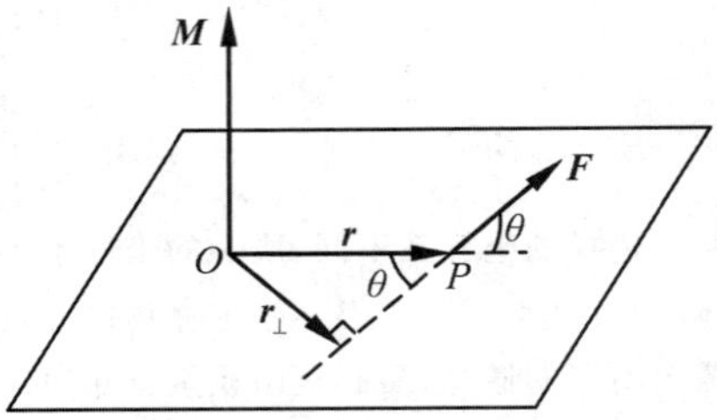

图 2-12 力矩的定义

$\boldsymbol{M}$ 的方向垂直于位矢 $\boldsymbol{r}$ 和力 $\boldsymbol{F}$ 所确定的平面，由右手螺旋定则确定：**右手拇指伸直，其余四指从位矢 $\boldsymbol{r}$ 方向经小于 180°的角度弯曲向力 $\boldsymbol{F}$，拇指所指方向就是力矩 $\boldsymbol{M}$ 的方向.**

在国际单位制中，力矩的单位是牛[顿]米，符号是 N · m，量纲为 $ML^2T^{-1}$.

如图 2-13 所示，设一个动量为 $\boldsymbol{p}$ 的质点位于直角坐标系中点 $A$，该点相对于惯性参考系中某一固定点 $O$ 的位矢为 $\boldsymbol{r}$，则它对点 $O$ 的**角动量 $\boldsymbol{L}$** 用矢量积表示为

$$\boldsymbol{L}=\boldsymbol{r}\times\boldsymbol{p}=\boldsymbol{r}\times m\boldsymbol{v}. \tag{2-34}$$

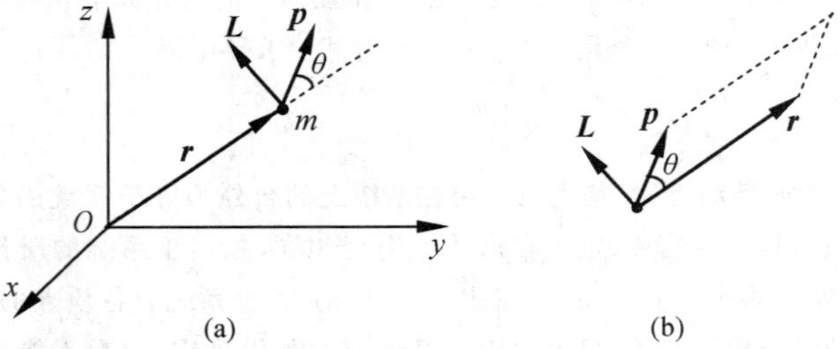

图 2-13 质点的角动量

根据矢积的意义，可知角动量的大小为

$$L=rp\sin\theta=rmv\sin\theta. \tag{2-35}$$

$\boldsymbol{L}$ 的方向垂直于 $\boldsymbol{r}$ 和 $\boldsymbol{p}$ 所确定的平面，其指向可用右手螺旋定则确定：**右手拇指伸直，其余四指从位矢 $\boldsymbol{r}$ 方向经小于 180°的角度弯曲向动量 $\boldsymbol{p}$，拇指所指方向就是角动量 $\boldsymbol{L}$ 的方向.**

质点的角动量不但取决于质点的动量，还取决于它相对于参考点的位矢，即固定点位置的选择. 同一质点，相对于不同的参考点，它的角动量会有不同

的值. 因此,在说明一个质点的角动量时,必须指明是相对于哪一个参考点说的.

例如,一个质点沿半径为 $r$ 的圆周运动,如图 2-14 所示,当其动量大小为 $p=mv$ 时,它对圆心 $O$ 的角动量的大小为

$$L=mrv=mr^2\omega.$$

方向由右手螺旋定则判断,竖直向上.

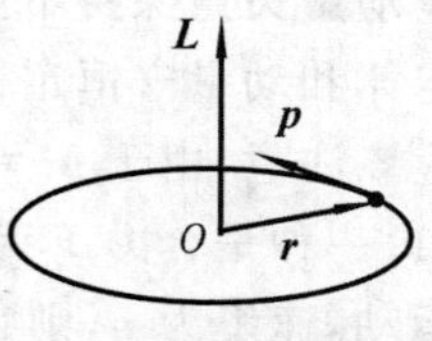

图 2-14 圆周运动的角动量

在国际单位制中,角动量的单位是千克二次方米每秒,符号是 $kg\cdot m^2\cdot s^{-1}$,角动量量纲为 $ML^2T^{-1}$.

### 2.8.2 质点的角动量定理

由牛顿第二定律知道,一个质点的动量 $\boldsymbol{p}=m\boldsymbol{v}$ 对时间的导数是质点所受的合外力. 质点角动量对时间的导数又是什么呢？下面求角动量对时间的导数.

$$\frac{d\boldsymbol{L}}{dt}=\frac{d}{dt}(\boldsymbol{r}\times\boldsymbol{p})=\boldsymbol{r}\times\frac{d\boldsymbol{p}}{dt}+\frac{d\boldsymbol{r}}{dt}\times\boldsymbol{p}.$$

由于 $\frac{d\boldsymbol{r}}{dt}=\boldsymbol{v}$,而 $\boldsymbol{p}=m\boldsymbol{v}$,所以第 2 个等号右边第二项等于零. 又由于 $\boldsymbol{F}=\frac{d\boldsymbol{p}}{dt}$,所以

$$\frac{d\boldsymbol{L}}{dt}=\boldsymbol{r}\times\boldsymbol{F}=\boldsymbol{M}. \tag{2-36}$$

式(2-36)表明,**作用于质点的合外力对参考点 $O$ 的力矩,等于质点对该点的角动量对时间的变化率.**

式(2-36)还可写成

$$\boldsymbol{M}dt=d\boldsymbol{L}. \tag{2-37}$$

这就是**质点的角动量定理**的微分形式,$\boldsymbol{M}dt$ 称为**冲量矩**. 从时刻 $t_1$ 到 $t_2$ 这段时间,质点受力矩作用的累积,取积分有

$$\int_{t_1}^{t_2}\boldsymbol{M}dt=\boldsymbol{L}_2-\boldsymbol{L}_1, \tag{2-38}$$

式中,$\boldsymbol{L}_1$ 和 $\boldsymbol{L}_2$ 分别为质点在时刻 $t_1$ 和 $t_2$ 的角动量,$\int_{t_1}^{t_2}\boldsymbol{M}dt$ 为质点在 $t_1$ 到 $t_2$ 这段时间内所受的冲量矩. 式(2-38)物理意义:**对同一参考点,质点所受到的冲量矩等于质点角动量的增量**,这就是**质点的角动量定理**积分形式.

### 2.8.3 质点的角动量守恒定律

由式(2-38)可知,若质点所受合外力矩为零,即 $\boldsymbol{M}=\boldsymbol{0}$,则有

$$\boldsymbol{L}=\boldsymbol{r}\times m\boldsymbol{v}=\text{恒矢量}. \tag{2-39}$$

式(2-39)表明,**对同一参考点,质点所受的合外力矩为零时,则质点对该参考点的角动量矢量保持不变**.这就是**质点的角动量守恒定律**.应当指出,角动量守恒定律和动量守恒定律一样,也是自然界的基本定律.

质点的角动量及角动量守恒定律

应该注意,由于 $\boldsymbol{M}=\boldsymbol{r}\times\boldsymbol{F}$,满足角动量守恒的条件 $\boldsymbol{M}=\boldsymbol{0}$,可以有两种.

(1)一种是合力 $\boldsymbol{F}=\boldsymbol{0}$.例如,如图 2-15 所示,一个不受外力作用的质点做直线运动,速率为 $v$,则它对距其垂直距离为 $d$ 的点 $O$ 的角动量为 $mvd$,方向垂直于纸面向外,无论质点运动到哪一点,角动量矢量都保持不变.

(2)质点所受到力的作用线总通过一个固定点,这种力称为有心力,固定点称为**力心**.对固定点而言,质点的角动量守恒.例如,质量为 $m$ 的小木块受细绳约束,在光滑水平面上绕小孔 $O$ 做圆周运动,如图 2-16 所示.圆的半径为 $r_0$,木块的速率为 $v_0$.缓慢地拉动绳子的一端,使木块到点 $O$ 的距离逐渐减少,任意时刻木块的速率为 $v$.由于拉力过固定点 $O$,是有心力,故木块对点 $O$ 的角动量守恒,即有 $mr_0v_0=mrv$.再如,太阳系中行星的轨道为椭圆,太阳位于两焦点之一,太阳作用于行星的引力是指向太阳的有心力,因此,如以太阳为参考点,则行星的角动量是守恒的.

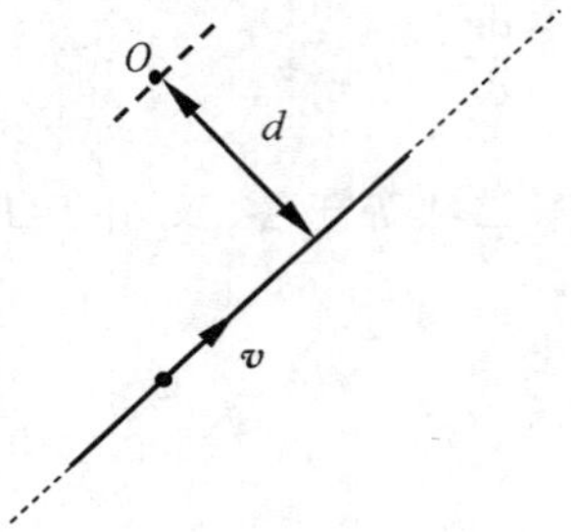


**图 2-15 满足角动量守恒条件一**

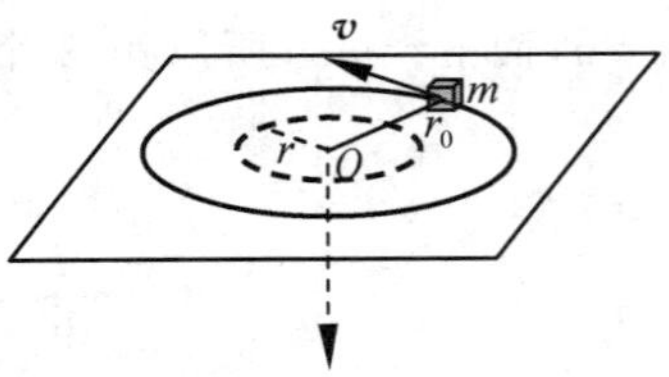


**图 2-16 满足角动量守恒条件二**

## 2.8.4 质点系的角动量定理

一个质点系对某一定点的角动量定义为其中各质点对该定点的角动量的矢量和,即

$$\boldsymbol{L}=\sum_i \boldsymbol{L}_i=\sum_i \boldsymbol{r}_i\times\boldsymbol{p}. \tag{2-40}$$

对于质点系内任意第 $i$ 个质点,由角动量定理有

$$\frac{\mathrm{d}\boldsymbol{L}_i}{\mathrm{d}t}=\boldsymbol{M}_i=\boldsymbol{r}_i\times(\boldsymbol{F}_i+\boldsymbol{f}_i), \tag{2-41}$$

式中,$\boldsymbol{F}_i$ 为质点系外物体对第 $i$ 个质点的合外力,$\boldsymbol{f}_i$ 为质点系内质点对第 $i$ 个质点的合内力.将式(2-41)对质点系内所有质点求和,得

$$\frac{\mathrm{d}\boldsymbol{L}}{\mathrm{d}t}=\sum_i \boldsymbol{r}_i\times\boldsymbol{F}_i+\sum_i \boldsymbol{r}_i\times\boldsymbol{f}_i=\boldsymbol{M}^{\mathrm{ex}}+\boldsymbol{M}^{\mathrm{in}}, \tag{2-42}$$

式中,$\boldsymbol{M}^{\mathrm{ex}}$ 为质点系所受的合外力矩,$\boldsymbol{M}^{\mathrm{in}}$ 为质点系所受的合内力矩.由于内力

是成对出现的,所以与之相应的内力矩也是成对出现的. 又由于成对的内力满足牛顿第三定律,所以其内力矩大小相等,方向相反,成对的内力矩之和为零. 故 $\boldsymbol{M}^{\text{in}}=\mathbf{0}$,于是由式(2-42)可得

$$\boldsymbol{M}^{\text{ex}}=\frac{\mathrm{d}\boldsymbol{L}}{\mathrm{d}t}. \tag{2-43}$$

式(2-43)说明,**对同一参考点,质点系所受的合外力矩等于该质点系的角动量对时间的变化率**. 这就是**质点系的角动量定理**. 它和质点的角动量定理具有相同的形式.

如果 $\boldsymbol{M}^{\text{ex}}=\mathbf{0}$,则有

$$\boldsymbol{L}=\text{恒矢量}. \tag{2-44}$$

这表明,**当质点系相对于某一定点所受的合外力矩为零时,该质点系相对于该定点的角动量将不随时间改变**. 这就是一般情况下的角动量守恒定律.

## 2.9 功 动能定理

在本章中先介绍了力对时间的累积效应,引入了动量的概念,又介绍了力矩对时间的累积效应,引入了角动量的概念. 在这节中,将会介绍力对空间的累积效应,引入功的概念,进而学习动能定理.

### 2.9.1 功

一质点在合外力 $\boldsymbol{F}$ 的作用下沿路径 $AB$ 运动,如图 2-17 所示. 在力 $\boldsymbol{F}$ 的作用下,当发生一无限小的位移 $\mathrm{d}\boldsymbol{r}$ 时,此力对它做的元功定义为力在位移方向上的分量与该位移大小的乘积. 以 $\mathrm{d}W$ 表示元功,按此定义则有

变力的功

$$\mathrm{d}W=F\cos\theta\,|\mathrm{d}\boldsymbol{r}|, \tag{2-45a}$$

式中,$\theta$ 为力 $\boldsymbol{F}$ 与位移 $\mathrm{d}\boldsymbol{r}$ 之间的夹角. 按照矢量标积的定义,式(2-45a)又可以写成

$$\mathrm{d}W=\boldsymbol{F}\cdot\mathrm{d}\boldsymbol{r}. \tag{2-45b}$$

这就是说,功等于质点受到的力和它的位移的标积.

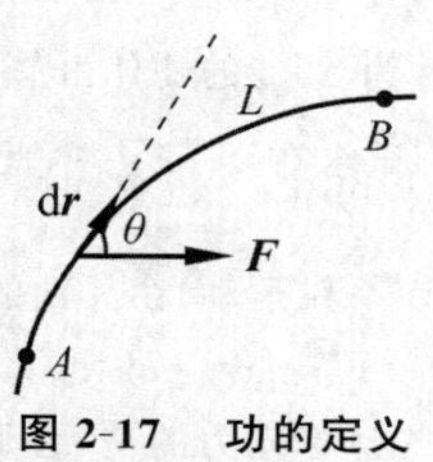

图 2-17 功的定义

注意,虽然力和位移都是矢量,但它们的标积功是标量,没有方向,但有正负. 当 $0°\leqslant\theta<90°$时,$\mathrm{d}W>0$,力对质点做正功;当 $\theta=90°$时,$\mathrm{d}W=0$,力对质点不做功;当 $90°<\theta\leqslant180°$时,$\mathrm{d}W<0$,力对质点做负功,也可以说质点在运动过程中克服力 $\boldsymbol{F}$ 做了功.

在图 2-17 中,若一质点沿曲线从点 $A$ 运动到点 $B$,则整个 $AB$ 段上的功就是把沿整个路径上的所有元功加起来,即是对元功沿整个路径积分,即

$$W=\int\mathrm{d}W=\int_A^B\boldsymbol{F}\cdot\mathrm{d}\boldsymbol{r}=\int_A^B F\cos\theta\,|\mathrm{d}\boldsymbol{r}|. \tag{2-46a}$$

式(2-46a)即变力做功的表达式,在数学上称为力 $\boldsymbol{F}$ 沿路径 $L$ 从点 $A$ 到点 $B$ 的线积分.

在直角坐标系中,力 $\boldsymbol{F}$ 与位移 $\mathrm{d}\boldsymbol{r}$ 可分别表示为

$$\boldsymbol{F}=F_x\boldsymbol{i}+F_y\boldsymbol{j}+F_z\boldsymbol{k},$$
$$\mathrm{d}\boldsymbol{r}=\mathrm{d}x\boldsymbol{i}+\mathrm{d}y\boldsymbol{j}+\mathrm{d}z\boldsymbol{k}.$$

因此式(2-46a)又可写成

$$W=\int_A^B\boldsymbol{F}\cdot\mathrm{d}\boldsymbol{r}=\int_A^B(F_x\mathrm{d}x+F_y\mathrm{d}y+F_z\mathrm{d}z). \tag{2-46b}$$

上面仅讨论了一个力对质点所做的功.当质点同时受到几个力,如 $\boldsymbol{F}_1$, $\boldsymbol{F}_2,\cdots,\boldsymbol{F}_i$ 的作用时,合力所做的功为

$$\begin{aligned}W&=\int\boldsymbol{F}\cdot\mathrm{d}\boldsymbol{r}=\int(\boldsymbol{F}_1+\boldsymbol{F}_2+\cdots+\boldsymbol{F}_i+\cdots)\cdot\mathrm{d}\boldsymbol{r}\\&=\int\boldsymbol{F}_1\cdot\mathrm{d}\boldsymbol{r}+\int\boldsymbol{F}_2\cdot\mathrm{d}\boldsymbol{r}+\cdots+\int\boldsymbol{F}_i\cdot\mathrm{d}\boldsymbol{r}+\cdots\\&=W_1+W_2+\cdots+W_i+\cdots.\end{aligned} \tag{2-47}$$

这一结果表明:合力的功等于各分力沿同一路径所做功的代数和.

在国际单位制中,功的单位是焦耳,符号是J,量纲为 $\mathrm{ML^2T^{-2}}$.

力在单位时间内做的功称为**功率**,用 $P$ 来表示,即

$$P=\frac{\mathrm{d}W}{\mathrm{d}t}.$$

利用功的定义式,可得

$$P=\frac{\mathrm{d}W}{\mathrm{d}t}=\boldsymbol{F}\cdot\frac{\mathrm{d}\boldsymbol{r}}{\mathrm{d}t}=\boldsymbol{F}\cdot\boldsymbol{v}. \tag{2-48}$$

功率是衡量力做功效率的物理量,在工程中非常有用.由式(2-48)可知,在发动机的功率一定时,如果要加大牵引力,则需降低速度;如果要获得较高的速度,则牵引力就得减小.

**例 2-7** 质量为 2 kg 的物体由静止出发沿直线运动,作用在物体上的力大小为 $F=6t$($F$ 的单位是N,$t$ 的单位是 s).试求在 0~2 s 内,此力对物体所做的功.

**解** 这是一个一维运动,由元功的定义,得

$$\mathrm{d}W=F\cdot\mathrm{d}x=6t\cdot\mathrm{d}x.$$

为了能用上式计算变力的功,必须找到变量 $x$ 与时间 $t$ 之间的关系,以便统一变量进行积分.由 $F=6t$ 和 $F_x=ma_x$,有

$$a_x=\frac{F_x}{m}=3t,$$

由 $a_x=\frac{\mathrm{d}v_x}{\mathrm{d}t}$,有

$$\int_{v_{x_0}}^{v}\mathrm{d}v=\int_0^t3t\mathrm{d}t,$$

因为,当 $t_0=0$ 时,$v_{x_0}=0$,所以

$$v_x=1.5t^2,$$

又因为 $v_x=\frac{\mathrm{d}x}{\mathrm{d}t}$,有

$$\mathrm{d}x=1.5t^2\mathrm{d}t,$$

于是,在 0~2 s 内,力 $F$ 对物体所做的功为

$$W=\int F\cdot\mathrm{d}x=\int_0^2 9t^3\cdot\mathrm{d}t=36\ \mathrm{J}.$$

**例 2-8** 一质量为 $m$ 的小球竖直落入水中,刚接触水面时其速率为 $v_0$. 设此球在水中所受的浮力与重力相等,水的阻力为 $f_r=-bv$,$b$ 是一常量. 求阻力对球做的功与时间的函数关系.

**解** 由于阻力随球的速率变化,故阻力做功是变力做功的问题. 取水面上的某点为坐标原点 $O$,竖直向下为 $y$ 轴正向. 由功的定义可知,水的阻力做的功为

$$W=\int f_r\cdot \mathrm{d}y=\int -bv\mathrm{d}y$$
$$=-b\int v\frac{\mathrm{d}y}{\mathrm{d}t}\mathrm{d}t=-b\int v^2\mathrm{d}t. \quad ①$$

由于球在下落过程中所受的浮力与重力相等,所以球仅受阻力作用,由牛顿第二定律有

$$a_y=\frac{f_r}{m}=-\frac{bv}{m},$$

而 $a_y=\dfrac{\mathrm{d}v}{\mathrm{d}t}$,于是

$$\frac{1}{v}\mathrm{d}v=-\frac{b}{m}\mathrm{d}t,$$

两边积分,得

$$v=v_0\mathrm{e}^{-\frac{b}{m}t}, \quad ②$$

将式②代入式①,有

$$W=-bv_0^2\int \mathrm{e}^{-\frac{2bt}{m}}\mathrm{d}t.$$

设球刚接触水面时为计时起点,即 $t_0=0$,那么,上式的积分为

$$W=-bv_0^2\int_0^t \mathrm{e}^{-\frac{2bt}{m}}\mathrm{d}t=-bv_0^2\left(-\frac{m}{2b}\right)(\mathrm{e}^{-\frac{2bt}{m}}-1),$$

即

$$W=\frac{1}{2}mv_0^2(\mathrm{e}^{-\frac{2bt}{m}}-1).$$

## 2.9.2 质点的动能定理

力对空间的累积作用效果. 已知,合外力 $\boldsymbol{F}$ 对质点所做的元功为

$$\mathrm{d}W=\boldsymbol{F}\cdot\mathrm{d}\boldsymbol{r}=F\cos\theta|\mathrm{d}\boldsymbol{r}|.$$

由牛顿第二定律和切向加速度 $a_\tau$ 的定义,可得

$$F\cos\theta=ma\cos\theta=ma_\tau=m\frac{\mathrm{d}v}{\mathrm{d}t}.$$

又 $|\mathrm{d}\boldsymbol{r}|=\mathrm{d}s$,$\mathrm{d}s=v\mathrm{d}t$,所以

$$\mathrm{d}W=m\frac{\mathrm{d}v}{\mathrm{d}t}v\mathrm{d}t=mv\mathrm{d}v.$$

再经过简单积分,对于图 2-17 所示的从点 $A$ 到点 $B$ 路径,有

$$W=\int_{v_1}^{v_2}mv\mathrm{d}v=\frac{1}{2}mv_2^2-\frac{1}{2}mv_1^2, \quad (2\text{-}49)$$

式中,$v_1$ 和 $v_2$ 分别是质点经过点 $A$ 和点 $B$ 时的速率. 式(2-49)说明:力对质点做功的效果改变了质点的运动状态,在数值上对应的是 $\frac{1}{2}mv^2$ 的改变,把这个量定义为质点的**动能**,用 $E_k$ 来表示,即

$$E_k=\frac{1}{2}mv^2. \quad (2\text{-}50)$$

此时,式(2-49)就可以写成

$$W=E_{k2}-E_{k1}. \quad (2\text{-}51)$$

式(2-51)表明:**合外力对质点所做的功等于质点动能的增量**,这就是**质点的动**

**能定理**.

功是一个过程量，与外力作用下质点位置移动的过程相联系. 而动能是一个状态量，决定某时刻质点的运动状态. 功是能量变化的量度，只有合外力对质点做功，质点的动能才能发生变化，数值上等于质点动能的改变量.

动能定理适用于物体的任何运动，物体在外力的持续作用下经历某一段路径时，不管外力是否是变力，也不管物体的运动状态如何复杂，其路径是曲线还是直线，合外力对物体所做的功总是取决于物体始末动能之差. 这样，应用动能定理在解决某些力学问题，往往比直接应用牛顿第二定律的瞬时关系要简便得多.

同动量定理一样，动能定理也只适用于惯性参考系. 一个力所做的功和一个物体的动能对不同的惯性参考系是相对的，但在不同惯性参考系中动能定理表达式是不变的.

在国际单位制中，动能的单位也是焦耳，符号是 J，量纲为 $ML^2T^{-2}$，与功的单位和量纲相同.

### 2.9.3 质点系的动能定理

设一质点系有 $n$ 个质点，作用于各个质点的力所做的功分别为 $W_1, W_2, \cdots, W_n$，使各个质点由初动能 $E_{k10}, E_{k20}, \cdots, E_{kn0}$，变成末动能 $E_{k1}, E_{k2}, \cdots, E_{kn}$，由质点的动能定理得

$$W_1 = E_{k1} - E_{k10},$$
$$W_2 = E_{k2} - E_{k20},$$
$$\cdots$$
$$W_n = E_{kn} - E_{kn0}.$$

上面各式相加，得

$$\sum_{i=1}^{n} W_i = \sum_{i=1}^{n} E_{ki} - \sum_{i=1}^{n} E_{ki0}, \tag{2-52a}$$

即

$$W = E_k - E_{k0}, \tag{2-52b}$$

其中，$W = \sum_{i=1}^{n} W_i$ 为作用于质点系内所有质点上的力所做的功；$E_k = \sum_{i=1}^{n} E_{ki}$ 为质点系内各个质点的末动能之和；$E_{k0} = \sum_{i=1}^{n} E_{ki0}$ 为质点系内各个质点的初动能之和. 式(2-52b)的物理意义是：**作用于质点系的力所做的功等于质点系的动能增量**. 这就是**质点系的动能定理**.

在许多实际问题中，系统内的质点既可能受到系统内各质点之间相互作用的内力，又可能受到系统外的质点对它作用的外力. 虽然质点系内任意两质点间的内力是一对作用力与反作用力，但是两个质点之间的相对位移不一定为零，因而内力可以做功，内力做功也能改变系统的总动能. 因此，作用于质点系的力所做的功 $W$，应包括质点系内一切内力所做的功 $W^{in}$ 和质点系所受的

一切外力所做的功 $W^{ex}$，即

$$W^{ex}+W^{in}=E_k-E_{k0}. \tag{2-52c}$$

式(2-52c)表明，**质点系的动能增量等于作用于质点系的一切外力所做的功与一切内力所做的功之和.**

**例 2-9** 如图 2-18 所示，长为 1.0 m 的细绳，一端系有质量为 1.0 kg 的小球，另一端固定于天花板上的点 $O$. 开始时，把绳放在与竖直方向成 30°角处，然后放手使小球沿圆弧下落，试求绳与竖直方向成 10°角时，小球的速率.

**解** 如图 2-18 所示，设在开始时，绳与竖直方向之间的夹角为 $\theta_0$，小球的速率 $v_0=0$. 在任意时刻 $t$，小球受到重力 $m\boldsymbol{g}$ 和绳的张力 $\boldsymbol{T}$ 的作用，绳与竖直方向成 $\theta$ 角，小球的速率为 $v$. 由功的定义，合外力的元功为

$$dW=\boldsymbol{F}\cdot d\boldsymbol{r}=\boldsymbol{T}\cdot d\boldsymbol{r}+m\boldsymbol{g}\cdot d\boldsymbol{r}. \quad ①$$

由于张力 $\boldsymbol{T}$ 的方向始终与小球的运动方向垂直，故

$$\boldsymbol{T}\cdot d\boldsymbol{r}=0,$$

$$dW=m\boldsymbol{g}\cdot d\boldsymbol{r}=mg\sin\theta ds. \quad ②$$

由图 2-18 可知，位移 $d\boldsymbol{r}$ 的大小 $ds=-ld\theta$，于是，式②写成

$$dW=-mgl\sin\theta d\theta,$$

在摆角由 $\theta_0$ 改变到 $\theta$ 的过程中，合外力所做的功为

$$W=-mgl\int_{\theta_0}^{\theta}\sin\theta d\theta=mgl(\cos\theta-\cos\theta_0),$$

由动能定理，得

$$W=mgl(\cos\theta-\cos\theta_0)=\frac{1}{2}mv^2-\frac{1}{2}mv_0^2,$$

据题，$v_0=0$，故当绳子与竖直方向成 $\theta$ 角时，小球的速率为

$$v=\sqrt{2gl(\cos\theta-\cos\theta_0)},$$

将已知数据 $l=1.0$ m，$\theta_0=30°$，$\theta=10°$代入，得

$$v=1.53\ \text{m}\cdot\text{s}^{-1}.$$

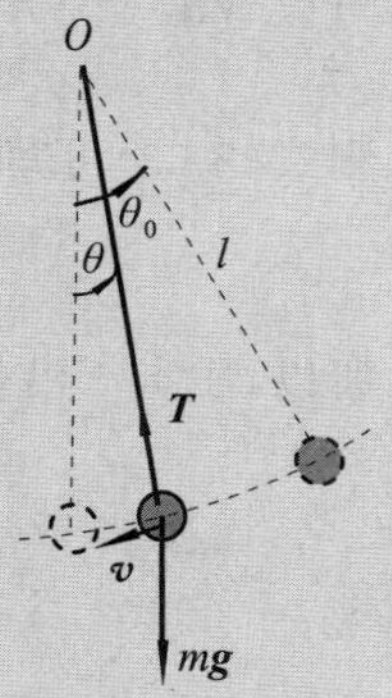


图 2-18 例 2-9 图

# 2.10 保守力与非保守力 势能

在机械运动范围内的能量，除动能外还有势能. 为了正确地认识势能，下面先从几种常见力的做功特点出发，引出保守力和非保守力的概念，然后介绍势能的概念.

### 2.10.1　几种常见力的做功特点

**1. 万有引力的功**

万有引力是保守力的证明

如图 2-19 所示，有两个质量分别为 $m$ 和 $M$ 的质点 1 和 2，其中质点 2 固定不动，质点 1 在引力的作用下，沿任意一路径从点 $A$ 到点 $B$. 取点 2 为坐标原点，以 $r_A$ 和 $r_B$ 分别表示 1 相对 2 的始末距离，某时刻 1 的位矢为 $\boldsymbol{r}$，发生了一个微小位移 $\mathrm{d}\boldsymbol{r}$ 后，万有引力做的元功为

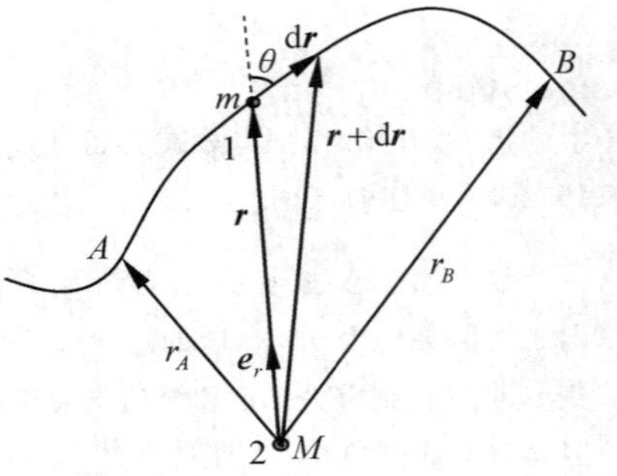

图 2-19　万有引力的功

$$\mathrm{d}W=\boldsymbol{F}\cdot\mathrm{d}\boldsymbol{r}=-G\frac{Mm}{r^2}\boldsymbol{e}_r\cdot\mathrm{d}\boldsymbol{r},$$

式中，$\boldsymbol{e}_r$ 为位矢 $\boldsymbol{r}$ 的单位矢量. 从图 2-19 中可以看出

$$\boldsymbol{e}_r\cdot\mathrm{d}\boldsymbol{r}=|\boldsymbol{e}_r||\mathrm{d}\boldsymbol{r}|\cos\theta=|\mathrm{d}\boldsymbol{r}|\cos\theta=\mathrm{d}r, \tag{2-53}$$

则式(2-53)可写为

$$\mathrm{d}W=-G\frac{Mm}{r^2}\mathrm{d}r.$$

所以，质点 1 沿任意路径从点 $A$ 到点 $B$ 的过程中，万有引力做的功为

$$W=\int_A^B\mathrm{d}W=-GMm\int_{r_A}^{r_B}\frac{1}{r^2}\mathrm{d}r,$$

即

$$W=-\left[\left(-G\frac{Mm}{r_B}\right)-\left(-G\frac{Mm}{r_A}\right)\right]. \tag{2-54}$$

这一结果只取决于两物体的始末位置，与路径形状没有任何关系. 因此，万有引力所做的功与质点移动的路径无关，只取决于两质点的始末位置.

**2. 重力的功**

一质量为 $m$ 的物体，在重力的作用下沿图 2-20 所示的任意路径从点 $A$ 运动到点 $B$，在物体发生了一个微小位移 $\mathrm{d}\boldsymbol{r}$ 后，重力所做的元功为

$$\mathrm{d}W=\boldsymbol{F}\cdot\mathrm{d}\boldsymbol{r},$$

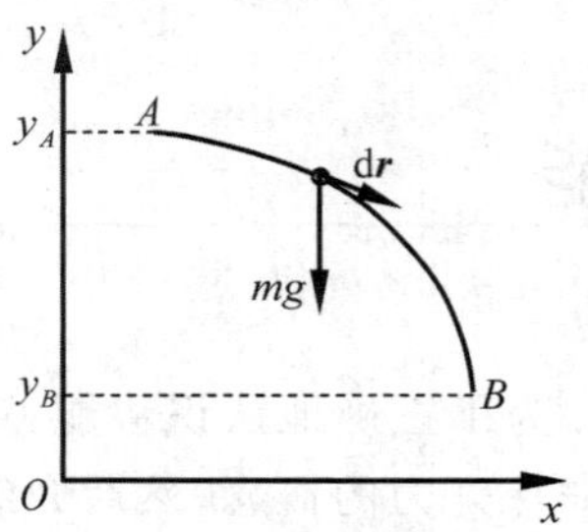

图 2-20　重力的功

式中，$\boldsymbol{F}=-mg\boldsymbol{j}$，$\mathrm{d}\boldsymbol{r}=\mathrm{d}x\boldsymbol{i}+\mathrm{d}y\boldsymbol{j}$，则有

$$\mathrm{d}W=-mg\boldsymbol{j}\cdot(\mathrm{d}x\boldsymbol{i}+\mathrm{d}y\boldsymbol{j})=-mg\,\mathrm{d}y.$$

所以，物体沿任意路径从点 $A$ 到点 $B$ 的过程中，重力做的功为

$$W=-mg\int_{y_A}^{y_B}\mathrm{d}y=-mg(y_B-y_A),$$

即

$$W=-(mgy_B-mgy_A). \tag{2-55}$$

式(2-55)表明，重力做功与路径无关，只与物体的始末位置有关.

### 3. 弹性力的功

如图 2-21 所示，在光滑水平面上放置一个弹簧，弹簧一端固定，另一端与一个质量为 $m$ 的质点相连. 弹簧在水平方向不受外力作用时，不发生形变，设此时质点位于点 $O$，这个位置称为平衡位置. 设弹簧的刚度系数为 $k$，由胡克定律可得质点在弹性限度内任意位置所受的弹性力为

$$\boldsymbol{F}=-kx\boldsymbol{i}.$$

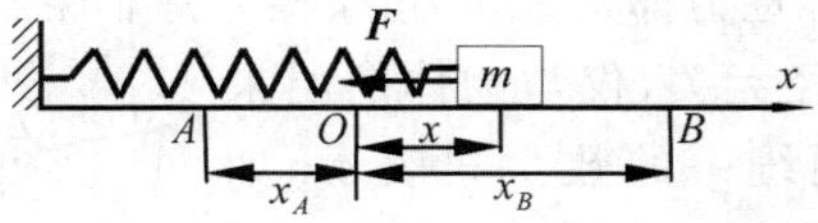


图 2-21　弹性力的功

在弹簧伸缩量为 $\mathrm{d}x$ 时，弹性力可近似看成不变，于是，弹性力所做的元功为

$$\mathrm{d}W=\boldsymbol{F}\cdot\mathrm{d}x=-kx\boldsymbol{i}\cdot\mathrm{d}x\boldsymbol{i}=-kx\,\mathrm{d}x.$$

小球由点 $A$ 到点 $B$ 的过程中，弹性力对它做的功

$$W=\int\mathrm{d}W=\int_{x_A}^{x_B}(-kx)\cdot\mathrm{d}x,$$

即

$$W=-\left(\frac{1}{2}kx_B^2-\frac{1}{2}kx_A^2\right). \tag{2-56}$$

式(2-56)表明，弹性力做功只与质点的起始和终止位置有关，而与质点所经过的路径无关. 应当指出，虽然这里讨论的是弹簧-物体系统的弹性力，但上述结论适用于一切弹性力.

**例 2-10**　如图 2-22 所示，在水平桌面上有一个小物体，质量为 $m$，在外力作用下做两种运动，一种是沿半径为 $R$ 的圆由点 $A$ 到点 $B$ 移动了半个圆周(图中 $L_1$)，另一种是沿直径直接由点 $A$ 到点 $B$(图中 $L_2$). 物体与桌面的滑动摩擦系数为 $\mu_k$. 求在这一过程中桌面对它的摩擦力所做的功.

**解**　物体在竖直方向上受到的重力和支持力平衡，仅需分析物体在桌面上的运动即可. 物体在桌面上沿圆周运动，受到摩擦力的作用，大小为

$$f_k=\mu_k N=\mu_k mg.$$

由于此摩擦力的方向总与位移 $\mathrm{d}\boldsymbol{r}$ 的方向相反，所以摩擦力所做的元功为

$$\mathrm{d}W=\boldsymbol{f}_k\cdot\mathrm{d}\boldsymbol{r}=-f_k|\mathrm{d}\boldsymbol{r}|=-\mu_k mg\,\mathrm{d}s,$$

式中，$\mathrm{d}s$ 是相应于位移 $\mathrm{d}\boldsymbol{r}$ 的路程，则物体从 $A$ 到 $B$ 的过程中，摩擦力对它做的功就是

$$W=\int_{AB}\boldsymbol{f}_k\cdot\mathrm{d}\boldsymbol{r}=-\mu_k mg\int_{AB}\mathrm{d}s,$$

积分 $\int_{AB}\mathrm{d}s$ 为从点 $A$ 到点 $B$ 物体的实际路程. 对于路径 $L_1$，它等于 $\pi R$，对于路径 $L_2$，它等于 $2R$，所以

$$W=-\mu_k mg\int_{AB}\mathrm{d}s=\begin{cases}-\pi\mu_k mgR，沿 L_1，\\ -2\mu_k mgR，沿 L_2.\end{cases}$$

此结果中的负号表示相对于桌面的移动来说，摩擦力总是做负功，此功的大小显然和物体经过的路径有关.

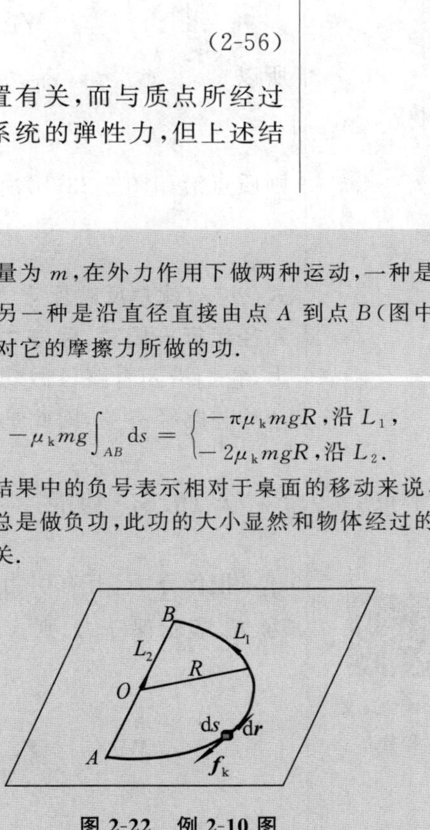


图 2-22　例 2-10 图

### 2.10.2 保守力与非保守力

从上面的讨论可以看出，万有引力、重力和弹性力所做的功只与质点的始末位置有关，而与路径无关. 按照力的做功性质，通常把**做功与路径无关，仅与物体的始末位置有关**的力称为**保守力**. 不具备这种性质的力称为**非保守力**. 显然，万有引力、重力和弹性力都是保守力，摩擦力是非保守力.

保守力做功与路径无关，仅与物体的始末位置有关的特点可用统一的数学式表示. 如图 2-23(a)所示，若一质点在保守力 $\boldsymbol{F}$ 的作用下自点 $A$ 沿路径 $L_1$ 到点 $B$，或沿路径 $L_2$ 到点 $B$，则根据保守力做功与路径无关的性质，有

$$W_{L_1}=\int_{AL_1B}\boldsymbol{F}\cdot\mathrm{d}\boldsymbol{r}=\int_{AL_2B}\boldsymbol{F}\cdot\mathrm{d}\boldsymbol{r}=W_{L_2}. \tag{2-57}$$

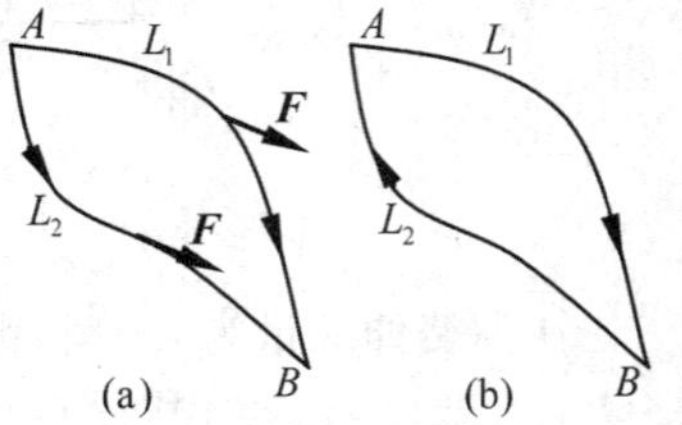


**图 2-23　保守力做功**

显然，此积分结果只是两点 $A$，$B$ 位置的函数. 又因为

$$W_{L_2}=\int_{AL_2B}\boldsymbol{F}\cdot\mathrm{d}\boldsymbol{r}=-\int_{BL_2A}\boldsymbol{F}\cdot\mathrm{d}\boldsymbol{r},$$

所以

$$\int_{AL_1B}\boldsymbol{F}\cdot\mathrm{d}\boldsymbol{r}=-\int_{BL_2A}\boldsymbol{F}\cdot\mathrm{d}\boldsymbol{r}.$$

则质点沿如图 2-23(b)所示的闭合路径运动一周，保守力对质点所做的功为

$$W=\oint_L\boldsymbol{F}\cdot\mathrm{d}\boldsymbol{r}=0. \tag{2-58}$$

式(2-58)就是反映保守力做功特点的数学表达式，其表明，**当质点沿任意闭合路径运行一周时，保守力做功为零**. 无论万有引力、弹性力、库仑力还是分子力，它们沿闭合路径做功都符合式(2-58)，都是保守力. 而摩擦力和安培力做功均与路径有关，因此是非保守力.

### 2.10.3 势能

势能的定义和意义

把保守力(万有引力、重力和弹性力)的功列出来，用 $W_c$ 表示保守力做的功，$\boldsymbol{F}_c$ 表示保守力，则

$$W_c=\int_{AB}\boldsymbol{F}_c\cdot\mathrm{d}\boldsymbol{r}=\begin{cases}-\left[\left(-G\dfrac{Mm}{r_B}\right)-\left(-G\dfrac{Mm}{r_A}\right)\right],\\-(mgy_B-mgy_A),\\-\left(\dfrac{1}{2}kx_B^2-\dfrac{1}{2}kx_A^2\right).\end{cases}$$

这些力做的功总是由某种相应形式的函数之差来表示. 把与位置有关的函数用符号 $E_p$ 来表示，称为**势能**函数，则有

$$W_c=-(E_{pB}-E_{pA}),\tag{2-59a}$$

或

$$W_c=-\Delta E_p.\tag{2-59b}$$

式(2-59b)说明,**保守力做的功等于系统势能增量的负值**.保守力做的功仅和势能的差值有关.

对势能的几点说明如下。

(1)因为在保守力作用下,只要质点的起始和终止位置确定了,保守力做的功也就确定了,而与所经过的路径无关,所以说,势能是坐标的函数,也是状态的函数.

(2)势能只有相对意义,势能的值与势能零点的选取有关.

将式(2-59)改写为

$$E_{pA}=W_c+E_{pB},\tag{2-60a}$$

或

$$E_{pA}=\int_{AB}\boldsymbol{F}_c\cdot d\boldsymbol{r}+E_{pB}.\tag{2-60b}$$

可见,为了确定某点 $A$ 处的势能,必须确定另外点 $B$ 处的势能,这说明势能的值具有相对性,而参考点 $B$ 的选取具有任意性.一般情况下,可选取 $E_{pB}=0$,则式(2-60b)改写成

$$E_{pA}=\int_{AB}\boldsymbol{F}_c\cdot d\boldsymbol{r}.\tag{2-61}$$

此时要清楚,这里的点 $B$ 特指势能零点.势能零点也可以任意选取,但以简便为原则,选取不同的势能零点,物体的势能就具有不同的值.但两点间的势能差则是绝对的,与势能零点的选取无关.对于万有引力可选择 $r\to\infty$,重力可选择 $y=0$,弹性力可选择 $x=0$ 作为势能零点.这样,对任意一点而言,万有引力势能为 $E_p=-G\dfrac{Mm}{r}$,重力势能为 $E_p=mgy$,弹性势能为 $E_p=\dfrac{1}{2}kx^2$.按此函数画出的势能随坐标变化的曲线,称为势能曲线,如图 2-24 所示.

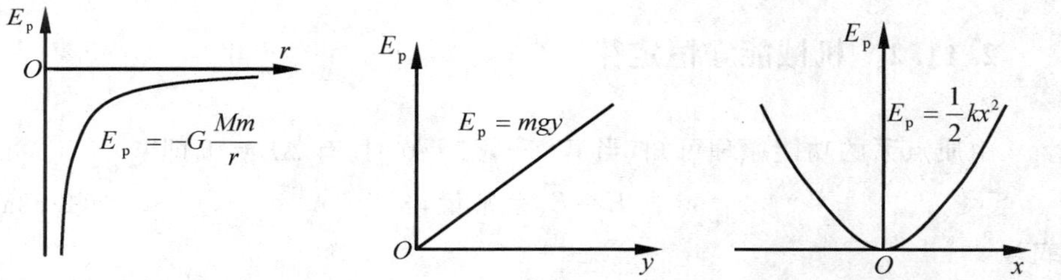

(a) 万有引力势能　(b) 重力势能　(c) 弹性势能

**图 2-24　势能曲线**

(3)势能是属于系统的.势能是由系统内各物体间相互作用的保守力和相对位置决定的能量,因此,严格地讲,势能是属于相互作用物体系统共有的,单独谈单个物体的势能是没有意义的.通常说某物体具有多少势能只是简便的说法.如重力势能就是属于地球和物体所组成的系统的.同样,弹性势能和万有引力势能也是属于有弹性力和引力作用的系统的.

潮汐

# 2.11 功能原理 机械能守恒定律

## 2.11.1 功能原理

按照力的做功性质，作用于质点上的力，有保守力和非保守力之分. 因此，对于一个质点系来说，无论是内力还是外力，都既可以是保守力，也可以是非保守力. 若以 $W_c^{in}$ 表示质点系内各保守内力的做功之和，以 $W_{nc}^{in}$ 表示质点系内各非保守内力的做功之和，那么，质点系内一切内力所做的功应为

$$W^{in}=W_c^{in}+W_{nc}^{in}.$$

此外，由式(2-59)知道，系统内保守力做的功等于系统内势能增量的负值，即

$$W_c^{in}=-\Delta E_p.$$

质点系的动能定理和功能原理

根据质点系的动能定理 $W^{ex}+W^{in}=\Delta E_k$，可以得到

$$W^{ex}+W_{nc}^{in}=\Delta E_k+\Delta E_p, \tag{2-62a}$$

即

$$W^{ex}+W_{nc}^{in}=\Delta(E_k+E_p). \tag{2-62b}$$

通常把系统的动能 $E_k$ 和势能 $E_p$ 之和用 $E$ 来表示，称为**机械能**. 则式(2-62b)又可写成

$$W^{ex}+W_{nc}^{in}=\Delta E=E-E_0. \tag{2-62c}$$

式(2-62c)表明：**质点系所受外力的功与系统内非保守力的功的总和等于机械能的增量**，这就是质点系的**功能原理**.

## 2.11.2 机械能守恒定律

由质点系的功能原理可知，当 $W^{ex}+W_{nc}^{in}=0$ 时，有 $\Delta E=0$，即

$$E=E_0=\text{常量}, \tag{2-63a}$$

或

$$\sum E_{ki}+\sum E_{pi}=\sum E_{ki0}+\sum E_{pi0}=\text{常量}. \tag{2-63b}$$

式(2-63)的物理意义是：**当作用于质点系的外力和非保守内力都不做功时，质点系的机械能是守恒的**，这就是**机械能守恒定律**. 也可以说，在只有保守内力做功的情况下，质点系的机械能保持不变. 在经典力学中，它是牛顿运动定律的一个推论，因此也只适用于惯性参考系. 再有，内力总是成对出现的，它们做功的和与参考系的选择无关，但是外力做功却与参考系有关，它们做功总和是否为零则取决于参考系的选择，因此，质点系的机械能是否守恒还与参考系的选择有关.

另外，机械能守恒定律表达式还可以写成

$$\Delta E_{\mathrm{k}} = -\Delta E_{\mathrm{p}}, \tag{2-64a}$$

或

$$\sum E_{\mathrm{k}i} - \sum E_{\mathrm{k}i0} = -\left(\sum E_{\mathrm{p}i} - \sum E_{\mathrm{p}i0}\right). \tag{2-64b}$$

这说明，在机械能守恒条件下，系统内的动能和势能并不是不变的，两者之间可以互相转换，但动能、势能之和是不变的. 所以说，在机械能守恒定律中，机械能是不变量或守恒量，而质点系的动能和势能之间的转换则是通过质点系内保守力做功($W_{\mathrm{c}}^{\mathrm{in}}$)来实现的.

**例 2-11** 如图 2-25 所示，一质量可以忽略不计的轻质弹簧，其一端系在垂直放置的圆环的顶点 $P$，另一端系一质量为 $m$ 的小球，小球穿过圆环并在圆环上做无摩擦的运动. 设开始时小球静止于点 $A$，弹簧处于自然状态，其长度为圆环的半径 $R$，当小球运动到圆环的底端点 $B$ 时，小球对圆环没有压力，求此弹簧的刚度系数.

**解** 取弹簧、小球和地球为一个系统，小球与地球间的重力、小球与弹簧间的相互作用力均是保守力. 而圆环对小球的支持力和点 $P$ 对弹簧的拉力虽然都是外力，但都不做功. 所以，小球从 $A$ 运动到 $B$ 的过程中，系统的机械能保持不变. 因小球在点 $A$ 时弹簧处于自由状态，故取点 $A$ 的弹性势能为零；另取运动到点 $B$ 时小球的重力势能为零. 那么，由机械能守恒定律，得

$$\frac{1}{2}mv^2 + \frac{1}{2}kR^2 = mgR(2 - \sin 30°),$$

式中，$v$ 是小球在点 $B$ 时的速率. 又小球在点 $B$ 时的牛顿第二定律方程为

$$kR - mg = m\frac{v^2}{R},$$

解以上两式，得弹簧的刚度系数为

$$k = \frac{2mg}{R}.$$

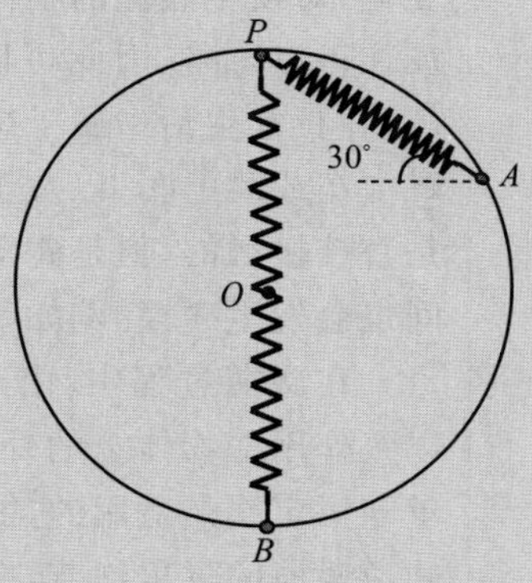


图 2-25 例 2-11 图

## 2.11.3 能量守恒定律

如果外力和非保守内力都不做功，系统的动能和势能之和是保持不变的，但是如果系统内部除重力和弹力等保守内力做功外，还有摩擦力等非保守力做功，那么系统的机械能就要转化成其他形式的能量.

在长期的生产和实验中，人们总结出一条重要结论：对于一个孤立系统，或者与外界之间无能量交换的系统来说，系统内各种形式的能量之间可以互相转换，但能量的总和保持守恒，这一规律称为**能量守恒定律**. 也可叙述为：能量既不会凭空产生，也不会凭空消失，它只能从一个物体转移到其他物体，从一种形式

转化为其他形式，而能量的总和保持守恒. 能量守恒定律是自然界的基本定律之一.

时空对称性和守恒定律

在能量守恒定律中，系统的总能量是不变化的，但各种形式的能量之间是可以相互转化的. 例如，机械能、光能、电能、热能以及分子、原子、核能等能量之间都可以相互转化. 应当指出，在能量转化过程中，能量的变化常用功来量度. 在机械运动范围内，功是机械能变化的唯一量度. 但是，不能把功等同于能量，功是和能量变化过程联系在一起的，是过程量，而能量则只和系统的状态有关，是系统状态的函数.

## 2.12 碰撞

碰撞，一般是指两个或两个以上物体在运动中相互靠近，或发生接触时，在相对较短的时间内发生强烈相互作用的过程. 碰撞过程一般都非常复杂，难以对过程进行仔细分析. 但由于通常只需要了解物体在碰撞前后运动状态的变化，对发生碰撞的物体系来说，由于其内力远大于外力，所以外力的作用又往往可以忽略，因此可以利用动量、角动量以及能量守恒定律对有关问题求解. 在日常生活中属于碰撞的物理现象是很多的，如锻打、打桩、球的碰撞，人跳上车或跳下车，以及子弹射入物体内等. 在这些现象中，发生碰撞的物体都是直接接触的，但是碰撞现象并不限于直接接触的物体，不直接接触的物体之间也会发生碰撞. 例如，核反应过程大都属于非接触碰撞过程.

在碰撞过程中，由于物体之间的相互撞击力非常大，作用时间又非常短，以致作用在物体上的外力，如重力、摩擦力以及空气阻力等相对很小，因此，动量守恒定律是适用的，能量守恒定律也是适用的. 这样，在许多情况下虽然不知道碰撞的过程细节，但是根据这两个守恒定律原则上可推出碰撞的结果.

### 2.12.1 完全弹性碰撞

如果在碰撞后，两物体的动能之和完全没有损失，那么这种碰撞称为**完全弹性碰撞.**

如图 2-26 所示，质量分别为 $m_1$，$m_2$ 的两球发生对心完全弹性碰撞，碰撞前速度分别为 $\boldsymbol{v}_{10}$，$\boldsymbol{v}_{20}$，碰撞后速度变为 $\boldsymbol{v}_1$，$\boldsymbol{v}_2$，由动量守恒定律，有

$$m_1 v_1 + m_2 v_2 = m_1 v_{10} + m_2 v_{20}. \tag{2-65}$$

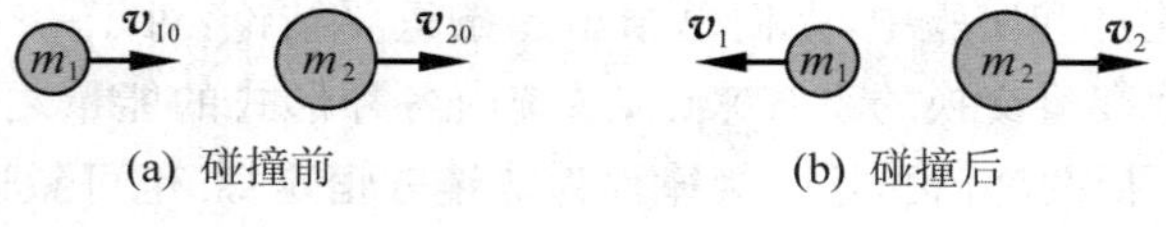


**图 2-26 完全弹性碰撞**

又由机械能守恒定律，得

$$\frac{1}{2}m_1v_1^2+\frac{1}{2}m_2v_2^2=\frac{1}{2}m_1v_{10}^2+\frac{1}{2}m_2v_{20}^2. \tag{2-66}$$

由式(2-65)可改写为

$$m_1(v_1-v_{10})=m_2(v_{20}-v_2). \tag{2-67}$$

由式(2-66)可改写为

$$m_1(v_1^2-v_{10}^2)=m_2(v_{20}^2-v_2^2). \tag{2-68}$$

由式(2-67)和(2-68)可解得

$$v_1+v_{10}=v_2+v_{20},$$

或

$$v_2-v_1=v_{10}-v_{20}. \tag{2-69}$$

式(2-69)表明，碰撞前两球相互趋近的相对速度等于碰撞后两球相互分开的相对速度.

另外，由式(2-67)和(2-69)可以解出

$$\begin{aligned} v_1&=\frac{(m_1-m_2)v_{10}+2m_2v_{20}}{m_1+m_2},\\ v_2&=\frac{(m_2-m_1)v_{20}+2m_1v_{10}}{m_1+m_2}. \end{aligned} \tag{2-70}$$

讨论：

(1)如果 $m_1=m_2$，由式(2-70)可得

$$v_1=v_{20},\quad v_2=v_{10},$$

即当质量相同的两物体完全弹性碰撞时，二者相互交换速度；

(2)如果 $m_1\ll m_2$，且 $v_{20}=0$，由式(2-70)可得

$$v_1\approx -v_{10},\quad v_2\approx 0,$$

即质量很小的物体在碰撞后以同样大小的速率从质量很大的物体反弹回来，质量很大且原来静止的物体，在碰撞后仍保持不动；

(3)如果 $m_1\gg m_2$，且 $v_{20}=0$，由式(2-70)可得

$$v_1\approx v_{10},\quad v_2\approx 2v_{10},$$

即当一个质量很大的物体，与质量很小的物体相碰时，质量很大的物体的速度不发生显著的改变，但是质量很小的物体的速度却以近似于两倍于质量很大的物体的速度向前运动.

### 2.12.2 非弹性碰撞

实际上，当两物体碰撞时，由于非保守力的作用，机械能会转化为热能、声能、化学能等其他形式的能量，这种碰撞就是**非弹性碰撞**. 由于压缩后的物体不能完全恢复原状而有部分形变被保留下来，因此系统的动量守恒而动能不守恒.

实验表明，压缩后的恢复程度取决于碰撞物体的材料. 牛顿总结实验结果，提出碰撞定律：碰撞后两球的分离速度与碰撞前两球的接近速度之比为一定值，比值由两球材料的性质决定，该比值称为恢复系数，用 $e$ 表示，即

$$e=\frac{v_2-v_1}{v_{10}-v_{20}}. \tag{2-71}$$

由式(2-71)可知：$e=0$，$v_2=v_1$，为完全非弹性碰撞；$e=1$，$v_2-v_1=v_{10}-v_{20}$，为完全弹性碰撞；$0<e<1$，为非弹性碰撞.

### 2.12.3 完全非弹性碰撞

如果两物体在非弹性碰撞之后以同一速度运动，这种碰撞称为**完全非弹性碰撞**.

由于碰撞后系统以相同的速度运动，即

$$v_1=v_2=v. \tag{2-72}$$

由动量守恒定律，得

$$m_1v_{10}+m_2v_{20}=(m_1+m_2)v. \tag{2-73}$$

由式(2-72)和式(2-73)，可得

$$v=\frac{m_1v_{10}+m_2v_{20}}{m_1+m_2}.$$

钱学森

系统总动能损失为

$$\Delta E=\left(\frac{1}{2}m_1v_{10}^2+\frac{1}{2}m_2v_{20}^2\right)-\frac{1}{2}(m_1+m_2)v^2=\frac{m_1m_1}{2(m_1+m_2)}(v_{10}-v_{20})^2.$$

**例 2-12** 在宇宙中有密度为 $\rho$ 的尘埃，这些尘埃相对于惯性参考系是静止的. 有一质量为 $m_0$ 的航天器以初速率 $v_0$ 穿过宇宙尘埃. 尘埃粘到航天器上，致使航天器的速度发生改变. 求航天器的速度与其在尘埃中飞行时间的关系. 为了便于计算，设想航天器的外形是截面积为 $S$ 的圆柱体，如图 2-27 所示.

**解** 按本题条件，可以认为尘埃与航天器做完全非弹性碰撞，把尘埃与航天器作为一个系统，考虑到航天器在自由空间中飞行，无外力作用在这个系统上，因此系统的动量守恒. 若 $m_0$ 和 $v_0$ 分别为航天器进入尘埃前($t=0$)的质量和速度，$m$ 和 $v$ 为航天器在尘埃中(时刻 $t$)的质量和速度. 由动量守恒定律，有

$$m_0v_0=mv. \quad ①$$

此外，在 $t\to t+\mathrm{d}t$ 时间内，由于航天器和尘埃做完全非弹性碰撞，粘在航天器上尘埃的质量即是航天器所增加的质量，有

$$\mathrm{d}m=\rho Sv\mathrm{d}t, \quad ②$$

由式①，有

$$\rho Sv\mathrm{d}t=-\frac{m_0v_0}{v^2}\mathrm{d}v.$$

按已知条件，将上式积分，有

$$\frac{\rho S}{m_0v_0}\int_0^t\mathrm{d}t=-\int_{v_0}^{v}\frac{\mathrm{d}v}{v^3},$$

得

$$\frac{1}{2}\left(\frac{1}{v^2}-\frac{1}{v_0^2}\right)=\frac{\rho S}{m_0v_0}t,$$

整理得

$$v=\left(\frac{m_0}{2\rho Sv_0t+m_0}\right)^{1/2}v_0.$$

显然，航天器在尘埃中的时间越长，其速度就越低.

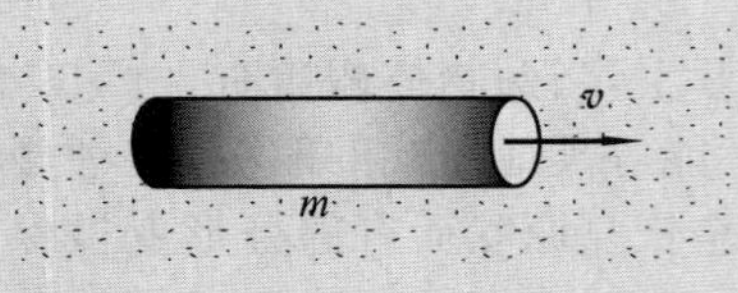


图 2-27 例 2-12 图

# 本章提要

(1)牛顿第一定律:任何物体都保持静止或匀速直线运动状态,直到外力迫使其改变这种状态.

(2)牛顿第二定律:物体动量随时间的变化率等于物体所受的合外力,即

$$\boldsymbol{F}=\frac{\mathrm{d}\boldsymbol{p}}{\mathrm{d}t}=\frac{\mathrm{d}(m\boldsymbol{v})}{\mathrm{d}t}=\frac{\mathrm{d}m}{\mathrm{d}t}\boldsymbol{v}+m\frac{\mathrm{d}\boldsymbol{v}}{\mathrm{d}t}=m\frac{\mathrm{d}\boldsymbol{v}}{\mathrm{d}t}=m\boldsymbol{a}\quad(m=\text{常量}).$$

(3)牛顿第三定律:两个物体之间的作用力和反作用力在同一直线上,大小相等,方向相反,分别作用在两个物体上,即

$$\boldsymbol{F}_{12}=-\boldsymbol{F}_{21}.$$

(4)几种常见力.

①重力:$\boldsymbol{p}=m\boldsymbol{g}$.

②弹性力:压力(支持力)、绳的拉力(张力)、弹簧的弹力(回复力),$F=-kx$.

③摩擦力:最大静摩擦力 $f_s=\mu_s N$,滑动摩擦力 $f_k=\mu_k N$.

(5)四种基本力:

万有引力 $F=G\dfrac{m_1\cdot m_2}{r^2}$,电磁力,强力,弱力.

(6)冲量:力对时间的累积效果,即 $\boldsymbol{I}=\int_{t_1}^{t_2}\boldsymbol{F}\cdot\mathrm{d}t$.

(7)动量定理:在给定时间间隔内,外力作用在质点上的冲量,等于质点在此时间内动量的增量,即

$$\boldsymbol{I}_{合}=\int_{t_1}^{t_2}\boldsymbol{F}_{合}\cdot\mathrm{d}t=\boldsymbol{p}_2-\boldsymbol{p}_1=m\boldsymbol{v}_2-m\boldsymbol{v}_1.$$

(8)质点系的动量定理.

①在给定的时间间隔内,作用于质点系的合外力的冲量等于质点系的总动量的增量,即

$$\int_{t_1}^{t_2}\boldsymbol{F}^{\mathrm{ex}}\cdot\mathrm{d}t=\sum_{i=1}^{n}m_i\boldsymbol{v}_i-\sum_{i=1}^{n}m_i\boldsymbol{v}_{i0}=\boldsymbol{p}-\boldsymbol{p}_0.$$

②系统的总动量对时间的变化率等于该系统所受的合外力,$\boldsymbol{F}^{\mathrm{ex}}=\dfrac{\mathrm{d}\boldsymbol{p}}{\mathrm{d}t}$.

(9)动量守恒定律:当质点系所受的合外力为零时,该质点系的总动量保持不变,

$$\boldsymbol{p}=\sum_{i=1}^{n}m_i\boldsymbol{v}_i=\text{恒矢量}.$$

*(10)质心:

$$\boldsymbol{r}_c=\frac{\sum_{i=1}^{n}m_i\boldsymbol{r}_i}{\sum_{i=1}^{n}m_i},\quad\boldsymbol{r}_c=\frac{1}{m}\int\boldsymbol{r}\,\mathrm{d}m.$$

*(11)质心运动定律:作用在系统上的合外力等于系统的总质量与系统质心加速度的乘积,即

$$\boldsymbol{F}^{\mathrm{ex}}=\frac{\mathrm{d}\boldsymbol{p}}{\mathrm{d}t}=m\frac{\mathrm{d}\boldsymbol{v}_c}{\mathrm{d}t}=m\boldsymbol{a}_c.$$

(12)力矩:$\boldsymbol{M}=\boldsymbol{r}\times\boldsymbol{F}$.

(13)角动量:$\boldsymbol{L}=\boldsymbol{r}\times\boldsymbol{p}$.

(14)质点的角动量定理:对同一参考点,质点所受的冲量矩等于质点角动量的增量,即

$$\boldsymbol{M}\mathrm{d}t = \mathrm{d}\boldsymbol{L}\,,\int_{t_1}^{t_2}\boldsymbol{M}\mathrm{d}t = \boldsymbol{L}_2 - \boldsymbol{L}_1 = \Delta\boldsymbol{L}.$$

(15)质点的角动量守恒定律:对同一参考点,当质点所受的合外力矩等于零时,则质点对该参考点的角动量矢量保持不变,即

$$\text{当}\,\boldsymbol{M} = \boldsymbol{0}\,\text{时},\,\boldsymbol{L} = \text{恒矢量}.$$

(16)质点系的角动量定理:对同一参考点,质点系所受合外力的冲量矩等于该质点系角动量的增量,即

$$\boldsymbol{M}^{\mathrm{ex}}\mathrm{d}t = \mathrm{d}\boldsymbol{L},\int_{t_1}^{t_2}\boldsymbol{M}^{\mathrm{ex}}\mathrm{d}t = \boldsymbol{L}_2 - \boldsymbol{L}_1 = \Delta\boldsymbol{L}.$$

(17)质点系的角动量守恒定律:当质点系相对于某一定点所受的合外力矩等于零时,该质点系相对于该定点的角动量将保持不变,即

$$\text{当}\,\boldsymbol{M}^{\mathrm{ex}} = \boldsymbol{0}\,\text{时},\,\boldsymbol{L} = \text{恒矢量}.$$

(18)功:力对时间的累积效果,即 $W = \int \mathrm{d}w = \int_A^B \boldsymbol{F}\cdot\mathrm{d}\boldsymbol{r}$.

(19)质点的动能定理:合外力对质点所做的功等于质点动能的增量,即 $W_{12} = E_{\mathrm{k2}} - E_{\mathrm{k1}}$.

(20)质点系的动能定理:作用于质点系的力所做的功等于质点系动能的增量,即 $W = E_{\mathrm{k}} - E_{\mathrm{k0}}$.

(21)几种常见保守力的功.

①万有引力的功:$W = -\left[\left(-G\dfrac{Mm}{r_B}\right) - \left(-G\dfrac{Mm}{r_A}\right)\right]$.

②重力的功:$W = -(mgy_B - mgy_A)$.

③弹性力的功:$W = -\left(\dfrac{1}{2}kx_B^2 - \dfrac{1}{2}kx_A^2\right)$.

(22)保守力做功特点:$W = \oint_L \boldsymbol{F}\cdot\mathrm{d}\boldsymbol{r} = 0$.

(23)势能.

①万有引力势能:$E_{\mathrm{p}} = -G\dfrac{Mm}{r}$.

②重力势能:$E_{\mathrm{p}} = mgy$.

③弹性势能:$E_{\mathrm{p}} = \dfrac{1}{2}kx^2$.

(24)保守力的功等于系统势能增量的负值:$W_{\mathrm{c}} = -\Delta E_{\mathrm{p}}$.

(25)功能原理:系统所受的外力的功与系统内非保守力的功的总和等于系统机械能的增量,即

$$W^{\mathrm{ex}} + W_{\mathrm{nc}}^{\mathrm{in}} = \Delta E = E - E_0.$$

(26)机械能守恒定律:当系统所受的外力的功与系统内非保守力的功的总和等于零时,系统的机械能是守恒的.即

$$\text{当}\,W^{\mathrm{ex}} + W_{\mathrm{nc}}^{\mathrm{in}} = 0\,\text{时},\,\Delta E = 0\,\text{或}\,E = E_0 = \text{常量}.$$

(27)能量守恒定律:对于一个孤立系统,系统内各种形式的能量之间可以相互转换,但能量总和保持守恒.

(28)碰撞:完全弹性碰撞、非弹性碰撞、完全非弹性碰撞.

## 习题

**2-1** 选择题.

(1)一质量为 5 kg 的物体(视为质点)在平面上运动,其运动方程为 $\boldsymbol{r}=6\boldsymbol{i}-3t^2\boldsymbol{j}$ (SI),式中 $\boldsymbol{i}$ , $\boldsymbol{j}$ 分别为沿 $x$ 轴,$y$ 轴正方向的单位矢量,则物体所受的合外力 $F$ 的大小为(　　).

(A) 10 N　　(B) 20 N

(C) 30 N　　(D) 40 N

(2)一物体质量 $M=2$ kg,在合外力 $F=3+2t$(SI) 的作用下,从静止出发沿 $x$ 轴做直线运动,则当 $t=1$ s 时,物体的速度大小为(　　).

(A) $2\ \mathrm{m\cdot s^{-1}}$　　(B) $3\ \mathrm{m\cdot s^{-1}}$

(C) $4\ \mathrm{m\cdot s^{-1}}$　　(D) $5\ \mathrm{m\cdot s^{-1}}$

(3)质量为 $m$ 的运动质点,受到某力的冲量后,速度 $v$ 的大小不变,而方向改变了 $\theta$ 角,则这个力的冲量的大小为(　　).

(A) $2mv\sin\frac{\theta}{2}$　　(B) $2mv\cos\frac{\theta}{2}$

(C) $mv\sin\frac{\theta}{2}$　　(D) $mv\cos\frac{\theta}{2}$

(4)小球 $A$ 和 $B$ 的质量相同,$B$ 原来静止,$A$ 以速率 $v$ 与 $B$ 做对心碰撞.下述选项中是这两球碰撞后的速率的可能值的是(　　).

(A) $-v,2v$　　(B) $\frac{v}{4},\frac{3v}{4}$

(C) $-\frac{v}{4},\frac{5v}{4}$　　(D) $\frac{v}{2},-\frac{\sqrt{3}}{2}v$

(5)有一刚度系数为 $k$ 的轻弹簧,原长为 $l_0$,将它吊在天花板上,当它下端挂一托盘平衡时,其长度变为 $l_1$.然后在托盘中放一重物,弹簧长度变为 $l_2$,则由 $l_1$ 伸长至 $l_2$ 的过程中,弹性力所做的功为(　　).

(A) $-\int_{l_1}^{l_2}kx\,\mathrm{d}x$　　(B) $\int_{l_1}^{l_2}kx\,\mathrm{d}x$

(C) $-\int_{l_1-l_0}^{l_2-l_0}kx\,\mathrm{d}x$　　(D) $\int_{l_1-l_0}^{l_2-l_0}kx\,\mathrm{d}x$

(6)如题 2-1(6)图所示,一人造地球卫星到地球中心 $O$ 的最大距离和最小距离分别是 $R_A$ 和 $R_B$.设卫星对应的角动量分别是 $L_A$,$L_B$,动能分别是 $E_{kA}$,$E_{kB}$,则应有(　　).

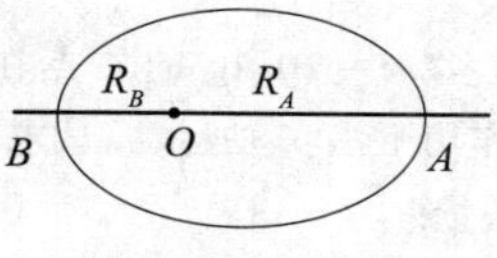


题 2-1(6)图

(A) $L_B>L_A,E_{kA}>E_{kB}$

(B) $L_B>L_A,E_{kA}=E_{kB}$

(C) $L_B<L_A,E_{kA}=E_{kB}$

(D) $L_B=L_A,E_{kA}<E_{kB}$

**2-2** 填空题.

(1)一质点在 $F=6t$(SI)的作用下做直线运动,求在前 2 s 内此力的冲量为________.

(2)质点在力 $F=6x+1$(SI)的作用下做直线运动,则在 0 到 2 m 内此力做功为________.

(3)一质量为 $m$ 的弹性小球 A,以初速率 $v$ 与质量为 $3m$ 的静止弹性小球 B 发生对心完全弹性碰撞,则碰后小球 B 的速度大小为________.

(4)已知地球质量为 $M$,半径为 $R$,一质量为 $m$ 的火箭从地面上升到距地面高度为 $2R$ 处,在此过程中,地球引力对火箭做的功为________.

(5) 一质量为 $m$ 的地球卫星,沿半径为 $2R$ 的圆轨道运动,其中 $R$ 为地球的半径.已知地球的质量为 $M$,则卫星的机械能为________.

**2-3** 试用牛顿运动定律简单解释一下火箭飞天的反冲力.若火箭做竖直向上运动且反冲力为恒力,则火箭在燃料消耗之前做的是什么运动?在此过程中能量又是如何转化的?

**2-4** 质量为 1 kg 的质点,所受合外力为 $\boldsymbol{F}=(2t+1)\boldsymbol{i}$ (SI),该质点在 $t=0$ 时刻,位于 $x_0=5.0$ m,其速度大小为 $v_0=6.0\ \mathrm{m\cdot s^{-1}}$.求质点在任意时刻的速度大小和位置.

**2-5** 一质量为 $m$ 的物体,以初速率 $v_0$ 上抛,设空气阻力大小与抛体速度大小成正比,即 $\boldsymbol{f}=-mk\boldsymbol{v}$,其中 $k$ 为常数,求:(1)上抛过程中任意时刻物体速率的表达式;(2)物体上升到最大高度所需的时间.

**2-6** 一物体的质量为 $m=2$ kg，在合外力 $F=3+2t$ (SI) 的作用下，从静止开始沿某一直线运动，求当 $t=1$ s 时物体速度的大小.

**2-7** 质量 $m=10$ kg 的物体在力 $F=30+4t$(SI)的作用下沿 $x$ 轴运动，试求在开始 2 s 内此力的冲量 $I$.

**2-8** 质量 $m=10$ kg 的质点在合外力 $F=3+4t$(SI)的作用下沿 $x$ 轴运动，试求在开始 2 s 内质点动量的增量.

**2-9** 某质点在力 $F=4+5x$(SI)的作用下沿 $x$ 轴做直线运动. 在从 $x=0$ m 移动到 $x=10$ m 的过程中，力 $F$ 所做功为多少？

**2-10** 质量为 1 kg 的质点沿直线运动，加速度 $a=1+2t$，式中 $a$ 的单位为 $\mathrm{m\cdot s^{-2}}$，$t$ 的单位为 s. 若当 $t=0$ s 时，$v_0=0\ \mathrm{m\cdot s^{-1}}$，则质点在开始运动的前 2 s 时间内动能的增量为多少？

**2-11** 质量为 1 kg 的质点沿直线运动，加速度 $a=1+2x$，式中 $a$ 的单位为 $\mathrm{m\cdot s^{-2}}$，$t$ 的单位为 s. 若当 $t=0$ s 时，$x_0=1$ m，$v_0=0\ \mathrm{m\cdot s^{-1}}$，求质点从 $x_0=1$ m 运动到 $x=2$ m 位置时的动能的增量.

**2-12** 质量 $m=1$ kg 的质点在合外力 $F=4+4x$(SI)的作用下沿 $x$ 轴运动，试求在开始 2 m 内质点动能增量.

**2-13** 质量为 $M$ 的质点，当 $t=0$ 时位于 $x_0$ 处，速率为 $v_0$，在变力 $\boldsymbol{F}=-\dfrac{k}{x^2}\boldsymbol{i}$ 的作用下做直线运动，求：(1)当质点运动到 $x$ 处的速率；(2)变力所做的功.

**2-14** 一质量为 $m$ 的物体在主动力作用下按 $x=ct^3$ 的规律做直线运动，设介质对物体的阻力与速率的平方成正比，比例系数为 $k$. 求物体从 $x_0=0$ 运动到 $x=l$ 时，阻力及主动力所做的功.

第 3 章

# 刚体的定轴转动

前两章中，在研究物体的运动时，把物体看作质点，即忽略了物体的大小和形状，这是在研究实际问题时经常引入的一种理想物理模型. 但是，在很多实际问题中，物体的大小和形状是不能被忽略的，而且在许多问题中，物体的大小和形状会对运动产生重要的影响. 例如，在研究机床上的转动轮绕轴转动时，轮上各点的运动情况不尽相同，并且在力的作用下轮还会发生微小形变. 在这些问题中，物体不能被简化为质点. 但是，根据实际问题的性质和要求，如果物体在外力作用下所引起的形变极其微小，完全可以不予考虑，即当把物体的形状和大小视作不变，并不影响对问题的研究时，就可以引入另外一种物理模型. 这种在任何情况下，大小和形状都不改变的物体称为**刚体**.

在研究刚体运动时，可以将刚体看成由无数个质点连续组成的系统. 由于刚体的形状和大小在运动过程中始终保持不变，因此这种系统具有这样的基本特征——内部任何两个质点之间的距离，在运动过程中都始终保持不变. 从刚体是由质点组成的这种观点看，刚体就是质点间的距离始终保持恒定不变的一种特殊的质点系. 正因如此，就能够在质点力学的基础上来研究刚体的运动学和动力学. 因为刚体内每一质点的运动都服从质点的运动定律，所以把构成刚体的全部质点的运动加以综合，就可得出刚体的整体运动所具有的规律.

刚体的基本运动形式有两种：平动和转动.

当刚体中所有质点的运动轨迹都保持相同时，或者说刚体上任意两点之间的连线在运动过程中都始终保持平行时，这种刚体的运动称为**平动**. 当刚体平动时，刚体内各点在任意一段时间内的位移以及任意时刻的速度和加速度都分别相等，即刚体内各点的运动情况都相同. 那么，刚体内任意一点的运动都能代表整个刚体的运动. 也就是说，可以用质点运动学和质点动力学知识来解决刚体的平动问题.

而当刚体中所有点都绕同一直线做圆周运动时，这种运动称为**转动**，这条直线称为**转轴**. 一般来说，转轴的位置和方向是可以随时间发生改变的. 而本章中，主要研究当转轴固定不变时刚体的运动. 这种转轴固定不变的刚体运动称为定轴转动.

## 3.1 刚体的定轴转动

对于刚体，定轴转动的确切定义如下.

当一刚体运动时，如果刚体上各点都以一定的半径绕某条固定直线做圆周运动，这种运动就称为刚体的**定轴转动**.

刚体在做定轴转动时，具有下列特征.

(1)当刚体绕某一直线转动时，刚体内直线上所有各点都保持固定不动，这条直线称为**转轴**.它与实际生活中所说的转轴并不完全相同，它不一定是日常生活中所见到的一根实体轴.例如，车床在切削圆钢前，先把圆钢两端的中心用顶针和夹具固定住.在切削时，圆钢就绕其两端中心的连线回转，这条连线就是圆钢的转轴.实际生活中转轴也不一定在刚体上，例如，混凝土搅拌机是一个两端开口的中空圆筒，它的转轴就是圆筒的几何轴.

(2)刚体内部位于转轴外的各点，即如图 3-1 所示的 $A,B,\cdots$ 都在通过各点并垂直于转轴的平面 $\Pi_1,\Pi_2,\cdots$ 内绕轴做圆周运动.这些点做圆周运动轨迹的圆心就是这些平面与转轴的交点(如图 3-1 中的 $O_1,O_2,\cdots$)，半径就是各点到转轴的距离(如图 3-1 中的 $r_1$，$r_2,\cdots$).

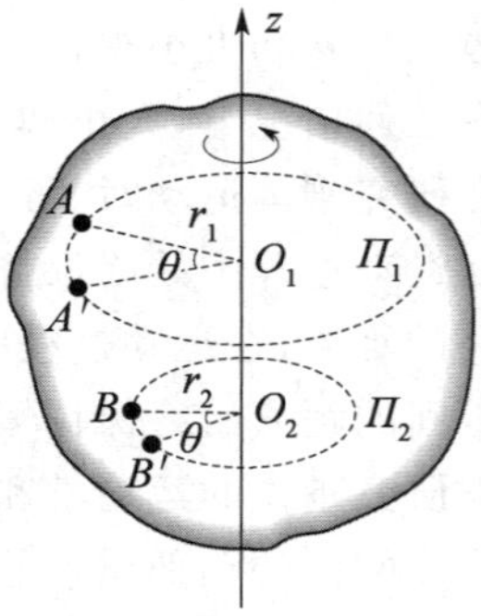

**图 3-1　刚体内各点的运动情况**

(3)由于刚体内各点所处位置不同，因此刚体内各点运动的轨迹半径不尽相同，如图 3-1 所示.在同一段时间内，各点转过的圆弧长(如图 3-1 中的弧 $AA'$、弧 $BB'$……)也不尽相同.但是，由于刚体内各点之间的相对位置保持不变，在同一段时间内，若其中某点的半径扫过一定的角度，则所有其他各点的半径也将随着一起扫过同样大小的角度(如图 3-1 中的 $\theta$ 角)，即这些圆弧所对的中心角都相等.既然各点在同一时间段内都绕转轴转过相等的中心角，那么，由所有这些点构成的整个刚体也必定绕转轴转过这一角度.所以，对于整个刚体的定轴转动只需用这一转角来描述即可.

### 3.1.1　刚体转动的描述

当刚体做定轴转动时，其转轴上各点始终静止不动，而转轴外各质点均在垂直于转轴的平面内做圆周运动.各质点的线速度、线加速度一般是不同的，但由于刚体中各质点的相对位置是保持不变的，所以描述各质点运动的角量，如角位移、角速度和角加速度都是一样的.因此在描述刚体整体的运动时，用角量最为方便. 下面就尝试用前面学过的角量知识来描述刚体的定轴转动.

如图 3-2 所示,在刚体上任选一点 $P$. 过点 $P$ 做与转轴垂直的平面 $N$,即点 $P$ 的转动平面. 此平面与转轴交于一点 $O$,是点 $P$ 的转动中心. 通常选取转轴为参考系的一个方向,选取相对转轴的任一固定方向 $OA$ 作为另一个方向. $OP$ 相对于 $OA$ 的坐标增量就称为刚体的**角坐标**,也就是刚体的**角位置**,用字母 $\theta$ 表示,单位为 rad,称为弧度.

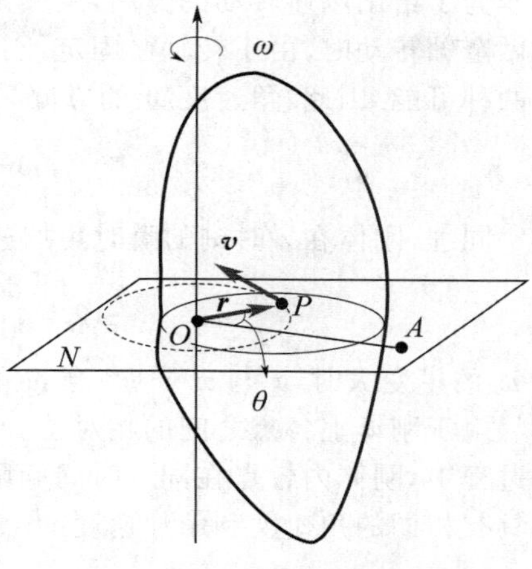


**图 3-2　刚体的定轴转动**

当 $\theta$ 值一定时,刚体内每一点的位置也就随之确定. 当刚体做定轴转动时,角坐标 $\theta$ 将随时间变动,它是时间 $t$ 的单值连续函数,其数学形式为

$$\theta=\theta(t). \tag{3-1}$$

这个函数关系称为刚体绕定轴转动的**转动方程**(**运动状态方程**). 一旦给出这个转动方程,则刚体在任意时刻的位置就完全确定,整个刚体定轴转动的运动状态也就随之确定了.

设有一刚体做定轴转动,在某一时刻 $t$ 的角坐标为 $\theta$,在时刻 $t+\Delta t$ 的角坐标为 $\theta+\Delta\theta$,则 $\Delta\theta$ 表示刚体在时间间隔 $\Delta t$ 内的角位置变化,称为时间间隔 $\Delta t$ 内的**角位移**.

仿照直线运动的描述方法,把角位移 $\Delta\theta$ 与所经历的时间间隔 $\Delta t$ 之比,即

$$\bar{\omega}=\frac{\Delta\theta}{\Delta t}, \tag{3-2}$$

称为刚体在 $\Delta t$ 时间间隔内的**平均角速度**. 当 $\Delta t$ 趋于零时,式(3-2)的极限称为刚体在时刻 $t$ 的**瞬时角速度**(简称**角速度**),记为

$$\omega=\lim_{\Delta t\to 0}\frac{\Delta\theta}{\Delta t}=\frac{\mathrm{d}\theta}{\mathrm{d}t}. \tag{3-3}$$

角速度是描述整个刚体转动状态的物理量. 由于角坐标的单位为 rad,时间的单位为 s,因此角速度的单位是 $\mathrm{rad\cdot s^{-1}}$(弧度每秒).

若角速度是恒量,则刚体做匀角速度转动;若角速度是变量,则刚体做角加速转动. 设在 $t$ 和 $t+\Delta t$ 时刻的瞬时角速度分别为 $\omega$、$\omega+\Delta\omega$. 仿照直线运动的描述方法,把刚体角速度改变量 $\Delta\omega$ 与所经历的时间 $\Delta t$ 之比,即

$$\bar{\alpha}=\frac{\Delta\omega}{\Delta t}, \tag{3-4}$$

称为刚体在 $\Delta t$ 时间间隔内的**平均角加速度**. 当 $\Delta t$ 趋于零时,式(3-4)的极限,称为刚体在时刻 $t$ 的**瞬时角加速度**(简称**角加速度**),记为

$$\alpha=\lim_{\Delta t\to 0}\frac{\Delta\omega}{\Delta t}=\frac{\mathrm{d}\omega}{\mathrm{d}t}=\frac{\mathrm{d}^2\theta}{\mathrm{d}t^2}. \tag{3-5}$$

角加速度也是描述整个刚体转动状态的物理量. 由于角速度的单位为 $\mathrm{rad\cdot s^{-1}}$,

时间的单位为 s,因此角加速度的单位是 rad·s$^{-2}$(弧度每二次方秒).

为了给出刚体转动的方向,定义角速度的方向由右手螺旋定则确定.在刚体做定轴转动时,由于转轴已固定,刚体绕转轴转动的方向只有顺时针或逆时针两种可能.因此,角速度 $\boldsymbol{\omega}$ 的方向只有沿转轴向上或向下两种可能,即

$$\boldsymbol{\omega}=\frac{\mathrm{d}\boldsymbol{\theta}}{\mathrm{d}t}. \tag{3-6}$$

同理,刚体在 $t$ 时刻的瞬时角加速度用 $\boldsymbol{\alpha}$ 表示,即

$$\boldsymbol{\alpha}=\frac{\mathrm{d}\boldsymbol{\omega}}{\mathrm{d}t}=\frac{\mathrm{d}^2\boldsymbol{\theta}}{\mathrm{d}t^2}. \tag{3-7}$$

当 $\boldsymbol{\omega}$ 的模变大时,$\boldsymbol{\alpha}$ 与 $\boldsymbol{\omega}$ 同向;当 $\boldsymbol{\omega}$ 的模变小时,$\boldsymbol{\alpha}$ 与 $\boldsymbol{\omega}$ 反向.

由于刚体上各点之间的相对位置是固定不变的,因此,在刚体绕定轴转动的过程中,刚体内各点在同一时间间隔 $\Delta t$ 内的角位移相同.在同一时刻 $t$,各点具有相同的角速度和角加速度.

### 3.1.2 角量和线量的关系

刚体做定轴转动的角位移、角速度和角加速度确定后,刚体内任意一点的位移、速度和加速度也就确定了.

在实际问题中,也往往需要描述刚体上某一质点相对于某转动中心的速度和加速度.在知道了刚体做定轴转动的角位移、角速度和角加速等物理量的前提下,如何去求该刚体上某一质点的速度和加速度呢?下面就来了解一下之前所学过的同是描述物体运动的角量与线量之间的关系.

如图 3-2 所示,选取转动中心为坐标原点.若点 $P$ 相对于原点的位矢为 $\boldsymbol{r}$,点 $P$ 的速度可表示为

$$\boldsymbol{v}=\boldsymbol{\omega}\times\boldsymbol{r}. \tag{3-8}$$

速度 $\boldsymbol{v}$ 的方向根据右手螺旋定则沿该点圆轨道的切线方向,大小为

$$v=\omega r, \tag{3-9}$$

式中,$r$ 为点 $P$ 做圆周运动的轨迹半径.

根据点 $P$ 速度的表达式,点 $P$ 的加速度可由加速度定义得到,即

$$\boldsymbol{a}=\frac{\mathrm{d}\boldsymbol{v}}{\mathrm{d}t}=\frac{\mathrm{d}}{\mathrm{d}t}(\boldsymbol{\omega}\times\boldsymbol{r})=\frac{\mathrm{d}\boldsymbol{\omega}}{\mathrm{d}t}\times\boldsymbol{r}+\boldsymbol{\omega}\times\frac{\mathrm{d}\boldsymbol{r}}{\mathrm{d}t}=\boldsymbol{\alpha}\times\boldsymbol{r}+\boldsymbol{\omega}\times\boldsymbol{v}. \tag{3-10}$$

最后一个等号右边第一项为质点做圆周运动的切向加速度 $\boldsymbol{a}_\tau$,第二项为质点做圆周运动的法向加速度 $\boldsymbol{a}_\mathrm{n}$,即

$$\boldsymbol{a}_\tau=\boldsymbol{\alpha}\times\boldsymbol{r}, \tag{3-11}$$

$$\boldsymbol{a}_\mathrm{n}=\boldsymbol{\omega}\times\boldsymbol{v}, \tag{3-12}$$

它们的方向均由右手螺旋定则来判断.它们各自的大小可以写成标量形式,即

$$a_\tau=r\alpha,$$

$$a_\mathrm{n}=\omega v=\frac{v^2}{r}=r\omega^2.$$

**例 3-1** 一飞轮以 1 500 r/min 的转速绕定轴做逆时针转动，制动后，飞轮均匀地减速，经时间 $\Delta t=50\ \text{s}$ 后停止转动. 求：

(1)角加速度 $\alpha$；

(2)从开始制动到静止，飞轮的转数 $N$；

(3)制动开始后 $t=25\ \text{s}$ 时飞轮的角速度 $\omega$；

(4)飞轮的半径为 $r=1\ \text{m}$，$t=25\ \text{s}$ 时，飞轮边缘上一点的速度和加速度.

**解** (1)由题设，初角速度为

$$\omega_0=2\pi\times\frac{1\ 500}{60}\ \text{rad}\cdot\text{s}^{-1}=50\pi\ \text{rad}\cdot\text{s}^{-1}.$$

在 $t=50\ \text{s}$ 时，末角速度 $\omega=0$，代入匀变速转动的角加速度公式，得

$$\alpha=\frac{\omega-\omega_0}{t}=\frac{0-50\pi}{50}\ \text{rad}\cdot\text{s}^{-2}=-\pi\ \text{rad}\cdot\text{s}^{-2}.$$

(2)从开始制动到停止，飞轮的角位移及转数分别为

$$\theta=\omega_0 t+\frac{1}{2}\alpha t^2=\left(50\pi\times50-\frac{1}{2}\times\pi\times50^2\right)\ \text{rad}=1\ 250\ \text{rad},$$

$$N=\frac{\theta}{2\pi}=\frac{1\ 250\pi}{2\pi}=625.$$

(3)在时刻 $t=25\ \text{s}$ 时，飞轮角速度为

$$\omega=\omega_0+\alpha t=(50\pi-25\pi)\ \text{rad}\cdot\text{s}^{-1}=25\pi\ \text{rad}\cdot\text{s}^{-1},$$

$\omega$ 的转向与 $\omega_0$ 相同.

(4)在时刻 $t=25\ \text{s}$ 时，飞轮边缘上一点的速度 $\boldsymbol{v}$ 的大小为

$$v=r\omega=1\times25\pi\ \text{m}\cdot\text{s}^{-1}=25\pi\ \text{m}\cdot\text{s}^{-1}.$$

相应的切向加速度和法向加速度，分别为

$$a_\tau=r\alpha=1\times(-\pi)\ \text{m}\cdot\text{s}^{-2}=-\pi\ \text{m}\cdot\text{s}^{-2},$$

$$a_n=r\omega^2=1\times25\pi\ \text{m}\cdot\text{s}^{-2}=25\pi\ \text{m}\cdot\text{s}^{-2}.$$

边缘上该点的加速度为 $\boldsymbol{a}=\boldsymbol{a}_\tau+\boldsymbol{a}_n$. 那么，$\boldsymbol{a}$ 的大小为

$$a=|\boldsymbol{a}|=\sqrt{a_\tau^2+a_n^2}=\sqrt{(-\pi)^2+(25\pi)^2}\ \text{m}\cdot\text{s}^{-2}=\sqrt{626}\pi\ \text{m}\cdot\text{s}^{-2}.$$

$\boldsymbol{a}$ 的方向请读者自行确定.

**例 3-2** 如图 3-3 所示，发电机的皮带轮 A 被汽轮机的皮带轮 B 带动. A 轮和 B 轮的半径分别为 $r_1=30\ \text{cm}$、$r_2=75\ \text{cm}$. 已知汽轮机在启动后以恒定的角加速度 $0.8\pi\ \text{rad}\cdot\text{s}^{-2}$ 转动，两轮与皮带间均无相对滑动发生. 问：经过多长时间后发电机的转动速度为 600 r/min?

**解** 皮带上的 $CD$ 段与 A，B 轮分别相切于点 $C$，$D$. 由于两轮与皮带之间均无相对滑动. 因此，皮带上点 $C$ 的加速度大小 $a_C$ 必定等于 A 轮轮缘上与点 $C$ 相接触的那点的切向加速度的大小，即 $a_C=r_1\alpha_1$（设 $\alpha_1$ 为 A 轮的角加速度）. 同理，皮带上点 $D$ 的加速度大小 $a_D$ 必定等于 B 轮轮缘上与点 $D$ 相接触的那点的切向加速度的大小，即 $a_D=r_2\alpha_2$（设 $\alpha_2$ 为 B 轮的角加速度）. 又因可认为皮带无伸缩，故皮带上各点具有相同的速度和加速度，对点 $C$ 和点 $D$ 而言，有 $a_C=a_D$，即 $r_1\alpha_1=r_2\alpha_2$. 由此得 A 轮的角加速度为

$$\alpha_1=\frac{r_2}{r_1}\alpha_2=\frac{75\ \text{cm}}{30\ \text{cm}}\times0.8\pi\ \text{rad}\cdot\text{s}^{-2}=2\pi\ \text{rad}\cdot\text{s}^{-2}.$$

于是，发电机达到 600 r/min 的转速所需时间为

$$t=\frac{\omega}{\alpha_1}=\left(\frac{600\times2\pi}{60}\ \text{rad}\cdot\text{s}^{-1}\right)\times\frac{1}{2\pi\ \text{rad}\cdot\text{s}^{-2}}=10\ \text{s}.$$

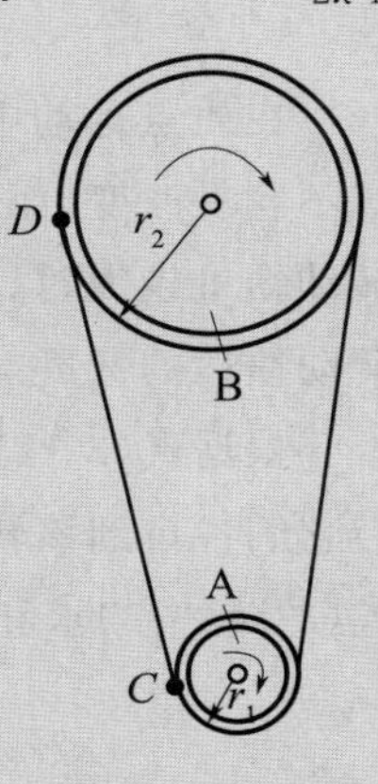


图 3-3 例 3-2 图

# 3.2 力矩 转动定律

## 3.2.1 转动动能和转动惯量

图 3-4 为一做定轴转动的刚体. 根据刚体的定义,可以认为该刚体由 $n$ 个质点组成. 各质点的质量分别为 $m_1, m_2, \cdots, m_n$;各质点到转轴的距离依次为 $r_1, r_2, \cdots, r_n$. 若设刚体做定轴转动的角速度为 $\boldsymbol{\omega}$,那么整个刚体的转动动能就应该等于这 $n$ 个质点绕转轴做圆周运动动能的总和,即

$$E_k = \sum_{i=1}^{n} \frac{1}{2} m_i v_i^2 = \frac{1}{2} \left( \sum_{i=1}^{n} m_i r_i^2 \right) \omega^2. \tag{3-13}$$

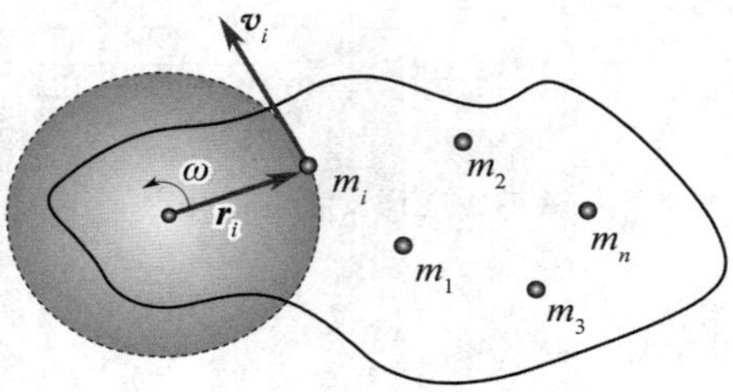

图 3-4 定轴转动的刚体

将式(3-13)与质点运动动能的表达式相比较可以看到,如果认为刚体转动的角速度 $\boldsymbol{\omega}$ 与质点运动的速度 $\boldsymbol{v}$ 相对应,那么 $\sum_{i=1}^{n} m_i r_i^2$ 必定与质点的质量 $m$ 相对应,于是称这个量为刚体相对于给定转轴的**转动惯量**,用 $J$ 表示,即

$$J = \sum_{i=1}^{n} m_i r_i^2. \tag{3-14}$$

将式(3-14)代入式(3-13),得到刚体定轴转动动能的表达式为

$$E_k = \frac{1}{2} J \omega^2. \tag{3-15}$$

在质点运动中,质点的质量是质点惯性的量度,质量越大,其运动速度就越不容易改变. 而在刚体定轴转动中,人们也发现了类似的现象,即当刚体的转动惯量越大时,刚体角速度的改变就越困难. 所以,刚体的转动惯量是刚体转动惯性的量度.

空中走钢丝为什么要拿一根长杆?

根据式(3-14),刚体对某转轴的转动惯量,就等于组成刚体的各质点质量与它们各自到该转轴距离二次方的乘积之和,如果刚体的质量是连续分布的,式(3-14)中的求和量可以用积分代替,即

$$J = \int r^2 \, dm. \tag{3-16}$$

据此可求出几种常见刚体的转动惯量,如表 3-1 所示.

**表 3-1　几种常见刚体的转动惯量**

| 刚体 | 转轴 | 转动惯量 |
|---|---|---|
| 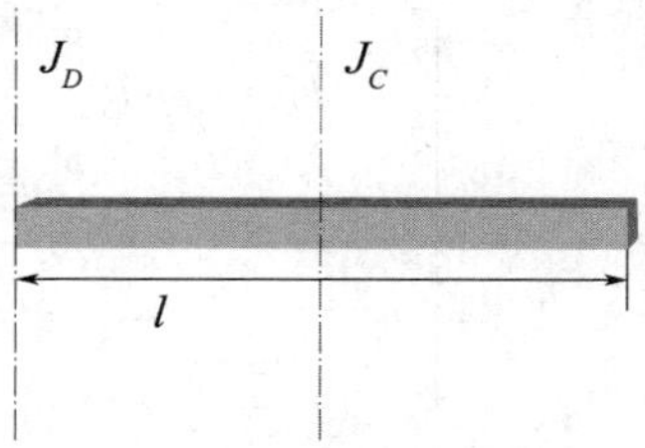 | 通过中心与棒垂直 | $J_C=\frac{1}{12}ml^2$ |
| | 通过端点与棒垂直 | $J_D=\frac{1}{3}ml^2$ |
| 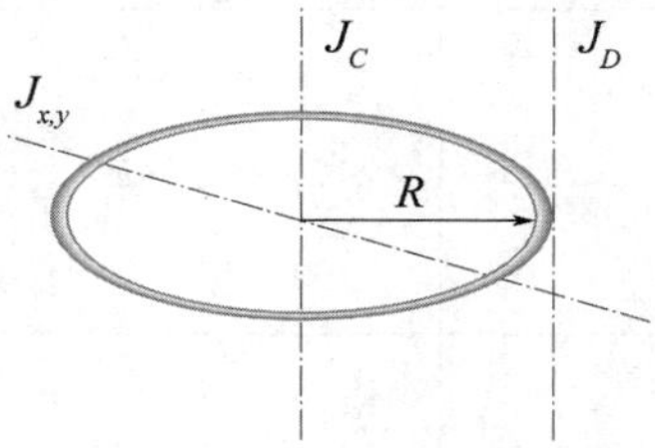 | 通过中心与环面垂直 | $J_C=mR^2$ |
| | 通过边缘与环面垂直 | $J_D=2mR^2$ |
| | 直径 | $J_x=J_y=\frac{1}{2}mR^2$ |
| 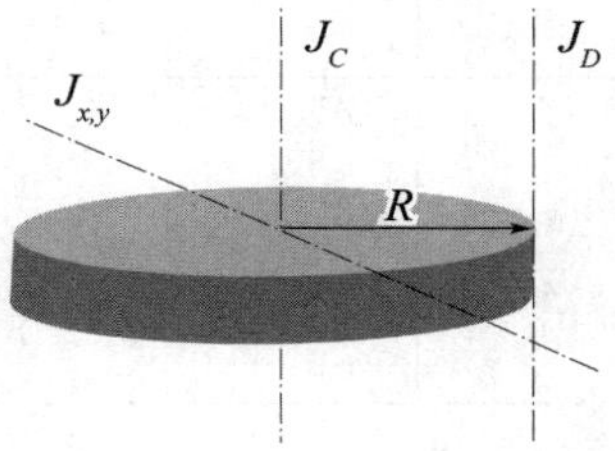 | 通过中心与盘面垂直 | $J_C=\frac{1}{2}mR^2$ |
| | 通过边缘与盘面垂直 | $J_D=\frac{3}{2}mR^2$ |
| | 直径 | $J_x=J_y=\frac{1}{4}mR^2$ |
| 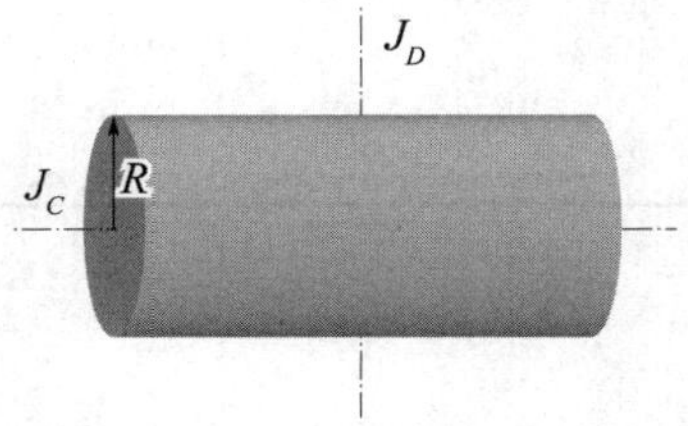 | 几何轴 | $J_C=\frac{1}{2}mR^2$ |
| | 通过中心与几何轴垂直 | $J_D=\frac{1}{4}mR^2+\frac{1}{12}ml^2$ |
|  | 几何轴 | $J_C=\frac{1}{2}m(R_2^2+R_1^2)$ |

刚体定轴转动的转动惯量和转动定律

续表

| 刚体 | 转轴 | 转动惯量 |
|---|---|---|
| 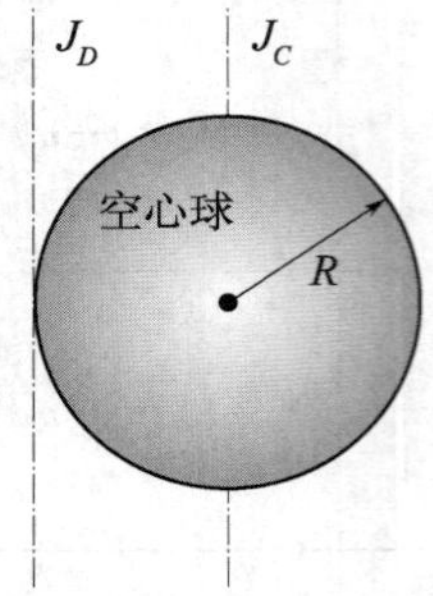 | 中心轴 | $J_C=\frac{2}{3}mR^2$ |
| | 切线 | $J_D=\frac{5}{3}mR^2$ |
| 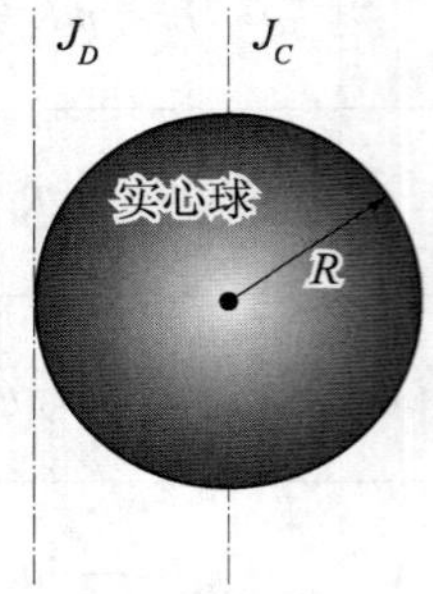 | 中心轴 | $J_C=\frac{2}{5}mR^2$ |
| | 切线 | $J_D=\frac{7}{5}mR^2$ |
| 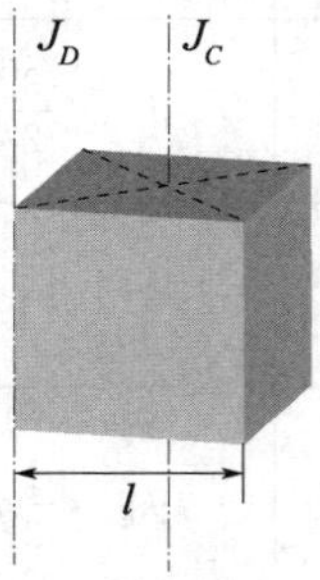 | 中心轴 | $J_C=\frac{1}{6}ml^2$ |
| | 棱边 | $J_D=\frac{2}{3}ml^2$ |

### 3.2.2 力矩

一个做定轴转动的物体(如门、窗),在外力作用下不一定能发生转动.物体转动的发生与否和难易程度不仅与外力的大小有关,而且还与力的作用点的位置以及作用力的方向有关.例如,在开、关门窗时,施力的方向显然是相反的.若将力作用在门窗的不同地方,即使力的大小和方向相同,效果也不一样.力距离门窗的轴越远,越容易开关.当力作用在离门窗轴最远的一侧,且力的方向垂直于门窗轴时,则最容易开关.可是,如果作用力的方向与转轴平行或作用线通过转轴,那么不论用多大的力也不能把门窗开启或关上.由此可知,力的大小、方向和作用点的位置是刚体绕定轴转动的三个重要因素,这三者的作用集中体现在力矩这一物理量中.

如图 3-5 所示,力 $\boldsymbol{F}$ 作用于刚体上点 $P$ 处.点 $P$ 的转动平面 $N$ 与转轴交

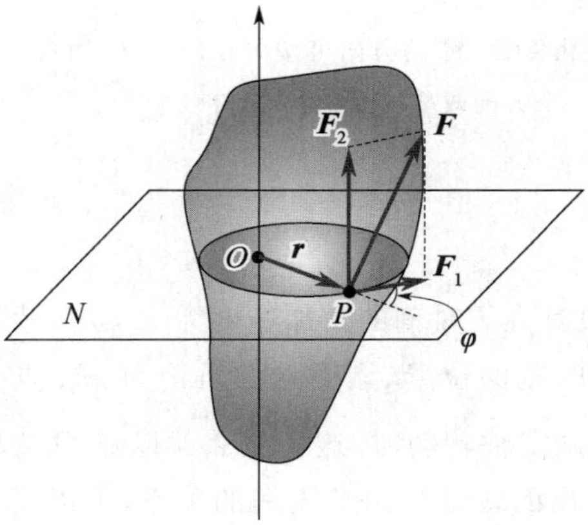


图 3-5　刚体定轴转动的力矩

于点 $O$，$\overrightarrow{OP}=\boldsymbol{r}$. 把力 $\boldsymbol{F}$ 分解为转动平面中的分量 $\boldsymbol{F}_1$ 和垂直于转动平面(平行转轴)的分量 $\boldsymbol{F}_2$. 在定轴转动问题中，$\boldsymbol{F}_2$ 的力矩对转动不起作用；只有在转动平面里的 $\boldsymbol{F}_1$ 的力矩才对刚体的定轴转动有作用. 本书所讨论的力均为在转动平面里的力. 图3-5 中 $\boldsymbol{F}_1$ 的力矩为

$$\boldsymbol{M}=\boldsymbol{r}\times\boldsymbol{F}_1. \tag{3-17}$$

力矩的大小为

$$M=F_1 r\sin\varphi, \tag{3-18}$$

式中，$\varphi$ 是 $\boldsymbol{r}$ 与 $\boldsymbol{F}_1$ 的夹角，$\boldsymbol{M}$ 的方向由右手螺旋定则确定.

力矩的单位在 SI 中为牛[顿]米，符号为 N · m.

力矩是改变刚体定轴转动状态的原因. 对同一刚体定轴转动来说，作用在刚体上的力矩 $\boldsymbol{M}$ 的大小越大，刚体定轴转动的转动状态改变得越快；反之，则越慢.

## *3.2.3　力偶

当刚体仅受大小相等、方向相反的两个外力作用时，若此两力作用在同一条直线上时，则不影响刚体的运动(平动和转动)状态；若此两力的作用不在同一直线上，则有可能使刚体改变原有的转动状态. 此时，把大小相等、方向相反、不在同一直线上的一对力，称为**力偶**.

如图 3-6 所示，一物体受一力偶作用，构成此力偶的两力分别设为 $\boldsymbol{F}$ 和 $\boldsymbol{F}'$，其中 $\boldsymbol{F}'=-\boldsymbol{F}$. 它们的作用点分别为 $A$，$B$，则此两力对任意一点 $O$ 的力矩分别为

$$\boldsymbol{M}_1=\boldsymbol{r}_1\times\boldsymbol{F},$$
$$\boldsymbol{M}_2=\boldsymbol{r}_2\times\boldsymbol{F}',$$

式中，$\boldsymbol{r}_1$，$\boldsymbol{r}_2$ 分别为力 $\boldsymbol{F}$，$\boldsymbol{F}'$ 的作用点相对于 $O$ 点的位矢. 力偶的力矩 $\boldsymbol{M}$(称为**力偶矩**)等于这两力的合力矩，即

$$\boldsymbol{M}=\boldsymbol{M}_1+\boldsymbol{M}_2=\boldsymbol{r}_1\times\boldsymbol{F}+\boldsymbol{r}_2\times\boldsymbol{F}'.$$

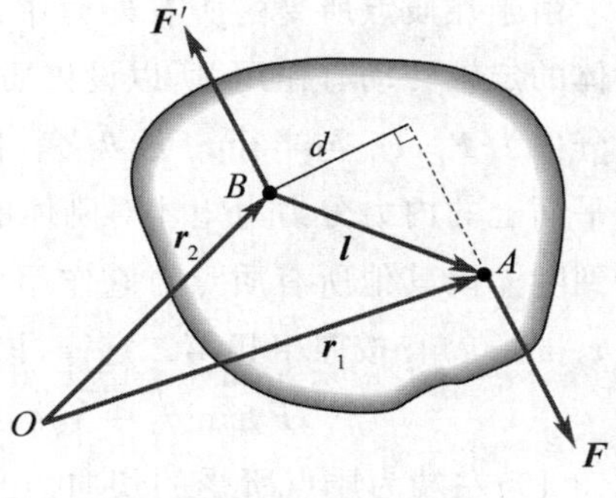


图 3-6　力偶

按矢积的分配律，且由于 $\boldsymbol{F}'=-\boldsymbol{F}$，故有

$$\boldsymbol{M}=\boldsymbol{r}_1\times\boldsymbol{F}-\boldsymbol{r}_2\times\boldsymbol{F}=(\boldsymbol{r}_1-\boldsymbol{r}_2)\times\boldsymbol{F}.$$

由图 3-6 可见，矢量 $\boldsymbol{r}_1-\boldsymbol{r}_2$ 沿两力作用点 $A$，$B$ 的连线，从 $B$ 指向 $A$，记作 $\boldsymbol{l}$. 于是可以得到力偶矩为

$$\boldsymbol{M}=\boldsymbol{l}\times\boldsymbol{F}.$$

由于矢量 $\boldsymbol{l}$ 与点 $O$ 的选择无关，因此，不论以哪一点为参考点，$\boldsymbol{M}$ 均是一样的. 按矢积的定义，力偶矩 $\boldsymbol{M}$ 的大小为

$$M = Fd,$$

式中，$d$ 为两力作用线之间的垂直距离，称为**力偶臂**. $\boldsymbol{M}$ 的方向可按矢积的定义，用右手螺旋定则确定，并据此可判断力偶使刚体沿哪一个方向改变转动状态.

### 3.2.4 转动定律及其应用

图 3-7 为一做定轴转动的刚体. 设其在 $t$ 时刻的角加速度为 $\alpha$. 点 $P$ 表示构成刚体的质点中的任意一质点在 $t$ 时刻的位置，该质点的质量为 $m_i$. 点 $P$ 相对于转轴的位矢为 $\overrightarrow{OP}=\boldsymbol{r}_i$. 当刚体做定轴转动时，这个质点就以点 $O$ 为圆心，$r_i$ 为半径做圆周运动. 根据之前给出的线量与角量之间的关系，可以得到该质点的切向加速度为

$$a_{i\tau}=r_i\alpha.$$

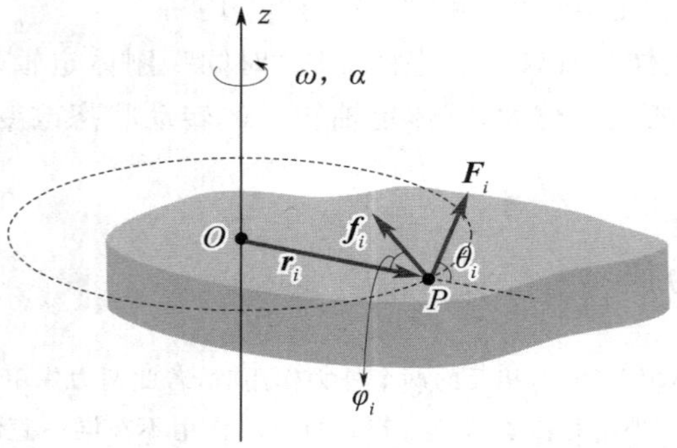


图 3-7 刚体定轴转动定律

由于在质点所受的所有外力中，只有在转动平面上的外力分力力矩才对刚体的定轴转动有作用. 所以设该质点在点 $P$ 处所受的合外力在转动平面内的分力为 $\boldsymbol{F}_i$，$\boldsymbol{F}_i$ 与半径 $\boldsymbol{r}_i$ 成 $\theta_i$ 角. 因为在质点所受的所有内力中，只有在转动平面上的内力分力力矩才对刚体的定轴转动有作用. 所以设质点在点 $P$ 处受到刚体内其他所有质点对它作用合内力在转动平面内的分力为 $\boldsymbol{f}_i$，$\boldsymbol{f}_i$ 与半径 $\boldsymbol{r}_i$ 成 $\varphi_i$ 角. 按照牛顿第二定律，该质点的运动方程在切向的分量式为

$$F_i\sin\theta_i+f_i\sin\varphi_i=m_ia_{i\tau}=m_ir_i\alpha. \tag{3-19}$$

式(3-19)左端为质点所受的切向力. 质点所受法向分力($F_i\cos\theta_i+f_i\cos\varphi_i$)的作用线通过转轴，力矩为零，不改变刚体做定轴转动的转动状态，故不作讨论. 将式(3-19)两边分别乘 $r_i$，则

$$F_ir_i\sin\theta_i+f_ir_i\sin\varphi_i=m_ir_i^2\alpha, \tag{3-20}$$

式中，$F_ir_i\sin\theta_i$ 是质点所受合外力在转动平面内的分力 $\boldsymbol{F}_i$ 对转轴的力矩大小；$f_ir_i\sin\varphi_i$ 是质点所受合内力在转动平面内的分力 $\boldsymbol{f}_i$ 对转轴的力矩大小. 对构成刚体的每一个质点，都可写出与式(3-20)相类似的方程，把所有方程左

右两端分别相加，则有

$$\sum_i F_i r_i \sin\theta_i + \sum_i f_i r_i \sin\varphi_i = \sum_i m_i r_i^2 \alpha, \tag{3-21}$$

式中，$\sum_i f_i r_i \sin\varphi_i$ 表示整个刚体的内力对转轴力矩的代数和. 而内力是刚体中质点彼此之间的相互作用力，总是成对出现的. 对每一对内力来说，它们大小相等，方向相反，力臂相同，所以每一对内力力矩的代数和为零，那么整个刚体的内力对转轴力矩的代数和 $\sum_i f_i r_i \sin\varphi_i = 0$. 剩下的一项正是作用于刚体内所有质点上的外力对转轴力矩的代数和，即**刚体的合外力矩**，用 $M$ 来表示. 由于角加速度 $\alpha$ 对任意质点都相同，与求和号无关，可从求和号中提出. 剩下的 $\sum_i m_i r_i^2$ 即为前面介绍的刚体做定轴转动时，刚体相对于转轴的转动惯量，那么式(3-21)可写为

$$M = J\alpha. \tag{3-22}$$

式(3-22)表明，刚体在外力矩的作用下所获得的角加速度大小 $\alpha$ 与合外力矩的大小 $M$ 成正比，与刚体自身的转动惯量 $J$ 成反比，这一关系称为**刚体定轴转动的转动定律**. 它在刚体定轴转动中的地位与牛顿第二定律在质点运动中的地位是相当的.

通过刚体定轴转动的转动定律不难看出，外力矩与力、角量与线量、转动惯量与质量这三对对应关系，将贯穿整个刚体定轴转动的讨论.

在具体运用转动定律来处理刚体定轴转动时的动力学问题时，必须充分考虑到转动定律的内涵及其成立条件，需要注意以下几个问题.

(1)明确研究对象，把所研究的刚体从相关联的物体中“隔离”出来，这与牛顿运动定律应用中隔离物体是同一个意思. 对做定轴转动的刚体来说，常见的与刚体相关联的物体又分为两大类：第一类是与刚体相关联的轴或轴承；第二类是通过绳子与圆柱状或圆盘状刚体相关联的物体.

(2)选择参考系. 在选择参考系时要考虑到两点：第一，刚体做定轴转动的转动定律只在惯性参考系中才成立；第二，还要考虑到刚体做定轴转动时的转轴在所选参考系中是否满足“定轴”的要求.

(3)选定转轴的方向，分析刚体的受力及相应的力矩. 由于力矩大小 $M$ 是代数量，因此，必须先规定好转轴的正方向，才能谈论它与角加速度 $\alpha$ 以及角速度 $\omega$ 等量的正负号问题.

(4)列方程求解未知量(由力矩 $M$ 求角加速度 $\alpha$ 或由角加速度 $\alpha$ 求力矩 $M$).

(5)对于第二类关联物也需隔离后运用牛顿运动定律列出方程，并寻找圆柱状或圆盘状刚体与关联物之间的运动学联系.

**例 3-3** 某水力发电站的水轮机通过转动装置作用在发电机转子上的力矩大小 $M$ 为 426 N·m，发电机转子在额定负载时做匀速转动，转速为 $n_0=140$ r/min. 若突然失去负载，则发电机转子转速会立刻增加，如果要求 7 s 内转速增加不超过 20%，那么发电机转子的转动惯量 $J$ 至少多大(计算时略去转子受到的空气阻力及轴承处的摩擦力)?

**解** 在转子的转轴上取 $z$ 轴，$z$ 轴的正方向根据转子的转动方向由右手螺旋定则确定. 本题给出的力矩大小 $M$ 实际上就是力对 $z$ 轴的力矩大小 $M_z$，即

$$M_z = M.$$

当负载突然消失后，发电机的转子在力矩 $\boldsymbol{M}$ 的作用下做匀变速转动. 假定转子在 7 s 内转速 $n$ 增加到 $n_0$ 的 1.2 倍，即

$$n = 1.2n_0,$$

则转子的角加速度为

$$\alpha = \frac{\omega-\omega_0}{t} = \frac{2\pi(n-n_0)}{t} = \frac{2\pi\times0.2\times140}{60\times7}\ \text{rad}\cdot\text{s}^{-2}$$

$$\approx 0.419\ \text{rad}\cdot\text{s}^{-2}.$$

根据转动定律 $M=J\alpha$，转子的转动惯量

$$J = \frac{M}{\alpha} = \frac{426\times10^3\times9.8}{0.419}\ \text{kg}\cdot\text{m}^2 \approx 10^7\ \text{kg}\cdot\text{m}^2.$$

若转子的转动惯量 $J$ 小于 $10^7$ kg·m²，则在力矩的作用下，转子获得更大的角加速度，在 7 s 内转速的增加将超过 20%. 所以 $10^7$ kg·m² 就是本题所求的转动惯量.

在实际情况中，空气阻力对转子的运动影响很大，所以这里算出的只是近似结果.

**例 3-4** 如图 3-8(a)所示，一轻绳跨过一轴承光滑的定滑轮. 绳的两端分别悬挂有质量为 $m_1$ 和 $m_2$ 的物体 1 和 2，且 $m_1>m_2$. 设滑轮的质量为 $m$、半径为 $R$，绳与轮之间无相对滑动，试求物体的加速度和绳的张力.

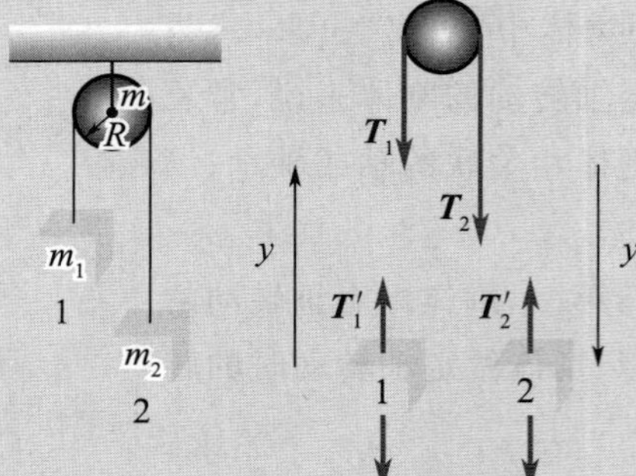


**图 3-8 例 3-4 图(1)**

**解** 分别选定滑轮、物体 1、物体 2 为研究对象，用隔离法画受力图，如图 3-8(b)所示.

物理过程分析：定滑轮在合外力矩作用下做匀加速转动；两物体在合外力作用下做匀变速直线运动. 滑轮转动时的切向加速度 $\boldsymbol{a}_\tau$ 与物体做直线运动时的加速度 $\boldsymbol{a}$ 在量值上相等，$\boldsymbol{a}_\tau$ 是转动与直线运动的衔接量.

对定滑轮应用转动定律. 矢量 $\boldsymbol{M}$，$\boldsymbol{\alpha}$ 的方向均沿转轴，如图 3-9 所示，取定坐标轴的正方向. 根据 $\boldsymbol{M}=J\boldsymbol{\alpha}$，有

$$T_1R - T_2R = J\alpha = \frac{1}{2}mR^2\,\frac{a}{R},$$

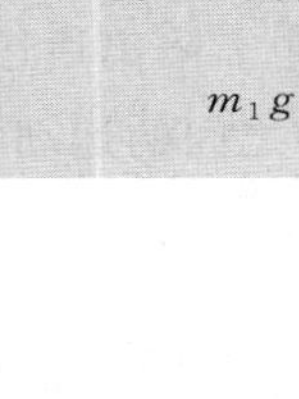


**图 3-9 例 3-4 图(2)**

整理，得

$$T_1 - T_2 = \frac{1}{2}ma.$$

对物体 1 应用牛顿运动定律，如图 3-8(b)所示. 规定竖直向下为坐标轴正方向，根据 $\boldsymbol{F}=m\boldsymbol{a}$，有

$$m_1g - T_1 = m_1a.$$

对物体 2 应用牛顿运动定律，如图 3-8(b)所示. 规定竖直向上为坐标轴正方向，根据 $\boldsymbol{F}=m\boldsymbol{a}$，有

$$T_2-m_2g=m_2a.$$

整理得

$$m_1g-m_1a-m_2g-m_2a=\frac{1}{2}ma,$$

则

$$a=\frac{(m_1-m_2)g}{\frac{1}{2}m+m_1+m_2}.$$

因此

$$T_1=m_1\left[g-\frac{(m_1-m_2)g}{\frac{1}{2}m+m_1+m_2}\right]=m_1g\left(\frac{\frac{1}{2}m+2m_2}{\frac{1}{2}m+m_1+m_2}\right),$$

$$T_2=m_2\left[g+\frac{(m_1-m_2)g}{\frac{1}{2}m+m_1+m_2}\right]=m_2g\left(\frac{\frac{1}{2}m+2m_1}{\frac{1}{2}m+m_1+m_2}\right).$$

讨论：

(1)对绳的张力大小 $T_1$，$T_2$ 的运算结果是否正确？可设定滑轮的质量忽略不计，即 $m=0$ 进行检查；

(2)为了将矢量式 $\boldsymbol{M}=J\boldsymbol{\alpha}$ 转换为代数式运算，可沿转轴取坐标轴的正方向. 此外，也可规定顺时针方向为正，如图 3-9 所示，使定滑轮顺时针方向转动的力矩取正，反之取负；

(3)对两物体的坐标轴方向，在同一个方向上如果一个选为正，另一个选为负，将导致运算结果的错误.

**例 3-5**　如图 3-10 所示，物体 A 的质量为 $m_A$，静止在光滑水平面上，和一质量不计的绳索相连接. 此绳索跨过一半径为 $R$、质量为 $m_C$ 的圆柱形滑轮 C，并系在另一质量为 $m_B$ 的物体 B 上，B 竖直悬挂. 滑轮可绕其几何轴转动. 当滑轮转动时，它与绳索间没有滑动，且滑轮与轴承间的摩擦力可略去不计. 问：

(1)物体 A，B 的线加速度为多少？

(2)物体 B 从静止落下距离 $y$ 时，其速率为多少？

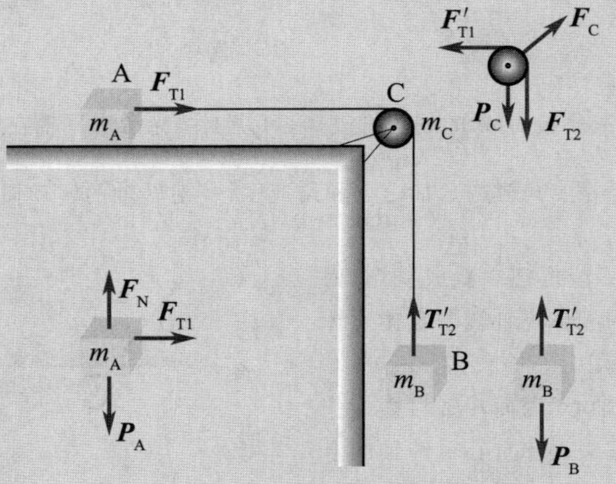


图 3-10　例 3-5 图

**解** (1)在质点动力学中,当牵涉到有关滑轮的问题时,为简单起见,都假设滑轮的质量可以忽略不计.然而,在很多实际问题中,滑轮的质量是不能忽略的.在计算到滑轮的质量时,就应考虑它的转动.物体A和B做平动,它们加速度 $\boldsymbol{a}$ 的大小取决于每个物体所受的合力.滑轮C做转动,它的角加速度大小 $\alpha$ 取决于作用在它上面的合外力矩.首先将3个物体隔离出来,如图3-10所示.张力 $\boldsymbol{F}_{T1}$ 和 $\boldsymbol{F}_{T2}$ 的大小是不能假定相等的,但 $F_{T2}=F'_{T2}$,$F_{T1}=F'_{T1}$.

应用牛顿第二定律,并考虑到绳索不伸长,故对A,B两物体,有

$$F_{T1}=m_A a,$$

$$m_B g-F_{T2}=m_B a.$$

在上两式中,选择物体B的加速度正方向竖直向下;物体A的加速度正方向向右.按题意略去滑轮与轴承间的摩擦力.故滑轮C受到重力 $\boldsymbol{P}_C$、张力 $\boldsymbol{F}'_{T1}$ 和 $\boldsymbol{F}_{T2}$ 以及轴对它的力 $\boldsymbol{F}_C$ 的作用.由于转轴通过滑轮的中心,所以仅有张力 $\boldsymbol{F}'_{T1}$ 和 $\boldsymbol{F}_{T2}$ 对它有力矩作用.因为 $F'_{T1}=F_{T1}$,由转动定律有

$$RF_{T2}-RF_{T1}=J\alpha.$$

滑轮C对其几何轴的转动惯量为 $J=\frac{1}{2}m_C R^2$.

因为绳索在滑轮上无滑动,在滑轮边缘上一点的切向加速度与绳索和物体的加速度大小相等.它与滑轮转动的角加速度的关系为 $a=R\alpha$,代入上式有

$$F_{T2}-F_{T1}=\frac{1}{2}m_C a,$$

解得

$$a=\frac{m_B g}{m_A+m_B+\frac{1}{2}m_C},$$

$$F_{T1}=\frac{m_A m_B g}{m_A+m_B+\frac{1}{2}m_C},$$

$$F_{T2}=\frac{\left(m_A+\frac{1}{2}m_C\right)m_B g}{m_A+m_B+\frac{1}{2}m_C}.$$

在上述方程中,如令 $m_C=0$,或滑轮的质量较之物体A和B的质量很小,即 $m_C$ 可以略去不计时,可得

$$F_{T1}=F_{T2}=\frac{m_A m_B}{m_A+m_B}g.$$

(2)因为物体B是由静止出发做匀加速直线运动,所以它下落距离 $y$ 时的速率为

$$v=\sqrt{2ay}=\sqrt{\frac{2m_B g y}{m_A+m_B+\frac{1}{2}m_C}}.$$

**例 3-6** 有一根长为 $l$、质量为 $m$ 的均匀细直棒,可绕上端光滑水平轴在竖直平面内转动.最初棒静止在水平位置,求它由此下摆 $\theta$ 角时的角加速度和角速度$\left(\text{棒对转轴的转动惯量为 } J=\frac{1}{3}ml^2\right)$.

**解** 棒做下摆运动,不能再把它看成质点,而应作为刚体来处理.需要用刚体定轴转动定律对棒做受力分析,如图3-11所示.

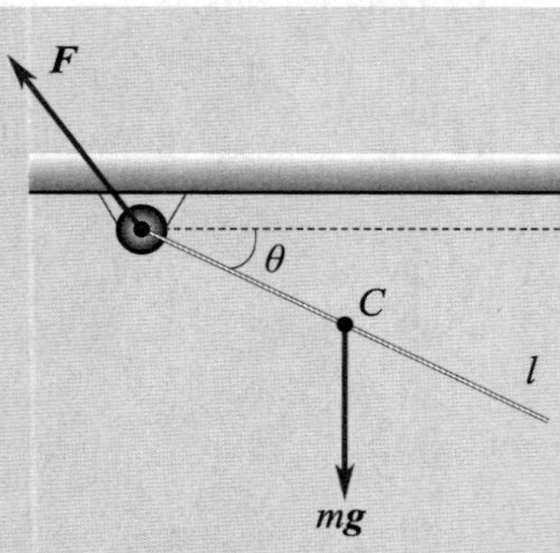

图 3-11 例 3-6 图

转轴对棒的作用力过轴心,因而转轴对棒的作用力相对转轴的力矩为零.又因棒重心对转轴的合力矩和将重力集中作用于质心C所产生的力矩一样,因而棒所受合外力矩大小为

$$M=\frac{1}{2}mgl\cos\theta.$$

根据定轴转动定律,可得棒的角加速度为

$$\alpha=\frac{M}{J}=\frac{\frac{1}{2}mgl\cos\theta}{\frac{1}{3}ml^2}=\frac{3g\cos\theta}{2l}.$$

又因为

$$\alpha=\frac{d\omega}{dt}=\frac{d\omega}{dt}\frac{d\theta}{d\theta}=\omega\frac{d\omega}{d\theta},$$

所以有

$$\omega\frac{d\omega}{d\theta}=\frac{3g\cos\theta}{2l},$$

即

$$\omega d\omega=\frac{3g\cos\theta}{2l}d\theta.$$

考虑到当 $\theta=0$ 时，$\omega=0$；当夹角为任意角 $\theta$ 时，棒的角速度为 $\omega$. 两边积分，有

$$\int_0^\omega \omega d\omega=\int_0^\theta \frac{3g\cos\theta}{2l}d\theta,$$

得

$$\omega=\sqrt{\frac{3g\sin\theta}{l}}.$$

## 3.3 角动量　角动量守恒定律

在质点力学中，为了描述机械运动量的传递，除了用速度 $\boldsymbol{v}$ 描述质点的运动状态外，又引进了动量 $\boldsymbol{p}$，进而导出动量定理和动量守恒定律. 同样，在刚体定轴转动中，为了描述转动，除了用角速度 $\boldsymbol{\omega}$ 描述刚体的转动状态外，还将引入角动量 $\boldsymbol{L}$ 的概念，进而导出刚体的角动量定理和角动量守恒定律.

### 3.3.1 刚体的角动量

角动量又称为动量矩，它是用来描述物体做旋转运动时，物体旋转运动状态的物理量. 对于一个动量为 $\boldsymbol{p}$ 的质点，它对惯性参考系中某一固定点 $O$ 的角动量 $\boldsymbol{L}$ 用矢积来定义，即

$$\boldsymbol{L}=\boldsymbol{r}\times\boldsymbol{p}=\boldsymbol{r}\times m\boldsymbol{v}, \tag{3-23}$$

式中，$\boldsymbol{r}$ 为质点相对于固定点 $O$ 的位矢，如图 3-12 所示.

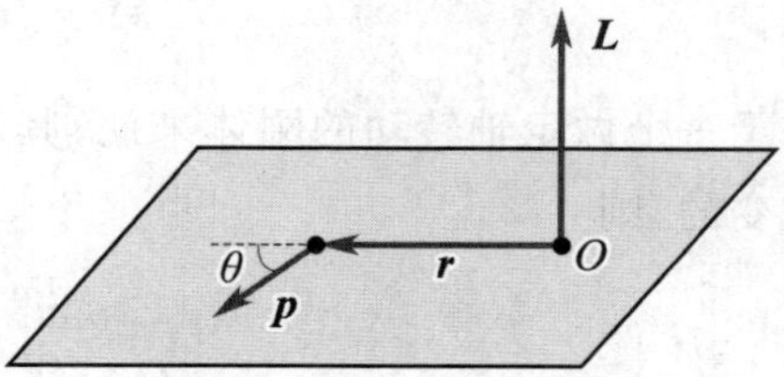

图 3-12　定轴转动刚体的角动量

根据矢积的定义，可知角动量的大小为

$$L=|\boldsymbol{L}|=rp\sin\theta=mrv\sin\theta, \tag{3-24}$$

式中，$\theta$ 是 $\boldsymbol{r}$ 和 $\boldsymbol{p}$ 两矢量之间的夹角. $\boldsymbol{L}$ 的方向垂直于 $\boldsymbol{r}$ 和 $\boldsymbol{p}$ 所确定的平面，其指向可用右手螺旋定则来确定.

根据式(3-23)，质点的角动量不仅取决于质点运动的动量 $\boldsymbol{p}$，还取决于它的位矢 $\boldsymbol{r}$，因而取决于固定点位置的选择. 同一质点相对于不同的固定点，它的角动量有不同的值，因此，在说明一个质点的角动量时，必须指明是对哪一个固定点说的.

一个质点沿半径为 $r$ 的圆做圆周运动，如图 3-12 所示，设其动量大小为

$p=mv$，那么它对圆心 $O$ 的角动量大小为

$$L=rp\sin\frac{\pi}{2}=mrv. \tag{3-25}$$

由于质点做圆周运动的线速度与角速度之间关系

$$v=r\omega,$$

质点对过 $O$ 点的轴的转动惯量为

$$J=mr^2,$$

所以质点对 $O$ 点的角动量大小可写为

$$L=J\omega. \tag{3-26}$$

不难看出，角动量的方向与角速度的方向是相同的，则有

$$\boldsymbol{L}=J\boldsymbol{\omega}. \tag{3-27}$$

当刚体以角速度 $\boldsymbol{\omega}$ 做定轴转动时，设构成刚体的质点系中的某一个质点 $m_i$ 到转轴的距离为 $r_i$，则其对转轴的角动量的大小为

$$L_i=J_i\omega=m_ir_i^2\omega.$$

整个刚体对转轴的角动量的大小 $L$，就等于构成刚体的质点系中所有质点对转轴角动量的代数和，即

$$L=\sum_i L_i=\sum_i m_ir_i^2\omega=J\omega. \tag{3-28}$$

写成矢量式为

$$\boldsymbol{L}=J\boldsymbol{\omega}. \tag{3-29}$$

式(3-29)即为刚体做定轴转动时，刚体相对于转轴的角动量的定义式.

### 3.3.2 刚体定轴转动的角动量定理

根据刚体做定轴转动时的转动定律，有

$$\boldsymbol{M}=J\boldsymbol{\alpha}=J\frac{\mathrm{d}\boldsymbol{\omega}}{\mathrm{d}t}.$$

对于一个做定轴转动的刚体来说，其对转轴的转动惯量一般是不随时间发生改变的，则

$$\boldsymbol{M}=J\frac{\mathrm{d}\boldsymbol{\omega}}{\mathrm{d}t}=\frac{\mathrm{d}J\boldsymbol{\omega}}{\mathrm{d}t}=\frac{\mathrm{d}\boldsymbol{L}}{\mathrm{d}t}. \tag{3-30}$$

把式(3-30)写成积分式为

$$\int_{t_1}^{t_2}\boldsymbol{M}\mathrm{d}t=\boldsymbol{L}_2-\boldsymbol{L}_1, \tag{3-31}$$

式中，$\int_{t_1}^{t_2}\boldsymbol{M}\mathrm{d}t$ 称为合外力矩对刚体的冲量矩，它等于相应时间内刚体角动量的增量，这一结论称为刚体定轴转动的**角动量定理**.

### 3.3.3　刚体定轴转动的角动量守恒定律

在刚体做定轴转动过程中，如果刚体所受外力对转轴的合力矩为零，即 $\boldsymbol{M}=\mathbf{0}$，那么由式(3-31)可得

$$\boldsymbol{L}_2-\boldsymbol{L}_1=\mathbf{0}, \tag{3-32}$$

即

$$\boldsymbol{L}_1=\boldsymbol{L}_2=\text{常矢量}. \tag{3-33}$$

当做定轴转动的刚体所受合外力矩为零时，或者说当刚体不受外力矩的作用时，刚体相对于转轴的角动量恒定不变，这个结论称为**角动量守恒定律**. 该结论不仅对刚体成立，对非刚体也同样成立.

刚体对轴的角动量守恒定律

对于绕某固定轴转动的物体来说，角动量守恒的情况有以下几种。

(1)对于做定轴转动的刚体，在转动过程中物体的转动惯量始终保持不变. 当刚体所受合外力矩等于零时，刚体将以恒定的角速度 $\boldsymbol{\omega}$ 绕定轴转动. 例如，地球自转就近似于这种情况.

(2)如果做定轴转动的物体为非刚体，物体对转轴的转动惯量可变. 角动量守恒表现为当物体的转动惯量增大或减小时，其角速度相应地减小或增大. 例如，一个人坐在凳子上，凳子能够绕竖直轴转动(转动中的摩擦忽略不计)，人的两只手各握一个哑铃. 当他平举两臂时，在别人的帮助下，使人和凳子一起转动. 然后，此人在转动中将两手收至胸前. 这时由于合外力对转轴的力矩为零，人和凳的角动量保持不变，所以当人将两手收至胸前时，转动惯量减小，角速度增大，也就是说比平举两臂时要转得快一些. 舞蹈演员、溜冰运动员等在旋转的时候，往往先将四肢伸开获得一定的转速，然后迅速收拢四肢，使自己的转动惯量迅速减小，因而旋转速度迅速增大，这也是利用了角动量守恒定律.

(3)当定轴转动系统由多个物体组成时，角动量守恒表现为各个物体的角动量的矢量和不变，即

$$\sum_i J_i\boldsymbol{\omega}_i=\text{恒矢量}. \tag{3-34}$$

工程上的摩擦离合器就是利用了这一原理.

这里还应指出，角动量守恒定律、动量守恒定律和能量守恒定律，都是在不同的理想化条件(如质点、刚体等)下，用经典的牛顿力学原理“推证”出来的. 但它们的使用范围却远远超出原有条件的限制，不仅适用于经典力学所研究的宏观、低速(远小于光速)领域，而且通过相应的扩展和修正后也适用于经典力学失效的微观、高速(接近光速)的领域，即量子力学和相对论之中. 这就充分说明，上述三条守恒定律有其时空特征，是近代物理理论的基础，是更为普适的物理定律.

**例 3-7** 如图 3-13 所示，一质量为 $m_1$、长为 $l$ 的均匀细杆，可绕过 $O$ 端的水平轴在铅直平面内自由转动. 在细杆自由下垂时，有一质量为 $m_2$ 的小球在距细杆下端 $a$ 处垂直击中细杆. 设小球在碰撞后的速度为零而自由下落；细杆被碰撞后的最大偏转角为 $\theta$. 求小球击中细杆前的速度.

**解** 把全过程分为两个阶段. 第一阶段，小球与细杆碰撞，使细杆获得一初角速度；第二阶段，细杆以第一阶段获得的初角速度摆动，直至最大偏转角.

第一阶段，把小球和细杆看作一个系统，$O$ 轴对细杆的力通过 $O$ 轴，故该力对 $O$ 轴的力矩为零. 在小球与细杆碰撞的极短的时间内，细杆与小球所受的重力都通过 $O$ 轴，故力矩都为零. 整个系统所受到的对 $O$ 轴的合外力矩为零，因此系统的角动量守恒.

设小球与细杆碰撞前的速度为 $v$. 碰撞前，小球对 $O$ 轴的角动量为 $m_2v(l-a)$，细杆静止，对 $O$ 轴的角动量为零. 因此，碰撞前系统的角动量为 $m_2v(l-a)$. 碰撞后，小球速度为零而自由下落，对 $O$ 轴角动量为零. 细杆的角速度为 $\omega$，对 $O$ 轴的转动惯量为 $J$，角动量为 $J\omega$. 因此，碰撞后系统的角动量为 $J\omega$，由角动量守恒定律，有

$$J\omega = m_2v(l-a).$$

第二阶段，把细杆和地球看作一个系统，细杆以初角速度 $\omega$ 摆动. 摆动过程中，只有重力做功，故系统的机械能守恒. 以细杆在竖直位置时细杆的中点为重力势能的零点，有

$$\frac{1}{2}J\omega^2 = m_1 g\,\frac{l}{2}(1-\cos\theta).$$

细杆对 $O$ 轴的转动惯量为

$$J = \frac{1}{3}m_1 l^2,$$

则

$$v = \frac{m_1 l}{m_2(l-a)}\sqrt{g(l-\cos\theta)}.$$

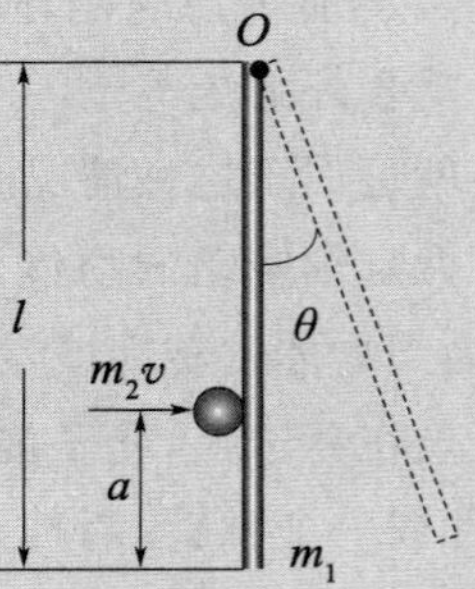


图 3-13 例 3-7 图

# 3.4 力矩做功

在刚体做定轴转动时，对于作用在刚体上某点的力所做的功，仍然可以用此力与受此力质点的位移的点积来定义. 但是对于刚体的这个特殊质点系来说，在刚体定轴转动过程中外力所做的功需要用另外一种特殊的形式来表示. 下面根据质点受力做功的定义来推导出刚体受外力矩做功的表达式.

## 3.4.1 力矩的功

如图 3-14 所示，一刚体在处于转动平面内的外力 $\boldsymbol{F}$ 作用下做定轴转动. 力 $\boldsymbol{F}$ 的作用点 $P$ 到转轴的距离 $OP=r$（相应的位矢为 $\boldsymbol{r}$）. 经过 $\mathrm{d}t$ 时间后，刚体转过微小的角位移 $\mathrm{d}\theta$，$\boldsymbol{r}$ 也随之扫过 $\mathrm{d}\theta$ 角，使点 $P$ 发生位移 $\mathrm{d}\boldsymbol{s}$. 由于 $\mathrm{d}t$ 时间极小，位移 $\mathrm{d}\boldsymbol{s}$ 的大小 $\mathrm{d}s=r\mathrm{d}\theta$，位移 $\mathrm{d}\boldsymbol{s}$ 的方向与 $OP$ 垂直. 按功的定义，力

$\boldsymbol{F}$ 所做的功为

$$\begin{aligned} dW &= \boldsymbol{F} \cdot d\boldsymbol{s} \\ &= F\cos\alpha\, ds \\ &= F\cos\left(\frac{\pi}{2}-\theta\right) r\, d\theta = Fr\sin\theta\, d\theta, \end{aligned} \tag{3-35}$$

式中，$\theta$ 为 $\boldsymbol{F}$ 和 $\boldsymbol{r}$ 之间的夹角. $Fr\sin\theta$ 是作用于 $P$ 点的力 $\boldsymbol{F}$ 对转轴的力矩大小 $M$，故式(3-35)可写成

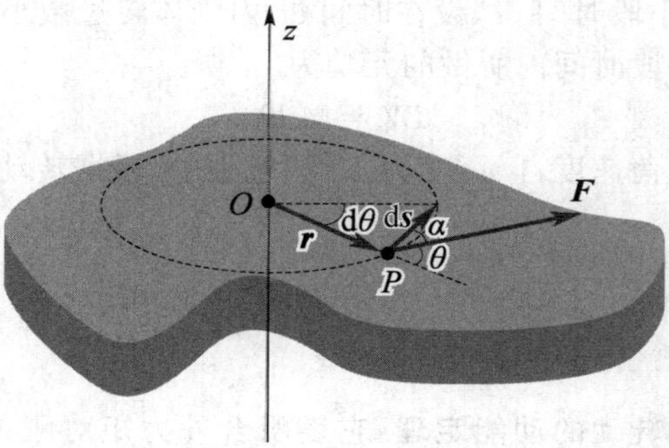


图 3-14　定轴转动刚体所受力矩的功

$$dW = M\, d\theta. \tag{3-36}$$

若刚体受到许多外力 $\boldsymbol{F}_1, \boldsymbol{F}_2, \cdots, \boldsymbol{F}_n$ 作用，并设这些外力都处于转动平面内，那么当刚体在转过角位移 $d\theta$ 的过程中，各力作用点 $P_1, P_2, \cdots, P_n$ 的位矢都扫过相同的 $d\theta$ 角. 各外力的力矩做功的代数和就是这些外力的合力矩所做的功，即

$$dW = \sum_i dW_i = \sum_i M_i\, d\theta = \left(\sum_i M_i\right) d\theta = M\, d\theta,$$

式中，$\sum_i M_i = M$ 为刚体所受的合外力矩的大小. 当刚体在此合外力矩的作用下由角位置 $\theta_1$ 转至角位置 $\theta_2$ 的过程中，力矩对刚体所做的功为

$$W = \int_{\theta_1}^{\theta_2} dW = \int_{\theta_1}^{\theta_2} M\, d\theta. \tag{3-37}$$

式(3-37)即为力矩所做的功的表达式.

### 3.4.2　力矩的功率

单位时间内力矩对刚体所做的功称为**力矩的功率**，用 $P$ 表示. 根据力矩功率的定义，刚体在力矩作用下绕定轴转动时，若在 $dt$ 时间内转过 $d\theta$ 角，则可得刚体在定轴转动过程中的瞬时功率为

$$P = \frac{dW}{dt} = M\frac{d\theta}{dt} = M\omega, \tag{3-38}$$

即力矩对做定轴转动刚体所做的瞬时功率就等于力矩和角速度的乘积. 当功率一定时，转速越低，力矩越大；转速越高，力矩越小.

### 3.4.3 刚体绕定轴转动的动能定理

当外力对质点做正功时,质点的动能将增加.那么,对于做定轴转动的刚体来说,如果外力矩在对刚体做功时,刚体的转动动能又将如何改变呢?现在根据转动定律来加以阐述.

设在合外力矩 $\boldsymbol{M}$ 作用下,刚体绕定轴转动的角速度从 $\omega_1$ 变为 $\omega_2$.那么在此过程中,取一极小段时间 $\mathrm{d}t$,设在时间 $\mathrm{d}t$ 内刚体转过微小的角位移 $\mathrm{d}\theta$,那么合外力矩在这极小段时间内所做的元功为

$$\mathrm{d}W = M\mathrm{d}\theta.$$

在整个刚体的角速度自 $\omega_1$ 变为 $\omega_2$ 的过程中,根据转动定律,合外力矩对刚体所做的功即为

$$W = \int_{\theta_1}^{\theta_2} M\mathrm{d}\theta = \int_{\theta_1}^{\theta_2} J\alpha\,\mathrm{d}\theta = \int_{\theta_1}^{\theta_2} J\,\frac{\mathrm{d}\omega}{\mathrm{d}t}\mathrm{d}\theta = \int_{\omega_1}^{\omega_2} J\omega\,\mathrm{d}\omega = \frac{1}{2}J\omega_2^2 - \frac{1}{2}J\omega_1^2, \tag{3-39}$$

这就是刚体做定轴转动的**动能定理**.它表明合外力矩对刚体所做的功等于刚体转动动能的增量.

当做定轴转动的刚体受到阻力矩的作用时,由于阻力矩与角位移的转向相反,阻力矩做负功.由式(3-39)可知,转动动能的增量为负值;或者说,做定轴转动的刚体克服阻力矩做功,它的转动动能减少.在这种情况下,刚体的转动角速度也将逐渐减慢,以至停止转动.

刚体定轴转动的功能推导

上述对单个刚体绕定轴转动的动能定理可推广到绕定轴转动的刚体与其他质点所组成的系统,这时,式(3-39)可写成

$$W = E_{k2} - E_{k1}, \tag{3-40}$$

式中,$W$ 表示作用于系统所有外力(及外力矩)做功的代数和;$E_{k1}$ 和 $E_{k2}$ 分别表示系统在始、末状态的总动能,即系统内所有的刚体转动动能和质点平动动能之和.

**例 3-8** 用定轴转动刚体的动能定理求例 3-6 中的棒下摆 $\theta$ 角时的角速度 $\omega$.

**解** 对棒做受力分析,如图 3-11 所示.因棒所受重力对转轴的合外力矩和整个物体的重力集中作用于质心所产生的力矩一样,故棒受合外力矩大小为

$$M = \frac{1}{2}mgl\cos\theta.$$

刚开始时棒的角速度为 0,则棒对轴的转动动能也为零,对棒应用动能定理得

$$W = \int_{\theta_1}^{\theta_2} M\mathrm{d}\theta = \int_0^{\theta} \frac{1}{2}mgl\cos\theta\mathrm{d}\theta = \frac{1}{2}mgl\sin\theta$$

$$= \frac{1}{2}J\omega^2 - \frac{1}{2}J\omega_0^2 = \frac{1}{2}J\omega^2 = \frac{1}{2}\times\frac{1}{3}ml^2\omega^2,$$

解得

$$\omega = \sqrt{\frac{3g\sin\theta}{l}}.$$

从解题过程来看,应用刚体定轴转动的动能定理解题要比例 3-6 中应用刚体定轴转动定律解题简单.

**例 3-9**　用机械能守恒定律求例 3-6 中的棒下摆 $\theta$ 角时的角速度 $\omega$.

**解**　选棒和地球作为系统.棒和轴之间的力过轴心,力矩为零,且对棒和地球组成的系统不做功,因此系统中只有重力做功,整个系统的机械能守恒.

选棒下摆 $\theta$ 角时质心位置作为势能的零点,对棒和地球应用机械能守恒定律,即棒在水平位置时的机械能与下摆 $\theta$ 角时的机械能相等,得

$$mg\,\frac{1}{2}l\sin\theta = \frac{1}{2}J\omega^2 = \frac{1}{2}\times\frac{1}{3}ml^2\omega^2,$$

解得

$$\omega = \sqrt{\frac{3g\sin\theta}{l}}.$$

从解题过程来看,应用机械能守恒定律解题要比例 3-6 中应用刚体定轴转动的动能定理解题更简单.

至此用了三种不同的方法来解例 3-6. 现在可以清楚地比较三种解法的不同:在第一种方法中,直接应用刚体定轴转动定律(将刚体定轴转动定律公式的左右两侧分别简称为"力矩侧"和"运动侧"),该方法用了纯数学方法进行积分运算;在第二种方法中,运用了功和能的概念,这时还需要对力矩侧进行积分来求功,但是运动侧已简化为只需要计算动能增量了,这一简化是由于对运动侧用积分进行了预处理且引进刚体动能概念的结果;第三种方法没有用任何积分,只是进行了普通代数运算,因而计算又大为简化了,这是因为用积分预处理了力矩侧,引进了刚体势能的结果.

综上所述,即使使用的基本定律是同一个,但是通过引入新概念和建立新定律的形式,也能简化解决实际问题时的方法.

值得指出,如果能够应用机械能守恒定律求解必定可以应用动能定理求解;能够应用动能定理求解一定可以应用刚体转动定律求解. 因此,在实际的问题当中,先考虑能否用机械能守恒定律,若不能,再考虑能否应用动能定理,最后考虑应用刚体定轴转动定律.

## *3.4.4　陀螺的运动

绕对称轴高速旋转的刚体称为**陀螺**.

陀螺在运动过程中通常有一点保持固定,所以其运动属刚体的定点运动. 利用角动量和角速度的矢量性质,不难解释陀螺的运动. 而陀螺有许多独特的性质,并有着广泛应用.

刚体和质点运动定理的比较

### 1. 陀螺的进动

1)杠杆陀螺的进动

图 3-15(a)为杠杆陀螺的示意图. A 为陀螺,P 为重物,$O$ 为支点. 陀螺以一定角速度 $\omega$ 快速自转,自转轴沿水平方向. 若陀螺自身重量和重物 P 的共同重心偏离 $z$ 轴一定距离 $l$,则有一重力矩 $M=mgl$ 作用于陀螺,方向水平向后,与自转轴垂直,如图 3-15(a)所示. 设陀螺绕对称轴的转动惯量为 $J$,则陀螺的自转角动量 $L=J\omega$. 在力矩 $\boldsymbol{M}$ 的作用下,经 $\Delta t$ 时间后,角动量将有一增量 $\Delta\boldsymbol{L}=\boldsymbol{M}\Delta t$. $\Delta\boldsymbol{L}$ 的方向与 $\boldsymbol{M}$ 相同,如图 3-15(b)所示. $\Delta t$ 时间后,陀螺绕 $z$ 轴转过 $\Delta\varphi$ 角,因而陀螺的自转轴也转过 $\Delta\varphi$. 当 $\Delta t$ 很小时,$\boldsymbol{L}'=\boldsymbol{L}+\Delta\boldsymbol{L}$ 与 $\boldsymbol{L}$ 的大小相等,仅方向不同. 在新的位置,由于力矩仍与自转轴垂直,再经 $\Delta t$ 时间,角动量又转过 $\Delta\varphi$ 角,此过程将持续进行. 结果,陀螺绕 $z$ 轴以一定角速度 $\Omega$ 旋转,这种现象称为进动. 进动角速度 $\Omega$ 可由角动量定理求得,即

$$\Delta L = L\Delta\varphi = M\Delta t,$$

而 $\Omega=\dfrac{\Delta\varphi}{\Delta t}$,因此

$$\Omega = \frac{M}{L}.$$

为表示出进动角速度的方向,可将上式写成矢量形式,即

$$\boldsymbol{M}=\boldsymbol{\Omega}\times\boldsymbol{L}.$$

因 $M=mgl, L=J\omega$,又可写成

$$\Omega=\frac{mgl}{J\omega},$$

式中,$m$ 是杠杆陀螺的总质量.

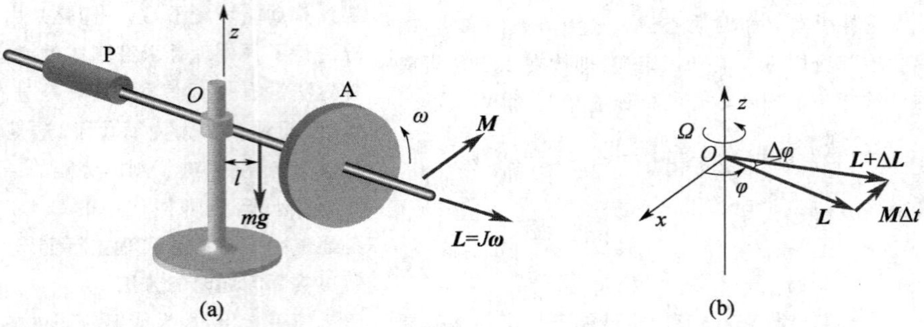


图 3-15 杠杆陀螺

2)玩具陀螺的进动

图 3-16 为玩具陀螺的进动示意图,它的进动原理与杠杆陀螺相同. 设其自转轴与铅垂方向成 $\theta$ 角,质心与支点 $O$ 的距离为 $l$. 由角动量定理,有

$$mgl\sin\theta\Delta t=J\omega\sin\theta\Delta\varphi,$$

$$\Omega=\frac{\Delta\varphi}{\Delta t}=\frac{mgl}{J\omega}.$$

写成矢量式,有

$$\boldsymbol{M}=\boldsymbol{\Omega}\times\boldsymbol{L}.$$

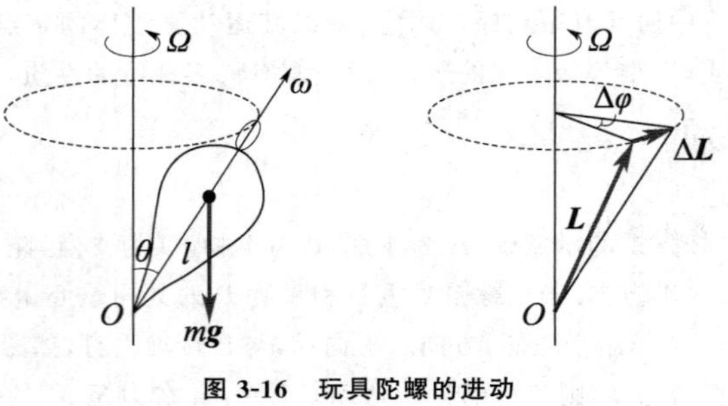


图 3-16 玩具陀螺的进动

从以上对进动的讨论可以看出,陀螺有两个行为是相当奇特的. 其一是,当对旋转着的有一点固定的陀螺施加外力时,它不顺着外力方向偏斜,而向着与外力垂直的方向即力矩的方向偏斜,旋转的陀螺在重力作用下并不往下掉而沿水平方向进动,这与不旋转的陀螺大不一样,不旋转的陀螺(一点固定),在外力下,将顺着外力方向偏斜;其二是,在外力矩作用下,陀螺并不产生与力矩成正比的角加速度,使其角速度随时间增大,而产生与力矩成正比的进动角速度,这也与不旋转物体的性质大不相同,这一切都是由于陀螺在高速旋转的缘故.

陀螺在外力矩作用下,其角动量矢量(或其自转轴)有向外力矩方向偏斜的趋势. 当外力矩方向也随之不断改变时,这种偏斜方向也不断改变,这就是进动的原理.

在上面的讨论中忽略了陀螺因进动而产生的角动量. 在自转轴沿水平方向的杠杆陀螺中，由于进动角速度与陀螺的对称轴垂直，这一附加角动量 $\boldsymbol{L}_{\perp}=J_{\perp}\boldsymbol{\Omega}$ 与 $\boldsymbol{\Omega}$ 同方向(这里 $J_{\perp}$ 是陀螺对铅垂轴的转动惯量)，沿着铅垂轴向上，它使角动量略向上翘，如图 3-17 所示. 但在杠杆陀螺中，这一附加角动量对进动无影响，因为在进动过程中它并不改变，但如果陀螺在初始时刻的角动量沿水平方向，然后由此静止释放，那么，由于重力矩与铅垂轴垂直，不可能对体系提供沿铅垂方向的角动量分量. 因而，在稳定进动时，陀螺的头将略向下倾斜，使总角动量仍沿水平方向，如图 3-18 所示.

以上从角动量的矢量性和角动量定理解释了陀螺在重力作用下并不倒下而做进动的道理，还可以从另一个更直接的角度来理解这一问题.

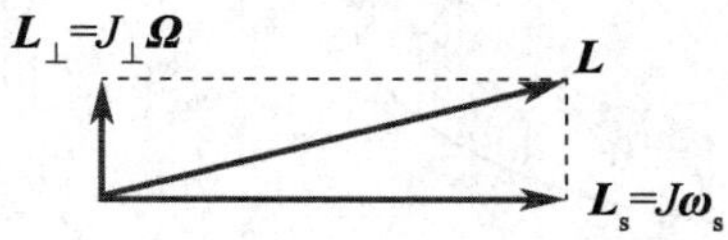


图 3-17　因进动而产生的附加角动量

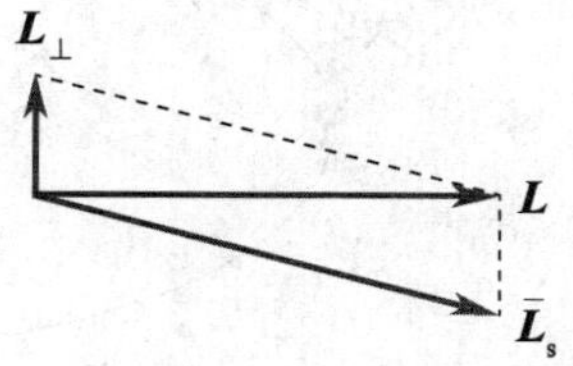


图 3-18　总角动量的合成

对跟着陀螺一起进动的参考系而言，陀螺的角动量的大小和方向保持不变. 进动参考系是匀速转动参考系，是一个非惯性参考系. 在这一非惯性参考系中，陀螺除受到重力作用外，还受到惯性力作用. 作用于各质元的惯性离心力的合力通过支点 $O$，可由支点 $O$ 上的约束力抵消. 作用于各质元的科里奥利力取决于质元的速度. 例如，如图 3-19 所示，陀螺上的 $B$，$D$ 两点的速度与进动角速度 $\boldsymbol{\Omega}$ 平行，不受科里奥利力作用. 但 $A$，$C$ 两点受到如图所示的科里奥利力 $\boldsymbol{f}_A$ 和 $\boldsymbol{f}_C$ 的作用. $\boldsymbol{f}_A$ 和 $\boldsymbol{f}_C$ 构成沿 $y$ 轴负方向的惯性力矩，与重力矩方向相反. 不难看出，陀螺上所有各点都受到大小不等的科里奥利力作用，它们的力矩矢量和沿 $y$ 轴负方向，与重力矩方向相反. 在进动坐标系中，陀螺受到的这种惯性力矩称为**回转力矩**. 可以证明，回转力矩的大小与重力矩相等. 因此，相对于进动坐标系，陀螺所受重力矩被回转力矩平衡，所以它的角动量保持不变.

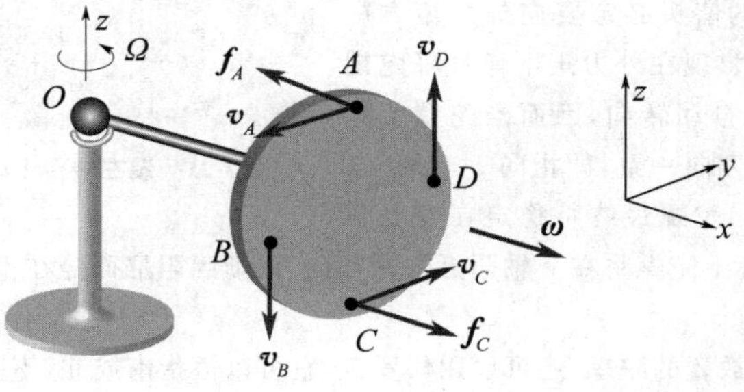


图 3-19　陀螺在进动参考系中受科里奥利力

## 2. 地球在太阳引力矩作用下的进动

地球可看作一个自转着的刚体，相当于一个陀螺，它的角动量沿自转轴向北. 由于地球并非严格的球体，呈扁平球形，赤道附近向外鼓出. 而且，地球自转轴与黄道(太阳绕地球的视运动轨道)面法线并不一致，而成 23.5°的夹角. 太阳对地球鼓出部分上各质元的引力是不同的. 在冬季，太阳对鼓出部分 A 的引力 $F_{\mathrm{A}}$ 大于对鼓出部分 B 的引力 $F_{\mathrm{B}}$，即 $F_{\mathrm{A}}>F_{\mathrm{B}}$，如图 3-20 所示. 两力对地球质心的合力矩不是零，而由纸面向外. 在夏季，$F_{\mathrm{A}}<F_{\mathrm{B}}$，但两力

都反向，结果合力矩仍由纸面向外. 在春、秋两季，此合力矩为零. 力矩在一年中的平均值由纸面向外. 在此力矩作用下，地球将绕黄道面法线进动，进动角速度 $\boldsymbol{\Omega}$ 的方向与太阳绕地球的视转动方向相反. 计算表明，这种进动的周期约为 26 000 年. 这一进动使春分点和秋分点(天球赤道与黄道的两交点)每年逆着太阳视转动方向移动一定角度，这就是**回归年**(太阳相继两次通过春分点所经历的时间)比恒星年略短的缘故，形成**岁差**.

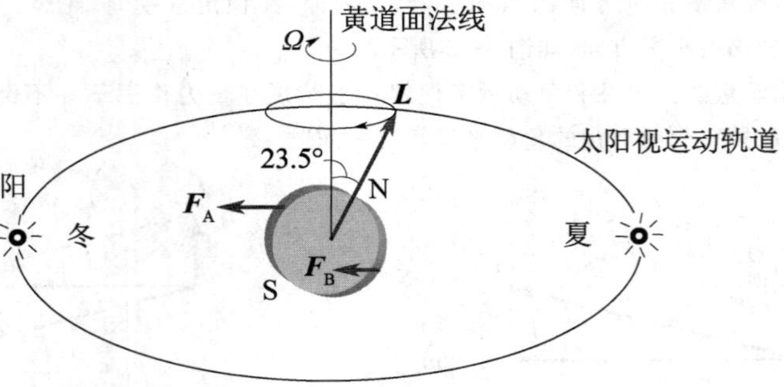


图 3-20　地球在太阳引力矩作用下的进动

以上分析中把太阳的引力看作地球进动力矩的来源，实际上月球引力的作用更大些，但道理相同.

### 3. 二自由度陀螺于回转罗盘

1)装在转台上的二自由度陀螺

为说明回转罗盘的原理，先考察装在转台上的二自由度陀螺的行为. 如图 3-21 所示，只在 $x$ 轴和 $y$ 轴的方向，陀螺可以自由转动. 陀螺的自转轴沿 $x$ 轴方向. 当陀螺高速自转时，若让转台以恒定角速度 $\Omega$ 绕 $z$ 轴旋转，就相当于对陀螺加上一个沿 $z$ 轴方向的外力矩. 根据角动量定理，角动量矢量的箭头必定要向外力矩方向偏斜，于是陀螺上翘. 现在外力矩不像杠杆陀螺中的重力矩那样会自动转向，因而当陀螺上翘到角动量与外力矩方向一致，即指向 $z$ 轴时，角动量方向不再变化，陀螺最终将稳定在角动量向上的方位上(实际上陀螺将在 $z$ 轴附近左右摆动，逐渐因阻尼而停在稳定方位上).

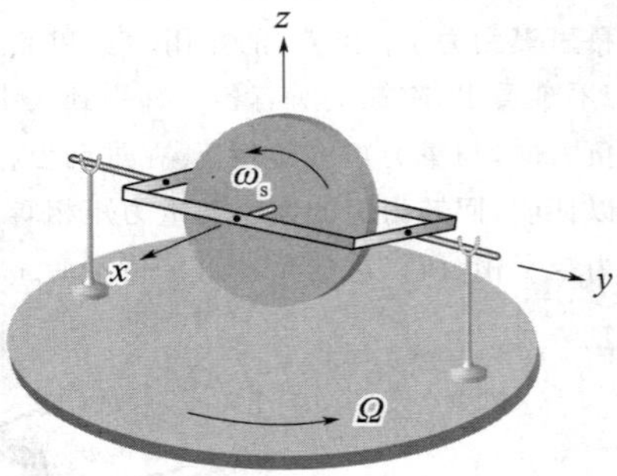


图 3-21　装在转台上的二自由度陀螺

2)回转罗盘

用适当的方法放置的陀螺，还可以用作罗盘，它可以恒指南或北，不受地磁场的影响.

地球相当于一个大转盘，所以如果把二自由度陀螺放在赤道地面，使 $y$ 轴铅直向上，情况就完全同上面所讲的相仿，最终陀螺的自转角速度将与地球自转同方向，即指北.

如果陀螺不是放在赤道上，而是放在纬度为 $\lambda$ 的地方，仍使 $y$ 轴铅垂向上，可将地球自转角速度 $\Omega$ 分解为 $\Omega_1=\Omega\cos\lambda$ 和 $\Omega_2=\Omega\sin\lambda$ 两部分. $\Omega_1$ 沿地面指北，$\Omega_2$ 铅直向上. 由于陀螺的 $y$ 轴方向(即铅直方向)上的轴是光滑的，$\Omega_2$ 对陀螺不起作用，所以结果就相当于将陀螺放在转速为 $\Omega_1$ 的转台上，最终陀螺仍指北，如图 3-22(a)、3-22(b)所示.

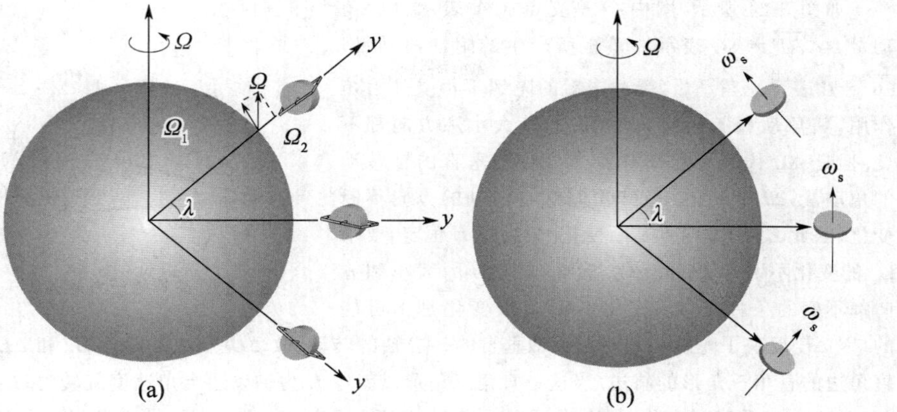


图 3-22　回转罗盘的角动量指向

## 4. 陀螺的章动

上面讨论了陀螺在重力矩作用下的进动. 事实上,在重力作用下的陀螺运动还要复杂些. 一般地说,在进动基础上,还伴有上下的周期性运动,即陀螺的自转轴与 $z$ 轴的夹角还会在某一值附近周期性变化. 这种伴随着的上下运动称为**章动**. 例如,先用手水平地托住陀螺的轴,让陀螺自转后,由静止释放,其轴端将沿一摆线运动,如图 3-23 所示,这就是章动的一种形式. 以后,在阻力作用下,章动逐渐消失,陀螺做稳定的进动. 当陀螺达到稳定进动时,自转轴略偏离水平方位而下倾斜.

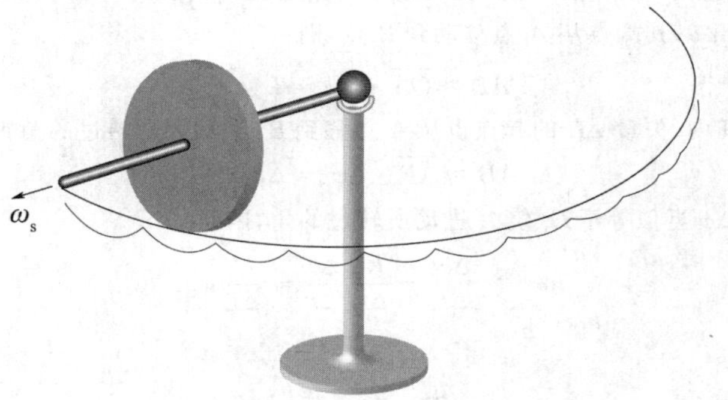


图 3-23　陀螺的章动

如何来解释章动呢? 轴端做摆线运动表明,在跟随陀螺一起进动的参考系看来,陀螺的轴端做圆周运动. 而在进动参考系上看来,陀螺由于受重力矩和回转力矩的共同作用,所受合力矩为零,角动量应保持不变. 角动量保持不变的体系,其轴端怎么会做圆周运动呢?

1)陀螺的无力矩进动

如果适当调节图 3-15 所示的杠杆陀螺使之不受重力矩作用(例如,适当调节重物 P 的位置,使整个陀螺的质心位于 $O$ 点),则陀螺的角动量 $\boldsymbol{L}_s = J_s \boldsymbol{\omega}_s$ 保持不变,即陀螺的自转轴方向保持不变,陀螺不发生进动.

如果给陀螺一个水平冲量,即给它一个沿 $z$ 轴方向的冲量矩,则陀螺获得沿 $z$ 轴方向的角速度 $\omega_\perp$,从而获得沿 $z$ 轴方向的角动量 $\Delta \boldsymbol{L} = J_\perp \boldsymbol{\omega}_\perp$($J_\perp$ 为陀螺绕与自转轴垂直的主轴的转动惯量),使总角动量为

$$\boldsymbol{L} = \boldsymbol{L}_s + \Delta \boldsymbol{L}.$$

如图 3-24 所示，图中 $O$ 是支点，$\overrightarrow{OA}$ 表示自旋角动量 $\boldsymbol{L}_s$，$\overrightarrow{AP}=\Delta\boldsymbol{L}$ 表示冲量矩所产生的附加角动量，$\overrightarrow{OP}=\boldsymbol{L}$ 表示总角动量. 受冲击后的陀螺不再受外力矩作用，其角动量 $\boldsymbol{L}=\boldsymbol{L}_s+\Delta\boldsymbol{L}$ 应保持大小和方向都不变. 但是 $\Delta\boldsymbol{L}$ 代表了陀螺绕着与自转轴垂直的轴转动的角动量，$\Delta\boldsymbol{L}$ 的存在，意味着陀螺自转轴的方向不断变化，因此 $\boldsymbol{L}_s$ 的方向将不断变化. 角动量 $\boldsymbol{L}$ 恒定，要求 $\boldsymbol{L}_s$ 的变化不引起 $\boldsymbol{L}$ 的变化. 然而，在 $\Delta\boldsymbol{L}$ 的大小和方向都不变的条件下，$\boldsymbol{L}_s$ 变化不引起 $\boldsymbol{L}$ 变化是不可能的. 因 $\Delta\boldsymbol{L}$ 反映了陀螺绕着与对称轴垂直的(主)轴的转动，故 $\Delta\boldsymbol{L}\perp\boldsymbol{L}_s$. $\boldsymbol{L}$ 是以 $\boldsymbol{L}_s$ 和 $\Delta\boldsymbol{L}$ 为直角边的直角三角形的斜边. 当这一直角三角形以斜边 $\boldsymbol{L}$ 为轴以适当角速度旋转时，$\boldsymbol{L}_s$ 和 $\Delta\boldsymbol{L}$ 的方向都随时间变化(但大小不变)，且 $\boldsymbol{L}$ 却保持恒定. 在运动过程中，陀螺的轴始终在以 $OA$ 为母线的锥面上，而与自转轴垂直的轴则始终与以 $AP$ 为母线的锥面上的一条母线平行. 当下一瞬间，自转轴位于图中 $OB$ 位置时，陀螺的自转轴以角速度 $\omega_\perp$ 绕平行于 $BP$ 的 $z'$ 轴转动. 再下一瞬间时，陀螺的自转轴处于 $OC$ 位置，陀螺的自转轴又以角速度 $\omega_\perp$ 绕平行于 $CP$ 的 $z''$ 轴转动. 依次类推，自转轴画出一锥面，相当于自转轴绕不变的总角动量 $\boldsymbol{L}$ 方向进动. 垂直于自转轴的轴线 $z$，$z'$，$z''$ 等也构成一锥面.

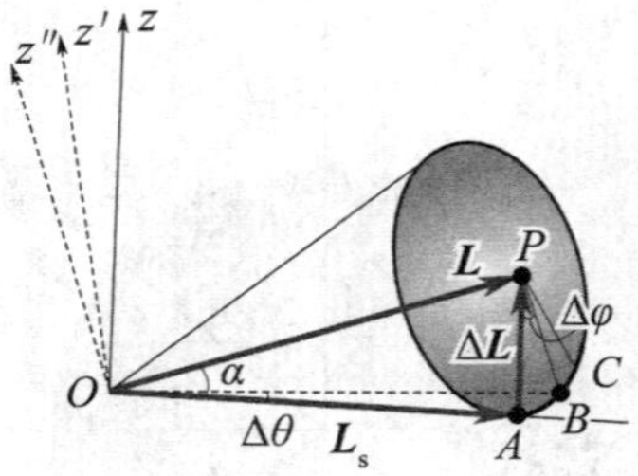


**图 3-24　陀螺的无力矩进动**

由此可见，不受力矩作用的陀螺，当总角动量 $\boldsymbol{L}$ 与自旋角动量 $\boldsymbol{L}_s$ 方向不一致时，为保持总角动量不变，自转轴必绕总角动量矢量以恒定角速度旋转. 或者说，陀螺绕着过支点 $O$ 的总角动量方向进动，这就是所谓的**无力矩进动**.

还可以算出自转轴总角动量 $\boldsymbol{L}$ 方向进动的角速度 $\omega_n$. 由图 3-24 可知，设在 $\Delta t$ 时间内，矢量 $\boldsymbol{L}_s$ 转过角 $\Delta\theta$，其端点从 $A$ 点移动到 $B$ 点，则

$$\overset{\frown}{AB}\approx\overline{OA}\cdot\Delta\theta=L_s\Delta\theta.$$

在同一时间内，矢量 $\Delta\boldsymbol{L}$ 的起点也从 $A$ 点移到 $B$ 点. 设 $\Delta\boldsymbol{L}$ 转过的角为 $\Delta\varphi$，则

$$\overset{\frown}{AB}\approx\overline{AP}\cdot\Delta\varphi=\Delta L\Delta\varphi.$$

由于 $\Delta L\ll L_s$，$\Delta\varphi$ 近似等于 $\boldsymbol{L}_s$ 绕 $\boldsymbol{L}$ 进动所转过的角，因而

$$\omega_n\approx\frac{\Delta\varphi}{\Delta t}=\frac{L_s}{\Delta L}\frac{\Delta\theta}{\Delta t}=\frac{L_s}{\Delta L}\omega_\perp.$$

但

$$\Delta L=J_\perp\omega_\perp,$$

所以

$$\omega_n=\frac{L_s}{J_\perp}=\frac{J}{J_\perp}\omega_s,$$

式中，$J$ 是陀螺对自转轴的转动惯量，$\omega_s$ 是陀螺的自转轴速度，$J_\perp$ 是陀螺对与自转轴垂直的轴的转动惯量.

2)章动的形成

进动、岁差、章动

当做无力矩进动的陀螺又突然受到重力矩的作用时(例如，设想在不影响陀螺运动的情况下，移动一下重物 P 的位置)，陀螺将产生绕铅垂轴的附加运动——进动，由无力矩进动形成的"锥体"将绕 $z$ 轴进动. 结果，陀螺自转轴的端点一方面绕 $\boldsymbol{L}$ 做圆周运动，而 $\boldsymbol{L}$ 又绕 $z$ 轴做圆周运动. 由于 $L\gg\Delta L$，后一圆周的半径较大，因而陀螺轴端的运动可看作圆周运动和直线运动(其实是绕 $z$ 轴的大圆周运动)的合运动，即摆线运动，此即章动的由来.

其实，在有重力矩的情况下，给陀螺以一定的冲量矩，就可产生章动. 冲量矩大小和方向不同，所对应的无力矩进动的具体形式也不同，从而形成章动的形式也不同. 图 3-25 就

是陀螺章动时轴端所画的各种形状的曲线. 在进动参考系中看来,这种情形所对应的总角动量并不在水平方向,而略向下,故形成如图所示的曲线.

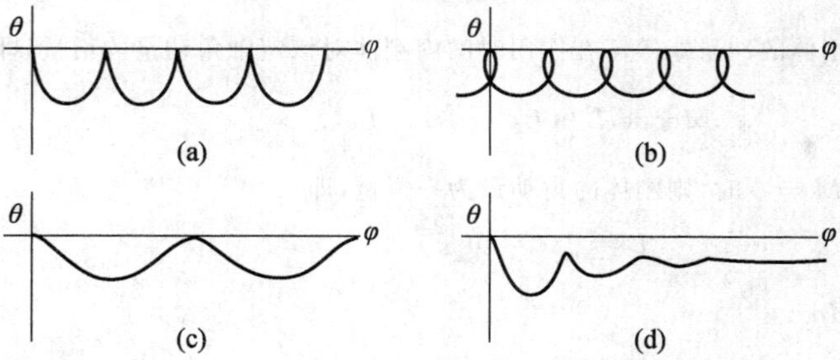


图 3-25　陀螺章动曲线

由于阻尼,章动将逐渐削弱,图 3-25(d)就是与图 3-25(a)相应的章动在有阻尼时的实际曲线.

# 本 章 提 要

(1)刚体:在任何情况下,形状和大小都不改变的物体.

(2)角位置(角坐标):刚体上任意一点的位矢 $\boldsymbol{r}$ 与 $x$ 轴之间的夹角 $\theta$.

(3)角位移:在 $\Delta t$ 时间内刚体的角坐标的增量,记为 $\Delta\theta = \theta_2 - \theta_1$.

(4)角速度:描述刚体转动快慢的物理量,记为 $\omega = \dfrac{\mathrm{d}\theta}{\mathrm{d}t}$.

(5)角加速度:描述角速度变化快慢的物理量,记为 $\alpha = \dfrac{\mathrm{d}\omega}{\mathrm{d}t}$.

(6)角量和线量的关系: $\mathrm{d}s = r\mathrm{d}\theta, v = r\omega, a_\tau = r\alpha, a_n = r\omega^2$.

(7)对匀变速转动( $\alpha$ 为常量),则有

$$\omega = \omega_0 + \alpha t,$$

$$\Delta\theta = \omega_0 t + \frac{1}{2}\alpha t^2,$$

$$\Delta\theta = \frac{\omega_t^2 - \omega_0^2}{2\alpha}.$$

(8)转动惯量: $J = \sum_i \Delta m_i r_i^2, J = \int r^2 \mathrm{d}m$.

(9)力矩: $\boldsymbol{M} = \boldsymbol{r} \times \boldsymbol{F}$.

(10)转动定律:刚体在合外力矩作用下所获得的角加速度与合外力矩成正比,与它对同一转轴的转动惯量成反比,即

$$M = J\alpha.$$

(11)刚体的角动量:刚体对固定转轴的角动量等于它对该轴的转动惯量与角速度的乘积,即

$$L = J\omega.$$

(12)角冲量 $\int_{t_0}^{t} M\mathrm{d}t$ :描述力矩在 $t_0$ 到 $t$ 这段时间内积累效应的物理量,又称冲量矩.

(13)角动量定理:作用于刚体的冲量矩等于在作用时间内刚体对该定轴角动量的增量,即

$$\int_{t_0}^{t} M\mathrm{d}t = L - L_0 = J\omega - J\omega_0.$$

(14)角动量守恒定律:当 $M = 0$ 时,则刚体的角动量为一恒量,即

$$L = J\omega = \text{恒量}.$$

(15)力矩的功:$W = \int_{\theta_0}^{\theta} M\mathrm{d}\theta$.

(16)力矩的功率:$P = \frac{\mathrm{d}W}{\mathrm{d}t} = M\frac{\mathrm{d}\theta}{\mathrm{d}t} = M\omega$.

(17)动能定理:刚体绕定轴转动时,合外力矩对刚体所做的功等于刚体转动动能的增量,即

$$W = \frac{1}{2}J\omega_2^2 - \frac{1}{2}J\omega_1^2 = \Delta E_k.$$

## 习题

**3-1** 选择题.

(1)有两个半径相同,质量相等的细圆环 A 和 B. A 环的质量分布均匀,B 环的质量分布不均匀,它们对通过环心并与环面垂直的轴的转动惯量分别为 $J_A$ 和 $J_B$,则下列说法中正确的是(　　).

(A) $J_A > J_B$

(B) $J_A < J_B$

(C) $J_A = J_B$

(D) 不能确定 $J_A$,$J_B$ 哪个大

(2)关于刚体对轴的转动惯量,下列说法中正确的是(　　).

(A) 只取决于刚体的质量,与质量的空间分布和轴的位置无关

(B) 取决于刚体的质量和质量的空间分布,与轴的位置无关

(C) 取决于刚体的质量、质量的空间分布和轴的位置

(D) 只取决于转轴的位置,与刚体的质量和质量的空间分布无关

(3)关于力矩有以下几种说法:①对某个定轴转动刚体而言,内力矩不会改变刚体的角加速度;②一对作用力和反作用力对同一转轴的力矩之和一定为零;③质量相等、形状和大小不同的两个刚体,在相同力矩的作用下,它们的运动状态一定相同.上述说法中,(　　).

(A) 只有①是正确的

(B) 只有③是正确的

(C) 只有①,②是正确的

(D) 只有②,③是正确的

(4)均匀细棒可绕通过其一端的 $O$ 点且与棒垂直的水平固定光滑轴转动,如题 3-1(4)图所示.今使棒从水平位置由静止开始自由下落,那么在棒摆动到竖直位置的过程中,(　　).

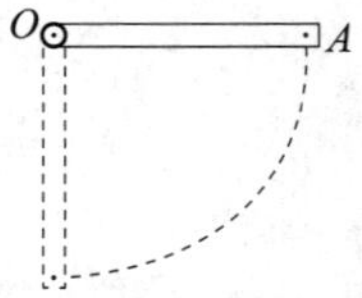

**题 3-1(4)图**

(A) 角速度从小到大,角加速度从大到小

(B) 角速度从小到大,角加速度从小到大

(C) 角速度从大到小,角加速度从大到小

(D) 角速度从大到小,角加速度从小到大

**3-2**　填空题.

(1)一飞轮半径为 $R$,角速度为 300 rad · $s^{-1}$,因受制动而均匀减速,经 15 s 停止转动,则其角加速度 $\alpha =$ ________.

(2)一质量为 $m$ 、半径为 $R$ 的均匀细圆环,绕其中心轴转动时的转动惯量为________.

(3)一转动惯量为 $J$ 的圆盘绕一固定轴转动,起始角速度为 $\omega_0$,设它所受的阻力矩与转动角速度成正比,即 $M = -k\omega$ ( $k$ 为正的常数),若它的角速度从 $\omega_0$ 变为 $\frac{\omega_0}{2}$ ,则所需要的时间 $t =$________.

(4)一根均匀棒,长为 $l$,质量为 $m$,可绕通过其一端且与其垂直的固定轴在竖直面内自由转动.开始时棒静止在水平位置,当它自由下摆时,它的初角加速度等于________.

(5)质量为 $m$、长度为 $l$ 的均匀棒对于通过其一端垂直于棒的轴的转动惯量为________.

**3-3**　在推导转动定律 $M = J\alpha$ 时,哪些步骤用到了定轴转动的条件?为什么说对于任意外力只要考虑它在与转轴垂直的平面内的分量就可以了?

**3-4**　有两个圆盘是用密度不同的金属制成的,它们的重量和厚度都相同,则哪个圆盘具有较大的转动惯量?

**3-5**　一圆盘可绕着通过其中心并与盘面垂直的光滑铅直轴转动.设圆盘原来是静止的,圆盘上站着一人,当人沿着某一圆周匀速走动时,以人和圆盘为系统,其角动量是否守恒?单就圆盘来说,其角动量是否守恒?

**3-6**　一汽车发动机曲轴的转速,在 120 s 内由 1 200 rad · $\min^{-1}$ 均匀地增加到 3 000 rad · $\min^{-1}$,求:(1)它的角加速度;(2)在此时间内,曲轴转了多少转.

**3-7**　一长为 1 m 的均匀直棒可绕过其一端且与棒垂直的水平光滑固定轴转动.抬起另一端使棒向上与水平面成 60°,然后无初转速地将棒释放.已知棒对轴的转动惯量为 $\frac{1}{3}ml^2$,其中 $m$ 和 $l$ 分别为棒的质量和长度.求:(1) 放手时棒的角加速度;(2) 棒转到水平位置时的角加速度.

**3-8**　一质量为 $M$ 、半径为 $R$ ,并以角速度 $\omega$ 旋转着的飞轮,某瞬时有一质量为 $m$ 的碎片从飞轮上飞出.假设碎片脱离飞轮时的瞬时速度方向正好竖直向上.

(1)碎片能上升多高?

(2)求余下飞轮的角速度、角动量.

**3-9**　有一半径为 $R$ 的圆形平板平放在水平桌面上,平板与水平桌面的动摩擦系数为 $\mu$ ,若平板绕通过其中心且垂直于板面的固定轴以角速度 $\omega_0$ 开始旋转,则它在旋转几圈后停止(已知圆形平板对轴的转动惯量 $J = \frac{1}{2}mR^2$,其中 $m$ 为圆形平板的质量)?

**3-10**　光滑圆盘面上有一质量为 $m$ 的物体 A,拴在一根穿过圆盘中心 $O$ 处光滑小孔的细绳上.开始时,该物体距圆盘中心 $O$ 的距离为 $r_0$,并以角速度 $\omega_0$ 绕盘心 $O$ 做圆周运动,现以速度 $v$ 向下拉绳,当物体 A 的径向距离由 $r_0$ 减少到 $\frac{1}{2}r_0$ 时,求:(1)物体 A 的角速度;(2)下拉过程中拉力所做的功.

**3-11**　有一半径为 $R$ 的均匀球体,绕通过其一直径的光滑固定轴匀速转动,转动周期为 $T_0$.如果它的半径由 $R$ 自动收缩为 $\frac{1}{2}R$,求球体收缩后的转动周期(球体对通过直径的轴的转动惯量为 $J=\frac{2}{5}mR^2$,式中 $m$ 和 $R$ 分别为球体的质量和半径).

**3-12**　一根放在水平光滑桌面上的均质棒,可绕通过其一端的竖直固定光滑轴 $O$ 转动.棒的质量为 $m=1.5$ kg,长度为 $l=1.0$ m,对轴的转动惯量为 $J=\frac{1}{3}ml^2$.初始时棒静止,今有一水平运动的子弹垂直地射入棒的另一端,并留在棒中,子弹的质量为 $m'=0.02$ kg,速率为 $v=400$ m · $s^{-1}$.试问:

(1)棒开始和子弹一起转动时角速度 $\omega$ 有多大?

(2)若棒转动时受到大小为 $M_r=4.0\ \mathrm{N\cdot m}$ 的恒定阻力矩作用,棒能转过多大的角度?

**3-13** 一长为 $L$、质量为 $m$ 的均质杆,可绕垂直于纸面的 $O$ 轴转动,在水平面上有一质量为 $m$ 的物体紧贴于杆,现有一质量为 $\frac{m}{2}$ 的子弹以初速度 $v_0$ 射入杆的上端点,求:物体在水平面上滑过的距离.设物体与水平面之间的动摩擦系数为 $\mu$.

**3-14** 一质量均匀分布的圆盘,质量为 $M$,半径为 $R$,放在一粗糙水平面上(圆盘与水平面之间的动摩擦系数为 $\mu$),圆盘可绕通过其中心点 $O$ 的竖直固定光滑轴转动.开始时,圆盘静止,一质量为 $m$ 的子弹以水平速度 $\boldsymbol{v}_0$ 垂直于圆盘半径打入圆盘边缘并嵌在盘边上,求:

(1)子弹击中圆盘后,盘所获得的角速度;

(2)经过多少时间后,圆盘停止转动.

(圆盘绕通过中心点 $O$ 的竖直轴的转动惯量为 $\frac{1}{2}MR^2$,忽略子弹重力造成的摩擦阻力矩.)

第 4 章

# 狭义相对论

相对论和量子论是近代物理学的两大理论支柱，是现代高新技术的理论基础.

相对论是关于时间、空间和物质运动关系的理论，包括两部分：狭义相对论和广义相对论. 狭义相对论不考虑物质质量对时空的影响，是相对论的特殊情况. 1905 年，爱因斯坦发表《论动体的电动力学》论文，创立了狭义相对论. 1915 年，爱因斯坦又创立了广义相对论. 广义相对论考虑物质质量对时空的影响，是关于引力的理论. 相对论自建立以来已过百年，经受了大量的实践检验，至今还没有发现有结果违背相对论.

本章将对狭义相对论的基本概念、基本思想和一些重要结论进行简单介绍和讨论.

爱因斯坦

# 4.1 力学相对性原理和牛顿时空观

狭义相对论被认为是对牛顿时空观进行变革的产物.为了理解相对时空理论,先回顾一下牛顿时空理论.在此基础上,引入狭义相对论的两个基本原理,依据此原理讨论狭义相对论的基本问题.

下面从伽利略时空坐标入手,讨论力学相对性原理和牛顿时空观.

伽利略

## 4.1.1 伽利略坐标变换　力学相对性原理

在经典力学中,我们曾处理过在不同的惯性参考系中物体的速度和加速度的变换关系,这里作进一步讨论.

如图 4-1 所示,有两个惯性参考系 $S(Oxyz)$ 和 $S'(O'x'y'z')$,其对应坐标轴相互平行,$x$ 轴与 $x'$ 轴重合,且 $S'$ 系相对于 $S$ 系以速度 $\boldsymbol{u}$ 沿 $x$ 轴的正方向运动.开始时(即 $t=t'=0$),两惯性参考系重合.由经典力学可知,在 $t$ 时刻点 $P$ 在这两个惯性参考系中的位置坐标有如下关系:

$$\begin{cases} x'=x-ut, \\ y'=y, \\ z'=z, \\ t'=t, \end{cases} \quad \text{或} \quad \begin{cases} x=x'+ut, \\ y=y', \\ z=z', \\ t=t', \end{cases} \tag{4-1}$$

这就是经典力学中的**伽利略位置坐标变换公式**.

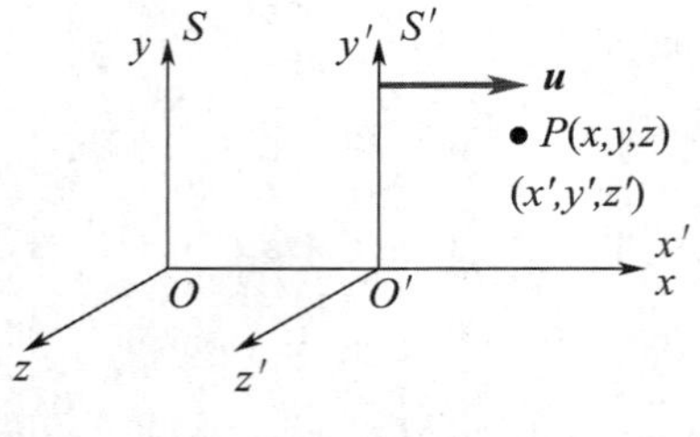


**图 4-1　两个相对做匀速直线运动的坐标系**

把式(4-1)中的前三式对时间求一阶导数,即得经典力学中的速度变换法则:

$$\begin{cases} v'_x=v_x-u, \\ v'_y=v_y, \\ v'_z=v_z. \end{cases} \tag{4-2}$$

式中,$v'_x, v'_y, v'_z$ 是 $P$ 点对于 $S'$ 系的速度分量;$v_x, v_y, v_z$ 是 $P$ 点对 $S$ 系的速度分量.式(4-2)就是**伽利略速度变换公式**.

把式(4-2)对时间求导数,即得经典力学中的加速度变换法则:

$$\begin{cases} a'_x = a_x, \\ a'_y = a_y, \\ a'_z = a_z. \end{cases} \tag{4-3}$$

式(4-3)表明,在两个惯性参考系中,$P$ 点的加速度相同,即在伽利略变换中,对不同的惯性参考系而言,加速度是个不变量.其矢量形式为

$$\boldsymbol{a}' = \boldsymbol{a}. \tag{4-4}$$

由于在经典力学中,质量是与运动状态无关的常量,所以由式(4-4)可知,在惯性参考系中,牛顿运动定律的形式是相同的.有如下形式:

$$\boldsymbol{F} = m\boldsymbol{a}, \quad \boldsymbol{F}' = m\boldsymbol{a}'. \tag{4-5}$$

上述结果表明,在惯性参考系 $S'$ 系和 $S$ 系中,牛顿运动定律的形式不变,即牛顿运动方程对伽利略变换具有协变性.由此不难推出,对于所有惯性参考系,牛顿运动定律的数学描述都应具有相同的形式,换句话说,一切惯性参考系在力学意义上都是等价的、平权的,这就是经典力学的**相对性原理**.上述力学相对性原理有时也可以表述如下:牛顿运动定律在伽利略变换下具有协变性.

### 4.1.2　牛顿的绝对时空观

**1. 同时性和时间间隔的绝对性**

如果两个事件在 $S$ 系中的观察者看来是同时发生的,即 $t_2 = t_1$,由伽利略坐标变换公式,必有 $t'_2 = t'_1$,即两个事件在 $S'$ 系中的观察者看来也必然同时发生.

同样,如果在 $S$ 系中的观察者看两个物理事件发生有先后顺序,如 $t_2 > t_1$,则在 $S'$ 系中必有 $t'_2 > t'_1$,且 $\Delta t' = t'_2 - t'_1 = t_2 - t_1 = \Delta t$,即两件事情在两惯性参考系中的时间顺序和时间间隔都相同.

因此,牛顿时空观认为同时性和时间间隔是绝对的,与观察者所处的参考系无关.

**2. 空间间隔的绝对性**

为了明确起见,设两个物理事件 $P_1$ 和 $P_2$ 分别是对一直尺两个端点的测量事件,直尺沿 $x$ 轴放置且相对 $S$ 系静止,如图 4-2 所示.两个事件的空间间隔即为直尺的长度.

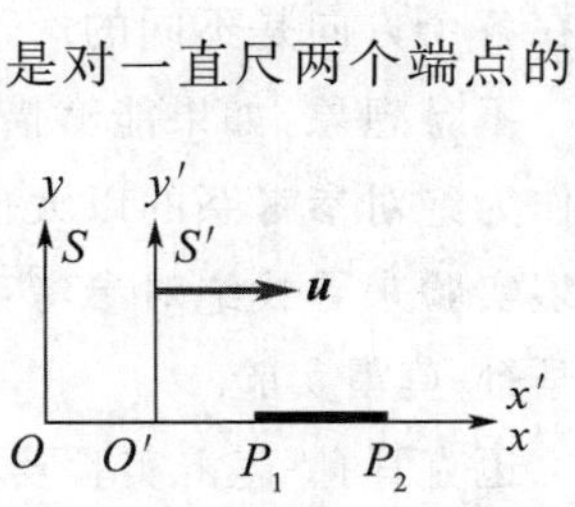


图 4-2　空间间隔的绝对性

因为直尺静止于 $S$ 系,所以在 $S$ 系中的观察者对直尺两端的测量可以同时进行,也可以不同时进行,测量的直尺长度总是 $L = x_2 - x_1$.但在 $S'$ 系中的观察者必须同时测量,即要求 $t'_2 = t'_1$,这

样得到的两个空间坐标的空间间隔才是直尺的长度. 于是在 $S'$ 系中的观察者测量的直尺长度为 $L'=x_2'-x_1'$. 按伽利略变换, $L'=x_2'-x_1'=(x_2-ut_2)-(x_1-ut_1)$, 因为 $t_2'=t_1'$, 则有 $t_2=t_1$, 所以 $L'=x_2-x_1=L$. 因此, 对同一直尺长度的测量是绝对的, 与观察者所处的参考系无关, 即空间间隔是绝对的.

然而, 实践证明牛顿的绝对时空观是不正确的. 相对论否定了这种时空观, 并建立了新的时空概念.

## 4.2 狭义相对论基本原理与洛伦兹变换

### 4.2.1 牛顿时空观的困难

其实, 物体在做低速运动时, 伽利略变换是符合实际情况的. 可以肯定地说, 利用牛顿运动定律和伽利略变换, 原则上可以解决任何惯性参考系中低速运动物体的运动问题.

然而, 在涉及电磁学现象, 包括光的传播时, 伽利略变换遇到了不可克服的困难. 麦克斯韦电磁理论预言了电磁波在真空中的传播速度与光的传播速度相同, 尤其在赫兹实验确认存在电磁波后, 光作为电磁波的一部分, 在理论和实验上就逐步被确定了. 另外, 人们早就明白传播机械波需要弹性介质, 例如, 空气可以传播声波, 而真空却不能. 因此, 在光的电磁理论发展初期, 人们自然会想到光乃至电磁波的传播也需要一个弹性介质. 19 世纪的物理学家们称这种介质为以太. 他们认为, 以太充满了整个空间, 即使是真空也不例外, 并且可以渗透到一切物质的内部去. 在相对于以太静止的参考系中, 光的速度在各个方向都是相同的, 这个参考系被称为以太参考系. 于是, 以太参考系就可以作为所谓的绝对参考系了. 倘若有一运动的参考系, 它相对于绝对参考系以速度 $v$ 运动, 那么, 由伽利略变换, 光在运动参考系中的速度应为 $c'=c+v$, 其中, $c$ 是光在绝对参考系中的速度. 由此可以看出, 在运动的参考系中, 光的速度在各个方向是不同的.

不难想象, 如果能够借助某种方法测出运动参考系相对于以太的速度, 那么作为绝对参考系的以太也就被确定了. 为此, 历史上的确有许多科学家做过很多实验来寻找绝对参考系, 但都得出了否定的结果. 其中, 最为著名的是迈克耳孙-莫雷实验.

迈克耳孙-莫雷实验及其他一些实验结果给人们带来了一些困惑, 似乎经典力学只适用于低速运动的物体, 而不能用于麦克斯韦的电磁场理论. 看来要解决这一难题必须在物理观念上来个变革. 这时许多物理学家都预感到一个新的基本理论即将产生.在洛伦兹、庞加莱等人为探求新理论所作的先期工作的基础上,一位具有变革思想的青年学者——爱因斯坦于 1905 年创立了狭义相对论,为物理学的发展树立了新的里程碑.

### 4.2.2 狭义相对论的基本原理

爱因斯坦坚信世界的统一性和合理性.他在研究经典力学和麦克斯韦电磁场理论的基础上,认为相对性原理具有普适性,无论是对经典力学或者是对麦克斯韦电磁场理论皆适用.此外,他还认为相对于以太的绝对运动是不存在的,光速是一个常量,它与惯性参考系的选择无关.1905 年,爱因斯坦在一篇论文中,摒弃了以太假说和绝对参考系的假设,提出了两条狭义相对论的基本原理.

**1. 爱因斯坦相对性原理**

**物理定律在所有惯性参考系中都具有相同的表达形式,即所有的惯性参考系对运动的描述都是等效的.** 也就是说,对运动的描述只有相对意义,绝对静止的参考系是不存在的.

**2. 光速不变原理**

**真空中的光速是常量,它与光源或观察者的运动无关,不依赖于惯性参考系的选择.**

应当指出,爱因斯坦提出的狭义相对论基本原理是与伽利略变换相矛盾的.例如,在一切惯性参考系中,光速都相同就与伽利略速度变换公式相矛盾.机场照明跑道的灯光相对于地球以速度 $c$ 传播,若从相对于地球以速度 $v$ 运动着的飞机上看,按光速不变原理,则光仍然是以速度 $c$ 传播的.而按伽利略变换,当光速传播方向与飞机运动方向一致时,从飞机上测得的光速应为 $c-v$;当两者运动方向相反时,飞机上测得的光速应为 $c+v$.但这与实际观测是相矛盾的.其实,此时伽利略变换已经不再适用了.

当然,狭义相对论的这两条基本原理的正确性,最终仍要以由它们所导出的结果与实验事实是否相符来判定.

### 4.2.3 洛伦兹坐标变换

伽利略变换
和洛伦兹变换

仍以图 4-1 为例,有两个惯性参考系 $S(Oxyz)$ 和 $S'(O'x'y'z')$,其对应坐标轴相互平行,且 $S'$ 系相对于 $S$ 系以速率 $u$ 沿 $x$ 轴的正方向运动.当两惯性参考系的坐标原点重合时,两个参考系内的时钟开始计时(即 $t=t'=0$).对同一物理事件 $P$,两个参考系的坐标分别为 $(x,y,z,t)$ 和 $(x',y',z',t')$.因为这两组时空坐标描述的是同一物理事件,所以它们之间必然有确定的联系,即时空坐标变换.从狭义相对论的两条基本假设出发,可以导出点 $P$ 在任意两个惯性参考系中时空坐标的变换关系式.正变换式为

$$\begin{cases} x' = \gamma(x - ut), \\ y' = y, \\ z' = z, \\ t' = \gamma\left(t - \dfrac{u}{c^2}x\right). \end{cases} \tag{4-6}$$

按照相对性原理可以给出从 $S'$ 系到 $S$ 系时空变换的逆变换式为

$$\begin{cases} x = \gamma(x' + ut'), \\ y = y', \\ z = z', \\ t = \gamma\left(t' + \dfrac{u}{c^2}x'\right), \end{cases} \tag{4-7}$$

式中，$\gamma = \dfrac{1}{\sqrt{1-\beta^2}} = \dfrac{1}{\sqrt{1-\dfrac{u^2}{c^2}}}$.

变换式(4-6)和式(4-7)统称为**洛伦兹变换**. 它是同一物理事件在不同惯性参考系中时空坐标之间的变换关系. 可以看出如下内容.

(1)在低速情况下，当 $u \ll c$ 时，$\gamma \to 1$. 洛伦兹变换退化为伽利略变换. 这个事实表明：洛伦兹变换更具有普遍性，而伽利略变换只是洛伦兹变换在低速情况下的一个近似而已.

(2)与伽利略变换不同，在洛伦兹变换中，时间坐标明显与空间坐标有关. 这说明，相对论中对时间和空间的测量是不能分割的. 因此，相对论的时空实际上是一个四维的空间，这个空间与物质的运动有关.

(3)当 $u \geqslant c$ 时，变换式将出现无穷大或虚数值，这是没有物理意义的. 因此，任意两个惯性参考系之间的相对速度 $u$ 不能大于或等于 $c$. 由于惯性参考系总是选择在一定的运动物体上，所以物体对于任意惯性参考系的速度一定小于 $c$. 也就是说，真空中的光速是物体运动速度所不能达到和逾越的极限值.

### *4.2.4 关于洛伦兹变换式的推导

在图 4-1 中，对于 $S$ 系的坐标原点 $O$，在 $S$ 系中观察时，不论在任何瞬时，$x=0$. 但在 $S'$系观察时，在 $t'$时刻的坐标是 $x'=-ut'$. 可见，对空间同一点而言，数值 $x$ 和 $x'+ut'$同时为零. 而若考虑两者关系的一般情况，那就可以假设 $x$ 和 $x'+ut'$具有线性关系，即

$$x = k(x' + ut'), \tag{4-8}$$

式中，$k$ 为一与 $u$ 有关的常数.

同理，考虑 $S'$系的坐标原点 $O'$，有

$$x' = k'(x - ut). \tag{4-9}$$

根据狭义相对论的相对性原理，这两个惯性参考系是等效的，即除了应把 $u$ 改成 $-u$ 以外，式(4-8)和式(4-9)应有相同的形式. 这就要求 $k'=k$，故有

$$x' = k(x - ut). \tag{4-10}$$

关于 $y$ 和 $y'$ 以及 $z$ 和 $z'$ 的变换关系，由图 4-1 可得

$$y' = y,$$
$$z' = z. \tag{4-11}$$

现在寻求 $t$ 和 $t'$ 的变换关系. 把式(4-10)代入式(4-8)，有

$$x = k^2(x - ut) + kut',$$

由此可得

$$t' = kt + \left(\frac{1 - k^2}{ku}\right)x. \tag{4-12}$$

式(4-10)、式(4-11)和式(4-12)组成一组满足狭义相对论第一条假设——相对性原理的坐标变换式. 而各式中的 $k$ 则需由第二条假设——光速不变原理求得. 为此，假设在 $O'$ 与 $O$ 重合的瞬时($t = t' = 0$)，由重合点发出一沿 $x$ 轴前进的光信号，对两个坐标系来说，光信号达到点 $P$ 的坐标分别为

$$x = ct \quad 和 \quad x' = ct'.$$

把式(4-10)和式(4-12)代入式 $x' = ct'$，得

$$k(x - ut) = ckt + \left(\frac{1 - k^2}{ku}\right)cx. \tag{4-13}$$

由式(4-13)求解 $x$，并与 $x = ct$ 相比较，可得

$$k = \frac{1}{\sqrt{1 - \frac{u^2}{c^2}}} = \gamma. \tag{4-14}$$

将式(4-14)分别代入式(4-10)和式(4-12)，并与式(4-11)一起，即为洛伦兹时空坐标变换式.

**例 4-1** 一短跑选手，在地球上以 10 s 的时间跑完 100 m，在飞行速率为 0.98$c$ 的飞船中的观察者看来，这个选手跑了多长距离和多长时间(设飞船沿跑道方向航行)？

**解** 设地面为 $S$ 系，飞船为 $S'$ 系. 利用坐标变换式，有

$$x' = \frac{x - ut}{\sqrt{1 - \frac{u^2}{c^2}}},$$

$$x'_2 - x'_1 = \frac{(x_2 - x_1) - u(t_2 - t_1)}{\sqrt{1 - \frac{u^2}{c^2}}},$$

$$t' = \frac{t - \frac{u}{c^2}x}{\sqrt{1 - \frac{u^2}{c^2}}},$$

$$t'_2 - t'_1 = \frac{(t_2 - t_1) - \frac{u(x_2 - x_1)}{c^2}}{\sqrt{1 - \frac{u^2}{c^2}}}.$$

由已知条件 $\Delta x = x_2 - x_1 = 100$ m，$\Delta t = t_2 - t_1 = 10$ s，$u = 0.98c$，于是有

$$x'_2 - x'_1 = \frac{100 - 0.98c \times 10}{\sqrt{1 - 0.98^2}}\ \text{m} \approx -1.47 \times 10^{10}\ \text{m},$$

$$t'_2 - t'_1 = \frac{10 - \frac{0.98c \times 100}{c^2}}{\sqrt{1 - 0.98^2}}\ \text{s} \approx 50.25\ \text{s}.$$

**例 4-2** 在惯性参考系 $S$ 中，相距 $\Delta x=5\times10^6$ m 的两个地点发生两个事件，时间间隔 $\Delta t=10^{-2}$ s；而在相对于 $S$ 系沿 $x$ 轴正方向匀速运动的 $S'$ 系中观测到这两事件却是同时发生的. 试求 $S'$ 系中这两事件发生的地点间的距离 $\Delta x'$.

**解** 设 $S'$ 系相对于 $S$ 系的速度大小为 $u$，利用洛伦兹坐标变换，得

$$x'=\frac{x-ut}{\sqrt{1-\frac{u^2}{c^2}}},\quad t'=\frac{t-\frac{u}{c^2}x}{\sqrt{1-\frac{u^2}{c^2}}},$$

$$\Delta t'=\frac{\Delta t-\frac{u\Delta x}{c^2}}{\sqrt{1-\frac{u^2}{c^2}}}=0,$$

$$\Delta t-\frac{u\Delta x}{c^2}=0,$$

$$u=\frac{\Delta t}{\Delta x}c^2,$$

所以有

$$\Delta x'=\frac{\Delta x-u\Delta t}{\sqrt{1-\frac{u^2}{c^2}}}=\frac{\Delta x-\frac{(\Delta t)^2}{\Delta x}c^2}{\sqrt{1-\frac{(\Delta t)^2}{(\Delta x)^2}c^2}}=4\times10^6\ \text{m}.$$

# 4.3 狭义相对论时空观

经典力学的时空观是绝对的时空观，也就是任何物质或事件所占据的空间和持续的时间与参考系无关. 通俗地讲，同一物质或事件在任何人看来都一样. 而相对论时空观则强调物质或事件的时间和空间与参考系密切相关. 处于不同参考系下的观察者对同一物质或事件的观测结果都不同. 这是相对论时空观与经典力学时空观的最显著区别. 以下通过三个方面来阐述在相对论下物质和事件的时间、空间及其运动的关系.

## 4.3.1 空间的相对性(长度缩短)

先来看一个例子. 设有一木棒，长度为 $l_0$. 必须注意，$l_0$ 是木棒相对于观察者静止时的长度，因此 $l_0$ 又称**本征长度**. 当木棒相对于观察者以速度 $u$ 匀速运动时，测量得到的它的长度是多少?

首先建立参考系. 如图 4-3 所示，静止系 $S$ 相对于观察者静止，运动系 $S'$ 相对于木棒静止. 运动系相对于静止系的速度为 $\boldsymbol{u}$. 假设运动系中另有一观察者相对于木棒静止不动，则 $S'$ 系观察者测定木棒两端坐标分别为 $x_1'$ 和 $x_2'$，那么木棒的长度应为 $\Delta x'=x_2'-x_1'$. 由于 $S'$ 系观察者相对于木棒静止不动，因此有 $\Delta x'=l_0$. 并且 $S'$ 系观察者不必在同一时间测量，因此 $t_1'\neq t_2'$.

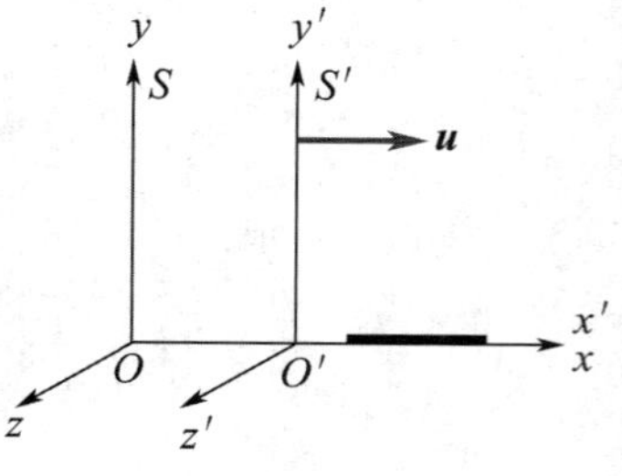


图 4-3 长度缩短

对 $S$ 系观察者则不同. 由于木棒相对于 $S$

系运动，因此 $S$ 系观察者必须同时测量木棒两端. 设木棒两端分别是 $x_1$ 和 $x_2$，则有 $\Delta x = x_2 - x_1$，同时有 $t_1 = t_2$，即 $\Delta t = 0$.

根据洛伦兹坐标变换式 $x' = \gamma(x - ut)$ 可得 $\Delta x' = \gamma(\Delta x - u\Delta t)$，因此 $S$ 系观察者获得的木棒长度为

$$\Delta x = \Delta x' \sqrt{1 - \left(\frac{u}{c}\right)^2} = l_0 \sqrt{1 - \left(\frac{u}{c}\right)^2}. \tag{4-15}$$

由此可以看出，$S$ 系观察者测量出木棒的长度缩短了. 其原因在于木棒相对于观察者存在相对速度. 从式(4-15)中可以看出木棒的速度越大，长度就越短.

在相对论时空观中，物体的空间距离由其运动状态决定. 这意味同一物体相对不同的观察者由于运动状态的不同会占据不同的空间距离. 而物质的运动状态是依赖具体的参考系的，因此，脱离具体的参考系来讨论物体的空间距离将得不到任何结论.

### 4.3.2　时间的相对性(时间延缓)

现以一个例子来讨论. 有一名乘客在站台候车并与站台相对静止. 此时，一列火车进站. 假设火车没有停，并以速度 $\boldsymbol{u}$ 匀速通过站台. 在某一时刻站台上的路灯亮了，经过一段时间后路灯熄灭. 站台上的乘客测得灯亮的时间为 $\Delta\tau$（由于观察者相对于灯亮事件保持静止，$\Delta\tau$ 又称**本征时间**)，则火车上的乘客看到路灯亮了多长时间?

如图 4-4 所示，静止于站台上的乘客在静止系 $S$ 中的观察者. 火车上的乘客为在运动系 $S'$ 中静止的观察者. 则 $S$ 系观察者测得 $t_1$ 时刻位于 $x_1$ 处的路灯亮了；$t_2$ 时刻位于 $x_2$ 处的路灯灭了，则灯亮的时间为 $\Delta t = t_2 - t_1$，显然 $\Delta t = \Delta\tau$. 同时有 $\Delta x = x_2 - x_1 = 0$. 在 $S'$ 中的观察者看来，$t'_1$ 时刻位于 $x'_1$ 处的路灯亮了；$t'_2$ 时刻位于 $x'_2$ 处的路灯灭了，则灯亮的时间为 $\Delta t' = t'_2 - t'_1$. 从 4.3.1 节可知，相对运动改变物体的空间距离. 由于路灯与火车存在相对运动，因此在火车中的乘客看来，同一路灯的亮与灭发生在不同地点，即

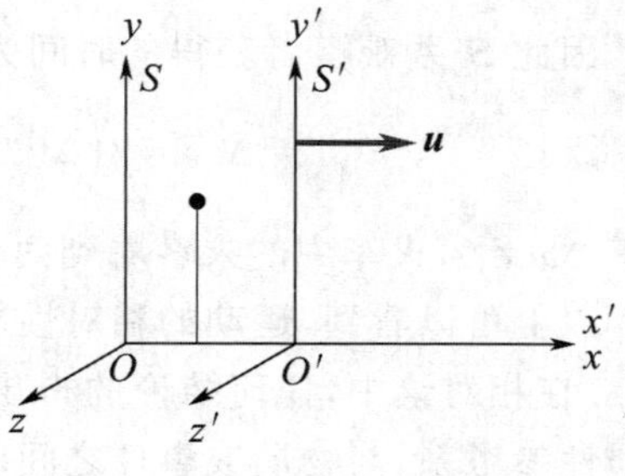


**图 4-4　时间延缓**

时间延缓
和长度收缩

$$x'_2 \neq x'_1.$$

根据洛伦兹坐标变换式 $t' = \gamma\left(t - \frac{u}{c^2}x\right)$ 可得 $\Delta t' = \gamma\left(\Delta t - \frac{u}{c^2}\Delta x\right)$. 因此 $S'$ 系观察者测得的灯亮时间为

$$\Delta t' = \frac{\Delta t}{\sqrt{1 - \left(\frac{u}{c}\right)^2}} = \frac{\Delta\tau}{\sqrt{1 - \left(\frac{u}{c}\right)^2}}. \tag{4-16}$$

由上例可以看出：相对而言，在火车中的乘客看来，路灯灯亮的时间较长，

而站台上的乘客看到灯亮的时间较短，即站台乘客的表走慢了，这就是时间延缓效应.

这一问题的实质在于：同一事件发生的时间，因事件相对不同时钟的运动状态不同而不同. 同样的道理，事件的运动状态由具体的参考系而定. 因此时钟究竟会不会变慢，慢多少取决于具体的参考系. 读者可以想一想：在上一问题中，若车厢中的灯亮了，谁测得的时间更短？

### 4.3.3 同时的相对性(同时不同地)

同时的相对性是指在某一参考系下所看到的同时发生的事件，在另一参考系下却未必同时发生. 在图 4-4 所示的例子中，假设站台上的乘客看到站台上有两个路灯同时点亮，则火车中的乘客看到两个路灯是否同时点亮？

显然，静止系 $S$ 中静止的观察者看到在 $t_2=t_1(\Delta t=0)$ 时刻，在 $x_2\neq x_1$ 处同时发生灯亮事件. 问题要求解出在运动系 $S'$ 中静止的观察者看来 $\Delta t'$ 是多少.

根据洛伦兹变换有

$$t'=\gamma\left(t-\frac{u}{c^2}x\right),$$

可以得到

$$\Delta t'=\gamma\left(\Delta t-\frac{u}{c^2}\Delta x\right).$$

因此 $S'$ 系观察者获得的时间为

$$\Delta t'=\gamma\left(\Delta t-\frac{u}{c^2}\Delta x\right)=-\gamma\frac{u}{c^2}\Delta x. \tag{4-17}$$

由于 $\Delta x\neq 0$，火车中的乘客看到两个路灯并不是同时点亮.

以上可以看到，运动的相对性导致了结论的相对性. 这就是相对论的最大特点. 在相对论中，任何结论的得出都必须先指明条件，即观察者静止于哪一个惯性参考系，与物质或事件之间的运动关系如何，否则将得不到任何结论.

**例 4-3** 本征长度为 10 m 的飞船以 $u=3\times10^3\ \mathrm{m\cdot s^{-1}}$ 的速率相对于地面匀速飞行时，从地面上测量，它的长度是多少？

**解**

$$l=l_0\sqrt{1-\frac{u^2}{c^2}}$$

$$=10\sqrt{1-\left(\frac{3\times10^3}{3\times10^8}\right)^2}\ \mathrm{m}$$

$$\approx 9.999\ 999\ 999\ 5\ \mathrm{m}.$$

可见，飞船的长度缩短效应实际上很难测出.

**例 4-4**　一飞船以 $3\times10^3\ \mathrm{m\cdot s^{-1}}$ 的速率相对于地面匀速飞行. 飞船上的钟走了 10 s,地面上的钟经过了多少时间?

**解**
$$\Delta t=\frac{\tau}{\sqrt{1-\frac{u^2}{c^2}}}$$

$\Delta t'$为本征时间,所以

$$\Delta t=\frac{\Delta t'}{\sqrt{1-\frac{u^2}{c^2}}}=\frac{10}{\sqrt{1-\left(\frac{3\times10^3}{3\times10^8}\right)^2}}\ \mathrm{s}$$

$$\approx 10.000\,000\,000\,5\ \mathrm{s}.$$

可见,飞船的时间延缓效应实际上很难测出.

# 4.4 洛伦兹速度变换

当在两个不同的惯性参考系下测量同一质点的速度时,两个速度之间的关系应满足洛伦兹速度变换,而不再是伽利略速度变换.

根据洛伦兹变换,可以导出洛伦兹速度变换公式. 如图 4-5 所示,设惯性参考系 $S$ 及 $S'$ 的相对运动情况和计时零点的规定与图 4-1 相同. 现在 $S$ 和 $S'$ 系中分别观察质点 $P$ 的运动速度 $v$ 和 $v'$. 对洛伦兹变换式(4-6)进行微分,得

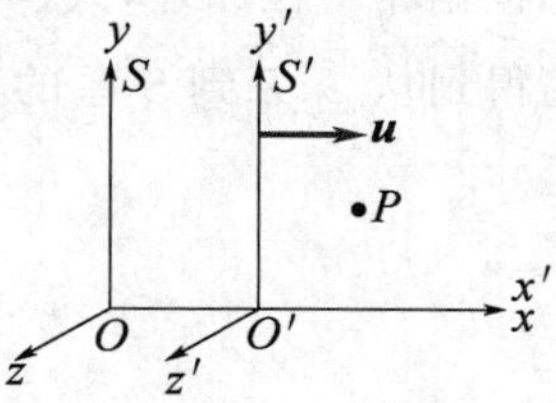

**图 4-5　洛伦兹速度变换**

洛伦兹

$$\begin{cases}\mathrm{d}x'=\dfrac{\mathrm{d}x-u\,\mathrm{d}t}{\sqrt{1-\dfrac{u^2}{c^2}}},\\ \mathrm{d}t'=\dfrac{\mathrm{d}t-\dfrac{u}{c^2}\mathrm{d}x}{\sqrt{1-\dfrac{u^2}{c^2}}},\\ \mathrm{d}y'=\mathrm{d}y,\\ \mathrm{d}z'=\mathrm{d}z,\end{cases}\tag{4-18}$$

则

$$v'_x=\frac{\mathrm{d}x'}{\mathrm{d}t'}=\frac{\frac{\mathrm{d}x'}{\mathrm{d}t}}{\frac{\mathrm{d}t'}{\mathrm{d}t}}=\frac{\frac{\mathrm{d}x}{\mathrm{d}t}-u}{1-\frac{u}{c^2}\frac{\mathrm{d}x}{\mathrm{d}t}},$$

即

$$v'_x=\frac{v_x-u}{1-\frac{uv}{c^2}},$$

$$v'_y=\frac{dy'}{dt'}=\frac{dy}{\gamma\left(1-\frac{u}{c^2}v_x\right)dt}=\frac{v_y}{\gamma\left(1-\frac{u}{c^2}v_x\right)},$$

$$v'_z=\frac{dz'}{dt'}=\frac{dz}{\gamma\left(1-\frac{u}{c^2}v_x\right)dt}=\frac{v_z}{\gamma\left(1-\frac{u}{c^2}v_x\right)},$$

所以有

$$\begin{cases}v'_x=\dfrac{v_x-u}{1-\dfrac{uv_x}{c^2}},\\[2ex] v'_y=\dfrac{v_y}{\gamma\left(1-\dfrac{u}{c^2}v_x\right)},\\[2ex] v'_z=\dfrac{v_z}{\gamma\left(1-\dfrac{u}{c^2}v_x\right)}.\end{cases}\tag{4-19}$$

根据相对性原理，式(4-19)中的 $u$ 变为 $-u$，带撇的量和不带撇的量对调，从而得到从 $S'$ 系到 $S$ 系的速度变换式为

$$\begin{cases}v_x=\dfrac{v'_x+u}{1+\dfrac{uv'_x}{c^2}},\\[2ex] v_y=\dfrac{v'_y}{\gamma\left(1+\dfrac{u}{c^2}v'_x\right)},\\[2ex] v_z=\dfrac{v'_z}{\gamma\left(1+\dfrac{u}{c^2}v'_x\right)}.\end{cases}\tag{4-20}$$

式(4-20)称为**洛伦兹速度变换式**.

当 $u\ll c$ 和 $v_x\ll c$ 时，$\gamma\to 1$，$\frac{uv_x}{c^2}\to 0$，则式(4-19)变为 $v'_x=v_x-u$，$v'_y=v_y$，$v'_z=v_z$，又回到了伽利略速度变换式.

在 $v$ 平行于 $x$ 轴的情况下，$v_x=v$，$v_y=0$，$v_z=0$，代入式(4-19)，得到

$$v'_x=\frac{v-u}{1-\frac{uv}{c^2}},\quad v'_y=0,\quad v'_z=0.\tag{4-21}$$

在 $v'$ 平行于 $x'$ 轴的情况下，$v'_x=v'$，$v'_y=0$，$v'_z=0$，代入式(4-20)，得到

$$v_x=\frac{v'+u}{1+\frac{uv'}{c^2}},\quad v_y=0,\quad v_z=0.\tag{4-22}$$

式(4-21)和式(4-22)是常用的特殊情况.

**例 4-5**　有一列火车以速度 $u$ 相对于地面做匀速直线运动. 在火车上向前和向后射出两道光，求光相对于地面的速度.

**解**　以地面为 $S$ 系，火车为 $S'$ 系，则光相对于车向前的速度为 $v'=+c$，向后的速度为 $v'=-c$，分别代入 $v_x=\dfrac{v'+u}{1+\dfrac{uv}{c^2}}$，则光向前的速度为

$$v_x=\frac{c+u}{1+\dfrac{uc}{c^2}}=c,$$

光向后的速度为　$v_x=\dfrac{-c+u}{1-\dfrac{uc}{c^2}}=c.$

这正是光速不变的原理.

**例 4-6**　飞船以速度 $0.8c$ 飞行，一彗星以速度 $0.6c$ 沿同一方向飞行. 宇航员看到彗星的速度多大?

**解**　以飞船为运动系，地面为静止系. 由题知 $u=0.8c$，$v=0.6c$，则

$$v'=\frac{v-u}{1-\dfrac{uv}{c^2}}=\frac{0.6c-0.8c}{1-\dfrac{0.6c\times 0.8c}{c^2}}=-0.38c.$$

## 4.5 相对论动力学

相对论动力学

## 4.6 广义相对论简介

广义相对论简介

## 本章提要

(1)伽利略变换式.

①伽利略位置坐标变换公式：

$$\begin{cases}x' = x - v \cdot t,\\ y' = y,\\ z' = z,\\ t' = t,\end{cases} \quad 或 \begin{cases}x = x' + v \cdot t,\\ y = y',\\ z = z',\\ t = t'.\end{cases}$$

②伽利略速度变换公式：

$$\begin{cases}u'_x = u_x - v,\\ u'_y = u_y,\\ u'_z = u_z.\end{cases}$$

(2)狭义相对论的基本原理.

①爱因斯坦相对性原理：物理定律在所有惯性参考系中都具有相同的表达形式，即所有的惯性参考系对运动的描述都是等效的.

②光速不变原理：真空中的光速是常量，它与光源或观察者的运动无关，不依赖于惯性参考系的选择.

(3)洛伦兹变换式.

①洛伦兹时空坐标变换公式：

$$\begin{cases}x' = \gamma(x - ut),\\ y' = y,\\ z' = z,\\ t' = \gamma\left(t - \dfrac{u}{c^2}x\right).\end{cases} \quad 或 \begin{cases}x = \gamma(x' + ut'),\\ y = y',\\ z = z',\\ t = \gamma\left(t' + \dfrac{u}{c^2}x'\right).\end{cases}$$

②洛伦兹速度变换公式：

$$\begin{cases}v'_x = \dfrac{v_x - u}{1 - \dfrac{uv_x}{c^2}},\\ v'_y = \dfrac{v_y}{\gamma\left(1 - \dfrac{u}{c^2}v_x\right)},\\ v'_z = \dfrac{v_z}{\gamma\left(1 - \dfrac{u}{c^2}v_x\right)},\end{cases} \quad 或 \begin{cases}v_x = \dfrac{v'_x + u}{1 + \dfrac{uv'_x}{c^2}},\\ v_y = \dfrac{v'_y}{\gamma\left(1 + \dfrac{u}{c^2}v'_x\right)},\\ v_z = \dfrac{v'_z}{\gamma\left(1 + \dfrac{u}{c^2}v'_x\right)}.\end{cases}$$

(4)狭义相对论的时空观.

①同时的相对性：两个事件在一个惯性参考系中是同时的，一般在另一个惯性参考系中是不同时的，不存在与惯性参考系无关的所谓绝对时间. 这就是同时的相对性，它是由爱因斯坦相对性原理和光速不变原理推导所得的必然结论之一.

②长度收缩：在相对运动的参考系中，观测的物体长度要比相对于物体静止的参考系观测的长度短些.

③时间延缓：在狭义相对论中，如同长度不是绝对的那样，时间间隔也不是绝对的.

## 习题

**4-1**　选择题.

(1)有两只对准的钟,一只留在地面上,另一只带到以接近光速的速率做匀速直线飞行的飞船上,则下列说法正确的是(　　).

(A) 飞船上人看到自己的钟比地面上的钟慢

(B) 地面上人看到自己的钟比飞船上的钟慢

(C) 飞船上人觉得自己的钟比原来慢了

(D) 地面上人看到自己的钟比飞船上的钟快

(2) 一宇宙飞船相对于地面以 $0.8c$ 的速度飞行,一光脉冲从船尾传到船头,飞船上的观察者测得飞船长为 90 m,地球上的观察者测得脉冲从船尾发出和到达船头两个事件的空间间隔应为(　　).

(A) 90 m　　(B) 54 m

(C) 270 m　　(D) 150 m

(3)两个惯性参考系之间存在接近光速的相对运动,相对速率为 $u$ (其中 $u$ 为正值),根据狭义相对论,在相对运动方向上的坐标满足洛伦兹变换,下列表达式不可能成立的是(　　).

(A) $x' = \dfrac{x-ut}{\sqrt{1-\dfrac{u^2}{c^2}}}$　　(B) $x' = \dfrac{x+ut}{\sqrt{1-\dfrac{u^2}{c^2}}}$

(C) $x = \dfrac{x'-ut'}{\sqrt{1-\dfrac{u^2}{c^2}}}$　　(D) $x' = x+ut$

(4)一粒子的动能等于它本身的静止能量,这时该粒子的速度大小为(　　).

(A) $\dfrac{\sqrt{3}}{2}c$　　(B) $\dfrac{3}{4}c$

(C) $\dfrac{1}{2}c$　　(D) $\dfrac{4}{5}c$

**4-2**　填空题.

(1)狭义相对论的两条基本原理说的是______.

(2)相对论能量和动量关系为________.

(3)在狭义相对论中,随着物体一起运动的惯性参考系中的静止观察者所测得物体的长度为________.

(4)狭义相对论中两个事件之间的"固有时"指的是,当此两个事件在某一惯性参考系看来,是在________发生时,在该参考系中的时间间隔.

(5)牛顿时空观认为时间和空间的测量值都是绝对的,与观察者的运动无关;而狭义相对论则认为时间和空间的测量值都是________,它们与观察者的运动密切相关.

**4-3**　同时的相对性是什么意思?为什么会有这种相对性?如果光速是无限大,是否还会有同时的相对性?

**4-4**　请说明经典力学的相对性原理与狭义相对论的相对性原理之间的异同.相对论的时间和空间概念与经典力学的有何不同?有何联系?

**4-5**　长度的量度和同时性有什么关系?为什么长度的量度会和参考系有关?长度缩短效应是否因为物体的长度受到了实际的压缩?

**4-6**　静止时边长为 $a$ 的正立方体,当它以速率 $v$ 沿与它的一个边平行的方向相对于惯性参考系 $S$ 系运动时,在 $S$ 系中测得它的体积将是多大?

**4-7**　在惯性参考系 $S$ 中观察到有两个事件发生在某一地点,其时间间隔为 4.0 s.从另一惯性参考系 $S'$ 观察到这两个事件发生的时间间隔为 6.0 s.从 $S'$ 系测量到这两个事件的空间间隔是多少?[设 $S'$ 系以恒定速率相对于 $S$ 系沿 $x(x')$ 轴运动]

**4-8**　一观察者测得运动着的米尺长为 0.5 m,则此尺以多大的速度接近观察者?

**4-9**　在什么速度下粒子的动量等于非相对论动量的两倍?又在什么速度下粒子的动能等于非相对论动能的两倍?

**4-10**　已知质子速度 $v=0.8c$,静质量为 $m_0=1.67\times10^{-27}$ kg,求质子的总能量、动能和动量.

**4-11**　地球上一观察者,看见一飞船 A 以速度 $2.0\times10^{-8}\ \mathrm{m\cdot s^{-1}}$ 从他身边飞过,另一飞船 B 以速度 $2.5\times10^{-8}\ \mathrm{m\cdot s^{-1}}$ 跟随 A 飞行.求:(1)A 上的乘客看到 B 的相对速度;(2)B 上的乘客看到 A 的相对速度.

第 5 章

# 机械振动

振动和波动是物质的基本运动形式. 所谓振动是指物理量在某一个数值附近来回往复的变化. 绝大多数物理量都能实现振动.

最常见的是力学量的振动，如位移、速度、加速度、力、动量和能量等力学量的振动，统称为机械振动. 这种运动形式在生产和实际生活中是普遍存在的. 例如，钟摆的来回摆动，内燃机气缸内活塞的往复运动，一切发声物体(声源)内部的运动，以及人的心跳运动等，都是机械振动. 通过仪器检测还可发现，耸立的高层建筑和塔结构(如电视塔、烟囱等)也存在振动.

除了机械振动外，自然界中还存在着各种各样其他的振动. 例如，在交流电路中，电流和电压的数值随时间做周期性的变化，单晶高温炉的炉温在某个值附近忽高忽低地做重复的变化，以及电功率、电磁场等电磁学量的振动等，统称为电磁振荡.

机械振动比较直观，易于理解，在大学物理中主要讨论机械振动. 物体在某固定位置附近的往复运动称为**机械振动**. 任何一个具有质量的弹性系统在其运动状态发生突变时，都会发生振动. 而这种振动只能在弹性介质中传播. 本章主要讨论简谐振动和振动合成，并简单讨论阻尼振动、受迫振动和共振.

# 5.1 简谐振动的运动方程

简谐振动的特征

简谐振动是振动中最基本、最简单的振动形式，一切复杂的振动都可以分解为若干个简谐振动，也就是说，任何一个复杂的振动都可以看成若干个简谐振动的合成. 那么，什么样的运动是简谐振动呢？当物体运动时，如果离开平衡位置的位移(或角位移)随时间按余弦或正弦函数的规律变化，这样的运动称为**简谐振动**. 我们最熟悉的简谐振动就是在忽略阻力的情况下，弹簧振子的小幅度振动. 下面就以弹簧振子为例，来初步了解一下物体的简谐振动.

## 5.1.1　弹簧振子模型

弹簧振子的无阻尼振动就是简谐振动. 如图 5-1 所示，将一个轻质弹簧(弹簧的质量相对于物体来说可以忽略不计)的一端固定，另一端连接一个可以在光滑水平面上自由运动的物体. 设物体的质量为 $m$，若所有的摩擦都可以忽略，这就是一个无阻尼的**弹簧振子**. 在弹簧处于自然长度时，物体处于平衡位置 $O$，以点 $O$ 作为坐标原点. 现将物体略向右移到点 $A$，然后放开，此时，弹簧由于伸长而使物体受到一个指向平衡位置的弹性力. 在弹性力作用下，物体向左运动. 当通过位置 $O$ 时，作用在物体上的弹性力等于 0. 由于惯性作用，物体将继续向点 $O$ 的左侧运动，使弹簧压缩. 此时，由于弹簧被压缩，出现了指向平衡位置的弹性力并阻止物体向左运动，使物体速率减小，直至物体静止于点 $B$(瞬时静止). 之后物体在弹性力作用下改变运动方向，向右运动. 这样，在弹性力作用下物体在点 $O$ 左右往复运动，即做简谐振动.

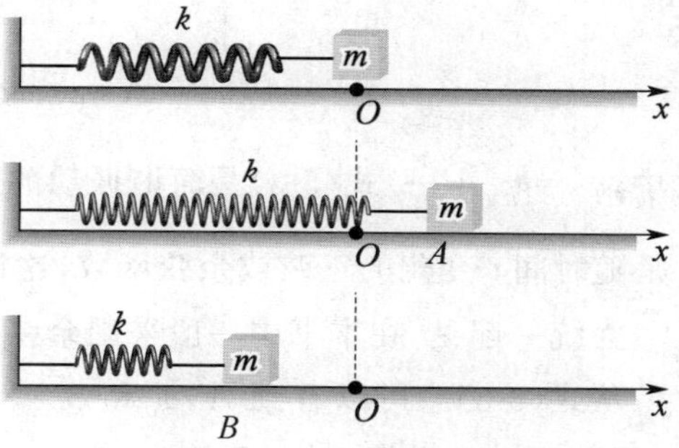


**图 5-1　弹簧振子的简谐振动**

由以上分析知，当物体相对于点 $O$ 的位移为 $x$ 时，根据胡克定律，物体受到弹性力为

$$F=-kx. \tag{5-1}$$

当 $x>0$，位移沿 $x$ 轴正方向时，弹性力沿 $x$ 轴负方向，即 $F<0$；当 $x<0$，位移沿 $x$ 轴负方向时，弹性力沿 $x$ 轴正方向，即 $F>0$. $k$ 为弹簧的刚度系数，“$-$”表示力 $\boldsymbol{F}$ 与相对点 $O$ 的位移 $x$ 反向.

由牛顿第二定律知，物体的加速度为

$$a=\frac{F}{m}=-\frac{kx}{m},$$

或

$$\frac{d^2x}{dt^2}+\frac{k}{m}x=0.$$

由于 $k$,$m$ 均大于 0,可令 $\frac{k}{m}=\omega^2$,则有

$$\frac{d^2x}{dt^2}+\omega^2x=0. \tag{5-2}$$

式(5-2)是简谐振动的微分方程,是一个常系数齐次二阶线性微分方程,其解为

$$x=A\cos(\omega t+\varphi_0), \tag{5-3}$$

或

$$x=A\sin(\omega t+\varphi'_0),$$

式中,$\varphi'_0=\varphi_0+\frac{\pi}{2}$. 式(5-3)是简谐振动的运动方程. 物体相对平衡位置的位移 $x$ 是随时间 $t$ 变化的正弦或余弦函数,这正是简谐振动的特点.

为统一起见,在本书中一般采用余弦函数形式来表示简谐振动.

从式(5-3)中可以看到 $A$,$\omega$ 和 $\varphi_0$ 三个物理量决定了简谐振动的运动状态. 对于一个简谐振动,如果 $A$,$\omega$ 和 $\varphi_0$ 都知道了,这个简谐振动的特征也就完全清楚了. 因此,这三个量称为描述简谐振动的三个特征量.

$A$ 是做简谐振动的物体离开平衡位置的最大位移,称为**振幅**.

余弦函数是周期函数. 振动物体运动状态完全重复一次,称为物体进行了一次全振动. 物体进行一次全振动所需要的时间称为振动的**周期**,以 $T$ 表示. 物体在任意时刻 $t$ 的运动状态(位置和速度)应该与物体在时刻 $t+T$ 的运动状态完全相同. 因此,根据周期的定义,有

$$A\cos(\omega t+\varphi_0)=A\cos[\omega(t+T)+\varphi_0]=A\cos(\omega t+\varphi_0+\omega T).$$

因为余弦函数经 $2\pi$ 重复一次,所以等式右边的 $\omega T$ 满足

$$\omega T=2k\pi,$$

这里取 $k=1,2,3,\cdots$. 相应于 $k=1$ 的 $T$ 值是周期,即

$$T=\frac{2\pi}{\omega}. \tag{5-4}$$

单位时间内物体完成全振动的次数称为简谐振动的**频率**,用 $\nu$ 表示. 显然它是周期 $T$ 的倒数,即

$$\nu=\frac{1}{T}=\frac{\omega}{2\pi}, \tag{5-5}$$

单位是赫兹,符号为 Hz. 例如,电动机的底座基础振动时的频率为 50 Hz,就是

说，在 1 s 内它振动了 50 次.

$\omega$ 等于频率 $\nu$ 的 $2\pi$ 倍，也就是在数值上等于 $2\pi$ s 内的振动次数. 把 $\omega$ 称为**角频率**，其单位为 $\mathrm{rad \cdot s^{-1}}$.

因此，简谐振动的运动方程也可用周期或频率表示为

$$x = A\cos\left(\frac{2\pi}{T}t + \varphi_0\right), \tag{5-6}$$

$$x = A\cos(2\pi\nu t + \varphi_0). \tag{5-7}$$

现在，来说明周期或频率与振动系统本身性质的关系. 以弹簧振子为例，角频率为 $\omega = \sqrt{\frac{k}{m}}$，因而周期和频率分别是

$$T = \frac{2\pi}{\omega} = 2\pi\sqrt{\frac{m}{k}}, \tag{5-8}$$

$$\nu = \frac{1}{T} = \frac{1}{2\pi}\sqrt{\frac{k}{m}}. \tag{5-9}$$

因为质量 $m$ 和刚度系数 $k$ 代表弹簧振子本身的性质，所以式(5-8)和式(5-9)说明：周期、频率或角频率是由振动系统本身性质所决定的量，这种由系统本身性质所决定的频率或周期也称固有频率或固有周期.

做简谐振动的系统都是以其本身的固有频率或固有周期做简谐振动的.

在简谐振动运动方程中，变量 $\omega t + \varphi_0$ 称为振动的**相位**，记作

$$\varphi = \omega t + \varphi_0. \tag{5-10}$$

质点的运动状态可以用位置和速度来描述. 由于物体在做简谐振动时，位移和速度分别为

$$x = A\cos(\omega t + \varphi_0), \tag{5-11}$$

$$v = \frac{\mathrm{d}x}{\mathrm{d}t} = -A\omega\sin(\omega t + \varphi_0), \tag{5-12}$$

因此，当振幅 $A$ 与角频率 $\omega$ 一定时，位移和速度取决于变量 $\omega t + \varphi_0$，即简谐振动的状态仅随相位的变化而变化. 从式(5-11)和式(5-12)可以看出，相位不仅可以确定物体在某一时刻的位置，还可以确定在某一时刻的速度(大小和方向)，因而相位是描述简谐振动状态的最重要的物理量. 在一次完整振动过程中，物体每一时刻的运动状态都是不同的，而且反映在相位的不同上. 例如，在弹簧振子振动过程中，当 $\omega t + \varphi_0 = \frac{\pi}{2}$ 时，有

$$x = A\cos\frac{\pi}{2} = 0,$$

$$v = -A\omega\sin\frac{\pi}{2} = -A\omega,$$

即物体在平衡位置以速度的最大值 $A\omega$ 向 $x$ 轴负方向运动. 当 $\omega t+\varphi_0=\frac{3\pi}{2}$时,

$$x=A\cos\frac{3\pi}{2}=0,$$

$$v=-A\omega\sin\frac{3\pi}{2}=A\omega,$$

物体同样是在平衡位置,但以速度的最大值 $A\omega$ 向 $x$ 轴正方向运动. 可见,两个不同的相位表示两种不同的运动状态.

相位是一个非常重要的概念,应注意两点:相位与时间一一对应;相位不同是指时间先后不同. 将式(5-10)对时间求导,可得

$$\omega=\frac{\mathrm{d}\varphi}{\mathrm{d}t}, \tag{5-13}$$

故角频率表示相位变化的速率,是描述简谐振动状态变化快慢的物理量. $\omega$ 是一个常量,表示相位是匀速变化的. 相位的一般表达式中的 $\varphi_0$ 称为**初相位**,即 $t=0$ 时的相位,描述简谐振动的初始状态. 由初相位 $\varphi_0$ 可确定物体在初始时刻的运动状态,即 $t=0$ 时的位置和速度. 例如,对于弹簧振子的振动,若初相位 $\varphi_0=0$,则由式(5-11)、式(5-12)可以计算:当 $t=0$ 时,物体处于 $x=+A$ 位置,速度 $v=0$,即物体从右端开始振动;若初相位 $\varphi_0=\pi$,则当 $t=0$ 时,$x=-A$,$v=0$,即物体从左端开始振动.

振幅 $A$ 和初相位 $\varphi_0$ 取决于振动初始时刻($t=0$)的位移 $x_0$ 和速度 $v_0$. 通常把 $t=0$ 时初始位置 $x_0$ 和初始速度 $v_0$ 称为初始条件. 根据当 $t=0$ 时,$x=x_0$,$v=v_0$,可得

$$x_0=A\cos\varphi_0,$$

$$v_0=-\omega A\sin\varphi_0.$$

计算可得

$$A=\sqrt{x_0^2+\frac{v_0^2}{\omega^2}}, \tag{5-14}$$

$$\varphi_0=\arctan\left(-\frac{v_0}{\omega x_0}\right), \tag{5-15}$$

式中,$\varphi_0$ 所在象限可由 $x_0$ 及 $v_0$ 的正负确定.

由此可知,只要初始条件确定,质点简谐振动的振幅和初相位就是确定的,即振幅和初相位是由初始条件决定的.

根据上述方法在确定简谐振动的振幅 $A$、角频率 $\omega$ 和初相位 $\varphi_0$ 后,简谐振动的运动方程 $x=A\cos(\omega t+\varphi_0)$也就完全确定了.

**例 5-1**　如图 5-2 所示，一竖直悬挂的弹簧下端挂一物体，最初用手将物体在弹簧原长处托住，然后放手，此系统便上下振动起来. 已知物体最低位置是初始位置下方 10.0 cm 处，求：

(1)振动频率；

(2)物体在初始位置下方 9.0 cm 处时的速度大小.

**解**　(1)由题知 $2A=10$ cm，

$$\frac{k}{m}=\frac{g}{\Delta x}=\frac{9.8}{5\times10^{-2}}\ \text{rad}^2\cdot\text{s}^{-2}=196\ \text{rad}^2\cdot\text{s}^{-2},$$

又 $\omega=\sqrt{\frac{k}{m}}=\sqrt{196}\ \text{rad}\cdot\text{s}^{-1}=14\ \text{rad}\cdot\text{s}^{-1}$，因此有

$$\nu=\frac{1}{2\pi}\sqrt{\frac{k}{m}}=\frac{7}{\pi}\ \text{Hz}.$$

(2)物体在初始位置下方 9.0 cm 处，对应的是 $x=4.0$ cm 的位置，所以

$$\cos\varphi_0=\frac{x}{A}=0.8.$$

那么此时的 $\sin\varphi_0=-\frac{v}{A\omega}=\pm0.6$. 因此速度的大小为 $v=\frac{3}{5}A\omega=0.42\ \text{m}\cdot\text{s}^{-1}$.

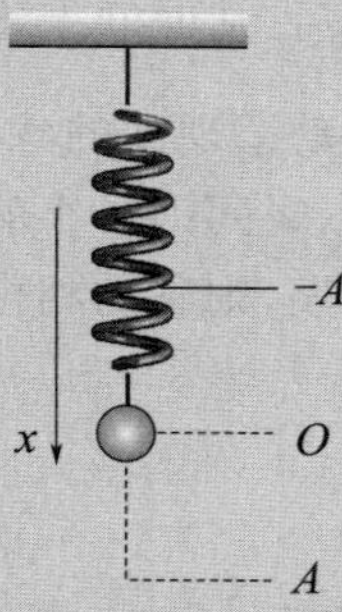


**图 5-2　例 5-1 图**

在时间从 $t_1$ 变化到 $t_2$ 的过程中，相位从 $\varphi_1=\omega t_1+\varphi_0$ 变化到 $\varphi_2=\omega t_2+\varphi_0$，相位的差，即相位差(简称**相差**)为

$$\Delta\varphi=\omega\Delta t=\frac{2\pi}{T}\Delta t. \tag{5-16}$$

其直观的物理意义：相位变化等于相位变化的速率与时间之积.

相位差与时间差的关系常常用于讨论两个振动的同步. 例如，有下列两个简谐振动

$$①x_1=A_1\cos(\omega t+\varphi_1),$$
$$②x_2=A_2\cos(\omega t+\varphi_2).$$

它们的相位差为

$$\Delta\varphi=(\omega t+\varphi_2)-(\omega t+\varphi_1)=\varphi_2-\varphi_1. \tag{5-17}$$

相差描述同一时刻两个振动的状态差. 从式(5-17)可以看出，两个连续进行的同频率的简谐振动在任意时刻的相位差都等于其初始相位差而与时间无关. 由这个相差的值可以分析它们的步调是否相同.

如果 $\Delta\varphi=0$ 或 $2\pi$ 的整数倍，则两振动质点将同时到达各自的极大值，并且同时越过原点，同时到达极小值，它们的步调始终相同. 在这种情况下称二者同相.

如果 $\Delta\varphi=\pi$ 或 $\pi$ 的奇数倍，则当两振动质点中的一个到达极大值时，另一个将同时到达极小值，并且将同时越过原点，同时到达各自的另一个极值，它们的步调正好相反. 在这种情况下称二者反相.

图 5-3 给出了这两个振动的振动曲线(为了便于讨论相位差，把两个振动的振幅设为相同，图中实线表示振动①，虚线表示振动②). 从图中可以看出，

在 $t=0$ 时，振动①的相位为 0，振动②的相位为 $\pi/2$（以正方向最大位移处为相位零点）；在 $t=\dfrac{T}{4}$ 时，振动①的相位变为 $\dfrac{\pi}{2}$，而振动②的相位则变为 $\pi$. 对于这种情况，称为振动②在相位上超前振动① $\dfrac{\pi}{2}$，或说成振动①滞后于振动② $\dfrac{\pi}{2}$. 通俗来讲，当比较两个振动时，相位大的一个称为超前，相位小的一个称为滞后. 从时间上看，可以说振动②超前振动① $\dfrac{T}{4}$，即振动①要在 $\dfrac{T}{4}$ 后才能到达振动②现在的状态. 也就是说，两个振动相比较时，时间因子大的一个称为超前，时间因子小的一个称为滞后. 式(5-16)还表示一个振动的时间每超前一个周期，则它的相位超前 $2\pi$.

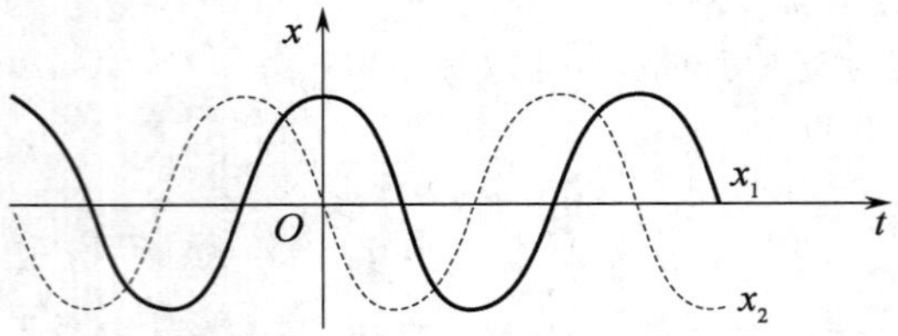


图 5-3　两个同频率的简谐振动的振动曲线

现在来研究简谐振动的速度和加速度. 根据式(5-11)和式(5-12)，简谐振动的速度为

$$v=\frac{\mathrm{d}x}{\mathrm{d}t}=-\omega A\sin(\omega t+\varphi_0);$$

加速度为

$$a=\frac{\mathrm{d}v}{\mathrm{d}t}=-\omega^2 A\cos(\omega t+\varphi_0), \tag{5-18}$$

式中，速度的最大值 $v_{\max}=\omega A$，加速度的最大值 $a_{\max}=\omega^2 A$. 可见，速度 $v$ 和加速度 $a$ 都随时间而变化，即简谐振动是一种变速运动. 把式(5-11)代入加速度表达式(5-18)，得

$$a=-\omega^2 x. \tag{5-19}$$

式(5-19)是简谐振动的微分方程.

综上所述，当物体做简谐振动时，位移、速度和加速度都是时间 $t$ 的余弦或正弦函数. 由于余弦函数或正弦函数都是有界的周期函数，因此，三者都在相应的数值范围内随时间发生周期性的变化. 这些物理量的运动形式也可看成简谐振动.

以时间 $t$ 为横坐标，位移 $x$、速度 $v$ 及加速度 $a$ 为纵坐标，可以分别绘出 $x$-$t$ 曲线、$v$-$t$ 曲线和 $a$-$t$ 曲线. 为了便于比较，把它们画在一起，如图 5-4 所示（曲线是假定 $\varphi_0=0$ 而绘出的，并且为了方便起见，把 $\omega t$ 作为横坐标）.

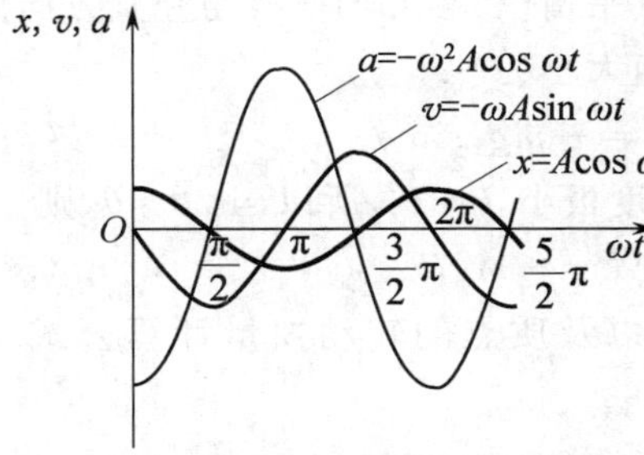


图 5-4　位移、速度和加速度与时间的关系曲线

从 3 条曲线上可以清楚地看出简谐振动的周期性，就是说，位移、速度和加速度都在每隔一定的时间后，重复一次原来的数值. 既然如此，在研究简谐振动时，只需弄清楚一次完全振动中的运动情况，也就掌握了简谐振动的全过程.

从以上的讨论中不难看出，如果把式(5-11)中的物理量 $x$ 替换成其他物理量，如速度、加速度、角位移、角速度，甚至电磁学量，如电流、电压、电场强度和磁感应强度，无论是什么物理量，只要它满足简谐振动的微分方程，它的运动形式就是简谐振动.

简谐振动也可以用振动曲线来描述，称为谐振曲线，如图 5-5 所示. 此图中 $A=0.02$ m，周期 $T=0.4$ s.

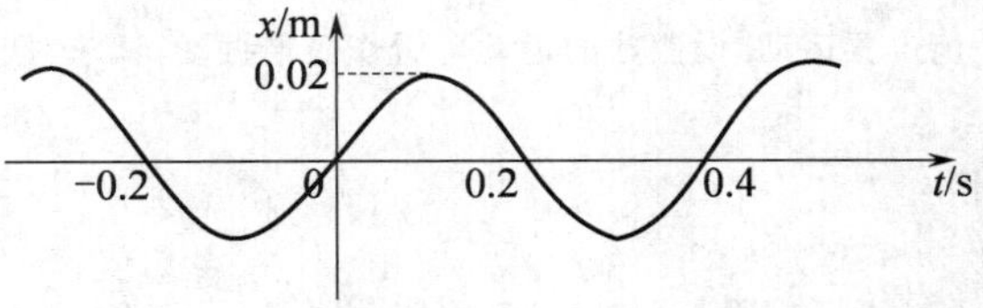


图 5-5　简谐振动的振动曲线

由以上对弹簧振子的简谐振动的分析可知，如果一个物体所受到的力的大小总是与该物体对其平衡位置的位移成正比，且力的方向与位移方向反向的话，该物体的运动即为简谐振动. 把具有这种性质的力称为线性回复力. 这也是一个物体做简谐振动的动力学特征.

这里还应该指出，在弹簧振子的例子中，当弹簧振子振动的幅度过大时，弹簧振子所受的回复力将不再遵从胡克定律. 此时，弹簧振子所受的回复力与位移之间将不再是简单的线性关系，这个时候弹簧振子的运动将不再是简谐振动.

### 5.1.2　单摆和复摆模型

如图 5-6 所示，将一端固定且不可伸长的细绳(细绳的质量忽略不计)与一个可视为质点的物体相连，物体的质量为 $m$. 若所有的摩擦都可以忽略，当它在竖直平面内做小角度摆动时($\theta\leqslant5°$)，该系统称为单摆. 当摆线处于竖直位

置时，物体所在位置为其平衡位置 $O$. 当摆线与竖直方向成 $\theta$ 角时，物体所受的重力矩大小为

$$M=-mgl\sin\theta. \tag{5-20}$$

由于单摆所做摆动的角度极小，$\theta\leqslant 5^\circ$，所以 $\sin\theta\approx\theta$，则

$$M=-mgl\theta. \tag{5-21}$$

根据转动定律 $M=J\alpha$ 以及质点的转动惯量计算公式 $J=mr^2$，有

$$ml^2\frac{\mathrm{d}^2\theta}{\mathrm{d}t^2}=-mgl\theta.$$

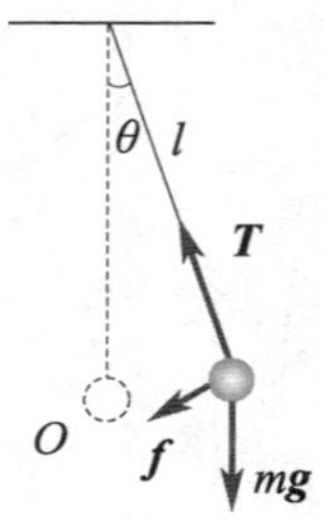

图 5-6 单摆

令 $\omega^2=\frac{g}{l}$，则有

$$\frac{\mathrm{d}^2\theta}{\mathrm{d}t^2}+\omega^2\theta=0. \tag{5-22}$$

由此可见，当摆角很小时，单摆在平衡位置附近所做的摆动可看作为简谐振动，其振动方程为

$$\theta=\theta_{\max}\cos(\omega t+\varphi_0). \tag{5-23}$$

式中，$\theta_{\max}$ 是最大角位移，即**角振幅**；$\varphi_0$ 为初相位，由初始条件决定.

**例 5-2** 有一单摆，摆长 $l=1.0$ m，摆球质量 $m=10$ g. $t=0$ s 时，小球正好经过 $\theta_0=-0.06$ rad 处，并以角速度 $\dot{\theta}=0.2\ \mathrm{rad\cdot s^{-1}}$ 向平衡位置运动. 设摆球的运动可看作简谐振动，试求：摆球的振动方程（$g$ 取 $10\ \mathrm{m\cdot s^{-2}}$）.

**解** 单摆的振动方程形式为 $\theta=\theta_{\max}\cos(\omega t+\varphi_0)$，只要按照题意找到对应的各项就可以求得振动方程了.

角频率：$\omega=\sqrt{\frac{g}{l}}=\sqrt{10}\ \mathrm{rad\cdot s^{-1}}$.

频率：$\nu=\frac{1}{2\pi}\sqrt{\frac{g}{l}}=\frac{\sqrt{10}}{2\pi}$ Hz.

周期：$T=2\pi\sqrt{\frac{l}{g}}=\frac{2\pi}{\sqrt{10}}$ s.

根据初始条件有 $\begin{cases}\cos\varphi_0=\dfrac{\theta_0}{\theta_{\max}},\\ \sin\varphi_0=-\dfrac{\dot{\theta}}{\theta_{\max}\omega}.\end{cases}$

可解得 $\theta_{\max}=0.088$ rad，$\varphi_0=-2.32$ rad. 所以振动方程为 $\theta=0.088\cos(\sqrt{10}t-2.32)$.

在单摆中，物体所受的回复力不是弹性力，而是重力的切向分力. 在角位移 $\theta$ 很小时，此力大小与 $\theta$ 成正比，方向指向平衡位置. 虽然本质上不是弹性力，但其作用完全和弹性力一样，所以是一种准弹性力.

当 $\theta$ 较大时，物体所受的回复力与 $\sin\theta$ 成正比，物体不再做简谐振动. 由于 $\sin\theta$ 总是小于 $\theta$，所以，当角振幅 $\theta_{\max}$ 较大时，单摆的振动周期将增大，此时单摆的周期 $T$ 与 $\theta_{\max}$ 的关系为

$$T=T_0\left(1+\frac{1}{2^2}\sin^2\frac{\theta_{\max}}{2}+\frac{1}{2^2}\frac{3^2}{4^2}\sin^4\frac{\theta_{\max}}{2}+\cdots\right), \tag{5-24}$$

式中，$T_0$ 为 $\theta_{max}$ 很小时的振动周期. 式中含有 $\theta_{max}$ 的各项逐项变得越来越小，因此只要在式(5-24)中取足够的项数就可以将周期计算到所要求的任何精确度. 如 $\theta_{max}=15°$时，实际的周期 $T$ 与 $T_0$ 相差不超过 0.5%.

单摆的振动周期完全取决于振动系统本身的性质，即取决于重力加速度 $g$ 和摆长 $l$，而与摆球的质量无关. 在小摆角的情况下，单摆的周期与振幅无关，所以单摆可用于计时. 单摆为测量重力加速度 $g$ 提供了一种简便方法.

如图 5-7 所示，一个可绕固定轴 $O$ 摆动的刚体称为复摆，也称物理摆. 在平衡位置，复摆的重心 $C$ 在轴的正下方. 摆动时，重心与轴的连线 $OC$ 偏离平衡时的竖直位置. 根据转动定律，如果一个刚体绕 $O$ 轴转动，它受到的合外力矩为

$$M=-mgh\sin\theta. \tag{5-25}$$

式中，负号表明力矩 $M$ 的方向与角位移 $\theta$ 的方向相反.

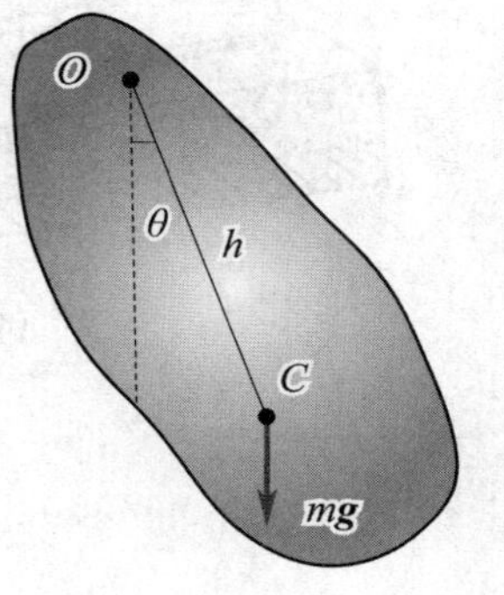

图 5-7　复摆

当摆角很小时，$\sin\theta\approx\theta$，则

$$M=-mgh\theta, \tag{5-26}$$

因此有

$$J\frac{\mathrm{d}^2\theta}{\mathrm{d}t^2}=-mgh\theta.$$

令 $\omega^2=\dfrac{mgh}{J}$，则

$$\frac{\mathrm{d}^2\theta}{\mathrm{d}t^2}+\omega^2\theta=0. \tag{5-27}$$

这是一个简谐振动的微分方程，表示刚体对平衡位置的角位移 $\theta$ 是一个谐振量，即

$$\theta=\Theta\cos(\omega t+\varphi), \tag{5-28}$$

式中，$\Theta$ 表示角位移的振幅. 因此可以说，若刚体所受的合外力矩正比于角位移，则刚体的转动是简谐振动.

应当指出，实际的振动系统通常是很复杂的. 像弹簧振子、复摆等这种简谐振子只是研究振动问题的理想模型. 在机械振动中，如果对一个实际的振动系统，从动力学角度抓住形成振动的最本质的因素——惯性和弹性，便可将实际的振动系统抽象简化成弹簧振子. 如图 5-8(a)所示，在精密机床下面，一般都筑有混凝土基础，并在混凝土基础下铺设弹性垫层. 为了研究这一系统的振动情况，不妨将它作如下的简化：由于机床和混凝土基础的质量比弹性垫层的质量大得多，而振动时它们的形变又比弹性垫层小得多. 因此，可以将弹性垫层简化为一根轻弹簧，而将机床和混凝土基础简化为压在弹簧上面的一个物体，这样构成了如图 5-8(b)所示的弹簧振子. 此弹簧振子沿铅直方向做振动时，只有弹簧(弹性垫层)发生形变；物体(机床与混凝土基础)形变甚小可忽略，因此只有位置的变化. 分析这一弹簧振子的运动规律，也就能掌握所述振

动系统振动的基本特征.

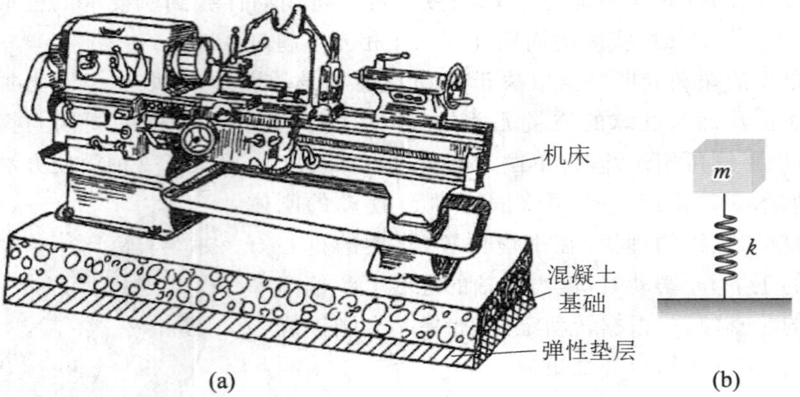


图 5-8　抽象简化成的弹簧振子

## 5.2 旋转矢量表示法

旋转矢量表示法

简谐振动除了用谐振方程和谐振曲线来描述以外,还有一种很直观、很方便的描述方法,称为旋转矢量表示法. 如图 5-9 所示,在一个平面上建立 $x$、$y$ 坐标轴,以坐标原点 $O$ 为起点画一个长度为 $A$ 的矢量 $\boldsymbol{A}$,$\boldsymbol{A}$ 绕原点 $O$ 以匀角速度 $\omega$ 沿逆时针方向旋转,称为**旋转矢量**,矢量端点在平面上将画出一个圆,称为参考圆. 设当 $t=0$ 时,矢量 $\boldsymbol{A}$ 与 $x$ 轴的夹角即初角位置为 $\varphi_0$,则任意 $t$ 时刻 $\boldsymbol{A}$ 与 $x$ 轴的夹角为 $\varphi=\omega t+\varphi_0$. 矢量的端点 $M$ 在 $x$ 轴上投影点 $P$ 的坐标为

$$x = A\cos(\omega t + \varphi_0).$$

这与简谐振动定义式完全相同. 由此可知,旋转矢量的端点在 $x$ 轴上投影点的运动是简谐振动. 显然,一个旋转矢量与一个简谐振动相对应,其对应关系:旋转矢量的长度就是振动的振幅,因而旋转矢量又称振幅矢量;矢量的角位置即为振动的相位,初角位置为振动的初相;矢量的角速度恰恰是振动的角频率,即相位变化的速率;矢量旋转的周期和频率与简谐振动的周期和频率完全相同. 在讨论一个简谐振动时,用上述方法作一个旋转矢量来帮助分析,可以使运动的各个物理量表现得比较直观,运动过程也比较清晰,从而有利于问题的解决.

图 5-10 所示为当 $t=0$ 时,某两个同频率简谐振动的旋转矢量图. 其中 $\boldsymbol{A}_1$ 是振动 1 对应的旋转矢量,$\boldsymbol{A}_2$ 是振动 2 对应的旋转矢量. 由于旋转矢量的角位置表示振动的相位,因而它们的夹角代表它们的相位差,如果是两个同频率的简谐振动,则旋转矢量的角速度相同,它们的相位差不随时间改变. 从图中可以看出,振动 2 的相位(矢量的角位置)始终要比振动 1 的相位大 $\frac{\pi}{2}$,即超前

$\frac{\pi}{2}$. 振动 2 到达一个状态后，振动 1 总要在$\frac{T}{4}$后才能到达这个状态，即振动 2 的相位超前振动 1 的相位$\frac{T}{4}$.

由于 $x_1 = A_1\cos(\omega t + 2\pi)$，所以也可以说振动 1 的相位超前振动 2 的相位$\frac{3\pi}{2}$. 为了表述的一致性，约定把$|\Delta\varphi|$的值限定在 $\pi$ 以内. 对于上面的两个简谐振动，统一说成振动 2 的相位超前振动 1 的相位$\frac{\pi}{2}$，或说成振动 1 的相位滞后于振动 2 的相位$\frac{\pi}{2}$.

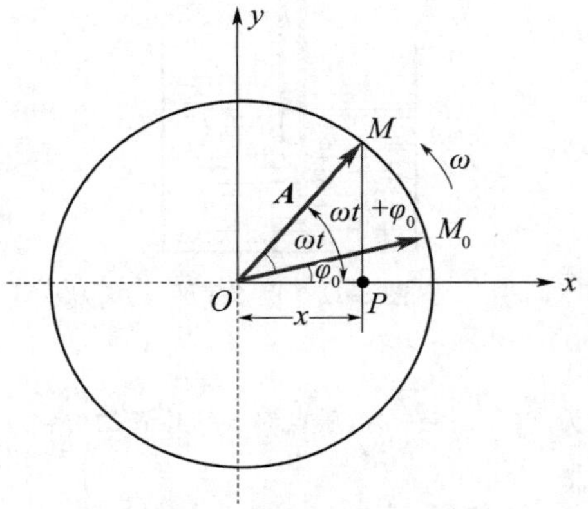


图 5-9　简谐振动的旋转矢量图

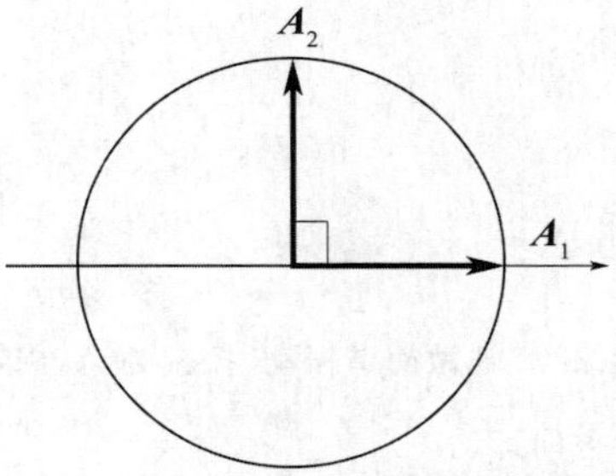


图 5-10　两个同频率简谐振动的旋转矢量

**例 5-3**　两质点做同方向、同频率的简谐振动，振幅相等. 当质点 1 在 $x_1 = A/2$ 处，且向左运动时，质点 2 在 $x_2 = -A/2$ 处，且向右运动. 求这两个质点的相位差.

**解**　由旋转矢量图(见图 5-11)可知：当质点 1 在 $x_1 = A/2$ 处，且向左运动时，相位为$\frac{\pi}{3}$；而质点 2 在$x_2 = -A/2$ 处，且向右运动时，相位为$\frac{4\pi}{3}$. 所以它们的相位差为 $\pi$.

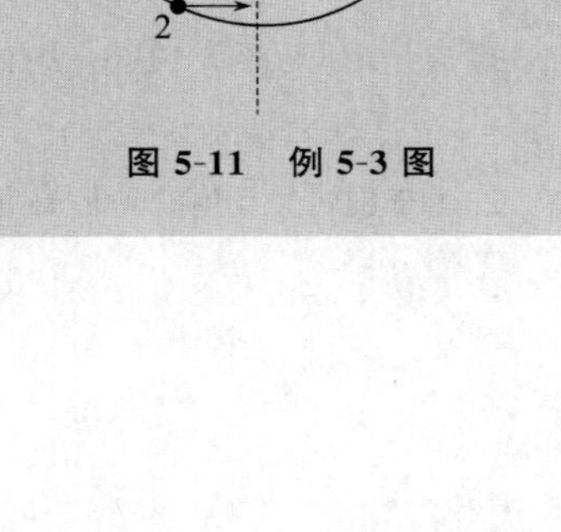


图 5-11　例 5-3 图

**例 5-4** 如图 5-12 所示，质量为 $m$ 的比重计，放在密度为 $\rho$ 的液体中. 已知比重计圆管的直径为 $d$. 试证明比重计在竖直方向的振动为简谐振动并计算振动周期.

**解** 在平衡位置，比重计所受浮力与重力相等，设此时比重计进入液体中的深度为 $a$，且 $\rho gSa=mg$.

在液面取坐标原点 $O$，以向上为 $x$ 轴正方向，比重计质心的位置为 $x$，则其浸没液体中的部分可以用 $a-x$ 来表示，所以

$$F=\rho g(a-x)S-\rho gaS=-\rho gSx=-kx,$$

可得

$$a=\frac{F}{m}=-\frac{\rho gSx}{m}=\frac{\mathrm{d}^2x}{\mathrm{d}t^2},$$

令 $\omega^2=\frac{\rho gS}{m}=\frac{\rho g\pi d^2}{4m}$，可得到

$$\frac{\mathrm{d}^2x}{\mathrm{d}t^2}+\omega^2x=0.$$

可见，比重计在竖直方向的振动是简谐振动，周期为

$$T=2\pi/\omega=\frac{4}{d}\sqrt{\frac{\pi m}{\rho g}}.$$

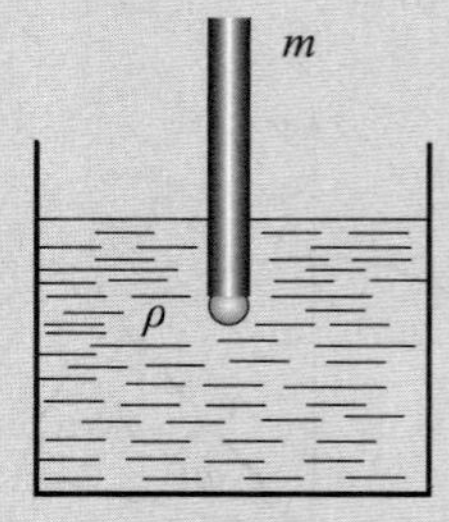


图 5-12 例 5-4 图

**例 5-5** 一质点沿 $x$ 轴做简谐振动，振幅为 $A$，周期为 $T$. 当 $t=0$ 时，质点对平衡位置的位移 $x_0=A/2$，质点向 $x$ 轴正方向运动.

(1)求质点振动的初相位；

(2)质点从 $x=0$ 处运动到 $x=A/2$ 处最少需要多少时间？

**解** (1) 当 $t=0$ 时，质点的位移 $x_0=A/2$，故 $t=0$ 时的旋转矢量应与 $x$ 轴成 60°角，即与 $x$ 轴的夹角为 $\varphi=\pi/3$ 或 $\varphi=-\pi/3$，如图 5-13(a)所示. 若 $\varphi=\pi/3$，注意到旋转矢量的转动方向是沿逆时针方向的，所以此时旋转矢量端点的投影正向 $x$ 轴负方向运动，这不合题意；若 $\varphi=-\pi/3$，此时旋转矢量端点的投影正向 $x$ 轴正方向运动，符合题意. 故质点振动的初相位应为 $\varphi=-\pi/3$.

(2) 质点从位移为 $x=0$ 处运动到 $x=A/2$ 处的过程，在旋转矢量图[见图 5-13(b)]中体现为旋转矢量从 $\varphi=-\pi/2$ 处转动到 $\varphi=-\pi/3$ 处，转过了 $\pi/6$ 的角度. 由于旋转矢量的转动是匀角速转动，转动一周的时间是 $T$，所以转过 $\pi/6$ 的时间应为 $T/12$，这也就是质点从 $x=0$ 处运动到 $x=A/2$ 处所需要的最短的时间.

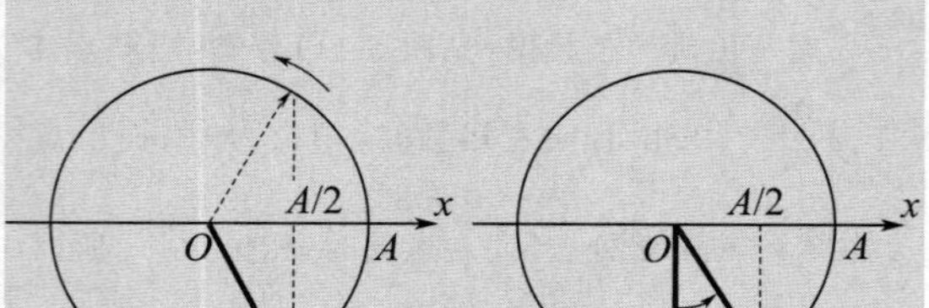


图 5-13 例 5-5 图

**例 5-6** 一质点沿 $x$ 轴做简谐振动，振幅 $A=0.12$ m，周期 $T=2$ s. 当 $t=0$ 时，质点对平衡位置的位移 $x_0=0.06$ m，此时质点向 $x$ 轴正方向运动. 求：

(1)简谐振动的运动方程；

(2)当 $t=T/4$ 时，质点的位移、速度和加速度.

**解** (1) 取平衡位置为坐标原点 $O$. 设位移表达式为

$$x = A\cos(\omega t+\varphi_0),$$

其中，$A=0.12$ m，$\omega=\frac{2\pi}{T}=\pi$ rad·s$^{-1}$. 下面用矢量图来求初相位 $\varphi_0$.

由初始条件，当 $t=0$ 时，$x_0=0.06\ \text{m}=\frac{A}{2}$，质点向 $x$ 轴正方向运动. 画出如图 5-14(a)所示的旋转矢量的初始位置(图中略去了参考圆)，从而得出 $\varphi_0=-\frac{\pi}{3}$. 于是此简谐振动的运动方程为

$$x = 0.12\cos\left(\pi t-\frac{\pi}{3}\right).$$

(2) 此简谐振动的速度为

$$v = -\omega A\sin(\omega t+\varphi_0) = -0.12\pi\sin\left(\pi t-\frac{\pi}{3}\right)\ \text{m}\cdot\text{s}^{-1},$$

加速度为

$$a = -\omega^2 A\cos(\omega t+\varphi_0) = -0.12\pi^2\cos\left(\pi t-\frac{\pi}{3}\right)\ \text{m}\cdot\text{s}^{-2}.$$

取 $t=T/4=0.5$ s，可分别得质点在此时的位移为

$$x = 0.104\ \text{m},$$

速度为

$$v = -0.188\ \text{m}\cdot\text{s}^{-1},$$

加速度为

$$a = -1.03\ \text{m}\cdot\text{s}^{-2}.$$

此时旋转矢量的位置如图 5-14(b)所示.

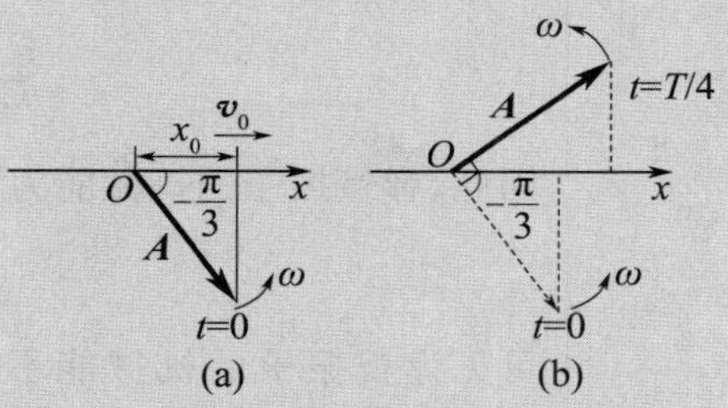


图 5-14 例 5-6 图

**例 5-7** 一质点做简谐振动的振动曲线如图 5-15 所示，求该质点的振动方程.

**解** 从图中可以直接看出质点振动的振幅为 $A=2$ cm.

在 $t=0$ 时，质点的位移 $x_0=A/2$，质点的速度(曲线的斜率)为负值，可知质点振动的初相位为 $\varphi_0=\pi/3$.

在 $t=2$ s 时，质点的位移 $x=A/2$，而质点的速度为正值. 从旋转矢量图分析可知(作图略)，质点振动的相位应该为 $\varphi=5\pi/3$(注意，此处不能取 $\varphi=-\pi/3$，因为相位是随时间单调增加的). 在 $t=0$ 到 $t=2$ s 的过程中，相位从 $\varphi_0=\pi/3$ 变化到 $\varphi=5\pi/3$，经历的时间为 $\Delta t=2$ s，相位的改变量为 $\Delta\varphi=4\pi/3$. 振动的角频率 $\omega$，即相位变化的速率为

$$\omega = \Delta\varphi/\Delta t = 2\pi/3.$$

故质点的振动方程为

$$x = 2\cos\left(\frac{2\pi}{3}t+\frac{\pi}{3}\right)\ \text{cm}.$$

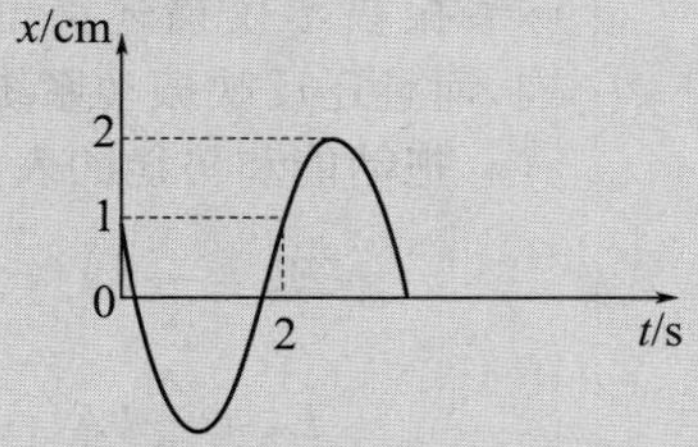


图 5-15 例 5-7 图

## 5.3 简谐振动的能量

简谐振动的能量

下面以弹簧振子为例来讨论简谐振动的能量.实际上,任何一个做简谐振动的物体,如果它受到的合外力 $F=-kx$,它就相当于一个弹簧振子.不同的是,这里的 $k$ 值不是刚度系数,而是其他的由系统的力学性质决定的常数.

利用简谐振动的运动方程及速度方程,可得任意时刻一个弹簧振子的弹性势能和动能分别为

$$E_{\mathrm{p}}=\frac{1}{2}kx^2=\frac{1}{2}kA^2\cos^2(\omega t+\varphi_0), \tag{5-29}$$

$$E_{\mathrm{k}}=\frac{1}{2}mv^2=\frac{1}{2}m\omega^2A^2\sin^2(\omega t+\varphi_0). \tag{5-30}$$

由 $\omega^2=\dfrac{k}{m}$ 可得

$$E_{\mathrm{k}}=\frac{1}{2}kA^2\sin^2(\omega t+\varphi_0).$$

因此,弹簧振子的机械能为

$$E=E_{\mathrm{k}}+E_{\mathrm{p}}=\frac{1}{2}kA^2. \tag{5-31}$$

可见弹簧振子的机械能不随时间而改变,即机械能守恒.这是由于无阻尼自由振动的弹簧振子是一个孤立系统,在振动过程中没有外力对它做功的缘故.图 5-16 给出了弹簧振子的动能、势能及机械能的变化曲线.

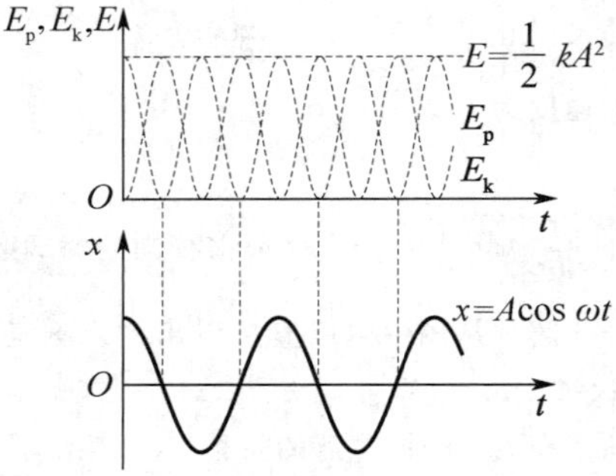


图 5-16 弹簧振子的动能、势能及机械能的变化曲线

上面的结果还表明弹簧振子的总能量和振幅的二次方成正比,这一点对其他的简谐振动系统也是正确的.这意味着振幅不仅描述简谐振动的运动范围,而且还反映振动系统能量的大小.

把动能和势能的表达式改写为

$$E_{\mathrm{p}}=\frac{1}{2}kA^2\cos^2(\omega t+\varphi_0)=\frac{1}{4}kA^2[1+\cos 2(\omega t+\varphi_0)],$$

$$E_{\mathrm{k}}=\frac{1}{2}kA^2\sin^2(\omega t+\varphi_0)=\frac{1}{4}kA^2[1-\cos 2(\omega t+\varphi_0)].$$

由此会看到弹簧振子做简谐振动时的动能和势能都在做振动.它们的平衡位置在系统机械能 1/2 处,即 $\dfrac{E}{2}=\dfrac{1}{4}kA^2$ 处,能量的振幅也为 $\dfrac{E}{2}=\dfrac{1}{4}kA^2$.动能和势能做振动的频率均为位移振动频率的两倍,且振动的相位相反,因而满足机械能守恒.

**例 5-8** 一弹簧振子沿 $x$ 轴做简谐振动. 已知弹簧的刚度系数 $k=15.0\ \text{N}\cdot\text{m}^{-1}$，物体质量为 $m=0.1\ \text{kg}$. 在 $t=0$ 时物体对平衡位置的位移 $x_0=0.05\ \text{m}$，速度 $v_0=-0.82\ \text{m}\cdot\text{s}^{-1}$. 写出此简谐振动的运动方程.

**解** 要写出此简谐振动的运动方程，需要知道它的 3 个特征量 $A$，$\omega$ 和 $\varphi_0$.

$$\omega=\sqrt{\frac{k}{m}}=\sqrt{\frac{15.0}{0.1}}\ \text{rad}\cdot\text{s}^{-1}=12.2\ \text{rad}\cdot\text{s}^{-1},$$

$$A=\sqrt{x_0^2+\frac{v_0^2}{\omega^2}}=\sqrt{0.05^2+\frac{(-0.82)^2}{12.2^2}}\ \text{m}=8.38\times10^{-2}\ \text{m},$$

$$\varphi_0=\arctan\left(-\frac{v_0}{\omega x_0}\right)=\arctan\frac{0.82}{12.2\times0.05}=\arctan 1.34=0.93\ \text{rad}\ 或 -2.21\ \text{rad}.$$

由于 $x_0=A\cos\varphi_0=0.05>0$，所以取 $\varphi_0=0.93\ \text{rad}$. 于是，以平衡位置为原点所求简谐振动的运动方程为

$$x=8.38\times10^{-2}\cos(12.2t+0.93)\ \text{m}.$$

**例 5-9** 一弹簧振子的刚度系数为 $k$，质量为 $m$，沿 $x$ 轴做简谐振动. 刚开始时物体静止在平衡位置点 $O$. 用恒定的外力 $F_{外}=ka$ 沿 $x$ 轴正方向拉动物体到 $x=a$ 处放手，其中 $a$ 为一正常量. 以放手时作为时间计时起点，求此简谐振动的运动方程.

**解** 要得到振子的运动方程，需要确定它的 3 个特征量 $A$，$\omega$ 和 $\varphi_0$.

下面用功能关系来分析它的振幅. 按功能原理，弹簧振子的能量等于外力做的功，故有

$$E=\frac{1}{2}kA^2=F_{外}\,a=ka^2,$$

由此式可解得振动的振幅为

$$A=\sqrt{2}a.$$

放手时物体的位移 $x=a=A/\sqrt{2}$，且速度为正. 由旋转矢量图，此时振子的初相位为 $\varphi_0=-\frac{\pi}{4}$. 此简谐振动的运动方程为

$$x=\sqrt{2}a\cos\left(\sqrt{\frac{k}{m}}t-\frac{\pi}{4}\right).$$

## 5.4 简谐振动的合成

### 5.4.1 同方向、同频率简谐振动的合成

振动的合成是运动叠加原理在振动中的表现. 在实际问题中，振动的合成是经常遇到的事情. 例如，在易发生剧烈震动的机房内，为了防止精密仪器震坏，可以将仪器用软弹簧悬挂起来，如图 5-17 所示. 这相当于一个弹簧振子悬挂在机房顶上，仪器相对于地面的振动就是上述两个振动的合成. 又如，当两列声波同时传到空间某一点时，该处质点的运动就是两个声振动的合成. 一般的振动合成问题比较复杂，下面先讨论振动方向和振动频率都相同的两个简谐振动的合成.

设两个振动都发生在 $x$ 轴方向，振动的角频率均为 $\omega$，振动方程分别为

$$①x_1 = A_1\cos(\omega t + \varphi_1),$$
$$②x_2 = A_2\cos(\omega t + \varphi_2),$$

式中，$A_1$，$A_2$ 和 $\varphi_1$，$\varphi_2$ 分别为两个振动的振幅和初相位. 按运动叠加原理，在任意时刻合振动的位移为

$$x = x_1 + x_2.$$

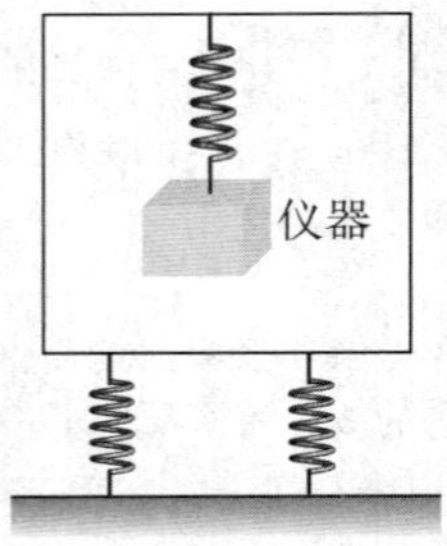


图 5-17　精密仪器的保护

以上合成的计算可以用三角函数公式求得结果，但是利用振动的旋转矢量图来分析，可以更直观、更简便地得出结论.

简谐振动的合成

如图 5-18 所示，$\boldsymbol{A}_1$，$\boldsymbol{A}_2$ 分别为简谐振动①和②的旋转矢量. 如前所述，它们的端点在 $x$ 轴上投影的坐标即分别表示 $x_1$ 和 $x_2$. 作 $\boldsymbol{A}_1$，$\boldsymbol{A}_2$ 的合矢量 $\boldsymbol{A}$，$\boldsymbol{A}$ 的端点 $M$ 在 $x$ 轴上投影的坐标是 $x = x_1 + x_2$，这正是所求的合振动的位移.

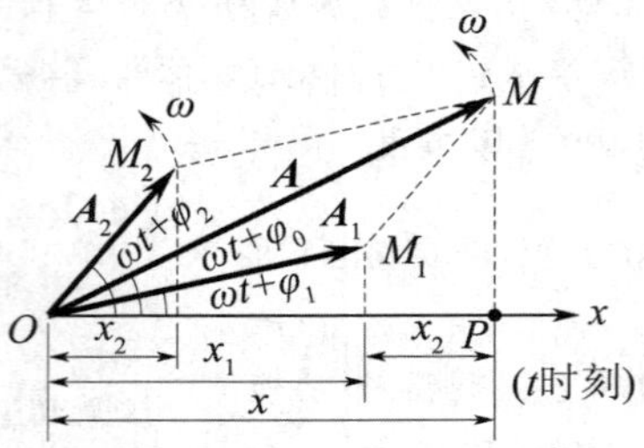


图 5-18　两个同方向、同频率的简谐振动合成的旋转矢量图

为求解 $\boldsymbol{A}$ 的端点 $M$ 在 $x$ 轴上投影的坐标，首先分析 $\boldsymbol{A}$ 的变化规律. 由于两个振动的角频率相同，即 $\boldsymbol{A}_1$，$\boldsymbol{A}_2$ 以相同的角频率 $\omega$ 匀速旋转. 所以在旋转过程中平行四边形的形状保持不变，因而 $\boldsymbol{A}$ 的长度保持不变，并以同一角速度 $\omega$ 匀速旋转. 因此可以断定，$\boldsymbol{A}$ 也是一个旋转矢量. $\boldsymbol{A}$ 的端点在 $x$ 轴上的投影坐标可表示为

$$x = A\cos(\omega t + \varphi_0), \tag{5-32}$$

即合振动也是简谐振动. 合振动的振幅等于 $\boldsymbol{A}$ 的长度；合振动的初相位 $\varphi_0$ 就是合矢量的初角位置. 在图 5-18 的 $\triangle OMM_1$ 中用余弦定理可求得合振幅为

$$A = \sqrt{A_1^2 + A_2^2 + 2A_1A_2\cos\Delta\varphi}, \tag{5-33}$$

式中，$\Delta\varphi = \varphi_2 - \varphi_1$，为两个同频率振动的相差. 由直角三角形 $OMP$ 可以求得合振动的初相位 $\varphi_0$ 满足

$$\tan\varphi_0 = \frac{A_1\sin\varphi_1 + A_2\sin\varphi_2}{A_1\cos\varphi_1 + A_2\cos\varphi_2}. \tag{5-34}$$

$\varphi_0$ 角的象限可以通过振动的旋转矢量图直接判定.

对于两个振幅确定的分振动，合振幅随它们的相差 $\Delta\varphi = \varphi_2 - \varphi_1$ 变化. 特别是，如果两个分振动同相，$\Delta\varphi = 2k\pi$，$k = 0, \pm1, \pm2, \cdots$，则得

$$A = \sqrt{A_1^2 + A_2^2 + 2A_1A_2} = A_1 + A_2. \tag{5-35}$$

这时合振幅达到最大，称两个振动相互加强.

如果两个分振动反相，$\Delta\varphi=(2k+1)\pi$，$k=0,\pm1,\pm2,\cdots$，则得

$$A=\sqrt{A_1^2+A_2^2-2A_1A_2}=|A_1-A_2|. \tag{5-36}$$

这时合振幅最小，称两个振动相互抵消.

在实际问题中，还常常有 $A_1=A_2$ 的情况，此时合振幅 $A=0$，说明两个同振幅反相的振动合成的结果将使质点保持静止状态. 例如，在图5-17 所示的情况中，只要弹簧振子和机房两者的振动相位相反，振幅相近，仪器的合成振动的振幅就很小，即振动很微弱，从而可以防止仪器震坏.

式(5-35)和式(5-36)所给出的结果是很容易理解的. 前者，两个分振动由于位移方向始终相同，故始终互相加强，因此合振动的振幅最大；而后者，两个分振动由于位移方向始终相反，故始终互相削弱，因此合振动的振幅最小.

在一般情形下，相位差 $\varphi_2-\varphi_1$ 可以是任意值，而合振动的振幅则是介于 $A_1+A_2$ 和 $|A_1-A_2|$ 之间的某一个值，即 $A_1+A_2\geqslant A\geqslant|A_1-A_2|$. 由此可见，两个简谐振动的相位差对合振动起着重要的作用.

**例 5-10** 有一个质点参与两个简谐振动，其中第 1 个分振动的运动方程为 $x_1=0.3\cos\omega t$ m，合振动的运动方程为 $x=0.4\sin\omega t$ m，求第 2 个分振动的运动方程.

**解** 把合振动的运动方程改写为

$$x=0.4\cos\left(\omega t-\frac{\pi}{2}\right).$$

作旋转矢量图，如图 5-19 所示，利用直角△$OPQ$ 直接通过勾股定理得到第 2 个分振动的振幅. 其旋转矢量长度 $A_2=0.5$ m. 也可直接得到第 2 个分振动的初相位，即旋转矢量 $\boldsymbol{A}_2$ 与 $x$ 轴的夹角 $\varphi_2=-90°-37°=-127°$，故第 2 个分振动的运动方程为

$$x_2=0.5\cos(\omega t-127°)\ \text{m}.$$

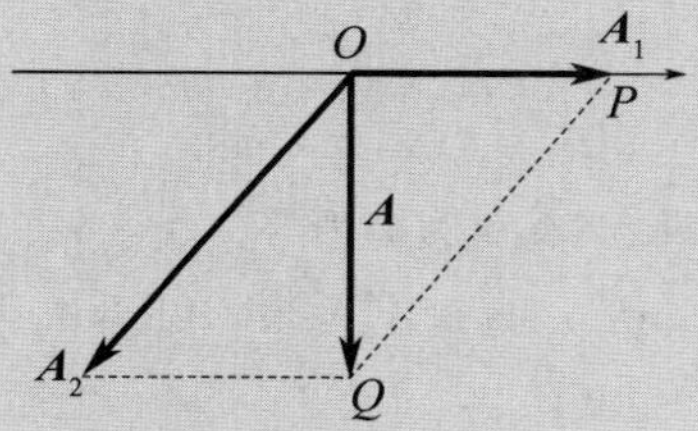


图 5-19 例 5-10 图

**例 5-11** 图 5-20 所示为两个同方向的简谐振动的振动曲线.

(1)求合振动的振幅；

(2)求合振动的运动方程.

**解** (1)先分析两个振动的初相位：$\varphi_1=\pi/2$，$\varphi_2=-\pi/2$. 两振动反相，所以合振幅为

$$A=|A_2-A_1|.$$

(2)当 $A_1>A_2$ 时，$\varphi=\varphi_1$；当 $A_1<A_2$ 时，$\varphi=\varphi_2$. 所以本题中合振动初相位 $\varphi=\varphi_2=-\pi/2$，因此，合振动的运动方程为

$$x=(A_2-A_1)\cos\left(\frac{2\pi}{T}t-\frac{\pi}{2}\right).$$

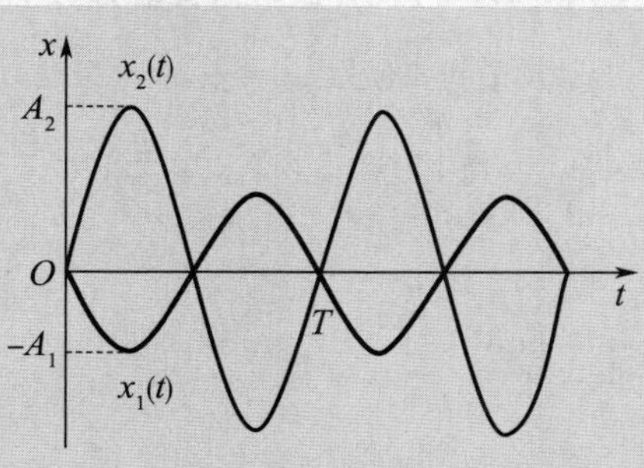


图 5-20 例 5-11 图

**例 5-12** 两个同方向、同频率简谐振动的合振动振幅为 20 cm，与第 1 个振动的相位差为 $\frac{\pi}{6}$，旋转矢量图如图 5-21 所示. 若第 1 个振动的振幅为 $10\sqrt{3}$ cm. 求：

(1)第 2 个振动的振幅；

(2)两分振动的相位差.

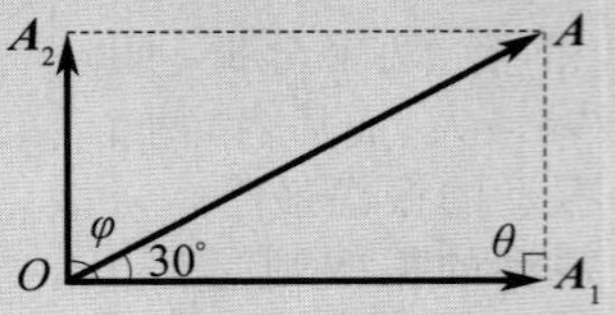


**图 5-21　例 5-12 图(1)**

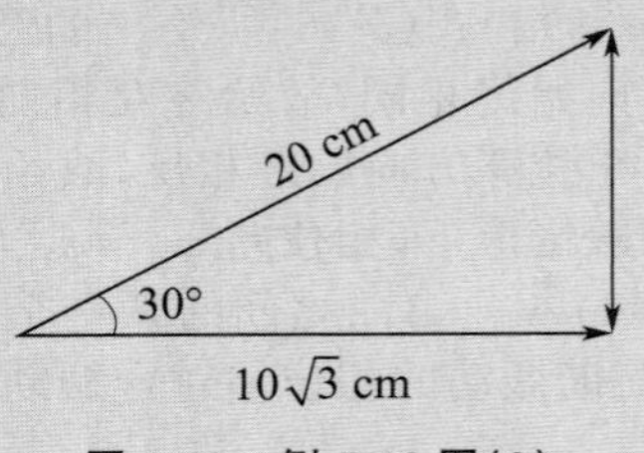


**图 5-22　例 5-12 图(2)**

**解**　(1)由图 5-22 知

$$A_2^2 = A_1^2 + A^2 - 2A_1A\cos 30°,$$

于是

$$A_2^2 = \left[\left(\frac{\sqrt{3}}{10}\right)^2 + 0.2^2 - 2\times\frac{\sqrt{3}}{10}\times 0.2\times\frac{\sqrt{3}}{2}\right]\ \mathrm{m}^2$$
$$= 0.01\ \mathrm{m}^2,$$

所以

$$A_2 = 0.1\ \mathrm{m}.$$

(2)设$\angle AA_1O$为$\theta$，则

$$A^2 = A_1^2 + A_2^2 - 2A_1A_2\cos\theta,$$

得

$$\cos\theta = \frac{A_1^2 + A_2^2 - A^2}{2A_1A_2} = \frac{\left(\frac{\sqrt{3}}{10}\right)^2 + 0.1^2 - 0.2^2}{2\times\frac{\sqrt{3}}{10}\times 0.1} = 0,$$

因此

$$\theta = \pi/2.$$

这说明 $\boldsymbol{A}_1$ 与 $\boldsymbol{A}_2$ 间夹角为 $\pi/2$，两分振动的相位差为 $\pi/2$.

**例 5-13** 已知 5 个同方向、同频率的简谐振动，振幅都为 $a$，角频率都为 $\omega$，初相位分别为 $0,\frac{\pi}{4},\frac{\pi}{2},\frac{3\pi}{4},\pi$，求这 5 个简谐振动的合振动.

**解**　这是 5 个同方向、同频率的简谐振动的合振动. 此处采用多边形求和的方法，如图 5-23 所示，从图中可以看出，合振动的振幅为 $A=(1+\sqrt{2})a$，合振动的初相位为 $\varphi_0=\frac{\pi}{2}$，故合振动为

$$x = (1+\sqrt{2})a\cos\left(\omega t + \frac{\pi}{2}\right).$$

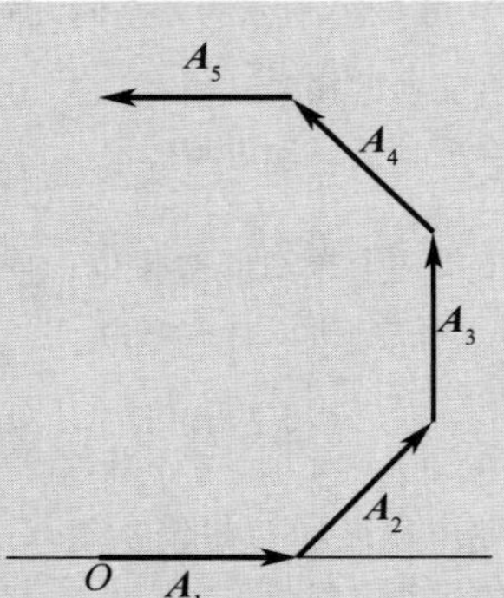


**图 5-23　例 5-13 图**

### 5.4.2 同方向相近频率简谐振动的合成

设两个振动都发生在 $x$ 轴方向，振动的角频率分别为 $\omega_1, \omega_2$，两个分振动的振幅相同，均为 $A$，且初相位也相同，均为 $\varphi_0$，则两个分振动的振动方程为

$$x_1 = A\cos(\omega_1 t + \varphi_0),$$
$$x_2 = A\cos(\omega_2 t + \varphi_0).$$

根据运动叠加原理，在任意时刻合振动的位移为 $x = x_1 + x_2$，即

$$x = A\cos(\omega_1 t + \varphi_0) + A\cos(\omega_2 t + \varphi_0),$$

可得合振动的运动方程为

$$x = 2A\cos\left(\frac{\omega_2 - \omega_1}{2}t\right)\cos\left(\frac{\omega_2 + \omega_1}{2}t + \varphi_0\right). \tag{5-37}$$

可见，合振动不是一个简谐振动. 但若两个分振动的频率接近，且满足 $\omega_1 + \omega_2 \gg |\omega_2 - \omega_1|$，则可将式(5-37)看作振幅按照 $\left|2A\cos\left(\frac{\omega_2 - \omega_1}{2}t\right)\right|$ 缓慢变化，角频率等于 $\frac{\omega_2 + \omega_1}{2}$(称为调制频率)的准谐振动. 这种振幅时大时小的现象称为拍. 合振幅每变化一个周期称为一拍，单位时间拍出现的次数称为拍频. 由于振幅只能取正值，因此拍的角频率应为调制频率的 2 倍，即

$$\omega_{拍} = |\omega_2 - \omega_1|. \tag{5-38}$$

于是拍频为

$$\nu_{拍} = |\nu_2 - \nu_1|. \tag{5-39}$$

图 5-24 表示形成拍的情形. 前两幅图分别代表两个分振动(设其振幅 $A_1 = A_2$). 第 3 幅图代表合振动. 在任意时刻，合振动的位移在图上都直接由分振动的位移相加而得到. 从图中可以看出，合振动的振幅随时间而变化，并且这种变化时强时弱，显示出一定的周期性. 因此，拍是一种周期性的非简谐振动.

在声振动和电振动中经常会碰到拍的现象. 例如，超外差式无线电收音机就是利用了收音机本身振荡系统的固有频率和所接收的电磁波频率产生拍频的原理制成的.

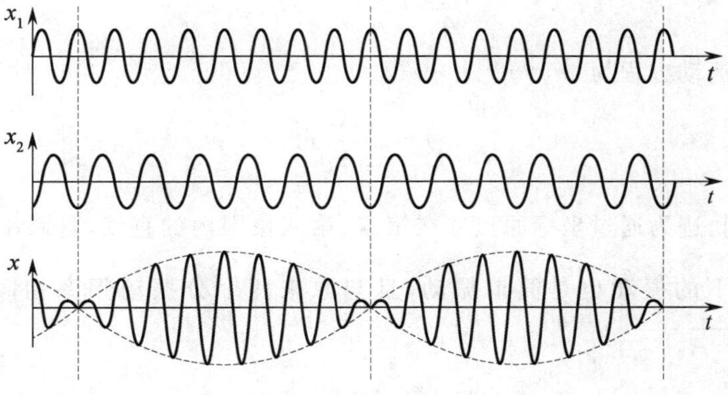


图 5-24 拍的形成

### 5.4.3 方向垂直同频率简谐振动的合成

当一个质点同时参与两个不同方向的简谐振动时，质点的位移是这两个振动的位移的矢量和. 在一般情况下，质点在平面上做曲线运动. 质点轨迹的形状由两个振动的频率、振幅和相位等决定. 下面先讨论相互垂直的同频率简谐振动的合成情况.

设一质点同时参与两个相互垂直方向上的简谐振动，一个沿 $y$ 轴方向，另一个沿 $x$ 轴方向，并且两振动的频率相同. 以质点的平衡位置为坐标原点，两振动的运动方程分别为

$$x = A_1 \cos(\omega t + \varphi_{10}), \tag{5-40}$$

$$y = A_2 \cos(\omega t + \varphi_{20}). \tag{5-41}$$

将式(5-40)和式(5-41)中的 $t$ 消去可得

$$\frac{x^2}{A_1^2} + \frac{y^2}{A_2^2} - 2\frac{xy\cos(\varphi_{20} - \varphi_{10})}{A_1 A_2} = \sin^2(\varphi_{20} - \varphi_{10}). \tag{5-42}$$

(1)当 $\varphi_{20} - \varphi_{10} = 0$ 时，两个分振动相位相同，则

$$\left(\frac{x}{A_1} - \frac{y}{A_2}\right)^2 = 0,$$

合振动的运动方程为

$$y = \frac{A_2}{A_1}x. \tag{5-43}$$

合振动的轨迹为通过坐标原点并在第一、第三象限内的直线，且斜率为两个分振动的振幅之比 $\frac{A_2}{A_1}$. 这种情况下的振动也是简谐振动，且与原来两个分振动频率相同，振幅为 $A = \sqrt{A_1^2 + A_2^2}$.

(2)当 $\varphi_{20} - \varphi_{10} = \pi$ 时，两个分振动相位相反，则

$$\left(\frac{x}{A_1} + \frac{y}{A_2}\right)^2 = 0,$$

合振动的运动方程为

$$y = -\frac{A_2}{A_1}x. \tag{5-44}$$

合振动的轨迹为通过坐标原点并在第二、第四象限内的直线，且斜率为 $-\frac{A_2}{A_1}$. 这种情况下的振动也是简谐振动，且与原来两个分振动频率相同，振幅为 $A = \sqrt{A_1^2 + A_2^2}$.

(3)当 $\varphi_{20} - \varphi_{10} = \frac{\pi}{2}$ 时，$y$ 轴方向的分振动比 $x$ 轴方向的分振动超前 $\frac{\pi}{2}$，且

合振动曲线方程为

$$\frac{x^2}{A_1^2}+\frac{y^2}{A_2^2}=1. \tag{5-45}$$

分振动方程可以改写为

$$x=A_1\cos(\omega t+\varphi_{10}),$$

$$y=A_2\cos\left(\omega t+\varphi_{10}+\frac{\pi}{2}\right).$$

(4)当 $\varphi_{20}-\varphi_{10}=-\frac{\pi}{2}$ 时，$x$ 轴方向的分振动比 $y$ 轴方向的分振动超前 $\frac{\pi}{2}$，且合振动曲线方程为

$$\frac{x^2}{A_1^2}+\frac{y^2}{A_2^2}=1. \tag{5-46}$$

分振动方程可以改写为

$$x=A_1\cos(\omega t+\varphi_{10}),$$

$$y=A_2\cos\left(\omega t+\varphi_{10}-\frac{\pi}{2}\right).$$

在(3)和(4)两种情形下，若分振幅相同，则合振动的轨迹为一圆周. 图 5-25 分别给出了这 4 种运动的曲线图.

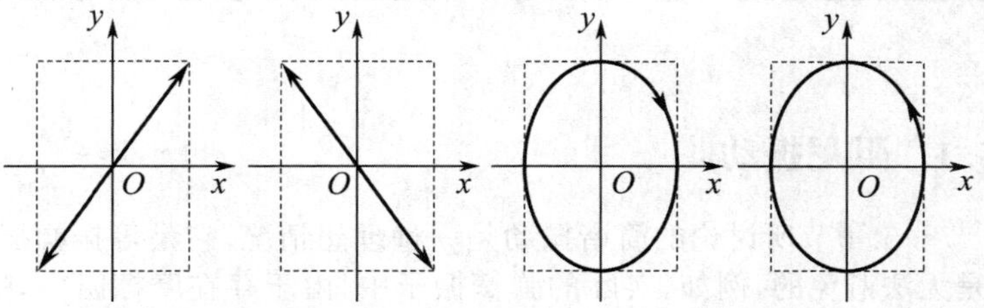


**图 5-25　方向垂直同频率简谐振动的合成曲线图**

### 5.4.4　方向垂直不同频率的两个简谐振动的合成

一般来说，两个相互垂直的不同频率的简谐振动，由于它们的相位差不是定值，其合振动的轨迹无法形成稳定的图案. 如果两分振动的频率相差很小，则合振动的轨迹将不断地按以下图中所示的顺序连续地重复变化.

按照两分振动的频率比值，合振动的轨迹为一封闭的稳定曲线，曲线的形状与分振动的频率、相位及初相位有关，其振动图形称为李萨如图形. 图 5-26 列出了两个分振动在不同频率、不同相位情况下合成的李萨如图形.

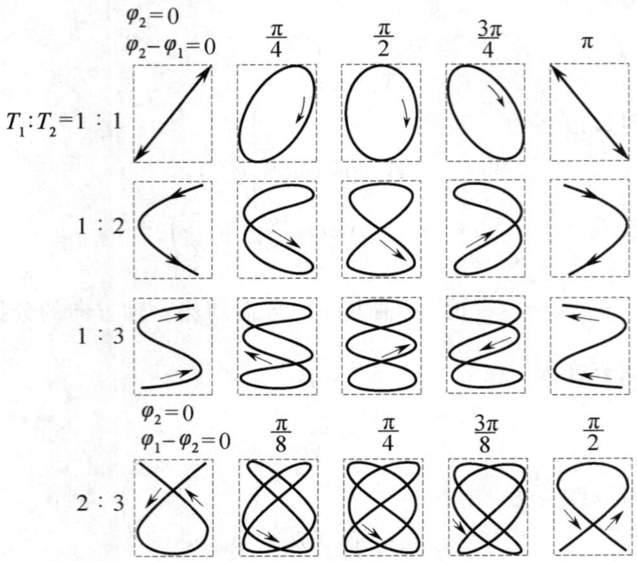


图 5-26 李萨如图形

# 5.5 阻尼振动 受迫振动 共振

## 5.5.1 阻尼振动

5.1 节～5.4 节所讨论的简谐振动是一种理想情况，它是等振幅振动. 实际上，阻尼是无法避免的，例如，实际的弹簧振子中，由于存在摩擦阻力，振动过程中系统要不断克服摩擦阻力做功而逐渐衰减，如果没有能量补充，则系统机械能将逐渐损失，振幅不断地减小. 这种振幅随时间不断衰减的振动称为**阻尼振动**.

通常能量减少的方式有两种. 一种是由于摩擦阻力的存在，振动的机械能转化为热能. 例如对于图 5-27 所示的弹簧振子，由于周围空气等介质的阻力 $f_{阻}$ 和支承面的摩擦力的作用，振动的机械能逐渐减少而转化为热能. 另一种是由于振动系统引起邻近介质中各质元的振动，振动向外传播出去，使能量以波动形式向四周辐射. 这虽然只是机械能的转移，但对振动系统本身来说，其能量也因不断输出而衰减. 例如，音叉(见图 5-28)在振动时，不仅要克服空气阻力做功而消耗能量，同时还因辐射声波而损失能量.

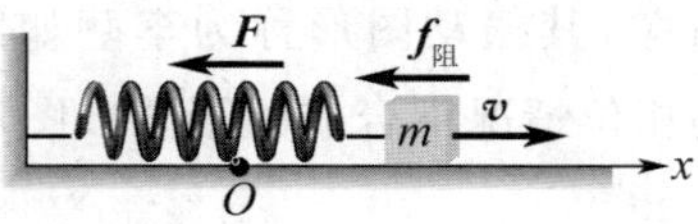


图 5-27 弹簧振子

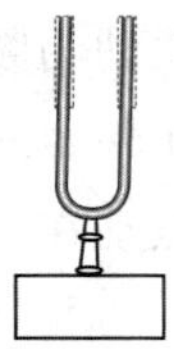

图 5-28 音叉

这里主要讨论振动系统受摩擦阻力的情况.振动所受的摩擦阻力,一般指介质(即振动物体周围的空气或液体等流体)的黏性阻力.当物体运动的速度非常小时,黏性阻力的大小与速度大小成正比.于是有

$$f_{阻}=-\gamma v, \tag{5-47}$$

式中,$\gamma$ 称为阻力系数,它由振动物体的形状和介质的性质决定.式中的负号表示阻力与速度的方向相反.

根据牛顿第二定律,有

$$f_{阻}=-\gamma v=-\gamma\frac{\mathrm{d}x}{\mathrm{d}t},$$

即

$$m\frac{\mathrm{d}^2x}{\mathrm{d}t^2}=-kx-\gamma\frac{\mathrm{d}x}{\mathrm{d}t}, \tag{5-48}$$

式中,$m$ 为振动物体的质量,$\frac{\mathrm{d}x}{\mathrm{d}t}=v$,$k$,$\gamma$ 是恒量.若令 $\omega_0^2=\frac{k}{m}$,$2\delta=\frac{\gamma}{m}$,则式(5-48)可写成

$$\frac{\mathrm{d}^2x}{\mathrm{d}t^2}+2\delta\frac{\mathrm{d}x}{\mathrm{d}t}+\omega_0^2x=0, \tag{5-49}$$

式中,$\omega_0$ 是系统的固有角频率,它是振动系统不受阻尼作用时的振动角频率,由系统本身的性质决定;$\delta$ 称为阻尼系数,它与系统本身的质量和介质的阻力系数有关.当 $\delta\ll\omega_0$ 时,称为弱阻尼.其方程的解是

$$x=A_0\mathrm{e}^{-\delta t}\cos(\omega t+\varphi_0), \tag{5-50}$$

式中,$\omega=\sqrt{\omega_0^2-\delta^2}$,$A_0$ 和 $\varphi_0$ 是由初始条件确定的两个积分常数.阻尼振动的位移随时间变化的曲线如图 5-29 所示.

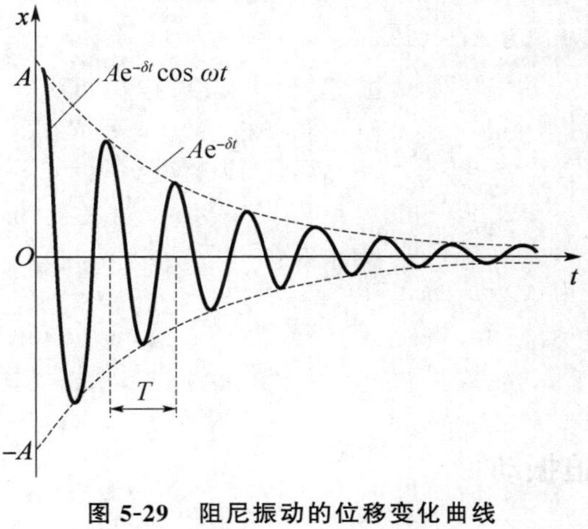


**图 5-29　阻尼振动的位移变化曲线**

振动系统做无阻尼振动时有一定的周期,是系统本身的固有周期,它完全由系统本身的性质决定.阻尼振动不是简谐振动,严格地讲,它也不是周期运动.但在阻尼不大时,阻尼振动可以近似看作周期性振动(见图 5-30 曲线 $a$),周期是

$$T=2\pi/\omega=2\pi/\sqrt{\omega_0^2-\delta^2}>2\pi/\omega_0. \tag{5-51}$$

可见阻尼振动的周期比系统的固有周期长，所以阻尼振动的周期由系统本身的性质和阻尼的强弱共同决定.

若 $\delta=\omega_0$，则称为临界阻尼. 解方程得

$$x=(c_1+c_2t)e^{-\delta t}. \tag{5-52}$$

此时，系统不做往复运动，而是较快地回到平衡位置并停下来，如图 5-30 中的曲线 $c$.

若 $\delta>\omega_0$，则称为过阻尼. 解方程得

$$x=c_1e^{-(\delta-\sqrt{\delta^2-\omega_0^2})t}+c_2e^{-(\delta+\sqrt{\delta^2-\omega_0^2})t}. \tag{5-53}$$

这时系统不做往复运动，而是非常缓慢地回到平衡位置，如图 5-30 中的曲线 $b$.

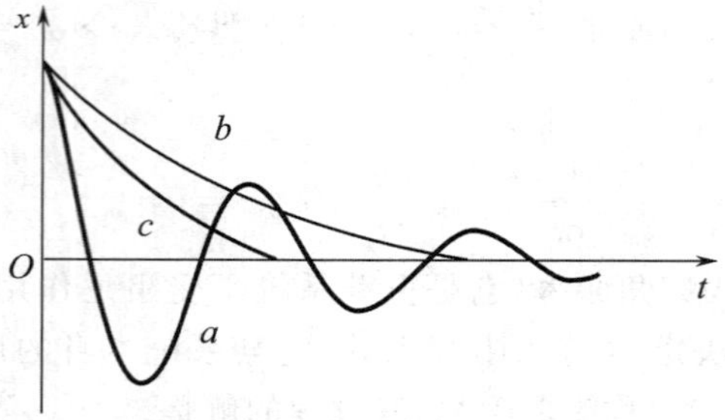


图 5-30 不同阻尼情况下的位移曲线

**例 5-14** 一单摆在空中做阻尼振动，某时刻振幅为 $A_0=3$ cm. 经过 10 s 后，振幅变为 $A_1=1$ cm. 问：由振幅为 $A_0$ 时起，经多长时间其振幅减为 $A_2=0.3$ cm？

**解** 根据阻尼振动的特征有

$$x=A_0e^{-\delta t}\cos(\omega t+\varphi_0),$$

振幅为

$$A_0e^{-\delta t}.$$

由 $A_0=3$ cm，经过 10 s 后，振幅变为 $A_1=1$ cm，可得

$$1=3e^{-10\delta}.$$

那么当振幅减为 $A_2=0.3$ cm 时，有

$$0.3=3e^{-\delta t},$$

可求得

$$t=21\text{ s}.$$

### 5.5.2 受迫振动

阻尼振动又称减幅振动. 要使存在阻尼的振动系统维持等幅振动，必须给振动系统不断地补充能量，即施加持续的周期性外力作用. 振动系统在周期性外力作用下发生的振动称为**受迫振动**. 这个周期性外力称为**驱动力**.

为简单起见，设驱动力取如下形式：

$$F=F_0\cos\omega_p t,$$

式中，$F_0$ 为驱动力的振幅，$\omega_p$ 为驱动力的频率，这种驱动力又称谐和驱动力.

仍以弹簧振子为例讨论弱阻尼谐振子系统在谐和驱动力作用下的受迫振动，其动力学方程为

$$m\frac{d^2x}{dt^2}=-kx-\gamma\frac{dx}{dt}+F_0\cos\omega_p t.$$

令 $\omega_0^2=\frac{k}{m}, 2\delta=\frac{\gamma}{m}, f_0=\frac{F_0}{m}$，上式可写成

$$\frac{d^2x}{dt^2}+2\delta\frac{dx}{dt}+\omega_0^2 x=f_0\cos\omega_p t. \tag{5-54}$$

在 $\delta\ll\omega_0$ 的情况下，方程的解为

$$x=A_0 e^{-\delta t}\cos\left(\sqrt{\omega_0^2-\delta^2}\,t+\varphi_0\right)+A\cos(\omega_p t+\varphi). \tag{5-55}$$

在式(5-55)中，解的第一项是弱阻尼情况下的通解，是含有阻尼常量的衰减振动部分，随着时间的推移，很快就会衰减为零，故称为衰减项；第二项是等幅的余弦振动，称为稳定项.

受迫振动开始时的情形很复杂，但经过较短时间的过渡状态后，式(5-55)中第一项的阻尼振动部分实际上已衰减到可以忽略不计的程度，随后振动便过渡到一种稳定状态.

在稳定状态下，受迫振动成为一种周期性的等幅余弦振动，其运动方程为

$$x=A\cos(\omega_p t+\varphi). \tag{5-56}$$

其中稳定受迫振动的频率等于驱动力的频率，而振幅和初相位不仅决定于驱动力的幅度和角频率，还决定于系统的固有角频率及阻尼常量，它们和开始时的运动状态无关. 这一点和简谐振动的情形不同，在简谐振动中，振幅和初相位决定于初始条件.

将式(5-56)代入式(5-54)中，用待定系数法可确定稳定受迫振动的振幅为

$$A=\frac{f_0}{\sqrt{(\omega_0^2-\omega_p^2)^2+4\delta^2\omega_p^2}}, \tag{5-57}$$

初相位为

$$\varphi=\arctan\frac{-2\delta\omega_p}{\omega_0^2-\omega_p^2}. \tag{5-58}$$

这说明，稳定受迫振动的振幅、初相位与系统的初始条件无关，而是与系统固有频率、阻尼系数及驱动力的频率和振幅有关系.

综上所述，当系统受驱动力作用而做受迫振动时，经过一段时间后，振动就达到稳定状态. 而稳定状态下的受迫振动是一个由式(5-56)所表示的余弦振动，它的频率就是驱动力的频率，其振幅和初相位分别由式(5-57)和式(5-58)决定.

现在，根据式(5-57)来讨论稳定状态下受迫振动的振幅与驱动力的角频率之间的关系. 在不同的阻尼系数的情况下，可大致画出这两者之间的关系，如图 5-31 所示. 图中 $\omega_0$ 为振动系统的固有角频率. 当驱动力的角频率 $\omega_p\gg\omega_0$

或 $\omega_p \ll \omega_0$ 时，受迫振动的振幅 $A$ 较小；而当 $\omega_p$ 与 $\omega_0$ 接近，即 $\omega_p \approx \omega_0$ 时，受迫振动的振幅 $A$ 较大.

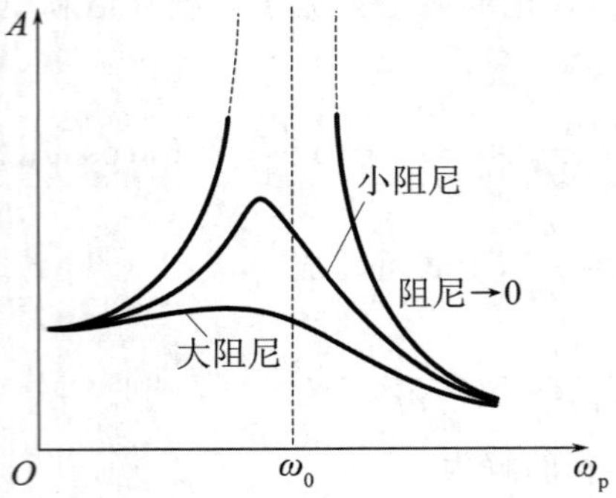


图 5-31　受迫振动

### 5.5.3　共振

共振是受迫振动的特殊情况，是一种重要的物理现象，分为位移共振和速度共振两种形式.

**1. 位移共振**

当阻尼和驱动力的幅值不变时，受迫振动的位移振幅存在一个极值，这种存在振动位移极大值的现象称为**位移共振**.

共振的条件和特征

对式(5-57)两端取导数并使 $dA/d\omega_p=0$，得位移共振的角频率为

$$\omega_r=\sqrt{\omega_0^2-2\delta^2}, \tag{5-59}$$

振幅为

$$A_r=\frac{f_0}{2\delta\sqrt{\omega_0^2-\delta^2}}, \tag{5-60}$$

初相位为

$$\varphi=\arctan\frac{-\sqrt{\omega_0^2-2\delta^2}}{\delta}. \tag{5-61}$$

由式(5-59)～式(5-61)可见，共振角频率、共振振幅以及共振时受迫振动与驱动力之间的相位差，都和系统本身的性质(由 $\omega_0$ 表征)及阻尼力(由 $\delta$ 表征)有关. 阻尼系数 $\delta$ 越小，共振角频率 $\omega_r$ 越接近受迫振动系统的固有角频率 $\omega_0$，共振时振幅越大，共振现象越明显.

**2. 速度共振**

当阻尼和驱动力的幅值不变时，受迫振动的速度振幅也存在一个极值，这种振动的速度振幅存在极大值的现象称为速度共振.

根据式(5-56)，振动的速度为

$$v=-\omega_p A\sin(\omega_p t+\varphi)=-v_m\sin(\omega_p t+\varphi), \tag{5-62}$$

式中

$$v_{\mathrm{m}}=\omega_{\mathrm{p}}A=\frac{\omega_{\mathrm{p}}f_{0}}{\sqrt{(\omega_{0}^{2}-\omega_{\mathrm{p}}^{2})^{2}+4\delta^{2}\omega_{\mathrm{p}}^{2}}}. \tag{5-63}$$

对式(5-63)两端取导数并使 $\mathrm{d}v_{\mathrm{m}}/\mathrm{d}\omega_{\mathrm{p}}=0$,得速度共振的角频率为

$$\omega_{\mathrm{r}}=\omega_{0}.$$

稳定受迫振动的形成和共振的发生,也可从功和能的观点加以阐明.在受迫振动过程中,始终有外加的驱动力作用.通过驱动力对振动系统做功,外界与系统相互交换能量.由于驱动力是一种周期性外力,其大小和方向都随时间做周期性变化,所以在受迫振动的一个周期内,只有当驱动力方向与振动物体运动方向(即速度方向)一致时,驱动力对系统做正功,外界向系统提供能量.当振动开始时,一方面系统获得的能量越来越多,振动越来越强烈,振幅 $A$ 也越来越大,速度也因速度振幅 $A\omega$ 增大而随之增加.另一方面,由于阻尼力一般随速度的增加而增加,所以当振动加强时,因阻尼而损耗的能量也要增多.当外力对系统所做的功恰好补偿系统因阻尼而损耗的能量时,系统的机械能就保持不变.从此,系统的振动也就稳定下来,成为等幅振动.显然,如果撤去外加的驱动力,则振动能量又将逐渐减小,从而振动成为阻尼振动.

若外加驱动力的角频率与系统的共振角频率相等,则稳定受迫振动的振幅达到极大,就会发生共振.在这种情形下,如果阻尼系数 $\delta$ 很小,此时 $\varphi\approx-\frac{\pi}{2}$,于是振动物体的速度为

$$\begin{aligned} v=\frac{\mathrm{d}x}{\mathrm{d}t}&=-A\,\omega_{\mathrm{p}}\sin(\omega_{\mathrm{p}}t+\varphi)=A\,\omega_{\mathrm{p}}\cos\left(\omega_{\mathrm{p}}t+\varphi+\frac{\pi}{2}\right)\\ &=A\,\omega_{\mathrm{p}}\cos\left(\omega_{\mathrm{p}}t-\frac{\pi}{2}+\frac{\pi}{2}\right)=A\,\omega_{\mathrm{p}}\cos(\omega_{\mathrm{p}}t). \end{aligned}$$

速度与驱动力的相位相同,或者说,两者步调一致.因此,驱动力的方向始终与振动物体的运动方向(即速度方向)相同,驱动力始终做正功,传输给系统的能量最多,系统积累的能量也越来越多,从而振幅越来越大,最终使振幅达到极大值,这就是共振现象.

应当指出,在实际的振动系统中,$\delta$ 不可能为零,所以总是存在能量的损耗,而且振动越强烈,损耗也越大.因此,当振幅增大到一定程度时,外界输给系统的能量全部损耗掉,这时振幅就不再增大.也就是说,$\delta$ 越小,共振时所达到的振幅极大值也越大,但不会变为无限大.

受迫振动和共振现象在科学技术领域内有广泛应用.由式(5-57)可知,受迫振动的振幅 $A$ 取决于振动系统的固有角频率 $\omega_0$、阻尼系数 $\delta$、驱动力的振幅 $F_0$ 及角频率 $\omega_{\mathrm{p}}$.因此可以通过调整这些物理量的大小去控制驱动力对振动系统的作用.

共振的应用与危害

为了加强驱动力的作用而使受迫振动具有很大的振幅,应该使驱动力的频率接近于固有振动频率.例如,混凝土振捣器、选矿用的共振筛和收音机的

调频器等，就是根据这一原理设计制造的. 如果要削弱驱动力的作用而使受迫振动的振幅很小，就得改变驱动力的频率，使它与固有频率相差很大. 例如，人在跳板上行走时，如果步伐的频率和跳板上下颤动的固有频率相接近，跳板就会上下剧烈振动，可能导致跳板折断，所以必须变慢步伐或用频率不定的步伐，使步伐的频率和跳板固有频率相差很远. 火车过桥时要减慢，部队过桥时不能齐步行进，也是这个道理.

改变振动系统的固有角频率大小也可以控制驱动力的作用. 例如，各种机器的转动部分不可能都造得完全均衡，因为机器运转时会产生和转动同频率的周期性力. 如果机器（汽轮机、柴油机、发电机等）的转动频率和基座的固有角频率接近，将发生共振而损坏机器. 为此需要加厚基座，改变其固有角频率，以避免共振.

此外，在驱动力的频率接近共振频率的情形下，增大或减小阻尼系数，可以显著地削弱或增大振动系统的振幅. 例如，在建造地震区的建筑物时，除要考虑建筑物的固有频率外，还常常用加大阻尼的方法以削弱地震的影响.

## *5.6 非线性振动

非线性振动

## *5.7 谐振分析和频谱

谐振分析和频谱

# 本章提要

(1)简谐振动的运动方程：

$$x = A\cos(\omega t + \varphi_0).$$

①三个特征物理量：

振幅 $A$，由振动系统的能量(或初始条件)决定；

角频率 $\omega$(或周期 $T$)，由系统的力学性质所决定；

初相位 $\varphi_0$，取决于初始时刻的选择.

②由初始条件确定振幅和初相位：

$$A = \sqrt{x_0^2 + v_0^2/\omega^2},$$

$$\varphi = \arctan\left(-\frac{v_0}{\omega x_0}\right).$$

(2)简谐振动的微分方程：

$$\frac{\mathrm{d}^2 x}{\mathrm{d}t^2} + \omega^2 x = 0,$$

式中，$\omega$ 为系统的角频率. 周期 $T = \frac{2\pi}{\omega}$.

①弹簧振子：$\omega^2 = \frac{k}{m}$.

②单摆：$\omega^2 = \frac{g}{l}$.

③复摆：$\omega^2 = \frac{mgh}{J}$.

(3)简谐振动的能量：

$$E = E_\mathrm{p} + E_\mathrm{k} = \frac{1}{2}kA^2\cos(\omega t + \varphi_0) + \frac{1}{2}m\omega^2 A^2 \sin^2(\omega t + \varphi_0) = \frac{1}{2}kA^2.$$

(4)简谐振动的合成.

①同方向、同频率简谐振动的合成.

a. 合振幅为　$A = \sqrt{A_1^2 + A_2^2 + 2A_1 A_2\cos(\varphi_2 - \varphi_1)}$.

b. 合振动初相位 $\varphi_0$ 满足　$\tan\varphi_0 = \dfrac{A_1\sin\varphi_1 + A_2\sin\varphi_2}{A_1\cos\varphi_1 + A_2\cos\varphi_2}$.

②当同方向不同频率简谐振动合成时，若 $\omega_1 + \omega_2 \gg |\omega_2 - \omega_1|$，则将产生拍振动，拍频为

$$\nu_{拍} = |\nu_2 - \nu_1|.$$

## 习题

**5-1** 选择题.

(1)物体做简谐振动时,(　　).

(A) 在平衡位置时加速度最大

(B) 在平衡位置时速度最小

(C) 在运动路径两端时加速度最大

(D) 在运动路径两端时加速度最小

(2)把单摆摆球从平衡位置向位移正方向拉开,使摆线与竖直方向成一微小角度 $\theta$,然后由静止放手任其振动,从放手时开始计时.若用余弦函数表示其运动方程,则该单摆振动的初相为(　　).

(A) $\pi$　　(B) $\frac{\pi}{2}$

(C) 0　　(D) $-\frac{\pi}{2}$

(3)一弹簧振子做简谐振动,当位移大小为振幅的 1/2 时,其势能为总能量的(　　).

(A) $\frac{1}{4}$　　(B) $\frac{1}{2}$

(C) $\frac{1}{\sqrt{2}}$　　(D) $\frac{3}{4}$

(4)一质点做简谐振动,其运动方程为 $x = A\cos(\omega t + \varphi)$,当振动动能和势能相等时,则它的位移大小为(　　).

(A) $\frac{A}{2}$　　(B) $\frac{\sqrt{2}}{2}A$

(C) $\frac{\sqrt{3}}{2}A$　　(D) $A$

**5-2** 填空题.

(1)在两个相同的弹簧下各悬挂一物体,两物体的质量之比为 1∶4,则两者做简谐振动的周期之比为__________.

(2) 一物体做简谐振动,周期为 $T$,则物体由平衡位置运动到最大位移处所需的时间为__________.

(3)一弹簧振子做简谐振动,其运动方程用余弦函数表示.若在 $t = 0$ 时,物体在负的最大位移处,则其初相位为__________.

(4) 一做简谐振动的振动物体,质量为 2 kg,振动频率为 1 000 Hz,振幅为 0.5 cm,则其振动能量为__________.

(5)弹簧振子在做简谐振动时,弹力在半个周期内所做的功为__________.

**5-3** 下列几种情况中哪些是简谐振动?哪些不是简谐振动?试说明理由:(1)完全弹性球在硬地面上的跳动;(2)活塞的往复运动;(3)浮在水面的木块使之上下浮动,不计阻力;(4)小球在半径很大的光滑的凹球面底部所做的往返滚动;(5)一质点做匀速圆周运动,它在某一直径上的投影点的运动.

**5-4** 当弹簧振子的振幅增加到原振幅的两倍时,其振动周期、振动能量、最大速度和最大加速度等物理量将如何变化?

**5-5** 弹簧振子和单摆的周期受哪些因素影响?把一单摆由赤道拿到北极,它的周期是否变化?

**5-6** 若简谐振动方程为

$$x = 0.1\cos\left(20\pi t + \frac{\pi}{4}\right)\ (\text{SI}),$$

求:(1)振幅、角频率、周期和初相位;(2)$t = 2$ s 时的位移、速度和加速度.

**5-7** 有一个和轻质弹簧相连的小球,沿 $x$ 轴做振幅为 $A$ 的简谐振动,其表示式用余弦函数表示.当 $t = 0$ 时,球的运动状态为:(1) $x_0 = -A$;(2)过平衡位置向 $x$ 轴正方向运动;(3)过 $x = \frac{A}{2}$ 处向 $x$ 轴负方向运动;(4)过 $x = \frac{A}{\sqrt{2}}$ 处向 $x$ 轴正方向运动.试求相应的初相位的值,并写出运动方程.

**5-8**　一质点的振动曲线如题 5-8 图所示.求：

(1)运动方程；

(2)$P$ 点对应的相位；

(3)质点到达 $P$ 点相应位置所需时间.

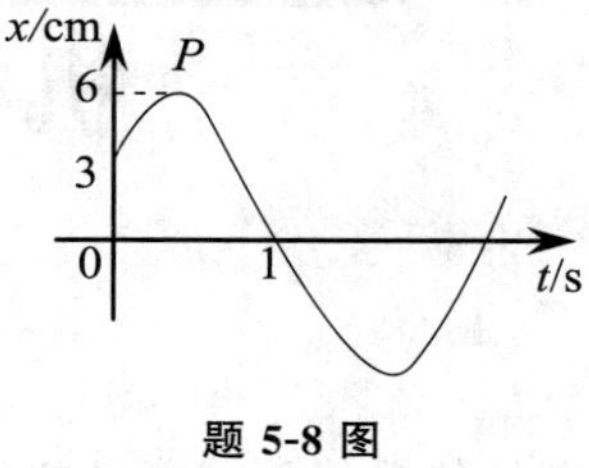


题 5-8 图

**5-9**　一质点同时参与两个同方向、同频率的简谐振动，这两个振动的运动方程分别为

$$x_1 = 4\cos\left(2\pi t + \frac{\pi}{4}\right)\ \text{cm},$$

$$x_2 = 4\cos\left(2\pi t + \frac{3\pi}{4}\right)\ \text{cm}.$$

(1)写出合振动的运动方程；(2)画出两个分振动及合振动的旋转矢量图；(3)计算合振动最大速度的大小.

**5-10**　一质量为 0.20 kg 的质点做简谐振动，其振动方程为 $x = 0.6\cos\left(5t + \frac{1}{2}\pi\right)$ (SI).求：(1) 质点的初速度；(2) 质点在正向最大位移 1/2 处所受的力.

**5-11**　质量为 $M$ 的木块和刚度系数为 $k$ 的轻质弹簧组成在光滑水平台上运动的弹簧振子，如题 5-11 图所示.开始时木块静止在 $O$ 点，一质量为 $m$ 的子弹以速率 $v_0$ 沿水平方向射入木块并嵌在其中，然后木块(内有子弹)做简谐振动.若以子弹射入木块并嵌在木块中时开始计时，试写出系统做简谐振动的运动方程.

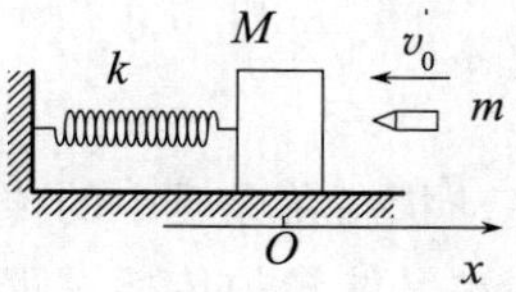


题 5-11 图

**5-12**　在一竖直轻弹簧下端悬挂质量 $m = 5$ g 的小球，弹簧伸长 $l = 1$ cm 而平衡.经推动后，该小球在竖直方向做振幅为 $A = 4$ cm 的振动，求：(1)小球的振动周期；(2)振动的总能量；(3)小球运动的最大速度.

**5-13**　质量为 100 g 的物体做简谐振动，振幅为 1.0 cm，加速度的最大值为 4.0 $\text{cm}\cdot\text{s}^{-2}$，平衡位置势能为零.(1)求振动的总能量；(2)求过平衡位置时的动能；(3)何处势能和动能相等？

# 第 6 章

# 机械波

振动状态在介质中的传播过程称为**波动**.振动状态的传播伴随着能量的传播,波动也是能量的传播过程.机械振动在弹性介质中的传播过程称为**机械波**,变化的电磁场在空间的传播过程称为**电磁波**.波动是一种普遍而重要的运动形式.机械波和电磁波的本质虽然各不相同,但却有着共同的规律.

波是振动状态的传播,也就是振动相位的传播.波不同于其他运动形式,它能产生衍射现象和干涉现象.本章以机械波为例,讨论波的运动规律.

# 6.1 机械波的产生和传播

## 6.1.1　机械波产生的条件

物体在介质中振动会产生波．例如，投石下水会在水面上激起圆形水波；振动音叉会在空气中激起声波；将闹钟置于玻璃罩内，缓缓抽出空气，嘀嗒之声逐渐减弱乃至消失．用无弹性的隔音材料将闹钟包裹起来，嘀嗒之声也难以听见．这说明机械波的产生要有两个条件：一是要有做机械振动的物体，称为**波源**；二是要有**连续的介质**．

如果波动中使介质各部分振动的回复力是弹性力，则波称为**弹性波**．如声波即为弹性波．机械波不一定是弹性波，如水面波中的回复力是水质元所受的重力和表面张力，它们都不是弹性力．下面只讨论弹性波．

先介绍机械波在连续弹性介质中的传播机理．所谓**连续弹性介质**，就是组成这种介质的质元是连续分布的（即介质内部不存在空隙或间断点），质元之间彼此由弹性力相联系．固体、液体或气体等弹性体都可视为连续弹性介质．例如，一条绳子中各个质元彼此由弹性力相联系，如果用手去上下抖动绳子的一端，则振动就会依靠绳子中各个质元之间的弹性力沿着绳子传播出去．

在连续弹性介质的内部，由于各个质元间有弹性力相互联系着，因此，如果介质中有一个质元 A 离开了平衡位置，介质中各个质元间就会因为形变而产生等值反向的弹性力．质元 A 受到它周围质元弹性力的作用，驱使质元 A 回到平衡位置，因此产生振动；而根据牛顿第三定律，质元 A 周围的质元同时受到质元 A 的弹性力作用，使它们离开平衡位置；当它们离开平衡位置时，它们自己周围的其他质元又对它们施加弹性力，要使它们回到平衡位置，因此也要产生振动．所以介质中一个质元的振动会引起近邻质元的振动，而近邻质元的振动又会引起较远质元的振动．这样，振动就由近及远地向各个方向以一定的速度传播出去，形成了波．

## 6.1.2　横波和纵波

应当注意波所传播的只是振动状态，而介质中各个质元仅在各自的平衡位置附近振动，并不随着振动的传播而移动．

波在传播过程中，质点的振动方向和波的传播方向不一定相同．按照质点振动方向与波的传播方向之间的关系，可把波分为横波和纵波两类．质点振动方向与波传播方向垂直的波称为**横波**，例如，在绳子上传播的波．质点振动方向和波传播方向平行的波称为**纵波**，例如，在空气中传播的声波．横波和纵波是自然界中存在的最简单的波，其他如水面波、地震波等，情况就比较复杂.

图 6-1 是横波在一根弦上传播的示意图. 将弦分成许多可视为质点的小段，质点之间以弹性力相联系. 设当 $t=0$ 时，质点都在各自的平衡位置，此时质点 1 在外界作用下由平衡位置向上运动. 由于弹性力的作用，因此质点 1 立即带动质点 2 向上运动，继而质点 2 又带动质点 3……于是各质点就先后上下振动起来. 图 6-1 中画出了不同时刻各质点的振动状态. 设波源的振动周期为 $T$. 由图可知，当 $t=T/4$ 时，质点 1 的初始振动状态传到了质点 4；当 $t=T/2$ 时，质点 1 的初始振动状态传到了质点 7；当 $t=T$ 时，质点 1 完成了自己的一次全振动，其初始振动状态传到了质点 13. 此时，质点 1 至质点 13 之间各质点偏离各自平衡位置的矢端曲线就构成了一个完整的波形. 在以后的传播过程中，每经过一个周期，就向右传出一个完整波形. 可见**沿着波的传播方向向前看去，前面各质点的振动相位都依次落后于波源的振动相位**.

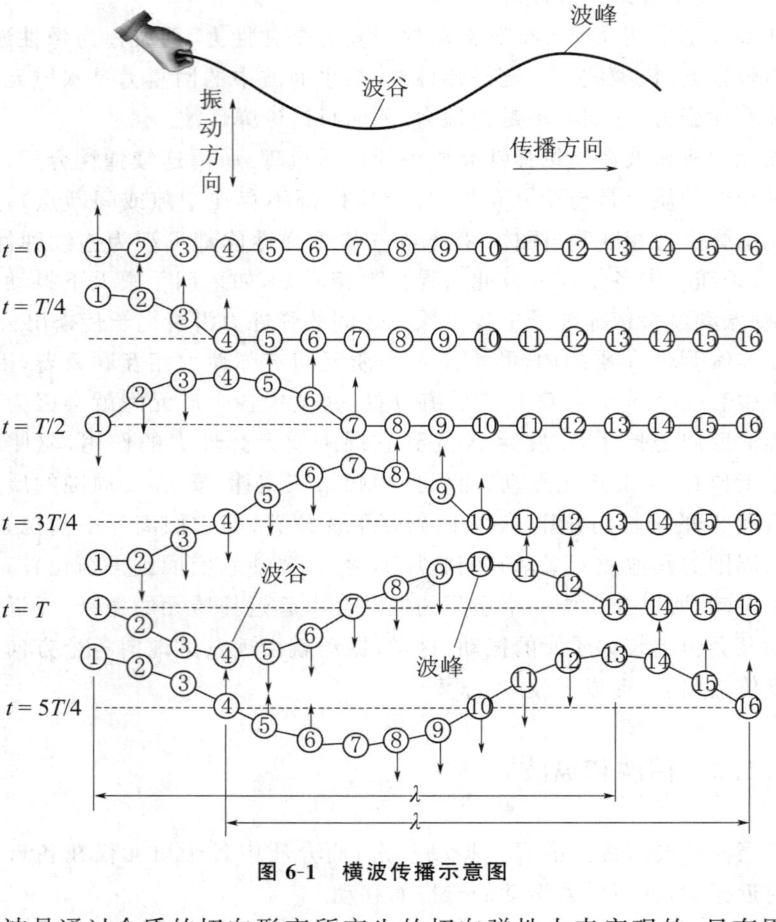


**图 6-1　横波传播示意图**

横波是通过介质的切向形变所产生的切向弹性力来实现的. 只有固体才能产生切向形变，因此横波只能在固体中传播.

图 6-2 是纵波在一根弹簧中传播的示意图. 纵波在弹性介质中传播，是通过介质的拉伸（膨胀）和压缩形变所产生的纵向弹性力来实现的. 固体、液体、

气体都能够产生这种形变,因此都能传播纵波.

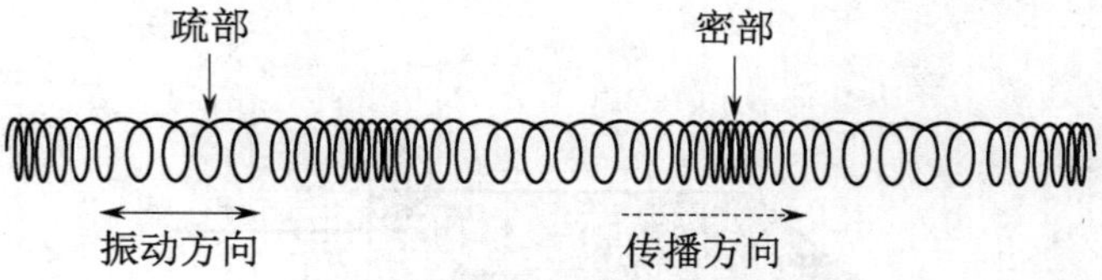


图 6-2　纵波传播示意图

综上所述,机械波向外传播的是**波形**、**相位**和**能量**.

### *6.1.3　物体的弹性形变

固体、液体和气体在受到外力作用时,不仅运动状态会发生改变,而且其形状和体积也会发生改变,这种改变称为**形变**. 如果外力不超过一定限度,则在外力撤去后,物体的形状和体积完全恢复原状,这种形变称为**弹性形变**,这个外力限度称为**弹性限度**. 形变有以下几种形式.

#### 1. 长变

如图 6-3 所示,棒的两端沿轴向有一对大小相等、方向相反的外力 $\boldsymbol{F}$ 作用时,其长度将发生变化,这种形变称为长变. 若棒长由 $l$ 变为 $l+\Delta l$,其中伸长量 $\Delta l$ 的正负(伸长或缩短)由外力方向决定,而$\frac{\Delta l}{l}$表示棒长的相对改变,称为**长变的应变**. 设棒的横截面积为 $S$,则$\frac{F}{S}$称为**长变的应力**. 根据胡克定律,在弹性限度范围内,长变的应力与长变的应变成正比,即

$$\frac{F}{S}=E\frac{\Delta l}{l},\tag{6-1}$$

式中,比例系数 $E$ 只与材料的性质有关,称为**杨氏模量**,其定义为

$$E=\frac{\frac{F}{S}}{\frac{\Delta l}{l}}.\tag{6-2}$$

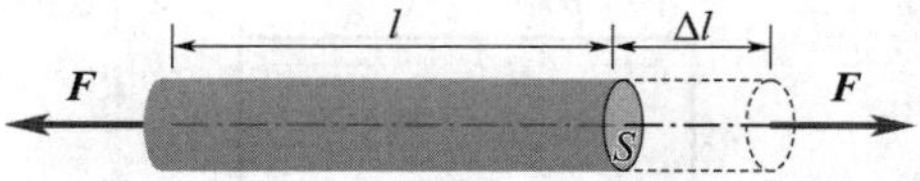


图 6-3　长变

#### 2. 切变

如图 6-4 所示,在一块状材料的两个相对面上各施加一个与平面平行且大小相等、方向相反的外力 $\boldsymbol{F}$ 时,块状材料将发生如图 6-4 所示的形变,即相对面发生相对滑动,这种形变称为**切变**. 设施力的面积为 $S$,则$\frac{F}{S}$称为**切变的应力**,两个施力的相对面相互错开的角度$\varphi=\arctan\frac{\Delta d}{b}$称为**切变的应变**. 根据胡克定律,在弹性限度内,切变的应力和切变的应变成正比,即

$$\frac{F}{S}=G\varphi,\tag{6-3}$$

式中，$G$ 是比例系数，只与材料的性质有关，称为**切变模量**，其定义为

$$G=\frac{\frac{F}{S}}{\varphi}. \tag{6-4}$$

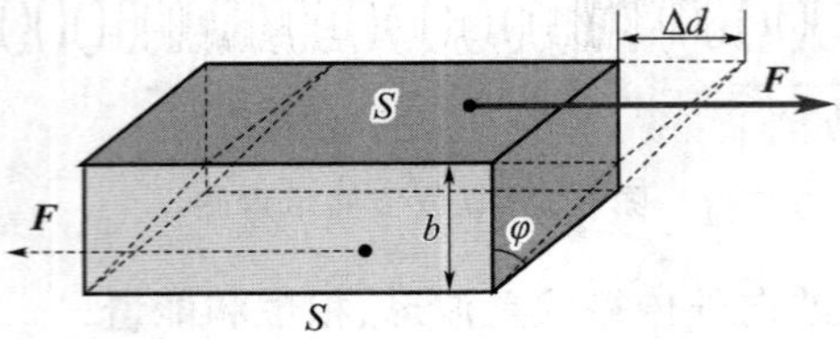


图 6-4　切变

常见静止材料的杨氏模量和切变模量如表 6-1 所示.

表 6-1　常见静止材料的杨氏模量和切变模量　　单位：N·m$^{-2}$

| 材　料 | 钢 | 锻　铁 | 铜 | 铝 |
|---|---|---|---|---|
| $E$ | $20\times10^{10}$ | $19\times10^{10}$ | $11\times10^{10}$ | $7\times10^{10}$ |
| $G$ | $8\times10^{10}$ | $7\times10^{10}$ | $4\times10^{10}$ | $2.4\times10^{10}$ |

### 3. 体变

物体（固体、液体或气体）周围所受压力改变时，其体积也会发生改变，这种形变称为**体变或容变**. 如图 6-5 所示，设物体所受的压强由 $p$ 变为 $p+\Delta p$，相应的物体的体积由 $V$ 变为 $V+\Delta V$，显然，$\Delta V$ 与 $\Delta p$ 的符号恒相反. $\frac{\Delta V}{V}$表示体积的相对变化，称为**体变的应变**. 实验表明，在弹性限度内，压强的改变量与体变的应变成正比，即

$$\Delta p=-K\frac{\Delta V}{V}, \tag{6-5}$$

式中的比例系数 $K$ 只与材料的性质有关，称为**体积模量**，又称**体弹模量**，其定义为

$$K=-\frac{\Delta p}{\frac{\Delta V}{V}}. \tag{6-6}$$

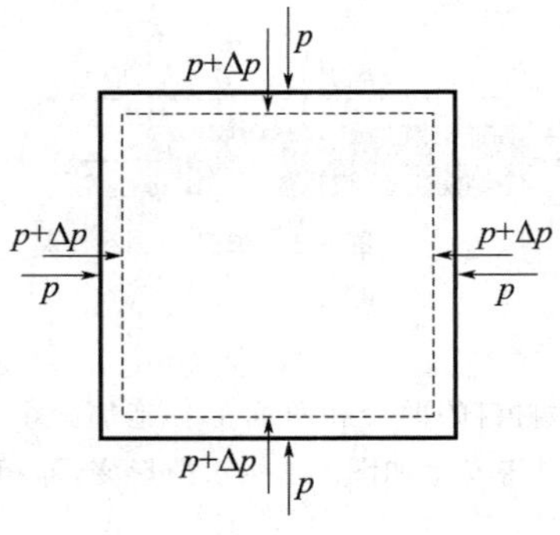


图 6-5　体变

## 6.1.4　波面与波线

为了形象地描述波的传播，引入波面与波线的概念. 在波的传播过程中，

所有相位相同的点连成的面称为**波面**或**同相面**. 最前面的波面称为**波前**或**波阵面**. 显然,波前是波面的特例,是传到最前面的波面. 波面是球面的波称为**球面波**,波面是平面的波称为**平面波**.

表示波传播方向的射线称为**波线**. 在各向同性的介质中波线与波面恒垂直. 平面波的波线是垂直于波面的平行直线. 球面波的波线是以波源为中心的径向射线. 波面与波线的关系如图 6-6 所示.

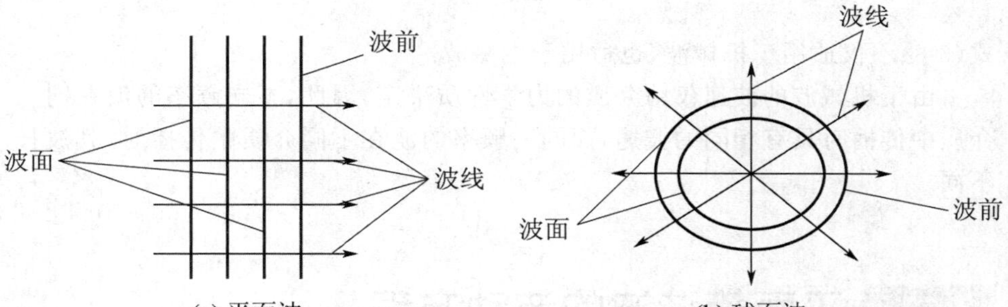


**图 6-6　波面与波线的关系**

## 6.1.5　简谐波及其描述

一般说来,波动中各质点的振动是复杂的. 最简单、最基本的波是由简谐振动产生的波,称为**简谐波**.

**1. 波速**

**波速**是振动状态或振动相位的传播速度,又称**相速**,用 $u$ 来表示,它表示振动状态在单位时间内传播的距离. 振动状态的传播是通过介质中质点间的弹性力实现的. 弹性力越大传播越快,弹性力越小传播越慢. 波速决定于介质的弹性和惯性,具体说来决定于介质的弹性模量和密度.

有必要指出,波在介质中的传播速度与介质中质点的振动速度是完全不同的两个概念. 质点的振动速度是变化的;而对一定的波,波速是恒定不变的. 例如,真空中电磁波的传播速度 $c=3.0\times10^{8}\ \mathrm{m\cdot s^{-1}}$,与电磁波的频率、振幅无关;声波在空气中的传播速度 $u\approx340\ \mathrm{m\cdot s^{-1}}$,与声波的频率、振幅也无关.

**2. 周期和频率**

波动过程也具有时间上的周期性. 波的**周期**是指一个完整波形通过介质中某固定点所需的时间,用 $T$ 表示. 周期的倒数称为频率,波的**频率**即为单位时间内通过介质中某固定点的完整波的数目,用 $\nu$ 表示. 由于波源每完成一次全振动,就有一个完整的波形发送出去,由此可知,当波源相对于介质为静止时,**波动周期即为波源的振动周期,波动频率即为波源的振动频率**. 波的周期 $T$ 与频率 $\nu$ 的关系为

$$T=\frac{2\pi}{\omega}=\frac{1}{\nu}. \tag{6-7}$$

**3. 波长**

**波长**是一个周期内波在介质中传播的路程,用 $\lambda$ 表示,也可理解为一个完整波形的长度. 以横波为例,波长是相邻两波峰之间的距离,或相邻两波谷之间的距离. 相距为一个波长的两点振动状态相同,相位差为 $2\pi$. 显然,波长与波速、周期和频率的关系为

$$\lambda = uT = \frac{u}{\nu}. \tag{6-8}$$

式(6-8)不仅适用于机械波,也适用于电磁波.

由于机械波的波速仅由介质的力学性质决定,因此,不同频率的波在同一介质中传播时具有相同的波速,而同一频率的波在不同介质中传播时,其波长不同.

## 6.2 平面简谐波的波动方程

在介质中行进着的波称为**行波**,行波具有输送能量和动量的重要特性. 行波中波面是平面的简谐波称为**平面简谐波**. 对平面简谐波来说,同一波面上任何质点的振动都相同,因此某一波线上各质点的振动情况代表着整个平面波的情况. 本章只讨论平面简谐波.

### 6.2.1 平面简谐波的波动方程

平面简谐波的波动方程

介质中任意质点的位移随时间的变化关系称为**波动方程**. 下面讨论平面简谐波在无吸收均匀介质中传播的波动方程. 这样的平面波中各质点的频率和振幅都相同,因此波源的位置并不重要.

设 $x$ 轴为波线,质点的位置用 $x$ 表示,质点的位移用 $y$ 表示,如图 6-7 所示. 在 $x=0$ 处的质点运动方程为

$$y = A\cos(\omega t + \varphi_0).$$

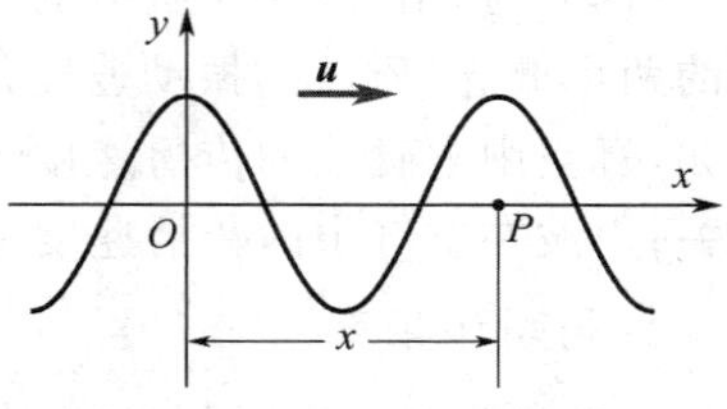

图 6-7 波动方程的推导

先求沿 $x$ 轴正方向传播的波的波动方程:在波线 $x$ 轴上任取一点 $P$,$P$ 点到坐标原点 $O$ 的距离是 $x$,$P$ 点的起振时间比 $O$ 点落后$\frac{x}{u}$,相位落后 $\omega\frac{x}{u}$,即 $O$ 点的相位传到 $P$ 点所需的时间是 $\Delta t=\frac{x}{u}$. $t$ 时刻 $P$ 点的相位与 $t-\frac{x}{u}$时刻 $O$ 点的相位相同. 由此可得 $P$ 点的运动方程为

$$y = A\cos\left[\omega\left(t-\frac{x}{u}\right)+\varphi_0\right]. \tag{6-9}$$

因为 $P$ 点的坐标 $x$ 是任意的，所以式(6-9)即为沿 $x$ 轴正方向传播的平面简谐波的波动方程.

若波是沿 $x$ 轴负方向传播的，则易得其波动方程为

$$y=A\cos\left[\omega\left(t+\frac{x}{u}\right)+\varphi_0\right].\tag{6-10}$$

将 $\omega=2\pi\nu=\dfrac{2\pi}{T}$，$u=\dfrac{\lambda}{T}=\dfrac{\omega}{2\pi}\lambda$ 代入式(6-9)、式(6-10)，可得到波动方程如下其他常用形式：

$$y=A\cos\left[2\pi\left(\frac{t}{T}\mp\frac{x}{\lambda}\right)+\varphi_0\right],\tag{6-11}$$

$$y=A\cos\left[2\pi\left(\nu t\mp\frac{x}{\lambda}\right)+\varphi_0\right],\tag{6-12}$$

$$y=A\cos\left[\frac{2\pi}{\lambda}(ut\mp x)+\varphi_0\right]=A\cos\left[k(ut\mp x)+\varphi_0\right],\tag{6-13}$$

式中，$k=\dfrac{2\pi}{\lambda}$，称为**波数**，它表示在 $2\pi$ 长度内所具有的完整波的数目.

### 6.2.2　波动方程的物理意义

为了进一步理解波动方程的物理意义，现作如下讨论.

(1)当 $x$ 一定时，位移 $y$ 仅为 $t$ 的函数. 此时，波动方程表示距原点 $O$ 为 $x$ 处的给定点在各不同时刻 $t$ 的位移，即波动方程变为该给定点的运动方程. 以位移 $y$ 为纵坐标，时间 $t$ 为横坐标，可得给定点的 $y$-$t$ 曲线，如图 6-8 所示，此为该点的振动曲线.

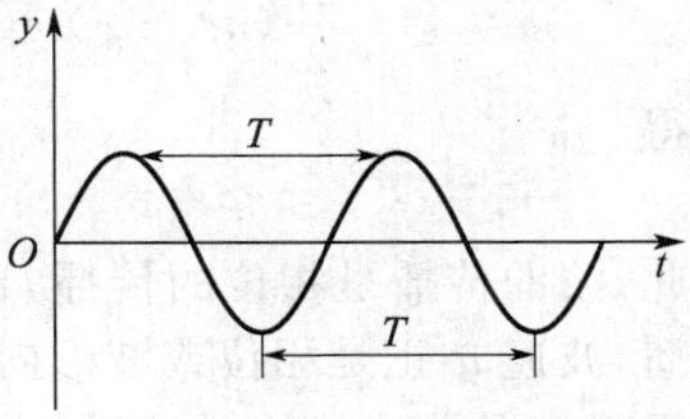

图 6-8　波线上给定点的振动曲线

波动方程的物理意义

设坐标原点 $O$ 的振动初相位为零，对定点 $x$ 由波动方程可得其初相位为 $\mp\dfrac{\omega x}{u}$ 或 $\mp kx$ [正向(传播)波为负号，负向(传播)波为正号]. 由此可知，对正向波，$x>0$ 的点的相位滞后于原点，$x<0$ 的点的相位超前于原点；对负向波，则结论相反.

(2)当 $t$ 一定时(即某时刻)，$y$ 仅为 $x$ 的函数. 这时波动方程表示在给定时刻，沿波线方向上各质点的位移空间分布情况，即给定时刻的波形. 通俗地可说成是某时刻质点空间位移的集体照. 以位移 $y$ 为纵坐标，质点平衡位置 $x$ 为横坐标，可得给定时刻的各质点的位移分布曲线，也称**波形图**，如图 6-9 所示.

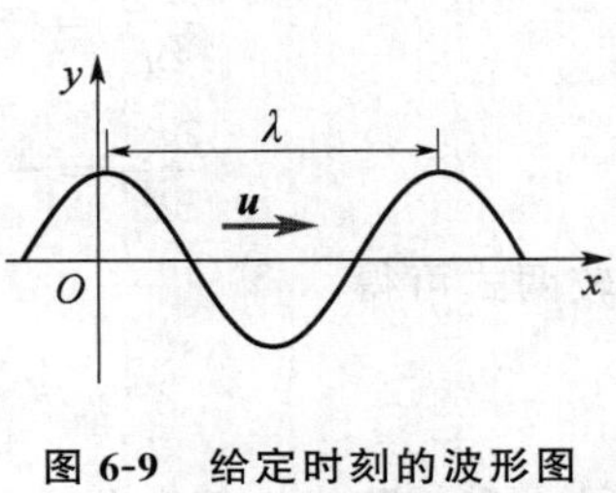

图 6-9　给定时刻的波形图

设 $t=t_0$，由波动方程可得

$$y=A\cos\left[\omega\left(t_0\mp\frac{x}{u}\right)+\varphi_0\right].\tag{6-14}$$

式(6-14)称为 $t_0$ 时刻的**波形方程**.

若在同一条波线上有坐标分别为 $x_1$,$x_2$ 的两点,则可通过式(6-14)求得它们间的相位差为

$$\Delta\varphi=\varphi_2-\varphi_1=\mp\frac{2\pi}{\lambda}(x_2-x_1)=\mp\frac{2\pi}{\lambda}\Delta x, \tag{6-15}$$

或

$$\Delta\varphi=\mp k\Delta x, \tag{6-16}$$

其中,正向波取负号,负向波取正号.

(3)当 $x$ 和 $t$ 都变化时,波动方程就表达了所有质点位移随时间变化的整体情况,图 6-10 分别画出了 $t$ 时刻和 $t+\Delta t$ 时刻的两个波形图,从而描述出波动在 $\Delta t$ 时间内传播了 $\Delta x$ 距离的情况.换言之,波在 $t$ 时刻 $x$ 处的相位,经过 $\Delta t$ 时间已传到了 $x+\Delta x$ 处了.

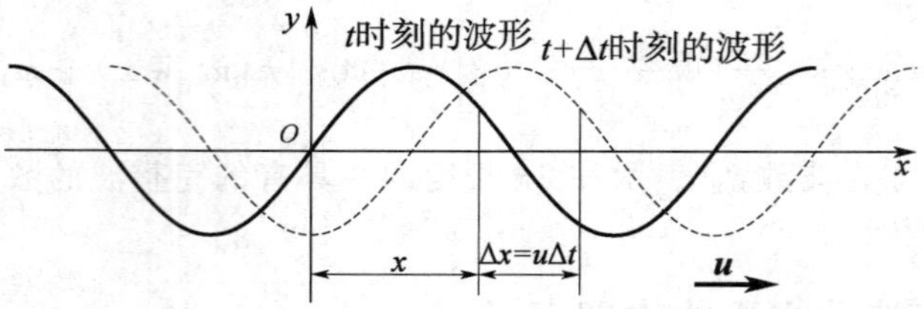


图 6-10 波形的传播

由式(6-13)可得

$$\frac{2\pi}{\lambda}(ut-x)=\frac{2\pi}{\lambda}[u(t+\Delta t)-(x+\Delta x)], \tag{6-17}$$

解得

$$\Delta x=u\Delta t.$$

因此,波的传播是相位的传播,也是振动这种运动形式的传播,或称为波形的传播,波速 $u$ 正是相位或波形向前传播的速度.总之,当 $x$ 和 $t$ 都变化时,波动方程就描述了波的传播过程,这就是把这种波称为行波的原因.

### 6.2.3 平面简谐波的微分方程

将平面简谐波的波动方程(6-9)分别对 $t$ 和 $x$ 求二阶偏导数,有

$$\frac{\partial^2 y}{\partial t^2}=-A\omega^2\cos\left[\omega\left(t-\frac{x}{u}\right)+\varphi_0\right],$$

$$\frac{\partial^2 y}{\partial x^2}=-A\frac{\omega^2}{u^2}\cos\left[\omega\left(t-\frac{x}{u}\right)+\varphi_0\right].$$

比较两式可得

$$\frac{\partial^2 y}{\partial x^2}=\frac{1}{u^2}\frac{\partial^2 y}{\partial t^2}. \tag{6-18}$$

这是一个二阶线性偏微分方程.可以证明,此方程对以速度 $u$ 沿 $x$ 轴传播的任何平面波都适用(从方程不含 $A$,$\omega$ 和 $\varphi_0$ 也可推知这一点),故称为**平面波波动微分方程**.它不仅适用于机械波,也适用于电磁波,它是平面波波动方程的普遍形式.

**例 6-1** 已知一波的波动方程为 $y=0.1\cos\frac{\pi}{10}(25t-x)$(SI)，求：

(1)该波的振幅、波长、周期和波速；

(2)距原点为 8 m 和 10 m 两点处质点振动的相位差；

(3)波线上各质点在时间间隔 0.2 s 内的相位差.

**解** (1)(用比较系数法)将已知波动方程改写为

$$y=0.1\cos\frac{25}{10}\pi\left(t-\frac{x}{25}\right).$$

将它与波动方程标准形式 $y=A\cos\left[\omega\left(t-\frac{x}{u}\right)+\varphi_0\right]$ 比较可得

$$A=0.1\ \text{m},\quad \omega=\frac{25}{10}\pi\text{rad}\cdot\text{s}^{-1}=2.5\pi\ \text{rad}\cdot\text{s}^{-1},$$

$$u=25\ \text{m}\cdot\text{s}^{-1},\quad \varphi_0=0,$$

所以 $T=\frac{2\pi}{\omega}=0.8\ \text{s},\quad \lambda=uT=20\ \text{m}.$

(2)由同一波线上同一时刻两点间相位差公式(6-15)得

$$\Delta\varphi=-\frac{2\pi}{\lambda}(x_2-x_1)=-\frac{\pi}{5}.$$

(3)对于波线上的定点，其运动形式为振动，由振动特性知在一个周期内其相位改变 $2\pi$，由此得

$$\frac{2\pi}{T}=\frac{\Delta\varphi}{\Delta t},$$

则

$$\Delta\varphi=\frac{2\pi}{T}\Delta t=\frac{\pi}{2}.$$

**例 6-2** 一连续纵波沿 $x$ 轴正方向传播，频率为 25 Hz，波线上相邻密部中心的距离为 24 cm，某质点最大位移为 3 cm. 原点取在波源处，且当 $t=0$ 时，波源位于平衡位置向 $y$ 轴正方向运动. 求：

(1)波源运动方程；

(2)波动方程；

(3)在 $t=1$ s 时波形方程；

(4)$x=0.24$ m 处质点运动方程；

(5)$x_1=0.12$ m 与 $x_2=0.36$ m 处质点振动的相位差.

**解** (1)设波源运动方程为 $y_0=A\cos(\omega t+\varphi_0)$，由题意可知

$$A=0.03\ \text{m},\quad \omega=2\pi\nu=50\pi\ \text{rad}\cdot\text{s}^{-1}.$$

由旋转矢量图知 $\varphi_0=-\frac{\pi}{2}$，所以

$$y=0.03\cos\left(50\pi t-\frac{\pi}{2}\right)\ \text{m}.$$

(2)波动方程为

$$y=0.03\cos\left(50\pi t-\frac{\pi}{2}-\frac{2\pi}{\lambda}x\right)\ \text{m}.$$

由 $\lambda=0.24$ m，得

$$y=0.03\cos\left(50\pi t-\frac{25}{3}\pi x-\frac{\pi}{2}\right)\ \text{m}.$$

(3)在 $t=1$ s 时波形方程为

$$y=0.03\cos\left(\frac{99}{2}\pi-\frac{25}{3}\pi x\right)\ \text{m}.$$

(4)$x=0.24$ m 处质点运动方程为

$$y=0.03\cos\left(50\pi t-2\pi-\frac{\pi}{2}\right)\ \text{m}$$

$$=0.03\cos\left(50\pi t-\frac{5\pi}{2}\right)\ \text{m}.$$

(5)所求相位差为

$$\Delta\varphi=2\pi\frac{x_2-x_1}{\lambda}$$

$$=2\pi\times\frac{0.36-0.12}{0.24}=2\pi,$$

$x_1$ 处质点相位超前.

**例 6-3** 一平面波在介质中以速度 $u=20\ \mathrm{m\cdot s^{-1}}$ 沿直线传播，已知在传播路径上某点 $A$ 的运动方程为 $y_A=3\cos 4\pi t\,(\mathrm{SI})$，如图 6-11 所示.

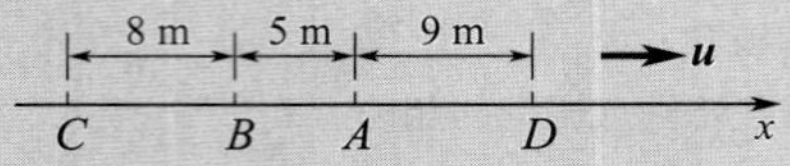


图 6-11 例 6-3 图

(1)若以 $A$ 点为坐标原点，写出波动方程，并求出 $C$，$D$ 两点的运动方程；

(2)若以 $B$ 点为坐标原点，写出波动方程，并求出 $C$，$D$ 两点的运动方程.

**解** 由 $A$ 点的运动方程可知 $A=3\ \mathrm{m}$，$\omega=4\pi\ \mathrm{rad\cdot s^{-1}}$，$\varphi_A=0$，所以 $T=\dfrac{2\pi}{\omega}=0.5\ \mathrm{s}$，$\lambda=uT=10\ \mathrm{m}$.

(1)以 $A$ 为坐标原点，则波动方程可由 $A$ 点运动方程直接得出：

$$y=3\cos 4\pi\left(t-\frac{x}{20}\right)\ \mathrm{m}=3\cos\left(4\pi t-\frac{\pi}{5}x\right)\ \mathrm{m},$$

此时 $C$ 点距 $A$ 点为 $x_C=-13\ \mathrm{m}$，$D$ 点距 $A$ 点为 $x_D=9\ \mathrm{m}$，代入波动方程可分别得到 $C$，$D$ 两点运动方程为

$$y_C=3\cos\left(4\pi t-\frac{\pi}{5}x_C\right)\ \mathrm{m}=3\cos\left(4\pi t+\frac{13}{5}\pi\right)\ \mathrm{m},$$

$$y_D=3\cos\left(4\pi t-\frac{\pi}{5}x_D\right)\ \mathrm{m}=3\cos\left(4\pi t-\frac{9}{5}\pi\right)\ \mathrm{m}.$$

(2)设以 $B$ 点为坐标原点的波动方程为

$$y=A\cos\left[\omega\left(t-\frac{x}{u}\right)+\varphi\right]=3\cos\left[4\pi\left(t-\frac{x}{20}\right)+\varphi\right]\ \mathrm{m}=3\cos\left(4\pi t-\frac{\pi}{5}x+\varphi\right)\ \mathrm{m}.$$

此时 $A$ 点距 $B$ 点为 $x_A=5\ \mathrm{m}$，代入波动方程，可得 $A$ 点运动方程为

$$y_A=3\cos\left(4\pi t-\frac{\pi}{5}x_A+\varphi\right)\ \mathrm{m}=3\cos\left(4\pi t-\pi+\varphi\right)\ \mathrm{m}.$$

与已知的 $A$ 点运动方程相比较，得 $\varphi=\pi$，所以，以 $B$ 点为坐标原点的波动方程为

$$y=3\cos\left(4\pi t-\frac{\pi}{5}x+\pi\right)\ \mathrm{m}.$$

此时 $C$，$D$ 两点距 $B$ 点分别为 $x_C=-8\ \mathrm{m}$，$x_D=14\ \mathrm{m}$，分别代入上式可得 $C$，$D$ 两点的运动方程为

$$y_C=3\cos\left(4\pi t+\frac{13}{5}\pi\right)\ \mathrm{m},$$

$$y_D=3\cos\left(4\pi t-\frac{9}{5}\pi\right)\ \mathrm{m}.$$

**例 6-4** 如图 6-12 所示，已知 $t=0$ 时的波形曲线为Ⅰ，波沿 $x$ 轴正方向传播，在 $t=0.5\ \mathrm{s}$ 时波形变为曲线Ⅱ. 已知波的周期 $T>1\ \mathrm{s}$，试根据图示条件求波动方程和 $P$ 点的运动方程(已知 $A=0.01\ \mathrm{m}$).

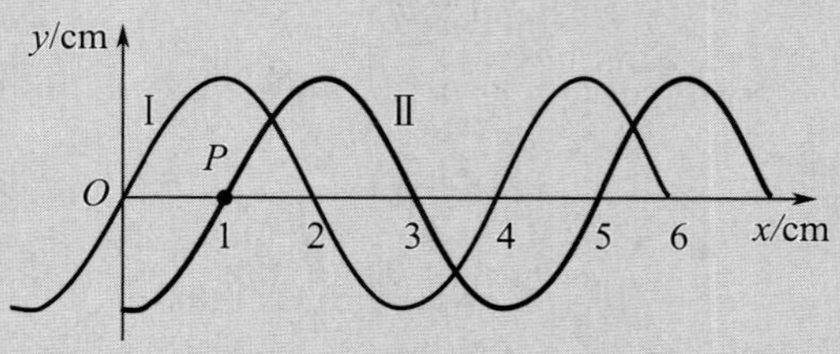


图 6-12 例 6-4 图

**解** 由已知条件得

$$\lambda=0.04\ \mathrm{m},\quad u=0.02\ \mathrm{m\cdot s^{-1}},$$

$$T=\frac{\lambda}{u}=2\ \mathrm{s},\quad \omega=\frac{2\pi}{T}=\pi\ \mathrm{rad\cdot s^{-1}}.$$

设坐标原点 $O$ 处质点的运动方程为

$$y_O(t)=A\cos(\omega t+\varphi).$$

由旋转矢量图得

$$\varphi = \frac{\pi}{2}.$$

$O$ 点处质点的运动方程为

$$y_O(t) = 0.01\cos\left(\pi t + \frac{\pi}{2}\right)\ \mathrm{m}.$$

波动方程为

$$y(x,t) = 0.01\cos\left[\pi\left(t - \frac{x}{0.02}\right) + \frac{\pi}{2}\right]\ \mathrm{m}.$$

将 $P$ 点的位置坐标代入波动方程，得 $P$ 点的运动方程为

$$y_P(t) = 0.01\cos \pi t.$$

## 6.3 波的能量

### 6.3.1 波的能量和能量密度

波在介质中传播时，波所到达的各点都要发生振动，因而具有动能；同时介质要发生形变，因而具有弹性势能. 波的能量，就是这些动能和势能之和. 在波的传播过程中，介质一层接着一层地振动，从而使能量逐层地传播出去，如水波. 波动的传播过程也就是能量的传播过程，这是波动的基本特征之一.

波动能量与谐振能量有明显的区别. 谐振能量是对一个孤立的振动系统而言的，与外界没有能量的交换，只有自身动能和势能之间的相互转化，总的机械能是守恒的；而波动不是一个孤立的振动系统，每一质点都要与周围介质发生能量的交换，随着波的传播，每一质点都在不断地从前面介质吸收能量，同时不断地向后面介质释放能量，因而说某个质点的机械能守恒是没有意义的. 谐振的动能与势能是不同步的，二者相位差为$\frac{\pi}{2}$，这是由动能和势能相互转化的机理决定的. 波动中每一质点的动能和势能同步而且相等，原因在于波动中的势能不取决于质点离开平衡位置的位移，而取决于介质的相对形变. 质点在到达最大位移处时，动能为零，毗邻质点也近乎到达最大位移，相对形变为零，因而势能也为零. 质点在通过平衡位置时动能最大，其一侧的毗邻质点向上产生正位移，其另一侧的毗邻质点向下产生负位移，相对形变最大，因而势能也最大.

下面以介质中任意一个体积元 $\mathrm{d}V$ 为例来讨论波动能量.

设有一平面简谐波在密度为 $\rho$ 的弹性介质中沿 $x$ 轴正方向传播，设其波动方程为

$$y = A\cos\left[\omega\left(t - \frac{x}{u}\right) + \varphi\right].$$

在坐标为 $x$ 处取一体积元 $\mathrm{d}V$，其质量为 $\mathrm{d}m = \rho\mathrm{d}V$，该体积元可视为质点. 当波动传播到该体积元时，其振动速度为

$$v = \frac{\partial y}{\partial t} = -A\omega\sin\left[\omega\left(t - \frac{x}{u}\right) + \varphi\right],$$

则该体积元的动能为

$$\mathrm{d}E_{\mathrm{k}}=\frac{1}{2}(\mathrm{d}m)v^{2}=\frac{1}{2}\rho\mathrm{d}VA^{2}\omega^{2}\sin^{2}\left[\omega\left(t-\frac{x}{u}\right)+\varphi\right]. \tag{6-19}$$

同时,可以证明(证明略)该体积元因形变而具有弹性势能,为

$$\mathrm{d}E_{\mathrm{p}}=\frac{1}{2}\rho\mathrm{d}VA^{2}\omega^{2}\sin^{2}\left[\omega\left(t-\frac{x}{u}\right)+\varphi\right]. \tag{6-20}$$

于是该体积元总的波动能量为

$$\mathrm{d}E=\mathrm{d}E_{\mathrm{k}}+\mathrm{d}E_{\mathrm{p}}=\rho\mathrm{d}VA^{2}\omega^{2}\sin^{2}\left[\omega\left(t-\frac{x}{u}\right)+\varphi\right]. \tag{6-21}$$

式(6-19)、式(6-20)和式(6-21)说明,在波动中,任意体积元的势能、动能和波动总能量都做周期性变化,都需要用相位来描述,能量传播的速度都是波速 $u$. 对任意体积元来说,不同时刻所具有的能量不同,它不断地从前一体积元接收能量,同时又不断地向后一体积元传递能量,每个体积元都周期性地重复这个过程,能量就随着波动的进行而传播出去. 所以,波动的过程也就是能量的传播过程.

单位体积介质内的能量,称为波的能量密度,用 $w$ 表示,由式(6-21)可知

$$w=\frac{\mathrm{d}E}{\mathrm{d}V}=\rho A^{2}\omega^{2}\sin^{2}\left[\omega\left(t-\frac{x}{u}\right)+\varphi\right]. \tag{6-22}$$

由此可知,波的能量密度 $w$ 也是随时间做周期性的变化,实际应用中常取其平均值. 能量密度 $w$ 在一个周期内的平均值称为**平均能量密度**,用 $\overline{w}$ 表示,对平面简谐波有

$$\overline{w}=\frac{1}{T}\int_{0}^{T}w\,\mathrm{d}t=\frac{1}{T}\int_{0}^{T}\rho A^{2}\omega^{2}\sin^{2}\left[\omega\left(t-\frac{x}{u}\right)+\varphi\right]\mathrm{d}t=\frac{1}{2}\rho A^{2}\omega^{2}. \tag{6-23}$$

式(6-23)指出,平均能量密度与波动振幅的二次方、角频率的二次方及介质密度成正比,它适用于各种弹性波.

### 6.3.2 波的能流和能流密度

为了描述波动过程中能量的传播,还应引入能流和能流密度的概念.

单位时间内通过介质中某一面积的能量称为**能流**. 在介质内取垂直于波速 $u$ 的面积 $\Delta S$,如图 6-13 所示,由于单位时间内通过 $\Delta S$ 的能量等于体积 $u\Delta S$ 中的能量,因此,通过面积 $\Delta S$ 的能流为

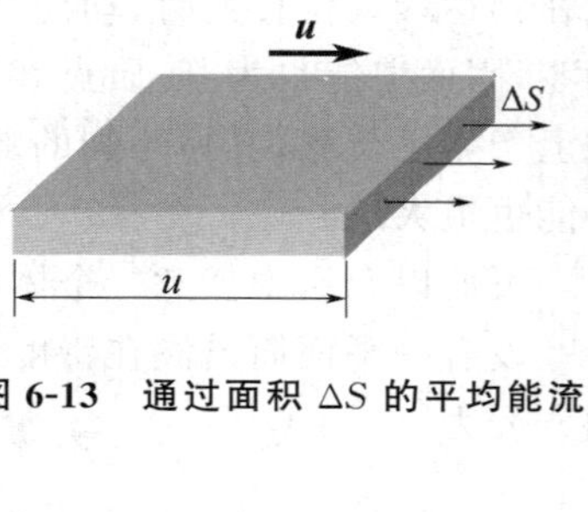

图 6-13 通过面积 ΔS 的平均能流

$$p=wu\Delta S=u\Delta S\rho A^{2}\omega^{2}\sin^{2}\left[\omega\left(t-\frac{x}{u}\right)+\varphi\right]. \tag{6-24}$$

而一个周期内能流的平均值,即**平均能流**,其表达式为

$$\overline{p}=\overline{w}u\Delta S. \tag{6-25}$$

显然,平均能流 $\overline{p}$ 与截面积 $\Delta S$ 有关. 通过与波动传播方向垂直的单位面积的

平均能流，称为**平均能流密度**或波的强度，简称**波强**，用 $I$ 表示，则有

$$I=\frac{\overline{p}}{\Delta S}=\overline{w}u. \tag{6-26}$$

能流密度是一个矢量，在各向同性介质中，其方向与波速方向相同，其矢量表达式为

$$\boldsymbol{I}=\overline{w}\boldsymbol{u}.$$

简谐波的波强大小为

$$I=\frac{1}{2}\rho A^2\omega^2 u. \tag{6-27}$$

波强的单位是 $\mathrm{W\cdot m^{-2}}$（瓦特每平方米）．波强的物理意义还可解释为通过与波动传播方向垂直的单位面积的功率．对于声波和光波，分别称为**声强**和**光强**．

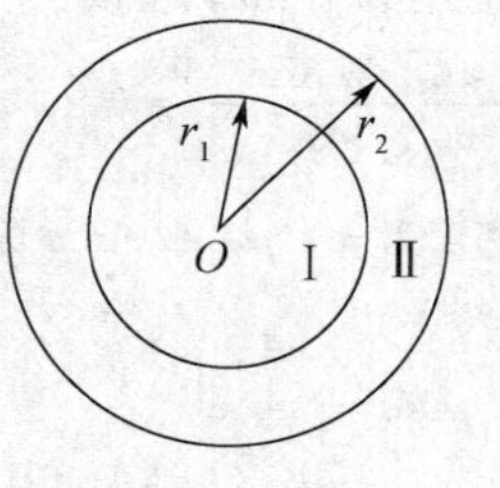

图 6-14　球形波面Ⅰ和Ⅱ

由于波强与振幅有关，因此，当平面简谐波在介质中传播时，若介质是均匀的，而且不吸收波的能量，则其振幅 $A$ 将保持不变．但是，对球面波来说，情况就不同了．如图 6-14 所示，假设在均匀介质中有一个点波源 $O$，其振荡形式向各个方向传播，形成球面波，与此同时其能量也从波源向外传播．若距波源为 $r_1$ 处的波强为 $I_1$，距波源为 $r_2$ 处的波强为 $I_2$，以波源 $O$ 为中心，作半径为 $r_1$ 与 $r_2$ 的两个同心球形波面Ⅰ和Ⅱ．如果在介质内波的能量没有损失，则在单位时间内分别穿过这两个波面的总平均能流为 $4\pi r_1^2 I_1$ 和 $4\pi r_2^2 I_2$，它们应该相等，即

$$4\pi r_1^2 I_1=4\pi r_2^2 I_2. \tag{6-28}$$

设 $A_1$ 和 $A_2$ 分别为该两个球面波的振幅，则由式(6-27)得

$$4\pi r_1^2\times\frac{1}{2}\rho A_1^2\omega^2 u=4\pi r_2^2\times\frac{1}{2}\rho A_2^2\omega^2 u,$$

由此得

$$\frac{A_1}{A_2}=\frac{r_2}{r_1}, \tag{6-29}$$

即球面波在传播过程中，介质中各处质点的振幅与该处到波源的距离成反比．若已知距波源为单位距离处质元的振幅是 $A_0$，即 $r_1=1$，$A_1=A_0$，则由式(6-29)有 $\frac{A_0}{A}=\frac{r}{1}$，从而距波源为 $r$ 处任一质元的振幅为 $A=\frac{A_0}{r}$，并可列出如下球面波的波动方程：

$$y=\frac{A_0}{r}\cos\left[\omega\left(t\mp\frac{r}{u}\right)+\varphi\right], \tag{6-30}$$

式中，由于 $r$ 是变量，所以球面波振幅 $\frac{A_0}{r}$ 不是恒量．

由式(6-28)得

$$\frac{I_1}{I_2}=\frac{r_2^2}{r_1^2}. \tag{6-31}$$

因此，从点波源发出的球面波，在各处的波强与该处到波源的距离二次方成反比，这个规律在声学中就是声强与距离二次方成反比；在光学中就是光强与距离二次方成反比.

**例 6-5** 一简谐空气波，沿直径为 0.14 m 的圆柱形管传播，波强为 $9\times10^{-3}\ \mathrm{W\cdot m^{-2}}$，频率为 300 Hz，波速为 $300\ \mathrm{m\cdot s^{-1}}$. 求：(1)波的平均能量密度和最大能量密度；(2)每两个相邻同相面间的波中含有的能量.

**解** (1)由题意知 $I=\overline{w}u$，所以

$$\overline{w}=\frac{I}{u}=\frac{9\times10^{-3}\ \mathrm{W\cdot m^{-2}}}{300\ \mathrm{m\cdot s^{-1}}}=3\times10^{-5}\ \mathrm{J\cdot m^{-3}}.$$

又因能量密度为 $w=\rho\omega^2A^2\sin^2\omega\left(t-\dfrac{x}{u}\right)$，故

$$\begin{aligned}w_{\max}&=\rho\omega^2A^2=2\overline{w}=2\times3\times10^{-5}\ \mathrm{J\cdot m^{-3}}\\&=6\times10^{-5}\ \mathrm{J\cdot m^{-3}}.\end{aligned}$$

(2)题中相邻同相面间的波中含有的能量为

$$\begin{aligned}\Delta E&=\overline{w}\cdot V=\overline{w}\cdot S\lambda\\&=\overline{w}\cdot\pi\left(\frac{d}{2}\right)^2\cdot\frac{u}{\nu}\\&=3\times10^{-5}\ \mathrm{J\cdot m^{-3}}\times3.14\times\left(\frac{0.14\ \mathrm{m}}{2}\right)^2\times\\&\quad\frac{300\ \mathrm{m\cdot s^{-1}}}{300\ \mathrm{Hz}}\\&=4.62\times10^{-7}\ \mathrm{J}.\end{aligned}$$

### *6.3.3 波的吸收

式(6-24)的规律是在介质中能量没有损失的条件下得到的. 实际上，由于介质的内摩擦力作用，介质内各个质元在振动过程中，总有一部分能量转化为热能；而且由于实际介质的不均匀性，一部分能量会发生散射(即传播方向发生改变). 总之，在波的传播过程中，能量是有损耗的，波的振幅是要衰减的，这种能量损耗的现象称为**波的吸收**. 波的吸收使波在传播过程中振幅不断减小，实验得出，对平面波而言，振幅的减少量($-\mathrm{d}A$)与波通过的距离 $\mathrm{d}x$ 成正比，也与此处波的振幅 $A$ 成正比，即

$$-\mathrm{d}A=\alpha A\,\mathrm{d}x, \tag{6-32}$$

式中，比例常数 $\alpha$ 称为**介质对波的吸收系数**，$\alpha$ 的值与介质特性、波的频率等有关.

对式(6-32)积分后，可得

$$A=A_0\mathrm{e}^{-\alpha x}, \tag{6-33}$$

式中，$A_0$ 和 $A$ 分别为 $x=0$ 和 $x=x$ 处的振幅，式(6-33)表明波以指数函数的规律衰减，这种关系是所有平面波共有的性质. 由于波强 $I$ 与振幅二次方成正比，所以

$$I=I_0\mathrm{e}^{-2\alpha x}, \tag{6-34}$$

式中，$I_0$ 与 $I$ 分别为 $x=0$ 和 $x=x$ 处的波强.

### *6.3.4 声波、超声波和次声波

#### 1. 声波

在弹性介质中传播的机械纵波，一般统称为声波. 其中频率在 20～20 000 Hz 范围内的，能够引起人的听觉的，就是常说的声波；频率低于 20 Hz 的称为**次声波**；频率高于 20 000 Hz 的称为**超声波**. 从波动的基本特性看，次声波和超声波与能够引起听觉的声波并

没有什么本质上的区别.

声波的波强称为**声强**.从给定的声源发出的声波在介质中传播时,它的声强与振幅的二次方成正比.因此,声波的声强越大,声波的振幅也就越大,声音就越响.过强的声音震耳欲聋.因此声强是描述声音强弱的一个物理量.引起人的听觉的声波,不仅有频率范围,而且还有声强范围.对于每个给定频率的可闻声波,声强都有上下两个极限,声强低于下限不能引起听觉,声强高于上限也不能引起听觉,声强太大只能引起痛觉.一般正常人的听觉的最高声强为 10 $W \cdot m^{-2}$,最低声强为 $10^{-12}$ $W \cdot m^{-2}$.通常把最低声强作为测定声强的标准,用 $I_0$ 表示.由于上下声强差相差悬殊(达 $10^{13}$),所以常用对数标度作为声强的量度,用 $L_I$ 表示,称为声强级,即

$$L_I = \lg \frac{I}{I_0}, \tag{6-35}$$

其单位为贝尔(B).这个单位太大,常常用贝尔的 1/10,即 dB(分贝)为单位,此时声强级公式为

$$L_I = 10\lg \frac{I}{I_0}\ \text{dB}. \tag{6-36}$$

常见声源的声强、声强级和响度如表 6-2 所示.

**表 6-2 常见声源的声强、声强级和响度**

| 声源 | 声强/($W \cdot m^{-2}$) | 声强级/dB | 响度 |
|---|---|---|---|
| 听觉阈 | $10^{-12}$ | 0 | — |
| 树叶微动 | $10^{-10}$ | 20 | 轻 |
| 通常谈话 | $10^{-6}$ | 60 | 正常 |
| 闹市车声 | $10^{-5}$ | 70 | 响 |
| 摇滚乐 | 1 | 120 | 震耳 |
| 喷气机起飞 | $10^{3}$ | 150 | |
| 地震(里氏 7 级,距震中 5 km) | $4\times10^{4}$ | 166 | |
| 聚焦超声波 | $10^{9}$ | 210 | |

还要说明一下,仅通过声强级尚不能完全反映人耳对声音响度的感觉.人耳对声音响度的主观感觉由声强级和频率共同决定.例如,同为 50 dB 声强级的声音,当频率为 1 000 Hz 时,人耳听起来相当响,而当频率为 50 Hz 时,则还听不见此声音.单个频率或者由少数几个谐频合成的声波,如果声强不太大,听起来就是悦耳的音乐.不同频率和不同声强的声波无规律地组合在一起,听起来便是噪声.噪声在城市中已经成为污染环境的重要因素.日常生活中的噪声,如汽车喇叭的鸣叫声、过高的音乐声、物件的撞击声以及各种汽笛和机器发动机的叫嚣声,是严重损伤听力和影响人体健康的原因.为此,减轻和消除噪声已成为目前保护环境所必须考虑的重要问题.

### 2. 超声波

超声波的主要特点是频率高(可达 $10^9$ Hz),因此波长短.此外,超声波还具有一些其他特性,在科学研究和生产上应用极为广泛.

下面结合超声波的特点简单介绍一些典型应用.

1)在检测中的应用

超声波具有波长短的特点,其衍射现象不明显,因此具有良好的定向传播特点.由于声

强与频率的二次方成正比，超声波的频率高，因此其功率大. 此外，超声波的穿透本领很强，特别是在液体和固体中传播时，吸收比气体少得多，以致在不透明的固体中能够穿透几十米的厚度. 根据以上特性，可以用超声波测量海洋的深度，研究海底的地形起伏，发现暗礁和浅滩，确定潜艇、沉船和鱼群的位置等.

在工业上超声波可以用来探测工件内部的缺陷(如气泡、裂缝、砂眼等). 使用超声波探伤仪进行探伤时，在工件表面涂上油或水，使探头与工件表面接触良好. 若探头发出的超声波遇到工件内的缺陷，则超声波会反射回来，被探头接收，通过探头上晶片的振动变成电振荡并显示在荧光屏上. 当工件内没有缺陷时，荧光屏上只有发射脉冲和反射回来的脉冲；当工件内有缺陷时，缺陷会把部分超声波反射回来，在反射和返回脉冲之间出现缺陷反射脉冲. 从缺陷反射脉冲的间隔，可以估算出缺陷的位置.

与超声波探伤原理类似，医学上用的B超就是利用超声波来显示人体内脏病变图像的.

2)在加工处理和医学治疗中的应用

超声波的频率高、功率大，可以引起液体的疏密变化，使液体时而受压、时而受拉. 由于液体承受拉力的能力很差，所以在较强的拉力作用下，液体就会断裂(特别是在有杂质和气泡的地方)，产生一些近似真空的小空穴. 在液体压缩过程中，空穴内的压力会达到大气压的几万倍，空穴被压发生崩溃，伴随着压力的巨大突变，会产生局部高温. 此外，在小空穴形成的过程中，由于摩擦产生正负电荷，因此还会引起放电、发光等现象. 超声波的这种作用，称为**空化作用**. 利用空化作用能够把水银捣碎成小颗粒，使其和水均匀地融合在一起成为乳浊液；在医药上可用以制作各种药剂；在食品工业上可用以制成各种调味汁；在建筑业上可用以制成水泥乳浊液等.

超声波的高频强烈振荡还可以用来清洁空气，洗涤毛织品上的油腻，清洗蒸汽锅炉中的水垢、钟表轴承和精密复杂金属部件上的污垢，以及制成超声波烙铁，用以焊接铝质物件等.

超声波用于医学治疗已经有许多年的历史，应用非常广泛. 近年来，出现用超声波治疗偏瘫、面神经麻痹、小儿麻痹后遗症、乳腺癌、乳腺增生症、血肿等疾病的方法，都有一定的疗效.

3)超声电子学

由于超声波的频率与一般无线电波的频率接近，且声音信号又很容易转换成电信号，因此，可以利用超声元件制作延迟线、振荡器、谐振器和带通滤波器等器件，超声波还被广泛用于电视、通信和雷达等方面. 而用声波代替电磁波的优越之处在于声波在介质中的传播速度比电磁波的传播速度大约要小五个数量级，例如，用超声波延迟时间就比用电磁波延迟时间方便得多.

**例 6-6** 水中一超声波波速 $u=1.5\times10^3\ \mathrm{m\cdot s^{-1}}$，频率 $\nu=5\times10^5$ Hz，波上质点振动振幅 $A=1.0\times10^{-5}$ m，求此超声波的波强 $I$.

**解** 水的密度 $\rho=1.0\times10^3\ \mathrm{kg\cdot m^{-3}}$，则

$$I=\frac{1}{2}\rho A^2\omega^2u=\frac{1}{2}\rho A^2(2\pi\nu)^2u$$

$$=\frac{1}{2}\times1.0\times10^3\times(1.0\times10^{-5})^2\times(2\pi\times5\times10^5)^2\times1.5\times10^3\ \mathrm{W\cdot m^{-2}}$$

$$=7.40\times10^8\ \mathrm{W\cdot m^{-2}}.$$

说明振幅很小的超声振动即可产生很强的超声波.

**3. 次声波**

次声波又称亚声波.一般指频率在 $10^{-4}\sim 20$ Hz 范围内的机械波.在火山爆发、地震、陨石落地、大气湍流、雷暴、磁暴等自然活动中都会有次声波产生.次声波的频率低，衰减极小，它在大气中传播几百米后，吸收还不到万分之几分贝.因此次声波已经成为研究地球、海洋、大气等大规模运动的有力工具.对次声波的产生、传播、接收和应用等方面的研究，已经形成现代声学的一个新的分支，这就是次声学.

次声波还会对生物产生影响.某些频率的强次声波能引起人的疲劳痛苦，甚至导致失明.有报道说，海洋上发生的过强次声波会使海员惊恐万状、痛哭异常、仓促离船，最终导致人员失踪.

# 6.4　惠更斯原理　波的叠加和干涉

## 6.4.1　惠更斯原理

波在各向同性的均匀介质中传播时，波面形状保持不变，即平面波的波面始终是平面，球面波的波面始终是球面，波线始终是射线，波的传播方向不变.但当遇到障碍物时，波面要改变形状，波的传播方向也要发生变化.如图 6-15 所示，无论入射波面的形状如何，通过小孔后的波面都是以小孔为中心的半圆面.同时，波在各向同性的均匀介质中传播时，各质点的振动频率相同，在任意相等的时间内波所传播的路程也相同.这样，知道某一时刻的波前，用几何作图法就可求出下一时刻的波前.

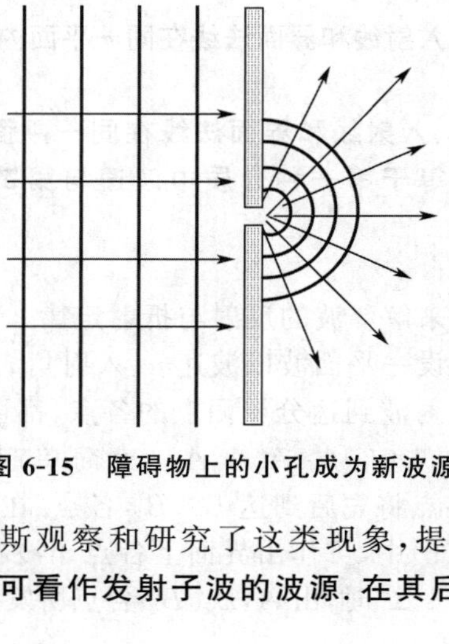

图 6-15　障碍物上的小孔成为新波源

荷兰物理学家惠更斯观察和研究了这类现象，提出了惠更斯原理：**介质中，波动传到的各点，都可看作发射子波的波源.在其后任意时刻，这些子波的包迹就是新的波阵面.**

惠更斯原理不仅适用于机械波，也适用于电磁波.而且不论波动经历的介质是均匀的，还是非均匀的，是各向同性的，还是各向异性的，只要知道了某一时刻的波阵面，就可以根据这一原理，利用几何作图法来确定以后任意时刻的波阵面，进而确定波的传播方向. 此外，根据惠更斯原理，还可以简单地说明波在传播过程中发生的反射和折射等现象.

下面以平面波和球面波为例，说明惠更斯原理的应用. 如图 6-16(a)所示，点波源 $O$ 在各向同性的均匀介质中以波速 $u$ 发出球面波，已知在 $t$ 时刻的波阵面是半径为 $R_1$ 的球面 $S_1$，根据惠更斯原理，$S_1$ 上的每一点均发出球面子波，经 $\Delta t$ 时间后形成半径为 $r=u\Delta t$ 的子波波面，这些子波的包迹 $S_2$ 就成为 $t+\Delta t$ 时刻的新波阵面. 图 6-16(b)是平面波的传播情况.

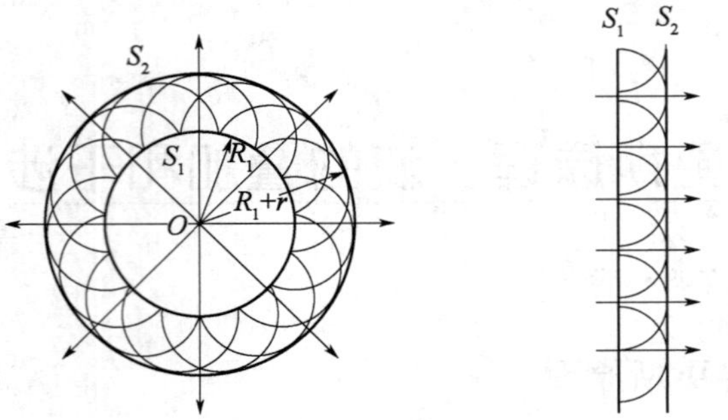


(a) 球面波　　(b) 平面波

图 6-16　用惠更斯原理求新波阵面

当波动从一种介质传播到另一种介质的分界面时，传播方向会发生改变，其中一部分反射回原介质，成为反射波；另一部分进入第二种介质，成为折射波；这种现象称为**波的反射与折射现象**. 通常把入射波、反射波和折射波的波线分别称为**入射线**、**反射线**和**折射线**. 相应地，它们与分界面法线之间的夹角分别称为**入射角**、**反射角**和**折射角**. 实验表明，反射与折射现象分别遵循反射定律与折射定律，说明如下：

**反射定律　反射线、入射线和界面法线在同一平面内，且反射角 $i'$ 恒等于入射角 $i$，即 $i'=i$；**

**折射定律　折射线、入射线和界面法线在同一平面内，且入射角 $i$ 的正弦与折射角 $\gamma$ 的正弦之比等于第一种介质中波速与第二种介质中波速之比，即 $\frac{\sin i}{\sin \gamma}=\frac{u_1}{u_2}$.**

下面用惠更斯原理来解释波的反射与折射定律.

如图 6-17(a)所示，设一平面波以波速 $u$、入射角 $i$ 入射到两种介质的界面上. 根据惠更斯原理，入射波到达分界面上的各点，都可以作为子波的波源. 在时刻 $t$ 时，入射波 $I$ 的波前为 $AA_1A_2A_3$（为简单起见，令 $AA_1=A_1A_2=A_2A_3$），此后，$A_1$，$A_2$ 各点将先后到达 $B_1$，$B_2$ 各点. 在时刻 $t+\Delta t$ 时，点 $A_3$ 到达点 $B_3$，于是在图 6-17(b)中，可作出界面上各点子波在此时刻的包迹. 由于波速 $u$ 未变，所以在时刻 $t+\Delta t$ 时，由 $A$，$B_1$，$B_2$ 各点所发射的子波与纸面的交线，分别是半径为 $d$，$\frac{2d}{3}$ 和 $\frac{d}{3}$ 的圆弧（$d=u\Delta t$）. 显然，这些圆弧的包迹是通过点 $B_3$ 的直线 $B_3B$. 作波前的垂直线，即得反射线 $L$. 由图 6-17(b)中可以看出，入射线、反射线和界面法线都在同一平面内. 根据几何关系，可知 $i'=i$，即反射角等于入射角.

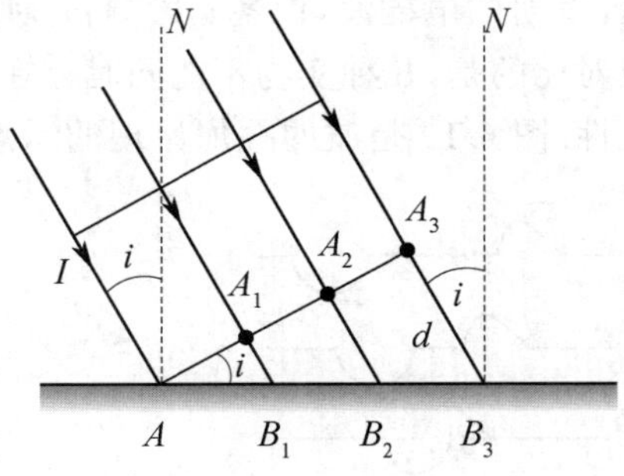


(a) 时刻 $t$　　(b) 时刻 $t+\Delta t$

**图 6-17　用惠更斯原理证明波的反射定律**

同样，可以用惠更斯原理证明波的折射定律. 与上面讨论获得反射定律相类似，仍采用作图法，先求出折射波的波前，再定出折射线的方向，如图 6-18 所示. 但必须注意，波在不同介质中传播的速度是不同的. 设 $u_1$ 和 $u_2$ 分别是波在两种介质中的波速，则在同一时间 $\Delta t$ 内，波在两种介质中通过的距离分别为 $A_3B_3=u_1\Delta t$ 和 $AB=u_2\Delta t$，因此，$\dfrac{A_3B_3}{AB}=\dfrac{u_1}{u_2}$. 从图 6-18 中可以看出，折射线、入射线和界面法线在同一平面内，$\angle A_3AB_3=i$，$\angle BB_3A=\gamma$，且 $A_3B_3=AB_3\sin i$，$AB=AB_3\sin\gamma$，因此有

$$\frac{\sin i}{\sin\gamma}=\frac{A_3B_3}{AB}=\frac{u_1}{u_2}.$$

结论与实验结果完全相同.

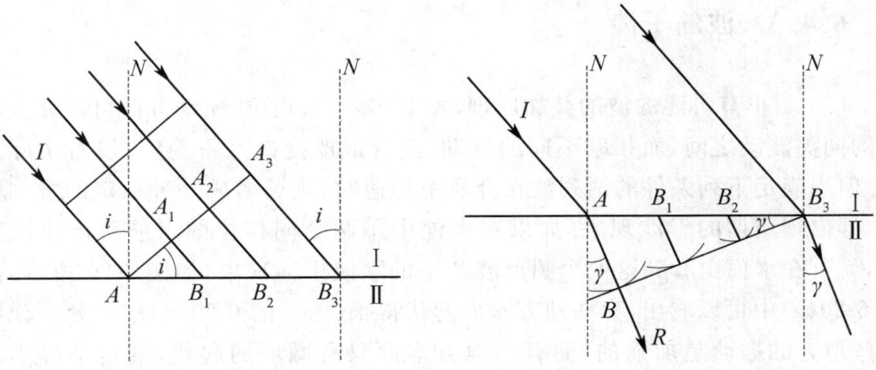


(a) 时刻 $t$　　(b) 时刻 $t+\Delta t$

**图 6-18　用惠更斯原理证明波的折射定律**

### 6.4.2　波的叠加原理

实验证明：几列波在同一介质中传播时，不论相遇与否，它们都保持原有的特性传播，并不受其他波的影响，其中质点的位移等于各波单独存在时在该

点引起的位移的矢量和，这称为**波的叠加原理**或**波传播的独立性原理**.

波的叠加原理可以从许多现象中感知到，例如，人们可以同时听见几个人讲话；同一空间能够同时容纳若干个电台发射的电磁波，而各不影响；各种场可以同时占据空间的同一位置等. 与此形成对比的是，几种实物不能同时存在于空间的同一位置. 这都反映了波传播的独立性. 图 6-19 是波的叠加原理的示意图.

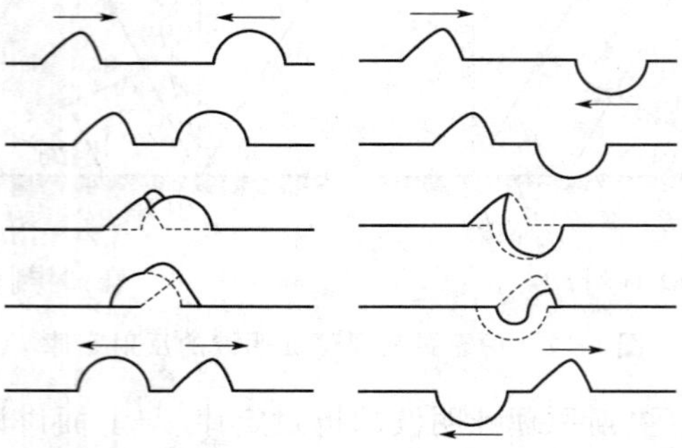

图 6-19　波叠加原理示意图

波的叠加与振动的叠加是不完全相同的. 振动的叠加仅发生在单一质点上，而波的叠加则发生在两列波相遇范围内的许多质元上，这就构成了波的叠加所特有的现象，如波的干涉现象；此外，正如任何复杂的振动可以分解为不同频率的许多简谐振动的叠加一样，任何复杂的波也都可以分解为频率或波长不同的许多平面简谐波的叠加.

需要注意的是，波的叠加原理，只对线性波动微分方程成立，对于由爆炸或高速飞行器产生的冲击波，是一种非线性波动，此时叠加原理失效.

### 6.4.3　波的干涉

波的干涉

6.4.2 小节讲述的波的叠加原理，发生在频率、相位、振动方向可以完全不同的同类波动之间，而频率不同的波动，其合成既复杂又不稳定，没有实际意义. 但当满足下列条件的两列波在介质中相遇时，则可形成一种稳定的叠加图样，即出现所谓的干涉现象. 如果在水池中用两个同相位的点波源产生圆形波，就可在水面上看到这两个圆形波产生的水波干涉现象，如图 6-20 所示. 由图 6-20(a)中可以看出，有些地方水面起伏得很厉害[图 6-20(a)中亮处]，说明这些地方的振动是加强的；而有些地方水面只有微弱的起伏，甚至平静不动[图 6-20(a)中暗处]，说明这些地方的振动是减弱的，甚至是完全抵消的. 在这两列波的相遇区域内，振动的强弱是按一定的规律分布的，如图 6-20(b)所示.

**两列波若频率相同、振动方向相同、在相遇点相位相同或相位差恒定，则在合成波场中会出现某些点的振动始终加强，另一些点的振动始终减弱(甚至完全抵消)**，这种现象称为**波的干涉**. 满足上述条件的波源称为**相干波源**，相干波源发出的波称为**相干波**.

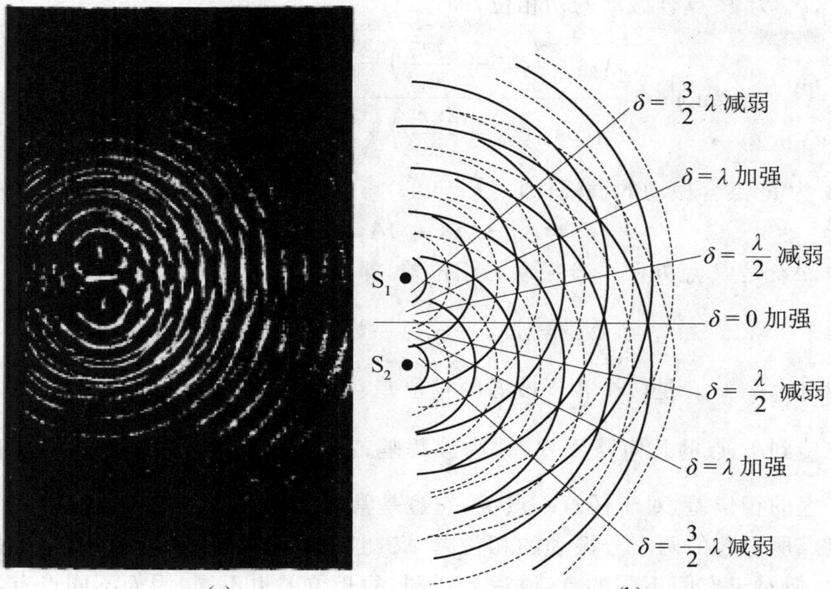


**图 6-20 水波的干涉现象**

现以两列相干波为例，定量地分析干涉现象．设有两个相干波源 $S_1$ 和 $S_2$，如图 6-21 所示，两波源的振动方程分别为

$$y_{10}=A_1\cos(\omega t+\varphi_{10}),$$
$$y_{20}=A_2\cos(\omega t+\varphi_{20}),\tag{6-37}$$

式中，$\omega$ 为角频率；$A_1$，$A_2$ 分别为两波源的振幅；$\varphi_{10}$，$\varphi_{20}$ 分别为两波源的振动初相位．

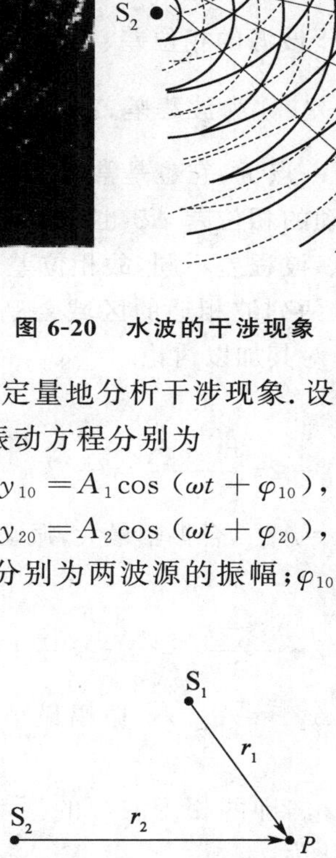


**图 6-21 两列相干波的叠加**

由这两个波源发出的两列波在同一介质中传播时相遇，先分析相遇区域中任意一点 $P$ 的振动合成结果．

这两列波各自单独传播到 $P$ 点时，在 $P$ 点引起的振动的运动方程分别为

$$y_1=A_1\cos\left(\omega t-\frac{2\pi r_1}{\lambda}+\varphi_{10}\right),$$
$$y_2=A_2\cos\left(\omega t-\frac{2\pi r_2}{\lambda}+\varphi_{20}\right).$$

上两式表明，$P$ 点同时参与两个同方向、同频率的简谐振动，那么 $P$ 点的合振动亦应为简谐振动，设合振动的运动方程为

$$y=y_1+y_2=A\cos(\omega t+\varphi_0),\tag{6-38}$$

式中，$\varphi_0$ 为 $P$ 点合振动的初相位，即

$$\tan\varphi_0=\frac{A_1\sin\left(\varphi_{10}-\frac{2\pi r_1}{\lambda}\right)+A_2\sin\left(\varphi_{20}-\frac{2\pi r_2}{\lambda}\right)}{A_1\cos\left(\varphi_{10}-\frac{2\pi r_1}{\lambda}\right)+A_2\cos\left(\varphi_{20}-\frac{2\pi r_2}{\lambda}\right)}. \tag{6-39}$$

而 $A$ 为 $P$ 点合振动的振幅，即

$$A^2=A_1^2+A_2^2+2A_1A_2\cos\Delta\varphi, \tag{6-40}$$

式中，$\Delta\varphi$ 是 $P$ 点处两个分振动的相位差，即

$$\Delta\varphi=(\varphi_{20}-\varphi_{10})-2\pi\frac{r_2-r_1}{\lambda}, \tag{6-41}$$

式中，$(\varphi_{20}-\varphi_{10})$是两个相干波源的相位差，为常量；$(r_2-r_1)$是两个波源发出的波传到 $P$ 点的几何路程差，称为**波程差**；$2\pi\frac{r_2-r_1}{\lambda}$是两列波之间因波程差而产生的相位差，对于任意一点 $P$，它也是常量. 因此，两列相干波在空间任意一定点所引起的两个分振动的相位差 $\Delta\varphi$ 也是恒定的，因而合振幅 $A$ 也是一定的. 但对于空间不同的点，波程差不同，故相位差也不同，因而不同点有不同的、恒定的合振幅. 所以，在两列波相遇的区域会呈现出振幅分布不均匀但又相对稳定的干涉图样. 下面对其加以讨论.

满足

$$\Delta\varphi=(\varphi_{20}-\varphi_{10})-2\pi\frac{r_2-r_1}{\lambda}=\pm 2k\pi \quad (k=0,1,2,\cdots) \tag{6-42}$$

的空间各点处，$A=A_1+A_2=A_{\max}$，合振幅最大，振动始终加强，称为**相干加强**.

满足

$$\Delta\varphi=(\varphi_{20}-\varphi_{10})-2\pi\frac{r_2-r_1}{\lambda}=\pm(2k+1)\pi \quad (k=0,1,2,\cdots) \tag{6-43}$$

的空间各点处，$A=|A_1-A_2|=A_{\min}$，合振幅最小，振动始终减弱，称为**相干减弱**.

进一步地讲，当 $\varphi_{10}=\varphi_{20}$，即两相干波源的振动初相位相同时，上述相干加强或相干减弱的条件简化为

$$\delta=r_2-r_1=\pm 2k\frac{\lambda}{2} \quad (k=0,1,2,\cdots)，相干加强； \tag{6-44}$$

$$\delta=r_2-r_1=\pm(2k+1)\frac{\lambda}{2} \quad (k=0,1,2,\cdots)，相干减弱. \tag{6-45}$$

式(6-44)和式(6-45)表明，当两波源同相位时，在相干区域内，波程差是半波长偶数倍的各点，其振幅最大；波程差是半波长奇数倍的各点，其振幅最小.

干涉现象是波动所独有的现象，对光学、声学都非常重要，并且具有非常广泛地实际应用，对近代物理学的发展也起着重大作用.

**例 6-7**　如图 6-22 所示，$A$，$B$ 两点有同一介质中两相干波源，波源振幅皆为 0.05 m 且不随距离发生变化，频率皆为 100 Hz，但当 $A$ 点为波峰时，$B$ 点恰为波谷. 设波速为 10 m·s$^{-1}$，试求由 $A$，$B$ 两点处波源发出的两列波传到 $P$ 点时的干涉结果.

**解**　由图 6-22 可知，$AP=15$ m，$AB=20$ m，故 $BP=\sqrt{AP^2+AB^2}=\sqrt{15^2+20^2}$ m$=25$ m. 又已知 $\nu=100$ Hz，$u=10$ m·s$^{-1}$，因此

$$\lambda=\frac{u}{\nu}=\frac{10}{100}\text{ m}=0.10\text{ m}.$$

设 $A$ 处的相位超前于 $B$ 处的相位，则 $\varphi_{B0}-\varphi_{A0}=-\pi$. 根据相位差公式(6-41)有

$$\Delta\varphi=(\varphi_{B0}-\varphi_{A0})-2\pi\frac{BP-AP}{\lambda}$$

$$=-\pi-2\pi\frac{25-15}{0.10}=-201\pi.$$

其满足相干减弱条件公式(6-45)，因此 $P$ 点振动为相干减弱，由于 $A$，$B$ 两点的振幅相同且不随距离发生变化，所以 $P$ 点的振幅为零，即 $P$ 点不发生振动.

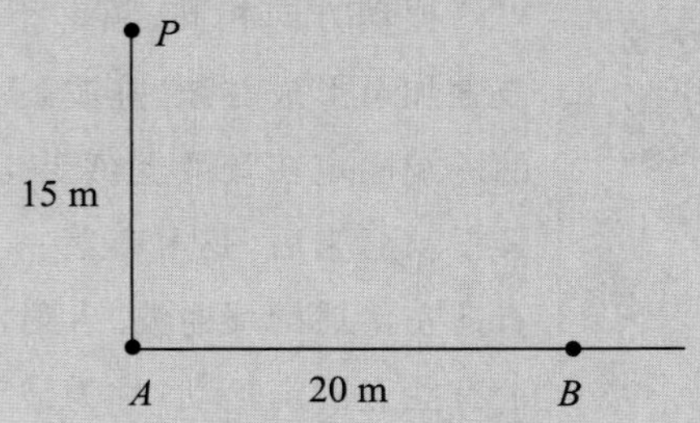


图 6-22　例 6-7 图

**例 6-8**　$A$，$B$ 处有同一介质中两相干波源，振幅相等，频率为 100 Hz，当 $B$ 点为波峰时，$A$ 点恰为波谷. 若 $A$，$B$ 两点相距 30 m，波速为 400 m·s$^{-1}$. 求 $AB$ 连线上因干涉而静止的各点位置.

**解**　如图 6-23 所示取坐标.

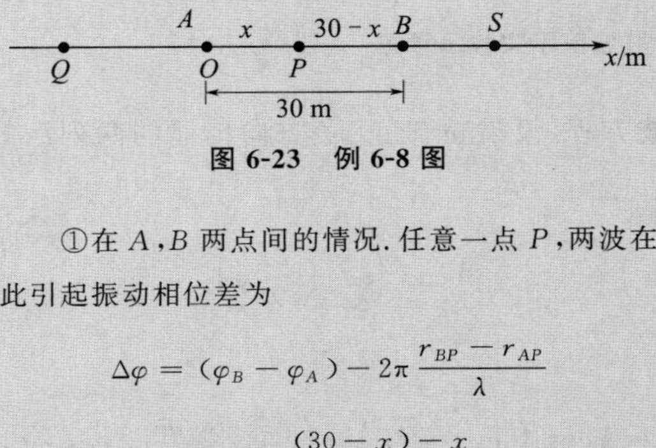


图 6-23　例 6-8 图

①在 $A$，$B$ 两点间的情况. 任意一点 $P$，两波在此引起振动相位差为

$$\Delta\varphi=(\varphi_B-\varphi_A)-2\pi\frac{r_{BP}-r_{AP}}{\lambda}$$

$$=\pi-2\pi\frac{(30-x)-x}{\lambda}$$

$$=\pi-(15-x)\pi$$

$$=-14\pi+\pi x.$$

当 $\Delta\varphi=(2k+1)\pi$ $(k=0,\pm1,\pm2,\cdots)$时，在 $A$，$B$ 两点间且距 $A$ 处波源为 $x$ 的质点由于干涉而静止(两振幅相同)，即

$$-14\pi+\pi x=(2k+1)\pi$$

$$x=2k+15\quad(k=0,\pm1,\pm2,\cdots,\pm7).$$

②在 $A$ 点左侧的情况. 对任意点 $Q$，两波源在 $Q$ 点引起振动的相位差为

$$\Delta\varphi=(\varphi_B-\varphi_A)-2\pi\frac{r_{BQ}-r_{AQ}}{\lambda}$$

$$=\pi-2\pi\frac{30}{4}=-14\pi.$$

可见，$A$ 点左侧均为干涉加强，无静止点.

③在 $B$ 点右侧的情况. 对任意点 $S$，两波源在 $S$ 点引起振动的相位差为

$$\Delta\varphi=(\varphi_B-\varphi_A)-2\pi\frac{r_{BS}-r_{AS}}{\lambda}$$

$$=\pi-2\pi\frac{-30}{4}=16\pi.$$

可见，在 $B$ 点右侧不存在因干涉而静止的点.

# 6.5 驻波

## 6.5.1 驻波方程

驻波

振动方向相同、频率相同、相位差恒定、振幅相同而传播方向相反的两列波叠加可形成**驻波**. 驻波是一种特殊的相干波. 先看一个驻波的演示实验，弦的一端固定在音叉上 $A$ 点，另一端系在砝码上使弦拉紧，如图 6-24 所示. 当音叉振动起来后，弦上产生一个从左向右传播的波，传到 $B$ 点被反射产生一个自右向左传播的反射波. 入射波与反射波叠加形成驻波. 从波形图可以看到，弦上有些点固定不动，称为**波节**. 有些点振幅最大，称为**波腹**. 相邻两波节或波腹之间的距离都是半个波长. 在频闪仪照射下还可看到，两波节之间各点的振动方向相同(相位相同)，同时到达最大位移，又同时通过平衡位置；波节两侧的振动方向相反(相位相反).

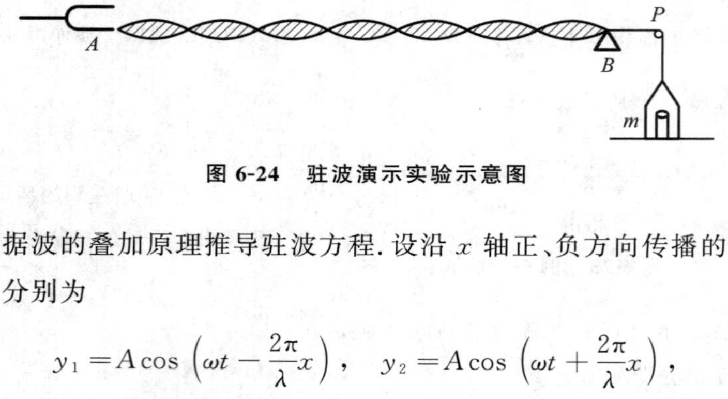


图 6-24　驻波演示实验示意图

现根据波的叠加原理推导驻波方程. 设沿 $x$ 轴正、负方向传播的两列波的波动方程分别为

$$y_1 = A\cos\left(\omega t - \frac{2\pi}{\lambda}x\right), \quad y_2 = A\cos\left(\omega t + \frac{2\pi}{\lambda}x\right),$$

则合成波的方程为

$$y = y_1 + y_2 = A\cos\left(\omega t - \frac{2\pi}{\lambda}x\right) + A\cos\left(\omega t + \frac{2\pi}{\lambda}x\right) = \left(2A\cos\frac{2\pi}{\lambda}x\right)\cos\omega t, \tag{6-46}$$

这就是驻波方程，其中，$\cos\omega t$ 表示谐振动，而 $\left|2A\cos\frac{2\pi}{\lambda}x\right|$ 即为谐振动的振幅. 式(6-46)中 $x$ 与 $t$ 被分割在两个余弦函数中，这说明此函数不满足行波方程，因此它不表示行波，它只表示各质点都在做与原频率相同的简谐振动，但各质点的振幅随位置的不同而变化. 图 6-25 画出了不同时刻的入射波、反射波和合成波的波形图，图中实线表示合成波.

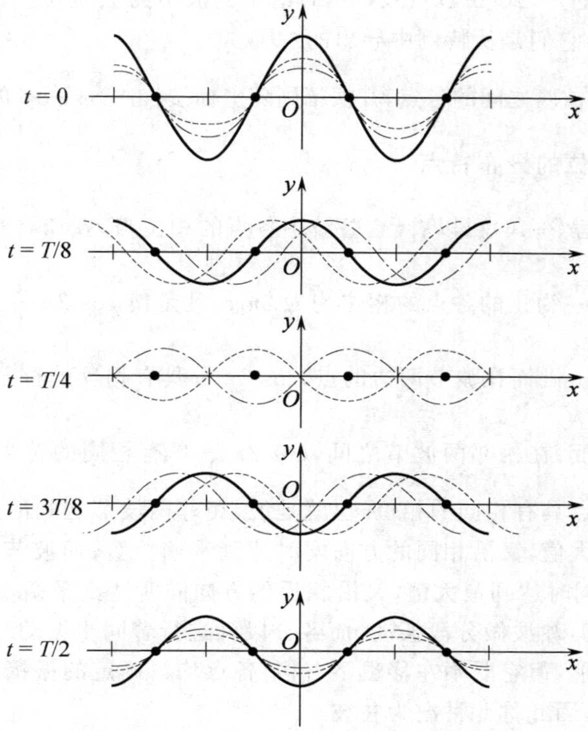


图 6-25　驻波的形成

### 6.5.2　驻波的特点

**1. 波腹与波节　驻波振幅分布特点**

由图 6-24 可以看出，波线上有些点始终不动(振幅为零)，称为**波节**；而有些点的振幅始终具有极大值，称为**波腹**.

由驻波方程可知，使 $\left|\cos\dfrac{2\pi}{\lambda}x\right|=0$，即 $\dfrac{2\pi x}{\lambda}=(2k+1)\dfrac{\pi}{2}$ 的各点为波节的位置，因此有波节的坐标为

$$x=(2k+1)\frac{\lambda}{4}(k=0,\pm1,\pm2,\cdots). \tag{6-47}$$

同理，使 $\left|\cos\dfrac{2\pi}{\lambda}x\right|=1$，即 $\dfrac{2\pi x}{\lambda}=k\pi$ 的各点为波腹的位置，因此有波腹的坐标为

$$x=k\frac{\lambda}{2}(k=0,\pm1,\pm2,\cdots). \tag{6-48}$$

由式(6-47)、式(6-48)可以看出，相邻的两个波节或两个波腹之间的距离都是 $\dfrac{\lambda}{2}$，而相邻的波节和波腹之间的距离为 $\dfrac{\lambda}{4}$.

需要指出的是，式(6-47)、式(6-48)给出的波节与波腹位置的结论并不具有普遍性，因为它们是从特例中导出的.

介于波节、波腹之间的各点，其振幅则随坐标按 $\left|2A\cos\frac{2\pi}{\lambda}x\right|$ 的规律变化.

**2. 驻波相位的分布特点**

由驻波方程(6-46)可以看出，驻波中各点的相位与 $\cos 2\pi\frac{x}{\lambda}$ 的正负有关，凡是使 $\cos 2\pi\frac{x}{\lambda}$ 为正的各点的相位均为 $2\pi\nu t$，凡是使 $\cos 2\pi\frac{x}{\lambda}$ 为负的各点的相位均为 $2\pi\nu t+\pi$. 而在波节两边的点，$\cos 2\pi\frac{x}{\lambda}$ 具有相反的符号，因此波节两边的点相位相反；在相邻两波节之间，$\cos 2\pi\frac{x}{\lambda}$ 具有相同的符号，因此相邻两波节之间的各点具有相同的相位. 也就是说，相邻两波节之间的点沿相同的方向同时达到最大值，又沿相同的方向同时达到平衡位置；而波节两边的点总是沿相反的方向同时达到最大值，又沿相反的方向同时达到平衡位置，如图 6-25 所示. 由此可见，驻波做分段振动，而各分段又进行着同步振动. 每时每刻驻波都有一定的波形，但它既不左移也不右移，各点均以确定的振幅在各自的平衡位置附近振动，因此称此种波为驻波.

**3. 驻波能量**

因为驻波可以看作是由同振动方向、同振动频率、同振幅而传播方向相反的两列波叠加产生的，所以可以简单推得两列波的能流密度大小相等但符号相反，驻波的总能流为零. 因此在驻波中没有能量的传播，也没有相位的传播，驻波是一种特殊形式的波动.

### 6.5.3 半波损失

现在把注意力集中在两种介质的界面处. 实验发现，在界面处有时形成波节，有时形成波腹，那么规律是什么？

理论和实验都表明，这一切取决于界面两边介质的**相对波阻**.

设介质的密度为 $\rho$，波速为 $u$. 定义 $\rho u$ 为介质的波阻，相对波阻较大的称为**波密介质**，相对波阻较小的介质称为**波疏介质**. 实验表明：当波从波疏介质入射而从波密介质上反射时，界面处形成波节；当波从波密介质入射而从波疏介质上反射时，界面处形成波腹.

如果在界面处形成波节，说明界面处反射波与入射波的相位始终相反，或者说反射波与入射波相位差为 $\pi$，相当于损失了半个波，故称为**半波损失**. 从上面的讨论可知，半波损失产生的条件：当波从波疏介质传到波密介质的界面处反射时，反射波有半波损失；对于机械波，还必须是正入射.

如果在界面处形成波腹，则说明界面处反射波与入射波的相位始终相同，反射波没有半波损失. 当波从波密介质传到波疏介质的界面处反射时，反射波没有半波损失.

## 6.6　多普勒效应　冲击波

多普勒

因波源或观察者相对于介质运动，而使观测频率与波源频率产生变化的现象，称为**多普勒效应**. 当火车鸣笛疾驰而过时，在铁道附近的人会听到火车驶来时鸣笛声音调高昂，这说明人耳所接收的声波的频率较高；而当火车离去时，鸣笛声音调低沉，这说明人耳所接收的声波的频率较低. 实际上火车鸣笛的音调(频率)并没改变，但人耳听到的鸣笛声的音调(频率)却发生了变化. 这就是由声波的多普勒效应引起的现象.

为简单起见，设波源或观察者的运动方向均在波线方向上，同时规定：波源相对于介质的速率 $v_S$ 以指向观察者为正方向；观察者相对于介质的速率 $v_B$ 以指向波源为正方向；而波在介质中的传播速率 $u$ 沿波线方向，即背离波源的方向为 $u$ 的正方向. 对一定介质中传播的弹性波，其速率 $u$ 是常数，而与波源及观察者的运动无关.

这里有必要再强调说明以下几个频率的概念：

(1)波源的频率 $f_S$，指波源在单位时间发出的完整波的数目；

(2)观察者接收到的频率 $f_B$，指观察者在单位时间内接收到的完整波的数目；

(3)波的频率 $f$，指单位时间内，通过介质某点的完整波的数目，它满足 $f=\dfrac{u}{\lambda}$ 的关系.

只有当波源、观察者相对于介质静止时，$f=f_S=f_B$. 因此，多普勒效应主要针对下面三种情况.

### 6.6.1　波源不动，观察者相对于介质运动 ($v_S=0, v_B\neq 0$)

设观察者向着波源运动，即 $v_B>0$，则波相对于观察者的速率为 $u'=u+v_B$，在不涉及相对论效应时，有 $\lambda'=\lambda$，所以单位时间内，观察者收到的完整波形的数目，也就是观察者实际接收到的波的频率为

$$f_B=\frac{u'}{\lambda}=\frac{u+v_B}{uT}=\frac{u+v_B}{u}f=\left(1+\frac{v_B}{u}\right)f>f. \tag{6-49}$$

式(6-49)表明，当波源不动，观察者向波源运动时，观察者测得波的频率增高到原来的 $\left(1+\dfrac{v_B}{u}\right)$ 倍，即 $f_B>f$；反之，当观察者远离波源时，观察者测得波的频率降低到原来的 $\left(1-\dfrac{v_B}{u}\right)$，即 $f_B<f$.

### 6.6.2 观察者不动,波源相对于介质运动($v_S \neq 0, v_B = 0$)

如图 6-26 所示,假设波源向观察者运动($v_S>0$). 因为波在介质中的传播速率 $u$ 只取决于介质的性质,而与波源和介质的相对运动无关,它是一个常数,所以在一个周期内,波源发出的波向前传播了一个波长的距离 $\lambda=uT$,而在此时间间隔内波源运动了 $v_S T$ 的距离,波源从 $S$ 点运动到 $S'$点,结果使一个完整的波形被压缩到 $S'O$ 之间,这相当于波长减小为 $\lambda'=\lambda-v_S T$. 因此,单位时间内,观察者收到的完整波形的数目,也就是观察者实际接收到的波的频率为

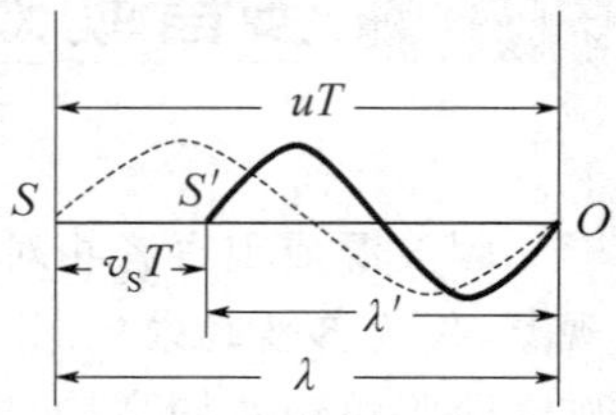

图 6-26 波源向观察者运动

$$f_B=\frac{u}{\lambda'}=\frac{u}{\lambda-v_S T}=\frac{u}{uT-v_S T}=\frac{u}{u-v_S}f>f. \tag{6-50}$$

式(6-50)表明,当波源向着观察者运动时,观察者接收到的频率比波源的振动频率高;反之,当波源远离观察者时,观察者接收到的频率比波源的振动频率低(此时 $v_S$ 应取负值).

### 6.6.3 波源与观察者相对于介质同时运动($v_S\neq 0, v_B\neq 0$)

根据上面的讨论可知,当观察者相对于介质以 $v_B$ 运动时,对观察者而言,相当于波的速率为 $u'=u+v_B$;而波源相对于介质以 $v_S$ 运动时,相当于波长变为 $\lambda'=\lambda-v_S T$. 综合这两个结果,当波源与观察者同时运动时,观察者接收到的波的频率为

$$f_B=\frac{u'}{\lambda'}=\frac{u+v_B}{\lambda-v_S T}=\frac{u+v_B}{uT-v_S T}=\frac{u+v_B}{u-v_S}f. \tag{6-51}$$

综上所述,当波源与观察者相接近时,观察者接收到的波的频率就大于波源的振动频率;而当波源与观察者相远离时,观察者接收到的波的频率就小于波源的振动频率.

多普勒效应是一切波动过程的共同特征,因此多普勒效应在许多领域都有着重要的应用.

**例 6-9** 一固定的超声波源发出频率为 100 kHz 的超声波. 一汽车向超声波源迎面驶来,在超声波源处接收到从汽车反射回来的超声波,从测频装置中测出为 110 kHz,设空气中的声速为 330 m · s$^{-1}$,试计算汽车的行驶速度.

**解** 汽车相对于空气以速度 $v_S$ 趋近超声波源. 当超声波源发出的超声波到达汽车时,汽车是运动的接收器. 当超声波从汽车上反射时,汽车又是以 $v_S$ 运动的声源,因此在固定装置中接收到的反射波频率由式(6-51)可知

$$f_B=\frac{u+v_S}{u-v_S}f,$$

解得

$$v_S=\frac{f_B-f}{f_B+f}u=\frac{110-100}{110+100}\times 330\ \text{m}\cdot\text{s}^{-1}$$
$$=15.7\ \text{m}\cdot\text{s}^{-1}.$$

### *6.6.4　冲击波

如果波源向着观察者运动的速度大于波速(即 $v_S>u$)，那么式(6-51)将失去意义. 实际上，在这种情况下，急速运动的波源前方是不可能有任何波动产生的，所有的波前将被挤压而聚集在一个圆锥面上，如图 6-27 所示，在这个圆锥面上，由于波的能量被高度集中，容易造成巨大的破坏，因此这种波动称为**冲击波**或**激波**. 冲击波的圆锥形包迹面也称**马赫锥**，其半顶角 $\alpha$(马赫角)为

$$\sin\alpha=\frac{u}{v_S}. \tag{6-52}$$

在波速 $u$ 一定时，随着 $v_S$ 的增大，马赫角将越来越小，马赫锥将越来越尖锐. 若这个冲击波是声波，则当运动物体通过之后我们才能听到其声音. 例如，当超声速战斗机飞过人们头上后，人们才能听到剧烈的轰鸣声.

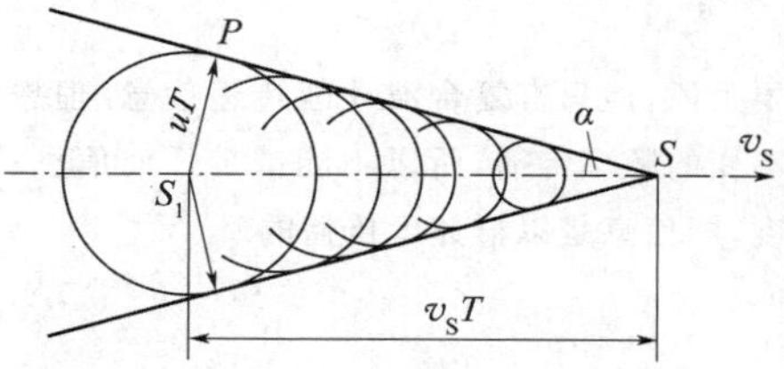


图 6-27　冲击波的产生

当带电粒子在介质中以超过光速(小于真空中光速 $c$)运动时，就会激发锥形的电磁辐射，这种辐射称为**切连科夫辐射**.

## *6.7　色散　波包　群速度

### 6.7.1　色散

当不同频率的波在同一介质中传播时，波速相同，这种介质称为**无色散介质**. 但在有些介质中，波的传播速度与频率有关，即不同频率的波在同一介质中传播时，波速不同，这种介质称为**色散介质**. 例如，深水域里的水面波，其波速 $u=\sqrt{\frac{g\lambda}{2\pi}}$，即波速与波长或频率有关，这时的水介质即为色散介质，相应的水面波称为**色散波**.

### 6.7.2　波包

与振动的叠加类似，在无色散介质中，几个频率相同、振动方向相同的简谐波叠加后，合成波仍然是简谐波. 但是，即使在无色散介质中，不同频率的简谐波叠加后合成的波就不再是简谐波，而是比较复杂的复合波，在复合波中波列的振幅随质元位置 $x$ 时大时小地变

化，显现为一团一团地移动，故称为**波群**或**波包**，如图 6-28 所示.

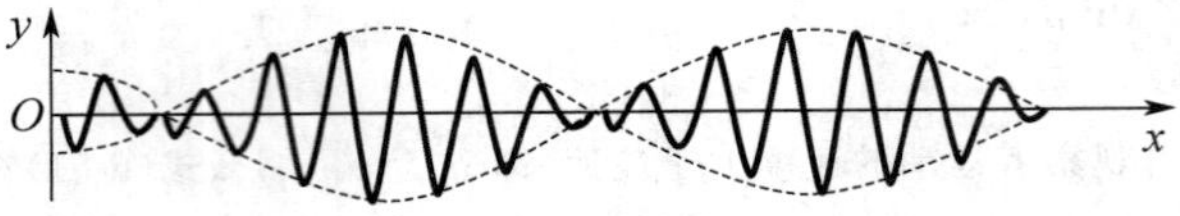


图 6-28 波包

### 6.7.3 群速度

如果两列频率相近的简谐波在介质中叠加，就会形成如图 6-28 所示的波包. 在图 6-28 中可以看出，合成波显现为一个波包一个波包地向前传播，图 6-28 中的包迹线（即虚线）就是波包的形状. 这时在介质中有两种传播速度，一种是简谐波的传播速度，即**相速度**；一种是波包的传播速度，称为**群速度**. 在无色散介质中，群速度与相速度相等；而在色散介质中，这两种速度不相等.

波是传播信息的重要手段，但只有复合波才能传递信息. 理想的简谐波在无限长的时间内始终以同一振幅和不变的频率传播，所以不能携带任何信息；而复合波中信息传递的速度就是波包的移动速度，即信息是以群速度传播的.

## *6.8 非线性波 孤波

非线性波就是由非线性方程所描述的波. 和所有非线性现象一样，非线性波也不遵从叠加原理. 非线性波的传播速度不仅与介质的性质有关，还与质点的振动状态有关.

### 6.8.1 非线性效应对波动的影响

一般认为介质是理想的弹性介质，即认为介质中的回复力始终是线性的，得到的介质波的动力学方程就是线性的. 线性方程的解就是线性波，这种波在介质中的传播只与介质的性质有关，而与介质内各处质点振动的振幅和振动速度无关.

但是，实际介质都具有非线性因素. 不过在振幅较小时，非线性项很小，它的影响可以忽略，这时的波动方程可以用线性波动方程近似；但在振幅较大时，介质中的非线性项就不能忽略了，这时的波动方程就是非线性的了. 其实，一般地讨论非线性波动方程的解几乎是不可能的，因此，只能粗略地介绍在计入非线性因素后对波动的影响.

非线性效应最突出的影响就是导致波动叠加原理的失效. 例如，同时平行向前传播的两个频率的声波，因为非线性效应，则会出现组合频率的声波；计入非线性效应的结果，使得介质中各点的波速不尽相同，这时波速不仅与介质有关，还与介质中各个质点的位移有关，即位移大处的波速与位移小处的波速不同，位移为正处的波速与位移为负处的波速不同；介质中各点的波速不同又导致波形在传播中发生畸变，如果原来是正弦波，由于非线性因素所致，在传播一段距离后，则可能变成非正弦波，也就是说，由原来单一频率的波变成了含有各个高次频率的复合波.

### 6.8.2　孤波

如果介质既是色散的，又是非线性的，那么在色散效应和非线性效应的共同作用下可能出现一种特殊的波，这种波称为**孤波**，又称**孤立波**.

最早发现孤波的是英国的造船工程师斯科特·罗素. 1834 年，他正骑着马沿运河行走，发现当河内一只船突然停止时，它的前方水面形成了一个光滑而且轮廓清晰的孤立波峰沿河道向前推行，孤波高度为 1 英尺(1 英尺＝0.304 8 m)到 1.5 英尺，长约 30 英尺，前进速度为每小时八至九英里(1 英里＝1 609.344 m)，在传播过程中孤波形状保持不变，速度不减，直到河道转弯处才消失. 他后来在浅水中做实验也激起了这种孤波.

1895 年，数学家科特维格与德弗里斯导出了著名的浅水波的 KdV 方程，才使孤波得到稳定解. 该方程为

$$\frac{\partial y}{\partial t}-6y\frac{\partial y}{\partial x}+\frac{\partial^3 y}{\partial x^3}=0. \tag{6-53}$$

式(6-53)为浅水波的动力学方程，其中的第二项为非线性项，这种非线性作用使得波包的能量重新分配，从而使频率扩展，坐标空间收缩，使波包前沿不断变陡，达到某个临界点时开始破碎，这正是海滩上向海岸滚滚而来的水波最终会破碎的原因；方程的第三项为色散项，它导致波包的群速度与波长有关，使波包逐渐展平、展宽，能量逐渐弥散，最后消失.

由此可见，非线性效应和色散效应都是波包形成的原因，但两者的作用正好相反，只有波包具有稳定的形状和速度，两种效应正好相互抵消，才能形成以恒定速度传播的稳定的波包，这就是孤波. 所以，孤波是色散效应和非线性效应达到平衡时的产物.

近年来，在各种不同学科领域中，都出现有类似孤波的运动形态. 大至宇宙中的涡旋星云，小到微观的基本粒子，在一定程度上都有孤波的性质. 如激光在介质中的自聚焦和在光纤中的传播，等离子体中的声波和电磁波，流体中的涡旋，晶体中的错位，超导中的磁通量等. 另外，孤波在技术上也得到了应用，例如，光纤孤子通信已成为世界各国研究的热门课题.

## 本章提要

(1)平面简谐波的波动方程.

①波动方程：$y=A\cos\left[\omega\left(t\mp\frac{x}{u}\right)+\varphi_0\right]$.

②各量关系：$\lambda=uT=\frac{u}{\nu}$.

(2)波动的能量.

①平均能量密度：$\bar{w}=\frac{1}{2}\rho A^2\omega^2$.

②波强(平均能流密度)：$\boldsymbol{I}=\frac{1}{2}\rho\omega^2A^2\boldsymbol{u}$.

(3)波的叠加和干涉.

①惠更斯原理:波动传播到的各点都可以看作发射子波的新波源,任意时刻,这些子波的包迹就是新的波阵面.

②叠加原理:几列波在同一介质中传播并相遇时,各列波均保持原来的特性(频率、波长、振动方向、传播方向)传播,在相遇点各质点的振动是各列波单独到达的振动的合成.

③波的干涉:一种稳定的叠加图像.

相干条件:两列波频率相同、振动方向相同、在相遇点有恒定的相位差.

干涉相干加强与减弱的条件:

$$\Delta\varphi = \varphi_{20} - \varphi_{10} - 2\pi\frac{r_2 - r_1}{\lambda} = \pm 2k\pi (k = 0,1,2,\cdots),\text{相干加强};$$

$$\Delta\varphi = \varphi_{20} - \varphi_{10} - 2\pi\frac{r_2 - r_1}{\lambda} = \pm (2k+1)\pi (k = 0,1,2,\cdots),\text{相干减弱}.$$

④驻波:两列振幅相同、相对传播的相干波在介质中叠加后形成的稳定的分段振动形式.

波节与波腹:相邻两波节(腹)间距为 $\lambda/2$;相邻波节和波腹之间的距离为 $\lambda/4$;相邻两波节间各质点的振幅随 $x$ 按余弦函数规律变化.

相位分布特点:相邻两波节之间所有质点振动相位相同,并同步振动;任意波节两侧的质点振动相位相反,相差为 $\pi$.

半波损失:波动在反射时发生 $\pi$ 的相位突变的现象,条件是正入射,且由波疏介质入射到波密介质上反射;当有半波损失时,界面一定形成波节.

## 习题

**6-1** 选择题.

(1)已知某平面简谐波的波函数为 $y = 0.1\cos\left[\frac{\pi}{2}\left(t - \frac{x}{10}\right) + \frac{\pi}{2}\right]$ (SI),则该平面简谐波的传播速度为(　　).

(A) $2\ \text{m}\cdot\text{s}^{-1}$　　(B) $5\ \text{m}\cdot\text{s}^{-1}$

(C) $10\ \text{m}\cdot\text{s}^{-1}$　　(D) $20\ \text{m}\cdot\text{s}^{-1}$

(2)机械波的表达式为 $y = 0.03\cos 6p(t + 0.01x)$ (SI),则下列表述中正确的是(　　).

(A) 其振幅为 3 m

(B) 其周期为 $\frac{1}{3}$ s

(C) 其波速为 $10\ \text{m}\cdot\text{s}^{-1}$

(D) 波沿 $x$ 轴正方向传播

(3)一频率为 100 Hz、传播速度为 $300\ \text{m}\cdot\text{s}^{-1}$ 的平面简谐波,波线上距离小于波长的两点振动相位差为 $\frac{1}{3}\pi$,则此两点间的距离为(　　).

(A) 2.86 m　　(B) 2.19 m

(C) 0.5 m　　(D) 0.25 m

(4)当一横波沿绳传播时,波动方程为 $y = 0.05\cos(4\pi x - 10\pi t)$ (SI),则下列表述中正确的是(　　).

(A) 波长为 0.5 m　　(B)波速为 $5\ \text{m}\cdot\text{s}^{-1}$

(C) 波速为 $25\ \text{m}\cdot\text{s}^{-1}$　　(D)频率为 2 Hz

(5)一横波在沿绳传播时的波动方程为 $y = 0.20\cos(2.50\pi t - \pi x)$ (SI),则绳上质点振动时的最大速度为(　　).

(A) $0.25\ \text{m}\cdot\text{s}^{-1}$　　(B) $1.57\ \text{m}\cdot\text{s}^{-1}$

(C) $2.50\ \text{m}\cdot\text{s}^{-1}$　　(D) $12.32\ \text{m}\cdot\text{s}^{-1}$

(6)一平面简谐波在弹性介质中传播,在某一瞬时,介质中某质元正处于平衡位置,此时它的能量是(　　).

(A) 动能为零,势能最大

(B) 动能为零,势能为零

(C) 动能最大,势能最大

(D) 动能最大,势能为零

(7)关于半波损失,以下说法中错误的是(　　).

(A) 在反射波中总会产生半波损失

(B) 在折射波中总不会产生半波损失

(C) 只有当波从波疏介质向波密介质入射时,反射波中才产生半波损失

(D) 半波损失的实质是振动相位突变了 $\pi$

**6-2**　填空题.

(1)产生机械波的必要条件是________.

(2)若按波的传播方向与质元的振动方向间的关系来划分,波动可分为________.

(3)一声波在空气中的波长是 0.25 m,传播速度是 340 $\mathrm{m \cdot s^{-1}}$,当它进入另一介质时,波长变成了 0.37 m,它在该介质中的传播速度为________.

(4)一平面简谐波的波长为 10 m,沿 $x$ 轴正方向传播,在同一波线上有 $A$,$B$ 两点,位置分别为 $x_A = 5$ m,$x_B = 10$ m,则 $A$,$B$ 两点间的相位差为________.

(5)一平面简谐机械波在介质中传播时,若一介质质元在平衡位置处的动能为 100 J,则该介质质元在平衡位置处的振动势能为________.

**6-3**　什么是波动?振动与波动有什么区别和联系?

**6-4**　为了描述一波动,要写出它的波动方程,在波动方程中,所选择的坐标系的原点一定要放在波源处吗?

**6-5**　关于波长的概念有三种说法,试分析它们是否等价.(1)相邻振幅一致的两点间的距离;(2)相位差为 $2\pi$ 的两点间的距离;(3)在一个周期内,相位传播的距离.

**6-6**　机械波的波长、频率、周期和波速四个物理量中,(1)在同一介质中传播时,哪些量是不变的?(2)当波从一种介质进入另一种介质中时,哪些量是不变的?

**6-7**　试判断下面几种说法中哪些是正确的,哪些是错误的.

(1)机械振动一定能产生机械波;

(2)质点振动的速度与波的传播速度相等;

(3)质点的振动周期和波的传播周期相等.

**6-8**　波动的能量与哪些物理量有关?比较波动的能量与简谐振动的能量.

**6-9**　波的干涉的产生条件是什么?

**6-10**　一横波沿绳子传播,其波动的表达式为 $y = 0.05\cos(100\pi t - 2\pi x)$ (SI),求:

(1)此波的振幅、波速、频率和波长;

(2)绳子上各质点的最大振动速度和最大振动加速度;

(3)$x_1 = 0.2$ m 处和 $x_2 = 0.7$ m 处两质点间的振动相位差.

**6-11**　某质点做简谐振动,周期为 2 s,振幅为 0.06 m.当 $t=0$ 时,质点恰好处在负向最大位移处,求:

(1)当以该质点的平衡位置为坐标原点时,该质点的运动方程;

(2)当此振动以波速 $u = 2\ \mathrm{m \cdot s^{-1}}$ 沿 $x$ 轴正方向传播时,形成的一维简谐波的波动表达式;

(3)该波的波长.

**6-12**　一平面简谐波,其振动周期为 $T = \dfrac{1}{2}$ s,波长 $l=10$ m,振幅 $A=0.1$ m.当 $t=0$ 时,波源振动的位移恰好在 $\dfrac{A}{2}$ 处且向正方向运动,以波源位置为坐标原点,波沿 $x$ 轴正方向传播,求:

(1) 此波的波函数;

(2)当 $t_1 = \dfrac{T}{4}$ 时,$x_1 = \dfrac{\lambda}{4}$ 处质点的位移;

(3)当 $t_2 = \dfrac{T}{2}$ 时,$x_2 = \dfrac{\lambda}{4}$ 处质点的振动速度.

**6-13**　一平面波的波源做振幅为 0.1 m 的简谐振动,周期为 0.02 s,若该振动以 $u = 100\ \mathrm{m \cdot s^{-1}}$ 的速度沿 $x$ 轴正方向传播,已知当 $t=0$ 时,波源处的质点经平衡位置向 $y$ 轴正方向运动.求:(1)波动方程;(2)距波源 5 m 处质点的运动方程和初相位;(3)距波源分别为 16 m 和 17 m 的两质点间的相位差.

**6-14** 如题 6-14 图所示，一平面简谐波在介质中以波速 $u=20\ \text{m}\cdot\text{s}^{-1}$ 沿 $x$ 轴正方向传播，已知 $A$ 点的运动方程为 $y=3\times10^{-2}\cos\left(4\pi t+\frac{\pi}{2}\right)$ (SI). 求：

(1)以 $A$ 点为坐标原点，写出波动方程；

(2)$A$,$B$ 两点间的相位差.

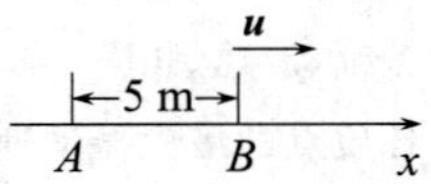


题 6-14 图

**6-15** 一平面简谐波沿 $x$ 轴正方向传播，波长 $l=4$ m，周期 $T=4$ s，已知 $x=0$ 处质点的振动曲线如题 6-15 图所示.

(1)写出 $x=0$ 处质点的运动方程；

(2)写出波动方程；

(3)画出当 $t=1$ s 时的波形曲线.

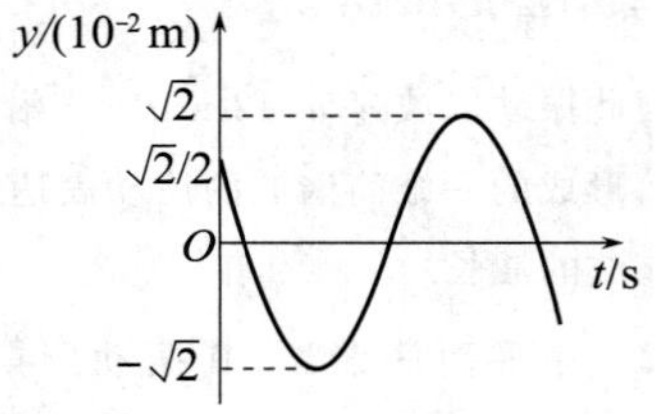


题 6-15 图

**6-16** 相干波源 $S_1$ 和 $S_2$，相距 11 m，$S_1$ 的相位比 $S_2$ 超前 $\frac{\pi}{2}$，这两个相干波在 $S_1$，$S_2$ 连线和延长线上传播时可看成两等幅的平面余弦波，它们的频率都等于 100 Hz，波速都等于 $400\ \text{m}\cdot\text{s}^{-1}$. 求在 $S_1$，$S_2$ 的连线中垂线上因干涉而静止不动的各点位置.

**6-17** 用多普勒效应来测量心脏壁的运动速度. 现以 5 MHz 的超声波直射心脏壁，测出接收与发出的波的频率差为 500 Hz. 已知声波在软组织中的速度为 $1\,500\ \text{m}\cdot\text{s}^{-1}$，求此时心脏壁的运动速度.

第 7 章

# 气体动理论

经验告诉我们，有一类现象中，物体的状态或物理性质的变化，总是与物体冷热程度变化密切相关的. 例如，物体的热胀冷缩、固液气各种状态的相互转换、软钢经加热迅速冷却会提高其硬度等. 通常用温度表示物体的冷热程度，而把与温度有关的物理性质及状态的变化称为热现象. 研究热现象的理论统称为热学，它是物理学的一个重要组成部分.

人们对热现象的认识，经历了漫长的岁月. 18 世纪以后，不少人认为物体中都含有一种能从高温物体流向低温物体的“热质”，而把温度看成体现物体中含有“热质”多少的量. 后来人们发现这种看法与实际不符，例如，它不能解释为什么通过摩擦而并未注入什么“热质”，却可以提高两个互相摩擦物体的温度等. 直到物体的分子结构学说建立以后，人们才逐渐意识到热现象是物体中分子热运动的表现. 19 世纪中期以后，为了改进热机的设计、提高热机的效率，人们对当时用作热机的工作物质——气体的性质进行了广泛的研究. 气体动理论就是围绕气体性质的研究发展起来的.

任何物体都是由大量微观粒子(分子、原子等)组成的. 通常把描写这些微观粒子特征的物理量(如质量、速度、能量等)称为微观量，而把描写宏观物体特性的物理量(如压强、温度、体积、内能等)称为宏观量. 显然，宏观量都是可以通过实验观测得到的物理量. 从微观上看，物体内部的微观粒子都在永不停息地做无规则运动，这种运动常称为分子热运动. 就物体中单个粒子来说，由于受到其他粒子的复杂作用，其运动状态瞬息万变，显得杂乱无章而具有很大的偶然性. 但在总体上，大量粒子的热运动却遵循着确定的规律，这种大量偶然事件的总体所具有的规律称为统计规律. 由于热现象是大量微观粒子热运动的集体表现，所以它服从统计规律，描写物体的宏观量与描写其中粒子的微观量之间，也存在着必然的联系. 正是基于这些特点，热运动才成为区别于其他运动形式的一种基本运动形式.

热学中包含两种不同的理论. 由微观和实验总结归纳的有关热现象的规律，构成热学的宏观理论，称为热力学. 从分子、原子等微观粒子的运动和它们之间的相互作用出发，研究热现象的统计规律，则构成热学的微观理论，称为统计物理学. 气体动理论是统计物理学的组成部分. 它是从气体微观结构的理想模型出发，运用统计平均方法研究气体在平衡状态下的性质以及由非平衡状态向平衡状态的转变过程等问题.

# 7.1 平衡态 气体的状态参量 理想气体物态方程

## 7.1.1 平衡态

热学把大量微观粒子组成的宏观物体作为它的研究对象，这样的研究对象称为**热力学系统**，简称**系统**. 系统以外的物质称为**外界**或**系统所处的环境**. 例如，把一个气缸内的气体作为研究对象，则该气体即为研究的系统，而气缸周围的物质就是外界，气缸壁可看作系统和外界之间的边界. 一个热力学系统的热现象规律，不仅和系统本身有关，也和外界有关. 一般来说，系统和外界之间既有能量交换(如热量的传递)，又有物质交换(如粒子的扩散). 按照系统和外界的交换特点，通常把系统分为孤立系统、封闭系统和开放系统. 其中，**孤立系统**是与外界既没有物质交换，也没有能量交换的理想系统；**封闭系统**与外界有能量交换，但没有物质交换；**开放系统**与外界既有能量交换，又有物质交换.

通常说来，热力学系统中大量的粒子不停地做无规则的热运动，它们的速度、位置和能量可能随时在变化着，但在适当条件下，有些宏观性质(如温度、体积、压强等)是可以稳定不变的. 例如，使两个温度不同的铜棒与外界隔热并互相接触，热的铜棒渐渐变凉，而冷的铜棒渐渐变热，经过一段时间后，两根铜棒达到均匀稳定的温度. 再看另外一个例子，将一个铜棒的一端插入沸腾的水中，另一端插入冰水混合物中，经过一段时间后，铜棒的冷热程度虽然随位置不同逐渐由冷变热，但是各处的冷热程度不随时间而变化.

以上两个系统所处的状态均称为**稳定态**，但它们仍存在区别：前一个系统处在平衡态，而后一个系统处在非平衡态. 我们规定：**在不受外界影响的条件下，系统的宏观性质不随时间改变的状态称为平衡态.**

由于气体中有热运动存在，所以气体的平衡态是动态平衡，即气体分子的热运动是永不停息的，通过气体分子的热运动和相互碰撞，气体在宏观上表现为性质不随时间变化的平衡态.

平衡态是一个理想化模型，现实世界中很难找到一个不受外界影响的系统.

## 7.1.2 气体的状态参量

以含有大量粒子的热力学系统作为研究对象，并从宏观上来描述和研究系统的状态或热学现象时，可以不考虑系统中每个粒子的情况，而使用一些宏观的物理量来描述系统的状态，这些物理量称为**状态参量**. 因为处于平衡态的系统不再发生宏观性质的变化，所以状态参量只用于描述平衡态.

一般来说，为了详尽地描述物体的状态，常用几何参量、力学参量、化学参量和电磁参量来描述系统的状态.

对于一定量的气体(气体质量 $m$ 确定,气体摩尔质量 $M$ 也确定),常用气体所占的体积 $V$、气体的压强 $p$ 和气体的温度 $T$ 或 $t$ 三个状态参量来描述处于平衡态的系统.

**1. 体积**

体积是气体所能够到达的全部空间,而非气体全部分子的体积和. 由于气体分子间作用力很小,气体分子彼此间距离很大,运动中又频繁受到容器壁和其他分子的冲撞,因此气体分子将在整个空间到处运动,可以占据它所能够到达的全部空间. 实际上,气体所占的体积即为容器容积. 气体体积的 SI 单位为 $m^3$(立方米),有时也用 L(升)作为单位,换算关系为

$$1\ \mathrm{m}^3 = 10^3\ \mathrm{L}.$$

**2. 压强**

压强是大量气体在碰撞容器壁时对单位面积的容器壁产生的垂直作用力. 由于气体分子在容器内不断运动,经常碰撞容器壁,大量气体分子撞击容器壁的宏观效果就是对容器壁产生压力,且压力方向垂直于容器壁. 设总压力为 $F$,容器壁的总面积为 $S$,则气体压强为

$$p = \frac{F}{S}.$$

压强的 SI 单位是帕斯卡,简称 Pa(帕),有时也用 atm(大气压强)作为单位. 换算关系为

$$1\ \mathrm{atm} = 1.013\ 25 \times 10^5\ \mathrm{Pa}.$$

**3. 温度**

温度是表示物体冷热程度的物理量. 冷热是人们对自然界的一种体验,是对物质世界的直接感觉. 但是如果单凭人的感觉,认为热的系统温度高,冷的系统温度低,这不但不能定量表示出系统的温度,有时还会得出错误的结论. 因此,要定量表示出系统的温度,必须给温度下一个严格而科学的定义. 温度概念的建立需以热平衡为基础,并且,为了说明温度的测量标准和测量方法,还需要引入热力学第零定律.

奇妙的低温世界

假设有 A,B 两个系统,各自处在一个平衡态. 现使 A,B 两个系统相互接触,让两系统之间发生传热. 一般来说,两个系统的状态都会发生变化. 经过一段时间后,当两个系统的状态不再发生变化时,它们就处在一个新的共同平衡态. 此时,即使把两系统分开,它们将仍然保持这个平衡态.

再考虑由 A,B,C 表示的三个系统(见图 7-1),把 A,B 两个系统分隔开,并让它们分别与 C 系统接触. 若 A,B 两个系统都分别与 C 系统达到热平衡状态,那么 A,B 两个系统互相接触后状态将不再发生变化,即 A、B 两个系统之间也达到了热平衡.

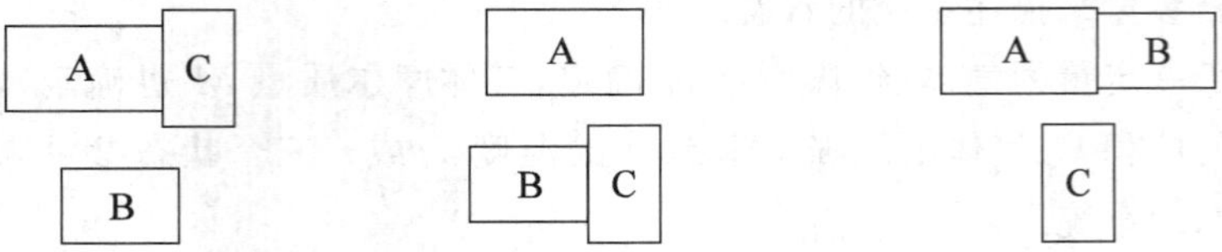


图 7-1　热力学第零定律

实验结果表明：**如果两个热力学系统中的每一个系统都与第三个热力学系统处于热平衡，则它们彼此之间也必定处于热平衡. 这一结论称为热力学第零定律.**

通过热力学第零定律可以看出，彼此处于热平衡的系统必定拥有一个共同的宏观物理性质. 若两个系统的这一共同性质相同，则当两个系统热接触时，系统之间将不会有热传递，即两个系统彼此处于热平衡；若两个系统的这一共同性质不相同，则当两个系统热接触时就会有热传递，彼此的热平衡就会发生变化. 这个宏观的物理性质就称为系统的温度. 也就是说，温度是决定一个系统是否与其他系统处于热平衡的宏观性质. 当 A，B 两个系统热接触时，如果彼此处于热平衡，则说明两个系统温度相同；如果发生 A 系统到 B 系统的热传导，则说明 A 系统的温度比 B 系统的高；反之，则说明 B 系统的温度比 A 系统的高. 因此，一切彼此处于热平衡的系统都具有相同的温度.

实验表明，当几个系统作为一个整体处于热平衡时，若将它们分离开，在没有其他影响的情况下，则各个系统的热平衡不会发生变化. 这说明各个系统在热平衡时的温度仅决定于系统本身内部的热运动状态. 实际上，从微观上来讲，温度表征物体内大量分子热运动的剧烈程度. 分子运动越快，物体越热，即温度越高；分子运动越慢，物体越冷，即温度越低. 值得注意的是，少数几个分子，甚至是一个分子构成的系统，由于缺乏统计的数量要求，是没有温度的意义的.

同时，热力学第零定律也给出了温度的比较和测量方法：可以使用一个带有数值的“标尺”来与其他物体接触，在达到热平衡后，“标尺”上的数值就反映出待测物体所处的热平衡的性质，也就是物体的温度. 这个“标尺”就是温标. 温标规定了温度的零点和测量温度的基本单位. 目前，国际上用得较多的温标有摄氏温标(℃)、华氏温标(℉)和热力学温标(K).

肥皂泡为什么总是先上升后下降?

低温技术的发展

摄氏温标是常用温标，是用液体（酒精或水银）作为测温物质，用液柱高度随温度变化作为测温特性的温标. 它规定：在标准大气压(1 atm)下，冰水混合物的温度为 0 ℃，水的沸点为 100 ℃，中间划分为 100 等份，每等份为 1 ℃. 摄氏温标确定的温度用符号 $t$ 表示.

华氏温标则规定：在标准大气压下，冰的熔点为 32 ℉，水的沸点为 212 ℉，中间有 180 等份，每等份为 1 ℉(1 华氏度). 华氏温标确定的温度用符号 $t_F$ 表示，华氏度和摄氏度的换算关系为

$$t_F = \frac{9}{5}t + 32.$$

热力学温标又称为开尔文温标，它与测温物质的性质无关，因而是一种基本的科学温标. 热力学温标是用一种理想气体来确立的，它的零点被称为**绝对零度**. 热力学温标确定的温度用符号 $T$ 表示，它和摄氏温标的换算关系为

$$T = t + 273.15.$$

近似计算时，也可取 $T = t + 273$.

### 7.1.3　理想气体物态方程

实验表明，当系统处于热平衡时，描述该状态的各个状态参量之间存在一定的函数关系. **把热平衡下的各个状态参量之间的关系式称为系统的物态方程**. 物态方程的具体形式是由实验来确定的. 例如，实验测定，在压强不太大(与大气压相比)、温度不太低(与室温相比)的条件下，各种气体都遵守三大实验定律：玻意耳定律、查理定律和盖-吕萨克定律. 并且定义：**在任何情况下都能够严格遵循上述三大实验定律的气体称为理想气体**.

三大实验定律描述如下.

**玻意耳定律**：一定质量的某种气体，在温度不变的情况下，压强与体积成反比，即 $pV = C$($m$ 与 $T$ 不变，$C$ 为常数).

**查理定律**：一定质量的某种气体，当其体积一定时，它的压强与热力学温度成正比，即$\frac{p}{T} = C$ ($m$ 与 $V$ 不变，$C$ 为常数).

**盖-吕萨克定律**：一定质量的某种气体，当其压强一定时，它的体积与热力学温度成正比，即$\frac{V}{T} = C$ ($m$ 与 $p$ 不变，$C$ 为常数).

由气体的三大实验定律得到一定质量的理想气体物态方程为

$$pV = \frac{m}{M}RT = \nu RT. \tag{7-1}$$

式(7-1)中，$p$，$V$，$T$ 为理想气体在某一平衡态下的 3 个状态参量；$m$ 为气体的质量；$M$ 为气体的摩尔质量；$\nu$ 为气体物质的量；$R$ 为普适气体常量，在国际单位制中

$$R = 8.31\ \mathrm{J \cdot mol^{-1} \cdot K^{-1}}.$$

在常温、常压下，实际气体都可近似地当作理想气体来处理. 压强越低，温度越高，这种近似的准确度越高.

在现代工程技术和科学研究中，经常需要处理在高压或低温条件下的气体问题. 因此，在应用理想气体物态方程时，必须考虑到真实气体的特征并予以必要的修正.

# 7.2 物质的微观模型 统计规律性

热力学系统是由大量分子、原子等微观粒子组成的，要想推导出系统的宏观状态参量（如压强、温度等）与这些微观粒子运动的关系，应首先明确平衡态下理想气体分子的模型和性质.

## 7.2.1 分子的线度和分子力

### 1. 分子的线度

虽然用肉眼不能直接观察到气体、液体和固体这些物质的内部结构，但借助于近代实验仪器和实验方法，能够观察到气体、液体和固体这些物质是由大量的分子组成的. 实验表明，任何一种物质，每 1 mol 所含有的分子（或原子）数目均相等，这个数称为**阿伏伽德罗常数**，用符号 $N_A$ 表示，有

$$N_A = 6.022\ 136\ 7 \times 10^{23}\ \text{mol}^{-1}.$$

可见，气体、液体和固体内分子的数目是很多的. 在通常情况下，单位体积内分子的数目也是多得惊人. 把单位体积内的分子数称为**分子数密度**，用符号 $n$ 表示. 例如，实验可测得，在通常温度和压强下，氮气的分子数密度 $n \approx 2.47 \times 10^{19}\ \text{cm}^{-3}$，水的分子数密度 $n \approx 3.3 \times 10^{22}\ \text{cm}^{-3}$，铜的分子数密度 $n \approx 7.3 \times 10^{22}\ \text{cm}^{-3}$.

已知分子有单原子分子（如 He）、双原子分子（如 $O_2$）、多原子分子（如 $CO_2$，$CH_4$），甚至还有千万个原子构成的高分子（如聚丙烯）. 不同结构的分子，其体积是不一样的. 下面以氧气分子为例进行讨论.

实验表明，在标准状态下，气体分子间的距离约为分子直径的 10 倍. 于是在标准状态下的气体中，每个氧气分子占有的体积 $V$ 约为氧气分子本身体积的 1 000 倍. 换句话说，在标准状态下容器中的气体分子可以看成大小可略去不计的质点. 应该指出，随着气体压强的增加，分子间的距离变小，但在不太大的压强下，每个分子占有的体积仍比分子本身的体积要大得多.

### 2. 分子力

固体和液体的分子之所以会聚集在一起而不分散开，是因为分子之间有相互吸引力. 例如，当切削一块金属或锯开一段木材时都必须用力，要使钢材发生形变也需要用力. 这都说明物体各部分之间存在着相互吸引力. 分子之间不仅表现有吸引力，而且也表现有排斥力，液体和固体都很难压缩，这就说明分子之间有排斥力，阻止它们相互靠拢.

图 7-2 为分子力 $F$ 与分子间距离 $r$ 的关系曲线. 从图上可以看出，当分子之间的距离 $r < r_0$（$r_0$ 约为 $10^{-10}$ m）时，分子力主要表现为斥力，并且随 $r$ 的减

小，斥力急剧增大. 当 $r=r_0$ 时，分子力为零. 当 $r>r_0$ 时，分子力主要表现为引力. 当 $r$ 继续增大到大于 $10^{-9}$ m 时，分子间的作用力就可以忽略不计了. 可见，分子力的作用范围是极小的，分子力属于短程力. 气体在低压情况下，其分子之间的作用力可以不考虑.

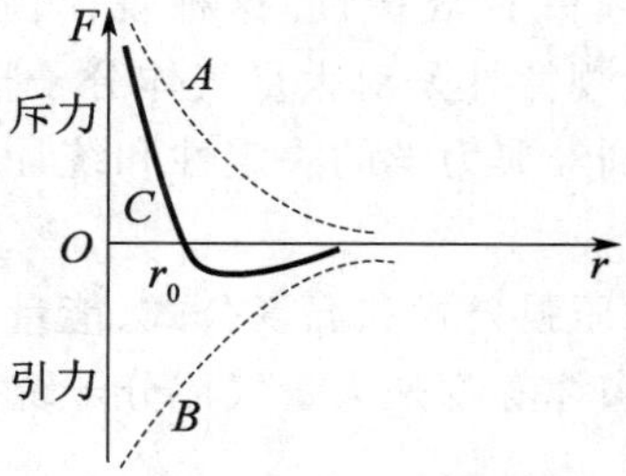


**图 7-2　$F$-$r$ 关系曲线**

### 7.2.2　分子热运动的无序性及统计规律性

由 7.2.1 小节叙述可知，一切宏观物体都是由大量分子组成的，分子之间有作用力，同时大量实验事实还表明，这些分子都在不停地做无规则热运动.

布朗运动是表现分子做无规则热运动的典型例子. 在显微镜下观察悬浮在水中的藤黄粉、花粉微粒，或在无风情况下观察空气中的烟粒、尘埃时，都会看到悬浮微粒在不停地做无规则运动，这就是**布朗运动**. 做布朗运动的粒子非常微小，直径约 $10^{-7}$～$10^{-5}$ m. 其周围气体或液体分子不停地做无规则运动，不断撞击微粒. 因为悬浮的微粒足够小，所以受到的来自各个方向的气体或液体分子的撞击作用是不平衡的. 在某一瞬间，微粒在某个方向受到的撞击作用强，致使微粒向这个方向的反方向运动. 这样，就引起了微粒的布朗运动.

应当指出，物质内的分子在分子力的作用下倾向于聚集在一起，形成有序排列，而分子的热运动则要使分子尽量散开. 这样一来，物质内的分子究竟是聚集还是散开，起决定作用的就是它所处环境的温度和压强. 由于环境的差异，物质会形成气体、液体、固体以及等离子态等不同的集合状态.

由于物质中分子数目巨大，因此分子在热运动中发生相互碰撞是极其频繁的. 对气体来说，在通常温度和压强下，一个分子在 1 s 的时间里大约要经历 $10^9$ 次碰撞. 在这样频繁的碰撞下，分子的速度不断变化，导致分子间的能量频繁进行交换，从而使气体内各部分分子的平均速率趋于相同，气体内各部分的温度、压强趋于相等，从而达到平衡态. 所以说，无序性是气体分子热运动的基本特征.

从经典力学的观点来看，虽然每个气体分子的运动都是遵循牛顿运动定律的，但是由分子之间极其频繁而又无法预测的碰撞所导致的分子运动的无序性，使得气体分子在某一时刻位于容器中哪一位置、具有什么速度都有一定的偶然性，这是不是说分子的运动状态就无规律性可言了呢？仔细考察一下就可以发现，当气体处于平衡态时，尽管个别分子的运动状态具有偶然性，但大量分子的整体表现却是有规律的. 例如，大量气体分子在平衡态时，容器中各处的温度、密度、压强都是均匀分布的. 就像向空中抛掷一枚硬币，硬币落下后，哪面朝上是偶然的，但如果扔的次数足够多(想象一下分子数目的数量级)，就会发现正面朝上和背面朝上的次数是一样的. 这表明，在大量的偶然、无序的分子运动中，包含着一种规律性. 这种规律性来自大量偶然事件的集合，称为**统计规律性**. 统计规律性是对大量气体分子整体而言的. 总之，在研究气体分子的行为时，应做到经典力学的决定性和统计力学的概率性统一，二者缺一不可.

本章所讨论的气体的压强公式和温度公式、能量均分定理、麦克斯韦速率分布律、玻尔兹曼能量分布律等都是大量气体分子统计规律性的表现.

## 7.3 理想气体的压强公式

容器中气体分子的数目是很多的. 虽然每个分子的尺寸和质量都很小，但是分子在容器中还是要占有一定体积的. 此外，分子除与容器壁碰撞时受到力的作用外，分子间还有相互作用力，而且这些相互作用力是十分复杂的. 可以认为气体中每个分子都遵循经典力学定律，那么要完整地描述大量分子所组成系统的行为，就必须同时建立和求解这些分子所遵循的力学方程. 由于方程的数量如此多，而且分子间相互作用力又如此复杂，因此同时建立和求解这么多的方程显然是不现实和不可能的，而且也无助于说明大量分子集体的宏观性质. 然而，大量分子在做热运动时具有一种有别于力学规律的统计规律性，因此可以用统计的方法求出与大量分子运动有关的一些物理量的平均值，如平均能量、平均速度、平均碰撞次数等，从而就能对与大量气体分子热运动相联系的宏观现象作出微观解释. 理想气体的压强公式是应用统计方法讨论的第一个问题.

### 7.3.1 理想气体的微观模型

从气体的动理论来看，理想气体是一种最简单的气体，可以建立如下理想气体的分子模型.

(1)分子本身的大小与分子间平均距离相比可以忽略不计，分子间的平均距离很大，分子可以看成质点.

(2)除碰撞的瞬间外，分子间的相互作用力可忽略不计. 因此在两次碰撞之间，分子的运动可当作匀速直线运动.

(3)气体分子间的碰撞以及气体分子与器壁间的碰撞可看作完全弹性碰撞.

综上所述，理想气体的分子模型是弹性的、自由运动的质点.

下面以理想气体的微观模型为对象，运用牛顿运动定律，采取求平均值的统计方法来推导出理想气体的压强公式.

### 7.3.2 理想气体压强公式的推导

压强是如何产生的？

如果自然界在进化时让人们的耳朵不是像今天这样迟钝，而是灵敏到可以听到每一个分子对耳鼓膜的撞击声，那么人们可能会不断地听到大气分子对耳鼓膜的轰鸣声. 大量气体分子的撞击形成了对耳鼓膜的压强，有时人们可以真实地感觉到这一压强的存在.

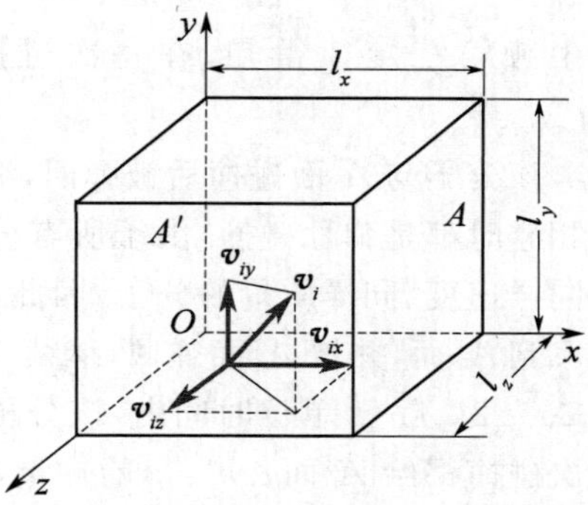

图 7-3 理想气体压强公式的推导

如图 7-3 所示，找到一个简单的长方形容器，并建立坐标系. 容器三边长分别为 $l_x, l_y, l_z$. 容器里面充满了气体分子，大量分子在运动时撞击容器壁就形成了对容器壁的压强. 设容器内的分子数密度为 $n$，每个分子的质量为 $m'$.

现在，从容器内的所有气体分子当中挑出一个分子 $i$，假设可以跟踪它，那就来计算一下这个分子对容器壁的撞击力度，最后再计算所有分子对容器壁的压强. 假设某时，此分子的速度为 $\boldsymbol{v}_i$，对三个坐标轴的投影分别是 $v_{ix}$，$v_{iy}, v_{iz}$.

虽然每个气体分子的运动是随机的，不同分子速度的方向、大小都不相同，但是大量分子的平均速度就有统计规律性. 已知，平衡态的气体各部分的密度都是相同的，也就是说，容器内的气体单位体积内的分子数是相同的. 因此，可以推断，平衡态的气体，其大量分子沿各个方向运动的机会是均等的，分子的速度在各个方向的分量平均值也应该是相等的. 否则，如果沿某个方向运动的分子较多，则该方向的分子数密度就要比其他方向的大.

把所有分子的速度都向直角坐标系三个坐标轴投影后，由于分子的速度沿 6 个方向(包含三个坐标轴的正向和负向)的速度平均值相同，因此得到大量分子沿坐标轴的速度分量的平均值为

$$\bar{v}_x = \bar{v}_y = \bar{v}_z = 0.$$

大量分子沿坐标轴的速度分量平均值为零，那么速度分量二次方的平均值是否也为零呢？答案当然是否定的，因为相反两个方向的速度分量取二次方后，它们的和是沿一个方向速度二次方值的两倍. 因此得到速度分量二次方平均值之间的关系为

$$\overline{v_x^2} = \overline{v_y^2} = \overline{v_z^2}.$$

且大量分子的速度二次方平均值为

$$\overline{v^2} = \overline{v_x^2} + \overline{v_y^2} + \overline{v_z^2},$$

因此有

$$\overline{v_x^2}=\overline{v_y^2}=\overline{v_z^2}=\frac{1}{3}\overline{v^2}. \tag{7-2}$$

现在来研究速度为 $\boldsymbol{v}_i$ 的那个分子，当它在运动中撞到与 $x$ 轴垂直的$A$ 面时，由于碰撞是弹性的，因此它沿 $x$ 轴方向的速度分量由 $v_{ix}$ 变成$-v_{ix}$. 所以，碰撞过程中 $A$ 面给该分子的冲量为

$$\Delta p_x = m'(-v_{ix})-m'v_{ix}=-2m'v_{ix}.$$

由牛顿第三定律得知，在每次碰撞时该分子给容器壁 $A$ 面的冲量即为 $2m'v_{ix}$.

该分子与 $A$ 面碰撞后被弹回，继续做匀速直线运动，运动过程中与其他分子相碰时都是弹性碰撞. 由于所有分子质量相同，碰撞时速度交换，可继续跟踪同样速度、同样质量的分子，因此，可以等效地看成该分子直接沿 $x$ 轴负方向飞到$A'$面，并被$A'$面弹回，继续飞向 $A$ 面. 前后两次碰撞 $A$ 面的时间间隔为 $\Delta t=2l_x/v_{ix}$. 单位时间内，该分子和 $A$ 碰撞的次数为 $1/\Delta t=v_{ix}/2l_x$，并且每次碰撞都给 $A$ 面 $2m'v_{ix}$ 的冲量，因此，单位时间内，该分子给 $A$ 面的总冲量，也就是对 $A$ 面的平均作用力为

$$\overline{F}_{ix}=2m'v_{ix}\frac{v_{ix}}{2l_x}.$$

所有分子对 $A$ 面的平均作用力，即为每个分子对 $A$ 面的平均作用力的总和

$$\sum\overline{F}_{ix}=\frac{m'}{l_x}\sum v_{ix}^2=\frac{m'}{l_x}N\overline{v_x^2},$$

式中，$N$ 表示容器内所有分子的数目，用分子数密度 $n$ 可以表示成 $N=nV$. 由压强定义得

$$p=\frac{\sum\overline{F}_x}{l_yl_z}=\frac{m}{l_xl_yl_z}N\overline{v_x^2}=\frac{m'}{V}N\overline{v_x^2}=m'n\overline{v_x^2}.$$

从式(7-2)中得到 $\overline{v_x^2}=\frac{1}{3}\overline{v^2}$，代入上式中，最终得到理想气体的压强公式为

$$p=\frac{1}{3}m'n\overline{v^2}. \tag{7-3}$$

新引入一个物理量 $\bar{\varepsilon}_{kt}$，用来表示分子的平均平动动能，有

$$\bar{\varepsilon}_{kt}=\frac{1}{2}m'\overline{v^2}.$$

因此，理想气体的压强公式也可以表示为

$$p=\frac{2}{3}n\bar{\varepsilon}_{kt}. \tag{7-4}$$

式(7-3)和式(7-4)都可称为**理想气体的压强公式**，它表明理想气体的压强与单位体积内的分子数 $n$ 和分子平均平动动能 $\bar{\varepsilon}_{kt}$ 成正比(即与分子速度二次方的平均值 $\overline{v^2}$ 成正比). 分子数密度越大、平均平动动能越大，压强越大. 如果是多种理想气体混合而得的气体，其压强就为各组成部分的分压强之和.

# 7.4 理想气体的温度公式

## 7.4.1　理想气体温度公式的推导

温度是表示物体冷热程度的宏观物理量，而从微观上来讲，温度又表示物体内大量分子热运动的剧烈程度. 下面将借助理想气体压强公式来推导温度和气体分子微观物理量之间的关系.

有质量为 $m$ 的理想气体，其体积为 $V$，总分子数目为 $N$，分子摩尔质量为 $M$，根据式(7-1)可知理想气体物态方程为

$$pV=\frac{m}{M}RT=\nu RT.$$

改写一下，可以得到

$$p=\frac{m}{MV}RT. \tag{7-5}$$

使用阿伏伽德罗常数 $N_A$ 和气体分子质量 $m'$，可以把气体的总质量和摩尔质量分别写为

$$m=Nm',$$
$$M=N_A m'.$$

代入改写后的物态方程(7-5)，有

$$p=\frac{Nm'}{N_A m' V}RT=\frac{N}{N_A V}RT=n\frac{R}{N_A}T. \tag{7-6}$$

取 $\frac{R}{N_A}=k$，$k$ 称为**玻尔兹曼常量**，是统计物理学中常用的一个数值，它的取值为

$$k=1.38\times10^{-23}\ \mathrm{J\cdot K^{-1}}.$$

于是式(7-6)可写成

$$p=nkT. \tag{7-7}$$

把式(7-7)与理想气体压强公式(7-4)做比较，可得

$$\frac{2}{3}n\bar{\varepsilon}_{kt}=nkT,$$

即

$$\bar{\varepsilon}_{kt}=\frac{3}{2}kT. \tag{7-8}$$

这就是理想气体分子的平均平动动能与温度的关系式，称为**温度公式**或**能量公式**. 如同压强公式一样，它也是气体动力理论的基本公式之一. 由式(7-8)可见，处于平衡态时的理想气体，其分子的平均平动动能与气体的温度成正比. 气体的温度越高，分子的平均平动动能越大；而分子平均平动动能越大，就说

理想气体的温度和统计解释

明分子热运动的程度越剧烈. 因此,可以说温度是表征大量分子热运动激烈程度的宏观物理量,它是大量分子热运动的集体表现. 如同压强一样,温度也是一个统计量. 对极少数分子来说,讨论它们的温度是没有意义的.

### 7.4.2 气体分子的方均根速率

根据理想气体分子的平均平动动能与温度的关系式(7-8),可以求出在一定温度下,某种气体分子速度二次方的平均值. 把这个平均值开方,得到的速率称为气体分子的**方均根速率**.

由

$$\bar{\varepsilon}_{\mathrm{kt}}=\frac{1}{2}m'\overline{v^2}=\frac{3}{2}kT,$$

得到

$$\overline{v^2}=\frac{3}{m'}kT.$$

方均根速率为

$$\sqrt{\overline{v^2}}=\sqrt{\frac{3kT}{m'}}. \tag{7-9}$$

又根据玻尔兹曼常量的定义

$$k=\frac{R}{N_{\mathrm{A}}},$$

方均根速率还可写成

$$\sqrt{\overline{v^2}}=\sqrt{\frac{3kT}{m'}}=\sqrt{\frac{3RT}{m'N_{\mathrm{A}}}}=\sqrt{\frac{3RT}{M}}. \tag{7-10}$$

由式(7-10)可以看出,方均根速率和气体的温度成正比,和气体的摩尔质量成反比. 同一温度下,气体分子的摩尔质量越大,方均根速率就越小. 值得注意的是,当温度相同时,气体的方均根速率虽然不相等,但是各种气体分子的平均平动动能相同.

**例 7-1** 已知容积为 $2\times10^{-3}$ m$^3$ 的容器里有 1 mol 处于平衡态的理想气体,当该气体温度为 27 ℃时,试求该气体的压强与其分子的平均平动动能.

**解** 根据理想气体物态方程 $pV=\nu RT$ 有

$$p=\frac{\nu RT}{V}=\frac{1\times8.31\times(273+27)}{2\times10^{-3}}\ \mathrm{Pa}$$

$$=1.25\times10^{6}\ \mathrm{Pa}.$$

又根据温度和理想气体分子平均平动动能之间的关系,有

$$\bar{\varepsilon}_{\mathrm{kt}}=\frac{3}{2}kT=\frac{3}{2}\times1.38\times10^{-23}\times(273+27)\ \mathrm{J}$$

$$=6.21\times10^{-21}\ \mathrm{J}.$$

另外,此题也可以先计算出容器内气体的分子数 $n=\frac{\nu N_{\mathrm{A}}}{V}$,再用压强公式 $p=\frac{2}{3}n\bar{\varepsilon}_{\mathrm{kt}}$ 计算气体压强.

**例 7-2**　试求 0 ℃时，处于平衡态的氢气和氧气的分子的平均平动动能和方均根速率.

**解**　平衡态下的理想气体的分子平均平动动能只与温度有关，因此，氢气分子和氧气分子的平均平动动能均为

$$\bar{\varepsilon}_{kt}=\frac{3}{2}kT=\frac{3}{2}\times 1.38\times 10^{-23}\times(273+0)\ \mathrm{J}$$
$$=5.65\times 10^{-21}\ \mathrm{J}.$$

氢气分子的方均根速率为

$$\sqrt{\overline{v^2_{H_2}}}=\sqrt{\frac{3RT}{M}}=\sqrt{\frac{3\times 8.31\times 273}{2\times 10^{-3}}}\ \mathrm{m\cdot s^{-1}}$$
$$=1\ 845\ \mathrm{m\cdot s^{-1}};$$

氧气分子的方均根速率为

$$\sqrt{\overline{v^2_{O_2}}}=\sqrt{\frac{3RT}{M}}=\sqrt{\frac{3\times 8.31\times 273}{32\times 10^{-3}}}\ \mathrm{m\cdot s^{-1}}$$
$$=461\ \mathrm{m\cdot s^{-1}}.$$

## 7.5 能量均分定理　理想气体的内能

在 7.1～7.4 节的学习中，把理想气体分子视为质点，只考虑它的平动. 实际上，除了单原子气体分子可视为质点外，由两个或两个以上的原子组成的气体分子，其结构就比较复杂了，除了有平动，还有转动、分子内原子的振动等运动. 分子热运动的能量应该把这些运动的能量都包括在内. 为了说明分子无规则运动的能量所遵从的统计规律，首先需要考虑分子的结构，因此，下面将引入分子的自由度概念.

能量均分定理

### 7.5.1　自由度

完全确定一个物体的空间位置所需要的独立坐标数目，称为这个物体的**自由度**. 下面来讨论气体分子的自由度.

气体分子按照结构可分：单原子气体分子[见图 7-4(a)]，如氦、氖、氩等气体分子；双原子气体分子[见图 7-4(b)]，如氢、氧、氮等气体分子；以及多原子气体分子[见图 7-4(c)]，如水蒸气、甲烷等气体分子. 若分子内原子间的相对位置保持不变，则这种气体分子称为**刚性分子**，否则称为**非刚性分子**. 下面只讨论刚性分子的自由度.

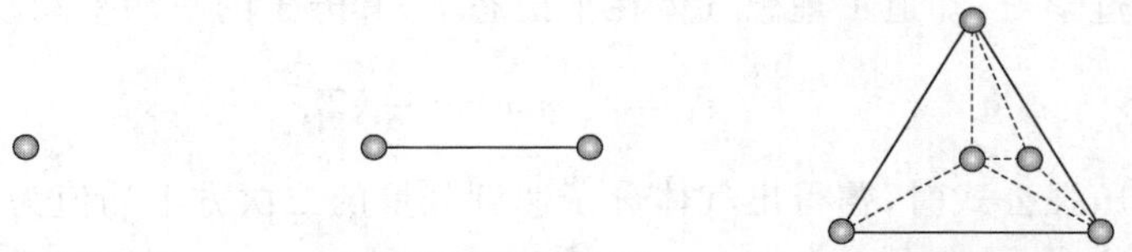

(a) 单原子气体分子　(b) 双原子气体分子　(c) 多原子气体分子

**图 7-4　单原子气体分子、双原子气体分子和多原子气体分子**

单原子气体分子可视为质点，在空间自由运动的质点有 3 个平动自由度，所以单原子气体分子的自由度是 3.

刚性双原子气体分子，因为分子间的相对距离不变，可视为由距离固定的两个质点组成的刚体. 其质心位置需要用 3 个独立坐标确定，因此具有 3 个平动自由度. 此外，还需要两个方位角确定两个质点绕质心转动的角度，如图 7-5 所示. 而由于两个原子均视为质点，因此绕它们连线的转动不存在，所以刚性双原子气体分子除了平动自由度外，还需要加上 2 个转动自由度，一共有 5 个自由度.

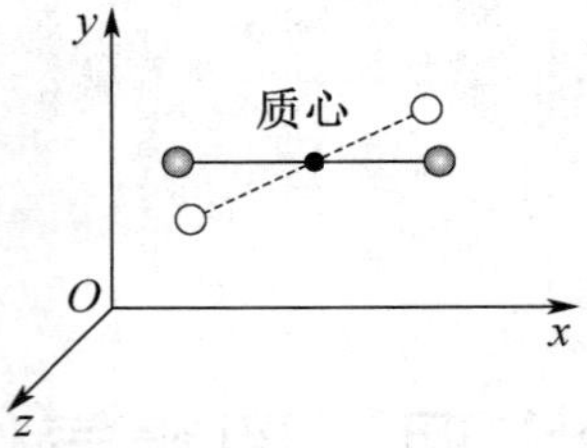


图 7-5　刚性双原子气体分子的自由度

刚性多原子气体分子，可视为由几个质点组成的有固定结构的刚体. 同刚性双原子气体分子一样，确定其质心位置需要用 3 个平动自由度，确定过质心的转轴位置需要 2 个转动自由度. 此外，刚性多原子气体分子还要增加 1 个绕该转轴转动的自由度，如图 7-6 所示. 因此，刚性多原子气体分子一共有 6 个自由度.

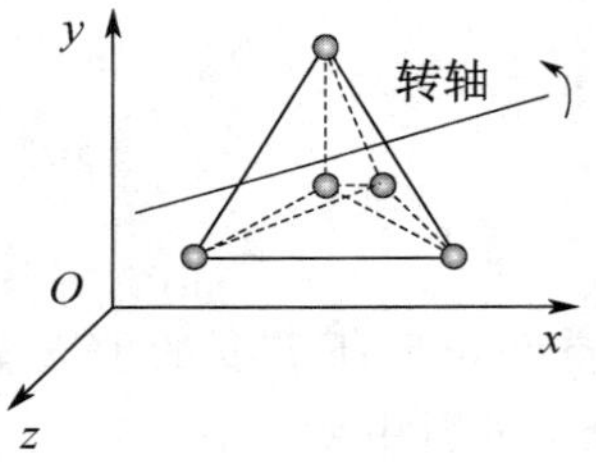


图 7-6　刚性多原子气体分子的自由度

### 7.5.2　能量均分定理

通过学习，知道了理想气体在平衡态下，其分子的平均平动动能为

$$\bar{\varepsilon}_{\mathrm{kt}}=\frac{1}{2}m'\overline{v^2}=\frac{3}{2}kT.$$

在推导压强公式时，曾得出气体分子速度分量的二次方平均值为

$$\overline{v_x^2}=\overline{v_y^2}=\overline{v_z^2}=\frac{1}{3}\overline{v^2}.$$

因此，气体分子的平均平动动能又可写为

$$\bar{\varepsilon}_{\mathrm{kt}}=\frac{1}{2}m'\overline{v^2}=\frac{1}{2}m'(\overline{v_x^2}+\overline{v_y^2}+\overline{v_z^2})=\frac{3}{2}kT.$$

可得出

$$\frac{1}{2}m'\overline{v_x^2}=\frac{1}{2}m'\overline{v_y^2}=\frac{1}{2}m'\overline{v_z^2}=\frac{1}{2}kT.$$

也就是说，在平衡态下，理想气体分子平动的每一个独立的速度二次方项所对应的平均平动动能均为$\frac{1}{2}kT$. 然而，刚刚分析过，刚性双原子气体分子与刚性多原子气体分子，不仅有平动，而且还有转动. 那么，与每一个独立的速度二次方项所对应的平均能量是多少呢？

玻尔兹曼假设：**气体处于平衡态时，分子任何一个自由度的平均能量都相等，均为**$\frac{1}{2}kT$. 这就是**能量按自由度均分定理**，简称**能量均分定理**. 能量均分定理指出，无论是平动、转动或者振动，每一个独立的速度二次方项或坐标二次方项所对应的平均能量均相等，均为$\frac{1}{2}kT$. 这是因为气体分子间不间断地碰撞，在达到平衡状态后，任何一种运动所占的比率都是相同的，各种运动在其每个自由度上的运动机会也是相等的. 所以，分子的每个转动自由度也和每个平动自由度一样，分配有相等的平均动能. 这一结论也适用于液体和固体，在统计物理学中可以得到理论上的证明.

由能量均分定理，可以很方便地求出各种分子的平均动能. 对自由度为 $i$ 的分子，其平均动能为 $\bar{\varepsilon}=\frac{i}{2}kT$.

能量均分定理本质上是关于热运动动能的统计规律，是对大量分子统计平均所得的结果. 对于一个粒子而言，它的动能随时间而变，并不等于$\frac{i}{2}kT$，且各种形式的动能（平动动能、转动动能或振动动能）也不按照自由度均分. 只有对于大量做无规则碰撞的分子，由于在碰撞过程中，分子的能量可以互相传递，一种动能可以转化为另外一种动能，一个自由度上的动能可以转移为另外一个自由度上的动能，所以统计平均的结果是能量按自由度均分的.

### 7.5.3　理想气体的内能

一个热力学系统的内能是其中所有粒子的动能和所有粒子在相互作用下产生的势能的总和. 但是对理想气体而言，因分子之间距离较远，可以认为气体分子间无相互作用势能. 因此，理想气体的内能只等于所有分子的动能之和. 这里所说的分子的动能是指分子热运动的平均平动动能和转动动能，不包括系统做宏观整体运动的机械能. 举例来说，如果装有理想气体的某个容器放在地面上，处于静止状态，选地面作为参考系和势能零点，则机械能等于零. 但容器内部的气体分子却在运动并相互作用着，其内能不等于零.

设某种理想气体自由度为 $i$，共有 $N$ 个气体分子，则其内能为

$$E=N\bar{\varepsilon}=N\left(\frac{i}{2}kT\right).$$

若已知气体的物质的量为 $\nu$，则内能公式变为

$$E=\nu N_A\left(\frac{i}{2}kT\right)=\frac{i}{2}\nu RT=\frac{i}{2}\frac{m}{M}RT.$$

可见，对给定气体而言，其内能仅与温度有关，而与压强、体积无关. 因此，可以把理想气体的内能看成温度的单值函数. 若当理想气体由一个平衡态经过一系列变化后达到另外一个平衡态时，其温度改变了 $\Delta T$，则该气体内能变化为

$$\Delta E=\frac{i}{2}\frac{m}{M}R\Delta T. \tag{7-11}$$

可见，一定量的理想气体在状态变化过程中，内能的改变只与初态和末态的温度有关，而与变化的中间过程无关.

要注意的是，理想气体的内能之所以只是温度的函数，是因为忽略了分子相互作用的势能. 分子之间的作用势能显然与分子间距有关. 从而与系统的体积有关，所以对非理想气体，内能除了与温度有关，还与体积有关，内能是状态参量的函数，即 $E=E(T,V)$.

**例 7-3** 在温度为 27 ℃时，1 mol 氢气的平均平动动能、平均转动动能和内能各是多少？

**解** 氢气分子可看作刚性双原子气体分子，其自由度为 5，其中平动自由度为 3，转动自由度为 2.

根据能量均分定理，氢气分子的平均平动动能为

$$\bar{\varepsilon}_{kt}=\frac{3}{2}kT=\frac{3}{2}\times 1.38\times 10^{-23}\times(273+27)\ \text{J}$$
$$=6.21\times 10^{-21}\ \text{J};$$

平均转动动能为

$$\bar{\varepsilon}_{kr}=\frac{2}{2}kT=1.38\times 10^{-23}\times(273+27)\ \text{J}$$
$$=4.14\times 10^{-21}\ \text{J}$$

1 mol 氢气的内能为

$$E=\frac{5}{2}\nu RT=\frac{5}{2}\times 8.31\times(273+27)\ \text{J}$$
$$=6.23\times 10^{3}\ \text{J}.$$

**注意**：分子的平均平动动能和平均转动动能只与温度有关，而内能则是系统内分子动能的总和，与分子物质的量有关.

## 7.6 麦克斯韦速率分布律

麦克斯韦

在讨论大量气体分子平均平动动能时，求得了气体分子的方均根速率 $\sqrt{\overline{v^2}}$. 对于温度确定的某种理想气体，方均根速率是一个固定值. 但这并不意味着这种气体的所有分子速率方根都等于方均根速率. 由于方均根速率只是对大量气体分子速率的一种统计平均值，而这些气体分子是以各种速率沿各个方向运动着的，并且，由于碰撞频繁，每一个分子的速率也在不停地改变，因此，要预言某一时刻某一个气体分子的速率是不可能的. 然而对于大量处于平

衡态的气体分子而言，它们的速率分布却遵从一定的统计规律.

为了明确将要用到的统计方法，先来简单学习概率分布函数和速率分布函数.

### 7.6.1　概率分布函数

曾经提过一个简单的应用概率统计的例子：把硬币向空中抛去，当硬币落地时，可能是正面朝上，也可能是背面朝上. 如果只做简单的几次或几十次实验，无法说出哪面朝上的次数多. 但如果进行的实验次数非常多，则正面朝上和背面朝上的次数基本相等.

如果想进行复杂一点的实验，可以使用高尔顿板，这是一个用于演示大量偶然事件的统计规律的实验仪器. 高尔顿板如图 7-7 所示，一个容器由上至下被分成粒子储存室、钉阵和狭槽三部分. 实验时，用按钮控制粒子储存室下方活门的开关，如果只让上方落下几个粒子（小球、红豆等），粒子在经过钉阵的碰撞后，落到哪个狭槽里是偶然的. 但如果完全打开活门，让大量粒子下落，则每个狭槽内的粒子数和总的粒子数之间的比值将服从一定的规律，图 7-7 下方就是大量粒子分布的情况. 这显示了大量的偶然事件存在着一种必然的规律——统计规律.

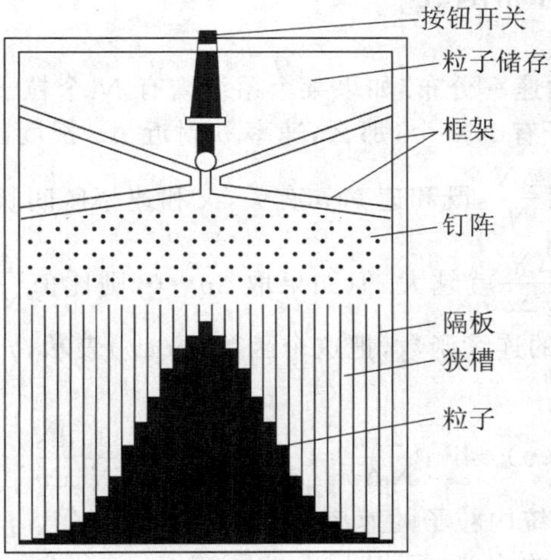


图 7-7　高尔顿板

取横坐标 $x$ 表示狭槽的水平位置，纵坐标 $h$ 为狭槽内积累粒子的高度. 这样，就可得到粒子按狭槽分布的一个直方图，如图 7-8(a)所示. 把纵坐标换成落入单位长度的狭槽内的粒子占所有粒子的比例 $f(x)$ $(0<f(x)<1)$，且令狭槽足够窄，即其宽度 $\Delta x\rightarrow 0$，就得到一个粒子按坐标分布的概率曲线——概率分布函数曲线，如图 7-8(b)所示.

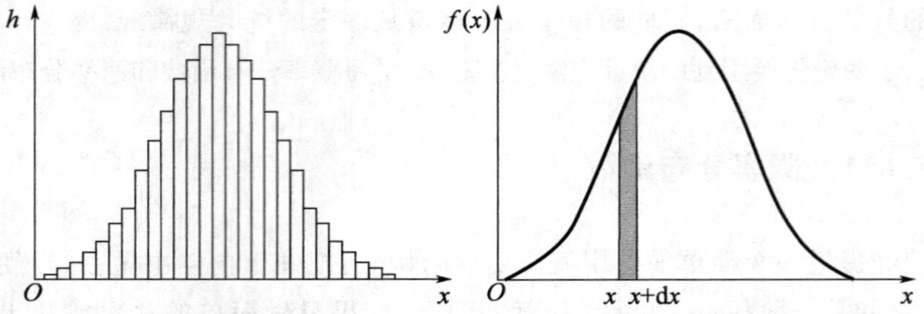


(a) 按狭槽分布的直方图　　(b) 概率分布函数曲线

图 7-8　概率分布函数曲线的获得

根据概率分布函数和概率分布函数曲线，可以知道位于 $x \sim x+\mathrm{d}x$ 区域的粒子数目 $\mathrm{d}N$ 为

$$\mathrm{d}N = Nf(x)\mathrm{d}x,$$

式中，$N$ 为粒子总数.

因为落入各个狭槽的全部粒子的数目为粒子总数 $N$，所以概率分布函数要满足归一化条件，即

$$\int_{-\infty}^{+\infty} f(x)\mathrm{d}x = 1.$$

### 7.6.2　速率分布函数

现在来看粒子的速率分布. 如果某个系统内有 $N$ 个粒子，其中速率在 $v \sim v+\Delta v$ 范围内的粒子有 $\Delta N$ 个，那么，速率 $v$ 附近 $\Delta v$ 长度区间内分布的粒子数占总粒子数的比值 $\frac{\Delta N}{N}$，既和速率 $v$ 有关，又和速率区间长度 $\Delta v$ 有关，区间长度 $\Delta v$ 越大，比值 $\frac{\Delta N}{N\Delta v}$ 就越大. 但如果取 $\Delta v \to 0$，则比值 $\frac{\Delta N}{N\Delta v}$ 的极限只和速率 $v$ 有关，变成了 $v$ 的连续函数，把这个函数用 $f(v)$ 表示，$f(v)$ 称为该粒子的**速率分布函数**，即

$$f(v) = \lim_{\Delta v \to 0} \frac{\Delta N}{N\Delta v} = \frac{1}{N}\lim_{\Delta v \to 0} \frac{\Delta N}{\Delta v} = \frac{1}{N}\frac{\mathrm{d}N}{\mathrm{d}v}.$$

图 7-9 为某一系统内粒子的速率分布函数曲线. 按照分布函数的定义，可以写出粒子速率在 $v \sim v+\mathrm{d}v$ 范围内的概率为

$$\frac{\mathrm{d}N}{N} = f(v)\mathrm{d}v. \tag{7-12}$$

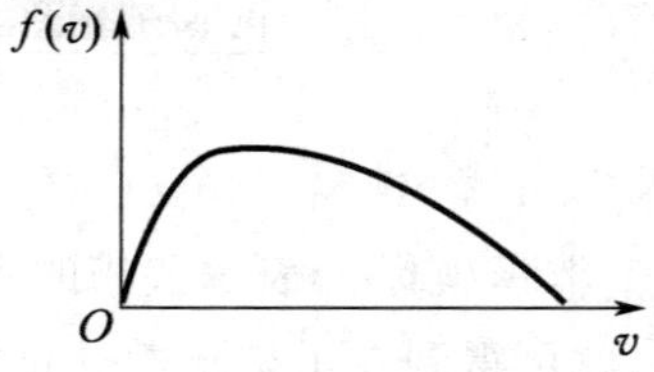


图 7-9　速率分布函数曲线

速率在 $v \sim v+\mathrm{d}v$ 范围内的总粒子数为

$$\mathrm{d}N = Nf(v)\mathrm{d}v. \tag{7-13}$$

速率分布函数同样满足归一化条件(注意速率没有负值)

$$\int_{0}^{+\infty} f(v)\mathrm{d}v = 1. \tag{7-14}$$

从图 7-9 上看，归一化条件就是函数曲线与横轴所夹面积应为 1.

由于方均根速率等于与粒子速率相关的平均值，因此在引入速率分布函数后，可以用分布函数来表示跟速率有关的平均值.

首先求 $N$ 个粒子的平均速率，按照平均值定义

$$\bar{v}=\frac{1}{N}\sum_{i=1}^{N}v_i. \tag{7-15}$$

设已知粒子的速率分布函数 $f(v)$，按照速率分布函数的定义，速率分布在 $v\sim v+\mathrm{d}v$ 范围内的粒子数为 $\mathrm{d}N=Nf(v)\mathrm{d}v$. 这些粒子的速率为 $v$，因此，速率分布在 $v\sim v+\mathrm{d}v$ 范围内的粒子速率和为 $v\mathrm{d}N=vNf(v)\mathrm{d}v$. 用积分可以算出全部分子(理论上速率分布为 0～+∞)的速率和为

$$\sum_{i=1}^{N}v_i=\int_0^{+\infty}v\,\mathrm{d}N=\int_0^{+\infty}vNf(v)\mathrm{d}v.$$

代入式(7-15)，则粒子的平均速率为

$$\bar{v}=\frac{\int_0^{+\infty}vNf(v)\mathrm{d}v}{N}=\int_0^{+\infty}vf(v)\mathrm{d}v. \tag{7-16}$$

同理，可求得这些粒子速率二次方的平均值为

$$\overline{v^2}=\int_0^{+\infty}v^2f(v)\mathrm{d}v. \tag{7-17}$$

依此类推，求任意一个与速率有关的微观量 $g(v)$ 的平均值，可用下面公式表示：

$$\overline{g(v)}=\int_0^{+\infty}g(v)f(v)\mathrm{d}v. \tag{7-18}$$

**例 7-4**　设系统内有 $N$ 个粒子，其速率分布函数曲线如图 7-10 所示.

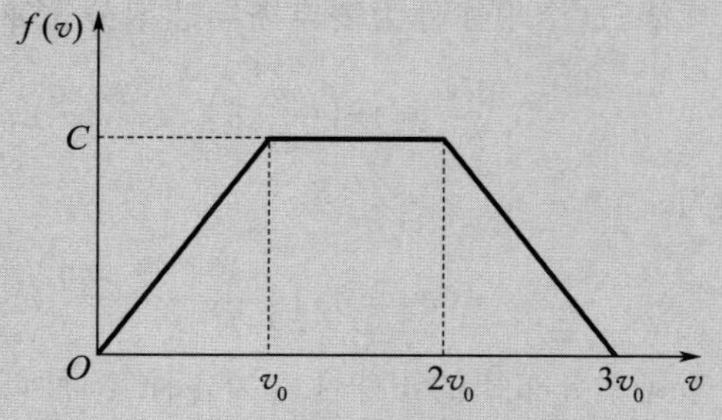


**图 7-10　粒子的速率分布函数曲线**

(1)已知 $v_0$，求常数 $C$；

(2)写出速率分布函数用 $v_0$ 表示的表达式；

(3)求粒子的平均速率；

(4)写出速率分布在 $0.5v_0\sim v_0$ 范围内的粒子数；

(5)求速率分布在 $0.5v_0\sim v_0$ 范围内的粒子的平均速率.

**解** (1)按照归一化原理,速率分布函数曲线与横轴所夹的面积为1,有

$$2v_0C=1,$$

即

$$C=\frac{1}{2v_0}.$$

(2)如图7-10所示,速率分布函数为

$$f(v)=\begin{cases}(C/v_0)v, & 0<v\leqslant v_0,\\ C, & v_0<v\leqslant 2v_0,\\ (-C/v_0)(v-3v_0), & 2v_0<v\leqslant 3v_0.\end{cases}$$

代入常数 $C$,得

$$f(v)=\begin{cases}(1/2v_0^2)v, & 0<v\leqslant v_0,\\ 1/2v_0, & v_0<v\leqslant 2v_0,\\ (-1/2v_0^2)(v-3v_0), & 2v_0<v\leqslant 3v_0.\end{cases}$$

(3)粒子的平均速率为

$$\bar{v}=\int_0^{3v_0}vf(v)\mathrm{d}v$$

$$=\int_0^{v_0}v\frac{v}{2v_0^2}\mathrm{d}v+\int_{v_0}^{2v_0}v\frac{1}{2v_0}\mathrm{d}v+\int_{2v_0}^{3v_0}v\frac{-(v-3v_0)}{2v_0^2}\mathrm{d}v$$

$$=\frac{3v_0}{2}.$$

(4)速率在 $v\sim v+\mathrm{d}v$ 范围内的粒子数为

$$\mathrm{d}N=Nf(v)\mathrm{d}v,$$

则速率分布在 $0.5v_0\sim v_0$ 范围内的总粒子数为

$$\Delta N=\int_{0.5v_0}^{v_0}\mathrm{d}N=N\int_{0.5v_0}^{v_0}\frac{v}{2v_0^2}\mathrm{d}v=\frac{3}{16}N.$$

(5)已经在(4)中求出速率分布在 $0.5v_0\sim v_0$ 之间的总粒子数 $\Delta N$,下面先来求这些粒子的总速率和.

速率在 $v\sim v+\mathrm{d}v$ 范围内的粒子的速率和为 $v\mathrm{d}N=Nvf(v)\mathrm{d}v$,则 $0.5v_0\sim v_0$ 范围内的粒子速率和为

$$\sum v=\int_{0.5v_0}^{v_0}vNf(v)\mathrm{d}v=\frac{7v_0N}{48}.$$

于是,平均速率为 $\bar{v}=\dfrac{\sum v}{\Delta N}=\dfrac{7}{9}v_0.$

### 7.6.3 麦克斯韦速率分布律

麦克斯韦速率分布律

设容器中有 $N$ 个理想气体分子,当气体处于温度为 $T$ 的平衡态时,分子速率分布是有规律的.1859年,麦克斯韦用统计方法导出了处于平衡态的气体分子的分布规律,这个规律称为**麦克斯韦速率分布律**.其表达式如下

$$\frac{\mathrm{d}N}{N}=4\pi\left(\frac{m'}{2\pi kT}\right)^{\frac{3}{2}}\mathrm{e}^{-\frac{m'v^2}{2kT}}v^2\mathrm{d}v. \tag{7-19}$$

其分布函数为

$$f(v)=4\pi\left(\frac{m'}{2\pi kT}\right)^{\frac{3}{2}}\mathrm{e}^{-\frac{m'v^2}{2kT}}v^2. \tag{7-20}$$

麦克斯韦速率分布律的正确性已为各种实验所证明.1920年,施特恩首先利用银原子束进行了实验,验证了这一分布律.1930年到1933年间,我国学者葛正权使用铋蒸气源做实验,也验证了这一分布律.下面就介绍一下葛正权实验的原理.

图7-11是实验装置的示意图.图中左端是一个储有铋蒸气的金属容器,在器壁上开一狭缝,使铋分子能从容器中逸出.当狭缝很小时,少量分子的逸出不致破坏容器内铋蒸气的平衡态.为了获得窄束分子射线,在铋分子射出后的路径上放置两个狭缝 $S_1$,$S_2$.图中右端是一个可绕中心轴线(垂直于纸面)旋转的空心圆筒,筒壁上开一狭缝 $S_3$.全部装置都放于真空容器内.

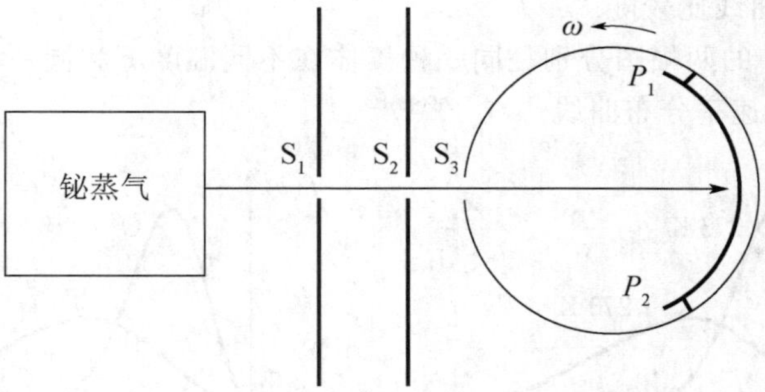


图 7-11　葛正权实验装置示意图

如果圆筒不转动，$S_1$，$S_2$，$S_3$ 在同一直线时，铋分子穿过狭缝进入圆筒，并沉积在贴于圆筒内壁的弯曲玻璃片的 $P_1$ 点，$P_2$ 点之间的某处 $P$ 点(该处显然与 $S_1$，$S_2$，$S_3$ 在一条直线上). 如果圆筒以一定的角速度旋转，铋分子在由 $S_3$ 到达玻璃片的这段时间内，由于圆筒转过了某个角度而沉积在玻璃片另外一处. 设圆筒的直径 $D$ 为已知，则速度为 $v$ 的铋分子从 $S_3$ 到达玻璃片需要走的时间为 $t=D/v$. 若圆筒转动的角速度为 $\omega$，则该分子所到的位置相对 $P$ 点转过弧长为 $l=(D/2)\omega t$，因此，相距 $P$ 点弧长为 $l$ 处沉积的分子对应的原速率为

$$v=\frac{D^2\omega}{2l}.$$

由此可见，玻璃片的不同位置对应分子的不同速率.

在圆筒以恒定角速度旋转较长一段时间后，取下玻璃片，并用测微光度计测出不同位置处铋层的厚度. 从铋层厚度与位置的关系中能得到铋分子数按速率分布的规律. 实验所得结果与麦克斯韦速率分布律相符，从而证实了麦克斯韦速率分布律的正确性.

利用麦克斯韦速率分布律，可以求出平衡态理想气体的 3 个特征速率.

**1. 最概然速率**

**最概然速率**又称最可几速率，它是麦克斯韦速率分布函数取极大值时对应的速率，用符号 $v_p$ 表示. 在一定温度下，速度大小与 $v_p$ 相近的气体分子数所占百分比最大.

按照函数定义，最概然速率处分布函数对速率的一阶导数为零，即

$$\left.\frac{\mathrm{d}f(v)}{\mathrm{d}v}\right|_{v_p}=0.$$

解此方程，可得

$$v_p=\sqrt{\frac{2kT}{m'}}=\sqrt{\frac{2RT}{M}}\approx 1.41\sqrt{\frac{RT}{M}}. \tag{7-21}$$

从式(7-21)中可以看出，气体分子的最概然速率与温度成正比，与气体摩尔质量成反比. 温度越小，气体摩尔质量越大，最概然速率越小，$v_p$ 向原点移动. 但由于分布曲线与横轴所夹总面积不变，因此分布曲线高度增加，曲线宽

度变窄,整个曲线比较陡.

图 7-12 中的两幅图分别是同一种气体在不同温度下和同一温度下不同气体的麦克斯韦速率分布曲线.

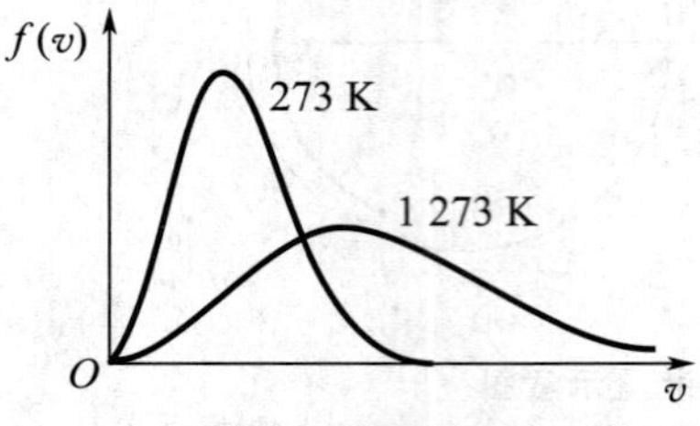


(a) 同种气体不同温度下的麦克斯韦速率分布曲线

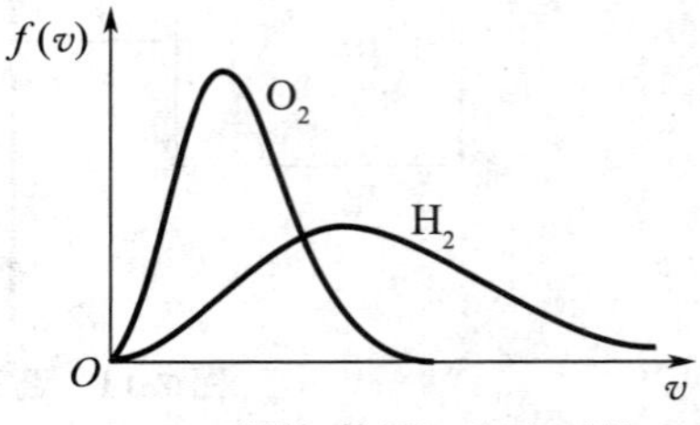


(b) 不同气体同一温度下的麦克斯韦速率分布曲线

**图 7-12　不同情况下的麦克斯韦速率分布曲线**

**2. 平均速率**

由平均速率公式(7-16)得

$$\bar{v}=\int_0^{+\infty} v f(v)\mathrm{d}v=\sqrt{\frac{8kT}{\pi m'}}=\sqrt{\frac{8RT}{\pi M}}\approx 1.60\sqrt{\frac{RT}{M}}. \tag{7-22}$$

**3. 方均根速率**

根据式(7-17)求得气体分子速率二次方平均值为

$$\overline{v^2}=\int_0^{+\infty} v^2 f(v)\mathrm{d}v=\frac{3kT}{m'},$$

开方即得方均根速率

$$\sqrt{\overline{v^2}}=\sqrt{\frac{3kT}{m'}}=\sqrt{\frac{3RT}{M}}\approx 1.73\sqrt{\frac{RT}{M}}. \tag{7-23}$$

与推导的式(7-10)比较,可见两种推导过程得到的结果是一样的.

同一气体某温度下三种速率的关系如图 7-13 所示.

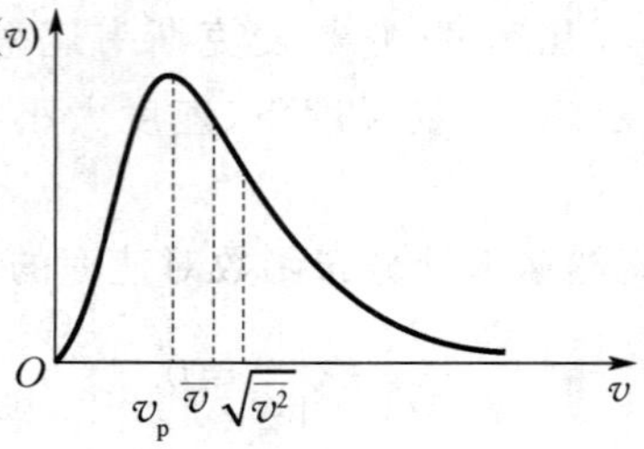


**图 7-13　同一气体某温度下三种速率的关系**

**例 7-5** 试求理想气体中速率分布在 $v_p \sim v_p + 0.01v_p$ 区间的分子的数目占总分子数的百分比.

**解** 理想气体在平衡态时麦克斯韦速率分布函数为

$$f(v) = 4\pi\left(\frac{m'}{2\pi kT}\right)^{\frac{3}{2}} e^{-\frac{m'v^2}{2kT}} v^2,$$

从而有

$$v_p = \sqrt{\frac{2kT}{m'}},$$

即

$$\frac{m'}{kT} = \frac{2}{v_p^2}.$$

代入麦克斯韦速率分布函数,有

$$f(v) = 4\pi\left(\frac{2}{2\pi v_p^2}\right)^{\frac{3}{2}} e^{-\frac{2v_p^2}{2v_p^2}} v_p^2$$

$$= \frac{4}{\sqrt{\pi}} \frac{1}{v_p} e^{-1}.$$

设有 $dN$ 个理想气体分子速率分布在 $v_p \sim v_p + 0.01v_p$ 区间,它们占总分子数的百分比为

$$\frac{dN}{N} = \int_{v_p}^{v_p+0.01v_p} f(v)dv = f(v)\Delta v.$$

因为分子的速率间隔非常小,所以可用乘积代替积分,间隔 $\Delta v = 0.01v_p$,有

$$\frac{dN}{N} = \frac{4}{\sqrt{\pi}} \frac{1}{v_p} e^{-1} \times 0.01v_p = \frac{4}{\sqrt{\pi}} \times \frac{0.01}{e} \approx 0.83\%.$$

## *7.6.4 麦克斯韦速度分布函数

讨论理想气体在平衡态下分子的速率分布情况时,没有考虑速度方向. 如果想知道气体分子的速度分布情况,则需要用到麦克斯韦的速度分布函数 $f(v_x, v_y, v_z)$. 下面用已知的麦克斯韦速率分布函数简要推导一下速度分布函数.

设理想气体分子速率为 $v \sim v + dv$ 的分子数目为 $dN$,则由麦克斯韦速率分布函数得

$$dN = Nf(v)dv,$$

式中,$N$ 为分子的总个数. $dv$ 是速率 $v$ 附近的一个微小间隔,因此,速率为 $v \sim v + dv$ 的分子的数目与总分子数的比值 $dN/N$,即为图 7-14(a)中的阴影部分的面积.

对于速度分布函数 $f(v_x, v_y, v_z)$而言,其速度大小在 $v \sim v + dv$ 内的分子数也是 $dN$. $dv$ 是速度大小 $v$ 的一个微小增量. 以 $v_x, v_y, v_z$ 建立坐标系,$f(v_x, v_y, v_z)$是且只是它们的函数,速度的增量则是以 $v$ 为半径,$dv$ 为厚度的一个薄球壳,即图 7-14(b)中的阴影部分. 因此,速度大小在 $v \sim v + dv$ 范围内的分子的数目与总分子数的比值为

$$\frac{dN}{N} = f(v_x, v_y, v_z) \cdot 4\pi v^2 dv,$$

$$dN = Nf(v_x, v_y, v_z) \cdot 4\pi v^2 dv.$$

将公式和用速率分布函数求出的 $dN$ 相比较,有

$$Nf(v_x, v_y, v_z) \cdot 4\pi v^2 dv = Nf(v)dv,$$

即

$$f(v_x, v_y, v_z) \cdot 4\pi v^2 = f(v).$$

所以,麦克斯韦速度分布函数为

$$f(v_x, v_y, v_z) = \left(\frac{m'}{2\pi kT}\right)^{\frac{3}{2}} e^{-\frac{m'v^2}{2kT}}. \tag{7-24}$$

麦克斯韦速度分布函数揭示了理想气体分子的速度分布规律,也称麦克斯韦分布律.

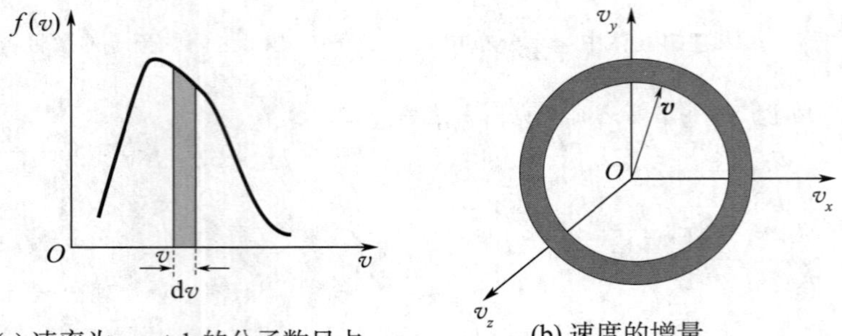


(a) 速率为$v \sim v+\mathrm{d}v$的分子数目占总分子数目的比值$\mathrm{d}N/N$　　(b) 速度的增量

**图 7-14　速度分布函数的推导**

### *7.6.5　涨落现象

麦克斯韦速率分布律是一种统计规律.就如高尔顿板实验一样,只要落下的粒子足够多,就能够得到粒子在不同狭槽内堆积高度的分布曲线.不过,如果进行多次实验,即使每次实验都使用同样多的粒子,仍会发现结果有微小的差异.实际上,用统计规律得到的分子热运动的统计平均值,一般来说都会和实际观测到的数值有所偏差.

系统处于热力学平衡态时,作为统计平均值的宏观物理量,如能量、压强和分子数密度在其平均值附近有微小变动的现象称为**涨落现象**,又称**起伏**.

大气中分子的热运动使宏观小体积内的分子数时多时少,分子数密度的这种涨落引起折射率的偏离,导致日光散射,这是使天空呈蓝色的原因之一.布朗运动也是一种涨落现象,按照统计规律,同一时间碰到微粒的水分子应该是各向平衡的,对微粒的合力为零,不改变微粒的运动,而实际上看到的却是微粒不停地做无规则的运动.在电流计或其他仪器中,用细丝悬挂的反射镜受到周围气体分子的无规则碰撞,撞击的不均衡,即力矩的涨落,导致反射镜随机的运动,使仪器的灵敏度受到限制.在电路和电子元件中,由于电子的无规则运动,产生微弱的方向与大小不断变化的涨落电流,引起仪器的噪声,因此使测量精度受到限制.

涨落是大量微观粒子的一种统计平均行为,也是大量微观粒子无规则热运动的结果.涨落的相对值通常很小,但在有些现象中仍可以观察到,并且可能有很重大的影响.

## *7.7　玻尔兹曼分布律

### 7.7.1　玻尔兹曼能量分布函数

再看一下麦克斯韦速度分布函数的表达式

$$f(v_x,v_y,v_z)=\left(\frac{m'}{2\pi kT}\right)^{\frac{3}{2}}\mathrm{e}^{-\frac{m'v^2}{2kT}},$$

其中,e 的指数部分$-\dfrac{m'v^2}{2kT}$中,$\dfrac{m'v^2}{2}$是气体分子的平动动能,所以可以用平动动能的符号

$\varepsilon_{kt}$，把上式改写成表示气体分子按平动动能分布的函数，即

$$f(v_x, v_y, v_z) = \left(\frac{m'}{2\pi kT}\right)^{\frac{3}{2}} e^{-\varepsilon_{kt}/kT}.$$

麦克斯韦的公式中之所以只含有分子的平动动能，是因为该公式只考虑分子不受外力影响的情形. 玻尔兹曼把麦克斯韦分布律推广到分子在保守力场（如引力场、重力场等）中运动的情形. 分子在保守力场中，将具有保守势能. 需要注意的是这个势能是保守力场这个"环境"给分子的，而不是分子之间作用力的势能（理想气体不考虑分子间的相互作用）. 分子在力场中的总能量为平动动能和势能之和，即

$$\varepsilon = \varepsilon_{kt} + \varepsilon_p.$$

一般来说，势能和分子在保守力场中的位置有关，也就是 $\varepsilon_p$ 是坐标 $x, y, z$ 的函数. 所以在考虑粒子的分布规律时，不仅要把它的速度规定在 $v_x \sim v_x + dv_x, v_y \sim v_y + dv_y, v_z \sim v_z + dv_z$ 的区间内，位置也要限定在 $x \sim x + dx, y \sim y + dy, z \sim z + dz$ 区间内. 满足条件的速度区间和坐标区间的分子数为

$$dN = n_0 \left(\frac{m'}{2\pi kT}\right)^{\frac{3}{2}} e^{-(\varepsilon_{kt} + \varepsilon_p)/kT} dv_x dv_y dv_z dx dy dz. \tag{7-25}$$

式中，$n_0$ 代表势能 $\varepsilon_p$ 为零处单位体积内分子的总数，包括各种速度的分子. 注意 e 的指数部分上能量项是分子的平动动能和势能之和. 式(7-25)称为**玻尔兹曼分子能量分布定律**，简称**玻尔兹曼分布律**. 如果式(7-25)对分子所有可能的速度积分，则可得到 $x \sim x + dx, y \sim y + dy, z \sim z + dz$ 区间的具有各种速度的分子数目 $dN'$，即

玻尔兹曼

$$dN' = n_0 e^{-\varepsilon_p/kT} dx dy dz. \tag{7-26}$$

积分时需用到麦克斯韦分布律满足的归一化条件，即

$$\int_{-\infty}^{\infty} \left(\frac{m'}{2\pi kT}\right)^{\frac{3}{2}} e^{-\varepsilon_{kt}/kT} dv_x dv_y dv_z = 1.$$

由此，得到分布在 $x \sim x + dx, y \sim y + dy, z \sim z + dz$ 区间的单位体积内的分子数为

$$n = n_0 e^{-\varepsilon_p/kT}. \tag{7-27}$$

这是玻尔兹曼分布律常见的空间分布形式，显示分子按照势能的分布律.

玻尔兹曼分布律是一个普遍的规律，它对任何物质的微粒在任何保守力场中运动的情形都成立. 从玻尔兹曼分布律中可以看出，在等宽的区间内，能量大的粒子数小于能量小的粒子数，即粒子优先占据能量小的状态，这是玻尔兹曼分布律的一个重要结果.

### 7.7.2　重力场中粒子按高度的分布

在重力场中的气体分子具有重力势能，下面用玻尔兹曼分布律来确定它们的分布规律.

取 $z$ 轴铅直向上，地面 $z=0$ 处势能为零，且此处单位体积内的分子数为 $n_0$，则分布在某高度 $z=h$ 处的气体分子具有的势能为

$$\varepsilon_p = m'gh.$$

代入玻尔兹曼分布律(7-27)，则求得单位体积内的分子数为

$$n = n_0 e^{-m'gh/kT}. \tag{7-28}$$

由式(7-28)可以看出，重力场中气体分子数密度随高度的增加而按指数规律减小，且分子质量越大，分子数密度减小得越快. 这是因为分子质量越大，分子受重力的作用就越明显.

还可以根据式(7-28)求出气体压强随高度的变化，根据压强公式 $p = nkT$ 可以得出

$$p=n_0\mathrm{e}^{-m'gh/kT}kT=p_0\mathrm{e}^{-m'gh/kT}=p_0\mathrm{e}^{-Mgh/RT},\tag{7-29}$$

式中，$p_0=n_0kT$ 表示 $z=0$ 处的气体压强.

利用式(7-29)可近似地估算不同高度的大气压强.但由于大气的温度上下不均匀，气体没有达到平衡态，所以式(7-29)只适合计算高度相差不大的范围内的压强变化.在登山中，还可以使用这个公式计算高度：

$$h=\frac{RT}{Mg}\ln\frac{p_0}{p}.\tag{7-30}$$

## 7.8 分子平均碰撞频率和平均自由程

根据氢气和氧气的方均根速率，可以估算出在室温下，气体分子平均以每秒几百米的速率运动着.那么可以想象一下这个速率大小的意义：如果在室内打开一瓶香水，经过 1 s 后，几百米外的人就会闻到.可实际上，即使是距离香水很近的人都需要一段时间后才会闻到香气.真实的气体扩散之所以如此缓慢，是因为气体分子从一处运动到另外一处的过程中，将不断和其他分子相碰撞，使得气体分子所走的路径变成迂回的曲线.而气体分子的扩散快慢，就取决于它们碰撞的频率.

分子的平均自由程

不同粒子在不同时间段内碰撞的次数是不同的，但大量分子间的相互碰撞情况就可以用统计规律计算了.把在 1 s 内，一个分子与其他分子碰撞的平均次数称为分子的**平均碰撞频率**，用符号 $\overline{Z}$ 表示.而把一个分子与其他分子相继两次碰撞之间经过的直线路程称为**自由程**.对个别分子而言，自由程时长时短，但大量分子的自由程具有确定的统计规律.大量分子自由程的平均值称为**平均自由程**，用符号 $\overline{\lambda}$ 表示.平均自由程和碰撞频率之间存在着简单的关系：假设一个分子运动了一段时间 $t$，该时间内它碰撞的次数是 $\overline{Z}t$，而所走过的路程用分子的平均速率表示成 $\overline{v}t$，平均自由程 $\overline{\lambda}$ 定义为一次碰撞分子走过的平均距离，即

$$\overline{\lambda}=\frac{\overline{v}t}{\overline{Z}t}=\frac{\overline{v}}{\overline{Z}}.$$

平均自由程 $\overline{\lambda}$ 和平均碰撞频率 $\overline{Z}$ 都是由气体的性质和状态决定的，下面来简单地推导一下它们的公式.

由于现在要研究分子间的碰撞，两个碰撞分子间距离很近，就不能再把分子看成质点了，而是把各分子看成体积相同的小球，小球的直径为 $d$，当碰撞时，两个分子中心的距离就是 $d$.这里的 $d$ 不是真实分子的直径，而是两个分子间在发生相互碰撞时中心相距的最短的距离.实际的分子既非球体，也无法确定半径，当分子间距离极近时，斥力相当大，以致彼此改变方向而散开(碰撞).这里把 $d$ 称为**分子的有效直径**，如图 7-15 所示.

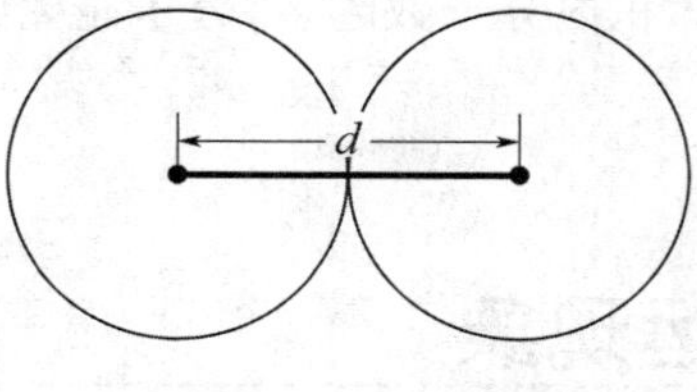


图 7-15 分子的有效直径

现在来跟踪一个分子，看它经过一段时间 $t$ 后，与多少分子发生碰撞. 假设只有这个分子运动，而其他分子静止，这样分子运动的速率 $v$ 就为相对其他分子的速率. 之后，把这个分子在运动时，其分子中心所走的路程画出来，如图 7-16 所示，这是一条长为 $vt$ 的曲线. 以曲线为轴心，这个分子划过的空间是一段一段横截面相同的"圆筒"，该筒体积为 $\pi d^2 vt/4$. 通过观察发现，如果有分子与跟踪的分子相碰撞，它必须有一部分或全部都在这个圆筒中，这样，这些分子所构成的体积是同样长度，但截面直径变成 $2d$ 的圆筒，其体积为 $\pi d^2 vt$. 现在来计算这个圆筒里包含多少个分子. 设该气体分子的分子数密度为 $n$，则圆筒里一共有

$$N = n\pi d^2 vt$$

个分子. 也就是说，经过时间 $t$ 后，所跟踪的分子将与 $N$ 个分子碰撞，平均碰撞频率为

$$\overline{Z} = \frac{N}{t} = \frac{n\pi d^2 vt}{t} = n\pi d^2 v.$$

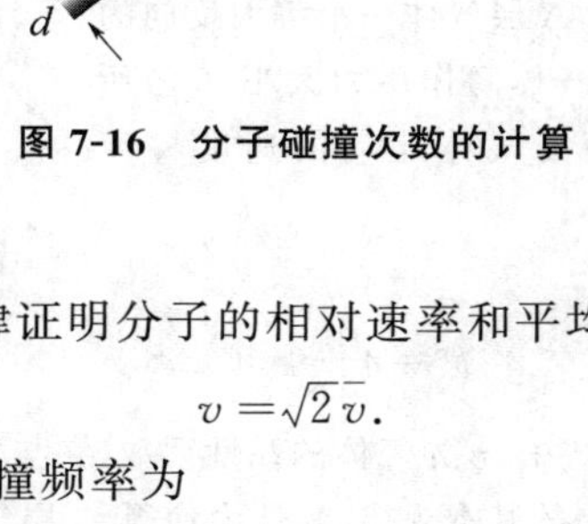


图 7-16 分子碰撞次数的计算

通过麦克斯韦分布律证明分子的相对速率和平均速率之间的关系为

$$v = \sqrt{2}\,\overline{v}.$$

所以，气体分子的平均碰撞频率为

$$\overline{Z} = \sqrt{2}\, n\pi d^2 \overline{v}. \tag{7-31}$$

而平均自由程则为

$$\overline{\lambda} = \frac{1}{\sqrt{2}\,\pi d^2 n}. \tag{7-32}$$

把式(7-7)代入式(7－32)，得到

$$\overline{\lambda} = \frac{kT}{\sqrt{2}\,\pi d^2 p}.$$

可见，某种气体的平均自由程与温度成正比，与压强成反比. 当温度不变

时，气体压强越大，单位体积内分子数越多，分子碰撞频率就越高，而平均自由程就越短.

# *7.9 气体输运现象

在实验中一般研究的是处于平衡态的理想气体的性质，但在许多实际问题中，热力学系统都处于非平衡态. 非平衡态的气体各部分因流速、温度、密度不同，会出现动量、能量、质量传递或交换的现象. 这些现象分别称为**黏性现象**（或**内摩擦现象**）、**热传导现象**、**扩散现象**，统称为**气体输运现象**. 在孤立系统中，通过动量、能量和质量的传递，各部分之间的宏观相对运动、温度差异和密度差异逐渐消失，系统由非平衡态过渡到平衡态.

黏性、热传导现象和扩散现象都遵循各自的实验规律，形式类似，具有共同的特点. 这些实验规律分别称为**牛顿黏性定律**、**傅里叶热传导定律**和**菲克扩散定律**.

## 7.9.1 黏性现象

在生活中，存在着各种各样的摩擦现象. 例如，潺潺的流水里，甚至自由流动的空气里也存在着摩擦. 把气体分成速度不同的层面，在相邻的两层气体之间的接触面上，就会形成一对阻碍两个气层相对运动的力，这个力称为**黏性力**. 这种气体内的类似于摩擦的性质就称为**气体的黏性**.

考虑一个简单情况，流速只是一维的坐标函数. 如图 7-17 所示，设气体沿 $y$ 轴正方向流动，流速随坐标 $x$ 增大而增加. 现在，在 $x=x_0$ 处于垂直于 $x$ 轴作一个两层气体间的截面，则 A 层气体将给 B 层气体一个沿 $y$ 轴负方向的力，而 B 层气体则给 A 层气体一个等大反向的力. 根据实验结果，发现两层气体间作用力大小 $f$ 与所取的截面大小 $\Delta S$ 以及截面处气体运动的速度梯度 $\left.\frac{\mathrm{d}v}{\mathrm{d}x}\right|_{x=x_0}$ 有关，关系为

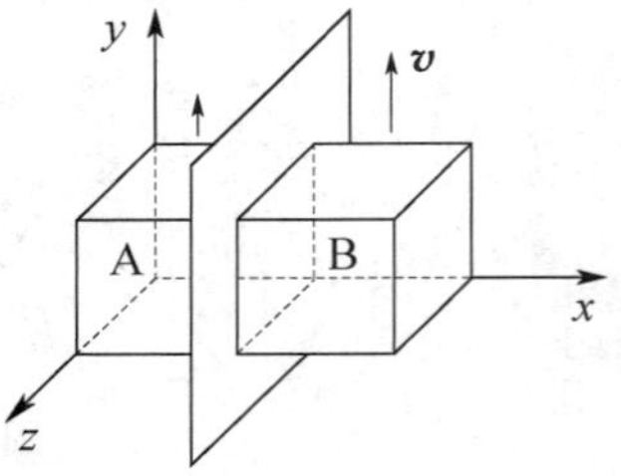

图 7-17 黏性力公式的推导

$$f=\eta\left.\frac{\mathrm{d}v}{\mathrm{d}x}\right|_{x=x_0}\Delta S. \tag{7-33}$$

式(7-33)即为**牛顿黏性定律**. 式中，$\eta$ 为气体的黏性系数，它与气体的性质和状态有关.

还可以这样说明黏性现象的基本规律：黏性力使得 A 层气体流速下降，也就是使得 A 层内分子的定向动量降低. 从微观上讲，正是由于两层气体接触面附近的分子频繁碰撞进行动量交换，使流速定向动量大的分子动量变小，定向动量小的分子动量变大，才产生黏性现象. 因此，气体黏性现象就是气体内定向动量输运的结果.

既然气体的黏性主要是由分子间的动量交换引起的，温度升高，动量交换加剧，因此气体的黏性随温度增高而增大. 而对于液体而言，黏性则是液体分子间的动量交换和内聚力作用的结果. 当液体温度升高时黏性减小，这是因为液体分子间的内聚力随温度升高而减小，而动量交换对液体的黏性作用不大.

### 7.9.2　热传导现象

如果气体内各部分的温度不同,则会有热量从气体的一部分传到另一部分,这个现象称为**热传导现象**.热传导的实质是大量气体分子热运动时互相撞击,在气体内部发生能量迁移,而使能量从高温部分传至低温部分.因此,热传导在固体、液体和气体中都存在.

考虑温度是一维坐标函数的情况.如图 7-18 所示,设气体温度随坐标 $x$ 增大而增加,$x$ 轴方向上的温度空间变化率用温度梯度$\frac{\mathrm{d}T}{\mathrm{d}x}$表示.现在,在 $x=x_0$ 处垂直于 $x$ 轴作一个面积为 $\Delta S$ 的截面.实验证明,从温度较高的一侧有热量穿过截面传递到温度较低的一侧.设传递的总热量为 $\Delta Q$,则单位时间内,传递的热量为

$$\frac{\Delta Q}{\Delta t}=-\kappa\frac{\mathrm{d}T}{\mathrm{d}x}\bigg|_{x=x_0}\Delta S. \tag{7-34}$$

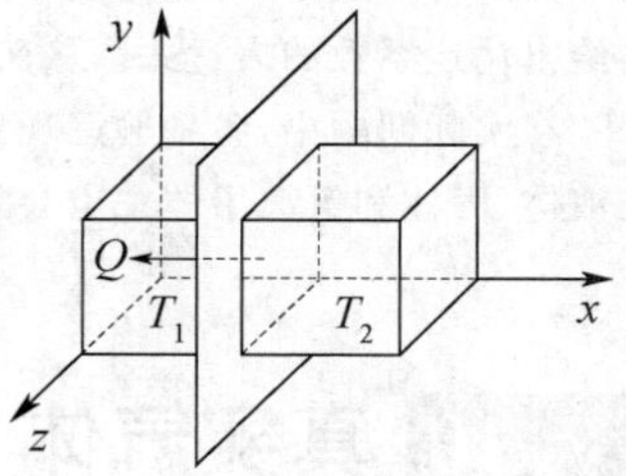


**图 7-18　热传导公式的推导**

式(7-34)即为**傅里叶热传导定律**.式中,$\kappa$ 为气体的热导率,公式中的负号表示热量沿温度减小的方向输运.

### 7.9.3　扩散现象

来看一个实验,图 7-19 中的容器里充满氧气,中间的隔板把上下两部分氧气分开,两部分气体密度不同.抽掉隔板后,气体分子开始扩散,理论上容器内气体最终达到平衡态.扩散是由粒子的热运动产生的质量迁移现象,主要是由密度差引起的.在扩散过程中,气体分子从密度较大的区域移向密度较小的区域,经过一段时间的掺和,密度分布趋向均匀.在扩散过程中,分子的迁移不是单一方向的,只是密度大的区域向密度小的区域迁移的分子多于密度小的区域向密度大的区域迁移的分子.

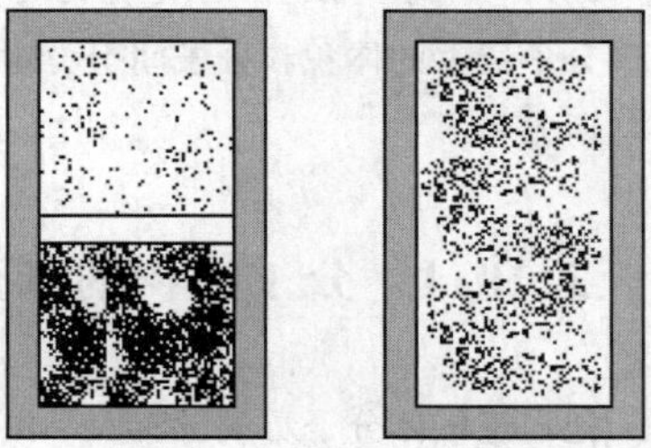

**图 7-19　气体的扩散现象**

扩散的基本规律在形式上与黏性规律和热传导规律相似.设气体密度随坐标 $x$ 的增大而增加,$x$ 轴方向上的密度空间变化率用密度梯度$\frac{\mathrm{d}\rho}{\mathrm{d}x}$表示.在 $x=x_0$ 处垂直于 $x$ 轴作一个面积为 $\Delta S$ 的截面.实验证明,单位时间内,从密度较高的一侧传到密度较低的一侧的气体质量 $\Delta M$ 为

$$\frac{\Delta M}{\Delta t}=-D\frac{\mathrm{d}\rho}{\mathrm{d}x}\bigg|_{x=x_0}\Delta S. \tag{7-35}$$

式(7-35)即为**菲克扩散定律**.式中,$D$ 为气体的**扩散系数**.

扩散现象是气体分子的内迁移现象.从微观上分析是大量气体分子在做无规则热运动时,分子之间发生相互碰撞的结果.由于不同空间区域的分子密度分布不均匀,因此分子发生碰撞的情况也不同.这种碰撞迫使密度大的区域的分子向密度小的区域转移,最后达到均匀的密度分布.

黏性现象、热传导现象和扩散现象虽然遵循各自的实验规律,但是形式类似,具有共同的

特点.当气体各层流速、温度和密度不同时,相邻层互施切向作用力(流速较小层加速,流速较大层减速)、传递热量(高温层放热,低温层吸热)和迁移质量(质量从高密度层向低密度层迁移),相邻层之间在单位时间内经单位面积传递的动量、热量和质量分别与流速的空间变化率、温度梯度和密度梯度成正比,比例系数分别是黏性系数、热导率和扩散系数(统称输运系数).

气体输运现象来源于分子间的碰撞,与气体分子的平均自由程密切相关.气体动理论能够揭示输运现象的微观本质,并导出了输运系数与相应的微观量平均值的联系(这里不再给出输运系数的表达式),从而说明它们与温度和压强的关系.

在实际问题中,各种输运现象往往同时存在,相互影响.输运现象不仅在气体中发生,在液体、固体和等离子体中也会发生.

## *7.10 真实气体 范德瓦耳斯方程

在7.3节中讲过理想气体分子的模型:把理想气体分子看成没有大小的质点,并且不考虑气体分子之间除碰撞外的其他作用.一般说来,在压强不太大、温度不太低的条件下,各种气体都可看作理想气体,它们的行为都可以用理想气体物态方程(7-1)描述.但如果是压强比较大、温度比较低的气体,气体的行为与理想气体就有较大的差距,此时对物态方程(7-1)必须进行修正.

1873年,荷兰物理学家范德瓦耳斯对理想气体的两条基本假定做出修正,分别考虑了气体分子所占的体积和分子间引力对器壁压强的影响,得到了能描述真实气体行为的范德瓦耳斯方程.

### 7.10.1 分子体积的修正

把理想气体分子看成没有大小的质点,每个气体分子所能到达的空间就是气体所在的容器容积$V$.从理想气体压强公式(7-7)中可以看出:在高温低压条件下,单位体积内的分子数密度比较少,气体分子彼此间隔很大,每个分子是可以看成质点的[见图7-20(a)];而在低温高压条件下,由于气体分子数密度的增加,单位体积内分子的数目变大,分子间距离缩短了[见图7-20(b)].因此低温高压条件下分子就不能看成质点,而应该看成具有一定体积的小球.

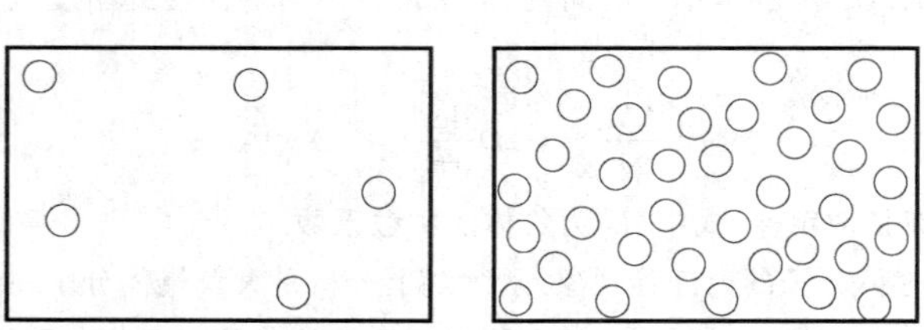

(a) 高温低压环境 (b)低温高压环境

**图7-20 不同环境下的气体分子模型**

如图7-21所示,如果把分子看成直径为$d$的小球,任意两个分子中心所能靠近的最小

距离就是 $d$. 以一个分子的中心为圆心、$d$ 为半径作一个球，其他任何分子中心都不能进入这个球内. 这样，就可以说这个分子占据了一定的空间. 因为每个分子都要占据一定的空间，所以气体分子所能达到的空间就是容器容积 $V$ 减去分子所占有的体积，把 1 mol 分子所占有的体积用符号 $b$ 来表示. 下面简单估算一下 $b$ 的大小.

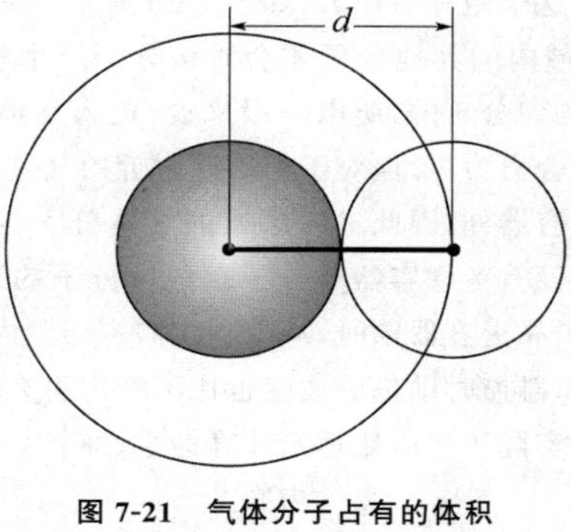


图 7-21　气体分子占有的体积

从图 7-21 中可看出，两个分子间的最短距离就是分子的直径 $d$. 现在考虑一个简单模型：容器内只有两个分子，跟踪其中一个分子，把这个分子看成质点，把另外一个分子看成不动的、半径为 $d$ 的刚性球. 那么跟踪的这个分子所能到达的空间就是容器总容积减去刚性球的体积 $V-\frac{4}{3}\pi d^3$.

但是实际上，这个不动的分子只有面对运动分子的一面才是半径为 $d$ 的球形区域. 如图 7-22 所示，可以让这个刚性球靠近容器壁，或者其他分子表面（容器内还有其他分子的情况），这个分子还是半径为 $d/2$ 的刚性球. 因此，对于跟踪的分子来说，它所不能到达的空间是半径为 $d$ 的球形区域的 1/2，体积为 $\frac{1}{2}\times\frac{4}{3}\pi d^3$. 因此对于 1 mol 的气体分子，它们所占据的空间体积即

$$b = N_A \times \frac{1}{2} \times \frac{4}{3}\pi d^3.$$

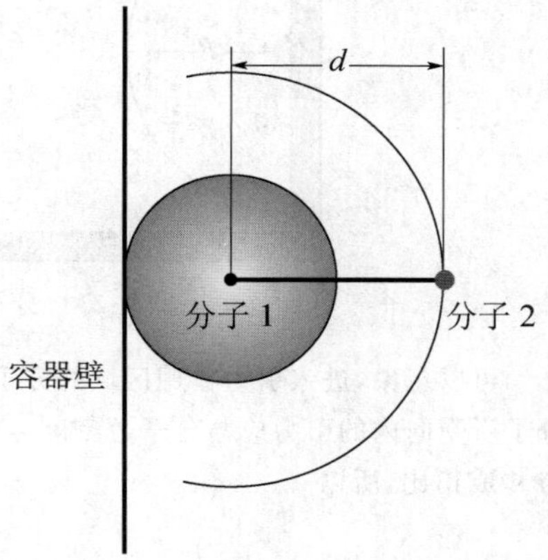


图 7-22　靠近容器壁的气体分子

考虑到一般气体分子的有效直径的数量级为 $10^{-10}$ m，所以可以取 $d=10^{-10}$ m. 可估算

$$b = N_A \times \frac{1}{2} \times \frac{4}{3}\pi d^3 \approx 10^{-5}\ \text{m}^3.$$

1 mol 标准气压下的气体所占体积为 $22.4\times10^{-3}\ \text{m}^3$，$b$ 的值和总体积比起来微不足道. 但如果压强增大到 100 Pa，假设玻意耳定律仍然适用，那么气体总体积缩小为 $22.4\times10^{-5}\ \text{m}^3$，这个时候就有必要考虑 $b$ 的值了.

对于总质量为 $m$、摩尔质量为 $M$ 的气体，其分子所能到达的空间体积应为 $V-\frac{m}{M}b$.

### 7.10.2 分子引力的修正

分子间的引力随分子距离的增大而急剧减小，当两个分子间距离超过一定数值后，引力因过于微弱可以忽略，把这个距离写作 $R$. 如图 7-23 所示，以一个分子中心为圆心，只有进入其半径为 $R$ 的球形区域内的其他分子才会对该分子产生引力的作用. 因为平衡态下的气体可看作气体分子是均匀分布的，所以一般来说，进入球形区域内的分子相对于球心是对称的，所以它们的引力合力为零. 但对于容器壁附近的气体分子，以分子为中心的球形区域一半在容器内，一半在容器外，因此进入区域的气体分子对该分子的总引力方向垂直于容器壁指向容器内(这里没有考虑容器壁分子对气体分子的引力，后续会对这个问题加以解释). 当运动的气体分子靠近容器壁时，从受到指向容器壁内的引力开始到与容器壁碰撞，指向外的动量不断减小，碰撞时动量的改变也比不考虑引力时小，对容器壁冲撞的平均压力降低，施加于容器壁的实际压强应比理论计算的小，即

$$p=\frac{m}{M}\frac{RT}{V-\frac{m}{M}b}-\Delta p.$$

此处已经考虑了气体分子体积的修正.

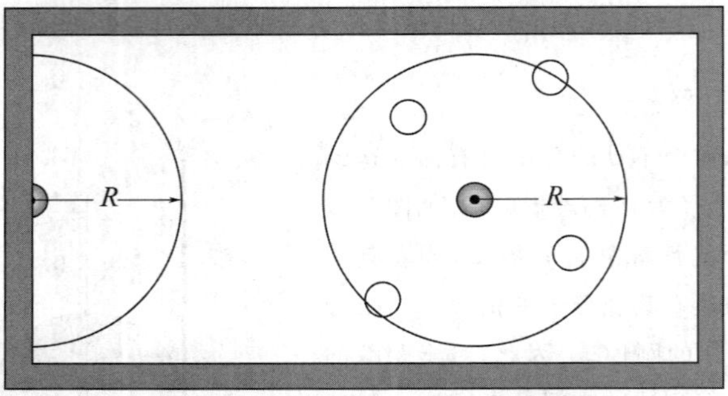


图 7-23 分子间引力引起的内压强

可以想象，进入引力作用区域的分子越多，它们的合引力就越大. 所以与容器壁碰撞的分子所受向内的引力应与分子数密度 $n$ 成正比，同时单位时间内碰撞到容器壁的分子数也与 $n$ 成正比，所以

$$\Delta p\propto n^2.$$

$n$ 与分子物质的量成正比，又与气体体积成反比，所以可以把压强修正量 $\Delta p$ 写成

$$\Delta p=\frac{m^2}{M^2}\frac{a}{V^2}.$$

修正系数 $a$ 由气体的性质决定.

前面的讨论中，没有考虑容器壁分子对气体分子的引力. 下面简单地说明一下这个问题.

表面上看，固态容器壁分子的密度应该比气体分子的密度大得多. 当气体分子靠近容器壁时，分子受到容器壁引力而使气体分子向外的动量增加，撞击容器壁时给容器壁的冲量增大，但我们并未考虑这种情况. 解决这个问题，应该注意，虽然容器壁分子在吸引气体，但是气体分子同样吸引容器壁，在靠近容器壁过程中，气体分子将给容器壁一个向内的冲量. 下面来简单计算一下.

如图 7-24 所示，设气体分子和容器壁距离为 $L$ 时，气体分子开始受到容器壁分子的引

力，在靠近或远离容器壁的过程中，气体分子通过 $L$ 的时间为 $\Delta t$，受到容器壁的平均作用力为 $\overline{f}$，方向向外. 而同时气体给容器壁的平均作用力 $\overline{f}'=\overline{f}$，方向向内. 气体分子从进入区域 $L$ 到与容器壁碰撞时，受到容器壁分子给它的冲量为 $\overline{f}\Delta t$，使得气体分子动量增加，碰撞后动量改变增加 $2\overline{f}\Delta t$. 因此，气体分子多给了容器壁一个向外的 $2\overline{f}\Delta t$ 冲量. 但气体分子在接近和远离容器壁的过程中，它对容器壁分子的引力 $\overline{f}'$ 使容器壁多了两个向内的冲量 $\overline{f}'\Delta t$. 这两个冲量大小相等，方向相反，正好抵消. 所以不考虑容器壁分子对气体分子的引力作用.

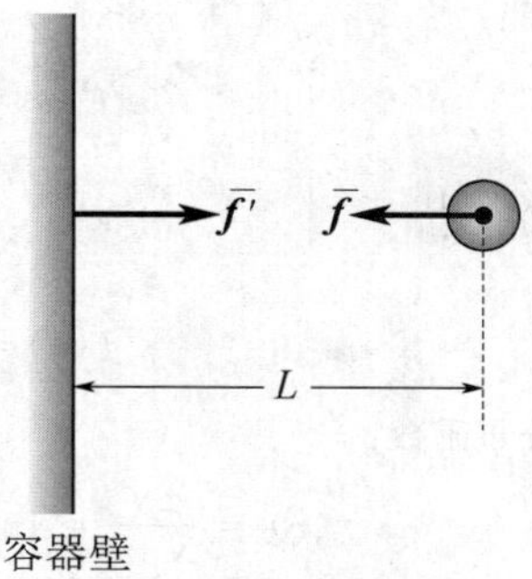

图 7-24　容器壁分子对气体分子的作用

### 7.10.3　范德瓦耳斯方程

考虑到分子体积修正和压强修正，可以写出范德瓦耳斯方程为

$$\left(p+\frac{m^2}{M^2}\frac{a}{V^2}\right)\left(V-\frac{m}{M}b\right)=\frac{m}{M}RT. \tag{7-36}$$

范德瓦耳斯方程比理想气体物态方程更接近真实气体的行为，但它仍然是近似方程，一般来说，它适用于压强不是很高(5 MPa 以下)、温度不是太低的真实气体. 除了范德瓦耳斯方程外，还有许多描述真实气体行为的近似方程，但都不如范德瓦耳斯方程简单方便. 范德瓦耳斯方程中出现的两个修正常数可以通过实验测得，表 7-1 是一些气体的范德瓦耳斯常量实验值.

表 7-1　一些气体的范德瓦耳斯常量

| 气体 | $a/(10^{-6}\text{atm}\cdot\text{m}^6\cdot\text{mol}^{-2})$ | $b/(10^{-6}\text{m}^3\cdot\text{mol}^{-1})$ |
|---|---|---|
| 氢气 ($H_2$) | 0.244 | 27 |
| 氦气(He) | 0.034 | 24 |
| 氮气($N_2$) | 1.390 | 39 |
| 氧气($O_2$) | 1.360 | 32 |
| 氩气(Ar) | 1.340 | 32 |
| 水蒸气 ($H_2O$) | 5.460 | 30 |

## 本 章 提 要

(1)理想气体物态方程：

$$pV=\frac{m}{M}RT=\nu RT.$$

(2)理想气体的压强公式和温度公式：

$$p=\frac{2}{3}n\bar{\varepsilon}_{\mathrm{kt}}，\quad \bar{\varepsilon}_{\mathrm{kt}}=\frac{3}{2}kT.$$

(3)理想气体的内能：

$$E=\frac{i}{2}\frac{m}{M}RT.$$

(4)麦克斯韦速率分布律.

①速率分布函数：

$$f(v)=\frac{1}{N}\frac{\mathrm{d}N}{\mathrm{d}v}.$$

②麦克斯韦速率分布函数：

$$f(v)=\frac{\mathrm{d}N}{N\mathrm{d}v}=4\pi\left(\frac{m'}{2\pi kT}\right)^{3/2}\mathrm{e}^{-m'v^2/2kT}v^2.$$

③麦克斯韦速率分布律：

$$\frac{\mathrm{d}N}{N}=4\pi\left(\frac{m'}{2\pi kT}\right)^{3/2}\mathrm{e}^{-m'v^2/2kT}v^2\mathrm{d}v.$$

④三种统计速率.

最概然速率：$v_{\mathrm{p}}=\sqrt{\frac{2kT}{m'}}=\sqrt{\frac{2RT}{M}}\approx1.41\sqrt{\frac{RT}{M}}$.

平均速率：$\bar{v}=\sqrt{\frac{8kT}{\pi m'}}=\sqrt{\frac{8RT}{\pi M}}\approx1.60\sqrt{\frac{RT}{M}}$.

方均根速率：$\sqrt{\overline{v^2}}=\sqrt{\frac{3kT}{m'}}=\sqrt{\frac{3RT}{M}}\approx1.73\sqrt{\frac{RT}{M}}$.

(5)分子的平均碰撞频率和平均自由程.

①平均碰撞频率：$\bar{Z}=\sqrt{2}n\pi d^2\bar{v}$.

②平均自由程：$\bar{\lambda}=\frac{kT}{\sqrt{2}\pi d^2p}$.

## 习题

**7-1** 选择题.

(1)现有置于容器内的气体，如果气体内各处压强相等，或气体内各处温度相同，则这两种情况下气体的状态(　　).

(A) 一定都是平衡态

(B) 不一定都是平衡态

(C) 前者一定是平衡态，后者一定不是平衡态

(D) 后者一定是平衡态，前者一定不是平衡态

(2)若理想气体的体积为 $V$，压强为 $p$，温度为 $T$，一个分子的质量为 $m_0$，$k$ 为玻尔兹曼常量，$R$ 为摩尔气体常量，则该理想气体的分子数可以表示为(　　).

(A) $\frac{pV}{m_0}$　　(B) $\frac{pV}{kT}$

(C) $\frac{pV}{RT}$　　(D) $\frac{pV}{m_0T}$

(3)若某种刚性双原子分子的理想气体处于温度为 $T$ 的平衡状态下，则该理想气体分子的平均能量为(　　).

(A) $\frac{3}{2}kT$　　(B) $\frac{5}{2}kT$

(C) $\frac{3}{2}RT$　　(D) $\frac{5}{2}RT$

(4)温度、压强相同的氦气和氧气，它们的分子平均能量 $\bar{\varepsilon}$ 和平均平动动能 $\bar{\varepsilon}_{\mathrm{kt}}$ 的关系为(　　).

(A) $\bar{\varepsilon}$ 和 $\bar{\varepsilon}_{\mathrm{kt}}$ 都相等

(B) $\bar{\varepsilon}$ 相等，而 $\bar{\varepsilon}_{\mathrm{kt}}$ 不相等

(C) $\bar{\varepsilon}_{\mathrm{kt}}$ 相等，而 $\bar{\varepsilon}$ 不相等

(D) $\bar{\varepsilon}$ 和 $\bar{\varepsilon}_{\mathrm{kt}}$ 都不相等

(5)某理想气体处于平衡状态，其速率分布函数为 $f(v)$，则速率分布在速率间隔 $v_1\sim v_2$ 内的气体分子的算术平均速率的计算式为(　　).

(A) $\bar{v}=\dfrac{\int_{v_1}^{v_2} vf(v)\mathrm{d}v}{\int_{0}^{v_2} f(v)\mathrm{d}v}$ (B) $\bar{v}=\dfrac{\int_{v_1}^{v_2} vf(v)\mathrm{d}v}{\int_{v_1}^{+\infty} f(v)\mathrm{d}v}$

(C) $\bar{v}=\dfrac{\int_{v_1}^{v_2} vf(v)\mathrm{d}v}{\int_{0}^{+\infty} f(v)\mathrm{d}v}$ (D) $\bar{v}=\dfrac{\int_{v_1}^{v_2} vf(v)\mathrm{d}v}{\int_{v_1}^{v_2} f(v)\mathrm{d}v}$

(6)若有一定量的理想气体，当体积不变而温度升高时，分子的平均碰撞频率和平均自由程的变化情况分别为(　　).

(A) $\bar{Z}$ 增大，$\bar{\lambda}$ 不变　(B) $\bar{Z}$ 不变，$\bar{\lambda}$ 增大

(C) $\bar{Z}$ 减少，$\bar{\lambda}$ 不变　(D) $\bar{Z}$ 增大，$\bar{\lambda}$ 减少

**7-2** 填空题.

(1)在气体动理论中，$\frac{1}{2}kT$ 的物理意义是________.

(2)非刚性双原子分子理想气体的平均能量与平均平动动能之比为________.

(3)已知某理想气体的速率分布函数为 $f(v)=\frac{\mathrm{d}N}{N\mathrm{d}v}$，其中 $N$ 为气体的总分子数，$\mathrm{d}N$ 为分子速率在 $v\sim v+\mathrm{d}v$ 区间内的分子数，则表达式 $Nf(v)\mathrm{d}v$ 的物理意义是________.

(4)当压强为 $1.01\times10^5$ Pa 时，氮气分子的平均自由程为 $6.0\times10^{-8}$ m，当温度不变，而平均自由程变为 1.0 mm 时，则其压强应为__________Pa.

**7-3** 当气体的温度为 0 ℃时，能否说气体中每个分子的温度也是 0 ℃？按照分子动理论，气体中有的分子运动速度快，有的分子运动速度慢，能否说速度快的分子的温度高，速度慢的分子的温度低？

**7-4** 两种气体的温度相同，摩尔质量相同，则它们的平均平动动能、平均能量和内能是否分别相同？

**7-5** 说明下列各量的意义：(1) $f(v)\mathrm{d}v$；(2) $Nf(v)\mathrm{d}v$；(3) $\int_{v_1}^{v_2} f(v)\mathrm{d}v$；(4) $v$.

**7-6** 最概然速率 $v_p$ 的物理意义是什么？有人认为“最概然速率是速率分布中最大速率”，是否正确？气体在平衡状态时，是否有50%的分子速率比 $v_p$ 大？

**7-7** 什么是平均自由程？平均自由程与气体的状态以及分子本身的性质有什么关系？在推导平均自由程公式时，哪些步骤运用了统计平均的概念和方法？

**7-8** 一容器内储有氧气，其压强为 $p=1.01\times10^5$ Pa，温度为 $t=27$ ℃. 求：(1)单位体积内的分子数；(2)氧气的质量密度；(3)氧气分子的质量；(4)分子间的平均距离(分子所占的空间看作球状)；(5)氧气分子的平均平动动能.

**7-9** 在体积为 $2.0\times10^{-3}$ m$^3$ 的容器内，有 $5.4\times10^{22}$ 个刚性双原子分子的理想气体分子，分子的平均平动动能为 $7.49\times10^{-21}$ J. 求气体的压强.

**7-10** 计算在温度为 30 ℃ 时氧气分子的平均平动动能、平均能量以及 $4.0\times10^{-3}$ kg 氧气的内能(常温下，氧气分子可看成刚性分子).

**7-11** 质量为 0.1 kg、温度为 27 ℃ 的氮气，装在容积为 0.01 m$^3$ 的容器中，容器以 $v=100$ m·s$^{-1}$ 的速率做匀速直线运动，若容器突然停下来，定向运动的动能全部转化为分子热运动的动能，则平衡后氮气的温度和压强各增加多少？

**7-12** 容器内某理想气体的温度 $T=273$ K，压强 $p=101.3$ Pa，密度 $\rho=1.25\times10^{-3}$ kg/m$^3$. 求：(1)气体的摩尔质量；(2)气体分子运动的方均根速率；(3)气体分子的平均平动动能和转动动能；(4)单位体积内气体分子的总平动动能；(5)0.3 mol 气体的内能.

**7-13** 现有 20 个质点的速率如下：2 个具有速率 $v_0$，3 个具有速率 $2v_0$，5 个具有速率 $3v_0$，4 个具有速率 $4v_0$，3 个具有速率 $5v_0$，2 个具有速率 $6v_0$，1 个具有速率 $7v_0$. 计算：(1)平均速率；(2)方均根速率；(3)最概然速率.

**7-14** (1)计算在 27 ℃时氢气分子(视作刚性分子)的平均速率、方均根速率、最概然速率；(2)氢气分子(视作刚性分子)的自由度是多少？

**7-15** 有 $N$ 个质量均为 $m$ 的同种气体分子，它们的速率分布如题 7-15 图所示，(1)由 $N$ 和 $v_0$ 求 $a$ 的值；(2)求在速率 $v_0/2$ 到 $3v_0/2$ 间隔内的分子数；(3)求分子的平均平动动能.

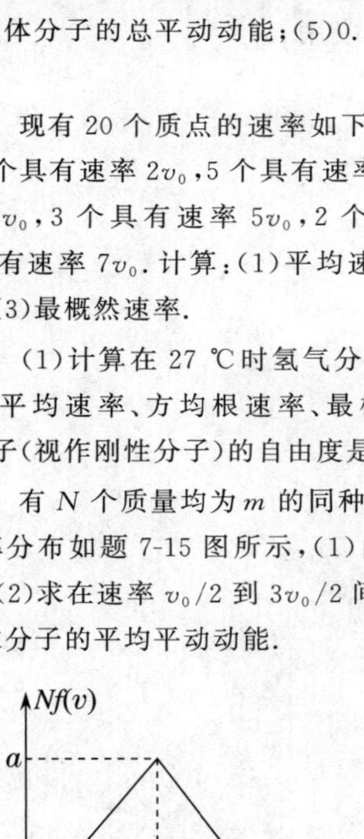


题 7-15 图

第 8 章

# 热力学基础

与气体动理论不同，热力学是根据由自然界大量现象的观察和实验中总结出来的几个基本定律，用逻辑推理的方法去研究宏观物体热性质的，并不追究其微观本质. 热力学中的基本定律因为是从大量实际观测中总结出来的，所以具有高度的可靠性和普遍性. 但是由于热力学不考虑物质的微观结构，因而就不能对宏观热现象的规律给出其微观本质的解释，这一点正是热力学理论的局限性和缺点所在. 统计物理学则正好弥补了热力学理论的缺陷，它可以从微观上更好地揭示热现象的本质，给出宏观规律的微观解释，从而使人们更深刻地认识热力学理论的意义. 至于统计物理学结论的正确性，则需要热力学来检验和证实. 这样，在对热现象的研究上，两种理论起着相辅相成的作用. 热力学和统计物理学理论，在历史上对第一次产业革命起过有力的推动作用，在现代工程技术问题中也获得了越来越广泛的应用.

# 8.1　准静态过程　功和热量

## 8.1.1　准静态过程

在一般情况下,系统与外界之间存在能量交换,如做功和热传递.

当热力学系统的状态随时间发生变化时,称系统经历了一个**热力学过程**.假定系统从某一平衡态开始变化,状态的变化必然会使原来的平衡态受到破坏,需要经过一定的时间才能达到新的平衡态.如果在过程进行的每一时刻系统均处于平衡态,称系统经历了一个**准静态过程**.

这一过程显然是一种理想的热力学过程.实际发生的过程往往进行较快,在新的平衡态达到之前系统又继续了下一步的变化,系统经历了一系列非平衡态,称这样的过程为**非静态过程**.

准静态过程可以认为是系统状态几乎不变的过程,是"无限缓慢"进行的.因此,当实际的热力学系统持续的过程很慢、时间很长时,可以近似地将其当作一个准静态过程.

在 $p$-$V$ 图上,一个点代表一个平衡态,一条连续曲线代表一个准静态过程.图 8-1 中 Ⅰ 和 Ⅱ 两个点分别代表两个平衡态,从 Ⅰ 点到 Ⅱ 点的曲线代表准静态过程,箭头表示过程进行的方向.表示这条曲线的方程称为**过程方程**.

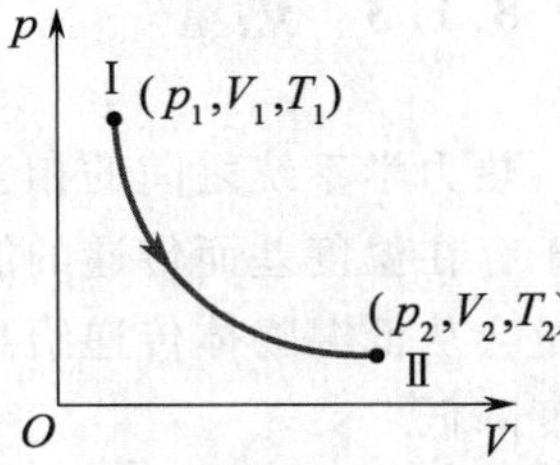


图 8-1　准静态过程

## 8.1.2　准静态过程的功

以气缸为例来研究准静态过程的功.

如图 8-2 所示,设气缸中气体的压强为 $p$,活塞面积为 $S$,活塞与气缸壁的摩擦不计.当气缸内的气体发生微小膨胀时,系统对外界做的功为

$$\mathrm{d}W = F\,\mathrm{d}l = pS\,\mathrm{d}l = p\,\mathrm{d}V.$$

若系统的体积由 $V_1$ 变化到 $V_2$,系统对外界做的功为

$$W = \int_{V_1}^{V_2} p\,\mathrm{d}V. \qquad (8\text{-}1)$$

由此,可以总结出:**当热力学系统的体积发生改变时,系统会对外界做功**.其元功的表达式为

$$\mathrm{d}W = p\,\mathrm{d}V.$$

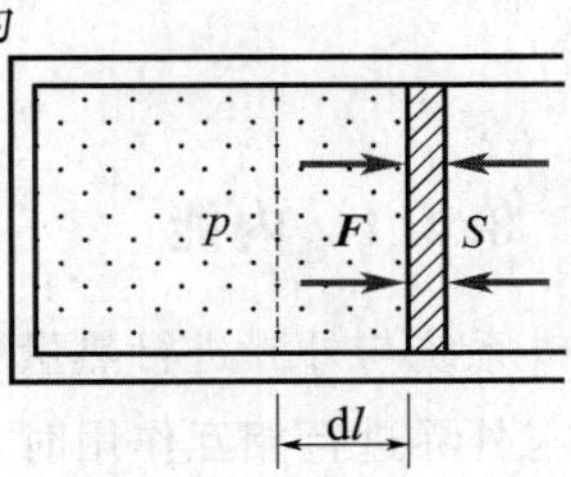


图 8-2　气体膨胀过程

如图 8-3 所示,系统对外界所做的功在数值上等于 $p$-$V$ 图上过程曲线与横轴所围的面积.当气体膨

胀时，系统对外界做正功；当气体被压缩时，系统对外界做负功，即外界对系统做正功. 需要注意的是功与过程紧密相关. 在热力学系统中，即便系统的初态和末态保持不变，两者之间不同的进行过程也会有不同的功.

焦耳通过实验发现，若使热力学系统与外界保持绝热，则对系统做功会使系统的温度升高. 其效果与对此系统加热产生的效果是一样的.

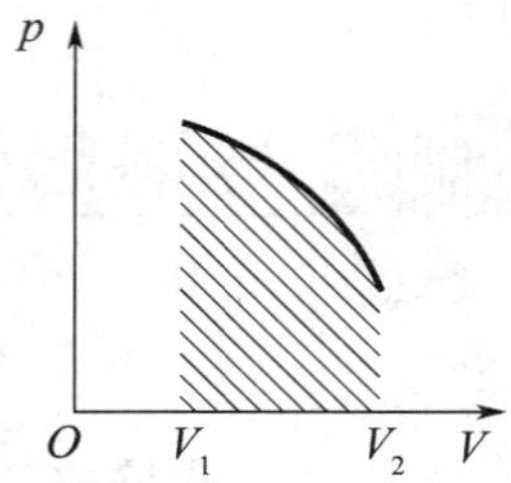


图 8-3　功的示意图

**例 8-1**　已知 1 mol 的某种实际气体，在一定温度下，其压强随体积变化的函数关系为

$$p=\frac{c}{V-b}-\frac{a}{V^2},$$

式中，$a$，$b$，$c$ 均为常数. 试求该气体经一准静态过程，体积由 $V_1$ 膨胀为 $V_2$ 时，气体对外界所做的功.

**解**　由准静态过程中功的计算式(8-1)得

$$W=\int_{V_1}^{V_2}p\,\mathrm{d}V=\int_{V_1}^{V_2}\left(\frac{c}{V-b}-\frac{a}{V^2}\right)\mathrm{d}V$$

$$=\int_{V_1}^{V_2}\frac{c}{V-b}\mathrm{d}V-\int_{V_1}^{V_2}\frac{a}{V^2}\mathrm{d}V$$

$$=c\ln\frac{V_2-b}{V_1-b}+a\left(\frac{1}{V_2}-\frac{1}{V_1}\right).$$

### 8.1.3　热量

焦耳

热力学系统之间的相互作用除了做功外还包括热传递. 系统与外界之间由于存在温度差而传递的能量称为**热量**. 当两个温度不同的物体相互接触时，热量会从低温物体传递给高温物体，从而使低温物体的温度升高，高温物体的温度降低.

在 SI 中，热量的单位与功的单位相同，均为 J(焦耳). 应当明确，热量传递的多少与其传递方式有关，所以热量与功一样都是与热力学过程有关的物理量. 焦耳通过实验发现热传递和做功都可以使物体的温度升高.

## 8.2　内能　热力学第一定律

### 8.2.1　内能

系统与外界进行热量交换时，通常会伴随着系统温度的变化. 这说明在系统与外界进行相互作用时，内能也是参与作用的物理量之一. 从气体动理论中得知，理想气体的内能是温度的单值函数，即 $E=\frac{m}{M}\frac{i}{2}\cdot RT$. 而对于实际的气体，由于压强较大，气体的内能还应包括气体分子间的势能. 所以，一般而言实际气体的内能是温度 $T$ 和气体体积 $V$ 的函数，即 $E=E(T,V)$.

实践表明，要改变一个系统的内能，有两种方式：一是外界对系统做功；二是向系统传递热量. 例如，一杯水可通过加热，即热传递方法升高温度；也可以通过搅拌做功的方法使水温升高到同一温度. 方式虽然不同，但都能使水的内能增加. 这表明做功和热传递对内能的改变有等效性.

需要强调的是内能 $E$ 与功和热量不同，它是一个状态函数，即内能的变化量 $\Delta E$ 只依赖于初态和末态，而与具体的行进过程无关. 内能的 SI 单位为 J（焦耳）.

### 8.2.2　热力学第一定律

从 8.2.1 小节的分析中，可以看到，无论是做功还是热传递都可以改变热力学系统的内能. 那么功、热量及内能三者之间的具体关系则是热力学第一定律所阐述的内容.

考虑到在某个系统中，当给系统加热时，一般来讲系统的温度会升高，体积会膨胀. 这里将温度变化为零和体积变化为零视为温度升高和体积膨胀的特殊情况，则有

$$\mathrm{d}Q=\mathrm{d}E+\mathrm{d}W, \tag{8-2}$$

式中，$\mathrm{d}Q$ 表示系统吸收或放出的热量；$\mathrm{d}E$ 表示系统升高或降低的内能；$\mathrm{d}W$ 表示系统对外界所做的功. 本书规定：当系统从外界吸收热量时，$\mathrm{d}Q>0$，反之 $\mathrm{d}Q<0$；当系统温度升高时，$\mathrm{d}E>0$，反之 $\mathrm{d}E<0$；当系统体积膨胀对外做功时，$\mathrm{d}W>0$，反之 $\mathrm{d}W<0$. 式(8-2)说明当系统从外界吸收热量时，系统的内能会增加，并对外界做功；反过来，若外界对系统做功（系统对外界做负功）且系统的内能降低，则系统对外界释放热量.

与式(8-2)对应的积分式为

$$\Delta Q=\Delta E+\int_{V_1}^{V_2} p\,\mathrm{d}V. \tag{8-3}$$

式(8-3)为**热力学第一定律**的数学表达式.

由热力学第一定律可知，若使系统对外界做功，可以消耗系统的内能，也可以从外界吸收热量，或者两者兼备. 在历史上，有人试图制造一种永动机. 这类机器不需要外界输送能量，自身也不需要消耗能量，却能对外界做功. 这类永动机被称为第一类永动机. 可见第一类永动机明显违背了热力学第一定律，因此热力学第一定律又可表述为**不可能制造出第一类永动机**.

**例 8-2** (1)把 0.30 kg 的水在标准大气压下用电热器加热，使其温度从 10 ℃缓慢地升高到 25 ℃，水的比热容为 4 180 J·kg$^{-1}$·K$^{-1}$，计算水的内能变化；(2)如果把 0.30 kg，10 ℃的水，装在与外界绝热的保温瓶内，用力摇晃此瓶，使水的温度也升高到 25 ℃，设初末态的压强均为大气压，计算水的内能变化及外界对水所做功的大小.

**解** (1)在加热的过程中，水吸收的热量为

$$Q = cm(T_2 - T_1)$$
$$= 4\,180 \times 0.30 \times (298 - 283) = 18.8 \text{ kJ}.$$

由于水的体积变化很小，可以忽略，所以此过程中

$$W = 0.$$

从热力学第一定律得

$$E_2 - E_1 = Q - W = 18.8 \text{ kJ}.$$

(2)由于水的初、末态与(1)相同，因此，内能的变化也相同，即

$$E_2 - E_1 = 18.8 \text{ kJ}.$$

在此过程中，水与外界是绝热的，$Q=0$，由热力学第一定律得

$$W = Q - (E_2 - E_1) = -(E_2 - E_1) = -18.8 \text{ kJ}.$$

功为负值，意味着在过程中外界对水做功.

## 8.3 理想气体的等容过程和等压过程 摩尔热容

### 8.3.1 等容过程 定容摩尔热容

热力学第一定律在理想气体等值过程中的应用

在等容过程中，理想气体的体积始终保持不变，有 $\mathrm{d}V=0$，则等容过程方程可以表示为 $V=C$(常数)或$\frac{p}{T}=C$(常数). 由此可知系统对外界所做的元功 $\mathrm{d}W=0$.

根据 $\mathrm{d}Q=\mathrm{d}E+\mathrm{d}W$，有 $\mathrm{d}Q=\mathrm{d}E$，两端积分得 $\Delta Q=E_2-E_1$. 为了计算向气体传递的热量，要用到摩尔热容的概念. 同一种气体在不同过程中，有不同的摩尔热容. 从而有

$$\mathrm{d}E = \frac{m}{M} C_{V,\mathrm{m}} \mathrm{d}T = \nu C_{V,\mathrm{m}} \mathrm{d}T\ .$$

已知理想气体的内能为

$$E = \frac{m}{M}\frac{i}{2}RT\ ,$$

则

$$\mathrm{d}E = \frac{m}{M}\frac{i}{2}R\,\mathrm{d}T\ ,$$

可得

$$C_{V,\mathrm{m}} = \frac{i}{2}R,$$

于是，对等容过程，有

$$\Delta Q = \nu C_{V,\mathrm{m}}(T_2 - T_1)\ . \tag{8-4}$$

在等容过程中若已知定容摩尔热容，根据式(8-4)计算热量是较为方便的

方法.

### 8.3.2　等压过程　定压摩尔热容

在等压过程中,气体压强始终保持不变,有 $\mathrm{d}p=0$. 则等压过程方程可以表示为 $p=C$(常数)或$\dfrac{V}{T}=C$(常数). 根据热力学第一定律,有 $\Delta Q=\Delta E+W$. 等压过程中,气体对外界做的功为

$$W=\int_{V_1}^{V_2}p\,\mathrm{d}V=p\int_{V_1}^{V_2}\mathrm{d}V=p(V_2-V_1)=\nu R(T_2-T_1).$$

内能的变化量为 $\Delta E=\nu\dfrac{iR}{2}(T_2-T_1)$,则

$$\Delta Q=\Delta E+W=\nu R\left(\frac{i}{2}+1\right)(T_2-T_1)=\nu C_{p,\mathrm{m}}(T_2-T_1),\qquad(8\text{-}5)$$

式中,$C_{p,\mathrm{m}}$ 为定压摩尔热容,且 $C_{p,\mathrm{m}}=C_{V,\mathrm{m}}+R=\dfrac{iR}{2}+R$.

定压摩尔热容是指在等压过程中,1 mol 理想气体温度每升高 1 K 所吸收的热量. 据此定义,定压摩尔热容的计算式为

$$C_{p,\mathrm{m}}=\lim_{\Delta T\to 0}\frac{\Delta Q}{\Delta T}\bigg|_p=\frac{\mathrm{d}Q}{\mathrm{d}T}\bigg|_p.$$

在等压过程中,若定压摩尔热容已知,则根据式(8-5)计算热量较为方便.

**例 8-3**　水蒸气的定压摩尔热容 $C_{p,\mathrm{m}}=36.2\ \mathrm{J\cdot mol^{-1}\cdot K^{-1}}$. 将 1.50 kg 且温度为 100 ℃的水蒸气在标准大气压下缓慢加热,使其温度上升到 400 ℃. 试求此过程中水蒸气吸收的热量、对外界所做的功和内能的改变量(水蒸气的摩尔质量 $M=18\times10^{-3}\ \mathrm{kg\cdot mol^{-1}}$).

**解**　由于在标准大气压下加热,这是一等压过程. 把水蒸气看成理想气体,注意到其物质的量 $\nu=m/M$,上升的温度为 $T_2-T_1=300$ K,则过程中吸收的热量为

$$\Delta Q=\nu C_{p,\mathrm{m}}(T_2-T_1)=\frac{m}{M}C_{p,\mathrm{m}}(T_2-T_1)$$
$$=\frac{1.50}{18\times10^{-3}}\times36.2\times300\ \mathrm{J}=9.05\times10^5\ \mathrm{J}.$$

所做的功为

$$W=\nu R(T_2-T_1)=\frac{m}{M}R(T_2-T_1)$$
$$=\frac{1.50}{18\times10^{-3}}\times8.31\times300\ \mathrm{J}=2.08\times10^5\ \mathrm{J}.$$

内能增量为

$$\Delta E=E_2-E_1=\Delta Q-W$$
$$=(9.05\times10^5-2.08\times10^5)\mathrm{J}$$
$$=6.97\times10^5\ \mathrm{J}.$$

# 8.4 理想气体的等温过程和绝热过程

## 8.4.1 等温过程

在等温过程中，温度始终保持不变，有 $dT=0$，则等温过程方程为 $pV=C$(常数). 由于内能是温度的单值函数且内能为状态函数，与具体的热力学过程无关，则有 $dE=0$. 根据热力学第一定律 $dQ=dE+dW$，有 $dQ=dW=p\,dV$. 当系统的体积从 $V_1$ 变化到 $V_2$ 时，系统吸收的热量为

$$\Delta Q=\int_{V_1}^{V_2}p\,dV=\int_{V_1}^{V_2}\frac{\nu RT}{V}dV=\nu RT\ln\frac{V_2}{V_1}. \tag{8-6}$$

根据等温过程的特点及理想气体物态方程，式(8-6)也可写为

$$\Delta Q=\nu RT\ln\frac{p_1}{p_2}. \tag{8-7}$$

## 8.4.2 绝热过程

在绝热过程中，系统与外界没有热量交换，则 $dQ=0$. 根据热力学第一定律，$dE+dW=0$. 因此有 $dE=-dW$，即

$$\nu C_{V,m}dT=-p\,dV. \tag{8-8}$$

另外，将理想气体物态方程 $pV=\nu RT$ 两端微分得

$$p\,dV+V\,dp=\nu R\,dT.$$

将式(8-8)代入式中，得

$$p\,dV+V\,dp=-\frac{Rp\,dV}{C_{V,m}},$$

则可以得到

$$(C_{V,m}+R)p\,dV+C_{V,m}V\,dp=0,$$

即

$$\frac{C_{p,m}}{C_{V,m}}p\,dV+V\,dp=0 \quad 或 \quad \gamma p\,dV+V\,dp=0,$$

式中，$\gamma=\dfrac{C_{p,m}}{C_{V,m}}$，称为热容比. 上式两端除以 $pV$ 有 $\dfrac{\gamma dV}{V}+\dfrac{dp}{p}=0$，两端积分后得

$$pV^{\gamma}=C(常量). \tag{8-9}$$

式(8-9)为理想气体绝热过程的方程.

根据式(8-9)，绝热过程的方程还可以表示为

$$TV^{\gamma-1}=C(常量),$$

$$T^{-\gamma}p^{\gamma-1}=C(常量).$$

### 8.4.3　绝热线和等温线

绝热过程 $pV^\gamma=C_1$ 在 $p$-$V$ 图 8-4 中画出. 如图中实线所示,此曲线称为**绝热线**,虚线表示同一气体的等温线,$A$ 为两曲线交点. 从图上看出,绝热线比等温线陡一些,这可解释如下.

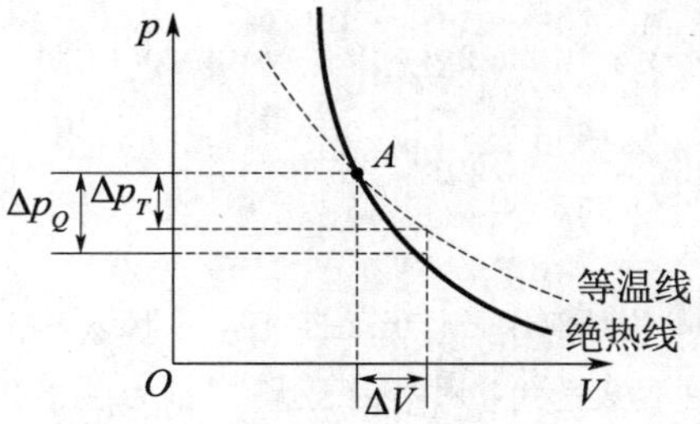

图 8-4　$p$-$V$ 关系曲线

**1. 数学解释**

等温过程中 $pV=C$,则

$$p\,\mathrm{d}V+V\,\mathrm{d}p=0,$$

即 $\left(\frac{\mathrm{d}p}{\mathrm{d}V}\right)_T=-\frac{p}{V}$($A$ 点切线斜率).

绝热过程中 $pV^\gamma=C_1$,则

$$\gamma pV^{\gamma-1}\,\mathrm{d}V+V^\gamma\,\mathrm{d}p=0,$$

即 $\left(\frac{\mathrm{d}p}{\mathrm{d}V}\right)_Q=-\gamma\frac{p}{V}$($A$ 点切线斜率).

又因为 $\gamma=\frac{i+1}{i}>1$,所以 $\left|\left(\frac{\mathrm{d}p}{\mathrm{d}V}\right)_Q\right|>\left|\left(\frac{\mathrm{d}p}{\mathrm{d}V}\right)_T\right|$. 故绝热线要陡些.

**2. 物理解释**

假设气体从 $A$ 点开始体积增加 $\Delta V$,由 $pV=C$ 及 $pV^\gamma=C_1$ 知,在此情况下,$p$ 都减小(无论是等温过程还是绝热过程). 由 $p=\frac{m}{M}RT\cdot\frac{1}{V}$ 知,当气体等温膨胀时,引起 $p$ 减小的只有 $V$ 这个因素;当气体绝热膨胀时,由于 $\Delta T<0$,所以引起 $p$ 减小的因素除了 $V$ 的增加外,还有 $T$ 的减小. 于是,当 $\Delta V$ 相同时,在绝热过程中 $p$ 下降得快.

**例 8-4**　已知一定量的单原子理想气体经历如图 8-5 所示的过程,试求:在全部过程中,(1)$W$ 的表达式;(2)$Q$ 的表达式;(3)$\Delta E$ 的表达式.

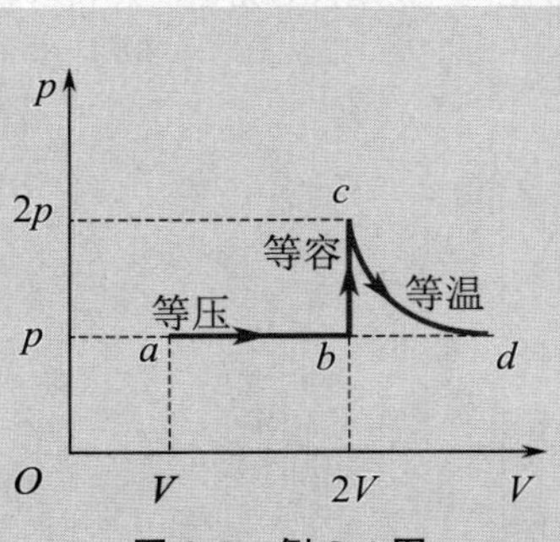

图 8-5　例 8-4 图

**解**　(1)因为 $W=W_{ab}+W_{bc}+W_{cd}$,且

$$W_{ab}=p(V_b-V_a)=pV,$$

$$W_{bc}=0,$$

$$W_{cd}=\frac{m}{M}RT_c\ln\frac{V_d}{V_c}=p_cV_c\ln\frac{p_c}{p_d}=4pV\ln 2,$$

所以 $W=pV+4pV\ln 2$.

(2)因为 $Q=Q_{ab}+Q_{bc}+Q_{cd}$,且

$$Q_{ab}=\frac{m}{M}\cdot\frac{i+2}{2}R(T_b-T_a)$$

$$=\frac{i+2}{2}(p_bV_b-p_aV_a)=\frac{5}{2}pV,$$

$$Q_{bc}=E_c-E_b=\frac{m}{M}\cdot\frac{i}{2}R(T_c-T_b)$$

$$=\frac{i}{2}(p_cV_c-p_bV_b)=\frac{3}{2}\cdot 2pV=3pV,$$

$$Q_{cd}=W_{cd}=4pV\ln 2,$$

所以 $Q=\frac{11}{2}pV+4pV\ln 2$.

(3) 方法一(利用热力学第一定律):

$$\Delta E=Q-W=\frac{11}{2}pV+4pV\ln 2-(pV+4pV\ln 2)$$

$$=\frac{9}{2}pV.$$

方法二(利用内能公式):

$$\Delta E=E_d-E_a=\frac{m}{M}\frac{i}{2}R(T_d-T_a)$$

$$=\frac{i}{2}(p_dV_d-p_aV_a)$$

$$=\frac{3}{2}(p_cV_c-p_aV_a)=\frac{9}{2}pV.$$

**注意**:$W$,$Q$ 为过程量,$E$ 为状态量.

**例 8-5** 1 mol 刚性双原子分子理想气体,从状态 $a(p_1,V_1)$沿直线变化到状态 $b(p_2,V_2)$,如图 8-6 所示. 试求:(1)$\Delta E$ 的表达式;(2)$W$ 的表达式;(3)$Q$ 的表达式.

**解** 此题中过程为非等值过程.

$$(1)\Delta E=\frac{i}{2}R(T_b-T_a)$$

$$=\frac{i}{2}(p_bV_b-p_aV_a)$$

$$=\frac{5}{2}(p_bV_b-p_aV_a)$$

$$=\frac{5}{2}(p_2V_2-p_1V_1).$$

(2)$W$ = 图 8-6 中阴影面积

$$=(p_1+p_2)(V_2-V_1)/2,$$

或 $$W=\frac{1}{2}p_2V_2-\frac{1}{2}p_1V_1$$

$$=\frac{1}{2}(p_2V_2-p_1V_1).$$

$$(3)Q=\Delta E+W$$

$$=\frac{5}{2}(p_bV_b-p_aV_a)+(p_1+p_2)(V_2-V_1)/2$$

$$=\frac{5}{2}(p_2V_2-p_1V_1)+\frac{1}{2}(p_2V_2-p_1V_1)$$

$$=3(p_2V_2-p_1V_1).$$

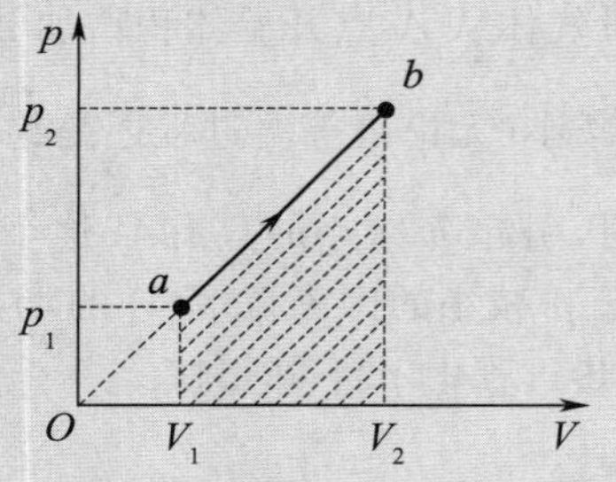

图 8-6 例 8-5 图

**例 8-6** 一定量的理想气体,由平衡态 $a$ 变化到平衡态 $b$,如图 8-7 所示,则无论经过什么过程,系统内能都如何变化?

**解** 在全过程中系统是否做正功,是否吸热或放热都无法确定,因为 $W$,$Q$ 是过程量,它与具体过程有关. 但是可知,$T_b>T_a$,所以 $E_b>E_a$.

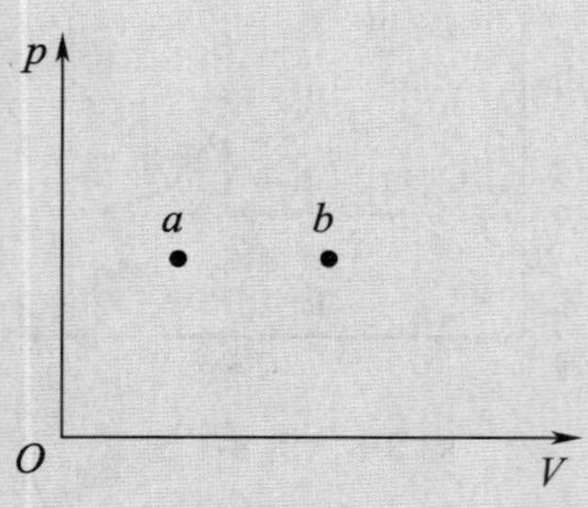

图 8-7 例 8-6 图

**例 8-7** 试讨论理想气体在图 8-8 所示的Ⅰ,Ⅲ两个过程中是吸热还是放热. 已知Ⅱ为绝热过程.

**解** 由图 8-8 知:

$$(E_b-E_a)+W_{Ⅱ}=0$$

(因为 $W_{Ⅱ}>0$,所以 $E_b-E_a<0$),

$$Q_{Ⅰ}=(E_b-E_a)+W_{Ⅰ},$$

$$Q_{Ⅲ}=(E_b-E_a)+W_{Ⅲ}.$$

又因为 $W_{Ⅰ}<W_{Ⅱ}$,$W_{Ⅲ}>W_{Ⅱ}$,所以 $Q_{Ⅰ}<0$,放热;$Q_{Ⅲ}>0$,吸热(若从 $b$ 到 $a$,则有 $Q_{Ⅰ}>0$,$Q_{Ⅲ}<0$).

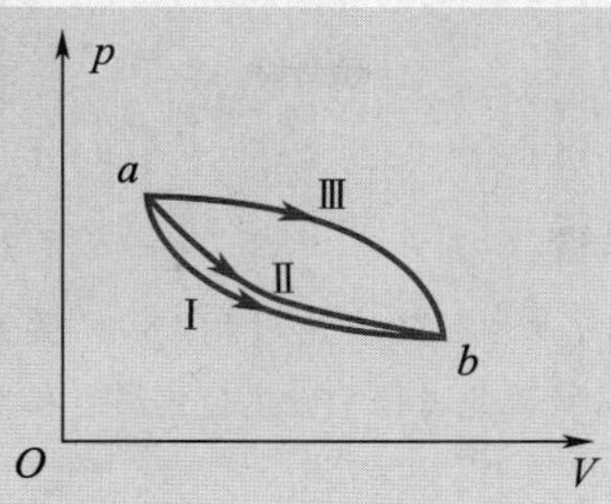


图 8-8 例 8-7 图

**例 8-8** 如图 8-9 所示,1 mol 单原子分子理想气体,经过一平衡过程 $a\to b\to c$,$ab$、$bc$ 均为直线. 试求:

(1)$a\to b$ 及 $b\to c$ 过程中,$\Delta E$,$W$,$Q$ 的表达式;

(2)$a\to b\to c$ 过程中温度最高状态在何处?

(3)$b\to c$ 过程中气体系统是否均吸收热量?

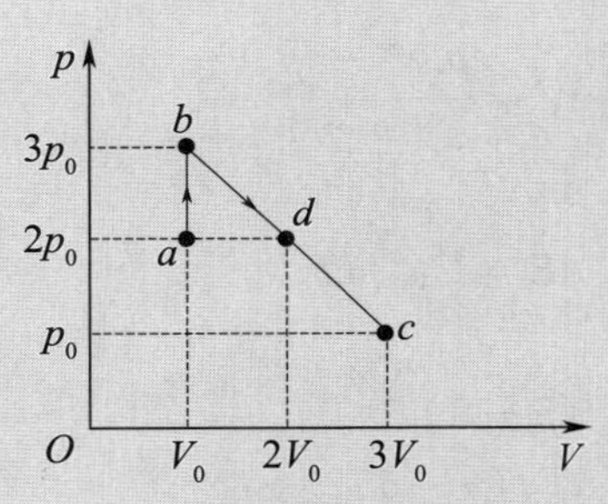


图 8-9 例 8-8 图

**解** (1)$a\to b$ 为等容过程,则有

$$\Delta E_{ab}=\frac{i}{2}R(T_b-T_a)$$

$$=\frac{3}{2}(p_bV_b-p_aV_a)=\frac{3}{2}p_0V_0,$$

$$W_{ab}=0,$$

$$Q_{ab}=\Delta E_{ab}=\frac{3}{2}p_0V_0.$$

$b\to c$ 为非等值过程,则有

$$\begin{cases}\Delta E_{bc}=\dfrac{i}{2}R(T_c-T_b)\\ \quad=\dfrac{3}{2}(p_cV_c-p_bV_b)=0,\\ W_{bc}=(p_0+3p_0)(3V_0-V_0)/2=4p_0V_0,\\ Q_{bc}=W_{bc}=4p_0V_0.\end{cases}$$

(2)由等温线的位置知,在 $a\to b$ 过程中,温度升高,最高温度状态一定在 $b\to c$ 过程中. 由

$$T=\frac{1}{R}pV, \quad ①$$

及 $b\to c$ 过程的方程

$$p=-\frac{p_0}{V_0}V+4p_0, \quad ②$$

则有

$$T=-\frac{1}{R}\frac{p_0}{V_0}V^2+\frac{4p_0}{R}V.$$

当 $T=T_{\max}$ 时,

$$\frac{dT}{dV}=-\frac{2p_0}{RV_0}V+\frac{4p_0}{R}=0,$$

即 $V=2V_0$(此时 $T''<0$,所以有极大值). 于是可知温度最高状态为$(2p_0,2V_0)$. 也可用 $E=\frac{i}{2}pV$ 求 $E_{\max}$ 对应的状态,此状态即为 $d$ 态,因为理想气体内能是 $T$ 的单调增加函数.

(3)在 $b\to d$ 过程中,因为$\frac{dT}{dV}>0$(或用等温线位置判断),所以 $dT>0$. 由此可知 $dE>0$. 又因为 $dW>0$,所以 $dQ=dE+dW>0$,即在 $b\to d$ 过程的每一微小过程中气体均吸热.

在 $d\to c$ 过程中，

$$Q_{dc}=\Delta E_{dc}+W_{dc}$$

$$=\frac{i}{2}R(T_c-T_d)+(p_0+2p_0)(3V_0-2V_0)/2$$

$$=\frac{3}{2}(p_cV_c-p_dV_d)+\frac{3}{2}p_0V_0=0.$$

因为 $d\to c$ 不是绝热过程（$p,V$ 关系式不是 $pV^\gamma=C$），所以此过程中吸热与放热之和为零. 可见 $d\to c$ 过程中有放热存在，故 $b\to c$ 过程中不均是吸热.

**讨论：**

(1) $Q=0$，并不能说明是绝热过程，绝热过程特征是 $\mathrm{d}Q=0$；

(2) $Q>0$ 不一定代表吸热过程（即 $\mathrm{d}Q>0$ 的过程）.

### 8.4.4 多方过程

气体的许多过程，既不是等值过程，也不是绝热过程，其压强和体积的关系满足如下关系：

$$pV^n=C,$$

式中，$n$ 称为多方指数，这类过程称为**多方过程**.

在多方过程中气体做功的公式为

$$W=\int_{V_1}^{V_2}p\,\mathrm{d}V=\int_{V_1}^{V_2}\frac{p_1V_1^n}{V^n}\mathrm{d}V=\frac{p_1V_1-p_2V_2}{n-1}.$$

对 1 mol 气体，由热力学第一定律有

$$\mathrm{d}Q=\mathrm{d}E+p\,\mathrm{d}V,\quad \mathrm{d}E=C_{V,\mathrm{m}}\mathrm{d}T.$$

利用多方过程的方程得

$$\mathrm{d}W=-R\,\mathrm{d}T/(n-1),$$

$$\mathrm{d}Q=C_{V,\mathrm{m}}T-R\,\mathrm{d}T/(n-1).$$

定义 $C_\mathrm{m}=\mathrm{d}Q/\mathrm{d}T$ 为多方过程的摩尔热容，则有

$$C_\mathrm{m}=C_{V,\mathrm{m}}-\frac{R}{n-1}=\frac{n-\gamma}{(n-1)(\gamma-1)}R.$$

## 8.5 循环过程　卡诺循环

在生产技术上需要将热与功之间的转换持续下去，这就需要利用循环过程. 一个系统从某一初态出发，在经历一系列变化后又回到初态的整个过程称为**循环过程**. 循环工作的物质系统称为**工作物质**，简称**工质**.

现考虑以理想气体为工质的循环过程，如图 8-10 所示. 由于理想气体内能是温度的单值函数，因此工质经历一个循环过程后回到初始状态时内能没有改变，所以 $\Delta E=0$ 是循环过程的重要特征.

在 $p$-$V$ 图上，循环过程为一闭合曲线. 如果循环的进行方向是沿顺时针方

向，则称为**正循环**；如果循环的进行方向是沿逆时针方向，则称为**逆循环**.

对于正循环，在 $a \to b \to c$ 过程中，工质膨胀对外做功. 根据功的计算公式，此功的大小应为曲线 $abc$ 与 $V$ 轴所围面积. 在 $c \to d \to a$ 过程中，系统对外界做负功，数值上等于曲线 $cda$ 与 $V$ 轴所围面积. 因此，在一次正循环中，系统对外界所做的净功 $W_{净}$ 等于循环过程中全部功的代数和，也就是闭合曲线 $abcd$ 所包围的面积.

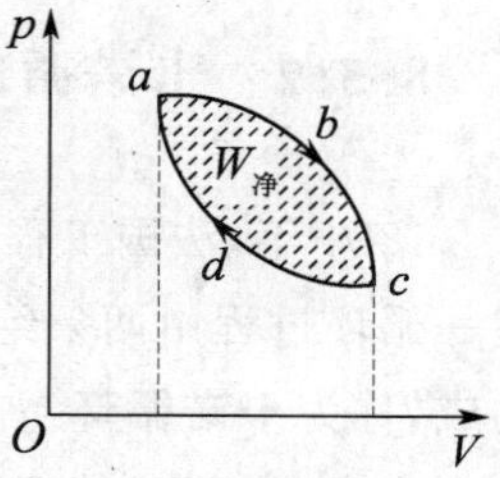

图 8-10　循环过程

设在整个循环过程中系统吸收的热量为 $Q_1$，向外界放出的热量为 $Q_2$，系统从外界吸收的净热量 $\Delta Q = Q_1 - Q_2$. 由于经过一次循环后系统的内能变化量 $\Delta E = 0$，根据热力学第一定律，有 $W_{净} = Q_1 - Q_2$. 这表明，在正循环中，系统从外界吸收热量 $Q_1$ 后，将其中一部分转化为对外界所做的功 $W_{净}$，其余部分 $Q_2$ 释放给外界. 可见，正循环是一种通过工质使热量不断转化为功的循环.

### 8.5.1　热机循环过程及效率

工作于正循环过程的机器称为**热机**. 热机的工作效率应该是消耗尽可能少的能量而尽可能多做功，故热机的**效率**定义为经过一次循环后系统对外界所做的功与从高温热源吸收的热量之比，即

$$\eta = \frac{W_{净}}{Q_1}, \tag{8-10}$$

或表示为

$$\eta = \frac{Q_1 - Q_2}{Q_1} = 1 - \frac{Q_2}{Q_1}.$$

可见，热机的效率不大于 1.

在逆循环过程中，系统从低温热源吸收热量 $Q_2$，向高温热源释放热量 $Q_1$，经过一次循环回到初始状态. 由于系统的内能并未发生变化，因此外界对系统所做的净功 $W_{净} = Q_1 - Q_2$. 在 $p$-$V$ 图上，净功在数值上等于闭合曲线所围的面积.

工作于逆循环过程的机器称为**致冷机**. 致冷机的致冷系数定义为经过一次循环后低温热源吸收的热量与外界对系统所做的功之比，即

$$e = \frac{Q_2}{W}, \tag{8-11}$$

或表示为

$$e = \frac{Q_2}{Q_1 - Q_2}.$$

可见致冷机的致冷系数可以大于 1，也可以小于 1.

## 8.5.2 卡诺循环

1824 年，法国工程师卡诺为研究热机的效率提出了一种理想的循环过程，这一循环过程由两条绝热线和两条等温线构成，称为**卡诺循环**. 如图 8-11 所示. 工质从 $a$ 点出发，经过等温膨胀后到达 $b$ 点，此过程系统从外界吸收热量 $Q_1$，并对外界做功且系统内能保持不变；从 $b$ 点到 $c$ 点为绝热膨胀过程，系统对外界做功并减少内能；由 $c$ 点到 $d$ 点为等温压缩过程，系统被外界做功的同时向低温热源释放热量 $Q_2$；最后由 $d$ 点到 $a$ 点为绝热膨胀过程，系统被外界做功且内能升高.

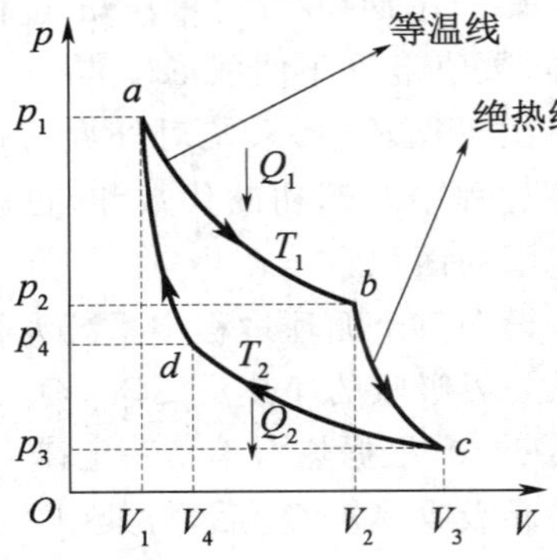


**图 8-11　卡诺正循环**

卡诺热机的效率

下面计算卡诺循环的效率.

$a \to b$：系统吸收的热量等于其对外界所做的功，即

$$Q_1 = \nu R T_1 \ln \frac{V_2}{V_1}.$$

$c \to d$：外界对系统所做的功等于系统向外界释放的热量，即

$$Q_2 = \nu R T_2 \ln \frac{V_3}{V_4}.$$

考虑到 $V_2, V_3$ 在同一条绝热线上，$V_1, V_4$ 在同一条绝热线上，根据绝热过程方程 $pV^\gamma = C$，有 $p_1 V_1^\gamma = \nu R T_1 V_1^{\gamma-1} = C$，$p_4 V_4^\gamma = \nu R T_2 V_4^{\gamma-1} = C$，于是有 $\dfrac{V_1^{\gamma-1}}{V_4^{\gamma-1}} = \dfrac{T_2}{T_1}$. 同理，有 $\dfrac{V_2^{\gamma-1}}{V_3^{\gamma-1}} = \dfrac{T_2}{T_1}$. 由此可以推出 $\dfrac{V_1}{V_4} = \dfrac{V_2}{V_3}$，则卡诺正循环的效率为

$$\eta_{卡} = 1 - \frac{Q_2}{Q_1} = 1 - \frac{\nu R T_2 \ln \dfrac{V_3}{V_4}}{\nu R T_1 \ln \dfrac{V_2}{V_1}} = 1 - \frac{T_2}{T_1}. \tag{8-12}$$

因此，可以通过提高高温热源的温度或降低低温热源的温度来提高热机的效率.

同理，卡诺逆循环的致冷系数为

$$e_{卡} = \frac{Q_2}{Q_1 - Q_2} = \frac{T_2}{T_1 - T_2}. \tag{8-13}$$

**例 8-9**　内燃机利用液体或气体燃料，直接在气缸中燃烧，由于产生巨大的压强而做功. 内燃机的种类有很多，此处只举活塞经过 4 个过程完成一个循环的例子，如图 8-12 所示的四冲程汽油内燃机. 请说明整个循环(奥托循环)中各个分过程的特征，并计算这一循环的效率.

**解**　奥托循环的 4 个分过程如下.

①吸入燃料过程.

气缸开始吸入汽油蒸气及助燃空气，此时压强约为 $1.0\times10^5$ Pa，这是个等压过程(图中过程 $a\to b$).

②压缩过程.

活塞自右向左移动，将已吸入气缸内的混合气体压缩，使之体积减小，温度升高，压强增大. 由于压缩较快，气缸散热较慢，这个过程可看作一个绝热过程(图中过程 $b\to c$).

③爆炸、做功过程.

在上述高温压缩气体中，用电火花或其他方式引起气体燃烧、爆炸，气体压强骤增，由于爆炸时间短促，活塞在这一瞬间移动的距离极小，因此这个过程近似是个等容过程(图中过程 $c\to d$). 巨大的压强把活塞向右推动而做功，同时压强也随着气体的膨胀而降低，爆炸后的做功过程可看成一个绝热过程(图中过程 $d\to e$).

④排气过程.

开放排气口，使气体压强突然降为大气压强，这个过程近似于一个等容过程(图中过程 $e\to b$). 然后再由飞轮的惯性带动活塞，使之从右向左移动，排出废气，这是个等压过程(图中过程 $b\to a$).

气体主要在循环的等容过程 $c\to d$ 中吸热(相当于在爆炸中产生的热)，而在等容过程 $e\to b$ 中放热(相当于随废气而排出的热). 设气体的质量为 $m$，摩尔质量为 $M$，定容摩尔热容为 $C_{V,\mathrm{m}}$，则在等容过程 $c\to d$ 中，气体吸取的热量为

$$Q_1=\frac{m}{M}C_{V,\mathrm{m}}(T_d-T_c).$$

而在等容过程 $e\to b$ 中放出的热量应为

$$Q_2=\frac{m}{M}C_{V,\mathrm{m}}(T_e-T_b).$$

所以这个循环的效率应为

$$\eta=1-\frac{Q_2}{Q_1}=1-\frac{T_e-T_b}{T_d-T_c}.$$

把气体看作理想气体，从绝热过程 $d\to e$ 及 $b\to c$ 可得如下关系：

$$V^{\gamma-1}T_e=V_0^{\gamma-1}T_d,$$

$$V^{\gamma-1}T_b=V_0^{\gamma-1}T_c.$$

两式相减得

$$V^{\gamma-1}(T_e-T_b)=V_0^{\gamma-1}(T_d-T_c),$$

$$\frac{T_e-T_b}{T_d-T_c}=\left(\frac{V_0}{V}\right)^{\gamma-1},$$

$$\eta=1-\frac{1}{\left(\frac{V}{V_0}\right)^{\gamma-1}}=1-\frac{1}{r^{\gamma-1}},$$

式中，$r=V/V_0$ 称为压缩比.

计算表明，压缩比越大，效率越高. 汽油内燃机的压缩比不能大于 7，否则汽油蒸气与空气的混合气体在尚未压缩至 $c$ 点时，温度已高到足以引起混合气体燃烧了. 如果 $r=7$，$\gamma=1.4$，则 $\eta=1-\frac{1}{7^{0.4}}=54\%$，实际上汽油机的效率只有 25%左右.

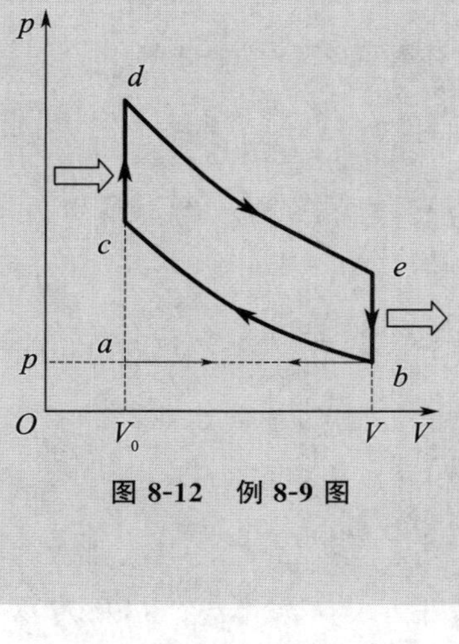


**图 8-12　例 8-9 图**

**例 8-10** 一卡诺可逆热机工作在温度为 127 ℃和 27 ℃的两个热源之间. 在一次循环中工质从高温热源吸收热量 600 J,那么系统对外界做的功为多少?

**解** 由卡诺循环效率公式有

$$\eta_{卡}=\frac{W_{净}}{Q_1}=1-\frac{T_2}{T_1},$$

进而

$$W_{净}=Q_1\left(1-\frac{T_2}{T_1}\right)=600\times\left(1-\frac{300}{400}\right)\ \mathrm{J}=150\ \mathrm{J}.$$

**例 8-11** 某理想气体分别进行了如图 8-13 所示的两个卡诺循环:Ⅰ($a\to b\to c\to d\to a$)和Ⅱ($a'\to b'\to c'\to d'\to a'$),且两条循环曲线所围面积相等,设循环Ⅰ的效率为 $\eta$,每次循环在高温热源处吸收的热量为 $Q$,循环Ⅱ的效率为 $\eta'$,每次循环在高温热源处吸收的热量为 $Q'$,则 $\eta$ 与 $\eta'$ 的关系如何? $Q$ 与 $Q'$ 的关系又如何?

**解** 由卡诺循环效率公式得 $\eta=1-\frac{T_2}{T_1}$,$\eta'=1-\frac{T_2'}{T_1'}$. 因为 $T_2'<T_2$,$T_1'>T_1$,所以

$$\eta'=1-\frac{T_2'}{T_1'}>\eta.$$

又因为 $\eta=\frac{W}{Q}$,$\eta'=\frac{W'}{Q'}$,$W=W'$(循环面积相等),$\eta<\eta'$,所以

$$Q>Q'.$$

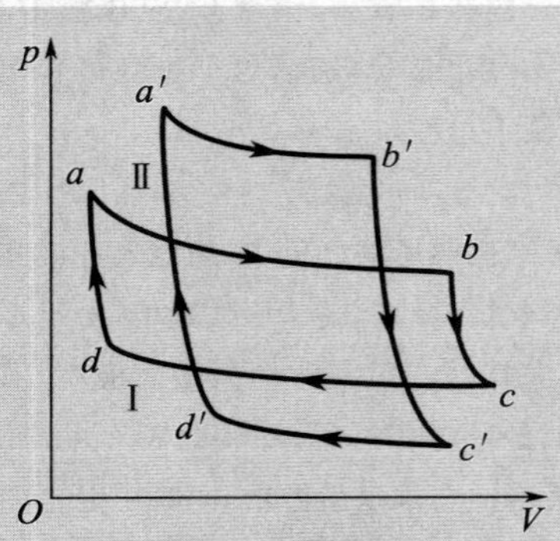


**图 8-13 例 8-11 图**

**例 8-12** 一定量的刚性双原子分子理想气体,进行如图 8-14 所示的循环,求循环效率.

**解** 本题可用两种方法求解.

方法一:利用 $\eta=\frac{W_{净}}{Q_1}$求解.

因为 $W_{净}=W_{ab}+W_{bc}+W_{ca}$,且有

$$W_{ab}=0,$$

$$W_{bc}=\frac{m}{M}RT_c\ln\frac{V_c}{V_b}=p_cV_c\ln\frac{V_c}{V_b}=2p_0V_0\ln 2,$$

$$W_{ca}=-p_0V_0.$$

于是有 $W_{净}=p_0V_0(2\ln 2-1)$.

又因为 $Q_1=Q_{ab}+Q_{bc}$,且

$$Q_{ab}=E_b-E_a=\frac{m}{M}\frac{i}{2}R(T_b-T_a)$$

$$=\frac{i}{2}(p_bV_b-p_aV_a)$$

$$=\frac{i}{2}(p_cV_c-p_aV_a).$$

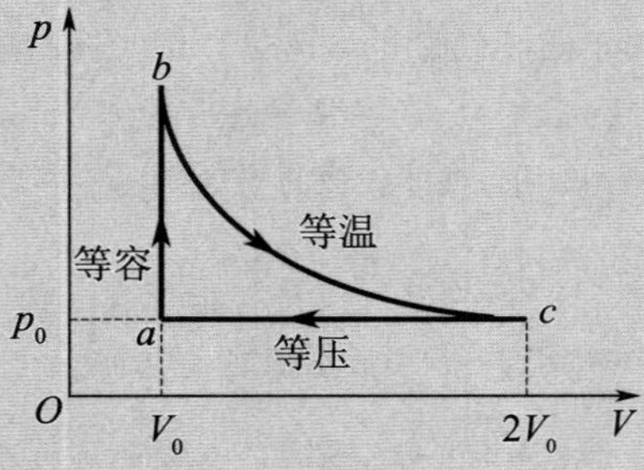


**图 8-14 例 8-12 图**

由题可知$\frac{p_b}{p_a}=\frac{T_b}{T_a}=\frac{T_c}{T_a}$及$\frac{V_c}{V_a}=\frac{T_c}{T_a}$，于是有

$$p_b=\frac{V_c}{V_a}p_a=2p_a=2p_0,$$

所以

$$Q_{ab}=\frac{5}{2}p_0V_0,$$

$$Q_{bc}=W_{bc}=2p_0V_0\ln 2.$$

推出 $Q_1=p_0V_0(2\ln 2+2.5)$.

最后得出

$$\eta=\frac{W_{净}}{Q_1}=\frac{2\ln 2-1}{2\ln 2+2.5}=9.9\%.$$

方法二：利用 $\eta=1-\frac{Q_2}{Q_1}$求解.

由题意知　$Q_2=|Q_{cb}|$，

$$Q_{cb}=\frac{m}{M}\frac{i+2}{2}R(T_b-T_c)$$

$$=\frac{i+2}{2}(p_aV_a-p_cV_c)$$

$$=-\frac{7}{2}p_0V_0,$$

所以

$$Q_2=\frac{7}{2}p_0V_0.$$

于是有

$$\eta=1-\frac{Q_2}{Q_1}=1-\frac{\frac{7}{2}p_0V_0}{p_0V_0(2\ln 2+2.5)}$$

$$=\frac{2\ln 2-1}{2\ln 2+2.5}=9.9\%.$$

**注意**：此循环不是卡诺循环. $\eta_{卡}=1-\frac{T_2}{T_1}$不成立.

## 8.6 热力学第二定律

从热力学第一定律知道，热力学过程应满足能量守恒定律，但大量事实表明很多满足能量守恒定律的过程却不一定能发生. 许多热力学过程具有自发的方向性. 例如，当两个不同温度的物体相互接触时，热量总是从高温物体传给低温物体，这就是热传导过程. 相反的过程是热量自动地从低温物体传给高温物体，但是这个过程从未出现过. 在焦耳实验中，重物下降带动轮桨克服水的摩擦力做功，此功转变为热使水温度变高，这就是摩擦生热过程. 相反的过程是水自动冷却而把重物提起来，但是从来没出现过这样的过程. 一瓶香水，打开盖后，分子由于热运动要扩散到外边，在瓶附近的人可以闻到香水的气味，这就是分子的扩散过程. 相反的过程是香水分子应自动地再回到瓶中，但是，这样的过程也从未出现过. 有一容器被隔板分为 A，B 两部分，最初 A 部分有气体，B 部分为真空，抽掉隔板后一段时间气体就充满了整个容器，这就是气体自由膨胀过程. 相反的过程是气体自动回到 A 中，这样的过程也从未出现过. 以上的例子说明自然界中发生的过程总是自动地向一个方向进行. 热力学第二定律正是反映了自然界中热力学过程的方向性. 它不同于热力学第一定律，热力学第一定律指出了热和功转换中的数值关系(能量守恒)，并不能说明过程进行的方向，如热传导问题. 热力学第一定律只能说明一个物体得到的热量等于另一个物体所失去的热量. 至于哪个物体得到热量，哪个物体失去热量，热力学第一定律不能加以说明. 热力学第二定律是经验的总结.

### 8.6.1 开尔文表述和克劳修斯表述

**1. 开尔文表述**

**热机不可能从单一热源吸热，使其全部转化为功而不产生任何其他影响**，这种表述称为**热力学第二定律的开尔文**(Kelvin)**表述**. 不产生任何其他影响意味着不与外界进行热交换或不对外界做功. 开尔文表述强调工作在循环过程上的热机，如果吸热并做功就必须向外界释放热量. 这意味着热机效率不可能达到100%. 违背开尔文表述的热机又称第二类永动机，因此热力学第二定律又可以表述为**不可能制造出第二类永动机**.

应该说明，若系统所经历的不是循环过程，则系统可以从单一热源吸热并转化为功. 例如，理想气体在等温条件下膨胀，从单一热源吸热，并将这些热量全部转化为对外界所做的功. 同时，气体的体积也增大了.

**2. 克劳修斯表述**

**不可能把热量从低温物体传递给高温物体而不引起其他变化**，这种表述称为**热力学第二定律的克劳修斯**(Clausius)**表述**. 该表述说明，热量不可能自发地从低温物体传递给高温物体. 当有外界干预时，热量可以从低温物体传向高温物体. 例如，在冰箱致冷过程中，外界的干预就是输入了电能，使冷冻室更冷.

克劳修斯

开尔文表述和克劳修斯表述虽然说法不同，但物理内涵是相同的. 可以证明，这两种表述是完全等价的. 证明如下.

证明方式：(1)违背克劳修斯表述时，也就违背了开尔文表述；

(2)违背开尔文表述时，也就违背了克劳修斯表述.

**证**：(1)设克劳修斯表述不成立，即允许有一种热机Ⅰ，产生的唯一效果是热机Ⅰ从低温热源(温度为 $T_2$)自动向高温热源(温度为 $T_1$)传递热量 $Q_2$. 在此两热源之间又有一个热机Ⅱ，每一次循环后，热机Ⅱ会从高温热源吸热 $Q_1$，向低温热源放热 $Q_2$，对外做功 $W=Q_1-Q_2$，如图8-15所示. 把Ⅰ，Ⅱ看成复合机，经过一次循环后，低温热源净放热为零；高温热源净放热 $Q_1-Q_2$；复合机对外做功 $W=Q_1-Q_2$.

**结论**：复合机循环一次后，从单一热源吸收的热量完全变为有用功，而没有产生其他影响，显然这违背了开尔文表述.

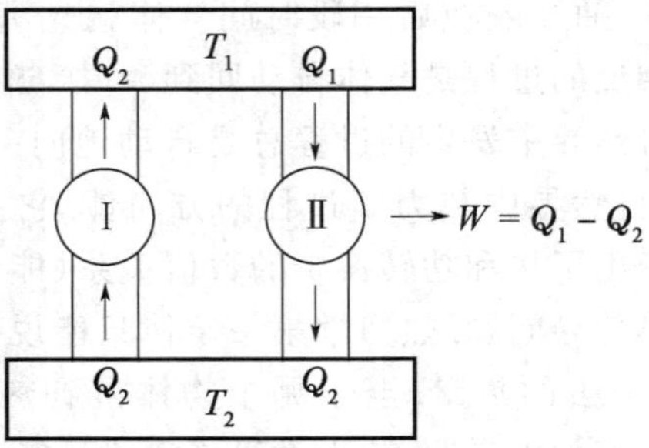


**图8-15 证明违背克劳修斯表述时，也就违背了开尔文表述**

(2)设开尔文表述不成立,即允许有一种热机Ⅰ,循环一次后,热机Ⅰ只从低温热源(温度为 $T_2$)吸热,并完全变为功 $W$ 而不产生其他影响. 在高温热源(温度为 $T_1$)和低温热源之间有一种热机Ⅱ,它接受Ⅰ对外做功 $W$ 使其从低温热源吸热 $Q_2$,向高温热源放热 $Q_1$,如图 8-16 所示. 把Ⅰ,Ⅱ看成复合机,完成一次循环后,低温热源放热 $Q_2$;高温热源净吸热 $Q_1$;复合机无任何变化.

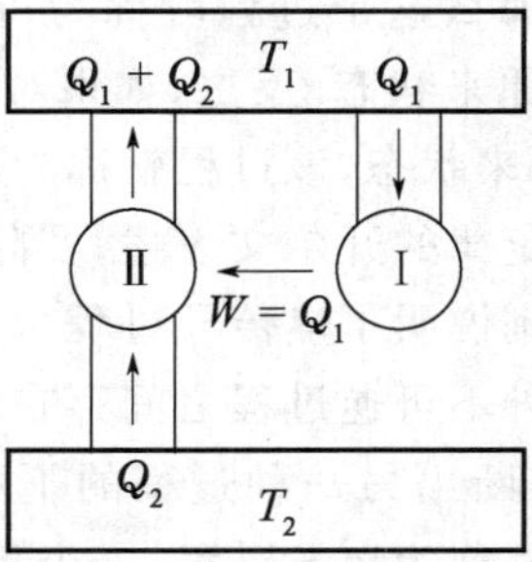


**图 8-16　证明违背开尔文表述时,也就违背了克劳修斯表述**

**结论**:复合机循环一次相当于热量 $Q_2$ 自动从低温热源传到高温热源,显然,这违背了克劳修斯表述.

由此可知,违背克劳修斯表述,同时也违背开尔文表述,违背开尔文表述,同时也违背克劳修斯表述. 这说明了两种说法是完全等价的.

**例 8-13**　证明:绝热线和等温线不能交于两点.

**解**　①从热力学第一定律角度看.

假设绝热线与等温线有两个交点,如图 8-17 所示,在等温过程中有

$$\Delta E = E_b - E_a = 0,$$

即 $E_b = E_a$.

在绝热过程中,$Q=0$,$W>0$,所以

$$\Delta E = E_b - E_a < 0,$$

即 $E_b < E_a$.

可见,上面结果矛盾,故假设不对,即绝热线与等温线不能有两个交点.

②从热力学第二定律角度看.

假设绝热线与等温线交于两点,如图 8-17 所示. 这两个过程构成了一个循环. 整个循环的结果是,经过循环一次后,系统只从单一热源吸热并全部用来对外做功,而没产生其他任何影响. 显然,这是违背热力学第二定律的. 故绝热线与等温线不能有两个交点(即不能构成一个循环).

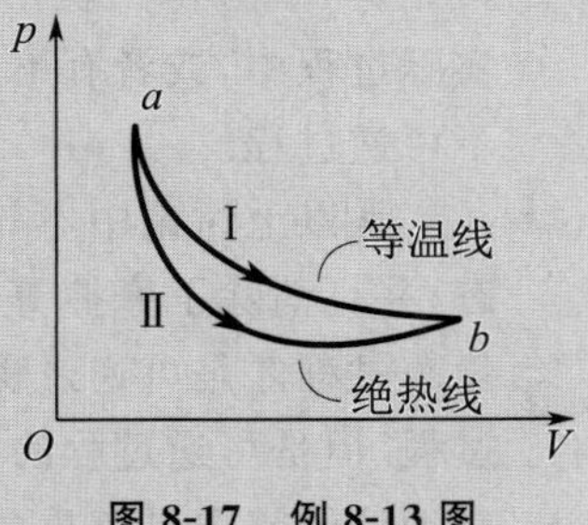


**图 8-17　例 8-13 图**

## 8.6.2　可逆过程和不可逆过程

热力学第一定律指明了在自然界发生的一切过程中,能量必须守恒. 热力

学第二定律则表明，符合能量守恒定律的过程并不一定都能自动发生，它实质上反映了在自然界中与热现象有关的一切实际过程都是沿一定方向进行的.为了进一步研究热力学过程的方向问题，需要引入可逆过程和不可逆过程的概念.

设想系统经历了一个过程，如果过程的每一步都可沿相反的方向进行，同时不引起外界的任何变化，那么这个过程就称为**可逆过程**. 显然，在可逆过程中，系统和外界都能恢复到原来状态. 反之，如果对于某一过程，用任何方法都不能使系统和外界恢复到原来状态，该过程就称为**不可逆过程**.

不难看出，热力学第二定律的开尔文表述，实际上说明了热功转换过程是不可逆过程；克劳修斯表述则说明了热传导过程也是不可逆过程. 两种表述的等价性又进一步表明，这两种不可逆过程之间存在着内在的联系，由其中任意一种过程的不可逆性可以推断出另一种过程的不可逆性. 自然界中不受外界影响而能够自动发生的过程，称为**自发过程**. 一个不受外界影响的热力学系统则称为**孤立系统**. 自发过程也是孤立系统内发生的与热现象有关的实际过程. 功转换为热，热量从高温物体传向低温物体的过程都是自发过程，这也是两种典型的不可逆过程. 实际上，自然界的一切自发过程，都是不可逆过程. 如气体的自由膨胀过程、各种气体的相互扩散过程、各种爆炸过程等. 与证明热力学第二定律两种表述的等价性类似，同样可以证明：自然界中一切不可逆过程都具有等价性和内在的联系，由一种过程的不可逆性可以推断出其他过程的不可逆性.

仔细观察实际的自发过程，可以发现它们有着共同的特征. 这就是在系统中原来存在着某种不平衡因素，或者在过程中存在着摩擦等耗散因素. 例如，气体的自由扩散是由密度或压强不平衡引起的；热传导是由温度不平衡引起的；功转换为热是因为做功过程中存在摩擦阻力等耗散因素. 自发过程的方向总是由不平衡趋向平衡，并且在达到新的平衡状态后，过程就自动终止. 由此可见，不平衡和耗散等因素的存在，是使过程不可逆的原因. 一切自动发生的实际过程中，或者有不平衡因素存在，或者有摩擦等耗散因素存在，所以都是不可逆过程.

从以上讨论中不难看出，只有在过程中的每一步，系统都无限接近平衡态，并且消除了摩擦等耗散因素，过程才是可逆的. 也就是说，只有无摩擦的准静态过程才是可逆过程. 由此可见，可逆过程是一种实际上不可能存在的理想过程. 但是可逆过程的概念，就像质点、平衡态、理想气体等理想化概念一样，在理论研究中具有重要的意义. 应当指出，通常在讨论中提到的准静态过程，实际上总是指可逆过程.

自然界的一切自发过程，既然存在着共同的特征和内在的联系，从一个过程的不可逆性可以推断出其他过程的不可逆性，因而任意自发过程都可借以表述热力学第二定律. 不过无论采用什么样的表述方式，热力学第二定律的实质，都揭示了自然界的一切自发过程都是单方向进行的不可逆过程.

下面通过气体自发进行自由膨胀来说明热力学第二定律的统计意义.

如图 8-18 所示，用一活动隔板 P，将容器分为容积相等的 A，B 两室. A 室中充满气体，B 室为真空. 现考虑任意一个分子，如分子 a. 在抽掉 P 前，A 在 A 室内运动，在抽掉 P 后，a 就可在整个容器内运动. 由于碰撞，a 可能一会在 A 室内，一会在 B 室内. 因此，对任意一个分子而言，它处在 A，B 室内的概率是相等的，即为 1/2. 如果考虑有 3 个分子 a，b，c，它们原先都在 A 室内，如果把 P 抽掉，它们就有可能在 B 室内. 总之，这 3 个分子在容器中的分配有 8 种可能，全部回到 A 室内（自动收缩）的概率为 $1/8=1/2^3$.

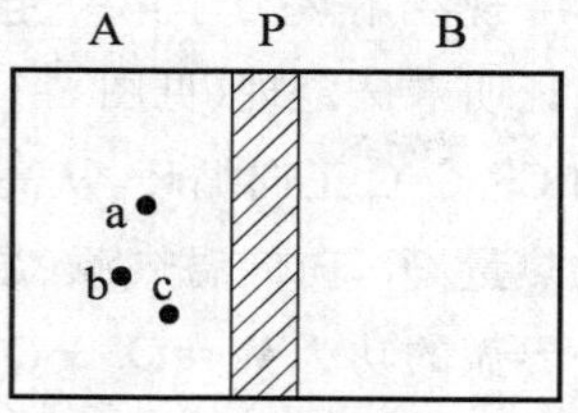

**图 8-18　气体自发进行自由膨胀示意图**

根据概率理论，如果分子数为 $N$，上述自动收缩的概率应为 $\frac{1}{2^N}$. 所以分子数 $N$ 越大，自动收缩的概率越小. 假定气体体积为 1 mol，分子总数为 $N_0 \approx 6\times10^{23}$，则自由膨胀后，自动收缩的概率是 $\frac{1}{2^{6\times10^{23}}}$，这是微不足道的. 实际上，也就是说气体的这种自由膨胀是不可逆过程.

上例说明：不可逆过程实际上是一个从概率较小的状态到概率较大的状态转变的过程.

由上可知，**一个不受外界影响的孤立系统，其内部发生的过程（自发过程）总是由概率小的状态向概率大的状态进行，这就是热力学第二定律的统计意义.**

## 8.6.3　卡诺定理

工作在可逆过程中的热机称为**可逆热机**；否则，称为不可逆热机.

为研究热机理论上的效率，法国工程师卡诺提出了卡诺定理：

（1）**在相同的高温热源与低温热源之间工作的一切可逆热机效率都相同，与工作物质无关；**

（2）**在相同的高温热源与低温热源之间工作的一切不可逆热机的效率不可能大于可逆热机的效率.**

卡诺定理在数学上表示为

$$\eta \leqslant 1-\frac{T_2}{T_1}, \tag{8-14}$$

式中，等号对应可逆热机，小于号对应不可逆热机.

卡诺定理指明了提高热机效率的方向. 首先，要增大高温、低温热源的温度差. 由于一般热机总是以周围环境作为低温热源，所以实际上只能是提高高温热源的温度. 其次，要尽可能地减少热机循环的不可逆性，也就是减少摩擦、漏气和散热等耗散因素.

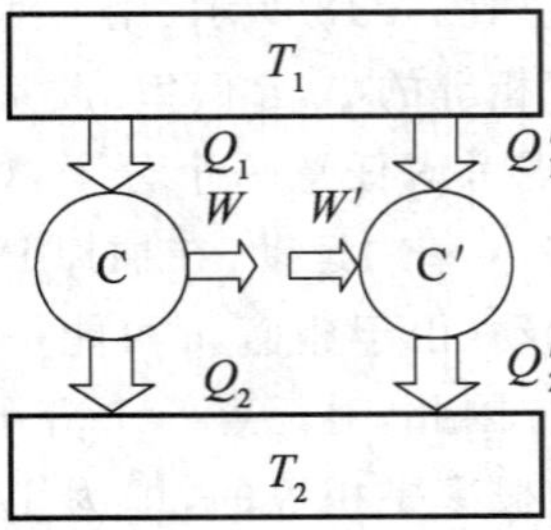


图 8-19　卡诺定理证明示意图

现在用热力学第一定律和热力学第二定律来证明卡诺定理(见图 8-19). 设有两可逆热机 C 和 C′,令 C 正向循环,从高温热源(温度为 $T_1$)吸收热量 $Q_1$,向低温热源(温度为 $T_2$)放热 $Q_2$,对外界做的功为 $W=Q_1-Q_2$. 令 C′逆向循环,从高温热源吸热 $Q'_1$,向低温热源放热 $Q'_2$,外界输入功 $W'=Q'_1-Q'_2$. 适当控制两个热机循环次数,设法使 $Q_2=Q'_2$,则两个热机构成的联合热机对外所做的净功为

$$W-W'=Q_1-Q_2-(Q'_1-Q'_2)=Q_1-Q'_1.$$

该功若大于零,即 $W-W'>0$,相当于联合热机从单一热源吸收热量,而低温热源没有受到任何影响. 这显然违反了热力学第二定律开尔文表述,故只能有关系

$$W-W'\leqslant 0,$$

得

$$Q_1\leqslant Q'_1.$$

该式说明

$$\eta\leqslant\eta'.$$

若让热机 C 逆向工作,C′正向工作,同理可得

$$\eta\geqslant\eta'.$$

$\eta\leqslant\eta'$,$\eta\geqslant\eta'$要同时成立,只能有

$$\eta=\eta'.$$

这样就证明了卡诺定理的第一个命题.

若两个热机中有一个是不可逆热机,如设 C′为不可逆热机,则只能证明关系 $\eta\geqslant\eta'$,而不能证明 $\eta\leqslant\eta'$,因此工作在相同高温热源与相同低温热源之间的一切不可逆热机的效率不可能高于可逆热机的效率. 这就是卡诺定理的第二个命题.

## 8.7 熵　熵增加原理

熵的理解和应用

自发的热力学过程都具有方向性,本节讨论在自然界过程的孤立系统中热力学过程的方向性.

首先定义热温比的概念:在等温过程中,系统吸收(放出)的热量与温度之比,即$\dfrac{Q}{T}$称为**热温比**.

在卡诺循环中，热机在经历一次循环后，其热温比的和为$\frac{Q_1}{T_1}+\frac{-Q_2}{T_2}$（绝热过程热温比为零）. 根据卡诺定理，若一个卡诺循环的效率满足 $\eta\leqslant 1-\frac{T_2}{T_1}$，则有 $1-\frac{Q_2}{Q_1}\leqslant 1-\frac{T_2}{T_1}$，或表示为$\frac{Q_1}{T_1}-\frac{Q_2}{T_2}\leqslant 0$. 若 $Q_2$ 表示吸热，则可以表示为$\frac{Q_1}{T_1}+\frac{Q_2}{T_2}\leqslant 0$.

该式说明，一个系统在经历一次循环后，其热温比之和不可能大于零. 若此过程是可逆过程，则热温比为零；若此过程是不可逆过程，则热温比小于零. 对于任意一个热力学过程，如图 8-20 所示，可以认为是由一系列微小卡诺循环构成的，其热温比之和为

$$\sum_{i=1}^{n}\left(\frac{\Delta Q_{i1}}{T_{i1}}+\frac{\Delta Q_{i2}}{T_{i2}}\right)\leqslant 0.$$

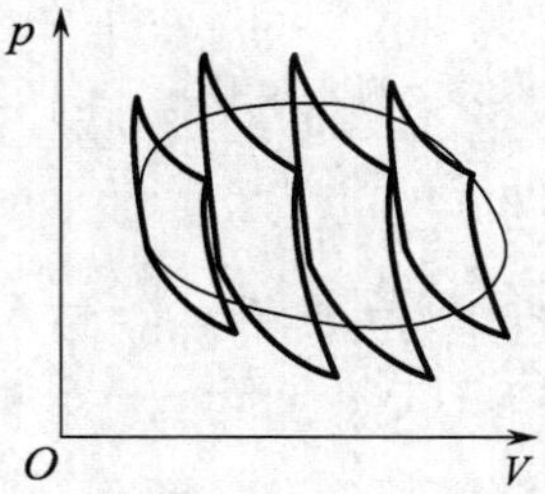


图 8-20 循环过程的热温比

当分割出的微小卡诺循环无限多时，表示为

$$\oint\frac{\mathrm{d}Q}{T}\leqslant 0. \tag{8-15}$$

式(8-15)称为**克劳修斯不等式**.

### 8.7.1 熵(克劳修斯熵)

如图 8-21 所示，设热力学系统从初态 1 出发，沿可逆过程 1→$a$→2 到达 2 点，再沿可逆过程 2→$b$→1 回到 1 点. 根据式(8-15)，此循环过程的热温比为

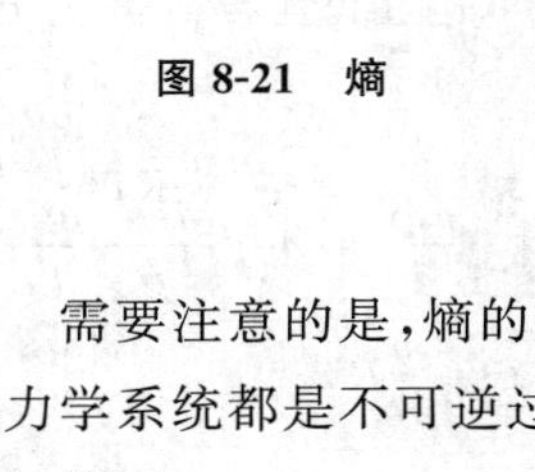


图 8-21 熵

$$\int_{1a2}\frac{\mathrm{d}Q}{T}+\int_{2b1}\frac{\mathrm{d}Q}{T}=0.$$

由此可以看出，对一个可逆过程而言，该过程的热温比之和只与该过程的初态和末态有关，而与过程无关. 由此定义一个状态函数 $S$，称为**熵**. 任意两个状态之间热温比之和定义为**熵变**，即

$$S_2-S_1=\int_1^2\frac{\mathrm{d}Q}{T}. \tag{8-16}$$

熵与信息

需要注意的是，熵的变化只与状态相关而与具体的过程无关. 通常，实际热力学系统都是不可逆过程. 因此，需要人为设计一个可逆过程来计算实际系统的熵变.

**例 8-14** 1 mol 理想气体沿如图 8-22 所示路径变化. 分别计算各个过程的熵变.

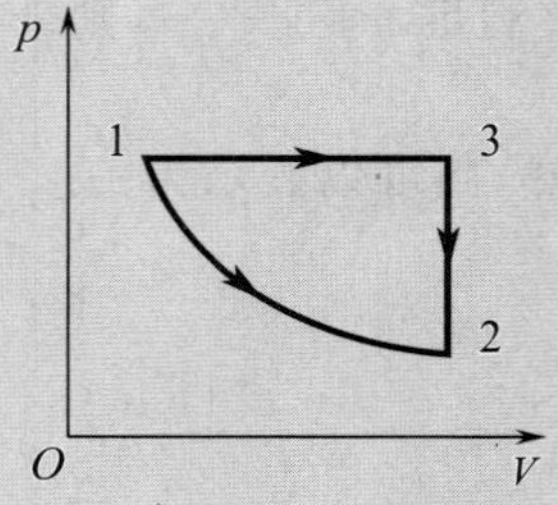


图 8-22 例 8-14 图

**解** ①等温过程：

$$S_2 - S_1 = \int_1^2 \frac{dQ}{T} = \int_1^2 \frac{p\,dV}{T} = R\int_{V_1}^{V_2} \frac{dV}{V} = R\ln\frac{V_2}{V_1}.$$

②等压过程：

$$S_3 - S_1 = \int_1^3 \frac{dQ}{T} = \int_{T_1}^{T_3} \frac{C_{p,m}\,dT}{T} = C_{p,m}\ln\frac{T_3}{T_1}.$$

③等容过程：

$$S_2 - S_3 = \int_3^2 \frac{dQ}{T} = \int_{T_3}^{T_2} \frac{C_{V,m}\,dT}{T} = C_{V,m}\ln\frac{T_2}{T_3}.$$

则 1→3→2 过程的熵变为

$$S_2 - S_1 = C_{p,m}\ln\frac{T_3}{T_1} + C_{V,m}\ln\frac{T_2}{T_3}$$

$$= R\ln\frac{T_3}{T_1} = R\ln\frac{V_2}{V_1}.$$

由上可知，初、末态分别相同的两个过程的熵变相同.

**例 8-15** 计算 1 mol 理想气体经可逆过程由状态($p_a, V_a, T_a$)到状态($p_b, V_b, T_b$)的熵变.

**解** 对于可逆过程，有

$$S_b - S_a = \int_a^b \frac{dQ}{T}$$

$$= \int_a^b \frac{dE}{T} + \int_a^b \frac{p\,dV}{T}.$$

因为 $dE = C_{V,m}\,dT, p = \frac{1}{V}RT$，

所以 $$S_b - S_a = \int_{T_a}^{T_b} \frac{C_{V,m}\,dT}{T} + \int_{V_a}^{V_b} \frac{R\,dV}{V}$$

$$= C_{V,m}\ln\frac{T_b}{T_a} + R\ln\frac{V_b}{V_a}.$$

**例 8-16** 理想气体自由膨胀(绝热)，体积由 $V$ 变为 $2V$，如图 8-23 所示，试求此过程中的熵变.

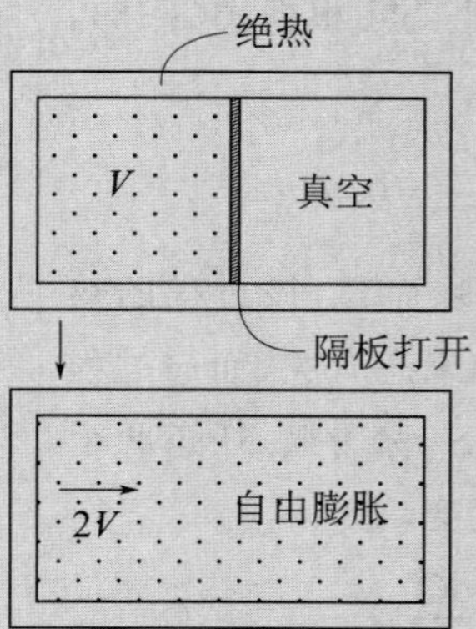


图 8-23 例 8-16 图

**解** 在此过程中，系统与外界绝热，系统对外界不做功，即

$$dQ = 0, \quad dW = 0,$$

所以 $dE = 0 \Rightarrow T =$ 常量.

绝热自由膨胀中温度不变. 此过程为不可逆过程，但是只要膨胀的初态与末态都为平衡态，则它们就对应一定的熵值，因为 $S$ 为状态函数. 为了求出不可逆过程中的熵变，可以适当选一个连接始末状态(平衡态)的可逆过程，使得利用可逆过程中的熵变公式来求出 $b, a$ 两状态熵差. 此题中，$T=$常量，所以选用一个等温可逆过程连接初末态. 因此有

$$S_b - S_a = \int_a^b \frac{dQ}{T} = \int_V^{2V} \frac{p\,dV}{T} = \int_V^{2V} \frac{\frac{m}{M}RT}{V}\frac{dV}{T}$$

$$= \frac{m}{M}R\int_V^{2V}\frac{dV}{V} = \frac{m}{M}R\ln 2.$$

**例 8-17**　将两个温度不同的物体接触，两个物体的比热容及质量相同. 高温物体的温度为 $T_2$，低温物体的温度为 $T_1$，求系统熵变.

**解**　系统的熵变分别为高温物体和低温物体熵变之和. 由于热传递过程本质上是不可逆过程，因此需要将此过程无限缓慢地进行，使其近似看作一个准静态过程. 于是有

$$\Delta S=\int_{T_1}^{T}\frac{\mathrm{d}Q}{T}+\int_{T_2}^{T}\frac{\mathrm{d}Q}{T}$$

$$=\int_{T_1}^{T}\frac{mc\,\mathrm{d}T}{T}+\int_{T_2}^{T}\frac{mc\,\mathrm{d}T}{T}=mc\ln\frac{T}{T_1}+mc\ln\frac{T}{T_2}$$

$$=mc\ln\frac{T^2}{T_1T_2},$$

式中，$T=\dfrac{T_1+T_2}{2}$.

## 8.7.2　熵增加原理

考虑一个循环过程如图 8-24 所示. 设过程 $1\to a\to 2$ 为不可逆过程，过程 $2\to b\to 1$ 为可逆过程.

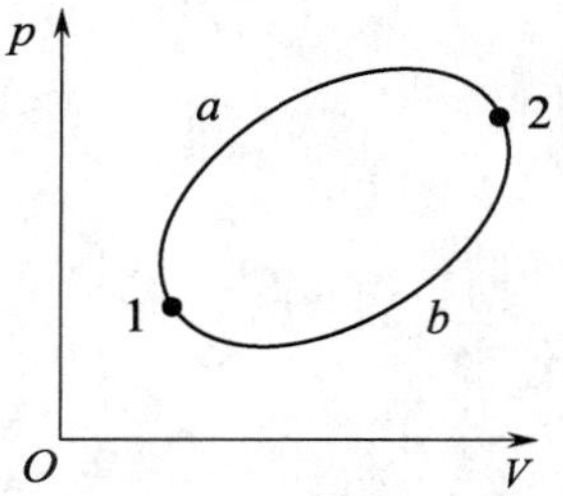


图 8-24　不可逆过程的熵

根据克劳修斯不等式对任意一个循环过程有

$$\oint\frac{\mathrm{d}Q}{T}\leqslant 0,$$

则有

$$\oint\frac{\mathrm{d}Q}{T}=\int_{1a2}\frac{\mathrm{d}Q}{T}+\int_{2b1}\frac{\mathrm{d}Q}{T}\leqslant 0,$$

即

$$\int_{1a2}\frac{\mathrm{d}Q}{T}\leqslant-\int_{2b1}\frac{\mathrm{d}Q}{T}=\int_{1b2}\frac{\mathrm{d}Q}{T}.$$

根据熵变的定义，有

$$S_2-S_1=\int_{1b2}\frac{\mathrm{d}Q}{T}\geqslant\int_{1a2}\frac{\mathrm{d}Q}{T}.$$

若过程 $1\to a\to 2$ 为可逆过程，则应有

$$S_2-S_1=\int_{1a2}\frac{\mathrm{d}Q}{T}.$$

合并两式后，对任意过程有

$$S_2-S_1\geqslant\int_1^2\frac{\mathrm{d}Q}{T}. \tag{8-17}$$

微分式为

$$\mathrm{d}S\geqslant\frac{\mathrm{d}Q}{T}. \tag{8-18}$$

式(8-18)说明，系统经过任意过程的熵的增量不小于该过程的热温比. 若此过程为可逆过程，则熵的增量等于该过程热温比；若此过程为不可逆过程，则熵的增量大于该过程热温比.

在孤立系统或绝热系统进行的过程中，由于 $\mathrm{d}Q=0$，因此 $\mathrm{d}S\geqslant 0$. **孤立系统或绝热系统的熵永不减少**，这就是**熵增加原理**.

# 本章提要

(1)热力学第一定律：

$$\Delta Q = \Delta E + W.$$

(2)功的计算：

$$W = \int_{V_1}^{V_2} \mathrm{d}W = \int_{V_1}^{V_2} p\,\mathrm{d}V.$$

(3)热量计算.

等容过程：$Q_V = \nu C_{V,\mathrm{m}}(T_2 - T_1)$.

理想气体定容摩尔热容：$C_{V,\mathrm{m}} = \dfrac{\mathrm{d}E}{\mathrm{d}T} = \dfrac{i}{2}R$.

等压过程：$Q_p = \nu C_{p,\mathrm{m}}(T_2 - T_1)$.

理想气体定压摩尔热容：$C_{p,\mathrm{m}} = C_{V,\mathrm{m}} + R$.

等温过程：$Q = \nu RT\ln\dfrac{p_1}{p_2}$.

绝热过程：$Q = 0$.

(4) $\Delta E$ 计算：

对于理想气体，公式 $\Delta E = \nu C_{V,\mathrm{m}}(T_2 - T_1)$ 可适用于任意过程.

(5)循环过程.

①正循环(热机)效率：

$$\eta = \frac{W_{净}}{Q_1} = 1 - \frac{Q_2}{Q_1}.$$

②卡诺正循环的效率：

$$\eta_{卡} = 1 - \frac{Q_2}{Q_1} = 1 - \frac{T_2}{T_1}.$$

③致冷系数：

$$e = \frac{Q_2}{W_{净}} = \frac{Q_2}{Q_1 - Q_2}.$$

④卡诺逆循环的致冷系数：

$$e_{卡} = \frac{Q_2}{Q_1 - Q_2} = \frac{T_2}{T_1 - T_2}.$$

(6)热力学第二定律.

开尔文表述：热机不可能从单一热源吸热，使其全部转化为功而不产生任何其他影响.

克劳修斯表述：不可能把热量从低温物体传递给高温物体而不引起其他变化.

(7)熵公式：

$$\Delta S = S_2 - S_1 = \int_1^2 \frac{\mathrm{d}Q}{T}.$$

(8)熵增加原理：

$$\Delta S \geqslant 0.$$

孤立系统或绝热系统的熵永不减少.

## 习题

**8-1**　选择题.

(1)对于室温下的刚性双原子分子理想气体,在等压膨胀的情况下,系统对外所做的功与从外界吸收的热量之比 $\dfrac{W}{Q}$ 等于(　　).

(A) $\dfrac{2}{3}$　　(B) $\dfrac{1}{2}$

(C) $\dfrac{2}{5}$　　(D) $\dfrac{2}{7}$

(2)根据热力学第二定律判断,下列说法中正确的是(　　).

(A) 不可能从单一热源吸收热量使之全部变为有用的功

(B) 在一个可逆过程中,工质净吸热等于其对界外做的功

(C) 摩擦生热的过程是不可逆的

(D) 热量不可能从温度低的物体传到温度高的物体

**8-2**　填空题.

(1)要使一系统的内能增加,可以通过________或________两种方式,或者兼用两种方式来完成.

(2)一定量理想气体,从同一状态开始,使其体积由 $V_1$ 膨胀到 $2V_1$,分别经历以下三种过程:①等压过程;② 等温过程;③绝热过程. 其中,________过程气体对外界做功最多;________过程气体内能增加最多.

**8-3**　日常生活中,有人将温度、热量、内能等不同概念都称为"热",试指出以下不同用语中的"热"指的是哪个概念:(1)摩擦生"热";(2)"热"功当量;(3)这盆水太"热".

**8-4**　在一巨大的容器内,注满温度等于室温的水,底部有一小气泡缓缓上升,逐渐变大,这是什么过程? 泡内气体是吸热还是放热?

**8-5**　1 mol 单原子分子理想气体从 300 K 加热到 350 K,气体从外界吸收的热量为 1 000 J,求:(1)气体的内能增量;(2)所做的功,并说明是气体对外界做功还是外界对气体做功.

**8-6**　1 mol 单原子分子理想气体从 300 K 加热到 350 K,已知:(1)容积保持不变;(2)压强保持不变. 在这两个过程中各吸收了多少热量? 增加了多少内能? 对外做了多少功?

**8-7**　压强为 $1.0\times10^5$ Pa、体积为 0.008 2 $m^3$ 的氮气,从初始温度 300 K 加热到 400 K,若加热时(1)体积不变;(2)压强不变,则各需热量多少? 哪一个过程所需热量大? 为什么?

**8-8**　气缸内密封有刚性双原子分子理想气体,若经历绝热膨胀后气体的压强减少了 1/2,求状态变化后的内能 $E_2$ 与变化前气体的内能 $E_1$ 之比.

**8-9**　一热机每秒从高温热源 ($T_1=600$ K)吸收热量 $Q_1=3.34\times10^4$ J,做功后向低温热源($T_2=300$ K)放出热量 $Q_2=2.09\times10^4$ J. (1)它的效率是多少? 它是不是可逆机? (2)如果尽可能地提高热机的效率,每秒从高温热源吸热 $3.34\times10^4$ J,则每秒最多能做多少功?

**8-10**　以理想气体为工作热质的热机循环,如题 8-10 图所示,试证明其效率为

$$\eta=1-\gamma\frac{\left(\dfrac{V_1}{V_2}\right)-1}{\left(\dfrac{p_1}{p_2}\right)-1}.$$

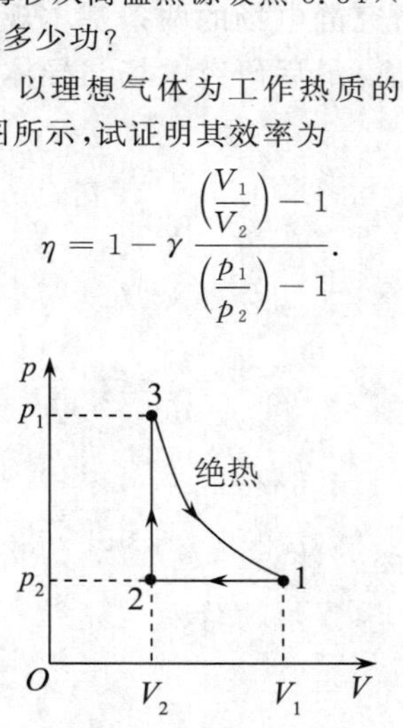


题 8-10 图

**8-11**　一可逆卡诺热机低温热源的温度为 300 K,高温热源的温度为 1 000 K,(1)求该热机的效率;(2)若高温热源的温度不变,将其效率提高到 80%,则低温热源温度需要降低多少?

**8-12**　一卡诺热机(可逆的),当高温热源的温度为 127 ℃、低温热源温度为 27 ℃时,其每次循环对外做净功 8 000 J. 现维持低温热源的温度不变,提高高温热源温度,使其每次循环对外做净功 10 000 J. 若两个卡诺循环都工作在相同的两条绝热线之间,求:

(1) 第二个循环的热机效率;

(2) 第二个循环的高温热源的温度.

第 9 章

# 静电场

现代物理研究把自然界中各种各样的物质划分为实物和场两大类. 场是确实存在的,如引力场、电磁场、核力场等. 场和一切实物一样,也具有能量、动量等重要性质,但场又与实物不同,几个场可以同时占有同一空间,所以,场是一种特殊物质.

实验指出,运动电荷会同时激发出电场和磁场,这就揭示了电场和磁场具有相互关联的性质. 电量不变的电荷在相对参考系静止时所激发的电场,称为静电场.

本章研究真空中静电场的基本性质:由库仑定律出发,引入描述电场的基本概念——电场强度;研究静电场的两条基本规律——静电场中的高斯定理和环路定理;并引入电势能和电势的概念;最后研究电场与导体、电介质的相互作用问题.

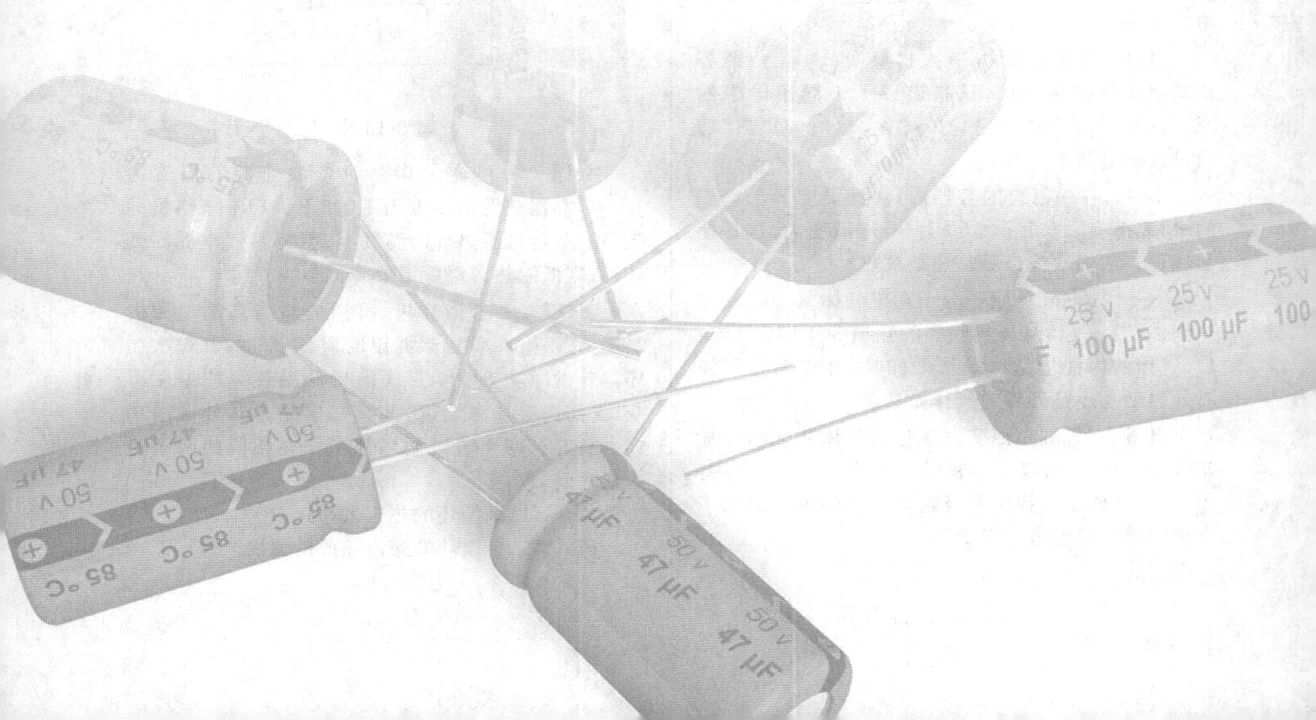

# 9.1 电荷的量子化 电荷守恒定律

电荷是古代对电的一种称呼，古代人们认为电是附着在物体上的，因而称为“电荷”.

用摩擦的方法使物体带电的现象，称为**摩擦起电**. 例如，用丝绸摩擦过的玻璃棒就带有电，会表现出吸引羽毛、小纸片等轻小物体的现象. 这时就可以说丝绸和玻璃棒都处于带电状态. 处于带电状态的物体，称为**带电体**. 18世纪中期，美国科学家富兰克林在对大量实验结果分析研究后，提出自然界中只有两种性质不同的电荷，分别称为**正电荷**和**负电荷**. 科学上规定：与用丝绸摩擦过的玻璃棒所带的电相同的，称为**正电荷**；与用毛皮摩擦过的橡胶棒所带的电相同的，称为**负电荷**. 同种电荷互相排斥，异种电荷互相吸引. 带正电荷可简称带正电，带负电荷可简称带负电.

通过近代科学可知：宏观物体都是由微观粒子构成的. 任何化学元素的原子，从微观看，都由带正电的原子核和绕着原子核运动的带负电的电子所组成. 在通常情况下，原子核带的正电荷总数跟核外电子带的负电荷总数相等，原子对外不显电性，所以整个原子是呈电中性的. 原子核里正电荷总数很难改变，而核外电子却能摆脱原子核的束缚，转移到其他物体上，从而使核外电子带的负电荷总数发生改变. 那么，当物体失去电子时，核外电子带的负电荷总数就要比原子核带的正电荷总数少，对外就显示出带正电；相反，本来是电中性的物体，当得到电子时，它对外就显示出带负电. 摩擦起电就是电子转移的一种现象. 当两个物体互相摩擦时，其中一个物体失去一些电子，而另一个物体得到一些的电子. 例如，用丝绸摩擦玻璃棒时，玻璃棒的一些电子转移到丝绸上，玻璃棒因失去电子而带正电，丝绸因得到电子而带等量负电；用毛皮摩擦橡胶棒时，毛皮的一些电子转移到橡胶棒上，毛皮带正电，而橡胶棒带等量的负电.

## 9.1.1 电荷的量子化

物体所带电荷的多少称为**电量**，用符号 $Q$ 或 $q$ 表示. 在SI中，电量的单位是库仑，符号为C. 库仑是一个导出单位. 已知，单位时间内通过截面的电量就是电流，电流单位为A(安培). 若1 s内流过某截面的电量为1 C，则流过该截面的平均电流为1 A，因此库仑和安培的关系式为 $1\ \text{C}=1\ \text{A}\cdot\text{s}$.

1897年，剑桥大学卡文迪许实验室的汤姆孙在研究阴极射线时发现了电子，并且测出了电子的荷质比(电量与质量的比值). 电子是目前实验中观察到的带有最小电量的自由粒子. 1913年，密立根从实验中测出其电量大小为 $e$ (2019年 $e$ 的国际推荐值为 $1.602\ 176\ 634\times10^{-19}$ C)，并且测出任何带电体所带有的电量都是电子电量绝对值 $e$ 的整数倍. 电量的这种只能取分立的、不连续的量值的性质,称为**电荷的量子化**.

近代物理从理论上预言,存在具有分数电荷的粒子——夸克,所带电量的绝对值是 $e$ 的 $\frac{1}{3}$ 或 $\frac{2}{3}$,但是在实验中尚未发现单独存在的夸克.

由于电子电量是一个非常小的数值,使得宏观电现象很难表现出电荷的量子化,因此在计算时经常把带电体上的电荷按照连续分布的情况来处理,并认为电荷变化也是连续的.

### 9.1.2 电荷守恒定律

由摩擦起电现象可知,摩擦使物体带电的过程其实是使物体所带正负电荷分离或转移的过程. 在这种过程中,电荷并没有被消灭,也没有被创造,只是从一个物体转移到另外一个物体上,或从物体的一部分转移到另外一部分. 再结合其他的起电实验,不难总结出以下的**电荷守恒定律:在一个孤立系统中,系统所具有的正、负电荷电量的代数和保持不变**. 电荷守恒定律同能量守恒定律、角动量守恒定律一样,是自然界的基本定律之一.

在高能粒子相互作用的实验中,电子是可以产生或者消失的. 例如,一对正负电子相遇,会同时消失并产生光子;而当一个高能光子和一个重核相互作用时,该光子就可以转化成一个正电子和一个负电子. 但是在相互作用过程中,系统的正、负电荷的代数和并没有发生改变,因此电荷守恒定律依然有效.

大量实验还证明,粒子的电量与它的运动状态无关. 例如,用加速器把带电粒子加速到接近光速时,粒子的质量会变化,但它们所带电量却没有任何改变. 所以,粒子的电量与其运动状态是无关的,在不同的参考系中观察,同一带电粒子的电量也是不变的. 电荷的这个性质称为**电荷的运动不变性**.

## 9.2 电场强度

### 9.2.1 库仑定律

库仑

带电体之间存在力的相互作用,这种力称为**电场力**. 电场力是电荷的一种对外表现,它与带电体所带电的正负、电量的多少、带电体本身的大小和形状、电荷分布情况以及它们之间的距离有关. 当带电体本身的线度与它们之间的距离相比足够小时,就可以忽略带电体的大小和形状,认为带电体所带电量都集中在一个"点"上,称为**点电荷**. 点电荷是电学中的一个重要的物理模型,它类似于力学中的质点,只是一个理想模型.

1785 年法国物理学家库仑通过扭秤实验,总结出真空中两个静止点电荷间相互作用力的基本规律,即**真空中的库仑定律**,简称**库仑定律**.

库仑定律可以表述为:**真空中的两个静止点电荷间的相互作用力,其方向为两个点电荷的连线方向,同种电荷相斥,异种电荷相吸;其大小与两点电荷的电量乘积成正比,与它们之间距离的二次方成反比.**

库仑定律的矢量表示式为

$$\boldsymbol{F}_{21}=k\frac{q_1q_2}{r^2}\boldsymbol{e}_{r_{21}}, \tag{9-1}$$

式中,$\boldsymbol{F}_{21}$ 为点电荷 $q_2$ 对点电荷 $q_1$ 的作用力;$r$ 为两个点电荷之间的距离;$\boldsymbol{e}_{r_{21}}$ 为从点电荷 $q_2$ 指向点电荷 $q_1$ 的单位矢量;$k$ 为比例系数,如图 9-1 所示.

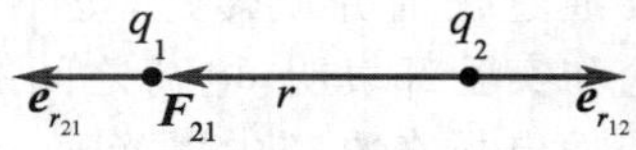


**图 9-1　真空中两个静止点电荷之间的作用力**

点电荷所带的电量 $q_1$,$q_2$ 为标量,有大小和正负. 当 $q_1$ 和 $q_2$ 同号时,$\boldsymbol{F}_{21}$ 与 $\boldsymbol{e}_{r_{21}}$ 同方向,表示点电荷 $q_1$ 受到 $q_2$ 的排斥作用;当 $q_1$ 和 $q_2$ 异号时,$\boldsymbol{F}_{21}$ 与 $\boldsymbol{e}_{r_{21}}$ 反方向,表示点电荷 $q_1$ 受到 $q_2$ 的吸引作用.

在 SI 中,当距离用 m、力用 N、电量用 C 作单位时,由实验测得的比例系数的值为

$$k=8.9880\times10^9\ \mathrm{N\cdot m^2/C^2}.$$

为了更方便地表达电磁学公式,人们引入了另一个常量 $\varepsilon_0$,使 $k=\dfrac{1}{4\pi\varepsilon_0}$. 这样便得到了库仑定律的常用形式

$$\boldsymbol{F}_{21}=\frac{q_1q_2}{4\pi\varepsilon_0r^2}\boldsymbol{e}_{r_{21}}. \tag{9-2}$$

这里引入的 $\varepsilon_0$ 称为**真空介电常量**(又称**真空电容率**),在 SI 中,它的数值和单位是

$$\varepsilon_0=\frac{1}{4\pi k}=8.8541\times10^{-12}\ \mathrm{C^2/(N\cdot m^2)}. \tag{9-3}$$

库仑定律只适用于真空中两个点电荷之间的相互作用,而不能直接用于求解多个点电荷或连续带电体之间的相互作用力.

如图 9-2 所示,当空间同时存在多个点电荷时,多个点电荷作用在 $P$ 点处,点电荷 $q$ 的总电场力就等于其他点电荷单独存在时对它作用的电场力的矢量和,这就是**电场力叠加原理**,表达式为

$$\boldsymbol{F}=\sum_{i=1}^{n}\boldsymbol{F}_i=\frac{1}{4\pi\varepsilon_0}\sum_{i=1}^{n}\frac{qq_i}{r_i^2}\boldsymbol{e}_{r_i}, \tag{9-4}$$

式中,$r_i$ 和 $\boldsymbol{e}_{r_i}$ 为第 $i$ 个点电荷 $q_i$ 到 $q$ 的距离和其单位矢量.

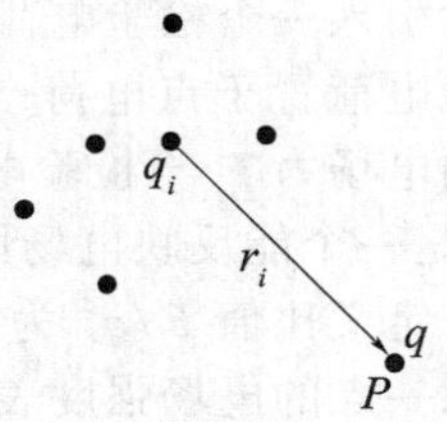


**图 9-2　电场力叠加原理**

库仑定律和电场力叠加原理是电学的基本规律,原则上讲,可以用它们解出任何带电体之间的相互作用力. 例如,求两个连续带电体之间的作用力,若两个带电体不能被看作点电荷,则就无法直接应用库仑定律式(9-1)来求解. 但是,按照叠加原理,可以把连续带电体划分成许多带有电荷的小块,使每个

小块都可以看作点电荷.按照库仑定律求出连续带电体上的每个点电荷对另一个带电体上每个点电荷的相互作用力,再根据电场力叠加原理求它们的矢量和,即可得两个连续带电体之间相互作用的电场力.

### 9.2.2 静电场

库仑定律给出了两个静止点电荷之间相互作用力的表达式,那么电场力是如何从一个点电荷作用到另一个点电荷上的呢?对于这个问题,早期电磁理论曾认为,电荷之间的相互作用是一种"超距作用",即两个点电荷突然出现在真空中,它们之间不需要通过任何介质传达,也不需要时间,就能够立即发生相互作用.而现代的理论和实验都表明,电荷之间的相互作用实际上是通过电场作为中间介质传递的,而电场在真空中以光速 $c$ 向前传播.产生电场的电荷称为**场源电荷**.当电量不变的场源电荷相对参考系静止时,产生的电场就称为**静电场**.

电场具有这样的性质,即处于电场中的任何带电体都将受到力的作用,而且带电体在电场中移动时,电场对带电体做功.

法拉第

电场力有以下几个基本特性.

(1)通常说来,带电体之间相互作用的电场力远大于带电体间的万有引力,因此,除非特别说明,否则不考虑带电体间万有引力的相互作用.

(2)电场力有引力、斥力两种基本形式,因此可对电场力进行屏蔽.

### 9.2.3 电场强度

由于场是特殊物质,不能像一般实物那样看得见、摸得着.那要如何研究它的性质呢?处于电场中的任何带电体都将受到力的作用.这样,不妨把一个小电荷放到由点电荷产生的电场中的不同点,分别去测小电荷在不同点受到的作用力.由此可发现,小电荷在电场中的位置不同,因此它受到的电场力的大小和方向是不一样的.因此,小电荷所受的电场力可以用来显示电场的性质.那么,如果要描述任意一个带电体在真空中产生的静电场,可以用其他电荷在该电场中所受的作用力来定量描述.

引入一个检验电荷 $q_0$,它的电量很小,不会影响周围空间的电场分布.将检验电荷置于点电荷产生的电场中,它将受到电场力的作用.实验表明,$q_0$ 所受的电场力 $\boldsymbol{F}$ 与检验电荷 $q_0$ 的大小和正负有关,但比值 $\boldsymbol{F}/q_0$ 与检验电荷无关,是一个能反映电场性质的物理量.

定义比值 $\boldsymbol{F}/q_0$ 为**电场强度矢量**,简称**电场强度**,用符号 $\boldsymbol{E}$ 表示.电场中任意一点的电场强度表示为

$$\boldsymbol{E}=\frac{\boldsymbol{F}}{q_0}, \tag{9-5}$$

**即电场中某点的电场强度大小等于单位正电荷在该点所受电场力的大小,方向与单位正电荷在该点所受电场力的方向一致.**

电场强度的 SI 单位是 N/C(牛顿每库仑)或 V/m(伏特每米).

需要注意的是,电场是一个客观实体,只要有电荷存在,就有电场存在.电

场的存在与否和是否引入检验电荷无关. 检验电荷的引入只是为了方便检验电场的存在和讨论电场的性质而已.

式(9-5)描述的是电场中某点的电场强度,它由静电场的基本性质推出,但适用于所有电场.

### 9.2.4　点电荷的电场强度

先讨论一个点电荷 $q$ 在真空中所形成的电场中某点的电场强度. 引入一检验电荷 $q_0$,如图 9-3 所示. 根据库仑定律,当检验电荷 $q_0$ 位于电场中某点 $P$ 时,若 $P$ 点距场源电荷距离为 $r$,检验电荷 $q_0$ 受到的场源电荷给它的电场力为

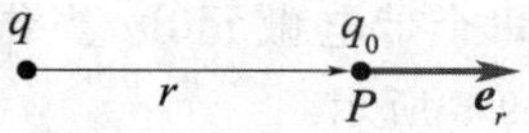


图 9-3　点电荷的电场强度

$$\boldsymbol{F}=\frac{qq_0}{4\pi\varepsilon_0 r^2}\boldsymbol{e}_r.$$

根据电场强度的定义式,有

$$\boldsymbol{E}=\frac{\boldsymbol{F}}{q_0}=\frac{q}{4\pi\varepsilon_0 r^2}\boldsymbol{e}_r,\tag{9-6}$$

式中,$\boldsymbol{e}_r$ 为由场源电荷指向场点 $P$ 的单位矢量. 式(9-6)即**点电荷的电场强度计算公式**.

根据公式,点电荷在周围空间产生的电场呈球对称分布. 电场强度大小与到点电荷的距离 $r^2$ 成反比. 距离相同,电场强度相同. 同时注意到,当 $r=0$ 时,$E\to\infty$,这似乎是一个无意义的数值. 实际上,点电荷只是一个理想模型,当场点无限靠近点电荷时,点电荷将变成一个有几何尺寸的带电体,其电场强度不能简单地用式(9-6)直接求解.

电场强度 $\boldsymbol{E}$ 是一个矢量,对于带正电的点电荷,其方向以点电荷为中心向外辐射;而对于带负电的点电荷,其方向则以点电荷为中心向内辐射.

### 9.2.5　电场强度叠加原理

当场源电荷是由 $n$ 个点电荷 $q_1,q_2,\cdots,q_n$ 构成的电荷系时,如图 9-4 所示,在电场中某点 $P$ 处的电场强度可由作用在检验电荷 $q_0$ 上的电场力按叠加原理得到.

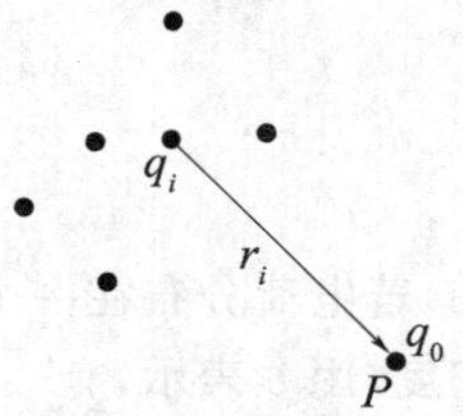


图 9-4　点电荷系的电场强度

连续分布电荷的电场的计算

$q_0$ 所受的总的电场力为 $\boldsymbol{F}=\sum\limits_{i=1}^{n}\boldsymbol{F}_i$. 按照电场强度的定义,求出 $P$ 点处的电场强度为

$$\boldsymbol{E}=\frac{\boldsymbol{F}}{q_0}=\sum_{i=1}^{n}\frac{\boldsymbol{F}_i}{q_0}=\sum_{i=1}^{n}\boldsymbol{E}_i,\tag{9-7}$$

式中,$\dfrac{\boldsymbol{F}_i}{q_0}$为该点电荷系中第 $i$ 个点电荷在 $P$ 点处产生的电场强度. 式(9-7)表

明,**点电荷系在某点产生的电场强度,等于点电荷系中每个点电荷单独存在时在该点所产生的电场强度的矢量和**.这一结果称为**电场强度叠加原理**.电场强度叠加原理由电场力叠加原理推得,但由于其表明了电场的基本性质,所以应用更为广泛.

若电荷连续分布在某个区域,要求出该连续带电体在空间某点产生的电场强度,则要先将其分成许多无限小的带电微元 $\mathrm{d}q$,并把每个带电微元 $\mathrm{d}q$ 当作点电荷来处理,如图 9-5 所示.

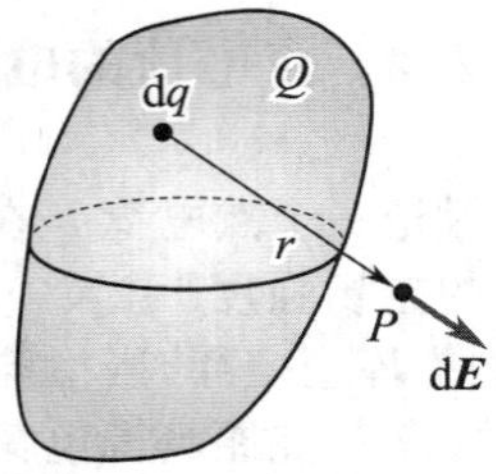

**图 9-5 连续带电体产生的电场强度**

带电微元 $\mathrm{d}q$ 在电场中 $P$ 点产生的电场强度为

$$\mathrm{d}\boldsymbol{E}=\frac{\mathrm{d}q}{4\pi\varepsilon_0 r^2}\boldsymbol{e}_r,$$

式中,$r$ 为 $\mathrm{d}q$ 到场点 $P$ 的距离;$\boldsymbol{e}_r$ 为单位矢量,其方向由 $\mathrm{d}q$ 指向场点 $P$,二者均随所取的带电微元 $\mathrm{d}q$ 不同而改变.

再根据电场强度叠加原理,可以得到整个带电体在 $P$ 点产生的电场强度为

$$\boldsymbol{E}=\int \mathrm{d}\boldsymbol{E}=\int_Q \frac{\mathrm{d}q}{4\pi\varepsilon_0 r^2}\boldsymbol{e}_r. \tag{9-8}$$

根据电荷分布情况,通常会遇到如下三种带电体.

(1)若电荷分布在一条曲线上,定义单位长度上所带有的电荷电量为**线电荷密度**,用符号 $\lambda$ 表示,则有

$$\lambda=\frac{\mathrm{d}q}{\mathrm{d}l},$$

即所取的带电微元 $\mathrm{d}q$ 为

$$\mathrm{d}q=\lambda\,\mathrm{d}l. \tag{9-9}$$

(2)若电荷分布在一个曲面上,定义单位面积所带有的电荷电量为**面电荷密度**,用 $\sigma$ 表示,有

$$\sigma=\frac{\mathrm{d}q}{\mathrm{d}S},$$

即

$$\mathrm{d}q=\sigma\,\mathrm{d}S. \tag{9-10}$$

(3)若电荷分布在一个空间区域里,定义单位体积所含有的电荷电量为**体电荷密度**,用 $\rho$ 表示,有

$$\rho=\frac{\mathrm{d}q}{\mathrm{d}V},$$

即

$$\mathrm{d}q=\rho\,\mathrm{d}V. \tag{9-11}$$

实际计算时,要根据带电体的电荷分布情况,写出相应的带电微元 $\mathrm{d}q$ 的表达式,再代入式(9-8)中计算电场强度.

**例 9-1**　一均匀带电直线，长为 $L$，总带电量为 $Q$. 现求线外任意一场点 $P$ 处的电场强度. 设 $P$ 点距直线的垂直距离为 $d$，$P$ 点和直线两端的连线与直线之间所夹的内角分别为 $\theta_1$ 和 $\theta_2$.

**解**　如图 9-6 所示，建立坐标系，由于电荷分布为线分布，可取带电荷微元 $dx$，设其坐标为 $x$，其所带电量为

$$dq = \lambda\,dl = \frac{Q}{L}dx.$$

$dx$ 在 $P$ 点产生的电场强度大小为

$$dE = \frac{dq}{4\pi\varepsilon_0 r^2}.$$

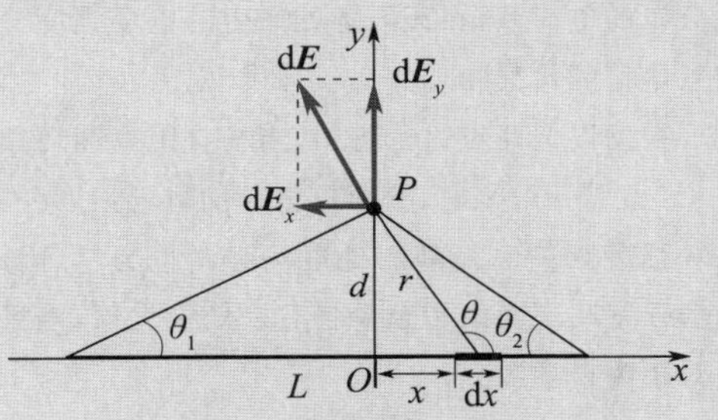


**图 9-6　例 9-1 图**

电场强度是一个矢量，对于直线上不同带电微元，其在 $P$ 点产生的场强方向不同. 因此，需要写出电场强度在坐标系中的分量，即

$$dE_x = dE\cos\theta,$$
$$dE_y = dE\sin\theta.$$

进行积分运算得

$$E_x = \int dE_x = \int dE\cos\theta = \int_0^L \frac{\lambda}{4\pi\varepsilon_0 r^2}\cos\theta dx,$$

$$E_y = \int dE_y = \int dE\sin\theta = \int_0^L \frac{\lambda}{4\pi\varepsilon_0 r^2}\sin\theta dx.$$

这两个积分中有 3 个变量：$x,\theta,r$. 利用图 9-6 所示的几何关系，把它们化成同一个变量再积分. 例如，全化为 $\theta$，即

$$r = \frac{d}{\sin\theta},\quad x = -d\cot\theta,\quad dx = \frac{d}{\sin^2\theta}d\theta,$$

代入以上两个积分，并确定积分上下限得

$$E_x = \int_{\theta_1}^{\pi-\theta_2} \frac{\lambda}{4\pi\varepsilon_0 d}\cos\theta d\theta$$
$$= \frac{Q}{4\pi\varepsilon_0 dL}(\sin\theta_2 - \sin\theta_1),$$

$$E_y = \int_{\theta_1}^{\pi-\theta_2} \frac{\lambda}{4\pi\varepsilon_0 d}\sin\theta d\theta$$
$$= \frac{Q}{4\pi\varepsilon_0 dL}(\cos\theta_2 - \cos\theta_1).$$

写成矢量形式为

$$\boldsymbol{E} = E_x\boldsymbol{i} + E_y\boldsymbol{j}.$$

用积分方法计算电场强度时，要注意式(9-8)是矢量积分，不可直接用标量的积分公式求解. 积分前，应选择合适的坐标系，并将每个带电微元产生的电场强度沿坐标系进行投影，之后，用数学公式分别求出每个电场强度分量的表达式，最后再写出总电场强度的矢量表达式.

下面来讨论两种特殊情况，如图 9-7 所示.

①若均匀带电直线可看作无限长，取 $\theta_1 = \theta_2 = 0$，代入电场公式中有

$$E_x = 0,\quad E_y = \frac{\lambda}{2\pi\varepsilon_0 d}.$$

此时，电场强度只有沿 $y$ 轴方向的分量.

②若均匀带电直线可看作半无限长，取 $\theta_1 = \frac{\pi}{2}$，$\theta_2 = 0$，代入电场公式中有

$$E_x = -\frac{\lambda}{4\pi\varepsilon_0 d},\quad E_y = \frac{\lambda}{4\pi\varepsilon_0 d}.$$

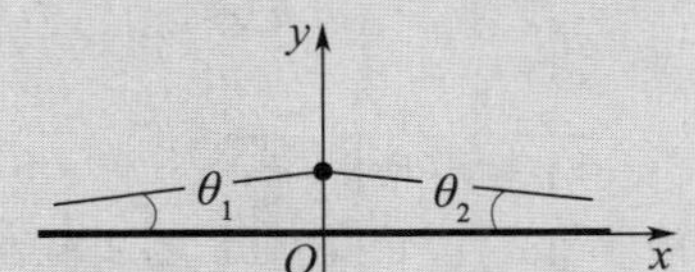


**图 9-7　无限长和半无限长带电直线**

**例 9-2** 一均匀带电圆环，半径为 $R$，总带电量为 $Q$. 求其轴线上一点 $P$ 处的电场强度. 设 $P$ 点距其中心 $O$ 的距离为 $x$.

**解** 由于带电圆环具有轴对称性，可知其上所有带电微元产生的电场强度分布也具有对称性，即同样以轴线为轴对称. 如图 9-8 所示，在环上取对称带电微元 $dq$ 及带电微元 $dq'$，二者在 $P$ 点产生的电场相对于 $x$ 轴对称，电场强度在 $yOz$ 平面上的投影彼此抵消，只有沿 $x$ 轴方向的合电场强度. 因此，整个圆环在轴线上任意一点产生的合电场强度只能沿轴线方向.

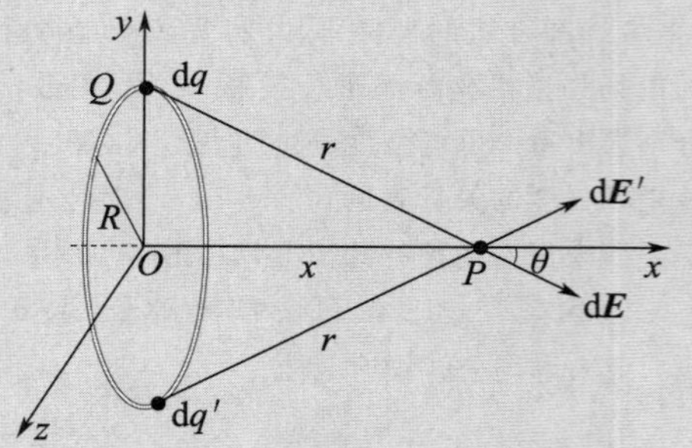


图 9-8 例 9-2 图

带电微元 $dq$ 的电量为

$$dq = \lambda dl = \frac{Q}{2\pi R}dl.$$

带电微元 $dq$ 在 $P$ 点产生电场强度的大小为

$$dE = \frac{dq}{4\pi\varepsilon_0 r^2} = \frac{Q/2\pi R}{4\pi\varepsilon_0(R^2+x^2)}dl$$

$$= \frac{Q}{8\pi^2\varepsilon_0 R(R^2+x^2)}dl.$$

根据刚才的分析，知道了 $d\boldsymbol{E}$ 的非轴线分量都将相互抵消，其轴线分量为

$$dE_x = dE\cos\theta = \frac{Qx}{8\pi^2\varepsilon_0 R(x^2+R^2)^{3/2}}dl.$$

因为被积函数中除了 $dl$ 以外均为常量，故有如下积分：

$$E = E_x = \int_0^{2\pi R}\frac{Qx\,dl}{8\pi^2\varepsilon_0 R(R^2+x^2)^{3/2}}$$

$$= \frac{Qx}{4\pi\varepsilon_0(R^2+x^2)^{3/2}}.$$

讨论：

①若 $x=0$，则 $E=0$，即圆环中心处电场强度为零.

②若 $x\gg R$，则 $E\approx\dfrac{Q}{4\pi\varepsilon_0 x^2}$，由此可知，一个有限分布的电荷系，在无限远处产生的电场强度分布与点电荷的情况相似.

根据以上两点讨论可知，当场点距离圆环很远 $x\to\infty$ 或 $x\to-\infty$ 时，按照点电荷的电场强度公式，电场强度 $E\to 0$，而环心处电场强度也为零. 因此，电场强度在环面两边至少各有一处极大值，电场强度对距离求导数，有

$$\frac{dE}{dx} = 0,$$

即
$$\frac{d}{dx}\left[\frac{Qx}{4\pi\varepsilon_0(R^2+x^2)^{3/2}}\right] = 0,$$

解得
$$x = \pm\frac{\sqrt{2}}{2}R.$$

可以画出均匀带电圆环轴线上的 $E$-$x$ 曲线，如图 9-9 所示.

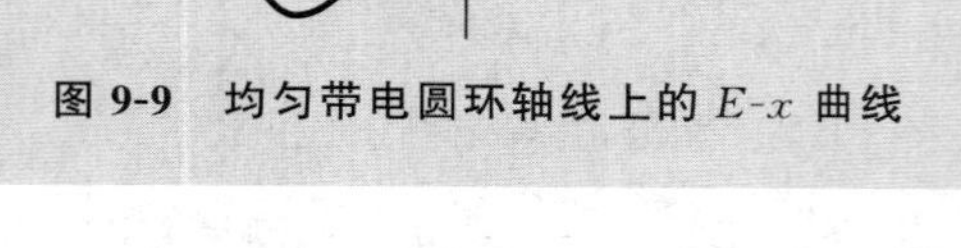


图 9-9 均匀带电圆环轴线上的 $E$-$x$ 曲线

**例 9-3**　利用例 9-2 结论，求均匀带电圆盘轴线上任意一点的电场强度. 已知圆盘的面电荷密度为 $\sigma$，半径为 $R$.

**解**　圆盘是平面型带电体，可以任取带电微元，写出它所带电荷为 $dq=\sigma dS$，并对所有带电微元在场点产生的电场强度进行矢量积分. 但正如所看到的，圆盘是个平面，积分将是一个二重积分. 为了计算方便，如图 9-10 所示，将圆环分成许多同心带电环带，其中，半径为 $r$、宽为 $dr$ 的环带面积为

$$dS = 2\pi r dr,$$

其带电量为

$$dq = \sigma 2\pi r dr.$$

根据例 9-2 的结论，半径为 $r$、带电量为 $dq$ 的圆环，在轴线上一点产生的电场强度沿轴线方向，大小为

$$dE = \frac{x\sigma 2\pi r dr}{4\pi\varepsilon_0 (r^2+x^2)^{3/2}}.$$

因为每个环带在场点产生的电场强度方向都沿轴线，所以总电场强度为

$$E = \int_0^R \frac{x\sigma 2\pi r dr}{4\pi\varepsilon_0 (r^2+x^2)^{3/2}} = \frac{x\sigma}{2\varepsilon_0}\int_0^R \frac{r dr}{(r^2+x^2)^{3/2}}.$$

可以看出，这只是一重积分，积分后得

$$E = \frac{x\sigma}{2\varepsilon_0}\left(\frac{1}{\sqrt{x^2}} - \frac{1}{\sqrt{x^2+R^2}}\right).$$

**讨论**：若 $x \ll R$，则圆盘可以看作无限大的均匀带电平面，上面的积分上下限就要从 $0 \to +\infty$，得到无限大均匀带电平面附近的电场强度大小为 $\frac{\sigma}{2\varepsilon_0}$. 这表明，无限大平面附近的电场是均匀电场.

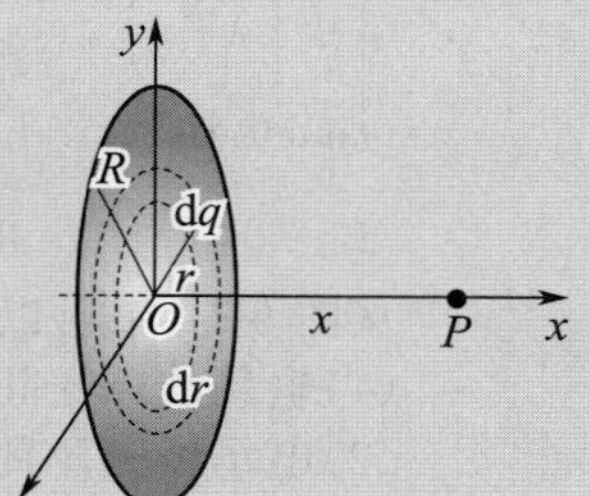


图 9-10　例 9-3 图

## 9.3　电场强度通量　高斯定理

9.2 节学习了描述电场性质的一个重要的物理量——电场强度，以及用点电荷的电场强度公式和电场强度叠加原理求解带电体在真空中的电场强度. 本节将学习反映静电场性质的一个重要定理——高斯定理. 在学习高斯定理之前，首先介绍电场线及电场强度通量的概念.

### 9.3.1　电场线

在任何电场中，任意一点的电场强度都有一定的大小和方向. 为了能直观地描述任意一点处电场强度的大小和方向，即电场强度的分布，可以在电场中画出一系列曲线，用它来确定电场中某点的电场强度情况，这些曲线就称为**电场线**. 规定：**电场中某点的电场强度方向为该点电场线的正切线方向，而大小则等于该点的电场线密度**，如图 9-11 所示.

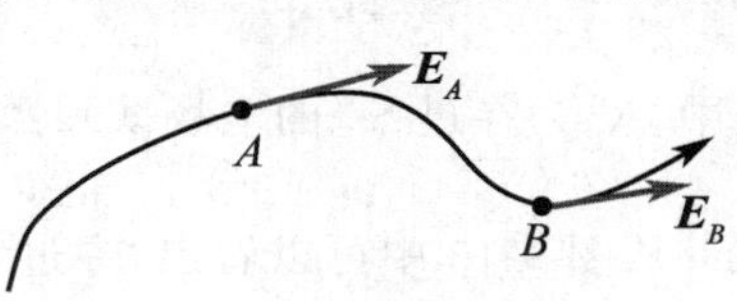


图 9-11　电场线

电场线密度定义如下：在电场中某点附近，垂直于电场方向取面元 $dS_\perp$，设穿过该面元的电场线根数为 $dN$，则定义 $dN/dS_\perp$ 为该点的电场线密度，即

$$E=\frac{\mathrm{d}N}{\mathrm{d}S_{\perp}}. \tag{9-12}$$

图 9-12 画出了几种典型电荷的电场线分布，根据电场线的规定，电场线的方向是电场强度的方向，而电场线的疏密则反映了电场强度的大小．需要注意的是，电场线实际上并不存在，它只是为形象描绘电场的电场强度分布而使用的一种几何方法．

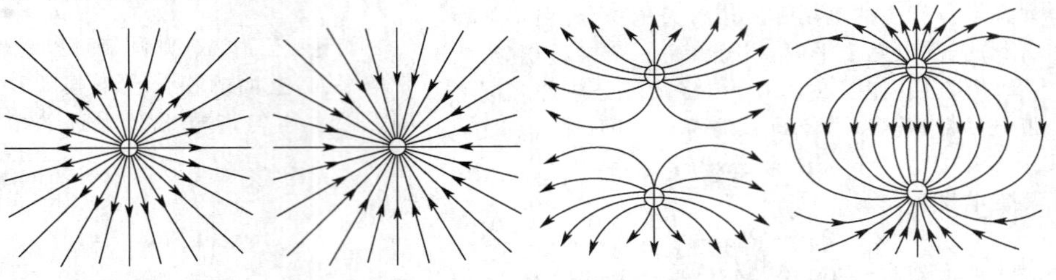

(a) 正电荷　(b) 负电荷　(c) 两个等值正电荷　(d) 两个等值异号电荷

**图 9-12　几种典型电荷的电场线分布**

从图 9-12 中可以得到电场线的几点性质：

(1)电场线始于正电荷，止于负电荷，在没有电荷的地方不会中断；

(2)电场线是不闭合的；

(3)任意两条电场线不会相交．

第(3)点性质是因为电场中任意一点都只能有一个确定的电场强度方向，第(1)点性质在学习高斯定理后可以简单证明，而第(2)点性质将在环路定理中得到证明．

## 9.3.2　电场强度通量

**通过电场中任一给定面积的电场线数**，称为**通过该面积的电场强度通量**，简称**电通量**，用符号 $\Phi_e$ 表示．下面来研究电通量的计算方法．

**1. 均匀电场**

如图 9-13 所示，平面 $S$ 的法线方向 $\boldsymbol{e}_n$ 与电场强度 $\boldsymbol{E}$ 之间的夹角为 $\theta$，$S_{\perp}$ 为平面 $S$ 在垂直于电场强度 $\boldsymbol{E}$ 方向的投影．根据电场线的规定可知，匀强电场中任意一点的电场线密度都相等，即

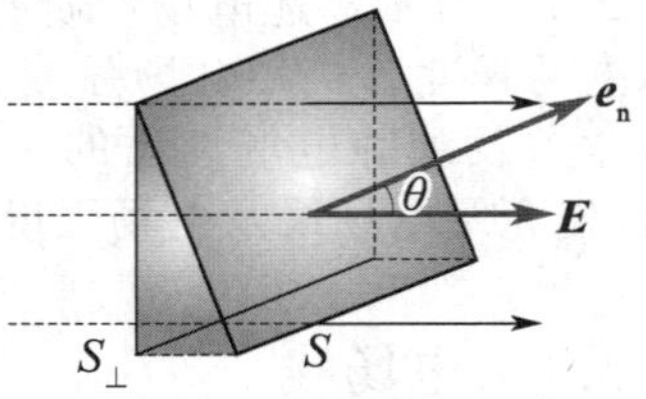


**图 9-13　匀强电场中穿过平面的电通量**

$$\frac{N}{S_{\perp}}=E,$$

式中，$N$ 为穿过 $S_{\perp}$ 的电场线根数，也就是穿过 $S_{\perp}$ 面的电通量，即

$$\Phi_e=N=ES_{\perp}.$$

从图 9-13 中可以看出，穿过 $S$ 面的电通量与穿过 $S_{\perp}$ 面的电通量是相等的，因此

$$\Phi_e=ES_{\perp}=ES\cos\theta,$$

式中，$\theta$ 角为平面 $S$ 法线方向与电场强度 $\boldsymbol{E}$ 方向的夹角．

用矢量形式表示通过面积 $S$ 的电通量，则有

$$\Phi_e=\boldsymbol{E}\cdot\boldsymbol{S}, \tag{9-13}$$

式中，$\boldsymbol{S}$ 为面积矢量，其大小等于平面的面积 $S$，其方向为平面正法线的方向.

**2. 非均匀电场**

如果电场是非均匀的，它穿过任意曲面 $S$ 的电通量就不能用式(9-13)直接计算. 如图 9-14 所示，可以把曲面分割成无数小面积元 $\mathrm{d}S$，使得每个 $\mathrm{d}S$ 都可以看作平面，且穿过它的电场可看作均匀的. 则根据式(9-13)，可知穿过任一小面积元 $\mathrm{d}S$ 的电通量 $\mathrm{d}\Phi_e$ 为

$$\mathrm{d}\Phi_e = \boldsymbol{E} \cdot \mathrm{d}\boldsymbol{S}.$$

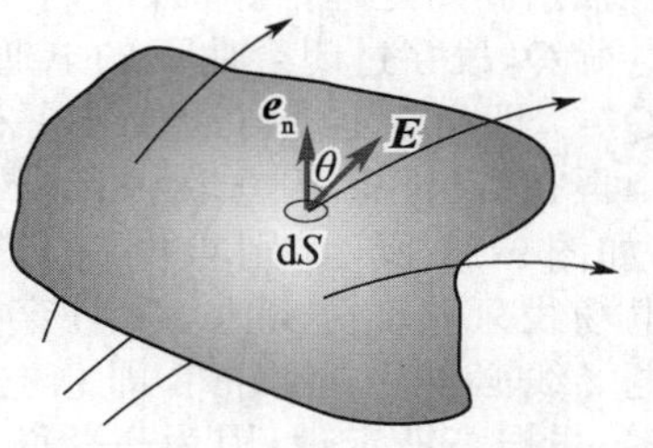


**图 9-14　穿过任意曲面电通量的计算**

穿过 $S$ 的总电通量为

$$\Phi_e = \int_S \mathrm{d}\Phi_e = \iint_S \boldsymbol{E} \cdot \mathrm{d}\boldsymbol{S}. \tag{9-14}$$

若 $S$ 是一个闭合曲面，要把积分符号换成闭合积分符号 $\oiint_S$，计算得其电通量为

$$\Phi_e = \oiint_S \boldsymbol{E} \cdot \mathrm{d}\boldsymbol{S}. \tag{9-15}$$

对闭合曲面，规定**由内向外为曲面面元矢量的正方向**. 当曲面面元矢量方向与电场强度方向的夹角 $\theta < \pi/2$，也就是有电场线由闭合曲面内穿出时，$\mathrm{d}\Phi_e > 0$；当 $\theta > \pi/2$，电场线穿入闭合曲面时，$\mathrm{d}\Phi_e < 0$. 因此，闭合曲面的电通量当电场线穿出时为正值，穿入时为负值.

## 9.3.3　高斯定理

德国数学家和物理学家高斯从理论上给出了通过任意闭合曲面的电通量与该闭合曲面内部所包围的电荷的关系，这个关系称为高斯定理.

**高斯定理**的表述：**穿过任一闭合曲面的电通量，等于该曲面所包围的全部电荷的代数和除以** $\varepsilon_0$，用公式表示为

$$\Phi_e = \oiint_S \boldsymbol{E} \cdot \mathrm{d}\boldsymbol{S} = \frac{1}{\varepsilon_0}\sum_{i=1}^{n} q_i, \tag{9-16}$$

电场的高斯定理

式中，$\sum_{i=1}^{n} q_i$ 为闭合曲面 $S$ 所包围电荷的代数和. 这个闭合曲面通常称为**高斯面**.

下面来简单证明一下高斯定理. 设真空中有一电量为 $Q$ 的点电荷，求穿过其周围空间任一闭合曲面的电通量.

先任取一闭合曲面 $S$，使其包围点电荷 $Q$，如图 9-15 所示. 在曲面内，取一以点电荷 $Q$ 为中心、$r$ 为半径的闭合曲面 $S'$，则根据点电荷的电场强度公式，$S'$ 上任意点的电场强度大小均为

$$E = \frac{Q}{4\pi\varepsilon_0 r^2},$$

且 $S'$ 上各点面元方向均与电场强度方向平行，因此，穿过 $S'$ 的总电通量为

$$\Phi_e = ES = \frac{Q}{4\pi\varepsilon_0 r^2} 4\pi r^2 = \frac{Q}{\varepsilon_0}.$$

如图 9-15 所示，由于点电荷 $Q$ 的电场强度分布是辐射形的，穿过 $S'$ 的电场线必穿过 $S$，故穿过闭合曲面 $S$ 的电通量也为

$$\Phi_e=\frac{Q}{\varepsilon_0}.$$

根据高斯定理，高斯面 $S'$ 内只包含点电荷 $Q$，故穿过闭合曲面的电通量也为 $Q/\varepsilon_0$，即高斯定理与计算结果一致.

再在点电荷旁边取一闭合曲面 $S''$，如图 9-15 所示，则点电荷 $Q$ 发出的电场线只有部分穿入 $S''$，且穿入 $S''$ 的电场线必然要穿出 $S''$，即总电通量为零. 根据高斯定理，因为高斯面 $S''$ 包围的电荷代数和为零，故穿过高斯面的电通量为零.

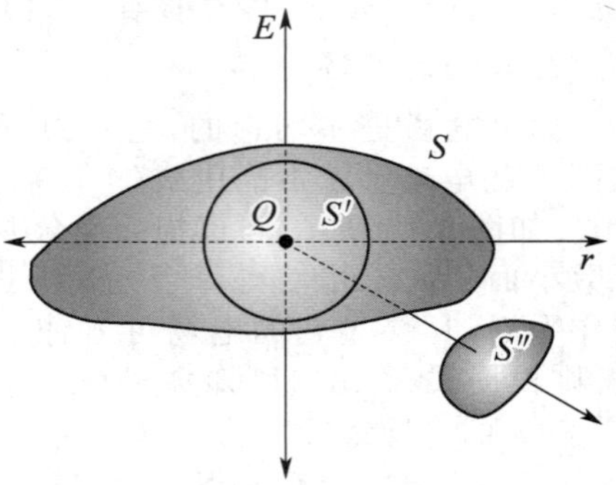

**图 9-15 高斯定理的证明（点电荷情形）**

通过如上计算，得出结论：若闭合曲面包围点电荷，则穿过曲面的电通量为点电荷电量除以 $\varepsilon_0$. 若闭合曲面不包围点电荷，则穿过曲面的电通量为零.

高斯

再来看一个点电荷系产生的静电场. 任取一闭合曲面，设曲面包含了 $n$ 个点电荷，而有 $m$ 个点电荷在曲面外，如图 9-16 所示，则穿过曲面的电通量为

$$\Phi_e=\oint\!\!\!\oint_S \boldsymbol{E}\cdot d\boldsymbol{S}=\oint\!\!\!\oint_S(\boldsymbol{E}_1+\boldsymbol{E}_2+\cdots+\boldsymbol{E}_n)\cdot d\boldsymbol{S},$$

$$\Phi_e=\oint\!\!\!\oint_S \boldsymbol{E}_1\cdot d\boldsymbol{S}+\oint\!\!\!\oint_S \boldsymbol{E}_2\cdot d\boldsymbol{S}+\cdots+\oint\!\!\!\oint_S \boldsymbol{E}_n\cdot d\boldsymbol{S}=\Phi_{e1}+\Phi_{e2}+\cdots+\Phi_{en},$$

即穿过曲面的电通量为每一个电荷单独存在时穿过曲面的电通量之和. 若点电荷在曲面外，则其产生的电场穿过闭合曲面的电通量为零，所以有

$$\sum_n\Phi_{ei}+\sum_m\Phi_{ej}=\sum_n\frac{q_i}{\varepsilon_0}+\sum_m 0=\sum_n\frac{q_i}{\varepsilon_0},$$

即穿过闭合曲面的电通量为曲面包围的电荷的代数和除以 $\varepsilon_0$.

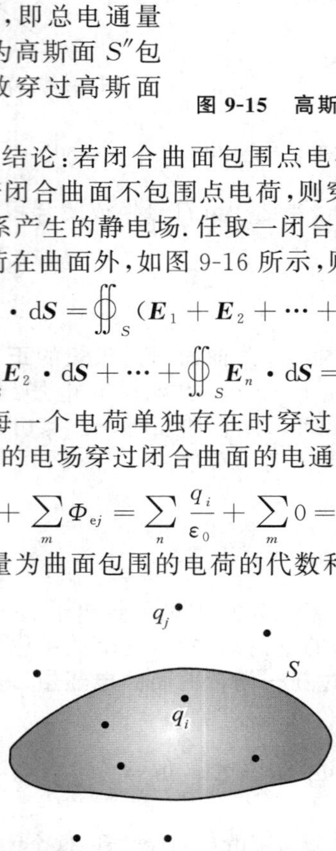

**图 9-16 高斯定理的证明（点电荷系情形）**

由于任意连续带电体均可看成点电荷系，因此以上证明说明，穿过闭合曲面的电通量只与曲面包围的电荷代数和有关，这样，就简单证明了高斯定理的正确性.

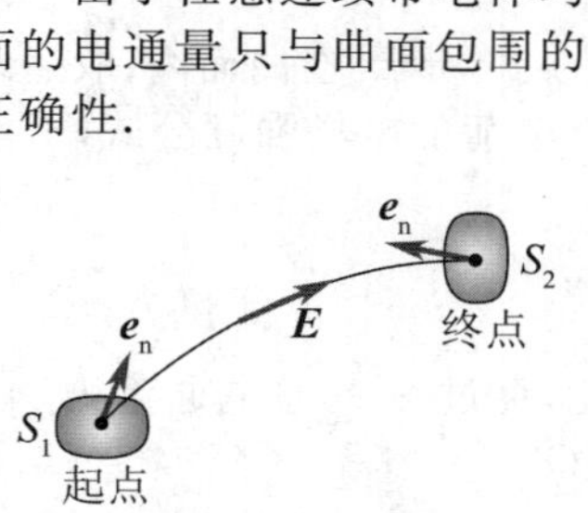

**图 9-17 电场线性质的证明**

下面用高斯定理来证明电场线的第(1)点性质：电场线始于正电荷，止于负电荷，在没有电荷的地方不会中断.

作两个很小的高斯面，分别包围一根电场线的起点和终点，如图 9-17 所示，注意不包围其他任何电荷.

根据穿过闭合曲面的电通量的定义可知，有电场线穿出的电荷起点，通过 $S_1$ 的电通量为正.

根据高斯定理，$S_1$ 内必包含正电荷. 同理，电场线终止处，通过 $S_2$ 的电通量为负，根据高斯定理，$S_2$ 内必包含负电荷. 因此可说：电场线是始于正电荷并止于负电荷，在没有电荷的地方不会中断.

### 9.3.4　高斯定理的应用

有了高斯定理之后，一方面，可以很方便地计算穿过某一个封闭曲面的电通量；而另一方面，当电荷的空间分布有很强的对称性时，可以利用高斯定理来计算电场强度分布. 注意：**在应用高斯定理时，电场强度 $\boldsymbol{E}$ 是指带电体系全部电荷(包括高斯面包围的电荷和高斯面外的电荷)在面元矢量所在处产生的电场强度，但 $\sum_{i=1}^{n} q_i$ 却只是高斯面内的电荷代数和. 这是因为高斯面外的电荷对高斯面的电通量没有贡献，但对总电场强度是有贡献的.**

高斯定理的应用

常见的适合用高斯定理简单求解电场强度的电荷分布有球对称分布、轴对称分布和镜面对称分布三种.

在求解电场强度时，应先分析电场的对称性，构造一个适当的高斯面，再由高斯定理计算电通量从而得到电场强度分布.

**例 9-4**　一均匀带电球面，半径为 $R$，所带电量为 $Q$，求其在空间产生的电场强度分布.

**解**　由于电荷分布具有球对称性，所以各点的电场强度都是沿半径方向的，而且距离球心相同处，电场强度大小相同. 若求某点 $P$ 的电场强度，可以球心 $O$ 为中心，$r=OP$ 为半径，作一高斯球面 $S$，如图 9-18 所示. $S$ 上各点的电场强度方向与球面垂直，且沿外法线方向，则穿过 $S$ 的电通量为

$$\oint\!\!\!\oint_S \boldsymbol{E}\cdot d\boldsymbol{S} = \oint\!\!\!\oint_S E dS = E\oint\!\!\!\oint_S dS = 4\pi r^2 E.$$

由高斯定理可知

$$\Phi_e = \oint\!\!\!\oint_S \boldsymbol{E}\cdot d\boldsymbol{S} = \frac{1}{\varepsilon_0}\sum_{i=1}^{n} q_i.$$

①当 $P$ 点在带电球面外，即 $r>R$ 时，高斯面内全部电荷的代数和为 $Q$，即

$$\oint\!\!\!\oint_S \boldsymbol{E}\cdot d\boldsymbol{S} = 4\pi r^2 E = \frac{Q}{\varepsilon_0},$$

则 $P$ 点电场强度大小为

$$E = \frac{Q}{4\pi r^2 \varepsilon_0}.$$

从结果可以看出，均匀带电球面外一点的电场强度，与假设球面上的电荷全部集中在球心所产生的电场强度相同，等同于点电荷产生的电场强度.

②当 $P$ 点在带电球面内，即 $r<R$ 时，高斯面内没有电荷，即电荷的代数和为零，根据高斯定理有

$$\oint\!\!\!\oint_S \boldsymbol{E}\cdot d\boldsymbol{S} = 4\pi r^2 E = 0,$$

$$E = 0,$$

即均匀带电球面内电场强度处处为零.

**讨论**：因为当 $P$ 点在球面上，即 $r=R$ 时，无法说明高斯面内所包围的电荷是全部电荷 $Q$ 还是不包含电荷，所以不考虑球面上的电场强度.

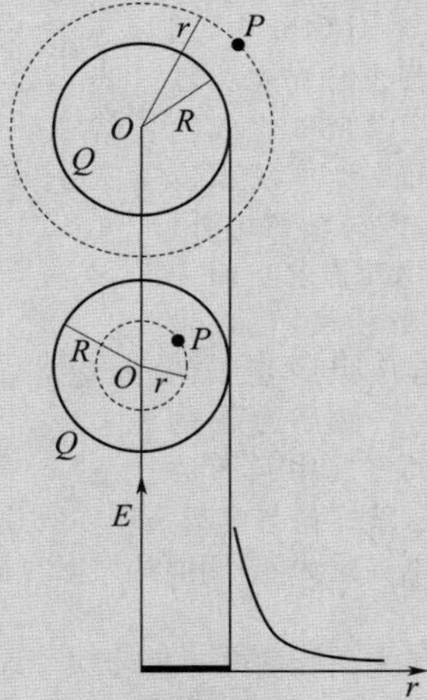


**图 9-18　例 9-4 图**

**例 9-5** 一均匀带电球体，半径为 $R$，所带电量为 $Q$，求其在空间产生的电场强度分布.

**解** 与例 9-4 相同，电场强度分布具有球对称性. 若求某点 $P$ 的电场强度，可以球心 $O$ 为中心、$r=OP$ 为半径，作高斯球面 $S$，如图 9-19 所示，则穿过 $S$ 的电通量为

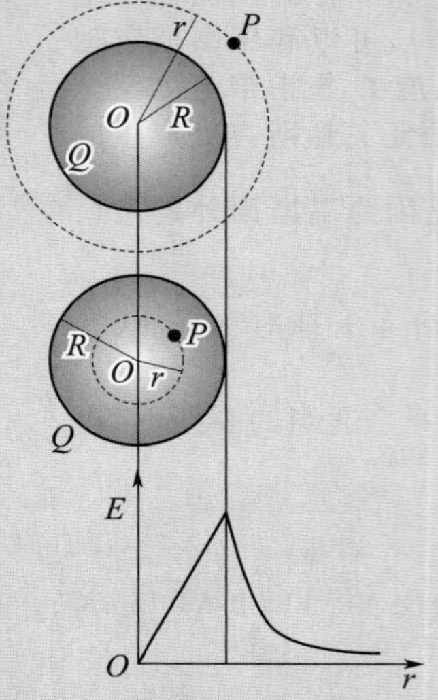


图 9-19 例 9-5 图

$$\oint_S \boldsymbol{E}\cdot d\boldsymbol{S} = 4\pi r^2 E.$$

①若 $P$ 点在球体外($r>R$)，高斯球面内的电荷是全部电荷 $Q$. 结果是球外一点的电场强度大小与点电荷结果相同.

$$E=\frac{1}{4\pi\varepsilon_0}\frac{Q}{r^2}.$$

②若 $P$ 点在球体内($r\leqslant R$)，因为带电球的体电荷密度均匀，高斯面内所包围的电荷为

$$\sum_{i=1}^{n} q_i = \frac{Qr^3}{R^3}.$$

根据高斯定理

$$4\pi r^2 E = \frac{Qr^3}{\varepsilon_0 R^3},$$

得到带电球体内部的电场强度的大小为

$$E=\frac{Qr}{4\pi\varepsilon_0 R^3}.$$

**讨论**：由于本例中电荷是体密度分布的，当高斯面取在球面上时，其包围的电荷即为全部电荷，所以带电球体的表面电场强度是可以求解的.

**例 9-6** 一无限长均匀带电直线，其线电荷密度为 $\lambda$，求其在空间产生的电场强度分布.

**解** 先进行对称性分析，无限长均匀带电直线的电荷分布为轴对称分布，其产生的电场强度分布也为轴对称的，就是以带电直线为轴的一个柱面上，电场强度的大小相同，方向辐射向外. 如图 9-20 所示，若求空间一 $P$ 点处的电场强度，可以带电直线为轴，$P$ 点到直线的距离 $r$ 为半径，做高为 $h$ 的圆筒形高斯面. 其中圆筒的上下底面的法线方向与电场强度方向垂直，则穿过上下底面的电通量为零；侧面的面元方向与电场强度方向一致.

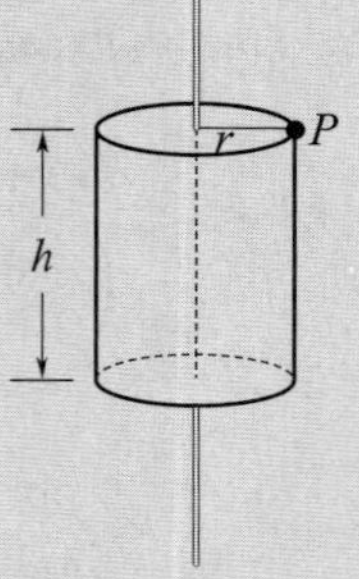


图 9-20 例 9-6 图

通过整个高斯面的电通量可以写为

$$\oint_S \boldsymbol{E}\cdot d\boldsymbol{S} = \iint_{上} \boldsymbol{E}\cdot d\boldsymbol{S} + \iint_{下} \boldsymbol{E}\cdot d\boldsymbol{S} + \int_{侧} \boldsymbol{E}\cdot d\boldsymbol{S}$$

$$= \iint_{侧} E dS = E\iint_{侧} dS = E2\pi rh.$$

高斯面所包围的是一个长为 $h$ 的一段带电直线，电量为 $\lambda h$.

根据高斯定理

$$\Phi_e = \oint_S \boldsymbol{E}\cdot d\boldsymbol{S} = \frac{1}{\varepsilon_0}\sum_{i=1}^{n} q_i,$$

有
$$E2\pi rh = \frac{\lambda h}{\varepsilon_0}.$$

由此得到无限长均匀带电直线在空间一点产生的电场强度的大小为

$$E=\frac{\lambda}{2\pi\varepsilon_0 r}.$$

**讨论**：如果这个长带电直线替换为一个半径为 $R$、线电荷密度为 $\lambda$ 的均匀带电棒，类似于均匀带电球体的情形，可以知道棒内也存在轴对称的电场强度分布. 此时在棒内取一个轴对称的柱壳，并计算其包围的电量，根据高斯定理，可得出棒内任意一点的电场强度大小.

对于轴对称带电体，其在空间的电荷分布必须是无限长的. 如果仅仅是一段均匀带电线，它的电场强度分布只能具有一定程度的轴对称，不会有如此简单的结果.

**例 9-7** 求无限大均匀带电平面的电场强度分布,设平面的面电荷密度为 $\sigma$.

**解** 由于无限大均匀带电平面是镜面对称的带电体,因此其电场分布具有镜面对称性,即到平面距离相同的点,电场强度大小相同,方向垂直于平面.构造的高斯面是以平面对称且垂直于平面的圆筒,穿过其侧面的电通量为零,而左右两个底面处的电场强度大小相等.当 $\sigma$ 为正时,两个底面的电场强度方向与高斯面的法线方向相同,如图 9-21 所示,则穿过圆筒形高斯面的电通量为

$$\oint_S \boldsymbol{E}\cdot \mathrm{d}\boldsymbol{S} = \iint_{左} \boldsymbol{E}\cdot \mathrm{d}\boldsymbol{S} + \iint_{右} \boldsymbol{E}\cdot \mathrm{d}\boldsymbol{S} + \iint_{侧} \boldsymbol{E}\cdot \mathrm{d}\boldsymbol{S}$$

$$= E\iint_{左} \mathrm{d}S + E\iint_{右} \mathrm{d}S = 2ES.$$

高斯面所包围的电荷为 $\sigma S$.根据高斯定理,有

$$2ES = \sigma S/\varepsilon_0,$$

于是电场强度大小为

$$E = \frac{\sigma}{2\varepsilon_0}.$$

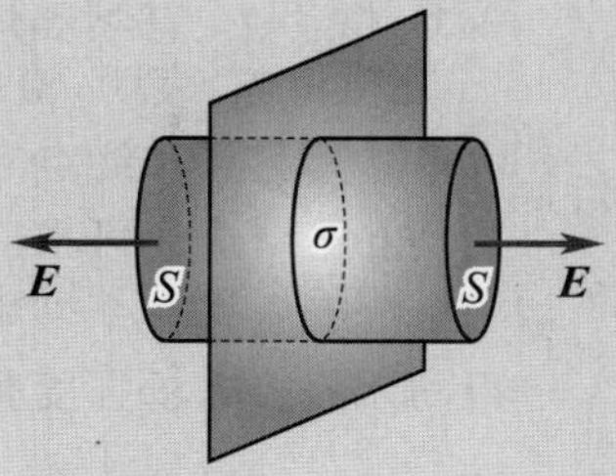


图 9-21 例 9-7 图

**注意**:式中并不含有场点到平面距离的参数,可知无限大均匀带电板两侧是方向相反的匀强电场.这个计算结果和例 9-3 中讨论所得到的结果一致.

考察由互相平行放置的分别带有 $\pm\sigma$ 电荷两个无限大均匀带电板组成的体系,由电场强度叠加原理可以方便地得到两板之间的电场强度大小为 $\sigma/\varepsilon_0$,方向由正极板指向负极板.两板外的电场强度均为零.这就是通常所说的平板电容器的理想模型.

# 9.4 静电场的环路定理 电势能

## 9.4.1 静电场力的功

下面来研究电场的另一种性质:带电体在电场中移动时,电场将对带电体做功.

如图 9-22 所示,在一个静止的点电荷 $Q$ 产生的电场中,一个检验电荷 $q_0$ 从 $a$ 点沿某一路径移至 $b$ 点.求此过程中静电场力所做的功.

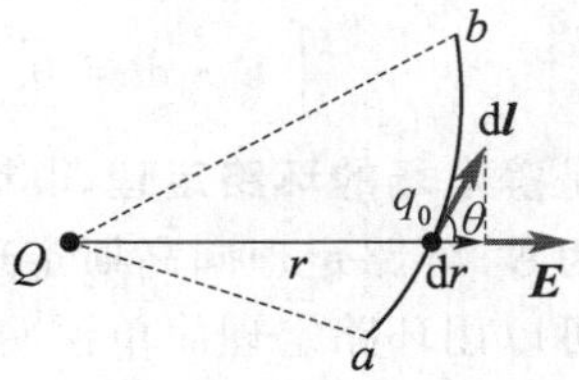


图 9-22 静电场力所做功的示意图

在路径上任取检验电荷经过的某一位移微元 $\mathrm{d}\boldsymbol{l}$,电场力所做的元功为

$$\mathrm{d}W = \boldsymbol{F}\cdot \mathrm{d}\boldsymbol{l} = q_0\boldsymbol{E}\cdot \mathrm{d}\boldsymbol{l} = q_0 E\cos\theta \mathrm{d}l,$$

式中,$\boldsymbol{E}$ 为 $q_0$ 所在处的电场强度;$\theta$ 为 $\boldsymbol{E}$ 与 $\mathrm{d}\boldsymbol{l}$ 之间的夹角.由图 9-22 可知

$$\mathrm{d}l\cos\theta = \mathrm{d}r,$$

于是

$$\mathrm{d}W = q_0 E\mathrm{d}r = \frac{1}{4\pi\varepsilon_0}\frac{Qq_0}{r^2}\mathrm{d}r.$$

这样就有电场力在整个过程中所做的功

$$W_{ab}=\int_a^b \mathrm{d}W=\frac{Qq_0}{4\pi\varepsilon_0}\int_{r_a}^{r_b}\frac{\mathrm{d}r}{r^2}=\frac{Qq_0}{4\pi\varepsilon_0}\left(\frac{1}{r_a}-\frac{1}{r_b}\right),\tag{9-17}$$

式中,$r_a$ 和 $r_b$ 分别是检验电荷 $q_0$ 移动的起点和终点的位矢大小.

式(9-17)表明,检验电荷 $q_0$ 在点电荷 $Q$ 的电场中移动时,电场力所做的功只与其起点和终点有关,与其所经历的路径无关.

上述结论还可推广到任意带电体产生的静电场中.

由于任何一个带电体产生的电场都可看作由多个点电荷共同产生的电场,那么,由电场强度叠加原理有

$$\boldsymbol{E}=\sum_{i=1}^{n}\boldsymbol{E}_i=\boldsymbol{E}_1+\boldsymbol{E}_2+\cdots+\boldsymbol{E}_n.$$

当一检验电荷 $q_0$ 在此电场中由 $a$ 点移动到 $b$ 点时,电场力所做的功为

$$\begin{aligned}W_{ab}&=q_0\int_a^b\boldsymbol{E}\cdot\mathrm{d}\boldsymbol{l}=q_0\int_a^b(\boldsymbol{E}_1+\boldsymbol{E}_2+\cdots+\boldsymbol{E}_n)\cdot\mathrm{d}\boldsymbol{l}\\&=q_0\int_a^b\boldsymbol{E}_1\cdot\mathrm{d}\boldsymbol{l}+q_0\int_a^b\boldsymbol{E}_2\cdot\mathrm{d}\boldsymbol{l}+\cdots+q_0\int_a^b\boldsymbol{E}_n\cdot\mathrm{d}\boldsymbol{l}.\end{aligned}\tag{9-18}$$

等式右端每一项均与移动路径无关,因此电场力对检验电荷所做的功只与电荷的电量及始末位置有关,而与其移动路径无关.这与以前学过的重力做功或弹性力做功的性质是一样的.

### 9.4.2 静电场的环路定理

在静电场中,若一个检验电荷沿某一封闭路径移动后又回到起点,则在整个过程中,静电场力对该电荷做的功为零.

如图 9-23 所示,当检验电荷 $q_0$ 在电场中沿一闭合回路 $l$ 移动又回到原来位置后,根据式(9-18),这一过程中电场力所做的总功为

$$W=q_0\oint_l\boldsymbol{E}\cdot\mathrm{d}\boldsymbol{l}=q_0\int_{a1b}\boldsymbol{E}\cdot\mathrm{d}\boldsymbol{l}+q_0\int_{b2a}\boldsymbol{E}\cdot\mathrm{d}\boldsymbol{l}=0,$$

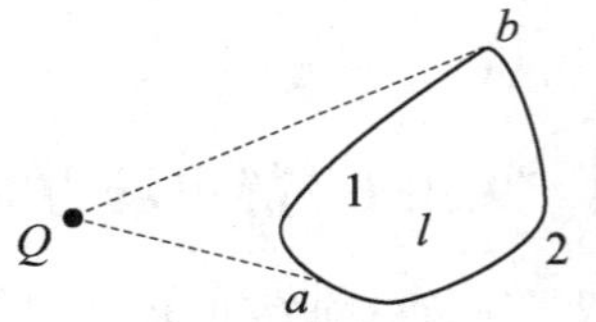

图 9-23 检验电荷在电场中沿闭合回路 $l$ 移动一圈

式中,$q_0\neq0$,所以可得

$$\oint_l\boldsymbol{E}\cdot\mathrm{d}\boldsymbol{l}=0.\tag{9-19}$$

这就是**静电场的环路定理**,其表明:**在静电场中,电场强度沿任一闭合回路的积分为零**.环路定理同高斯定理一样,都是描述静电场性质的重要定理.

可以用环路定理简单说明电场线的第(2)点性质:电场线是不闭合的.

假设静电场中有一条电场线闭合,选取这条闭合的电场线作积分回路,取一检验电荷沿该电场线移动一周.由于检验电荷移动方向与电场线方向一致,故电场力始终对检验电荷做正功,电场力在这一过程中所做的功将大于零.而按照静电场的环路定理,检验电荷移动一周后,电场力对它的做功应为零.所以假设的前提是不存在的,即静电场中不会有闭合的电场线.

环路定理还说明:静电场力与万有引力、弹性力一样,是保守力,静电场是保守力场.

### 9.4.3 电势能

在力学的学习中知道，保守力因其特殊性质（做功与路径无关），可相应引入势能的概念来描述保守力做功. 在静电场中，把对应静电场力的势能叫**电势能**. 根据功能原理：**检验电荷 $q_0$ 由 $a$ 点沿任一路径移动到 $b$ 点时，静电场力对该电荷所做的功等于系统电势能增量的负值**. 用公式表示为

$$W_{ab}=q_0\int_a^b \boldsymbol{E}\cdot \mathrm{d}\boldsymbol{l}=-(E_{pb}-E_{pa}),\tag{9-20}$$

式中，符号 $E_{pa}$、$E_{pb}$ 分别表示电荷 $q_0$ 在 $a$，$b$ 两点的电势能. 根据式(9-20)可知，当静电场力做负功时，系统电势能增加；当静电场力做正功时，系统电势能减少.

电势能的 SI 单位是 J(焦耳). 电势能与重力势能一样，是一个相对值，为了给出某点电势能的具体数值，必须先选定电势能的零点. 电势能零点的选择是任意的. 在式(9-20)中，若选 $b$ 点处的电势能为零，则检验电荷 $q_0$ 在 $a$ 点的电势能为

$$E_{pa}=q_0\int_a^{E_p=0} \boldsymbol{E}\cdot \mathrm{d}\boldsymbol{l}.\tag{9-21}$$

式(9-21)表明：**检验电荷在电场中某点的电势能，在数值上等于把它从该点移至电势能为零的点时静电场力所做的功.**

当电荷分布在有限区域时，通常选取无限远处作为静电场的电势能零点，即 $W_\infty=0$. 这样，检验电荷 $q_0$ 在 $a$ 点的电势能又可写为

$$E_{pa}=q_0\int_a^{\infty} \boldsymbol{E}\cdot \mathrm{d}\boldsymbol{l},\tag{9-22}$$

即数值上等于把检验电荷 $q_0$ 由 $a$ 点移到无穷远处时电场力所做的功.

## 9.5 电势

### 9.5.1 电势 电势差

电势的计算

静电场中某点的电势能，不仅和静电场中某点的位置有关，也和检验电荷的电量有关，为了只描述静电场中某点的性质，引入一个新的物理量——电势，用符号 $U$ 表示. 静电场中某点 $a$ 的电势 $U_a$ 为置于该点检验电荷的电势能与检验电荷电量的比值，即

$$U_a=\frac{E_{pa}}{q_0}=\int_a^{\infty} \boldsymbol{E}\cdot \mathrm{d}\boldsymbol{l}.\tag{9-23}$$

由式(9-23)不难看出，电势和电势能选取的零点相同. 静电场中某点 $a$ 的电势在数值上就等于单位正电荷在 $a$ 点的电势能，或者说等于将单位正电荷由 $a$ 点移动到电势为零的点的过程中电场力所做的功. 电势是一个标量，它的 SI

单位是 V(伏特).

此外,还常用符号 $U_{ab}$ 表示静电场中 $a$,$b$ 两点的电势差,用公式表示为

$$U_{ab}=\int_a^b \boldsymbol{E}\cdot \mathrm{d}\boldsymbol{l}=-(U_b-U_a)=U_a-U_b, \tag{9-24}$$

即 $a$,$b$ 两点间的电势差等于把单位正电荷由 $a$ 点移动到 $b$ 点时电场力所做的功.

有了电势差的定义之后,电场力把电荷 $q_0$ 从 $a$ 点移动到 $b$ 点所做的功还可以表示为

$$W_{ab}=q_0U_{ab}=q_0(U_a-U_b). \tag{9-25}$$

### 9.5.2 点电荷电场的电势

先计算一下点电荷 $q$ 在真空中产生的电场中某点的电势,已知点电荷的电场为

$$\boldsymbol{E}=\frac{q}{4\pi\varepsilon_0 r^2}\boldsymbol{e}_r,$$

选取无穷远处作为电势零点,如图 9-24 所示,则电场中某点 $P$ 的电势为

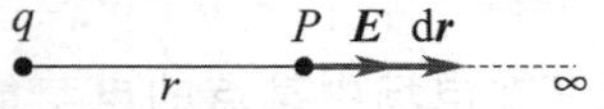


图 9-24 点电荷电场的电势

$$U_P=\int_P^{\infty}\boldsymbol{E}\cdot \mathrm{d}\boldsymbol{l}=\int_r^{\infty}\boldsymbol{E}\cdot \mathrm{d}\boldsymbol{l}=\int_r^{\infty}\frac{q}{4\pi\varepsilon_0 r^2}\mathrm{d}r=\frac{q}{4\pi\varepsilon_0 r}. \tag{9-26}$$

从式(9-26)中可看出,点电荷电场的电势具有球对称性,即与点电荷距离相等处的电势相同.

**注意**:(1)电势是标量,只有大小和正负,没有方向;

(2)式(9-26)中的电势的零点选取在无穷远处;

(3)电势零点选取不同,同一点处电势的数值就不同.

### 9.5.3 电势叠加原理

若空间存在几个点电荷,在空间某点 $P$ 产生的合电场强度为

$$\boldsymbol{E}=\frac{\boldsymbol{F}}{q_0}=\sum_{i=1}^{n}\frac{\boldsymbol{F}_i}{q_0}=\sum_{i=1}^{n}\boldsymbol{E}_i,$$

式中,$\boldsymbol{E}_i$ 为第 $i$ 个点电荷单独存在时产生的电场强度.

选取电场中某点 $b$ 为电势零点,则 $P$ 点电势的计算公式为

$$\begin{aligned}U_P&=\int_P^b \boldsymbol{E}\cdot \mathrm{d}\boldsymbol{l}=\int_P^b(\boldsymbol{E}_1+\boldsymbol{E}_2+\cdots+\boldsymbol{E}_n)\cdot \mathrm{d}\boldsymbol{l}\\&=\int_P^b \boldsymbol{E}_1\cdot \mathrm{d}\boldsymbol{l}+\int_P^b \boldsymbol{E}_2\cdot \mathrm{d}\boldsymbol{l}+\cdots+\int_P^b \boldsymbol{E}_n\cdot \mathrm{d}\boldsymbol{l}\\&=U_1+U_2+\cdots+U_n,\end{aligned}$$

即

$$U_P = \sum_{i=1}^{n} U_i. \tag{9-27}$$

式(9-27)表明，**电荷系产生的电场中某点电势，等于组成电荷系的每个点电荷单独存在时在该点产生的电势的代数和. 这就是电势叠加原理.**

**注意**：(1)电势的叠加是标量叠加，只计算代数和；

(2)电势的分量应选取相同的电势零点；

(3)若选取无穷远处作为电势零点，使用点电荷电势公式计算，则电势叠加原理可表示成

$$U_P = \sum_{i=1}^{n} U_i = \sum_{i=1}^{n} \frac{q_i}{4\pi\varepsilon_0 r_i}. \tag{9-28}$$

对电荷连续分布的带电体，若选取无穷远处作为电势零点，则 $P$ 点电势为

$$U_P = \int_P^{\infty} \frac{\mathrm{d}q}{4\pi\varepsilon_0 r}. \tag{9-29}$$

从式(9-29)可看出，计算电势的方法有两种.

(1) 在已知整个空间电场强度分布的情况下，使用式(9-23)计算：

$$U_a = \int_a^{U=0} \boldsymbol{E} \cdot \mathrm{d}\boldsymbol{l}.$$

公式中的电场强度是随路径微元 $\mathrm{d}\boldsymbol{l}$ 变化的.

(2) 也可使用电势叠加原理，用式(9-29)计算：

$$U_P = \int_P^{\infty} \frac{\mathrm{d}q}{4\pi\varepsilon_0 r}.$$

但使用这个公式时，电势零点应取在无穷远处.

**例 9-8**　一均匀带电圆环，半径为 $R$，所带电量为 $Q$，求其轴线上任意一点的电势.

**解**　如图 9-25 所示，在环上取电荷元

$$\mathrm{d}q = \lambda \mathrm{d}l = \frac{Q}{2\pi R}\mathrm{d}l,$$

选取无穷远处作为电势零点，则电荷元 $\mathrm{d}q$ 在 $P$ 点产生的电势为

$$\mathrm{d}U = \frac{\mathrm{d}q}{4\pi\varepsilon_0 r}.$$

根据电势叠加原理，$P$ 点总的电势为

$$U_P = \int_P^{\infty} \frac{\mathrm{d}q}{4\pi\varepsilon_0 r} = \frac{1}{4\pi\varepsilon_0 (x^2+R^2)^{1/2}}\int_0^Q \mathrm{d}q$$

$$= \frac{Q}{4\pi\varepsilon_0 (x^2+R^2)^{1/2}}.$$

因为电势的叠加是标量叠加，所以计算此类带电体产生的电势比求解电场强度简单.

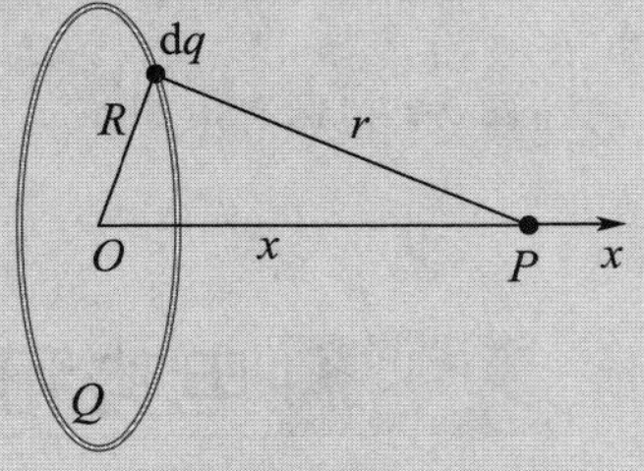


**图 9-25　例 9-8 图**

**例 9-9** 一均匀带电球面，半径为 $R$，所带电量为 $Q$，求其内外电势分布.

**解** 此题是球对称问题，如图 9-26 所示. 用高斯定理算出其电场强度分布为

$$\begin{cases} E_1 = 0, & r < R, \\ E_2 = \dfrac{Q}{4\pi\varepsilon_0 r^2}, & r > R. \end{cases}$$

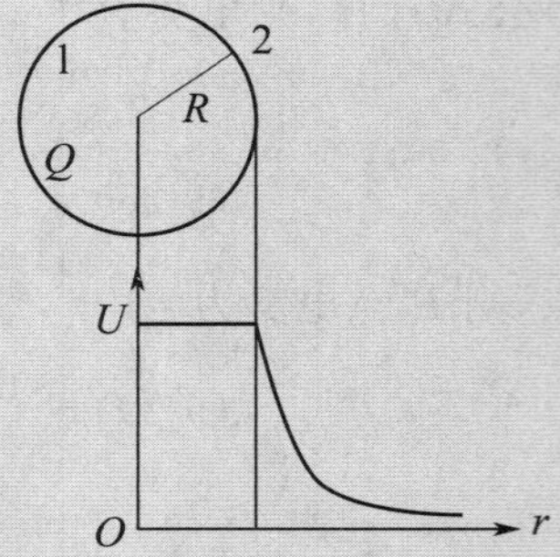


图 9-26 例 9-9 图

根据式(9-23)，选取无穷远处作为电势零点，有

$$U_P = \int_P^{\infty} \boldsymbol{E} \cdot \mathrm{d}\boldsymbol{l}.$$

当 $r>R$ 时，有

$$U = \int_P^{\infty} \boldsymbol{E} \cdot \mathrm{d}\boldsymbol{l} = \int_r^{\infty} E_2 \mathrm{d}r = \int_r^{\infty} \frac{Q}{4\pi\varepsilon_0 r^2} \mathrm{d}r = \frac{Q}{4\pi\varepsilon_0 r},$$

即均匀带电球面外部电势数值与带同等电量的点电荷产生的电势相同.

当 $r<R$ 时，有

$$U_1 = \int_P^{\infty} \boldsymbol{E} \cdot \mathrm{d}\boldsymbol{l} = \int_R^{\infty} E_2 \mathrm{d}r + \int_r^R E_1 \mathrm{d}r$$

$$= \int_R^{\infty} \frac{Q}{4\pi\varepsilon_0 r^2} \mathrm{d}r = \frac{Q}{4\pi\varepsilon_0 R},$$

即均匀带电球面内部是一个等势体，电势处处相同.

**例 9-10** 一无限长均匀带电直线，其线电荷密度为 $\lambda$，求其电势分布.

**解** 如图 9-27 所示，由高斯定理知无限长均匀带电直线的电场强度大小为

$$E = \frac{\lambda}{2\pi\varepsilon_0 r}.$$

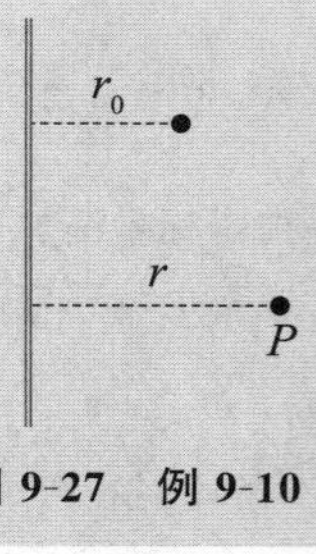


图 9-27 例 9-10 图

此题中，电荷在无限远处空间也有分布，若选取无限远处作为电势零点，计算积分 $U_P = \int_P^{\infty} \boldsymbol{E} \cdot \mathrm{d}\boldsymbol{l}$ 时会发散，故只能选取有限远处作为电势零点，选至直线距离为 $r_0$ 处作为电势零点，则 $P$ 点处电势为

$$U_P = \int_r^{r_0} E \mathrm{d}r = \int_r^{r_0} \frac{\lambda}{2\pi\varepsilon_0 r} \mathrm{d}r = \frac{\lambda}{2\pi\varepsilon_0} \ln \frac{r_0}{r}.$$

**讨论**：对于电荷分布在无限远空间的带电体，只能选取有限空间处一点为电势零点，同理，计算无限大平面在空间的电势分布时，也应选取有限远点为电势零点.

## 9.6 电势和电场强度的关系

### 9.6.1 等势面及其性质

电场中电场强度的分布可以用电场线来形象地描绘，电势的分布是否也可以形象地描绘出来？下面将引入等势面的概念，并用它来描绘电势的分布.

电场中电势相等的点所构成的面称为**等势面**. 并且**电场中任意两个相邻等势面之间的电势差处处相等**. 例如,点电荷产生的电场中,电势分布为 $U=\dfrac{q}{4\pi\varepsilon_0 r}$,说明其等势面是一系列以点电荷所在处为中心的同心球面.

图 9-28 是几种常见的等势面和电场线的样式. 由图 9-28 不难得到,等势面有以下几条性质.

(1)任意两个等势面不相交,因为电场中任意一点的电势是固定值.

(2)沿等势面移动电荷,电场力不做功.

这条性质容易证明,在等势面上移动电荷,电场力做功为 $W_{ab}=q_0(U_a-U_b)=0$,其中,$a$,$b$ 为等势面上任意两点.

(3)电场线与等势面处处垂直.

应用上面的结论,可知在等势面上移动电荷,电场力做的功为零,即 $\mathrm{d}W=q_0\boldsymbol{E}\cdot\mathrm{d}\boldsymbol{l}=0$. 因为 $\mathrm{d}\boldsymbol{l}$ 是沿等势面的任一位移元,且 $q_0$,$\boldsymbol{E}$,$\mathrm{d}l$ 均不为零,所以 $\boldsymbol{E}$ 与 $\mathrm{d}\boldsymbol{l}$ 垂直,即电场线与等势面垂直.

(4)等势面密集的地方,电场强度大;等势面稀疏的地方,电场强度小.

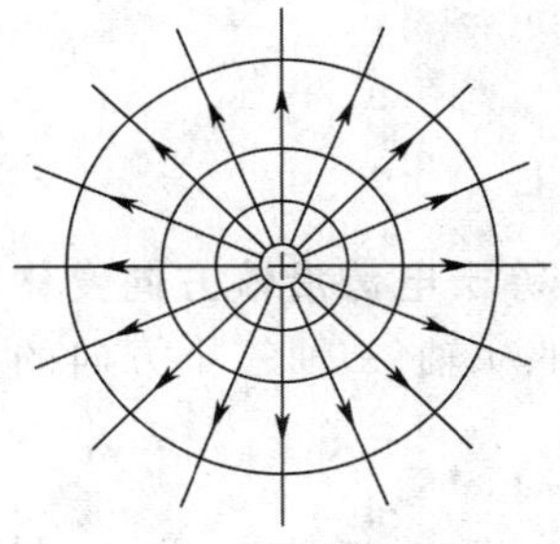

(a) 正点电荷

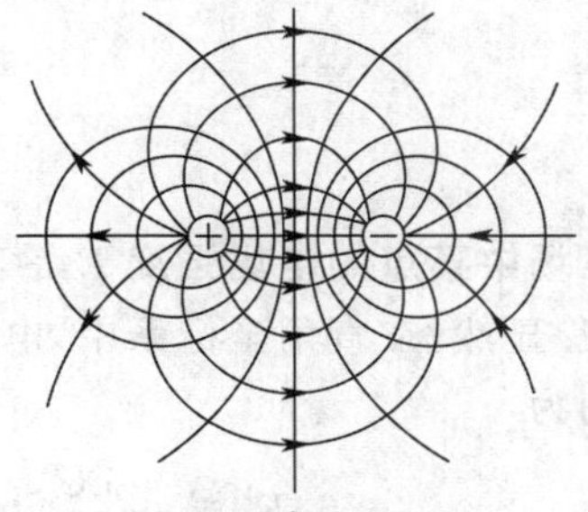

(b) 电偶极子

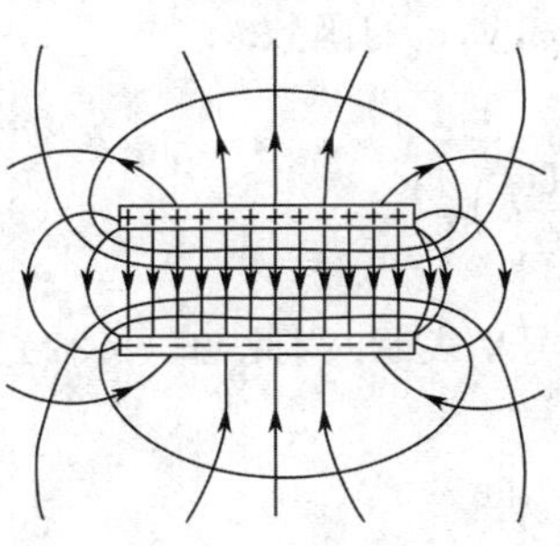

(c) 正负带电板

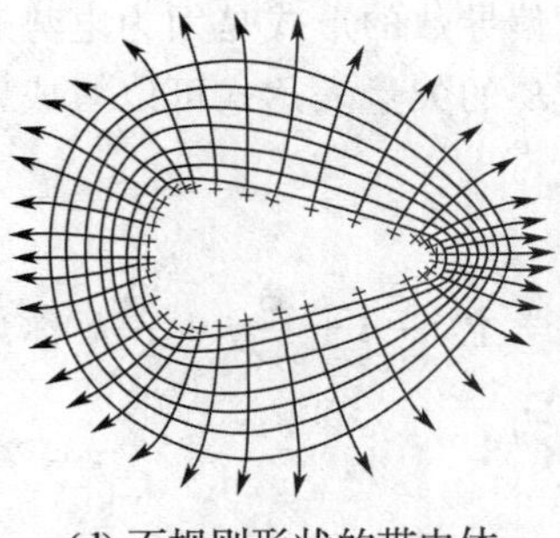

(d) 不规则形状的带电体

**图 9-28　几种常见的等势面和电场线的样式**

取出两个相邻等势面,如图 9-29 所示,设其电势分别为 $U$ 和 $U+\Delta U$. 由于两个等势面非常接近,$\boldsymbol{E}$ 可看作均匀分布的,而 $\mathrm{d}l$ 可看作两等势面间的垂直距离. 两等势面间的电势差为 $\Delta U=\int_{U+\Delta U}^{U}\boldsymbol{E}\cdot\mathrm{d}\boldsymbol{l}\approx E\mathrm{d}l$,即两相邻等势面间

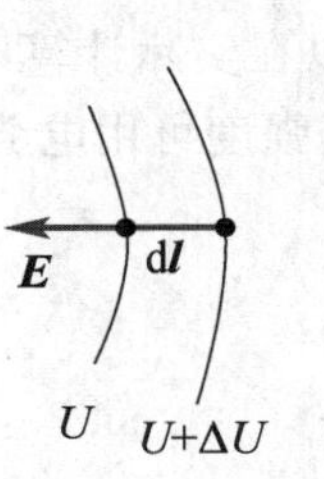


**图 9-29　等势面与电场强度的关系**

距 d$l$ 越小,电场强度就越大.

### 9.6.2 电势梯度

如图 9-30 所示,设静电场中有两个邻近等势面,它们的电势分别为 $U$ 和 $U+\mathrm{d}U$. 在两个等势面上分别取两点 $a$ 和 $b$,两点很接近,间距为 d$\boldsymbol{l}$. 因为这两点非常接近,所以它们之间的电场强度 $\boldsymbol{E}$ 可看作是不变的. 现将一检验电荷 $q_0$ 由 $a$ 点移到 $b$ 点,则电场力在此过程中所做的功为

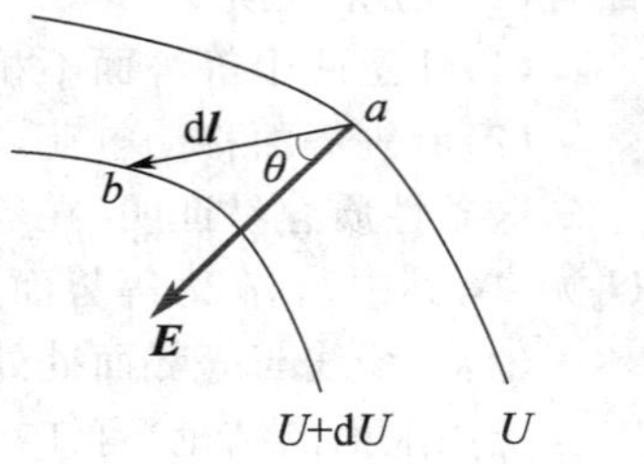

图 9-30 电势和电场强度的关系

$$\mathrm{d}W=-q_0[(U+\mathrm{d}U)-U]=-q_0\mathrm{d}U.$$

同时,

$$\mathrm{d}W=q_0(\boldsymbol{E}\cdot\mathrm{d}\boldsymbol{l})=q_0(E\mathrm{d}l\cos\theta)=q_0E_l\mathrm{d}l,$$

式中,$E_l=E\cos\theta$,为电场强度 $\boldsymbol{E}$ 在 d$\boldsymbol{l}$ 方向上的投影. 由上面两个公式得

$$-q_0\mathrm{d}U=q_0E_l\mathrm{d}l,$$

则

$$E_l=-\frac{\mathrm{d}U}{\mathrm{d}l}, \tag{9-30}$$

**即电场中某点的电场强度 $\boldsymbol{E}$ 沿某一方向的分量,等于电势沿该方向变化率的负值.** 显然,在直角坐标系中,电场强度 $\boldsymbol{E}$ 沿 $x$ 轴、$y$ 轴、$z$ 轴三个方向的投影分别为

$$E_x=-\frac{\partial U}{\partial x},\quad E_y=-\frac{\partial U}{\partial y},\quad E_z=-\frac{\partial U}{\partial z}. \tag{9-31}$$

写成偏导数的形式是因为电势通常是三个坐标 $x,y,z$ 的函数.

压电体

$\boldsymbol{E}$ 的矢量表达式可以写成

$$\boldsymbol{E}=-\left(\frac{\partial U}{\partial x}\boldsymbol{i}+\frac{\partial U}{\partial y}\boldsymbol{j}+\frac{\partial U}{\partial z}\boldsymbol{k}\right). \tag{9-32}$$

在数学上,$\frac{\partial}{\partial x}\boldsymbol{i}+\frac{\partial}{\partial y}\boldsymbol{j}+\frac{\partial}{\partial z}\boldsymbol{k}$ 称为梯度算符,用符号$\nabla$ 表示. 因此,式(9-32)又可表示为

$$\boldsymbol{E}=-\nabla U. \tag{9-33}$$

也就是说,**电场中某点的电场强度为该点的电势梯度的负值.**

在前面的计算中可以看到,因为电势是标量,与电场强度 $\boldsymbol{E}$ 相比,比较容易计算,所以在实际计算时,可先计算出电势,再用式(9-32)来求出电场强度 $\boldsymbol{E}$. 由于电场强度可用电势梯度的办法计算,电场强度单位也常用 $\mathrm{V\cdot m^{-1}}$.

**例 9-11**　求均匀带电圆环轴线上任意一点的电势和电场强度.

**解**　由例 9-8 知,均匀带电圆环轴线上任意一点的电势为

$$U_P = \frac{Q}{4\pi\varepsilon_0 (x^2 + R^2)^{1/2}},$$

式中,$R$ 为圆环半径,$x$ 为场点距环心的距离. 根据式(9-32)可得,场点的电场强度为

$$\boldsymbol{E} = \frac{Qx}{4\pi\varepsilon_0 (x^2 + R^2)^{3/2}}\boldsymbol{i}.$$

结果与例 9-2 的计算结果相同.

# 9.7 电偶极子

电偶极子

# 9.8 静电场中的导体

## 9.8.1 静电平衡条件

金属导体能很好地导电,是由它本身的结构所决定的. 金属导体是以金属键结合的晶体,由许多晶粒组成,每个晶粒内的原子做有序排列而构成晶格点阵. 组成晶体时,晶格结点上的原子很容易失去外层的价电子,成为正离子;而脱离原子核束缚的价电子则可以在整个金属晶体中自由运动,成为自由电子. 金属导体在电结构上的重要特征就是具有大量的自由电子. 在导体不带电或无外电场作用时,导体中的正负电荷等量均匀分布,导体中的自由电子做无规则的热运动,宏观上呈电中性. 当导体处于外电场中时,导体中的自由电子将在电场力的作用下做宏观定向运动,引起导体中电荷的重新分布. 结果在导体一侧因电子的堆积而出现负电荷,在另一侧因相对缺少负电荷而出现等量正电荷. 这种现象称为**静电感应现象**. 由此产生的电荷称为**感应电荷**. 如图 9-31 所示,在电场强度为 $\boldsymbol{E}_0$ 的均匀电场中放入一金属导体 G,在电场力的作用下,金属导体内部的自由电子将逆着电场的方向运动,使得金属导体的两个侧面出现等量异号的电荷. 这些电荷将在金属导体内部建立一个附加电场,该电场与原来的外电场叠加,改变了空间各处的电场分布. 空间任意一点的电场强度可表示为 $\boldsymbol{E}=\boldsymbol{E}_0+\boldsymbol{E}'$,$\boldsymbol{E}'$ 为附加电场的电场强度. 在金属导体内部,$\boldsymbol{E}'$ 与 $\boldsymbol{E}_0$ 方向相反,因此总电场强度 $\boldsymbol{E}$ 将减小. 但只要 $\boldsymbol{E}_0>\boldsymbol{E}'$, 即 $\boldsymbol{E}\neq\boldsymbol{0}$,金属导体内

部的自由电子的定向运动就会继续，感应电荷增加，$\boldsymbol{E}'$不断增大，直至$\boldsymbol{E}'$与$\boldsymbol{E}_0$完全抵消，金属导体内部的电场为零，自由电子定向移动停止，这种自由电子没有定向运动的状态，称为**静电平衡状态**. 导体处于静电平衡状态时，电场的分布不随时间变化而变化.

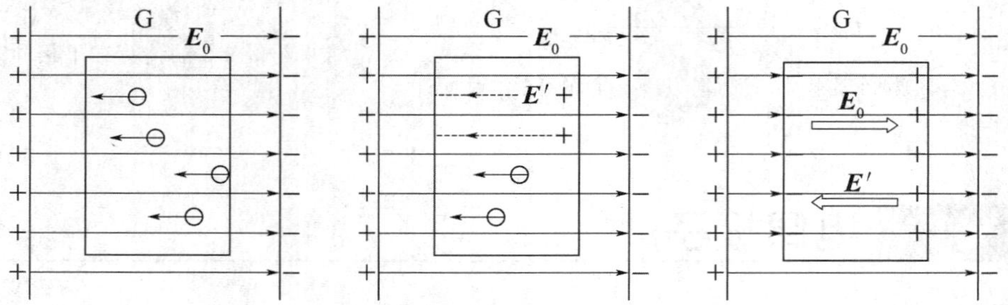


图 9-31　静电平衡时导体内部电场强度为零

可见，**导体静电平衡条件就是导体内任意一点的电场强度都为零**. 因为只要有一点电场强度不为零，导体内部的自由电子就会产生定向移动，就没有达到静电平衡.

根据静电平衡时导体内部不存在电场，自由电子没有定向运动的特点，得出处于静电平衡的导体具有如下的性质.

(1)整个导体是等势体，导体表面是等势面.

在导体内部任取两点 $P$ 和 $Q$，它们之间的电势差 $U$ 可以表示为

$$U=\int_P^Q \boldsymbol{E}\cdot \mathrm{d}\boldsymbol{l}.$$

因为处于静电平衡的导体内部电场强度为零，上面公式的积分为零，即 $P$ 和 $Q$ 两点电势相等. 可见导体内部任意两点的电势都相等，整个导体必定是等势体，等势体的表面必定是等势面.

(2)导体表面附近的电场强度处处与表面垂直.

因为等势面与电场强度方向互相垂直，所以导体表面附近的电场强度必定与该处的表面互相垂直.

### 9.8.2　静电平衡时导体上的电荷分布

导体在达到静电平衡后，其上电荷分布是具有一定规律的. 运用高斯定理，可以对带电导体静电平衡时的电荷分布进行讨论.

导体静电平衡时电荷分布特点

(1)**处于静电平衡的导体，其内部不存在净电荷，电荷只能分布在导体的表面上**. 对这个结论，可以分三种情况进行讨论.

①实心导体. 如图 9-32 所示，有一实心导体，在导体内部任取一个小闭合曲面 $S$ 为高斯面，当导体处于静电平衡时，导体内部的电场强度为零，所以通过高斯面 $S$ 的电通量必为零. 运用高斯定理有

$$\oiint_S \boldsymbol{E}\cdot \mathrm{d}\boldsymbol{S}=\frac{1}{\varepsilon_0}\sum q_{内}=0,$$

所以

$$\sum q_{内}=0.$$

因为高斯面是任取的，所以可以得到结论：对于实心导体，其处于静电平衡时，所带的电荷只能分布在导体的表面上，内部没有电荷.

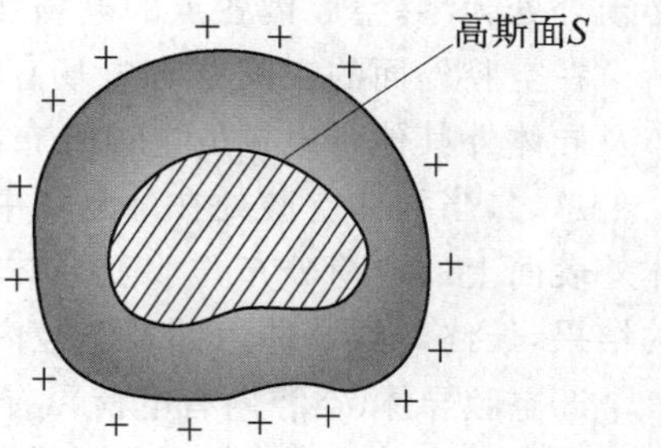


**图 9-32 实心导体电荷分布在导体的表面上**

②空腔导体（空腔内无电荷）. 若空腔内空间没有电荷，则在静电平衡下，无论自身是否带电，空腔导体都具有下列性质：

a. 空腔内部及导体内部电场强度处处为零，导体（包括空腔）是等势体；

b. 空腔内表面不带任何电荷，所有电荷分布在导体外表面.

如图 9-33 所示，有一空腔导体，空腔内无电荷. 在导体空腔内外表面之间取一高斯面，将导体空腔内表面包围起来，根据高斯定理有

$$\oiint \boldsymbol{E}\cdot \mathrm{d}\boldsymbol{S}=\frac{1}{\varepsilon_0}\sum q_{内}.$$

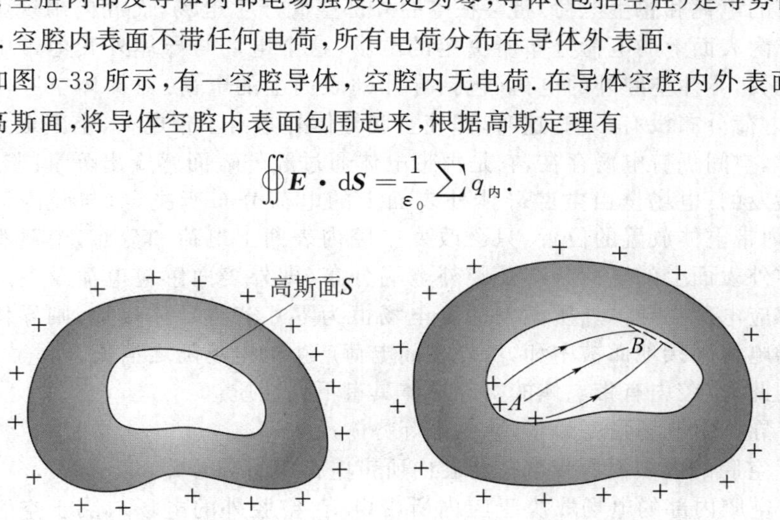


**图 9-33 带电的空腔导体电荷只分布在导体的外表面**

因为高斯面完全处于导体内部，静电平衡下导体内部电场强度处处为零，所以

$$\sum q_{内}=0.$$

根据实心导体静电平衡下电荷分布的推导过程，知道导体内部不能有电荷，电荷只能分布在导体的表面上. 所以，高斯面所包围的导体空腔内表面上电荷的代数和为零. 但是否存在空腔内表面上有些地方有正电荷，而另一些地方有负电荷，正负电荷代数和为零的情况呢？如果空腔内表面某处面电荷密度 $\sigma>0$，而另一处 $\sigma<0$，空腔内必定有电场线从 $\sigma>0$ 处发出，并终止于 $\sigma<0$ 处. 由于空腔内无电荷，电场线不会在空腔内终止，而导体内部电场强度处处为零，电场线也不能穿出导体，因此，由内表面正电荷发出的电场线将只能终止于内表面负电荷，电场沿这条电场线的线积分一定不为零，这条电场线的两端点之间有电势差. 但它的两端点在同一导体上，静电平衡条件要求这两点电势相等. 因此上述结论与静电平衡条件相违背，这说明静电平衡时导体空腔内表面上 $\sigma$

必须处处为零,空腔内各点的电场强度等于零,空腔内电势处处相等.

在空腔外面的空间总有电场存在,其电场分布由空腔外表面上的电荷分布及导体外其他带电体的电荷分布共同决定.

总之,当导体空腔处在外电场中时,空腔导体外的带电体只会影响空腔导体外表面上的电荷分布并改变导体外的电场分布,而且这些电荷的重新分布的结果,最终导致导体内部及空腔内的总电场强度等于零.

③空腔导体(空腔内有电荷).有一空腔导体,在腔内有带电体,电量为$+q$,在导体空腔内外表面之间取一高斯面(与图 9-33 中高斯面的取法类似),则静电平衡时,导体内部的电场强度为零,可知通过此高斯面的电通量为零,因而高斯面所包围的电荷的代数和为零,故可知空腔的内表面有感生电荷$-q$.根据电荷守恒定律,空腔的外表面必有感生电荷$+q$,外表面的电荷(包括导体本身带有的电荷和感生电荷)将会在空腔外部空间产生电场,而腔内出现由带电体及腔内表面上的电荷分布所决定的电场,这个电场与导体外其他带电体的分布无关,导体空腔外的电荷(包括导体外表面上的电荷)对导体空腔内的电场,即电荷分布没有影响.这时,即使空腔导体外本身不带电荷,空间也无其他带电体,空间仍有电场存在,它是由带电体通过腔外表面感应出等量同号的电荷所激发的.电场全由空腔导体外表面上的电荷分布所决定,与腔内情况无关.腔内带电体放置的位置,只会改变空腔内表面上电荷的分布,绝对不会改变导体外表面上的电荷分布及腔外电场分布(即外表面感应电荷及空腔内表面的感应电荷在导体外所激发的合电场恒为零).若将导体接地,则导体外表面上的电荷因接地而被中和,由外表面电荷产生的电场随之消失.

因此,空腔内有带电体的空腔导体具有下列性质:

a. 导体中电场强度为零,导体是等势体;

b. 空腔的内表面所带电荷与腔内所带电荷等量异号;

c. 空腔内部的电场取决于腔内所带电荷,空腔外的电场取决于空腔外表面的电荷分布;

d. 导体接地,则空腔内带电体的电荷变化将不再影响导体外的电场.

**(2)处于静电平衡的导体,其表面上各处的面电荷密度与导体外紧靠表面处的电场强度的大小成正比.**

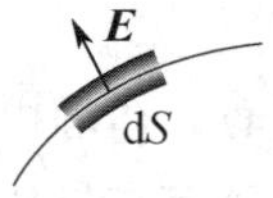

**图 9-34　带电导体表面**

导体表面是等势面,根据等势面与电场线相互垂直的性质,导体外紧靠表面处的电场方向垂直于导体表面,设导体表面附近的电场强度为 $\boldsymbol{E}$.如图 9-34 所示,在导体表面取一面元 $\mathrm{d}S$,认为电荷在 $\mathrm{d}S$ 区域内分布是均匀的,面电荷密度为 $\sigma(\sigma>0)$.包围 $\mathrm{d}S$ 作一柱状闭合面,上、下底面面积均为 $\mathrm{d}S$,且与表面平行,上底面在导体表面外侧,下底面在导体内部.由于圆柱侧面与电场强度方向平行,电通量为零;导体内部电场强度为零,下底面的电通量也为零.通过整个闭合面的电通量就等于上底面的电通量.根据高斯定理有

$$\oiint_S \boldsymbol{E} \cdot \mathrm{d}\boldsymbol{S} = \frac{q}{\varepsilon_0},$$

$$E\mathrm{d}S=\frac{\sigma\mathrm{d}S}{\varepsilon_0},$$

即

$$E=\frac{\sigma}{\varepsilon_0}. \tag{9-34}$$

因为上底面的法线方向与导体表面的外法线方向 $\boldsymbol{e}_n$ 一致，且有 $\sigma>0$，所以该处的电场强度方向垂直于导体表面指向导体外部，故表面附近的电场强度可表示为

$$\boldsymbol{E}=\frac{\sigma}{\varepsilon_0}\boldsymbol{e}_n.$$

上式表明带电导体表面附近的电场强度大小与该处面电荷密度成正比，电场强度方向垂直于表面. 这一结论对孤立导体（孤立导体是指远离其他物体的导体，其他物体对其影响可以忽略不计）或处在外电场中的任意导体都普遍适用.

值得注意的是，导体表面附近的电场强度 $\boldsymbol{E}$ 不只由该表面处的电荷所激发，还是由导体面上所有电荷以及周围其他带电体上的电荷所激发，外界的影响已经在 $\sigma$ 中体现出来.

(3) **处于静电平衡的孤立导体，其表面各处的面电荷密度与此处表面的曲率半径有关，曲率半径越大，面电荷密度越小.**

电荷在导体表面上的分布与导体本身的形状以及附近带电体的状况等多种因素有关. 即使对于其附近没有其他导体和带电体，也不受任何外来电场作用的孤立导体来说，电荷在表面上的分布与自身之间也没有简单的函数关系. 实验表明，表面凸起处，尤其是尖端处，面电荷密度较大；表面平坦处，面电荷密度较小；表面凹陷处，面电荷密度很小，甚至为零.

金属表面为什么容易反射电磁波？

闪电为什么是弯弯曲曲的？

如图 9-35 所示，对于可近似看成孤立导体的带电导体，表面凸起处尤其是尖端处，面电荷密度较大，附近的电场强度也较强. 对于具有尖端的导体，无疑尖端处的电场强度特别强. 在导体的尖端附近，由于电场强度很大，当达到一定量值时，空气中原有的残留离子在这个电场的作用下将发生剧烈运动，并获得足够大的动能与空气分子碰撞而产生大量的离子. 其中与导体上电荷异号的离子，被吸引到尖端上，与尖端上的电荷中和；与导体上电荷同号的离子受到排斥而从尖端附近飞开. 从外表上看，就好像尖端上的电荷被"喷射"出去放掉一样，所以这种现象称为**尖端放电**.

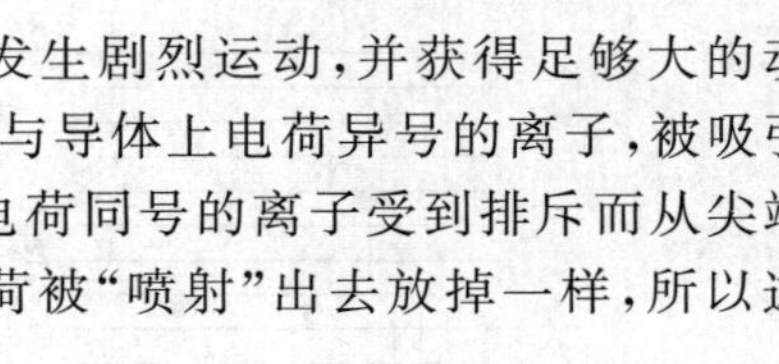

**图 9-35 带电导体尖端附近的电场最强**

在高电压设备中，为了防止因尖端放电而引起漏电或其他危险，造成损失，输电线的表面应是光滑的. 具有高电压的零部件表面也必须做得十分光滑并尽可能做成球面. 在很多情况下，人们还会利用尖端放电. 例如，火花放电设备的电极往往做成尖端形状；避雷针就是根据尖端放电原理制造的，当雷电发生时，利用尖端放电原理，使强大的放电电流从与避雷针连接并良好接地的粗

导线中流过，从而避免建筑物遭受雷击的破坏. 在离子撞击空气分子时，有时由于能量较小而不足以使分子电离，但会使分子获得一部分能量而处于高能状态. 处于高能状态的分子是不稳定的，总要返回低能量的基态. 在返回基态的过程中要以发射光子的形式将多余的能量释放出去，于是在尖端周围就会出现黯淡的光环，这种现象称为**电晕**.

在学习了静电平衡下导体的电荷分布后，现在回忆一下前面的相关公式：考虑一块无限大金属平板，当它达到静电平衡时，因平板的各处曲率半径相同，其表面的电荷均匀分布，设金属平板面电荷密度为 $\sigma$. 根据导体表面附近电场强度和导体面电荷密度之间的关系，似乎导体表面附近的电场强度大小应为$\frac{\sigma}{\varepsilon_0}$. 而前面又计算过无限大带电平面的电场强度公式，则无限大带电平板的电场强度大小应为$\frac{\sigma}{2\varepsilon_0}$，究竟哪个公式正确？

其实，达到静电平衡的导体，其电荷只能分布在表面. 一块金属板即使再薄，它仍有两面，所以每面的面电荷密度就变成了$\frac{\sigma}{2}$，因此其附近的电场强度大小应该是$\frac{\sigma}{2\varepsilon_0}$，这个结论和用无限大均匀带电平面求出的电场强度大小一致. 当使用式(9-34)时，一定要注意：导体表面附近的电场强度只和它靠近的一个表面所带的电荷密度有关，这个电场强度是整个空间所有电荷在该处激发的合电场强度.

### 9.8.3 静电屏蔽

根据静电平衡导体内部电场强度为零这一规律，利用空腔导体将空腔内外电场隔离，使之互不影响，这种作用称为**静电屏蔽**.

**1. 利用空腔导体屏蔽外电场**

如图 9-36 所示，一个空腔的导体放在静电场中，导体内部的电场强度为零，这样就可以利用空腔导体来屏蔽外电场，使空腔内的物体不受外电场的影响.

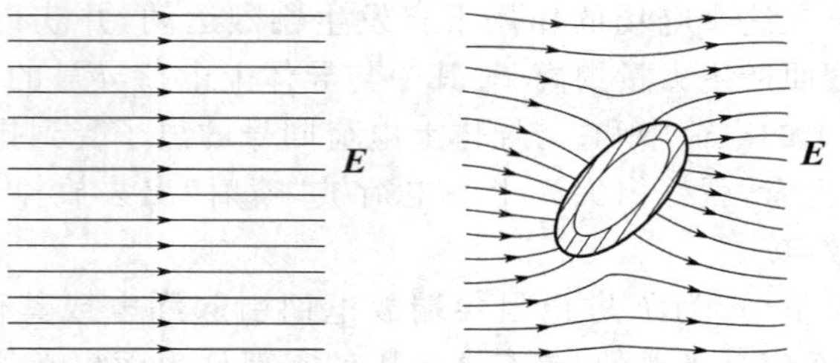


图 9-36 利用空腔导体屏蔽外电场

**2. 利用空腔导体屏蔽内电场**

一个空腔导体内部带有电荷，放在静电场中，导体内部的电场强度为零，则内表面上将产生异号感应电荷，外表面将产生同号感应电荷. 如图 9-37 所示，若把空腔外表面接地，则空腔外表面的电荷将和地面上的电荷中和，空腔外面的电场也就消失了. 这样，空腔内的带电体对空腔外就不会产生任何影响. 因而，接地的空腔导体可以隔离内外电场的影响.

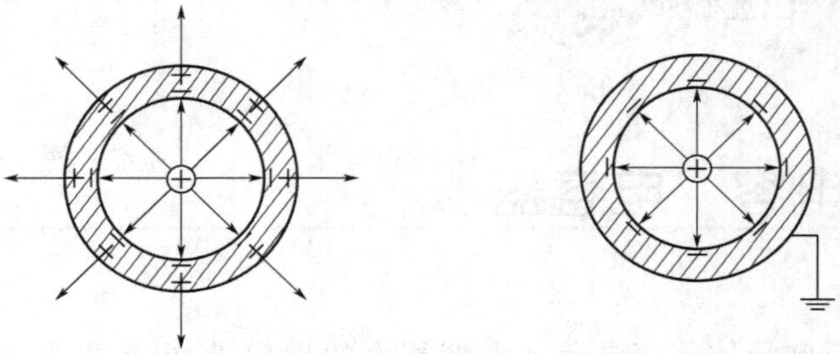

图 9-37　接地的空腔导体的屏蔽作用

静电屏蔽在实际中应用很广. 例如，用金属网或金属外壳把精密仪器罩住，就可以避免壳外电荷对仪器的影响，使壳外电荷在壳内空间激发的电场强度为零；传送弱信号的连接导线，为了避免外界的干扰，常在导线外包一层用金属丝编织的屏蔽线层，称为屏蔽导线；将弹药库罩以金属网；在高压带电作业时穿上均压服等，都是利用静电屏蔽以消除外电场的作用. 为了避免某些高压设备的电场对外界的影响，常将测量仪器甚至整个实验室用接地的金属壳或金属网屏蔽起来.

导体静电平衡时的计算

**例 9-12**　有一外半径为 $R_1$、内半径为 $R_2$ 的金属球壳，其内有一同心的半径为 $R_3$ 的金属球(见图 9-38). 球壳和球所带的电量均为 $q$. 求空间的电势分布.

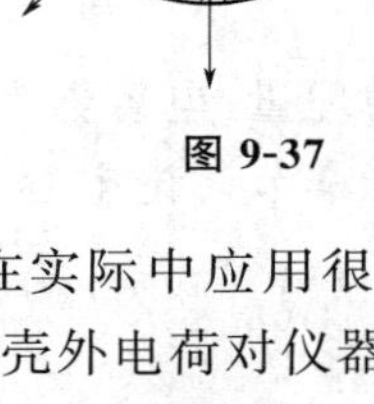


图 9-38　例 9-12 图

**解**　根据高斯定理可以求得空间各点的电场强度的分布为

当 $r<R_3$ 时，$E_1=0$；

当 $R_3<r<R_2$ 时，$E_2=\dfrac{q}{4\pi\varepsilon_0 r^2}$；

当 $R_2<r<R_1$ 时，$E_3=0$；

当 $r>R_1$ 时，$E_4=\dfrac{2q}{4\pi\varepsilon_0 r^2}$.

球壳表面的电势为

$$U_{R_1}=\int_{R_1}^{\infty}\boldsymbol{E}\cdot\mathrm{d}\boldsymbol{r}=\int_{R_1}^{\infty}\frac{2q}{4\pi\varepsilon_0 r^2}\cdot\mathrm{d}r=\frac{2q}{4\pi\varepsilon_0 R_1}.$$

球壳为等势体，电势为

$$U_{R_2}=U_{R_1}=\frac{2q}{4\pi\varepsilon_0 R_1}.$$

球表面的电势为

$$\begin{aligned}U_{R_3}&=\int_{R_3}^{\infty}\boldsymbol{E}\cdot\mathrm{d}\boldsymbol{r}=\int_{R_3}^{R_2}\boldsymbol{E}\cdot\mathrm{d}\boldsymbol{r}+\int_{R_1}^{\infty}\boldsymbol{E}\cdot\mathrm{d}\boldsymbol{r}\\&=\int_{R_3}^{R_2}\frac{q}{4\pi\varepsilon_0 r^2}\cdot\mathrm{d}r+\int_{R_1}^{\infty}\frac{2q}{4\pi\varepsilon_0 r^2}\cdot\mathrm{d}r\\&=\frac{q}{4\pi\varepsilon_0}\left(\frac{1}{R_3}-\frac{1}{R_2}+\frac{2}{R_1}\right).\end{aligned}$$

球为等势体，电势为

$$U_0=\frac{q}{4\pi\varepsilon_0}\left(\frac{1}{R_3}-\frac{1}{R_2}+\frac{2}{R_1}\right).$$

**例 9-13** 金属球 B 被一金属球壳 A 包围，A 的带电量为＋5 mC，B 的带电量为 $q=+3$ mC，试问：A 的外表面带多少电量？

**解** 若 A 不带电，则由于静电感应，A 的内表面将出现－3 mC 的电量. 而 A 本身就带＋5 mC 的电量，所以 A 的外表面共有＋8 mC 的电量.

# 9.9 电容 电容器

电容是反映导体储存电荷或电能能力的物理量. 电容器是储存电荷或电能的元件，在电工和电气设备中得到广泛应用. 本节讨论电容、电容器及电容器的连接.

## 9.9.1 孤立导体的电容

在真空中，一个孤立导体的电势与其所带的电量和形状有关. 例如，真空中的一个半径为 $R$、带电量为 $Q$ 的孤立球形导体，其电势为

$$U=\frac{Q}{4\pi\varepsilon_0 R}.$$

从式中可以看出，当电势一定时，球形导体的半径越大，则它所带的电量也越多，但其电量与电势的比值却是一个只与导体的形状和尺寸有关，而与所带电量无关的一个物理量，称为孤立导体的**电容**，用 $C$ 表示，即

超级电容器

$$C=\frac{Q}{U}. \tag{9-35}$$

孤立导体的电容是孤立导体所带的电量与其电势的比值，孤立导体的电容只与导体的形状和尺寸有关，而与所带电荷和电势无关，是表征导体储电能力的物理量. 对一定的导体，其电容 $C$ 是一定的. SI 中，电容的单位是 F(法拉)，1 F=1 C/1 V.

实际应用中，常采用微法($\mu$F)和皮法(pF)，换算关系为

$$1\ \mu\text{F}=10^{-6}\ \text{F},\quad 1\ \text{pF}=10^{-12}\ \text{F}.$$

## 9.9.2 电容器

实际上，孤立导体是不存在的，导体的周围总是存在其他导体，从而影响原来的电场，当然也要影响导体的电容. 把两个能够带有等量异号电荷的导体所组成的系统称为**电容器**. 组成电容器的两导体称为电容器的极板. 电容器可以用来储存电荷和能量.

如图 9-38 所示，将两个导体 A，B 放在真空中，它们所带的电量分别为$+Q$、

$-Q$，它们的电势分别为 $U_1$、$U_2$. 电容器的电容为两导体中任意一个导体所带的电量与两导体间的电势差的比值，即

$$C=\frac{Q}{U}=\frac{Q}{U_1-U_2}. \tag{9-36}$$

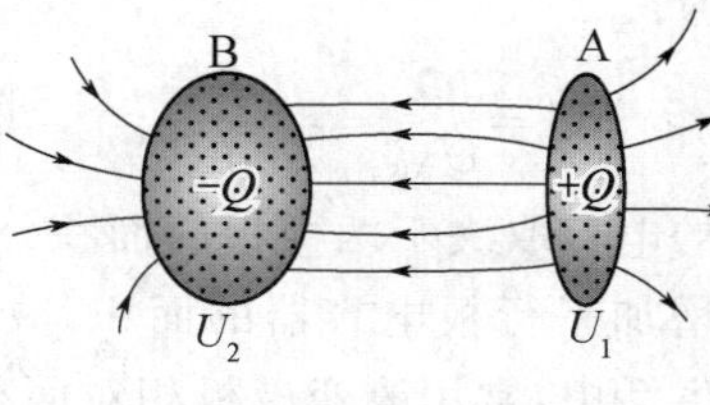


图 9-39　电容器的概念

电容器电容的大小取决于极板的形状、大小和相对位置，与电容器是否带电或所带电量的多少无关. 电容描述电容器的容电能力，即电容器中有单位电压时每个极板所带的电量. 实际上，如图 9-39 所示的那样由两个一般的导体构成的电容器的电容很小，而且容易受到外电场的干扰而影响到 $Q$ 和 $U$ 的正比关系. 通常使用的电容器由两个距离很近的导体板构成（如平行板电容器），或是把电容器的一个极板做成一个导体空腔，另一个极板放在空腔之内形成屏蔽（如圆柱形电容器和球形电容器）. 任何导体间都存在电容，例如，导线之间存在分布电容. 在生产和科研中使用的电容器种类繁多，外形各不相同，但它们的基本结构是一致的. 按性能分类有固定电容器、可变电容器和半可变电容器；按所夹介质分类有纸介质电容器、瓷介质电容器、云母电容器、空气电容器、电解电容器等；按形状分类有平行板电容器、圆柱形电容器、球形电容器等.

电鳗为什么能放电？

## 9.9.3　几种常见的电容器

### 1. 平行板电容器

最简单的电容器是由两个平行且靠近的金属薄板 A，B 构成的平行板电容器，如图 9-40 所示. 设每块极板的面积为 $S$，两极板的内表面间的距离为 $d$，且极板的线度远大于两极板内表面间的距离. 若电容器充电后，A 板带 $+Q$ 的电量，B 板带 $-Q$ 的电量. 由于板面很大而两极板间的距离很小，因此除了两极板的边缘部分外，电荷均匀分布在两极板的内表面上，其面电荷密度分别为 $+\sigma$ 和 $-\sigma$，即 $\sigma=\frac{Q}{S}$.

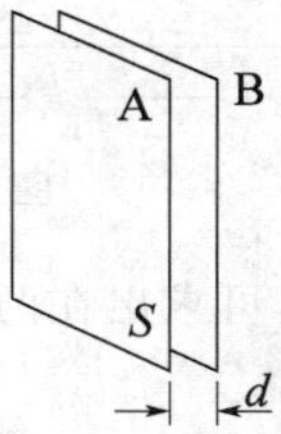


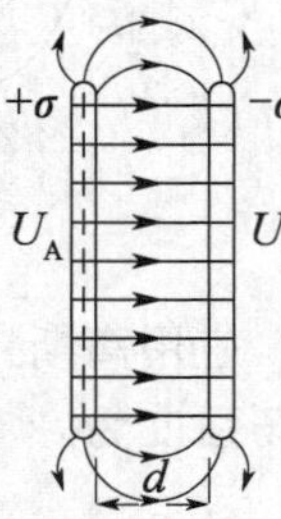


图 9-40　平行板电容器

通过计算可知，两极板间的电场强度大小为

$$E=\frac{\sigma}{\varepsilon_0}.$$

电场强度方向由 A 板指向 B 板.

两极板的电势差为

$$U_{AB}=U_A-U_B=Ed=\frac{\sigma}{\varepsilon_0}d=\frac{Qd}{\varepsilon_0 S},$$

故平行板电容器的电容为

$$C=\frac{Q}{U_{AB}}=\varepsilon_0\frac{S}{d}. \tag{9-37}$$

显然,平行板电容器的电容取决于两极板的面积($S$)、相对位置($d$),而与极板上所带的电量无关.增加平行板电容器的面积,减少两极板间的距离,则它的电容就增大.在实际生活中,常用改变极板相对面积的大小或改变极板间距离的方法来改变电容器的电容.可在一定范围内改变其电容值的电容器称为可变电容器,广泛应用于电子设备(收音机的频率调谐电路)中.

**2. 圆柱形电容器**

圆柱形电容器由两个同轴的金属圆筒 A,B 构成,如图 9-41 所示.设两圆筒的长度为 $l$,半径分别为 $R_A$ 和 $R_B$,当 $l\gg(R_B-R_A)$时,则可将两端边缘处电场不均匀性的影响忽略.当两圆筒带电后,电荷将均匀分布在内外两圆筒上,这时两圆筒间的电场具有对称性,并且在很大程度上不受外界的影响.设 A 筒带电$+Q$,B 筒带电$-Q$.忽略边缘效应,电荷应各自均匀地分布在 A 筒的外表面和 B 筒的内表面上,圆筒单位长度上的电量 $\lambda=\frac{Q}{l}$,在内圆筒内和外圆筒外的电场强度均为零.

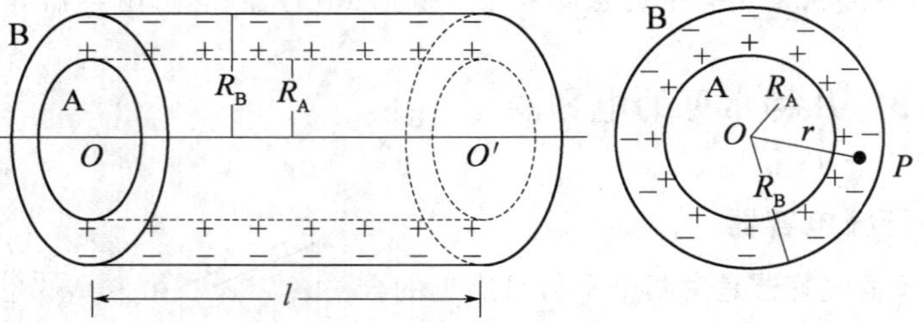


图 9-41　圆柱形电容器

应用高斯定理,可求出在两圆筒之间距轴线为 $r(R_A<r<R_B)$处 $P$ 点的电场强度为

$$\boldsymbol{E}=\frac{\lambda}{2\pi\varepsilon_0 r}\boldsymbol{e}_r.$$

电场强度方向沿半径方向由 A 筒指向 B 筒.

将电场强度沿径向积分可得到两圆筒间的电势差为

$$U_{AB}=\int_{R_A}^{R_B}\boldsymbol{E}\cdot d\boldsymbol{r}=\int_{R_A}^{R_B}E\,dr=\int_{R_A}^{R_B}\frac{\lambda}{2\pi\varepsilon_0}\frac{dr}{r}$$

$$=\frac{\lambda}{2\pi\varepsilon_0}\ln\frac{R_B}{R_A}=\frac{Q}{2\pi\varepsilon_0 l}\ln\frac{R_B}{R_A}.$$

由电容的定义,求得圆柱形电容器的电容为

$$C=\frac{Q}{U_A-U_B}=2\pi\varepsilon_0\frac{l}{\ln\frac{R_B}{R_A}}. \tag{9-38}$$

可见，圆筒越长，电容越大；两圆筒之间的间隙越小，电容越大. 当圆柱形电容器两圆筒间为真空时，电容只和它的几何结构有关. 圆柱形电容器单位长度的电容为

$$C_l=\frac{2\pi\varepsilon_0}{\ln\left(\frac{R_B}{R_A}\right)}.$$

**3. 球形电容器**

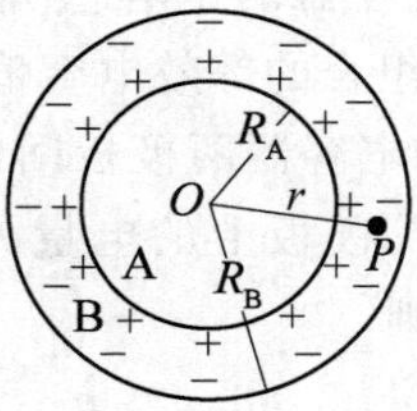

图 9-42　球形电容器

球形电容器由半径分别为 $R_A$ 和 $R_B$ 的两个同心金属球壳 A，B 所组成，如图 9-42 所示. 若球壳 A 带电 $+Q$，球壳 B 带电 $-Q$，则正负电荷将分别均匀分布在 A 球的外表面和 B 球的内表面上. 在两球壳之间具有球心对称的电场，距球心为 $r$（$R_A<r<R_B$）处 $P$ 点的电场强度为

$$\boldsymbol{E}=\frac{Q}{4\pi\varepsilon_0 r^2}\boldsymbol{e}_r.$$

两球壳间的电势差为

$$U_{AB}=\int_{R_A}^{R_B}\boldsymbol{E}\cdot d\boldsymbol{r}=\int_{R_A}^{R_B}E\,dr=\int_{R_A}^{R_B}\frac{Q}{4\pi\varepsilon_0}\frac{dr}{r^2}$$
$$=\frac{Q}{4\pi\varepsilon_0}\left(\frac{1}{R_A}-\frac{1}{R_B}\right).$$

根据电容的定义，球形电容器的电容为

$$C=\frac{Q}{U_{AB}}=4\pi\varepsilon_0\frac{R_AR_B}{R_B-R_A}. \tag{9-39}$$

一个孤立的导体球可当作球形电容器的一种特殊情况，即 $R_B\to\infty$ 的情况. 设若 $R_B\to\infty$，此时 B 球上的电荷 $-Q$ 将均匀地分布在一个无穷大的球面上，实际上该电荷的分布可以忽略不计. 此时 B 球在无穷远处，电势为零，A，B 两球之间的电势差就是 A 球的电势. 于是，A 球电势为

$$U=\frac{Q}{4\pi\varepsilon_0 R},$$

其中，$R$ 即 A 球半径，可得孤立导体球的电容为

$$C=\frac{Q}{U}=4\pi\varepsilon_0 R.$$

计算任意形状电容器的电容时，总是先假定极板带电，并求出两带电极板间的电场强度，再由电场强度与电势差的关系求两极板间的电势差，最后由电容的定义式即可求出电容器的电容.

### 9.9.4 电容的连接

在实际应用中，常会遇到已有电容器的电容或者耐压值不能满足电路使用要求的问题，这时可以把若干个电容器适当地连接起来构成一个电容器组.电容器的基本连接方式有并联和串联两种.

**1. 电容器的并联**

图 9-43 所示为 $n$ 个电容器的并联.设电容器的电容值分别为 $C_1, C_2, \cdots, C_n$，组合的等效电容值为 $C$.充电以后，每个电容器两极板间的电势差相等，设为 $U$.极板上的电量分别为 $q_1, q_2, \cdots, q_n$，则

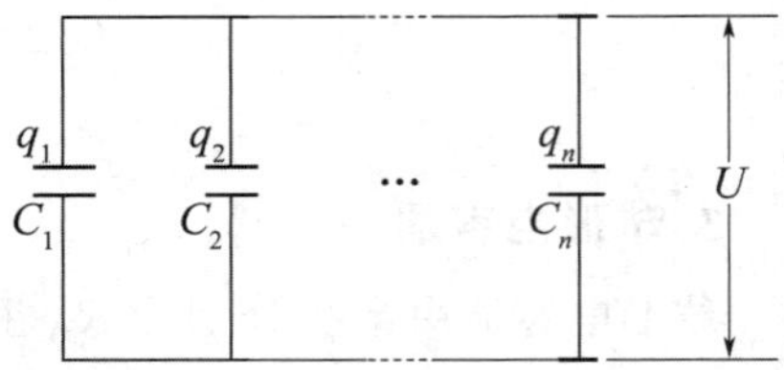

图 9-43 电容器的并联

$$q_1 = C_1 U, \quad q_2 = C_2 U, \quad \cdots, \quad q_n = C_n U.$$

电容器组所带总电量为各电容器电量之和，即

$$q = q_1 + q_2 + \cdots + q_n = (C_1 + C_2 + \cdots + C_n)U.$$

所以电容器组的等效电容为

$$C = \frac{q}{U} = C_1 + C_2 + \cdots + C_n = \sum_{i=1}^{n} C_i, \tag{9-40}$$

即并联电容器的等效电容等于每个电容器电容之和.

**2. 电容器的串联**

图 9-44 所示为 $n$ 个电容器的串联.设电容器的电容值分别为 $C_1, C_2, \cdots, C_n$，组合的等效电容值为 $C$.充电后，由于静电感应，每对电容器的两个极板上都带有等量异号的电荷 $+q$ 和 $-q$，这也是电容器组所带电量.这时，每对电容器两极板间的电势差分别为

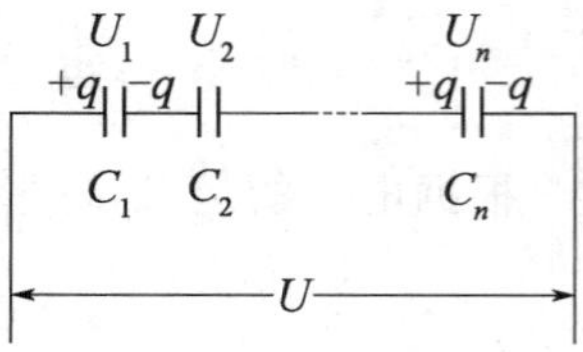

图 9-44 电容器的串联

$$U_1 = \frac{q}{C_1}, \quad U_2 = \frac{q}{C_2}, \quad \cdots, \quad U_n = \frac{q}{C_n}.$$

组合电容器的总电势差为

$$U = U_1 + U_2 + \cdots + U_n = q\left(\frac{1}{C_1} + \frac{1}{C_2} + \cdots + \frac{1}{C_n}\right).$$

由 $U = \dfrac{q}{C}$ 得

$$\frac{1}{C} = \frac{1}{C_1} + \frac{1}{C_2} + \cdots + \frac{1}{C_n} = \sum_{i=1}^{n} \frac{1}{C_i}, \tag{9-41}$$

即串联电容器的等效电容的倒数等于每个电容器电容的倒数之和.

可见，几个电容器并联可获得较大的电容值，但每个电容器极板间的电势差和单独使用时一样；几个电容器串联时电容值减少，但每个电容器极板间的

电势差小于总电势差. 在实际应用中可根据电路的要求采取并联或串联，特殊需要的电路中还可有更复杂的连接方法.

## 9.10 静电场中的电介质

静电场中的电介质

## 9.11 电位移　有电介质时的高斯定理

电位移　有电介质时的高斯定理

## 9.12 静电场的能量　能量密度

### 9.12.1　电容器的能量

一个电容器在没充电的时候是没有电能的，当电容器与电源相连时，电容器的两极板会带上电荷，这个过程称为**电容器的充电**. 当电容器与电源断开而与另一回路连通时，电容器两极板上的电荷会通过电路中和，这一过程称为**电容器的放电**. 如果电路中有使用电器，如灯泡，则灯泡会发光，所消耗的能量是电容器释放的，而电容器的能量则是充电时由电源供给的. 在充电过程中，外力要克服电荷之间的作用而做功，把其他形式的能量转化为电能. 如图 9-45 所示，一电容器正在充电，在充电过程中，无论是用什么装置、什么方法，总是要不断地把电荷从一个极板输运到另一个极板，从而使两个极板带上等量异号电荷.

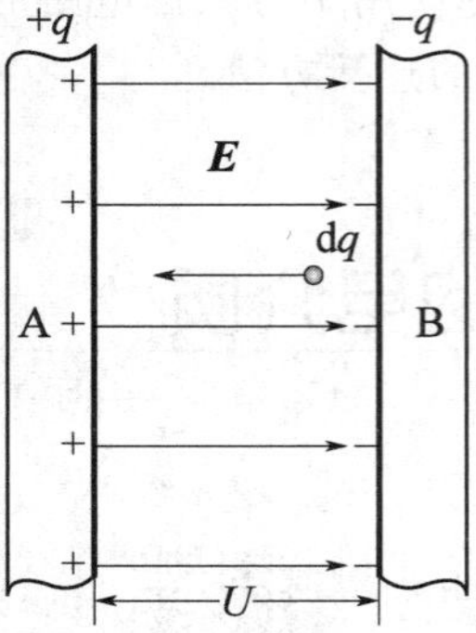


图 9-45　电容器充电过程

下面试着计算一下电容器两极板 A 和 B 上分别带有电荷 $\pm Q$、两极板间电势差为 $U$ 时电容器所具有的能量.

设输运的电荷为正电荷,在某一个微元过程中,有数量为 $\mathrm{d}q$ 的电荷从负极板 B 输运到了正极板 A. 若此时电容器带电量为 $q$,两极板间电势差为 $U$,则该微元过程中外力克服电场力做功为

$$\mathrm{d}W = U\mathrm{d}q = \frac{1}{C}q\,\mathrm{d}q.$$

在整个充电过程中电容器上的电量由 0 变化到 $Q$,则外力做的总功为

$$W = \int_0^Q \mathrm{d}W = \int_0^Q \frac{1}{C}q\,\mathrm{d}q = \frac{Q^2}{2C}. \tag{9-42}$$

按照能量转换与守恒的思想,一个系统拥有的能量,应等于建立这个系统时所输入的能量. 在电容器充电的过程中,能量是通过做功输入到电容器中的,外力做的功表现为能量转换的量度. 因此,一个电量为 $Q$、两极板间电势差为 $U$ 的电容器储存的电能应该为

$$W_e = \frac{Q^2}{2C} = \frac{1}{2}qU = \frac{1}{2}CU^2. \tag{9-43}$$

图 9-45 中形式上是一个平行板电容器,但讨论的过程中并没有涉及平行板电容器的特性. 可见,式(9-43)并非只对平行板电容器适用,而对任意电容器都是适用的,是计算电容器所储能量的普遍公式.

### 9.12.2　静电场的能量　能量密度

静电场的能量

在物体或电容器的带电过程中,外力所做的功等于带电系统能量的增量,而带电系统的形成过程实际上就是建立电场的过程,说明带电系统的静电能总是和电场的存在相联系的. 能量存在于电场之中,即电能就是电场的能量.

仍以平行板电容器为例. 设极板的面积为 $S$,两极板间的距离为 $d$. 当电容器极板上的电量为 $Q$ 时,两极板间的电势差 $U = Ed$,已知 $C = \varepsilon\dfrac{S}{d}$,代入式(9-43),得

$$W_e = \frac{1}{2}CU^2 = \frac{1}{2}\varepsilon\frac{S}{d}(Ed)^2$$
$$= \frac{1}{2}\varepsilon E^2 Sd = \frac{1}{2}\varepsilon E^2 V. \tag{9-44}$$

由于电场存在于两极板之间，所以 $Sd$ 就是电容器中电场的体积 $V$. 可见，静电场能量可以用表征电场性质的电场强度 $\boldsymbol{E}$ 来表示，而且和电场所占的体积 $V=Sd$ 成正比. 这表明电能储存在电场中.

平行板电容器中的电场是均匀电场，所储存的静电场能量也应该是均匀分布的，因此电场中单位体积内的电场能量即电场的能量密度为

$$w_e = \frac{W_e}{V} = \frac{1}{2}\varepsilon E^2 = \frac{1}{2}\frac{D^2}{\varepsilon} = \frac{1}{2}DE. \tag{9-45}$$

能量密度的单位为 $\mathrm{J\cdot m^{-3}}$（焦耳每立方米）. 电场的能量密度与电场强度大小的二次方成正比，电场强度越大，电场的能量密度也越大. 式(9-45)虽是在均匀电场中导出的，但在非均匀电场和变化电场中仍然是正确的，只是此时的能量密度是逐点改变的. 对任意的电场，可以通过积分来求出它所储存的总能量. 在电场中取体积元 $\mathrm{d}V$，在 $\mathrm{d}V$ 内的电场能量密度可看作是均匀的，于是 $\mathrm{d}V$ 内的电场能量为 $\mathrm{d}W_e = w_e\mathrm{d}V$. 在体积 $V$ 中的电场能量为

$$W_e = \iiint_V \mathrm{d}W_e = \iiint_V w_e\mathrm{d}V = \iiint_V \frac{\varepsilon_0\varepsilon_r E^2}{2}\mathrm{d}V = \iiint_V \frac{1}{2}DE\,\mathrm{d}V.$$

**例 9-14**　一球形电容器内、外球壳的半径分别为 $R_1$ 和 $R_2$，如图 9-46 所示. 两球壳间充满相对介电常量为 $\varepsilon_r$ 的电介质，求此电容器带有电量 $Q$ 时所储存的电能.

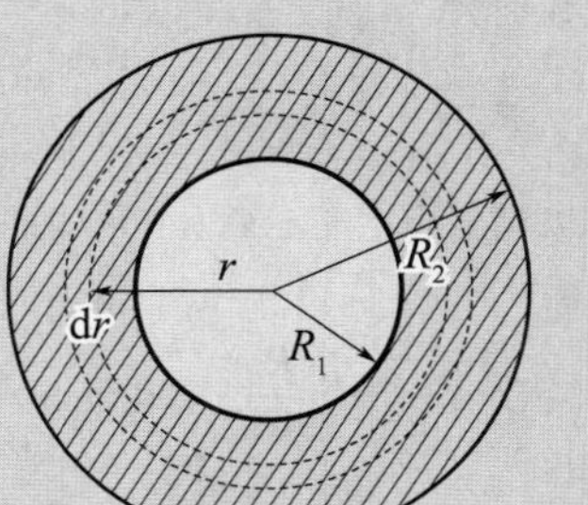


**图 9-46　例 9-14 图**

**解**　球形电容器充电后，内、外两球壳分别带有电量 $+Q$ 和 $-Q$. 由高斯定理可求出内球壳内部和外球壳外部的电场强度为零，两球壳之间的电场强度大小为

$$E = \frac{Q}{4\pi\varepsilon_0\varepsilon_r r^2}.$$

在两球壳之间取一个半径为 $r$、厚度为 $\mathrm{d}r$ 的球壳，它的体积为

$$\mathrm{d}V = 4\pi r^2\mathrm{d}r.$$

该球壳内的电场能量密度可看作是均匀的，故该球壳内的电场能量为

$$\mathrm{d}W_e = w_e\mathrm{d}V = \frac{1}{2}\varepsilon E^2\mathrm{d}V$$
$$= \frac{1}{2}\varepsilon_r\varepsilon_0\left(\frac{Q}{4\pi\varepsilon_0\varepsilon_r r^2}\right)^2\cdot 4\pi r^2\mathrm{d}r$$
$$= \frac{Q^2}{8\pi\varepsilon_0\varepsilon_r r^2}\mathrm{d}r.$$

电容器储存的电能为

$$W_e=\int dW_e=\int_{R_1}^{R_2}\frac{Q^2}{8\pi\varepsilon_0\varepsilon_r r^2}dr$$

$$=\frac{Q^2}{8\pi\varepsilon_0\varepsilon_r}\left(\frac{1}{R_1}-\frac{1}{R_2}\right).$$

球形电容器的电能也可以直接用电容器储存电能的公式求出：

$$W_e=\frac{Q^2}{2C}=\frac{Q^2}{2\cdot 4\pi\varepsilon_0\varepsilon_r\dfrac{R_1R_2}{R_2-R_1}}$$

$$=\frac{Q^2}{8\pi\varepsilon_0\varepsilon_r}\left(\frac{1}{R_1}-\frac{1}{R_2}\right).$$

**例 9-15** 如图 9-47 所示，在圆柱形电容器中，电介质是空气，空气的击穿电场强度是 $E_b=3\times10^6\ \mathrm{V\cdot m^{-1}}$. 电容器外半径为 $R_2=10^{-2}$ m. 在空气不被击穿的情况下，内半径 $R_1$ 取多大值时可使电容器储存的能量最多？

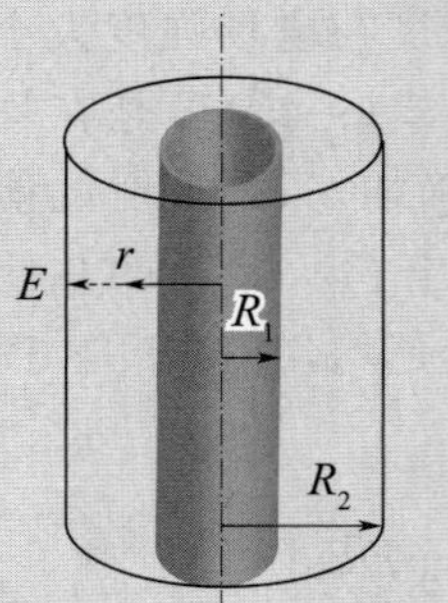


图 9-47 例 9-15 图

**解** 由高斯定理知，两柱面间的电场强度为

$$E=\frac{\lambda}{2\pi\varepsilon_0 r}\quad(R_1<r<R_2).$$

$r=R_1$ 处最容易被击穿，若不被击穿，则电量的最大值为

$$E_b=\frac{\lambda_{max}}{2\pi\varepsilon_0R_1},$$

得 $$\lambda_{max}=2\pi\varepsilon_0R_1E_b.$$

由电容器储存电能的公式可知

$$W_e=\frac{1}{2}QU,$$

则单位长度储能

$$W_e=\frac{1}{2}\lambda U,$$

得 $$U=\int_{R_1}^{R_2}\boldsymbol{E}\cdot d\boldsymbol{r}=\frac{\lambda}{2\pi\varepsilon_0}\int_{R_1}^{R_2}\frac{dr}{r}$$

$$=\frac{\lambda}{2\pi\varepsilon_0}\ln\frac{R_2}{R_1},$$

则 $$W_e=\frac{\lambda^2}{4\pi\varepsilon_0}\ln\frac{R_2}{R_1}.$$

代入 $\lambda_{max}$，得电容器不被击穿时储存的电能为

$$W_e=\pi\varepsilon_0E_b^2R_1^2\ln\frac{R_2}{R_1},$$

式中，当 $E_b$ 已知时，$W_e$ 随 $R_1$ 而变. 则储存的电能最多时的 $R_1$ 满足

$$\frac{dW_e}{dR_1}=\pi\varepsilon_0E_b^2R_1\left(2\ln\frac{R_2}{R_1}-1\right)=0,$$

有 $$2\ln\frac{R_2}{R_1}-1=0,$$

即 $$R_1=\frac{R_2}{\sqrt{e}}.$$

代入已知数据 $R_2=10^{-2}$ m，得

$$R_1=\frac{R_2}{\sqrt{e}}=6.07\times10^{-3}\ \mathrm{m}.$$

还可以算出当空气不被击穿时，两极板间的最大电势差为

$$U_{max}=\frac{\lambda_{max}}{2\pi\varepsilon_0}\ln\frac{R_2}{R_1}=E_bR_1\ln\frac{R_2}{R_1}$$

$$=E_b\frac{R_2}{\sqrt{e}}\ln\frac{R_2}{R_2/\sqrt{e}}=\frac{E_bR_2}{2\sqrt{e}},$$

代入已知数据得

$$U_{max}=\frac{3\times10^6\times10^{-2}}{2\sqrt{e}}\mathrm{V}=9.10\times10^3\ \mathrm{V}.$$

# 本章提要

(1)库仑定律.

如图 9-48 所示,点电荷 $q_2$ 对点电荷 $q_1$ 的作用力用 $\boldsymbol{F}_{21}$ 表示,则库仑定律的矢量表示式为

$$\boldsymbol{F}_{21}=\frac{1}{4\pi\varepsilon_0}\frac{q_1q_2}{r^2}\boldsymbol{e}_{r_{21}},$$

式中,$\boldsymbol{e}_{r_{21}}$ 为从点电荷 $q_2$ 指向点电荷 $q_1$ 的单位矢量.

对于点电荷系,电场力叠加原理为

$$\boldsymbol{F}=\sum_{i=1}^{n}\boldsymbol{F}_i=\frac{1}{4\pi\varepsilon_0}\sum_{i=1}^{n}\frac{qq_i}{r_i^2}\boldsymbol{e}_{r_i},$$

式中,$r_i$ 和 $\boldsymbol{e}_{r_i}$ 分别为从第 $i$ 个点电荷 $q_i$ 到 $q$ 的距离和单位矢量.

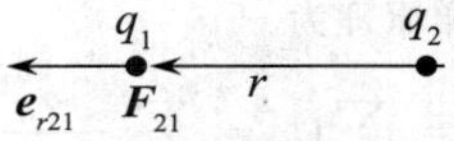


图 9-48　真空中两个静止点电荷之间的作用力

(2)电场强度.

①电场强度的定义式:

$$\boldsymbol{E}=\frac{\boldsymbol{F}}{q_0},$$

式中,$\boldsymbol{E}$ 为场源电荷 $q$ 激发的电场强度;$q_0$ 为检验电荷;$\boldsymbol{F}$ 为检验电荷 $q_0$ 所受的电场力.

②点电荷 $q$ 产生的电场强度:

$$\boldsymbol{E}=\frac{\boldsymbol{F}}{q_0}=\frac{1}{4\pi\varepsilon_0}\frac{q}{r^2}\boldsymbol{e}_r,$$

式中,$\boldsymbol{e}_r$ 为从场源电荷 $q$ 指向场点的单位矢量.

③对于点电荷系,电场强度叠加原理为

$$\boldsymbol{E}=\frac{\boldsymbol{F}}{q_0}=\sum_{i=1}^{n}\frac{\boldsymbol{F}_i}{q_0}=\sum_{i=1}^{n}\boldsymbol{E}_i=\frac{1}{4\pi\varepsilon_0}\sum_{i=1}^{n}\frac{q_i}{r_i^2}\boldsymbol{e}_{r_i},$$

式中,$r_i$ 和 $\boldsymbol{e}_{r_i}$ 为从第 $i$ 个点电荷 $q_i$ 到场点的距离和单位矢量.

④对于电荷连续分布的带电体,电场强度则为

$$\boldsymbol{E}=\int \mathrm{d}\boldsymbol{E}=\int_Q\frac{1}{4\pi\varepsilon_0}\frac{\mathrm{d}q}{r^2}\boldsymbol{e}_r,$$

式中,$\boldsymbol{e}_r$ 是从电荷元 $\mathrm{d}q$ 指向场点的单位矢量.

(3)真空中的高斯定理.

穿过任意闭合曲面 $S$ 的电通量,等于该曲面所包围的全部电荷的代数和除以 $\varepsilon_0$,用公式表示为

$$\Phi_e=\oiint_S E\cdot\mathrm{d}S=\frac{1}{\varepsilon_0}\sum_{i=1}^{n}q_i.$$

(4)静电场的环路定理.

静电场沿任意闭合回路 $l$ 的环流恒为零,即

$$\oint_l \boldsymbol{E} \cdot \mathrm{d}\boldsymbol{l} = 0.$$

(5)电场力的功、电势能和电势.

①电场力的功:

$$W_{ab} = \int_a^b q_0 \boldsymbol{E} \cdot \mathrm{d}\boldsymbol{l} = q_0 U_{ab} = q_0 (U_a - U_b).$$

②电势能:

$$E_{pa} = \int_a^{\infty} q_0 \boldsymbol{E} \cdot \mathrm{d}\boldsymbol{l}.$$

③电势:

$$U_a = \frac{E_{pa}}{q_0} = \int_a^{\infty} \boldsymbol{E} \cdot \mathrm{d}\boldsymbol{l}.$$

a. 点电荷电场的电势,设 $U_\infty = 0$,则

$$U_P = \frac{q}{4\pi\varepsilon_0 r}.$$

b. 对于点电荷系,设 $U_\infty = 0$,电势叠加原理为

$$U_P = \sum_{i=1}^{n} U_i = \sum_{i=1}^{n} \frac{q_i}{4\pi\varepsilon_0 r_i}.$$

c. 对于电荷连续分布的带电体,设 $U_\infty = 0$,则

$$U_P = \int_P^{\infty} \frac{\mathrm{d}q}{4\pi\varepsilon_0 r}.$$

(6)电场强度和电势的关系:

$$\boldsymbol{E} = -\nabla U.$$

(7)导体与电介质.

①静电平衡条件:导体内任意一点的电场强度都为零.

处于静电平衡的导体具有如下的性质:

a. 整个导体是等势体,导体表面是等势面;

b. 导体表面附近的电场强度处处与表面垂直.

②静电平衡时导体上的电荷分布:

a. 处于静电平衡的导体,其内部不存在净电荷,电荷只能分布在导体的表面上;

b. 处于静电平衡的导体,其表面上各处的面电荷密度与导体外紧靠表面处的电场强度的大小成正比,即

$$E = \frac{\sigma}{\varepsilon_0}.$$

③处于静电平衡的孤立导体,其表面各处的面电荷密度与此处表面的曲率半径有关,曲率半径越大,面电荷密度越小.

(8)电容.

①孤立导体的电容:

$$C = \frac{Q}{U}.$$

②电容器的电容:

$$C = \frac{Q}{U} = \frac{Q}{U_1 - U_2}.$$

③几种常见电容器的电容：

a. 平行板电容器：

$$C = \varepsilon \frac{S}{d}.$$

b. 圆柱形电容器：

$$C = \frac{Q}{U_A - U_B} = 2\pi\varepsilon_0 \frac{l}{\ln \frac{R_B}{R_A}}.$$

c. 球形电容器：

$$C = \frac{Q}{U_{AB}} = 4\pi\varepsilon_0 \frac{R_A R_B}{R_B - R_A} \quad (R_A < R_B).$$

④电容器的并联与串联.

并联：$C = C_1 + C_2 + \cdots + C_n = \sum_{i=1}^{n} C_i$.

串联：$\frac{1}{C} = \frac{1}{C_1} + \frac{1}{C_2} + \cdots + \frac{1}{C_n} = \sum_{i=1}^{n} \frac{1}{C_i}$.

(9)电位移和有电介质时的高斯定理.

①电位移矢量：$\boldsymbol{D} = \varepsilon_0 \boldsymbol{E} + \boldsymbol{P}$.

②有电介质时的高斯定理：$\oint\!\!\oint_S \boldsymbol{D} \cdot d\boldsymbol{S} = Q_0$.

(10)静电场的能量.

①电容器的能量：$W_e = \frac{Q^2}{2C} = \frac{1}{2}qU = \frac{1}{2}CU^2$.

②电场的能量密度：$w_e = \frac{W_e}{V} = \frac{1}{2}DE$.

③电场的能量：$W_e = \iiint_V w_e dV = \iiint_V \frac{1}{2}DE dV$.

## 习　题

**9-1**　选择题.

(1)一带电体可作为点电荷处理的条件是(　　).

(A) 电荷必须呈球形分布

(B) 带电体的线度很小

(C) 带电体的线度与其他有关长度相比可忽略不计

(D) 电量很小

(2)在真空中，两个静止点电荷之间相互作用力的大小与它们的电量乘积(　　).

(A) 成反比　　(B) 无关

(C) 成正比　　(D) 不成比例

(3)一点电荷对放在距其 2 cm 处的另一点电荷的作用力大小为 $F$，若两点电荷之间的距离减小为原来的 1/2，此时它们之间的静电力的大小为(　　).

(A) $\frac{F}{4}$　　(B) $\frac{F}{2}$

(C) $F$　　(D) $4F$

(4)电场中有一点 $P$，下列说法中正确的是(　　).

(A) 若放在 $P$ 点的电荷电量减小 1/2，则 $P$ 点处电场强度减小 1/2

(B) $P$ 点的电场强度越大，则同一电荷在 $P$ 点受到的电场力越大

(C) 若 $P$ 点没有检验电荷，则 $P$ 点的电场强度为零

(D) $P$ 点的电场强度方向与该点放置检验电荷的带电性质有关

(5) 在真空中，有 4 个点电荷 $Q_1 = 5$ C，$Q_2 = -3$ C，$Q_3 = 2$ C，$Q_4 = 3$ C，包围 $Q_1$，$Q_2$，$Q_3$ 任意作一个闭合曲面，则通过该闭合曲面的电通量为(　　).

(A) 0　　(B) $\frac{\varepsilon_0}{4}$

(C) $\frac{\varepsilon_0}{7}$　　(D) $\frac{\varepsilon_0}{10}$

(6) 一点电荷放在球形高斯面的中心处，(　　)可以改变通过该球形高斯面的电通量.

(A) 将另一点电荷放在该球形高斯面外

(B) 将另一点电荷放进该球形高斯面内

(C) 在该球形高斯面内移动该点电荷

(D) 将该球形高斯面半径缩小

(7)根据静电场高斯定理，可知下述各种说法中，正确的是(　　).

(A) 当闭合面内的电荷代数和为零时，闭合面上各点电场强度一定为零

(B) 当闭合面内的电荷代数和不为零时，闭合面上各点电场强度一定处处不为零

(C) 当闭合面内的电荷代数和为零时，闭合面上各点电场强度不一定处处为零

(D) 当闭合面上各点电场强度均为零时，闭合面内一定处处无电荷

(8)静电场环路定理指的是静电场沿任意闭合回路的积分等于零，可知(　　).

(A) 静电场是非保守力场

(B) 静电场是有旋场

(C) 静电场是保守力场

(D) 静电场做功与路径有关

(9)静电场中某点电势的数值等于(　　).

(A) 把单位正电荷从该点移到电势零点，外力所做的功

(B) 单位检验电荷位于该点时具有的电势能

(C) 单位正电荷位于该点时具有的电势能

(D) 检验电荷 $q_0$ 位于该点时具有的电势能

(10)关于静电场的电场线的几种说法中，正确的是(　　).

(A) 电场线是闭合曲线

(B) 任意两条电场线可以相交

(C) 电场线的疏密程度代表场强的大小

(D) 电场线可以中断

(11)在电场中，导体内部的(　　).

(A) 电场和电势均为零

(B) 电场不为零，电势均为零

(C) 电势和表面电势相等

(D) 电势低于表面电势

(12)对于平行板电容器，下列说法中正确的是(　　).

(A) 电容与所带电量成正比

(B) 电容与两极板间电压成正比

(C) 电容与两极板间距离成正比

(D) 电容与两极板正对面积成正比

**9-2** 填空题.

(1)在正方形的一对角线两端各放置电荷 $Q$，另一对角线两端各放置电荷 $q$，若 $Q$ 所受到合力为零，则 $Q$ 与 $q$ 的关系为________.

(2)电量为 $5\times10^{-9}$ C 的检验电荷放在电场中某点时，受到 $20\times10^{-9}$ C 的向下的电场力，则该点的电场强度大小为________.

(3)静电场中某点的电场强度，其大小与单位正检验电荷位于该点时所受到的电场力________(填“相等”或“不等”).

(4)一点电荷 $q$ 位于一立方体中心，则穿过该立方体某一表面的电通量为________.

(5)电荷在静电场中沿任一闭合路径移动一周，电场力做的功为________.

(6)电荷在等势面上移动，电场力做的功________零(填“大于”“小于”或“等于”).

(7)处于静电平衡的导体内部的净电荷为________.

(8)导体的静电平衡条件是导体内部的电场强度等于________.

(9)处于静电平衡的实心导体内部任意两点间的电势差为 $U=$________.

(10)电容为 $C_1$ 和 $C_2$ 的两个电容器并联后的电容为________.

**9-3** 请推导点电荷电场强度的公式.

**9-4** 请简述静电场中电场线的性质.

**9-5** 简述静电场中的高斯定理及其数学表达式.

**9-6** 请推导点电荷电势的公式.

**9-7** 请结合有限大连续带电体产生的电场,简述电势叠加原理(运用文字叙述与公式).

**9-8** 请写出平行板电容器电容的公式,并简述平行板电容器电容与哪些因素有关.

**9-9** 在正方形的一条对角线的两端各放置电荷 $q$ 和 $-q$,另一条对角线的两端也各放置电荷 $q$ 和 $-q$,求距顶点 $r$ 处的中心点处的电场强度.

**9-10** 如题 9-10 图所示放置一长方体闭合面,长、宽、高分别为 $a,b,h$,空间中电场强度的分布为 $E_x = cx$ ,$E_y = 0$,$E_z = 0$,$c$ 为常数,求通过该闭合面的电通量.

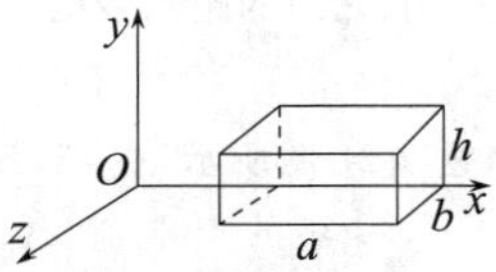


**题 9-10 图**

**9-11** 求面电荷密度为 $\sigma$ 的无限大均匀带电平面的电场强度.

**9-12** 真空中无限长带正电直导线,其线电荷密度为 $\lambda$,试求到导线垂直距离为 $r$ 处的 $P$ 点的电场强度大小和方向.

**9-13** 设半径为 $R$ 的球体所带电荷均匀分布,体电荷密度为 $\rho$,试求带电球体内部任意点的电场强度大小和方向.

**9-14** 如题 9-14 图所示,两无限大平行均匀带电平面 A,B 的面电荷密度均为 $\sigma$,求电场强度分布.

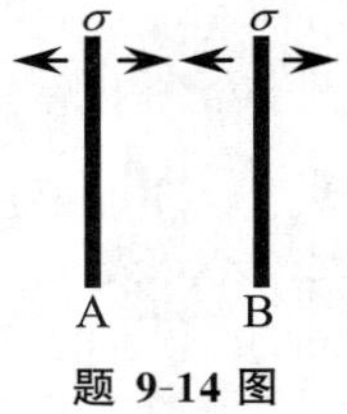


**题 9-14 图**

**9-15** 均匀带电球壳内半径为 6 cm,外半径为 10 cm,体电荷密度为 $2\times10^{-5}$ C · m$^{-3}$,求距球心 5 cm 和 8 cm 处的场强.

**9-16** 如题 9-16 图所示,半径分别为 $R_A$ 和 $R_B$ 的两个同心均匀带电球面 A 和 B ,球面 A 带电 $q_A$ ,球面 B 带电 $q_B$ ,求球面 B 外的电场强度.

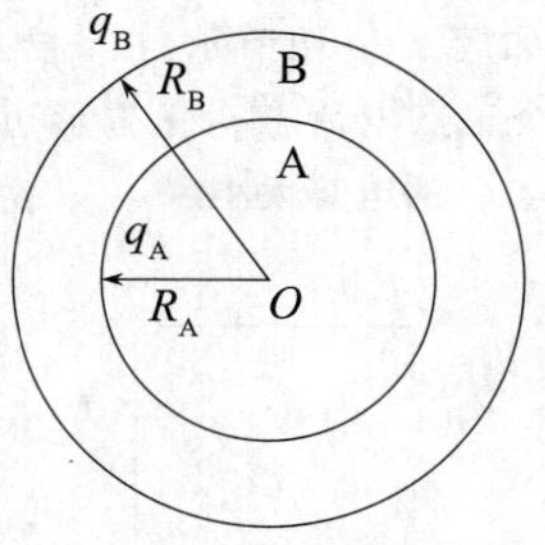


**题 9-16 图**

**9-17** 如题 9-17 图所示,半径分别为 $R_A$ 和 $R_B$ 的两个同心均匀带电球面 A 和 B,球面 A 带电 $+q$,球面 B 带电 $-q$ ,求球面 A 上的电势.

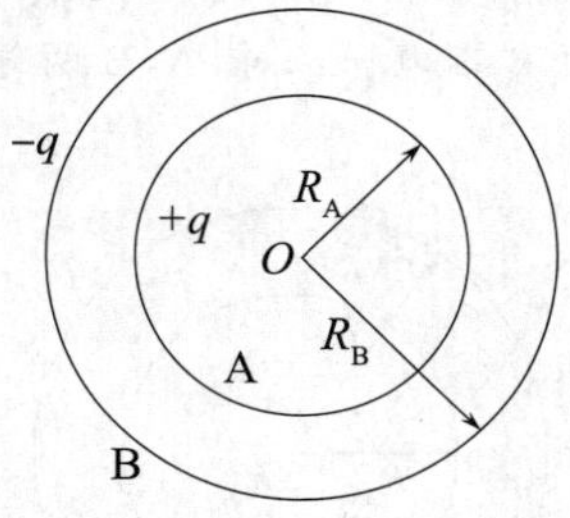


**题 9-17 图**

**9-18** 如题 9-18 图所示,两个同心球面,半径分别为 10 cm 和 30 cm. 小球面均匀带有正电荷 $1.0\times10^{-8}$ C,大球面带有正电荷 $1.5\times10^{-8}$ C. 求离球心为 20 cm 处的电势(已知系数 $k = \frac{1}{4\pi\varepsilon_0} \approx 9.0\times10^{9}$ N · m$^2$ · C$^{-2}$).

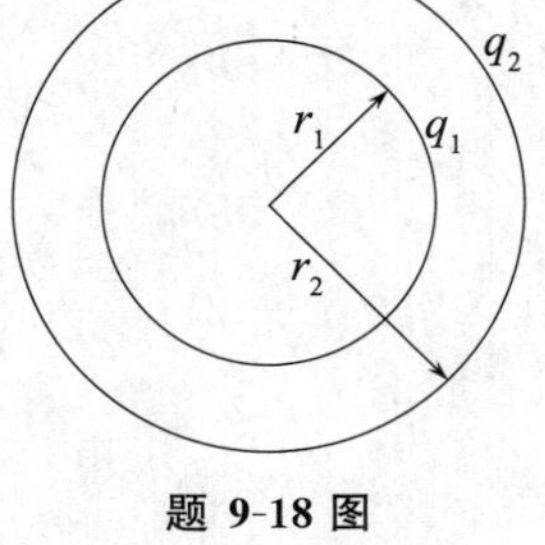


**题 9-18 图**

**9-19** 如题 9-19 图所示,在 $A$,$B$ 两点处放有电量分别为 $+q$ ,$-q$ 的点电荷,$A$,$B$ 间距离为 $2R$,$O$ 点位于 $A$,$B$ 两点中间,$B$,$C$ 间距离为 $R$,求 $O$ 点和 $C$ 点的电势大小.

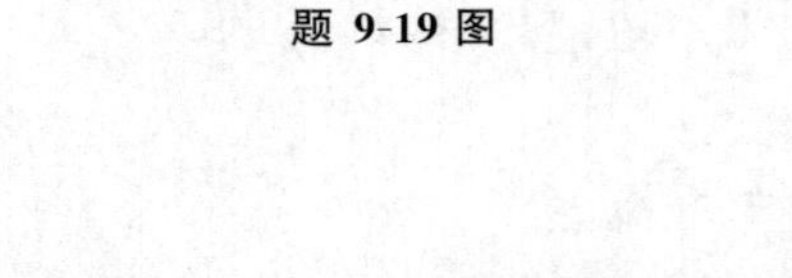


**题 9-19 图**

**9-20** 如题9-20图所示，在正方形的4个顶点上各有一个正点电荷$+q$，正方形边长为$2a$，求正方形中心点$O$的电势大小.

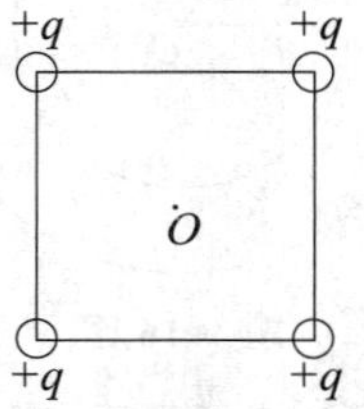


题 9-20 图

**9-21** 如题9-21图所示，半径分别为$R_A$和$R_B$的两个同心均匀带电球面A和B，球面A带电为$+q$，球面B带电$-q$，求A，B两球面间的电势差.

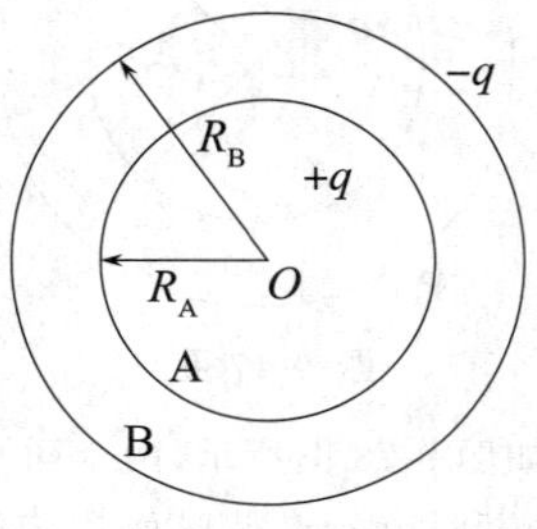


题 9-21 图

**9-22** 已知球面半径为$R$，带电量为$Q$，求均匀带电球面的电势的分布.

**9-23** 如题9-23图所示，均匀带电细棒长$L$，线电荷密度为$\lambda$. 求棒延长线上与棒距离为$a$的$P$点的电势.

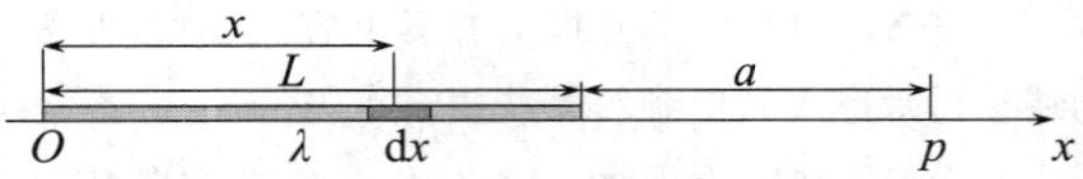


题 9-23 图

**9-24** 真空中无限长均匀带电细棒，线电荷密度为$\lambda$. 求与棒距离为$r$的$P$点的电势.

**9-25** 有一半径为$R$、电量为$Q$的均匀带电圆环，求圆环中心的电势.

**9-26** 两个点电荷$q_1 = 1.5$ C和$q_2 = 3$ C相距40 cm，要把它们之间的距离变为25 cm，需要做多少功?

**9-27** 如题9-27图所示，在$A$，$B$两点处放有电量分别为$+q$，$-q$的点电荷，$A$，$B$间距离为$2R$，现将另一正检验电荷$q_0$从$O$点经过半圆弧移到$C$点，求移动过程中电场力做的功.

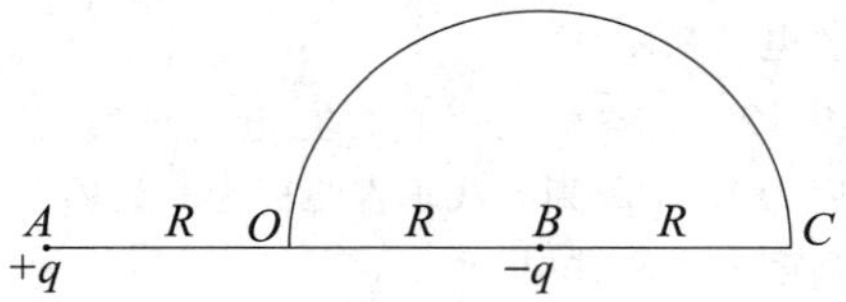


题 9-27 图

第 10 章

# 稳恒磁场

前面章节研究了相对于观察者静止的电荷所激发电场的性质与作用规律.从本章起将看到,在运动电荷周围,不仅存在着电场,而且还存在着磁场.磁场和电场一样,也是物质的一种形态.1820 年,丹麦的奥斯特发现了电流的磁效应:电流通过导线时,引起导线近旁的小磁针偏转.这一发现开拓了电磁学研究的新纪元,打开了电应用的新领域.1837 年,惠斯通、莫尔斯发明了电动机;1876 年,美国的贝尔发明了电话.迄今为止,无论科学技术、工程应用,还是人类生活,都与电磁学有着密切关系.电磁学给人们开辟了一条广阔的认识自然、征服自然的道路.本章重点学习磁感应强度的计算,毕奥-萨伐尔定律和磁场的安培环路定理及其应用,并研究磁场对置于其中的载流导线和带电粒子的作用.

# 10.1 磁场 磁感应强度

磁现象的发现要比电现象的发现早得多.远在春秋战国时期,随着冶铁业的发展和铁器的应用,人们对天然磁石(磁铁矿)已经有了一些认识.这个时期的一些著作,如《管子·地数篇》、《山海经·北山经》(相传是夏禹所作,据考证是战国时期的作品)、《鬼谷子》、《吕氏春秋·精通》中都有关于磁石的描述和记载.我国河北省的磁县(古时称慈州或磁州),就是因为附近盛产天然磁石而得名.汉朝以后有更多的著作记载磁石吸铁现象.东汉著名的唯物主义思想家王充在《论衡》中所描述的"司南勺",已被公认为最早的磁性指南器具.指南针是我国古代的伟大发明之一,对世界文明的发展有重大的影响.11 世纪北宋科学家沈括在《梦溪笔谈》中第一次明确地记载了指南针,另外他还记载了利用天然强磁体摩擦进行人工磁化制作指南针的方法.北宋时还有利用地磁场磁化方法的记载,而西方在 200 多年后才有类似的记载.沈括还最早发现了地磁偏角,比欧洲的发现早 400 年.12 世纪初,我国已有关于指南针用于航海的明确记载.但是,在历史上很长一段时期里,磁学和电学的研究一直彼此孤立地发展着,人们曾认为电与磁是两类截然分开的现象.直到 19 世纪,发现了电流的磁场和磁场对电流的作用以后,人们才逐渐认识到磁现象和电现象的本质以及它们之间的联系,并扩大了磁现象的应用范围.到 20 世纪初,由于科学技术的进步和原子结构理论的建立和发展,人们进一步认识到磁现象起源于运动电荷,磁场也是物质的一种形式,磁力是运动电荷之间除静电力以外的另一种相互作用力.

## 10.1.1 基本磁现象 磁场

无论是天然磁石还是人工磁铁都有吸引铁、钴、镍等物质的性质,这种性质称为**磁性**.条形磁铁及其他任何形状的磁铁都有两个磁性最强的区域,称为**磁极**.将一条形磁铁从中间悬挂起来,其中指北的一极是北极(用 N 表示),指南的一极是南极(用 S 表示).实验指出,极性相同的磁极相互排斥,极性相反的磁极相互吸引.由此可以推想,地球本身是一个大磁体,它的 N 极位于地理南极的附近,S 极位于地理北极的附近.这便是指南针(罗盘)的工作原理.我国古代这个重大发明至今在航海、地形测绘等方面仍有着广泛应用.

在相当长的一段时间内,人们一直把磁现象和电现象看成彼此独立无关的两类现象.直到 1820 年,奥斯特首先发现了电流的磁效应.后来安培发现放在磁铁附近的载流导线或载流线圈,也会受到力的作用而发生运动.进一步的实验还发现,磁铁与磁铁之间,电流与磁铁之间,以及电流与电流之间都有磁相互作用.上述实验现象促进了人们对"磁性本源"的研究,使人们进一步认识到磁现象起源于电荷的运动，磁现象和电现象之间有着密切的联系，主要表现在以下几个方面.

(1)通过电流的导线(也叫载流导线)附近的磁针，会受到力的作用而偏转. 如图 10-1 所示，将一根导线沿南北方向放置，下面放一个可在水平面内自由转动的磁针. 当导线中没有电流通过时，磁针在地球磁场的作用下沿南北取向；但当导线中通过电流时，磁针就会发生偏转. 如图 10-1 所示，当电流的方向是从右到左时，则从上向下看去，磁针的偏转是沿顺时针方向的；当电流反向时，磁针的偏转方向也倒转过来.

(2)放在马蹄形磁铁两极间的载流导线也会受力而运动. 如图 10-2 所示，把一段水平的直导线悬挂在马蹄形磁铁两极间，通电流后，导线就会移动.

磁单极

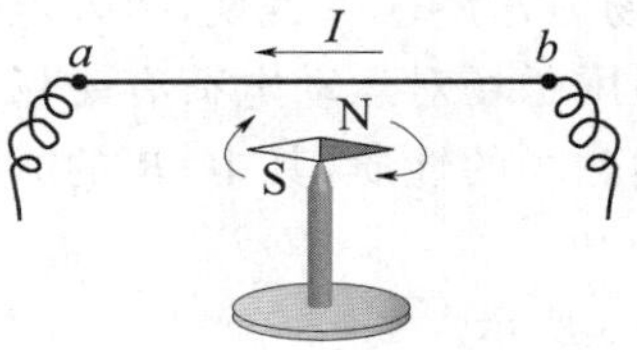


图 10-1 载流导线对磁针的作用

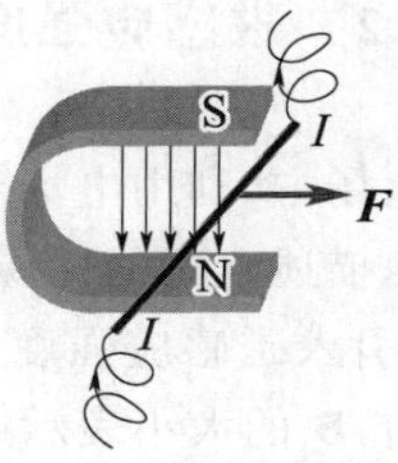


图 10-2 马蹄形磁铁两极间的载流导线受力运动

安培

(3)载流导线之间也有相互作用力. 如图 10-3 所示，把两根细直导线平行地悬挂起来，当两导线中的电流方向相同时，两导线相互吸引；当电流方向相反时，两导线相互排斥.

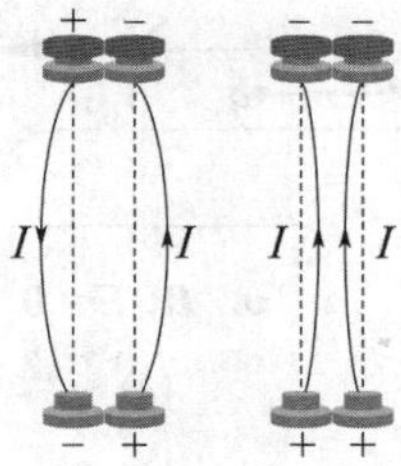


图 10-3 载流导线间的相互作用

(4)通过磁极间的运动电荷也受到力的作用. 如电子射线管，当阴极和阳极分别接到高压电源的正极和负极上时，电子流通过狭缝形成一束电子射线. 如果在电子射线管外面放一块磁铁，可以看到电子射线的路径发生弯曲.

如静电学中所述，静止电荷之间的相互作用力是通过电场来传递的，即每当电荷出现时，它周围的空间里就产生一个电场；而电场的基本性质是它对于任何置于其中的其他电荷和施加作用力. 这就是说，电的作用是“近距”的. 磁极或电流之间的相互作用也是这样，不过它通过另外一种场——磁场来传递. 磁极或电流在自己周围的空间里产生一个磁场，而磁场的基本性质之一是它对于任何置于其中的其他磁极或电流施加作用力. 用磁场的观点，就可以把上述关于磁铁和磁铁、磁铁和电流以及电流和电流之间相互作用的各个实验统一起来了，所有这些相互作用都是通过同一种场——磁场来传递的. 以上所述可以概括成图 10-4.

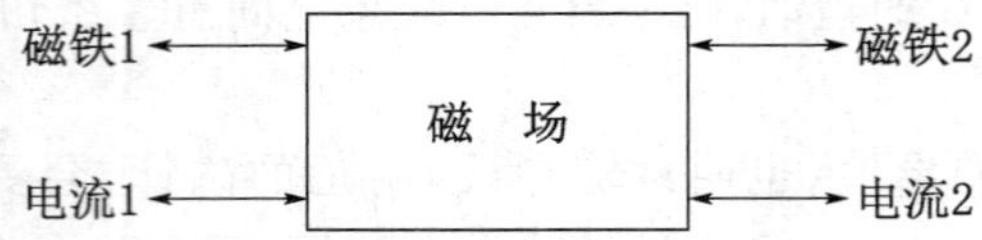


图 10-4 磁场的传递作用

极光为什么在两极出现而不在赤道出现?

由于电流是大量电荷做定向运动形成的,所以,上述一系列事实说明:在运动电荷周围空间存在着磁场,在磁场中的运动电荷要受到磁场力的作用.

磁场不仅对运动电荷或载流导线有力的作用,它和电场一样,也具有能量,这正是磁场物质性的表现.

### 10.1.2 磁感应强度

在静电场中,利用电场对静止电荷有电场力作用这一表现,引入电场强度 $\boldsymbol{E}$ 来定量地描述电场的性质.与此类似,可利用磁场对运动电荷有磁场力作用这一表现,引入磁感应强度 $\boldsymbol{B}$ 来定量地描述磁场的性质,其中,$\boldsymbol{B}$ 的方向表示磁场的方向,$\boldsymbol{B}$ 的大小表示磁场的强弱.

运动电荷在磁场中的受力情况,如图 10-5 所示.

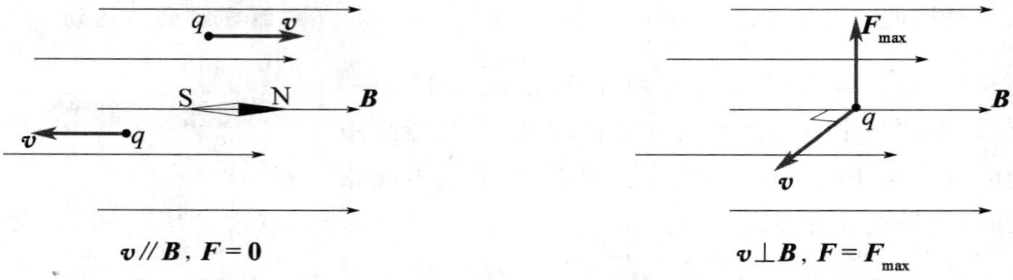


(a) (b)

图 10-5 运动电荷在磁场中的受力情况

由大量实验可以得出如下结果.

(1)运动电荷在磁场中所受的磁场力随电荷的运动方向与磁场方向之间的夹角改变而变化.当电荷运动方向与磁场方向平行时,电荷不受磁场力作用,如图 10-5(a)所示;而当电荷运动方向与磁场方向垂直时,电荷所受磁场力最大,用 $\boldsymbol{F}_{\max}$ 表示,如图 10-5(b)所示.

(2)磁场力的大小与运动电荷的电量成正比,即 $F \propto q$.如果电荷是负的,它所受力的方向与正电荷相反.

(3)磁场力的大小与运动电荷的速率成正比,即 $F \propto v$.

(4)作用在运动电荷上的磁场力 $\boldsymbol{F}$ 的方向总是与电荷的运动方向垂直,即 $\boldsymbol{F} \perp \boldsymbol{v}$.

由上述实验结果可以看出,运动电荷在磁场中受的力有两种特殊情况:当电荷运动方向与磁场方向平行时,$F=0$;当电荷运动方向垂直于磁场方向时,$F=F_{\max}$.根据这两种情况,可以定义磁感应强度 $\boldsymbol{B}$ 的方向和大小如下:

(1)在磁场中某点,若正电荷的运动方向与在该点的小磁针 N 极的指向相同或相反时,它所受的磁场力为零,则把这个小磁针 N 极的指向方向规定为该点的磁感应强度 $\boldsymbol{B}$ 的方向;

(2)当正电荷的运动方向与磁场方向垂直时,它所受的最大磁场力大小 $F_{\max}$ 与电荷的电量 $q$ 和速度 $\boldsymbol{v}$ 的大小的乘积成正比.但对磁场中某一定点来说,比值 $\frac{F_{\max}}{qv}$ 是一定的.对于磁场中的不同位置,这个比值有不同的确定值,把这个比值规定为磁场中某点的磁感应强度 $\boldsymbol{B}$ 的大小,即

$$B=\frac{F_{\max}}{qv}. \tag{10-1}$$

磁感应强度 $\boldsymbol{B}$ 的单位,取决于 $F_{\max}$,$q$ 和 $v$ 的单位.在 SI 中,$F_{\max}$ 的单位是 N(牛顿),$q$ 的单位是 C(库仑),$v$ 的单位是 $\mathrm{m\cdot s^{-1}}$(米每秒),$\boldsymbol{B}$ 的单位是特斯拉,简称特,符号为 T.所以

$$1\ \mathrm{T}=1\ \mathrm{N\cdot C^{-1}\cdot m^{-1}\cdot s}=1\ \mathrm{N\cdot A^{-1}\cdot m^{-1}}.$$

应当指出,如果磁场中某一区域内各点 $\boldsymbol{B}$ 的方向一致、大小相等,那么,该区域内的磁场就称为**均匀磁场**.不符合上述情况的磁场就是非均匀磁场.长直螺线管内中部的磁场是常见的均匀磁场.

地球的磁场只有 $0.5\times10^{-4}$ T,一般永磁体的磁场约为 $10^{-2}$ T,而大型电磁铁能产生 2 T 的磁场.

## 10.2　毕奥-萨伐尔定律及其应用

在静电场中,计算带电体在某点产生的电场强度 $\boldsymbol{E}$ 时,先把带电体分割成许多电荷元 $\mathrm{d}q$,求出每个电荷元在该点产生的电场强度 $\mathrm{d}\boldsymbol{E}$,然后根据叠加原理把带电体上所有电荷元在同一点产生的 $\mathrm{d}\boldsymbol{E}$ 叠加(即求定积分),从而得到带电体在该点产生的电场强度 $\boldsymbol{E}$.与此类似,磁场也满足叠加原理,要计算任意载流导线在某点产生的磁感应强度 $\boldsymbol{B}$,可先把载流导线分割成许多电流元 $I\mathrm{d}\boldsymbol{l}$(电流元是矢量,它的方向是该电流元的电流方向),求出每个电流元在该点产生的磁感应强度 $\mathrm{d}\boldsymbol{B}$,然后把该载流导线的所有电流元在同一点产生的 $\mathrm{d}\boldsymbol{B}$ 叠加,从而得到载流导线在该点产生的磁感应强度 $\boldsymbol{B}$.因为不存在孤立的电流元,所以电流元的磁感应强度公式不可能直接从实验得到.历史上,毕奥和萨伐尔两人首先用实验方法得到关于载有恒定电流的长直导线的磁感应强度经验公式$\left(B\propto\frac{I}{r}\right)$等.拉普拉斯后来通过分析经验公式而得到毕奥-萨伐尔定律.

### 10.2.1　毕奥-萨伐尔定律

恒定电流的电流元 $I\mathrm{d}\boldsymbol{l}$ 在真空中某点 $P$ 所产生的磁感应强度 $\mathrm{d}\boldsymbol{B}$ 的大

小，与电流元的大小 $Idl$ 成正比，与电流元 $Idl$ 和由电流元到 $P$ 点的矢径 $\boldsymbol{r}$ 间的夹角 $\theta$ 的正弦成正比，而与电流元到 $P$ 点的距离 $r$ 的二次方成反比（见图 10-6），即

$$\mathrm{d}B=k\frac{I\mathrm{d}l\sin\theta}{r^2},$$

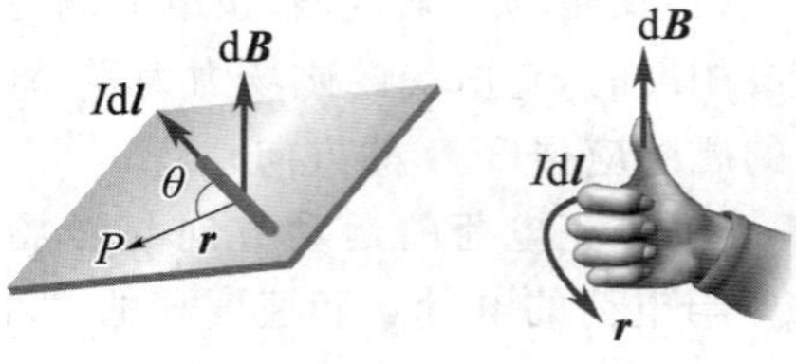


图 10-6 电流元所产生的磁感应强度

式中，比例系数 $k$ 取决于单位制的选择，在 SI 中，$k$ 正好等于 $10^{-7}\ \mathrm{T\cdot m\cdot A^{-1}}$. 为了使从毕奥-萨伐尔定律导出的一些重要公式中不出现 $4\pi$ 因子，令 $k=\frac{\mu_0}{4\pi}$，其中 $\mu_0=4\pi k=4\pi\times10^{-7}\ \mathrm{T\cdot m\cdot A^{-1}}$，称为**真空中的磁导率**. 由此可得

$$\mathrm{d}B=\frac{\mu_0}{4\pi}\frac{I\mathrm{d}l\sin\theta}{r^2}. \tag{10-2}$$

$\mathrm{d}\boldsymbol{B}$ 的方向垂直于 $I\mathrm{d}\boldsymbol{l}$ 和 $\boldsymbol{r}$ 所确定的平面，并沿矢积 $I\mathrm{d}\boldsymbol{l}\times\boldsymbol{r}$ 的指向，即由 $I\mathrm{d}\boldsymbol{l}$ 经小于 180°角转向 $\boldsymbol{r}$ 的右手螺旋方向. 若用矢量式表示，毕奥-萨伐尔定律可写成

稳态强磁场实验装置

$$\mathrm{d}\boldsymbol{B}=\frac{\mu_0}{4\pi}\frac{I\mathrm{d}\boldsymbol{l}\times\boldsymbol{e}_r}{r^2}, \tag{10-3}$$

式中，$\boldsymbol{e}_r$ 为 $\boldsymbol{r}$ 的单位矢量，毕奥-萨伐尔定律虽然不能由实验直接验证，但由这一定律出发而得出的一些结果都和实验结果符合得很好.

### 10.2.2 毕奥-萨伐尔定律的应用

要确定任意载有恒定电流的导线在某点的磁感应强度，根据磁场满足叠加原理，由式(10-3)对整个载流导线（路径为 $L$）积分，即得

$$\boldsymbol{B}=\int_L \mathrm{d}\boldsymbol{B}=\int_L\frac{\mu_0}{4\pi}\frac{I\mathrm{d}\boldsymbol{l}\times\boldsymbol{e}_r}{r^2}. \tag{10-4}$$

值得注意的是，式(10-4)中每一电流元在给定点产生的 $\mathrm{d}\boldsymbol{B}$ 方向一般不相同，所以该式是矢量积分式. 由于一般定积分的含义是代数和，所以在求式(10-4)的积分时，应先分析各电流元在给定点所产生的 $\mathrm{d}\boldsymbol{B}$ 的方向是否沿同一直线. 如果沿同一直线，则式(10-4)的矢量积分可转化为一般积分，即

毕奥-萨伐尔定律的应用

$$B=\int_L \mathrm{d}B=\int_L\frac{\mu_0}{4\pi}\frac{I\mathrm{d}l\sin\theta}{r^2}. \tag{10-5}$$

如果各个 $\mathrm{d}\boldsymbol{B}$ 的方向不沿同一直线，应先求 $\mathrm{d}\boldsymbol{B}$ 在各坐标轴上的分量（如 $\mathrm{d}B_x,\mathrm{d}B_y,\mathrm{d}B_z$），对它们积分后，即得 $\boldsymbol{B}$ 的各分量（如 $B_x=\int_L\mathrm{d}B_x, B_y=\int_L\mathrm{d}B_y, B_z=\int_L\mathrm{d}B_z$），最后再求出 $\boldsymbol{B}$（$\boldsymbol{B}=B_x\boldsymbol{i}+B_y\boldsymbol{j}+B_z\boldsymbol{k}$）.

下面应用这种方法讨论几种典型载流导线所产生的磁场.

**1. 载流直导线的磁场**

设有一根长为 $L$ 的载流直导线,放在真空中,导线中电流为 $I$,现计算邻近该导线的一点 $P$ 处的磁感应强度 $\boldsymbol{B}$.

如图 10-6 所示,在导线上任取一电流元 $I\mathrm{d}\boldsymbol{l}$,根据毕奥-萨伐尔定律,电流元在给定点 $P$ 所产生的磁感应强度大小为

$$\mathrm{d}B=\frac{\mu_0}{4\pi}\frac{I\mathrm{d}l\sin\alpha}{r^2}.$$

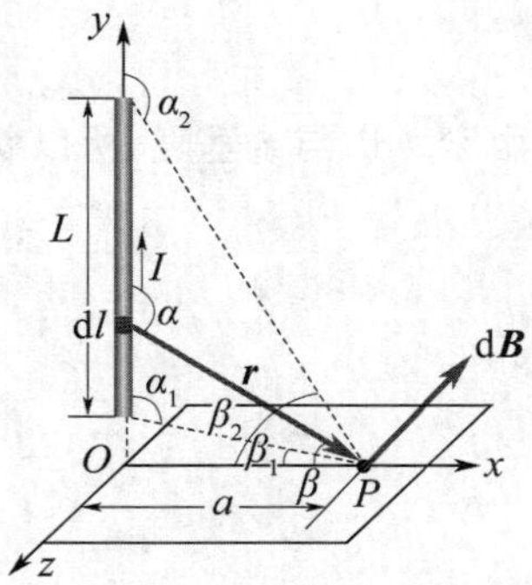

**图 10-7 计算直导线电流的磁感应强度B**

$\mathrm{d}\boldsymbol{B}$ 的方向垂直于电流元 $I\mathrm{d}\boldsymbol{l}$ 与矢径 $\boldsymbol{r}$ 所确定的平面,指向如图 10-7 所示(垂直于 $xOy$ 平面,沿 $z$ 轴负方向).由于导线上各个电流元在 $P$ 点所产生的 $\mathrm{d}\boldsymbol{B}$ 方向相同,因此 $P$ 点的总磁感应强度等于各电流元所产生 $\mathrm{d}\boldsymbol{B}$ 的代数和,用积分表示,有

$$B=\int_L\mathrm{d}B=\int_L\frac{\mu_0}{4\pi}\frac{I\mathrm{d}l\sin\alpha}{r^2}.$$

进行积分运算时,应首先把 $\mathrm{d}l,r,\alpha$ 等变量用同一参变量表示.现在取矢径 $\boldsymbol{r}$ 与 $P$ 点到导线的垂线 $PO$ 之间的夹角 $\beta$ 为参变量.取 $O$ 点为坐标原点,从 $O$ 到 $I\mathrm{d}\boldsymbol{l}$ 处的距离为 $l$,以 $a$ 表示 $PO$ 的长度.从图 10-7 中可以看出

$$\sin\alpha=\cos\beta,\quad r=a\sec\beta,\quad l=a\tan\beta,$$

从而 $\mathrm{d}l=a\sec^2\beta\mathrm{d}\beta$.

把以上各关系式代入 $P$ 点的总磁感应强度算式中,并按图 10-7 中所示,取积分下限为 $\beta_1$,上限为 $\beta_2$,得

$$B=\frac{\mu_0 I}{4\pi a}\int_{\beta_1}^{\beta_2}\cos\beta\mathrm{d}\beta=\frac{\mu_0 I}{4\pi a}\sin\beta\Big|_{\beta_1}^{\beta_2}=\frac{\mu_0 I}{4\pi a}(\sin\beta_2-\sin\beta_1),\qquad(10\text{-}6)$$

式中,$\beta_1$ 是从 $PO$ 转到电流起点与 $P$ 点连线的夹角;$\beta_2$ 是从 $PO$ 转到电流终点与 $P$ 点连线的夹角.

当 $\beta$ 角的旋转方向与电流方向相同时,$\beta$ 取正值;当 $\beta$ 角的旋转方向与电流的方向相反时,$\beta$ 取负值.图 10-7 中的 $\beta_1$ 和 $\beta_2$ 均为正值.

如果载流导线是一根无限长的直导线,那么可认为 $\beta_1=-\frac{\pi}{2},\beta_2=\frac{\pi}{2}$,可得

$$B=\frac{\mu_0 I}{2\pi a}.\qquad(10\text{-}7)$$

式(10-7)是无限长载流直导线产生的磁感应强度,它与毕奥-萨伐尔的早期实验结果是一致的.

**2. 圆形载流导线的磁场**

设在真空中,有一根半径为 $R$ 的圆形载流导线,通过的电流为 $I$,计算通

过圆心并垂直于导线所在平面的轴线上任意点 $P$ 的磁感应强度 $\boldsymbol{B}$，如图 10-8 所示.

在导线上任取一电流元 $I\mathrm{d}\boldsymbol{l}$，它在 $P$ 点产生的磁感应强度的大小为 $\mathrm{d}B$，由毕奥-萨伐尔定律得

$$\mathrm{d}B=\frac{\mu_0}{4\pi}\frac{I\mathrm{d}l\sin\theta}{r^2}.$$

由于 $I\mathrm{d}\boldsymbol{l}$ 与 $\boldsymbol{r}$ 垂直，所以 $\theta=\frac{\pi}{2}$，由此可得

$$\mathrm{d}B=\frac{\mu_0}{4\pi}\frac{I\mathrm{d}l}{r^2}.$$

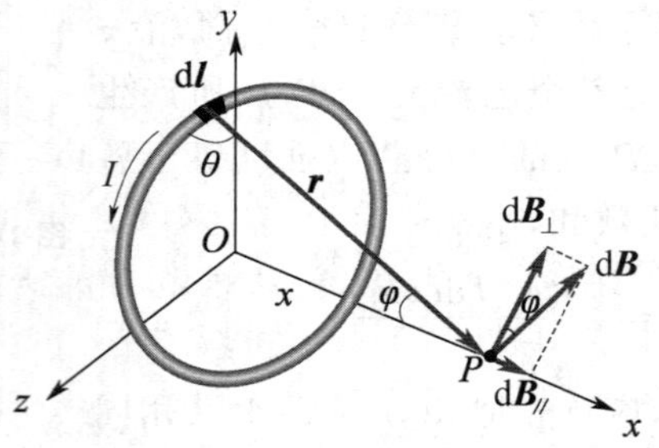


图 10-8 计算圆形载流导线轴线上的 B

$\mathrm{d}\boldsymbol{B}$ 的方向垂直于电流元 $I\mathrm{d}\boldsymbol{l}$ 和矢径 $\boldsymbol{r}$ 所确定的平面，由于导线上各电流元在 $P$ 点所产生的磁感应强度的方向不同，因此把 $\mathrm{d}\boldsymbol{B}$ 分解成两个分量：平行于 $x$ 轴的分量 $\mathrm{d}\boldsymbol{B}_{/\!/}$ 和垂直于 $x$ 轴的分量 $\mathrm{d}\boldsymbol{B}_{\perp}$. 在导线上，由于同一直径两端的两电流元在 $P$ 点产生的磁感应强度关于 $x$ 轴是对称的，所以它们的垂直分量 $\mathrm{d}\boldsymbol{B}_{\perp}$ 互相抵消，叠加的结果只有平行于 $x$ 轴的分量 $\mathrm{d}\boldsymbol{B}_{/\!/}$，即

$$B=B_{/\!/}=\int_L \mathrm{d}B\sin\varphi=\int_L\frac{\mu_0}{4\pi}\frac{I\mathrm{d}l}{r^2}\sin\varphi,$$

式中，$\sin\varphi=\frac{R}{r}$，对于给定点 $P$，$r$，$I$ 和 $R$ 都是常量，所以

$$B=\frac{\mu_0}{4\pi}\frac{IR}{r^3}\int_0^{2\pi R}\mathrm{d}l=\frac{\mu_0 I}{2}\frac{R^2}{(R^2+x^2)^{\frac{3}{2}}}. \tag{10-8}$$

$\boldsymbol{B}$ 的方向垂直于导线所在平面，并与圆形电流方向成右手螺旋关系.

式(10-8)中令 $x=0$，得到圆心处的磁感应强度大小为

$$B=\frac{\mu_0 I}{2R}. \tag{10-9}$$

在轴线上，远离圆心($x\gg R$)处的磁感应强度大小为

$$B=\frac{\mu_0 IR^2}{2x^3}=\frac{\mu_0 IS}{2\pi x^3},$$

式中，$S=\pi R^2$ 为导线所包围面积，取 $\boldsymbol{m}=IS\,\boldsymbol{e}_{\mathrm{n}}$，$\boldsymbol{e}_{\mathrm{n}}$ 为面积 $S$ 法线方向的单位矢量，它的方向和导线垂直轴线上的磁感应强度的方向一样，与圆形电流方向

成右手螺旋关系，则上式可改写成矢量式

$$\boldsymbol{B}=\frac{\mu_0\boldsymbol{m}}{2\pi x^3}. \tag{10-10}$$

式(10-10)与电偶极子沿轴线上的电场强度公式相似，只是把电场强度 $\boldsymbol{E}$ 换成磁感应强度 $\boldsymbol{B}$，系数 $\frac{1}{2\pi\varepsilon_0}$ 换成 $\frac{\mu_0}{2\pi}$，而电偶极矩 $\boldsymbol{p}$ 换成 $\boldsymbol{m}$. $\boldsymbol{m}$ 应称为载流圆形线圈的**磁矩**. 式(10-10)可推广到一般平面载流线圈. 若平面线圈共有 $N$ 匝，每匝包围面积为 $S$，通有电流为 $I$，线圈平面的法线单位矢量方向的指向与线圈中的电流方向成右手螺旋关系，那么该线圈的磁矩为

$$\boldsymbol{m}=NIS\boldsymbol{e}_n. \tag{10-11}$$

**例 10-1**　真空中有一无限长载流导线，各部分均在同一平面内，$AB$，$DE$ 部分平直，中间弯曲部分为半径 $R=4.00$ cm 的半圆环，如图 10-9 所示. 若给导线通以电流 $I=20.0$ A，求半圆环的圆心 $O$ 处的磁感应强度.

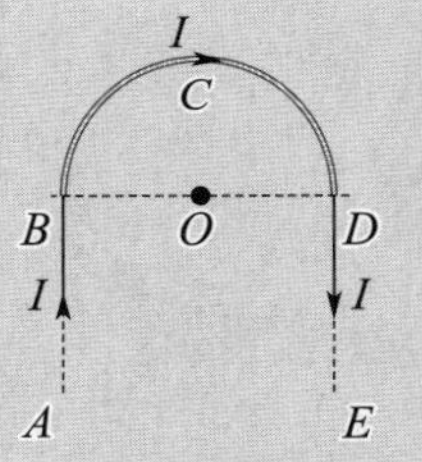


**图 10-9　例 10-1 图**

**解**　由磁场叠加原理，$O$ 点处的磁感应强度 $\boldsymbol{B}$ 是由 $AB$，$\overset{\frown}{BCD}$ 和 $DE$ 三部分电流产生的磁感应强度的叠加.

$AB$ 部分为"半无限长"直线电流，在 $O$ 点产生的磁感应强度 $\boldsymbol{B}_1$ 的大小为

$$B_1=\frac{\mu_0 I}{4\pi R}(\sin\beta_2-\sin\beta_1).$$

因 $\beta_1=-\frac{\pi}{2}$，$\beta_2=0$，故

$$B_1=\frac{\mu_0 I}{4\pi R}=\frac{4\pi\times10^{-7}\times20.0}{4\pi\times4.00\times10^{-2}}\ \text{T}=5.00\times10^{-5}\ \text{T}.$$

$\boldsymbol{B}_1$ 的方向垂直于纸面向里.

同理，$DE$ 部分在 $O$ 点产生的磁感应强度 $\boldsymbol{B}_2$ 的大小与方向均与 $\boldsymbol{B}_1$ 相同，即

$$B_2=\frac{\mu_0 I}{4\pi R}=5.00\times10^{-5}\ \text{T},$$

$\boldsymbol{B}_2$ 的方向垂直于纸面向里.

$\overset{\frown}{BCD}$ 部分在 $O$ 点产生的磁感应强度 $\boldsymbol{B}_3$ 要用积分计算，即

$$\boldsymbol{B}_3=\int d\boldsymbol{B},$$

式中，$d\boldsymbol{B}$ 为半圆环上任一电流元 $I\mathrm{d}\boldsymbol{l}$ 在 $O$ 点产生的磁感应强度，其大小为

$$dB=\frac{\mu_0 I\,dl\sin\theta}{4\pi R^2}.$$

因 $\theta=\frac{\pi}{2}$，故

$$dB=\frac{\mu_0 I\,dl}{4\pi R^2}.$$

$d\boldsymbol{B}$ 的方向垂直于纸面向里. 半圆环上各电流元在 $O$ 点产生的 $d\boldsymbol{B}$ 方向都相同，则

$$B_3=\int dB=\int_0^{\pi R}\frac{\mu_0 I\,dl}{4\pi R^2}=\frac{\mu_0 I}{4R}$$

$$=\frac{4\pi\times10^{-7}\times20.0}{4\times4.00\times10^{-2}}\ \text{T}=1.57\times10^{-4}\ \text{T}.$$

因 $\boldsymbol{B}_1$，$\boldsymbol{B}_2$，$\boldsymbol{B}_3$ 的方向都相同，故 $O$ 点处总的磁感应强度 $\boldsymbol{B}$ 的大小为

$$B=B_1+B_2+B_3$$

$$=(5.00\times10^{-5}+5.00\times10^{-5}+1.57\times10^{-4})\ \text{T}$$

$$=2.57\times10^{-4}\ \text{T}.$$

$\boldsymbol{B}$ 的方向垂直于纸面向里.

## 10.3 磁场中的高斯定理

### 10.3.1 磁感线

为了形象地描述磁场分布情况，像在电场中用电场线来描述电场的分布那样，用**磁感线**来表示磁场的分布. 为此，可以规定：

(1)磁感线上任意一点的切线方向与该点的磁感应强度 $\boldsymbol{B}$ 的方向一致；

(2)磁感线的密度表示磁感应强度 $\boldsymbol{B}$ 的大小，即通过某点处垂直于磁感应强度 $\boldsymbol{B}$ 的单位面积上的磁感线条数等于该点处磁感应强度 $\boldsymbol{B}$ 的大小. 因此，磁感应强度 $\boldsymbol{B}$ 大的地方，磁感线就密集；磁感应强度 $\boldsymbol{B}$ 小的地方，磁感线就稀疏.

实验上可以利用细铁粉在磁场中的取向来显示磁感线的分布. 图 10-10 给出了几种不同形状的电流所产生的磁场的磁感线示意图.

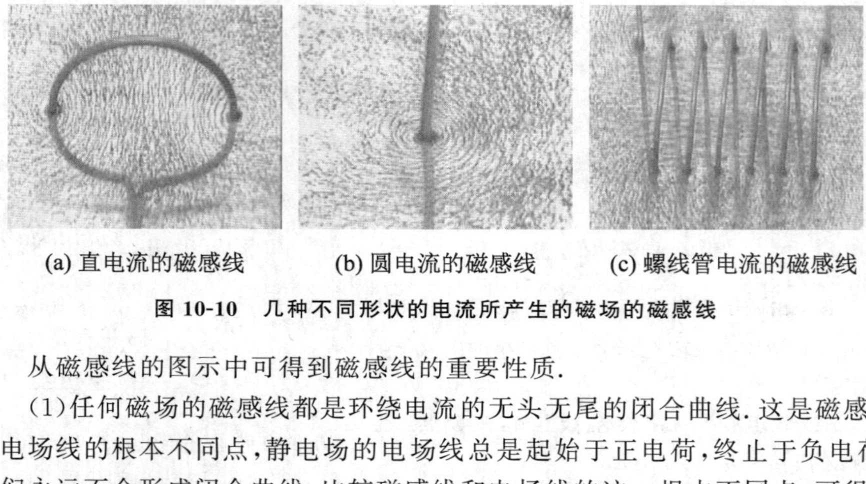

(a) 直电流的磁感线　　(b) 圆电流的磁感线　　(c) 螺线管电流的磁感线

**图 10-10　几种不同形状的电流所产生的磁场的磁感线**

从磁感线的图示中可得到磁感线的重要性质.

(1)任何磁场的磁感线都是环绕电流的无头无尾的闭合曲线. 这是磁感线与电场线的根本不同点，静电场的电场线总是起始于正电荷，终止于负电荷，它们永远不会形成闭合曲线. 比较磁感线和电场线的这一根本不同点，可得出结论：静电场是无旋场，而磁场是涡旋场.

(2)每条磁感线都与形成磁场的电流回路互相套合着. 磁感线的回转方向与电流的方向之间的关系遵循右手螺旋定则，这是判断电流所产生磁场方向的重要方法.

(3)磁场中每一点都只有一个磁场方向，因此任何两条磁感线都不会相交. 磁感线的这一特性和电场线是一样的.

### 10.3.2 磁通量　磁场中的高斯定理

通过学习，可以知道静电场的电场线总是起始于正电荷，终止于负电荷，它们永远不会形成闭合曲线，电场线的这一特点反映在两个基本的定理中，一个是高斯定理，它是讨论任意闭合曲面上电通量与其所包围电荷的关系的；另一个是静电场力做功与路径无关的定理，它又可表述为静电场沿任意闭合曲线的线积分等于零（环路定理）. 这两条定理对于研究电场的分布是很有帮助的，高斯定理可以帮助人们很方便地求出某些具有一定对称性的带电体的电场分布；关于静电场力做功与路径无关的定理又引进了电位移的概念，它对于解决很多实际问题具有重要的意义. 那么，对于磁感线的特点是否也可以精确地用数学公式表述出来？下面就来解决这个问题.

通过磁场中任意曲面的磁感线总条数，称为通过该曲面的**磁通量**，用 $\Phi_m$ 表示. 磁通量是标量，且有正负之分. 磁通量 $\Phi_m$ 的计算方法与电通量 $\Phi_e$ 的计算方法类似. 如图 10-11 所示，在磁场中任意给定曲面 $S$ 上取面积元 $d\boldsymbol{S}$，若 $d\boldsymbol{S}$ 的法向向量 $\boldsymbol{n}$ 的方向与该处磁感应强度 $\boldsymbol{B}$ 的夹角为 $\theta$，则通过面积元 $d\boldsymbol{S}$ 的磁通量为

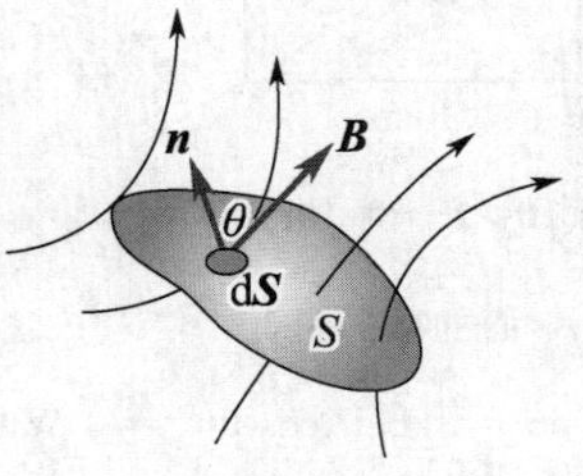


**图 10-11　计算磁通量**

$$d\Phi_m = \boldsymbol{B} \cdot d\boldsymbol{S} = B\cos\theta dS, \qquad (10\text{-}12)$$

式中，$d\boldsymbol{S}$ 是面积元矢量，其大小等于 $dS$，其方向沿法向向量 $\boldsymbol{n}$ 的方向.

通过整个曲面 $S$ 的磁通量等于通过此面积上所有面积元磁通量的代数和，即

$$\Phi_m = \int_S d\Phi_m = \iint_S \boldsymbol{B} \cdot d\boldsymbol{S} = \iint_S B\cos\theta dS. \qquad (10\text{-}13)$$

在 SI 中，磁通量的单位是韦伯，符号为 Wb，$1\ \text{Wb} = 1\ \text{T} \cdot \text{m}^2$.

对闭合曲面来说，规定取垂直于曲面向外的指向为法向向量 $\boldsymbol{n}$ 的正方向，于是磁感线从闭合曲面穿出时的磁通量为正值$\left(\theta < \frac{\pi}{2}\right)$，磁感线穿入闭合曲面时的磁通量为负值$\left(\theta > \frac{\pi}{2}\right)$. 由于磁感线是无头无尾的闭合曲线，所以穿入闭合曲面的磁感线数必然等于穿出闭合曲面的磁感线数. 因此，通过磁场中任一闭合曲面的总磁通量恒等于零，这一结论称为**磁场中的高斯定理**，即

磁场中的高斯定理

$$\oiint_S \boldsymbol{B} \cdot d\boldsymbol{S} = 0. \qquad (10\text{-}14)$$

式(10-14)与静电场中的高斯定理相对应，但两者有本质上的区别. 在静电场中，由于自然界有独立存在的自由电荷，所以通过某一闭合曲面的电通量可以不为零，其中 $\oiint_S \boldsymbol{D} \cdot d\boldsymbol{S} = \sum q_i$，说明静电场是有源场. 在磁场中，因自然界没有单独存在的磁极，所以通过任意闭合曲面的磁通量必恒等于零，即 $\oiint_S \boldsymbol{B} \cdot d\boldsymbol{S} = 0$，说明磁场是无源场，或者说是涡旋场.

**例 10-2** 如图 10-12 所示，磁感应强度大小为 $B=2\ \text{T}$ 的均匀磁场，方向沿 $y$ 轴正方向，闭合面是一个底面为直角三角形的三棱柱面. 规定闭合面各处的法线方向垂直于面向外. 求通过整个闭合面的磁通量.

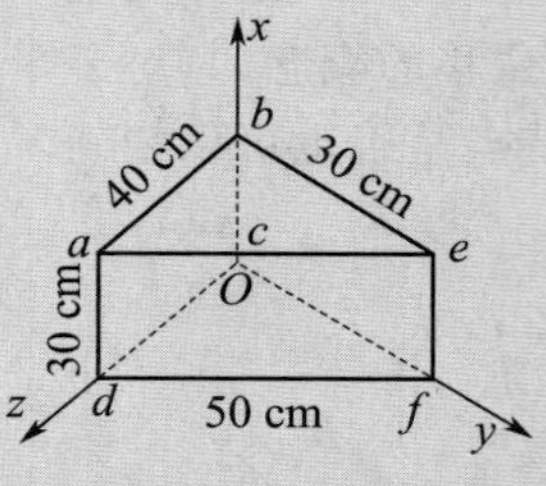


图 10-12 例 10-2 图

**解** 通过 $befc$ 面的磁通量为

$$\Phi_m=\iint_S \boldsymbol{B}\cdot d\boldsymbol{S}=\iint B dS\cos 90^\circ=0\ \text{Wb}.$$

通过 $aefd$ 面的磁通量为

$$\Phi_m=\iint_S \boldsymbol{B}\cdot d\boldsymbol{S}=\iint B dS\cos\alpha=BS_{abcd}$$
$$=2\ \text{T}\times 0.4\ \text{m}\times 0.3\ \text{m}$$
$$=0.24\ \text{Wb}.$$

对整个闭合面而言，面上各点的正法线指向规定向外为正，磁感线从 $abcd$ 面穿入，则通过 $abcd$ 面的磁通量为负，即

$$\Phi_{m1}=\iint_S \boldsymbol{B}\cdot d\boldsymbol{S}=\iint B dS\cos\pi=-BS_{abcd}$$
$$=-2\ \text{T}\times 0.4\ \text{m}\times 0.3\ \text{m}$$
$$=-0.24\ \text{Wb}.$$

而通过 $aefd$ 面的磁通量是穿出的，磁通量为正，则 $\Phi_{m2}=0.24\ \text{Wb}$.

通过其他三个面的磁通量均为零. 所以通过整个闭合面的磁通量为

$$\Phi_m=\iint_S \boldsymbol{B}\cdot d\boldsymbol{S}=-0.24\ \text{Wb}+0.24\ \text{Wb}$$
$$=0\ \text{Wb}.$$

**例 10-3** 真空中一无限长直导线通以电流 $I=10.0\ \text{A}$，若一矩形 $EFGH$ 与导线共面，如图 10-13 所示，其中 $a=d=10.0\ \text{cm}$，$b=20.0\ \text{cm}$. 求通过矩形 $EFGH$ 包围面积 $S$ 的磁通量.

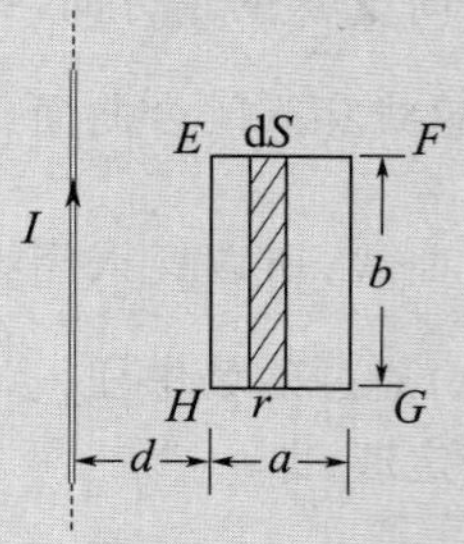


图 10-13 例 10-3 图

**解** 由于无限长直线电流在面积 $S$ 上各点所产生的磁感应强度 $\boldsymbol{B}$ 的大小随与导线的距离 $r$ 不同而不同，所以计算通过面积 $S$ 的磁通量时要用积分. 为了便于计算，可将矩形划分成无限多与导线平行的细长条面积元 $dS=b dr$，设其中某一面积元 $dS$ 与 $CD$ 相距 $r$，$dS$ 上各点 $\boldsymbol{B}$ 的大小视为相等，$\boldsymbol{B}$ 的方向垂直于纸面向里. 取 $d\boldsymbol{S}$ 的方向（也就是矩形的法线方向）也垂直于纸面向里，则

$$\Phi_m=\iint_S \boldsymbol{B}\cdot d\boldsymbol{S}=\iint_S B dS\cos 0^\circ=\iint_S B dS$$
$$=\int_d^{a+d}\frac{\mu_0 I}{2\pi r}b dr=\frac{\mu_0 Ib}{2\pi}\ln r\Big|_{0.1}^{0.1+0.1}$$
$$=\frac{\mu_0 Ib}{2\pi}\ln 2$$
$$=2.77\times 10^{-7}\ \text{Wb}.$$

# 10.4 安培环路定理及其应用

静电场中的电场线不是闭合曲线，电场强度沿任意闭合路径 $l$ 的环流恒等于零，即 $\oint_l \boldsymbol{E} \cdot \mathrm{d}\boldsymbol{l}=0$. 这是静电场的一个重要特征. 但是在磁场中，磁感线都是环绕电流的闭合曲线，因而可预见磁感应强度的环流 $\oint_l \boldsymbol{B} \cdot \mathrm{d}\boldsymbol{l}$ 不一定为零；如果积分路径沿某一条磁感线，则在每一线元上的 $\boldsymbol{B} \cdot \mathrm{d}\boldsymbol{l}$ 都大于零，所以 $\oint_l \boldsymbol{B} \cdot \mathrm{d}\boldsymbol{l} > 0$. 这种环流可以不等于零的场称为**涡旋场**. 磁场是一种涡旋场，这一性质决定了在磁场中不能引入类似电势的概念.

在真空中，各点磁感应强度 $\boldsymbol{B}$ 的大小和方向与产生该磁场的电流分布有关. 可以预见环流 $\oint_l \boldsymbol{B} \cdot \mathrm{d}\boldsymbol{l}$ 的值也与场源电流的分布有关. 下面的定理将给出它们之间十分简单的定量关系.

## 10.4.1 安培环路定理

磁场的安培环路定理

为简单起见，下面从特例计算环流 $\oint_l \boldsymbol{B} \cdot \mathrm{d}\boldsymbol{l}$ 的值，然后引入定理.

设真空中有一根长直载流导线，它所形成磁场的磁感线是一组以导线为轴线的同轴圆，如图 10-14 所示，圆心在导线上，圆所在的平面与导线垂直. 在垂直于长直载流导线的平面内，任取一条以载流导线为圆心、半径为 $r$ 的圆形环路 $l$ 作为积分的闭合路径，则在此积分路径上的磁感应强度的大小为 $B=\dfrac{\mu_0 I}{2\pi r}$，其方向与圆周相切. 如果积分路径的绕行方向与该条磁感线方向相同，即积分路径的绕行方向与包围的电流成右手螺旋关系，则 $\boldsymbol{B}$ 与 $\mathrm{d}\boldsymbol{l}$ 间的夹角处处为零，于是

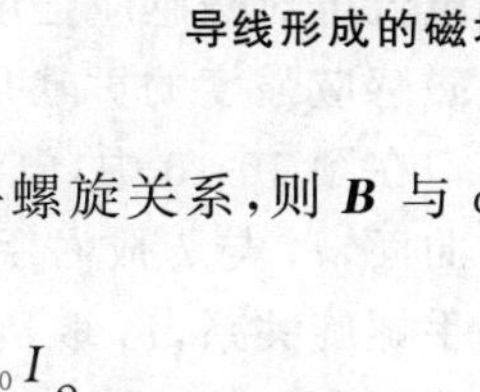

**图 10-14　真空中长直载流导线形成的磁场**

$$\oint_l \boldsymbol{B} \cdot \mathrm{d}\boldsymbol{l}=\oint_l \frac{\mu_0 I}{2\pi r}\cos 0^\circ \mathrm{d}l=\oint_l \frac{\mu_0 I}{2\pi r}\mathrm{d}l=\frac{\mu_0 I}{2\pi r}2\pi r,$$

所以

$$\oint_l \boldsymbol{B} \cdot \mathrm{d}\boldsymbol{l}=\mu_0 I. \tag{10-15}$$

式(10-15)说明磁感应强度 $\boldsymbol{B}$ 的环流等于闭合路径所包围的电流与真空磁导率的乘积，而与积分路径的圆半径 $r$ 无关.

如果保持积分路径的绕行方向不变，而改变上述电流的方向，由于每个线

元 $\mathrm{d}\boldsymbol{l}$ 与 $\boldsymbol{B}$ 的夹角 $\theta=\pi$，则

$$\boldsymbol{B}\cdot\mathrm{d}\boldsymbol{l}=B\cos\theta\mathrm{d}l=-B\mathrm{d}l<0,$$

所以

$$\oint_l \boldsymbol{B}\cdot\mathrm{d}\boldsymbol{l}=-\mu_0 I=\mu_0(-I). \tag{10-16}$$

式(10-16)说明积分路径的绕行方向与所包围的电流方向成左手螺旋关系，可认为对路径而言，该电流是负值。

式(10-15)及式(10-16)虽从特例得出，但可证明：对于任意形状的载流导线以及任意形状的闭合路径，该两式仍成立. 应指出，当电流未穿过以闭合路径为周界的任意曲面时，虽然路径上各点的磁感应强度不为零，但是磁感应强度沿该闭合路径的环流为零，即

$$\oint_l \boldsymbol{B}\cdot\mathrm{d}\boldsymbol{l}=0. \tag{10-17}$$

在一般情况下，设有 $n$ 根电流为 $I_i(i=1,2,\cdots,n)$ 的载流导线穿过以闭合路径 $l$ 为周界的任意曲面，$m$ 根电流为 $I_j(j=n+1,n+2,\cdots,n+m)$ 的载流导线未穿过该曲面，利用式(10-15)、式(10-16)和式(10-17)并根据磁场的叠加原理，可得到该闭合路径的环流为

$$\oint_l \boldsymbol{B}\cdot\mathrm{d}\boldsymbol{l}=\mu_0\sum_{i=1}^{n}I_i,$$

式中，$\boldsymbol{B}$ 是由 $I_i(i=1,2,\cdots,n)$、$I_j(j=n+1,n+2,\cdots,n+m)$ 共 $(n+m)$ 个电流共同产生的. 由此总结出**真空中的安培环路定理**：在稳恒磁场中，磁感应强度 $\boldsymbol{B}$ 沿任意闭合路径 $l$ 的线积分，等于这闭合路径所包围的各个电流之代数和的 $\mu_0$ 倍，其数学表达式为

$$\oint_l \boldsymbol{B}\cdot\mathrm{d}\boldsymbol{l}=\mu_0\sum_{i=1}^{n}I_i. \tag{10-18}$$

安培环路定理表明：在真空中磁感应强度沿任意闭合路径的环流等于穿过以该闭合路径为周界的任意曲面的各电流的代数和与真空磁导率 $\mu_0$ 的乘积，而与未穿过该曲面的电流无关. 应当指出：未穿过以闭合路径为周界的任意曲面的电流虽对磁感应强度沿该闭合路径的环流无贡献，但这些电流对路径上各点磁感应强度的贡献是不容忽视的.

在图 10-15 中，电流 $I_1$，$I_2$ 穿过闭合路径 $l$ 所包围的曲面，$I_1$ 与 $l$ 成右手螺旋关系，$I_1$ 取正值；$I_2$ 与 $l$ 成左手螺旋关系，$I_2$ 取负值. $I_3$ 未穿过闭合路径 $l$ 所包围的曲面，所以对磁感应强度 $\boldsymbol{B}$ 的环流无贡献. 于是磁感应强度 $\boldsymbol{B}$ 沿该闭合路径的环流为

$$\oint_l \boldsymbol{B}\cdot\mathrm{d}\boldsymbol{l}=\mu_0(I_1-I_2).$$

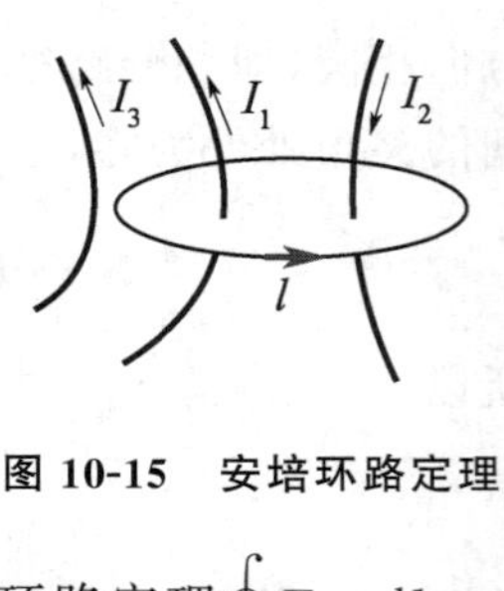


**图 10-15 安培环路定理**

安培环路定理反映了磁场的基本规律. 同静电场的环路定理 $\oint_l \boldsymbol{E}\cdot\mathrm{d}\boldsymbol{l}=0$ 相比较，稳恒磁场中磁感应强度 $\boldsymbol{B}$ 的环流 $\oint_l \boldsymbol{B}\cdot\mathrm{d}\boldsymbol{l}\neq 0$，说明稳恒磁场的性质和

静电场不同,静电场是保守场,稳恒磁场是非保守场.

安培环路定理对于研究稳恒磁场有重要意义.接着介绍只应用安培环路定理来计算的几种特殊分布的恒定电流所产生磁场的磁感应强度.

### 10.4.2 安培环路定理的应用

安培环路定理是一个普遍定理,但如果用它直接计算磁感应强度,则只限于电流分布具有某种对称性的情况.利用安培环路定理求磁感应强度的前提条件:如果在某个载流导体的稳恒磁场中,可以找到一条闭合环路 $l$,该环路上的磁感应强度 $\boldsymbol{B}$ 大小处处相等,且磁感应强度 $\boldsymbol{B}$ 的方向和环路的绕行方向也处处同向.这样利用安培环路定理求磁感应强度 $\boldsymbol{B}$ 的问题,就转化为求环路长度,以及求环路所包围的电流代数和的问题,即

$$\oint_l \boldsymbol{B} \cdot \mathrm{d}\boldsymbol{l} = B\oint_l \mathrm{d}l = \mu_0 \sum_{i=1} I_i ,$$

$$B = \frac{\mu_0 \sum\limits_{i=1} I_i}{\oint_l \mathrm{d}l}.$$

所以,利用安培环路定理求磁场的适用条件是:在磁场中能找到满足上述条件的环路.这取决于该磁场分布的对称性,而磁场分布的对称性又来源于电流分布的对称性.应用安培环路定理,计算一些具有一定对称性的电流分布的磁感应强度十分方便.计算时,首先用磁场叠加原理对载流体的磁场作对称性分析;然后根据磁场的对称性和特征,设法找到满足上述条件的积分路径(使 $B$ 可提到积分号外);最后利用定理公式求磁感应强度.举例说明如下.

**1. 长直载流螺线管内的磁场**

设螺线管长为 $l$,直径为 $D$,且 $l \gg D$;导线均匀密绕在管的圆柱面上,单位长度上的匝数为 $n$,导线中的电流为 $I$.

用磁场叠加原理作对称性分析:可将长直密绕载流螺线管看作由无穷多个共轴的载流圆环构成,其周围磁场是各匝圆电流所激发磁场的叠加结果.在长直载流螺线管的中部任选一点 $P$,在 $P$ 点两侧对称性地选择两匝圆电流,由圆电流的磁场分布可知二者磁场叠加的结果,磁感应强度 $\boldsymbol{B}$ 的方向与螺线管的轴线方向平行,如图 10-16(a)所示.

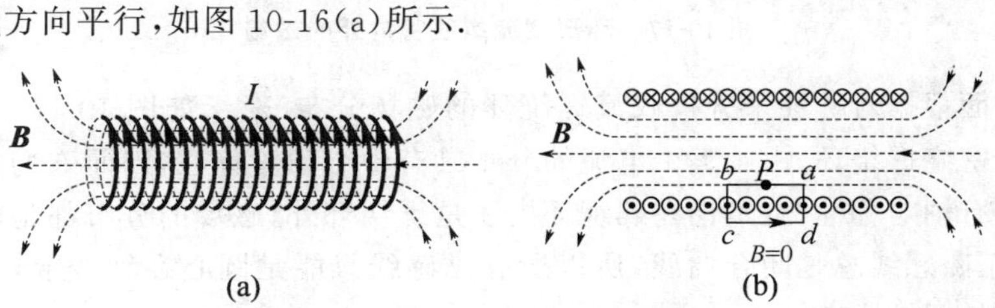


图 10-16 长直载流螺线管内的磁场

由于 $l \gg D$,长直螺线管可以看成无限长,因此在 $P$ 点两侧可以找到无穷

多匝对称的圆电流，它们在 $P$ 点的磁场叠加结果与图 10-16(a)相似. 由于 $P$ 点是任选的，因此可以推知长直载流螺线管内各点磁场的方向均沿轴线方向. 磁场分布如图 10-16(b)所示.

从图 10-16 可以看出，在管内的中央部分，磁场是均匀分布的，其方向与轴线平行，并可按右手螺旋定则判定；而在管的中央部分外侧，磁场很微弱，可忽略不计，即 $B=0$. 据此，选择如图 10-16(b)所示的过管内任意场点 $P$ 的一矩形闭合曲线 $abcda$ 为积分路径 $l$，则环路 $ab$ 段的 $\mathrm{d}\boldsymbol{l}$ 方向与磁感应强度 $\boldsymbol{B}$ 的方向一致，即 $(\widehat{\boldsymbol{B},\mathrm{d}\boldsymbol{l}})=0°$，故在 $ab$ 段上，$\boldsymbol{B}\cdot\mathrm{d}\boldsymbol{l}=B\mathrm{d}l$；在环路 $cd$ 段上，$B=0$，则 $\boldsymbol{B}\cdot\mathrm{d}\boldsymbol{l}=0$；在环路 $bc$ 段和 $da$ 段上，管内部分 $\boldsymbol{B}$ 与 $\mathrm{d}\boldsymbol{l}$ 垂直，管外部分 $B=0$，都有 $\boldsymbol{B}\cdot\mathrm{d}\boldsymbol{l}=0$. 因此，沿此闭合路径 $l$，磁感应强度 $\boldsymbol{B}$ 的环流为

$$\oint_l \boldsymbol{B}\cdot\mathrm{d}\boldsymbol{l}=\int_{ab}\boldsymbol{B}\cdot\mathrm{d}\boldsymbol{l}+\int_{bc}\boldsymbol{B}\cdot\mathrm{d}\boldsymbol{l}+\int_{cd}\boldsymbol{B}\cdot\mathrm{d}\boldsymbol{l}+\int_{da}\boldsymbol{B}\cdot\mathrm{d}\boldsymbol{l}=\int_{ab}B\mathrm{d}l=B\overline{ab}.$$

螺线管上每单位长度有 $n$ 匝线圈，通过每匝的电流是 $I$，则闭合路径所围绕的总电流为 $n\cdot\overline{ab}\cdot I$，根据右手螺旋定则，其方向是正的. 由安培环路定理有

$$B\cdot\overline{ab}=\mu_0 n\cdot\overline{ab}I,$$

故得

$$B=\mu_0 nI.$$

螺线管为在实验上建立一个已知的均匀磁场提供了一种方法，正如平行板电容器提供了建立均匀电场的方法一样.

**2. 环形载流螺线管内外的磁场**

均匀密绕在环形管上的圆形线圈称为环形螺线管(常称螺绕环)，设总匝数为 $N$（见图 10-17). 当通有电流 $I$ 时，由于线圈绕得很密，所以每一匝线圈相当于一个圆形电流.

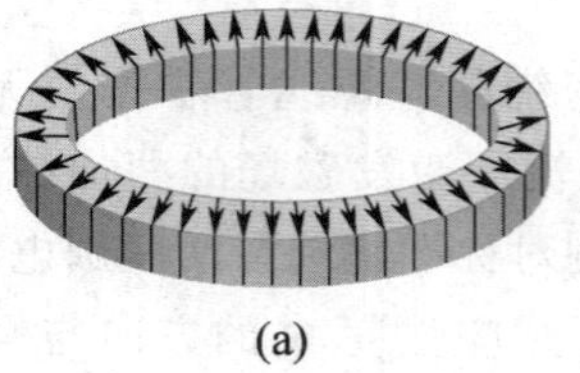

(a)

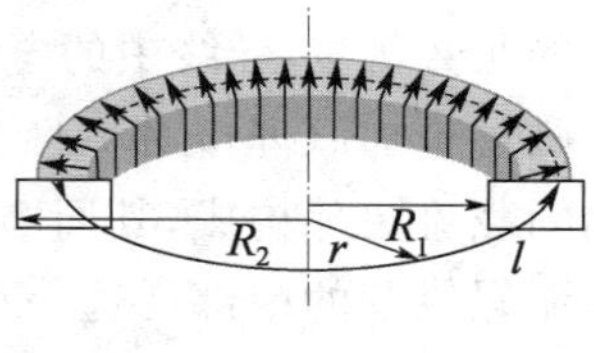


(b)

图 10-17　环形载流螺线管内外的磁场

下面根据对称性来分析载流螺绕环的磁场分布. 对于如图 10-17(a)所示的均匀密绕螺绕环，由于整个电流的分布具有中心轴对称性，因而磁场的分布也应具有轴对称性，且不论在螺绕环内还是螺绕环外，磁场的分布都是轴对称的. 由于磁感线总是闭合曲线，所以所有磁感线只能是圆心在轴线上，并与环面平行的同轴圆.

将通有电流 $I$ 的矩形螺绕环沿直径切开，其剖面图如图 10-17(b)所示. 在环内作一个半径为 $r$ 的环路 $l$，绕行方向如图 10-17(b)所示. 环路上各点的磁

感应强度大小相等，方向由右手螺旋定则可知，与环路绕行方向一致. 磁感强度 $\boldsymbol{B}$ 沿此环路的环流为

$$\oint_l \boldsymbol{B} \cdot \mathrm{d}\boldsymbol{l} = \oint_l B\cos 0^\circ \mathrm{d}l = B\oint_l \mathrm{d}l = B2\pi r.$$

环路内包围电流的代数和为 $NI$. 根据安培环路定理有

$$B2\pi r = \mu_0 NI,$$

得

$$B = \frac{\mu_0 NI}{2\pi r} \quad (R_1 < r < R_2).$$

可见，螺绕环内任意点处的磁感应强度随着到环心的距离而变，即螺绕环内的磁场分布是不均匀的.

用 $R$ 表示螺绕环的平均半径，当 $R \geqslant R_2 - R_1$ 时，可近似认为环内任意与环共轴的同心圆的半径 $r \approx R$，由此可得

$$B = \mu_0 \frac{N}{2\pi R} I = \mu_0 nI \quad (R_1 < r < R_2),$$

式中，$n = N/2\pi R$ 为环上单位长度所绕的匝数. 因此，当螺绕环的平均半径比环的内外半径之差大得多时，管内的磁场可视为均匀分布的，计算公式与长螺线管相同.

根据同样的分析，在管的外部，也选取与环共轴的圆 $L$（半径为 $r'$）作积分路径，则 $\oint_l \boldsymbol{B} \cdot \mathrm{d}\boldsymbol{l} = B2\pi r'$. 因为 $L$ 所围电流强度代数和为零，由安培环路定理，有 $B2\pi r' = 0$，所以 $B = 0$，即对均匀密绕螺绕环，由于环上的线圈绕得很密，则磁场几乎全部集中于管内，在环的外部空间，磁感应强度处处为零.

**3. 长直载流圆柱体的磁场**

在利用毕奥-萨伐尔定律计算无限长载流直导线的磁感应强度，得出式(10-7)时，认为载流导线很细，但是当 $a \to 0$ 时，该式失效. 实际上，导线都有一定的半径，尤其在考察导线内的磁场分布时，就不得不把导线看成圆柱体了. 对于恒定电流，在导线的横截面上，电流 $I$ 是均匀分布的.

长直圆柱体中的电流分布对称于圆柱的轴线，所以圆柱内外的磁感应强度也应对轴线对称. 又因磁感线总是闭合曲线，于是长直载流圆柱体内外的磁感线分布只能是圆心在轴线上，并与轴线垂直的同轴圆，也就是说，磁场中各点的磁感应强度方向与通过该点的同轴圆相切. 由于同一磁感线上各点到轴线的距离相等，根据轴对称性，同一磁感线上各点磁感应强度的大小相等.

现在来分别计算半径为 $R$ 的长直载流圆柱内、外距轴线为 $r$ 的 $P$ 点的磁感应强度.

将长直载流圆柱体分割成许多截面为 $\mathrm{d}S$ 的无限长直线电流，每一直线电流的磁感应强度都分布在垂直于导体的平面内. 如图 10-18 所示，过场点 $P$ 取垂直于导体的平面，点 $O$ 是导体轴线与此平面的交点. 在此平面内的导体截面上取关于 $OP$ 对称分布的一对面元 $\mathrm{d}S$ 和 $\mathrm{d}S'$，设 $\mathrm{d}\boldsymbol{B}$ 和 $\mathrm{d}\boldsymbol{B}'$ 分别是以 $\mathrm{d}S$ 和 $\mathrm{d}S'$ 为截面的无限长电流 $\mathrm{d}I$ 和 $\mathrm{d}I'$ 在 $P$ 点产生的磁感应强度. 不难看出，它们

的合矢量 $\mathrm{d}\boldsymbol{B}+\mathrm{d}\boldsymbol{B}'$ 应沿以 $O$ 为圆心、$OP=r$ 为半径、位于和导体垂直的平面内的圆 $L$ 的切线，指向与电流方向成右手螺旋关系. 选择通过 $P$ 点的同轴圆 $L$ 作为积分的闭合路径，则

$$\oint_l \boldsymbol{B}\cdot \mathrm{d}\boldsymbol{l}=\oint_l B\,\mathrm{d}l=B\oint_l \mathrm{d}l=2\pi rB.$$

对导体内部的点 $P$，$r<R$，$L$ 所围的电流 $I'=\frac{I}{\pi R^2}\pi r^2=\frac{r^2}{R^2}I$，由安培环路定理有

$$2\pi rB=\mu_0\frac{r^2}{R^2}I,$$

得

$$B=\frac{\mu_0 rI}{2\pi R^2}\quad (r<R).$$

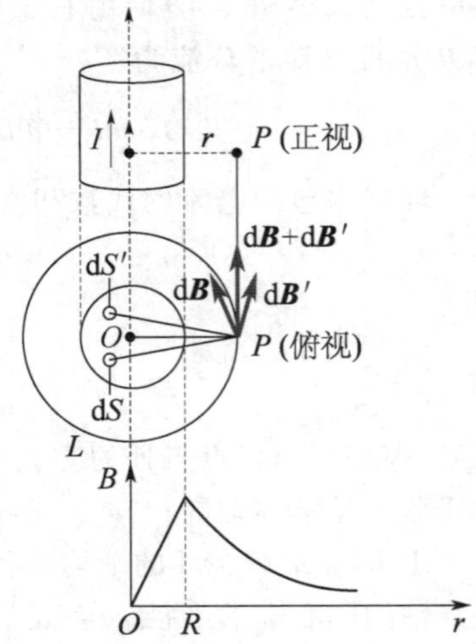


**图 10-18　长直载流圆柱体的磁场**

该式表明，在导体内部，$B$ 与 $r$ 成正比.

对导体外部的点 $P$，$r>R$，$L$ 所围的电流即圆柱体上的总电流 $I$，由安培环路定理有

$$2\pi rB=\mu_0 I,$$

得

$$B=\frac{\mu_0 I}{2\pi r}\quad (r>R).$$

该式表明，在导体内部，$B$ 与 $r$ 成反比，即长直载流圆柱体外部磁场的磁感应强度 $\boldsymbol{B}$ 的分布与一无限长载流直导线的磁场的磁感应强度 $\boldsymbol{B}$ 分布相同.

对圆柱体表面上的点，$r=R$，从以上两式都能得到 $B=\frac{\mu_0 I}{2\pi R}(r=R)$.

图 10-18 给出了长直载流圆柱体的磁场的磁感应强度 $\boldsymbol{B}$ 的大小随 $r$ 变化的曲线.

## 10.5 磁场对电流的作用

10.4 节讨论了恒定电流所产生的磁场，这只是电流和磁场之间相互关系中的一个侧面. 本节简单讨论一下二者相互关系中的另一个侧面，即磁场对电流的作用. 主要内容：磁场对载流导线作用力的基本规律——安培定律；磁场对载流线圈作用的磁力矩；磁场对运动电荷的作用力——洛伦兹力.

### 10.5.1　磁场对载流导线的作用力

当载流导线放在磁场中时，将受到磁场力的作用. 安培最早用实验方法，研究了电流和电流之间的磁场力作用，从而总结出载流导线上一小段电流元所受磁场力的基本规律，称为**安培定律**，其内容如下.

放在磁场中某点处的电流元 $I\mathrm{d}\boldsymbol{l}$，所受到的磁场作用力 $\mathrm{d}\boldsymbol{F}$ 的大小和该点处的磁感应强度 $\boldsymbol{B}$ 的大小、电流元的大小以及电流元 $I\mathrm{d}\boldsymbol{l}$ 和磁感应强度 $\boldsymbol{B}$ 所成的角 $\theta$ 的正弦成正比，即

$$\mathrm{d}F = kBI\mathrm{d}l\sin\theta.$$

$\mathrm{d}\boldsymbol{F}$ 的方向与矢积 $I\mathrm{d}\boldsymbol{l}\times\boldsymbol{B}$ 的方向相同，如图 10-19 所示，比例系数 $k$ 的量值取决于式中各量的单位. 在 SI 中，$B$ 的单位用 T，$I$ 的单位用 A，$\mathrm{d}l$ 的单位用 m，$\mathrm{d}F$ 的单位用 N，则 $k=1$. 安培定律的表达式可简化为 $\mathrm{d}F=BI\mathrm{d}l\sin\theta$，写成矢量表达式为

$$\mathrm{d}\boldsymbol{F} = I\mathrm{d}\boldsymbol{l}\times\boldsymbol{B}. \tag{10-19}$$

载流导线在磁场中所受的磁场力，通常也称为安培力. 式(10-19)表达的规律称为**安培定律**.

因为安培定律给出的是载流导线上一个电流元所受的磁场力，所以它不能直接用实验进行验证. 但是，任何有限长的载流导线 $L$ 在磁场中所受的磁场力 $\boldsymbol{F}$，应等于导线 $L$ 上各个电流元所受磁场力 $\mathrm{d}\boldsymbol{F}$ 的矢量和，即

$$\boldsymbol{F} = \int\mathrm{d}\boldsymbol{F} = \int_L I\mathrm{d}\boldsymbol{l}\times\boldsymbol{B}. \tag{10-20}$$

对于一些具体的载流导线，理论计算的结果和实验测量的结果是相符的. 这就间接证明了安培定律的正确性.

式(10-20)是一个矢量积分，如果导线上各个电流元所受的磁场力 $\mathrm{d}\boldsymbol{F}$ 的方向都相同，则矢量积分可直接化为标量积分，例如，长为 $L$ 的一段载流直导线，放在均匀磁场(磁感应强度为 $\boldsymbol{B}$)中，如图 10-20 所示，根据矢量积分的右手螺旋定则，可以判断导线上各个电流元所受磁场力 $\mathrm{d}\boldsymbol{F}$ 的方向都是垂直纸面向外的. 所以整个载流直导线所受的磁场力 $\boldsymbol{F}$ 的大小为

$$F = \int\mathrm{d}F = \int_L IB\sin\theta\mathrm{d}l,$$

式中，$\theta$ 为电流 $I$ 的方向与 $\boldsymbol{B}$ 的夹角. $\boldsymbol{F}$ 与 $\mathrm{d}\boldsymbol{F}$ 的方向相同，即垂直于纸面向外.

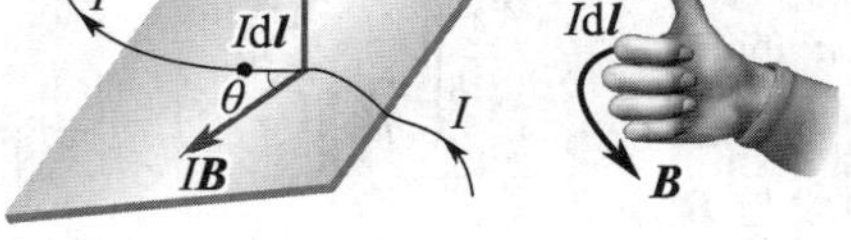


图 10-19　安培定律

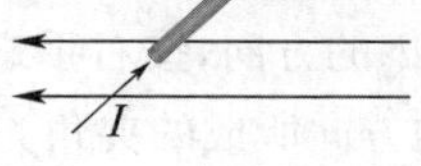


图 10-20　载流直导线在均匀磁场中示意图

由此可以看出，当载流导线与磁场平行($\theta=0$ 或 $\pi$)时，$F=0$，即载流导线不受磁场力作用；当载流导线与磁场垂直$\left(\theta=\frac{\pi}{2}\right)$时，载流导线所受磁场力最大，其值为 $F=BIL$；如果载流导线上各个电流元所受磁场力 $\mathrm{d}\boldsymbol{F}$ 的方向各不相同，式(10-20)的矢量积分不能直接计算. 这时应选取适当的坐标系，首先将 $\mathrm{d}\boldsymbol{F}$ 沿各个坐标分解成分量，然后对各个分量进行标量积分，即 $F_x=\int_L \mathrm{d}F_x$，$F_y=\int_L \mathrm{d}F_y$，$F_z=\int_L \mathrm{d}F_z$，最后再求出合力.

**例 10-4** 如图 10-21 所示，载流长直导线 $L_1$ 通有电流 $I_1=2.0$ A，另一载流直导线 $L_2$ 与 $L_1$ 共面且正交，长为 $L_2=40$ cm，通有电流 $I_2=3.0$ A. $L_2$ 的左端与 $L_1$ 相距 $d=20$ cm，求导线 $L_2$ 所受的磁场力.

**解** 长直载流导线 $L_1$ 所产生的磁感应强度 $\boldsymbol{B}$ 在 $L_2$ 处的方向虽都是垂直于纸面向里，但它的大小沿 $L_2$ 逐点不同. 要计算 $L_2$ 所受的力，先要在 $L_2$ 上与 $L_1$ 距离为 $x$ 处任意取一线段元 $\mathrm{d}x$，在电流元 $I_2\mathrm{d}x$ 的微小范围内，$\boldsymbol{B}$ 可看作恒量，它的大小为

$$B=\frac{\mu_0 I_1}{2\pi x}.$$

显然任意电流元 $I_2\mathrm{d}x$ 都与磁感应强度 $\boldsymbol{B}$ 垂直，即 $\theta=\frac{\pi}{2}$，所以电流元受力的大小为

$$\mathrm{d}F=I_2B\mathrm{d}x\sin\frac{\pi}{2}=\frac{\mu_0 I_1}{2\pi x}I_2\mathrm{d}x.$$

根据矢积 $I\mathrm{d}\boldsymbol{l}\times\boldsymbol{B}$ 的方向可知，电流元受力的方向垂直于 $L_2$ 沿纸面向上. 由于所有电流元受力方向都相同，所以 $L_2$ 所受的力 $\boldsymbol{F}$ 是各电流元受力大小的和，可用标量积分直接计算，即

$$\mathrm{d}F=\int_L \mathrm{d}F=\int_d^{d+L_2}\frac{\mu_0 I_1}{2\pi x}I_2\mathrm{d}x$$

$$=\frac{\mu_0 I_1 I_2}{2\pi}\int_d^{d+L_2}\frac{\mathrm{d}x}{x}=\frac{\mu_0 I_1 I_2}{2\pi}\ln\frac{d+L_2}{d}$$

$$=\frac{\mu_0}{4\pi}2I_1I_2\ln\frac{d+L_2}{d},$$

代入题设数据后得

$$F=10^{-7}\times2\times2\times2\times\ln\frac{0.6}{0.2}\ \mathrm{N}$$

$$=1.32\times10^{-6}\ \mathrm{N}.$$

$L_2$ 受力的方向和电流元受力方向一样，也是垂直于 $L_2$ 沿纸面向上.

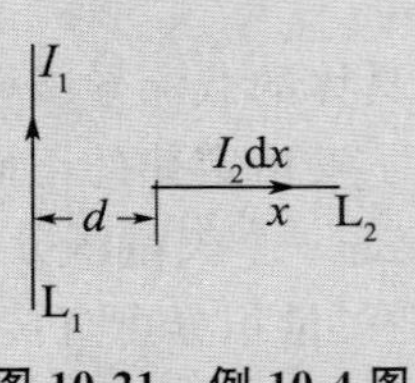


**图 10-21 例 10-4 图**

## 10.5.2 磁场对载流线圈作用的磁力矩

一个刚性载流线圈放在磁场中往往要受力矩的作用，因而发生转动，这种情况在电磁仪表和电动机中经常看到. 下面利用安培定律讨论均匀磁场对平面载流线圈作用的磁力矩.

如图 10-22 所示，在磁感应强度为 $\boldsymbol{B}$ 的均匀磁场中，有一刚性的载流线圈 $abcd$，边长分别为 $L_1$ 和 $L_2$，通有电流 $I$. 设线圈平面的法线 $\boldsymbol{n}$ 的方向（由电流 $I$ 的方向，按右手螺旋定则定出）与磁感应强度 $\boldsymbol{B}$ 的方向所成的夹角为 $\varphi$. $ab$ 和 $cd$ 两段与 $\boldsymbol{B}$ 垂直. 由图可见，线圈平面与 $\boldsymbol{B}$ 的夹角$\theta=\frac{\pi}{2}-\varphi$.

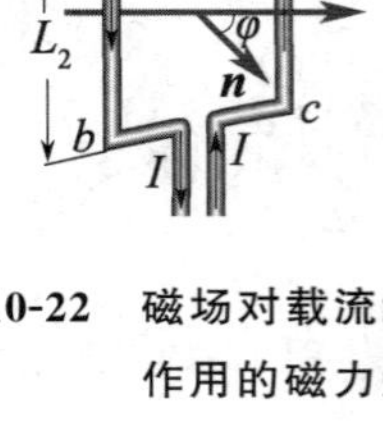


**图 10-22 磁场对载流线圈作用的磁力矩**

根据安培定律，导线 $bc$ 和 $da$ 段所受磁场的作用力分别为 $\boldsymbol{F}_1$ 和 $\boldsymbol{F}_2$，其大小为

$$F_1 = IBL_1\sin\theta,\quad F_2 = IBL_1\sin(\pi-\theta) = IBL_1\sin\theta.$$

$\boldsymbol{F}_1$ 和 $\boldsymbol{F}_2$ 大小相等，方向相反，又都在过 $bc$ 和 $da$ 中点的同一直线上，所以它们的合力为零，对线圈不产生力矩.

导线 $ab$ 和 $cd$ 段所受磁场的作用力分别为 $\boldsymbol{F}_3$ 和 $\boldsymbol{F}_4$，根据安培定律，它们的大小为

$$F_3 = F_4 = IBL_2.$$

$\boldsymbol{F}_3$ 和 $\boldsymbol{F}_4$ 大小相等，方向相反，虽然合力为零，但因它们不在同一直线上，而形成一对力偶，其力臂为

$$L_1\cos\theta = L_1\cos\left(\frac{\pi}{2}-\varphi\right) = L_1\sin\varphi.$$

因此，均匀磁场作用在矩形线圈上的力矩 $\boldsymbol{M}$ 的大小为

$$M = F_3L_1\sin\varphi = IBL_1L_2\sin\varphi = IBS\sin\varphi, \tag{10-21}$$

式中，$S$ 为矩形线圈的面积，$S=L_1L_2$.

$\boldsymbol{M}$ 的方向为沿 $ac$ 中点和 $bd$ 中点的连线方向.

如果线圈有 $N$ 匝，则线圈所受力矩为一匝时的 $N$ 倍，即

$$M = NIBS\sin\varphi = mB\sin\varphi,$$

式中，$m=NIS$ 为载流线圈磁矩的大小，$\boldsymbol{m}$ 的方向就是载流线圈平面的法线 $\boldsymbol{n}$ 的方向. 所以该式可以写成矢量形式，即

$$\boldsymbol{M} = \boldsymbol{m}\times\boldsymbol{B}. \tag{10-22}$$

式(10-21)和式(10-22)虽然是由矩形载流线圈推导出来的，但可以证明，在均匀磁场中对于任意形状的载流平面线圈所受的磁力矩，式(10-21)和式(10-22)都是普遍适用的.

总之，任何一个载流平面线圈在均匀磁场中，虽然所受磁场力的合力为零，但还受一个磁力矩 $\boldsymbol{M}$ 的作用. 这个磁力矩 $\boldsymbol{M}$ 总是力图使线圈的磁矩 $\boldsymbol{m}$ 转到磁感应强度 $\boldsymbol{B}$ 的方向上来. 当 $\varphi=\frac{\pi}{2}$，即线圈磁矩 $\boldsymbol{m}$ 与磁场方向垂直，或者说线圈平面与磁场方向平行时，线圈所受磁力矩最大，即

$$M_{\max} = mB.$$

由此也可以得到磁感应强度 $\boldsymbol{B}$ 的大小的又一个定义式，即

$$B = \frac{M_{\max}}{m}.$$

当 $\varphi=0$，即载流线圈磁矩 $\boldsymbol{m}$ 与磁场方向一致时，载流线圈所受的磁力矩为零，此时线圈处于稳定平衡状态；当 $\varphi=\pi$ 时，载流线圈所受的磁力矩也为零，但此时线圈处于非稳定平衡状态.

### 10.5.3　磁场对运动电荷的作用力

带电粒子在磁场中运动时，受到磁场的作用力，这种磁场对运动电荷的作

用力称为**洛伦兹力**.

实验发现，运动的带电粒子在磁场中某点所受到的洛伦兹力 $\boldsymbol{f}$ 的大小，与粒子所带电量 $q$ 的量值、粒子运动速度 $\boldsymbol{v}$ 的大小、该点处磁感应强度 $\boldsymbol{B}$ 的大小以及 $\boldsymbol{B}$ 与 $\boldsymbol{v}$ 之间夹角 $\theta$ 的正弦成正比. 在 SI 中，洛伦兹力 $\boldsymbol{f}$ 的大小为

$$f = qvB\sin\theta. \tag{10-23}$$

洛伦兹力 $\boldsymbol{f}$ 的方向垂直于 $\boldsymbol{v}$ 和 $\boldsymbol{B}$ 所确定的平面，其指向按右手螺旋定则由矢积 $\boldsymbol{v}\times\boldsymbol{B}$ 的方向以及 $q$ 的正负来确定：对于正电荷($q>0$)，$\boldsymbol{f}$ 的方向与矢积 $\boldsymbol{v}\times\boldsymbol{B}$ 的方向相同；对于负电荷($q<0$)，$\boldsymbol{f}$ 的方向与矢积 $\boldsymbol{v}\times\boldsymbol{B}$ 的方向相反，如图 10-23 所示. 洛伦兹力 $\boldsymbol{f}$ 的矢量式为

$$\boldsymbol{f} = q\boldsymbol{v}\times\boldsymbol{B}. \tag{10-24}$$

注意，式中的 $q$ 本身有正负之别，这由运动粒子所带电荷的电性决定.

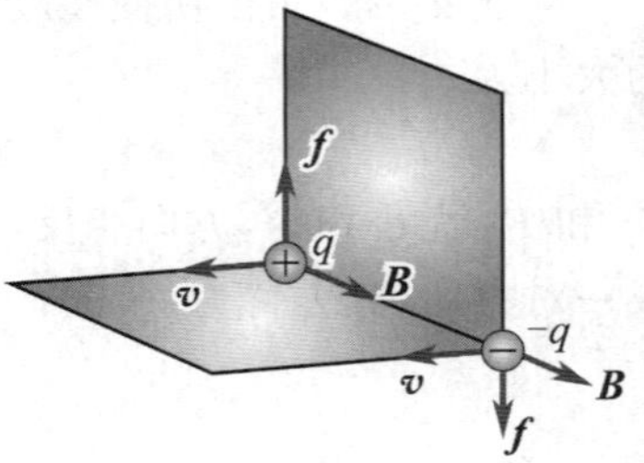

**图 10-23　洛伦兹力的方向**

当电荷运动方向平行于磁场时，$\boldsymbol{v}$ 与 $\boldsymbol{B}$ 之间的夹角 $\theta=0$ 或 $\pi$，则洛伦兹力 $\boldsymbol{f}=\boldsymbol{0}$.

北京正负电子对撞机

当电荷运动方向垂直于磁场时，$\boldsymbol{v}$ 与 $\boldsymbol{B}$ 的夹角 $\theta=\dfrac{\pi}{2}$，则运动电荷所受的洛伦兹力最大，即有

$$f = f_{\max} = qvB.$$

由于运动电荷在磁场中所受的洛伦兹力的方向始终与运动电荷的速度垂直，所以洛伦兹力只能改变运动电荷的速度方向，不能改变运动电荷速度的大小. 也就是说**洛伦兹力只能使运动电荷的运动路径发生弯曲，但对运动电荷不做功**.

下面分析初始状态不同的带电粒子在不同磁场中的运动情况.

**1. 带电粒子在均匀磁场中的运动**

首先考虑带电粒子以速度 $\boldsymbol{v}$ 垂直地进入均匀磁场的情形.

如图 10-24 所示，此情形下粒子受到的磁场力大小为 $F=qvB$，其中，$q$ 是粒子的电量. 由于磁场力 $\boldsymbol{F}$ 永远在垂直于磁感应强度 $\boldsymbol{B}$ 的平面内，而粒子的初速度 $\boldsymbol{v}$ 也在这平面内，因此它的运动轨迹不会越出这个平面，而且由于磁场力永远垂直于粒子的速度，所以它不对带电粒子做功，带电粒子虽保持速率不变，但运动方向不断改变，这意味着洛伦兹力是一个使粒子保持圆周运动的向心力.

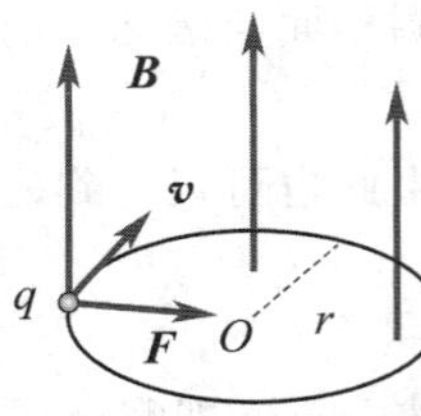

**图 10-24　带电粒子垂直进入磁场**

设粒子的质量为 $m$，圆周半径为 $r$，则向心加速度为 $a=\dfrac{v^2}{r}$，于是据牛顿第二定律 $F=ma$，得

$$qvB=\frac{mv^2}{r},\tag{10-25}$$

即粒子的轨迹半径为

$$r=\frac{mv}{qB}.\tag{10-26}$$

可以看到，对于给定的电量 $q$，粒子的轨迹半径与它的动量 $mv$ 成正比，而与磁感应强度大小成反比. 这意味着，对动量越大的粒子，要使它偏离原来的直线运动状态并发生偏转就越困难；从另一个角度来看，如果磁感应强度越大，磁场力也就越大，粒子的圆周轨迹就越小.

粒子回旋一周的时间，即周期为

$$T=\frac{2\pi r}{v}=\frac{2\pi m}{qB}.\tag{10-27}$$

周期的倒数

$$\nu=\frac{1}{T}=\frac{qB}{2\pi m},\tag{10-28}$$

表示粒子在单位时间内的**回旋次数**，也称粒子在磁场中的**回旋频率**.

式(10-28)表明，粒子的回旋频率与它的速度和轨迹半径无关，而仅决定于它的荷质比 $\frac{q}{m}$ 以及磁感应强度 $\boldsymbol{B}$. 这是一个非常重要的结论，磁聚焦与回旋加速器均以这个结论为根据.

现在进一步考虑粒子在进入磁场时，其初速度 $\boldsymbol{v}$ 与磁感应强度 $\boldsymbol{B}$ 有任意夹角 $\theta$ 的情形，如图 10-25 所示.

可以将速度 $\boldsymbol{v}$ 分解为与 $\boldsymbol{B}$ 平行及垂直的两个分量，即

$$\boldsymbol{v}=\boldsymbol{v}_{//}+\boldsymbol{v}_{\perp},\tag{10-29}$$

兰州重离子研究装置

又

$$v_{//}=|\boldsymbol{v}_{//}|=v\cos\theta,\tag{10-30}$$

$$v_{\perp}=|\boldsymbol{v}_{\perp}|=v\sin\theta.\tag{10-31}$$

由于在与磁场平行的方向上，粒子没有受到作用力，因此，粒子在大小为

$$F=qv_{\perp}B=qvB\sin\theta\tag{10-32}$$

的磁场力作用下回旋的同时，也在平行方向上以速度 $\boldsymbol{v}_{//}$ 做直线运动，因而它的运动轨迹是一条螺旋线，如图 10-26 所示，其中**回旋半径** $R$ 和**螺距** $h$ 分别为

$$R=\frac{mv_{\perp}}{qB},\tag{10-33}$$

$$h=v_{//}T=\frac{2\pi mv_{//}}{qB}.\tag{10-34}$$

从式(10-33)和式(10-34)中可以看出，$R$ 和 $h$ 都是与磁感应强度大小 $B$ 成反比的. 因此，如果带电粒子进入均匀磁场，它的回旋半径 $R$ 和螺距 $h$ 都是常数，而当带电粒子从 $\boldsymbol{B}$ 弱处进入非均匀磁场时，随着 $\boldsymbol{B}$ 的增强，粒子的回旋半径 $R$ 和螺距 $h$ 都会变得越来越小，这就是**磁聚焦原理**. 图 10-27 所示为带电粒子在均匀磁场中的运动，图 10-28 所示为带电粒子在非均匀磁场中运动.

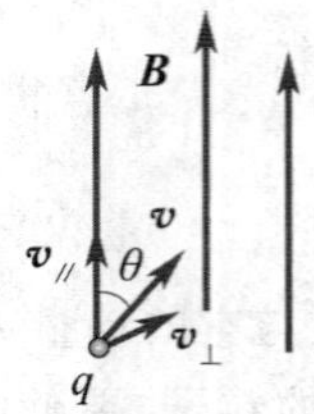


图 10-25 带电粒子非垂直入射磁场

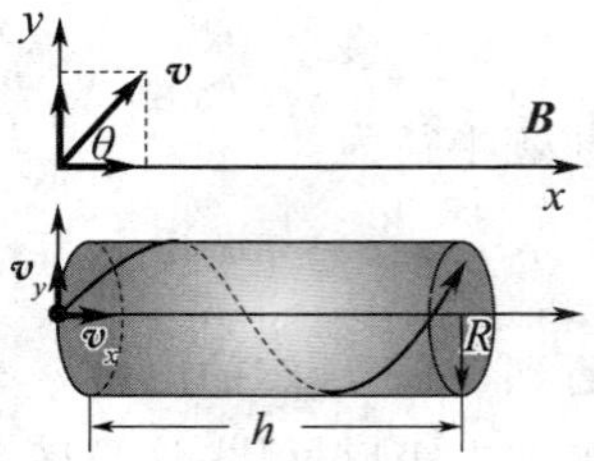


图 10-26 带电粒子在磁场中做螺旋线运动

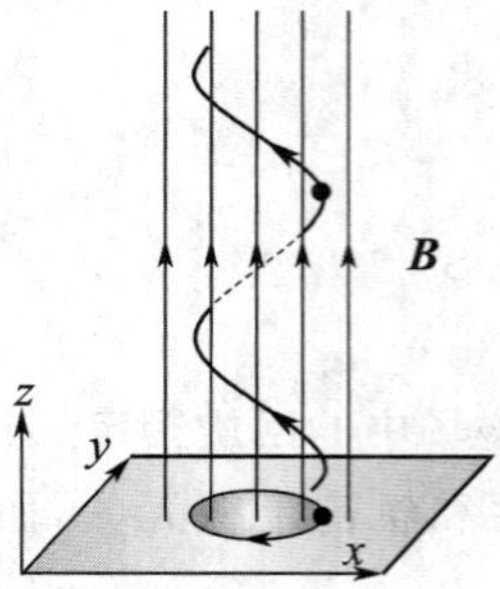


图 10-27 带电粒子在均匀磁场中运动

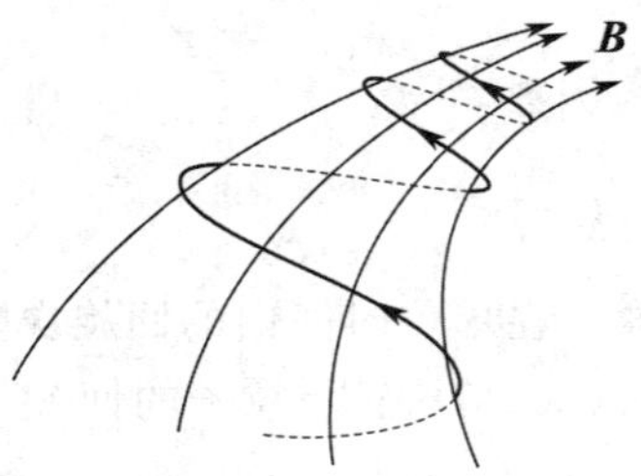


图 10-28 带电粒子在非均匀磁场中运动

在许多电真空器件中，如在电子显微镜、电视显像管和计算机的显示器中，从阴极发出的电子束，就是利用非均匀磁场做成的磁透镜来实现聚焦的，如图 10-29 所示. 非均匀磁场可以用短线圈或磁性环产生.

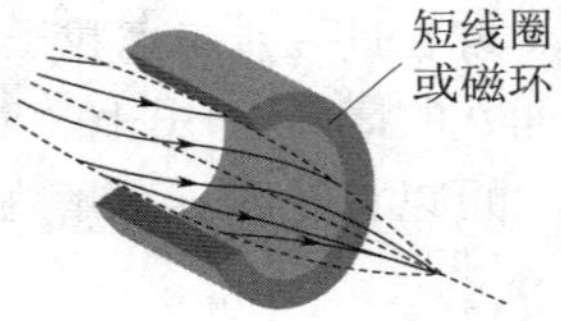


图 10-29 磁透镜

**2. 荷质比的测定**

利用电子(或其他带电粒子)在磁场中偏转的特性，可以测定出它们的电量与质量之比，即**荷质比**. 荷质比是带电微观粒子的基本参量之一. 测定荷质比的方法很多，这里只介绍最典型的两种.

(1)汤姆孙测定电子荷质比(1897 年)的方法.

图 10-30 中所示为汤姆孙测定电子荷质比的仪器，把玻璃管内抽成接近真空，在阴极 K 和电极 A 之间纵向施加一个加速电场(电压为几千伏)，管内残存气体被这个强电场电离，正离子高速撞击阴极产生大量二次电子，这些电子受纵向电场加速，只有很窄的电子束可以通过电极 A 和另一圆筒 A′中间的小孔，然后进入与电子运动方向正交的电场(电场强度为 $\boldsymbol{E}$)和磁场(磁感应强度为 $\boldsymbol{B}$). 只要适当调整 $\boldsymbol{E}$ 和 $\boldsymbol{B}$，使电子所受到的合力为零，即

$$eE - evB = 0, \tag{10-35}$$

电子将以速率

$$v = \frac{E}{B} \tag{10-36}$$

沿着轴线进入这个区域. 此时切断电场，那么电子在磁场作用下，将沿一个半径为

$$r=\frac{mv}{eB}\tag{10-37}$$

的圆弧偏转，于是得到电子的荷质比为

$$\frac{e}{m}=\frac{v}{rB}=\frac{E}{rB^2}.\tag{10-38}$$

通过测量参数 $r$、$E$ 和 $B$，就可以确定电子的荷质比 $\frac{e}{m}$.

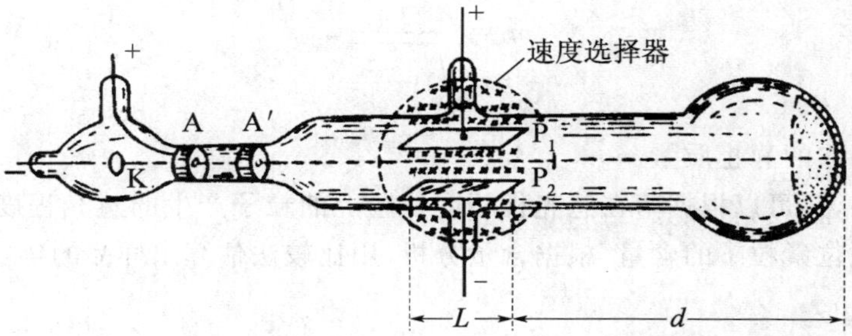


图 10-30　汤姆孙法测定电子荷质比

虽然汤姆孙对实验做了多次改进，但实验的精确度并不高，原因之一是要准确测定电子在管内的回旋半径 $r$ 并不容易；原因之二是他所处的时代还不知道相对论效应带来的误差. 事实上，按照相对论，粒子的运动质量 $m$ 与其静止质量 $m_0$ 的关系是

$$m=\frac{m_0}{\sqrt{1-\frac{v^2}{c^2}}},\tag{10-39}$$

式中，$c$ 为光速. 粒子的速率 $v$ 不同，粒子的质量 $m$ 也不同，因此比值 $\frac{e}{m}$ 也不同. 真正的电子荷质比是 $\frac{e}{m_0}$，而不是 $\frac{e}{m}$.

单独测出电子荷质比的任务是在汤姆孙实验之后的第 12 年，美国物理学家密立根以“油滴实验”完成的.

(2)近代利用质谱仪测定电子荷质比的方法.

质谱仪在现代科学技术中有着广泛应用，可以用来测量、鉴定带电粒子或同位素的质量或荷质比. 粒子经过速度选择器后，某一速率为 $v$ 的粒子被选出并进入横向均匀磁场（磁感应强度为 $\boldsymbol{B}$），如图 10-31 所示. 由粒子的回旋半径

$$r=\frac{mv}{qB},\tag{10-40}$$

可得

$$\frac{q}{m}=\frac{v}{rB},\tag{10-41}$$

或

$$m=\frac{qrB}{v}. \tag{10-42}$$

$\boldsymbol{B}$ 是已知的，根据速度选择器中的电压 $U$，可以求出粒子的速率

$$v=\frac{U}{Bd}. \tag{10-43}$$

再根据粒子落在感光板上的成像位置 $P$ 确定 $r$，即可测定$\frac{q}{m}$；如果已知粒子的电荷 $q$，便能确定它的运动质量 $m$. 再由

$$m=\frac{m_0}{\sqrt{1-\frac{v^2}{c^2}}}, \tag{10-44}$$

可计算出它的静止质量 $m_0$.

此外，还可以根据落在感光板不同位置上的粒子产生的感光程度，推出不同种类同位素粒子的含量，根据含量分析，用比较法估算出样品的年龄.

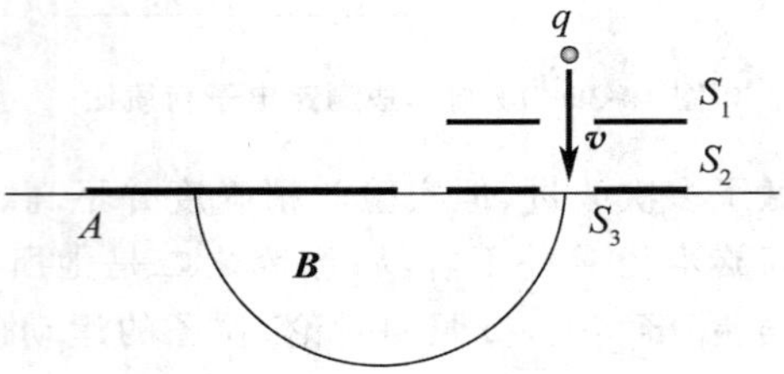


图 10-31　质谱仪原理

**3. 回旋加速器的基本原理**

回旋加速器是原子核物理学中获得高速粒子的一种装置. 这种装置的结构虽然很复杂，但其基本原理就利用了本节中所涉及的知识.

第一台回旋加速器由美国物理学家劳伦斯设计，并于 1932 年开始使用. 它由装在真空容器内的两个 D 形盒组成，用于加速粒子的交变电场限制在窄缝处，磁感应强度 $\boldsymbol{B}$ 与 D 形盒垂直，粒子源 S 在窄缝中部，如图 10-32 所示，从粒子源 S 出来的粒子立刻被电场加速至 $\boldsymbol{v}_1$ 进入 $D_1$ 区回旋半圈，重返窄缝，再被反向电场加速至 $\boldsymbol{v}_2$，进入 $D_2$ 区回旋. 由于粒子速率 $v$ 不断增大，故回旋半径

$$r=\frac{mv}{qB} \tag{10-45}$$

也不断变大. 只要交变电源的频率保证为

$$\nu=\frac{1}{T}=\frac{qB}{2\pi m}, \tag{10-46}$$

粒子每次进入窄缝都会受到加速，最后达到 D 形盒边沿处输出时，其速度就达到最大值

$$v_{\max}=\frac{qRB}{m},\tag{10-47}$$

式中，$R$ 为 D 形盒的半径. 在 $v_{\max}\ll c$ 的条件下(即非相对论情形)，输出粒子的动能为

$$E_k=\frac{1}{2}mv_{\max}^2=\frac{1}{2}\frac{q^2}{m}B^2R^2.\tag{10-48}$$

可见，要使粒子获得更大的输出能量，就要加大 $\boldsymbol{B}$ 和 D 形盒半径 $R$(一般，只能做到 $B$ 值为 $10^4$ Gs 数量级，D 形盒半径 $R$ 在 1 m 左右). 但是，由于相对论效应，粒子质量

$$m=\frac{m_0}{\sqrt{1-\frac{v^2}{c^2}}}\tag{10-49}$$

随速度增大而增大，于是回旋周期

$$T=\frac{2\pi m}{qB}\tag{10-50}$$

也不断增大(变慢)，以致回旋频率与电源频率越来越不同步，而无法保证同步加速. 改进办法是使电源的周期得到自动调整，使之与粒子的回旋周期同步，这就是后来的“同步回旋加速器”. 根据式(10-48)可知，要获得同样的输出动能，就要求静止质量为 $m_0$ 的粒子最后输出的速度更大，因此相对论效应也就更明显，对 $B$ 值及“同步回旋加速器”的要求也越高，故这种加速器仅适合于加速较重的粒子，如质子、α 粒子等，而且能量也不会很高(100 MeV 以内).

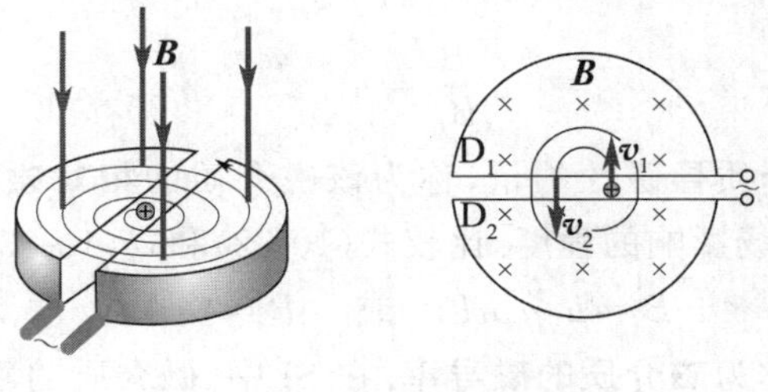


图 10-32　回旋加速器

等离子体及其磁约束

## 10.5.4　介质中的磁场

在实际的磁场中，一般都存在各种不同的实物性物质，放在磁场中的任何物质都要和磁场发生相互作用，所以人们把放在磁场中的任何物质统称为磁介质.

磁流体发电机

**1. 磁介质**

放在静电场中的电介质会被电场极化，极化了的电介质会产生附加电场，从而对原电场产生影响. 与此类似，放在磁场中的磁介质会被磁场磁化，磁化了的磁介质也会产生附加磁场，从而对原磁场产生影响.

实验表明,不同的磁介质对磁场的影响不同.如果在真空中某点磁感应强度为 $\boldsymbol{B}_0$,放入磁介质后,因磁介质被磁化而在该点产生的附加磁感应强度为 $\boldsymbol{B}'$,那么该点的磁感应强度 $\boldsymbol{B}$ 应是这两个磁感应强度的矢量和,即

$$\boldsymbol{B}=\boldsymbol{B}_0+\boldsymbol{B}'. \tag{10-51}$$

磁介质车票

在磁介质内任意一点,附加磁感应强度 $\boldsymbol{B}'$ 的方向随磁介质不同而不同,如果 $\boldsymbol{B}'$ 的方向与 $\boldsymbol{B}_0$ 的方向相同,使得 $B>B_0$,这种磁介质称为**顺磁质**,如铝、氧气、锰等.另一些磁介质,在其内部任意一点,$\boldsymbol{B}'$ 的方向与 $\boldsymbol{B}_0$ 的方向相反,使得 $B<B_0$,这种磁介质称为**抗磁质**,如铜、铋、氢气等.无论是顺磁质还是抗磁质,$B'$ 都比 $B_0$ 小得多,对原来磁场的影响比较弱,所以,顺磁质和抗磁质统称为**弱磁质**.还有一类磁介质,在其内部任意一点的 $\boldsymbol{B}'$ 的方向与顺磁质一样,也和 $\boldsymbol{B}_0$ 的方向相同,但 $B'$ 的值却比 $B_0$ 大得多,即 $B'\gg B_0$,从而使磁场显著增强,如铁、钴、镍等就属于这种磁质,人们把这类磁介质称为**铁磁质**或**强磁质**.各种磁介质对外磁场影响的程度,常用磁介质的磁导率来描述.

**2. 相对磁导率和磁导率**

以载流长直螺线管为例来讨论磁介质对外磁场的影响.设螺线管中的电流为 $I$,单位长度的匝数为 $n$,则电流在螺线管内产生的磁感应强度 $\boldsymbol{B}_0$ 的大小为

$$B_0=\mu_0 nI. \tag{10-52}$$

如果在长直螺线管内充满某种均匀的各向同性磁介质,则由于磁介质的磁化而产生附加磁感应强度 $\boldsymbol{B}'$,使螺线管内的磁介质中的磁感应强度变为 $\boldsymbol{B}$,$\boldsymbol{B}$ 和 $\boldsymbol{B}_0$ 大小的比为

$$\frac{B}{B_0}=\mu_r. \tag{10-53}$$

比值 $\mu_r$ 是反映磁介质导磁性的量,称为该磁介质的**相对磁导率**,它的大小表征了磁介质对外磁场影响的程度.比较式(10-52)和式(10-53)得

$$B=\mu_0\mu_r nI \quad 或 \quad B=\mu nI, \tag{10-54}$$

式中,$\mu=\mu_0\mu_r$,$\mu$ 称为**磁介质的磁导率**.在 SI 中,磁介质的磁导率 $\mu$ 的单位和真空磁导率的单位相同,即 $\mathrm{T\cdot m\cdot A^{-1}}$.

对于顺磁质,$\mu_r>1$;对于抗磁质,$\mu_r<1$,事实上,大多数顺磁质和一切抗磁质的相对磁导率 $\mu_r$ 是与 1 相差极微的常数,说明这些物质对外磁场影响甚微,因而有时可忽略它们的影响.至于铁磁质,它们的相对磁导率 $\mu_r$ 远大于 1,并且随着外磁场的强弱而变化.

磁介质的磁化是物体的一个重要属性,它与物质微观结构分不开.

**3. 顺磁质与抗磁质的磁化机理**

从物质结构看,任何物质分子中的每个电子,除绕原子核做运动外,还有自旋运动,这些运动都要产生磁场.如果把分子当作一个整体,每一个分子中各个运动的电子所产生的磁场总和,相当于一个等效圆形电流所产生的磁场,这一等效圆形电流称为分子电流.每种分子的分子电流的磁矩 $\boldsymbol{m}$ 具有确定的

量值，称为**分子磁矩**.

在顺磁质中，每个分子的分子磁矩 $\boldsymbol{m}$ 不为零，当没有外磁场时，由于分子的热运动，每个分子磁矩的取向是无序的. 因此在一个宏观的体积元中，所有分子磁矩的矢量和 $\sum \boldsymbol{m}$ 为零，也就是说，当无外磁场时，磁介质不呈磁性. 当有外磁场时，各分子磁矩都要受到磁力矩的作用. 在磁力矩作用下，所有分子磁矩 $\boldsymbol{m}$ 将力图转到外磁场方向，但由于分子热运动的影响，分子磁矩沿外磁场方向的排列只是略占优势，因此在宏观的体积元中，各分子磁矩的矢量和 $\sum \boldsymbol{m}$ 不为零，即合成一个沿外磁场方向的合磁矩. 这样，在磁介质内，分子电流产生了一个沿外磁场方向的附加磁感应强度 $\boldsymbol{B}'$，于是，顺磁质内的磁感应强度 $\boldsymbol{B}$ 增强为 $\boldsymbol{B}=\boldsymbol{B}_0+\boldsymbol{B}'$，这就是顺磁质的磁化效应.

在抗磁质中，虽然组成分子的每个电子的磁矩都不为零，但是每个分子的所有分子磁矩正好相互抵消. 也就是说，抗磁质的分子磁矩为零，即 $\boldsymbol{m}=\boldsymbol{0}$，所以当无外磁场时，抗磁质不呈现磁性. 当抗磁质放入外磁场中时，由于外磁场穿过每个抗磁质分子的磁通量增加，无论分子中各个电子原来的磁矩方向怎样，根据已学过的电磁感应知识，分子中每个运动着的电子都将感应出一个与外磁场方向相反的附加磁场，来反抗穿过该分子的磁通量的增加. 这一附加磁场可看作是由分子的附加等效圆形电流所产生的，其磁矩为 $\Delta\boldsymbol{m}$，称为分子的**附加磁矩**. 由于原子、分子中电子运动的特点——电子不易与外界交换能量，磁场稳定后，已产生的附加等效圆形电流将继续下去，因而在外磁场中的抗磁质内，由所有分子的附加磁矩产生了一个与外磁场方向相反的附加磁感应强度 $\boldsymbol{B}'$. 于是抗磁质内的磁感应强度减为 $\boldsymbol{B}=\boldsymbol{B}_0-\boldsymbol{B}'$，这就是抗磁质的磁化效应.

实际上，在外磁场中，顺磁质分子也要产生一个与外磁场方向相反的附加磁矩，但在一个宏观的体积元中，由于顺磁质分子转向磁化而产生与外磁场方向相同的磁矩远大于分子附加磁矩的总和，因此顺磁质中的分子附加磁矩被分子转向磁化而产生的磁矩所掩盖.

**4. 介质中的安培环路定理**

在不考虑磁介质时，磁场的安培环路定理可写为

$$\oint_l \boldsymbol{B}\cdot \mathrm{d}\boldsymbol{l}=\mu_0\sum_i I_i .$$

在有磁介质的情况下，介质中各点的磁感应强度 $\boldsymbol{B}$ 等于传导电流 $I$ 和磁化电流 $I'$ 分别在该点激发的磁感应强度 $\boldsymbol{B}_0$ 和 $\boldsymbol{B}'$ 的矢量和，即 $\boldsymbol{B}=\boldsymbol{B}_0+\boldsymbol{B}'$. 因此，在磁场的安培环路定理中，还需计入被闭合路径 $l$ 所围绕的磁化电流 $I'$，即

磁介质中的安培环路定理

$$\oint_l \boldsymbol{B}\cdot \mathrm{d}\boldsymbol{l}=\mu_0\sum_i (I_i+I'_i).$$

但是，由于磁化电流 $\sum_i I'_i$ 的分布难于测定，这就给应用安培环路定理来研究介质中的磁场造成了困难. 为此，在磁场中引入一个辅助量——**磁场强**

度，简称 $\boldsymbol{H}$ 矢量，定义为 $\boldsymbol{H}=\dfrac{\boldsymbol{B}}{\mu}$，单位是安培每米($\mathrm{A\cdot m^{-1}}$). 于是，可以得到有磁介质时磁场的安培环路定理为

$$\oint_l \boldsymbol{H}\cdot \mathrm{d}\boldsymbol{l}=\sum_i I_i. \tag{10-55}$$

式(10-56)表明，在任意磁场中，$\boldsymbol{H}$ 矢量沿任何闭合路径 $l$ 的线积分$\left(即\oint_l \boldsymbol{H}\cdot \mathrm{d}\boldsymbol{l}\right)$都等于此闭合路径 $l$ 所围绕的传导电流 $\sum\limits_i I_i$ 的代数和.

**5. 铁磁质的特性**

顺磁质和抗磁质的 $\mu_r$ 都接近 1，因此对磁场影响不大. 而铁磁质的 $\mu_r$ 很大，磁导率是真空中的几百倍至几万倍. 此外铁磁质还有如下一些特性.

(1)铁磁质的磁感应强度 $B=\mu H$ 并不随着磁场强度 $H$ 按比例变化，即铁磁质的磁导率不是常量. 当 $H$ 从零逐渐增大($H$ 的值不是很大)时，$B$ 也逐渐增加；然后，当 $H$ 再增加时，$B$ 就急剧增加；当 $H$ 增大到一定程度以后，当 $H$ 再增大时，$B$ 就增加得慢了；随后再增加磁场强度 $H$，$B$ 的增加就十分缓慢，甚至不再增大. 这时对应的 $B$ 值一般称为饱和磁感应强度 $B_{\max}$，这种现象称为**磁饱和现象**.

(2)铁磁质的磁化过程并不是可逆的. 当 $H$ 增大时，$B$ 按照一条磁化曲线增长，当铁磁质磁化到一定程度后，再逐渐使 $H$ 减弱而使铁磁质退磁时，$B$ 虽相应地减小，但按照另一条曲线下降，而该曲线的位置比增长时的曲线高，这种 $B$ 的变化落后于 $H$ 的变化的现象，称为磁滞现象，简称**磁滞**. 当 $H$ 减小到零时，$B$ 并不等于零，而仍有一定数值 $B_r$，$B_r$ 称为剩余磁感应强度，简称**剩磁**. 这是铁磁质所特有的现象，如果一个铁磁质有剩磁存在，这就表明它已被磁化过. 为了消除剩磁，必须加一反向磁场.

磁滞回线

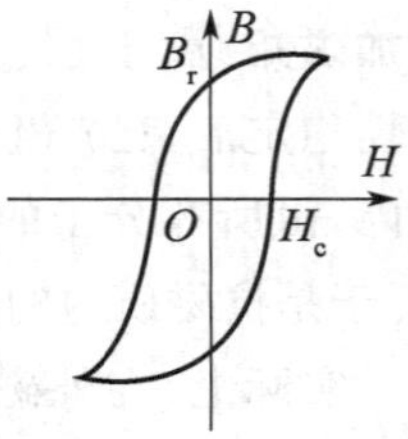


**图 10-33 磁滞回线**

由图 10-33 可以看出，随着反向磁场的增加，$B$ 逐渐减小，当达到 $H=H_c$ 时，$B$ 等于零.

通常把 $H_c$ 称为**矫顽力**，它表示铁磁质去磁的能力. 当反向磁场继续不断增强到 $-H_c$ 时，材料的反向磁化同样能达到饱和. 由于磁滞，$B$-$H$ 曲线形成一个闭合曲线，通常称为**磁滞回线**，如图 10-32 所示.

(3)实验还发现，铁磁质的磁化和温度有关. 随着温度的升高，它的磁化能力逐渐减小，当温度升高到某一温度时，铁磁性就会完全消失，这个温度称为**居里温度**或**居里点**. 从实验知道铁的居里温度是 770 ℃(1 043 K).

# 本章提要

(1)稳恒磁场的基本概念.

①载流线圈的磁矩：$\boldsymbol{m} = NIS\boldsymbol{e}_n$，$\boldsymbol{n}$ 为线圈法线方向单位矢量，它与电流方向成右手螺旋关系.

②磁感应强度的大小为 $B = \dfrac{F_{\max}}{qv}$，方向与该点处试验线圈在稳定平衡位置时线圈磁矩的方向相同.

③磁通量：$\Phi_{\mathrm{m}} = \iint_S \boldsymbol{B} \cdot \mathrm{d}\boldsymbol{S}$.

(2)基本实验定律.

①毕奥-萨伐尔定律：$\mathrm{d}\boldsymbol{B} = \dfrac{\mu_0}{4\pi} \dfrac{I\mathrm{d}\boldsymbol{l} \times \boldsymbol{e}_r}{r^2}$.

②磁感应强度叠加原理：$\boldsymbol{B} = \int_L \mathrm{d}\boldsymbol{B} = \dfrac{\mu_0}{4\pi}\int_L \dfrac{I\mathrm{d}\boldsymbol{l} \times \boldsymbol{e}_r}{r^2}$.

③安培定律：$\mathrm{d}\boldsymbol{F} = I\mathrm{d}\boldsymbol{l} \times \boldsymbol{B}$，$\boldsymbol{F} = \int_L \mathrm{d}\boldsymbol{F} = \int_L I\mathrm{d}\boldsymbol{l} \times \boldsymbol{B}$.

④载流线圈受的磁力矩：$\boldsymbol{M} = \boldsymbol{m} \times \boldsymbol{B}$.

(3)稳恒磁场的基本性质.

①高斯定理：$\oiint_S \boldsymbol{B} \cdot \mathrm{d}\boldsymbol{S} = 0$.

②安培环路定理：$\oint_l \boldsymbol{B} \cdot \mathrm{d}\boldsymbol{l} = \mu_0 \sum_{i=1}^{n} I_i$.

③几种典型电流的磁场.

a. 无限长的载流直导线的磁感应强度大小：$B = \dfrac{\mu_0 I}{2\pi r}$.

b. 圆形电流在圆心的磁感应强度大小：$B = \dfrac{\mu_0 I}{2R}$.

c. 无限长直螺线管内部的磁感应强度大小：$B = \mu_0 nI$.

(4)磁场中带电粒子的运动.

①洛伦兹力：$\boldsymbol{f} = q\boldsymbol{v} \times \boldsymbol{B}$.

②带电粒子在均匀磁场中的回转运动.

a. 回转半径：$R = \dfrac{mv}{qB}$.

b. 周期：$T = \dfrac{2\pi m}{qB}$.

(5)有磁介质时的安培环路定理.

①磁场强度：$\boldsymbol{H} = \dfrac{\boldsymbol{B}}{\mu}$.

②安培环路定理：$\oint_l \boldsymbol{H} \cdot \mathrm{d}\boldsymbol{l} = \sum_{i=1}^{n} I_i$.

## 习题

**10-1** 选择题.

(1)下列关于磁感线说法中正确的是(　　).

(A) 一根磁感线可以终止在闭合曲面内

(B) 磁感线可以有头有尾

(C) 磁感线密度大的地方,磁感线条数就多

(D) 穿入闭合曲面的磁感线条数一定等于穿出的磁感线条数

(2)下列对于安培环路定理的理解中,正确的是(　　).

(A) 若环流等于零,则在回路上磁场强度必定处处为零

(B) 若环流等于零,则回路必定不包围电流

(C) 若环流等于零,则回路所包围传导电流的代数和为零

(D) 回路上各点的磁场强度仅与回路包围的电流有关.

(3)下列说法中正确的是(　　).

(A) 在磁场中,$\oiint_S \boldsymbol{B}\cdot \mathrm{d}\boldsymbol{S}=0$

(B) 在磁场中,$\oint_l \boldsymbol{B}\cdot \mathrm{d}l=0$

(C) 在静电场中,$\oint_l \boldsymbol{E}\cdot \mathrm{d}l\neq 0$

(D) 在静电场中,$\oiint_S \boldsymbol{E}\cdot \mathrm{d}\boldsymbol{S}=0$

(4)可用环路定理求磁感应强度的是(　　).

(A) 有限长载流直导体

(B) 圆电流

(C) 有限长载流螺线管

(D) 无限长螺线管

(5)对半径为 $R$、载流为 $I$ 的无限长直圆柱体,距轴线 $r$ 处的磁感应强度 $\boldsymbol{B}$ ,有(　　).

(A) 内外部磁感应强度 $\boldsymbol{B}$ 都与 $r$ 成正比

(B) 内部磁感应强度 $\boldsymbol{B}$ 与 $r$ 成正比,外部磁感应强度 $\boldsymbol{B}$ 与 $r$ 成反比

(C) 内外部磁感应强度 $\boldsymbol{B}$ 都与 $r$ 成反比

(D) 内部磁感应强度 $\boldsymbol{B}$ 与 $r$ 成反比,外部磁感应强度 $\boldsymbol{B}$ 与 $r$ 成正比

(6)如题 10-1(6)图所示,在长直电流与圆电流的组合电流情况下,$O$ 点的磁感应强度大小为(　　).

(A) $\mu_0 I/2R$　　(B) $\mu_0 I/4R$

(C) $\mu_0 I/8R$　　(D) $\mu_0 I/16R$

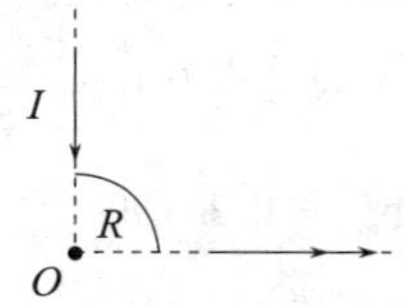


**题 10-1(6)图**

(7)长度为 $l$ 的直导线中通有电流 $I$,位于磁感应强度为 $\boldsymbol{B}$ 的均匀磁场中,则这段导线所受的安培力的最大值为(　　).

(A) 0　　(B) $qvB$

(C) $IBl$　　(D) $ISB$

(8)两根平行的金属直导线载有同方向的电流,这两根导线将(　　).

(A) 互相吸引　　(B) 互相排斥

(C) 先排斥后吸引　　(D) 先吸引后排斥

(9)在均匀磁场中,载流线圈处于稳定平衡态,则线圈的磁矩 $\boldsymbol{m}$ 与磁感应强度 $\boldsymbol{B}$ 的夹角为(　　).

(A) $\dfrac{\pi}{2}$　　(B) 0

(C) $\pi$　　(D) 任意角度

(10)下列关于带电粒子在均匀磁场中运动的说法中,错误的是(　　).

(A) 当带电粒子平行于磁场方向进入磁场时,粒子做匀速直线运动

(B) 当带电粒子垂直于磁场方向进入磁场时,粒子做匀速圆周运动

(C) 当带电粒子以与磁场方向成 30°角进入磁场时,粒子做螺旋线运动

(D) 带电粒子在匀强磁场中运动时,一定会受到洛伦兹力作用

(11)质量为 $m$ 、电量为 $q$ 的粒子,以速率 $v$ 与均匀磁场成 $\theta$ 角射入磁场,轨迹为一螺旋线,若要增大螺距,则要(　　)

(A) 增强磁场　　(B) 减弱磁场

(C) 增大 $\theta$　　(D) 减小速率 $v$

(12)洛伦兹力可以(　　).

(A) 改变带电粒子的速率

(B) 对带电粒子做功

(C) 改变带电粒子的动量

(D) 增加带电粒子的动能

**10-2**　填空题.

(1)真空中磁场高斯定理表达式是________.

(2)通过任意闭合曲面的磁通量为________.

(3)计算有限长的直线电流产生的磁场能用毕奥-萨伐尔定律,______用安培环路定理求得(填"能"或"不能").

(4)稳恒磁场的安培环路定理的数学表达式为________.

(5)设真空中有一半径为 $R$ 的通有电流 $I$ 的圆形载流线圈,则圆心处的磁感应强度大小为______.

(6)带电粒子以速率 $v$ 与磁感应强度 $\boldsymbol{B}$ 平行进入稳恒磁场中,则粒子将做______运动.

(7)以速率 $v$ 平行进入磁感应强度为 $\boldsymbol{B}$ 均匀磁场中的正点电荷 $q$ 受到的洛伦兹力为________N.

**10-3**　简述毕奥-萨伐尔定律及其数学表达式.

**10-4**　简述安培环路定理.

**10-5**　简述安培定律的内容及表达式.

**10-6**　如题 10-6 图所示,两导线中的电流均为 8 A,对图示的三条闭合曲线 $a,b,c$,分别写出安培环路定理等式右边电流的代数和,并讨论:

(1)在各条闭合曲线上,各点的磁感应强度 $\boldsymbol{B}$ 的大小是否相等?

(2)在闭合曲线 $c$ 上各点的 $\boldsymbol{B}$ 的大小是不是零?为什么?

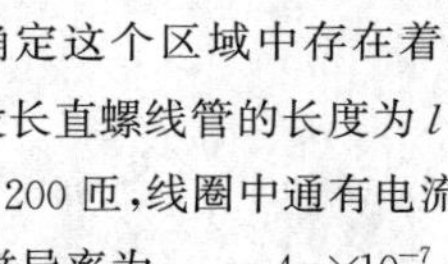


**题 10-6 图**

**10-7**　如果一个电子在通过空间某一区域时不偏转,能否确定这个区域中没有磁场?如果它发生偏转,能否确定这个区域中存在着磁场?

**10-8**　设长直螺线管的长度为 $l=1$ m,均匀密绕线圈有 $N=200$ 匝,线圈中通有电流为 $I=0.1$ A,已知真空中的磁导率为 $\mu_0=4\pi\times10^{-7}$ T·m·A$^{-1}$,求管内的磁感应强度大小.

**10-9**　求无限长通有恒定电流 $I$ 的直导线所产生的磁场分布.

**10-10**　求无限长通有恒定电流 $I$ 的直导线所产生磁场的磁感应强度环流(取以导线为中心轴线的圆作为积分路径).

**10-11**　如题 10-11 图所示,一根直圆管长导体,内径为 $a$,外径为 $b$,电流 $I$ 沿管轴方向,并且均匀地分布在管壁的横截面上.空间某点 $P$ 至管轴 $O$ 距离为 $r$,求以下两种情况下 $P$ 点的磁感应强度大小.

(1)$r<a$;(2)$r>b$.

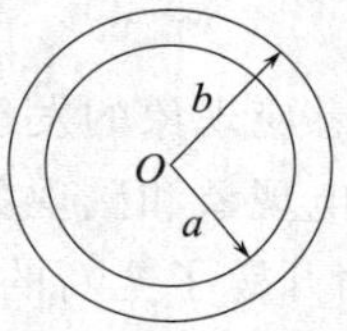


**题 10-11 图**

**10-12**　如题 10-12 图所示,在真空中,有两根互相平行的无限长直导线 $L_1$ 和 $L_2$,相距 0.1 m,通有方向相反的电流,$I_1=20$ A,$I_2=10$ A,$A,B$ 两点与导线在同一平面内,这两点与导线 $L_2$ 的距离均为 5.0 cm.试求 $A,B$ 两点处的磁感应强度.

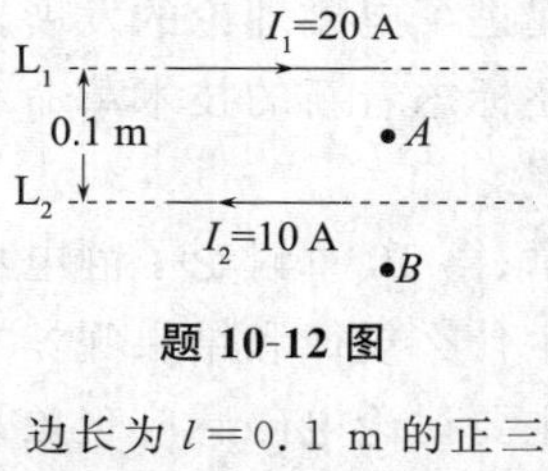


**题 10-12 图**

**10-13**　边长为 $l=0.1$ m 的正三角形线圈放在磁感应强度大小 $B=1$ T 的均匀磁场中,线圈平面与磁场方向平行,如题 10-13 图所示,在线圈中通以电流 $I=10$ A,求:

(1)线圈每边所受的安培力;

(2)对 $OO'$ 轴的磁力矩大小.

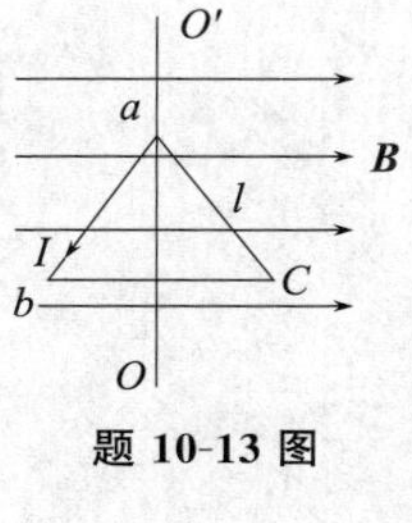


**题 10-13 图**

第 11 章

# 变化的电磁场

电磁感应现象的发现是电磁学发展史上又一个重要成就，它进一步揭示了自然界中电现象和磁现象之间的联系. 1820 年，奥斯特的发现第一次解释了电流能够产生磁场，从而开辟了全新的研究领域. 当时不少物理学家想到：既然电能够产生磁，磁是否也能够产生电？然而，他们或者是因为固守着稳恒的磁能够产生电的成见，或者是因为工作不够细致，导致实验都失败了. 法拉第开始也是因为这些原因，实验没有成功，但他也笃信自然力的统一，坚信磁能够产生电，他以精湛的实验技巧和敏锐地捕捉现象的能力，经过十年不懈努力，终于在 1831 年 8 月 29 日第一次观察到电流变化时产生的电磁感应现象. 紧接着，他做了一系列实验，用来判明产生感应电流的条件和决定感应电流的因素，揭示了电磁感应现象的奥秘. 后诺埃曼、麦克斯韦等人给出了电磁感应定律的数学表达式. 电磁感应现象的发现促进了电磁理论的发展，为麦克斯韦电磁场理论的建立奠定了坚实的基础. 电磁感应的发现还标志着新的技术革命和工业革命的到来，使现代电力工业、电工和电子技术得以建立和发展.

第 9 章、第 10 章讨论了静电场和稳恒磁场的基本规律. 如果电场和磁场随时间变化，那么将会产生什么规律和结果呢？本章将讨论此问题.

本章主要讨论电磁感应现象及其基本规律，在这个基础上，讨论自感、互感和磁场的能量等问题，最后给出积分形式的麦克斯韦方程组，并建立起统一的电磁场理论.

# 11.1 电磁感应定律

## 11.1.1　电源　电动势

为了研究电磁感应所产生的感应电动势的规律，先介绍关于电动势的概念.

已知要在导体中维持恒定电流，必须在其两端维持恒定不变的电势差. 这一条件是怎样满足的？下面以带电电容器放电时产生的电流为例来讨论.

如图 11-1 所示，当用导线把充电的电容器两极板 A，B 连接起来时，就有电流从 A 板通过导线流向 B 板. 但这个电流不是稳定的，因为两个极板上的正负电荷逐渐中和并逐渐减少，所以极板间的电势差也逐渐减少并直至为零，电流也就停止了. 因此，单纯依靠静电力的作用，在导体两端不可能维持恒定的电势差，也就不可能获得稳恒电流.

为了获得稳恒电流，必须有一种本质上完全不同于静电性的力把图 11-1 中由极板 A 经导线流向极板 B 的正电荷在送回到极板 A，从而使两极板间保持恒定的电势差来维持由 A 到 B 的恒定电流. 如图 11-2 所示，能够把正电荷从电势较低的点（如电源负极板）送到电势较高的点（如电源正极板）的作用力称为**非静电力**，记作 $\boldsymbol{F}_k$，提供非静电力的装置称为**电源**.

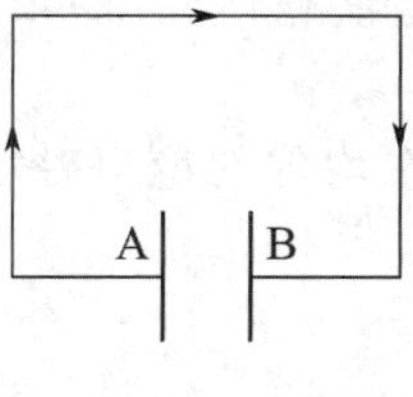


图 11-1　电容放电

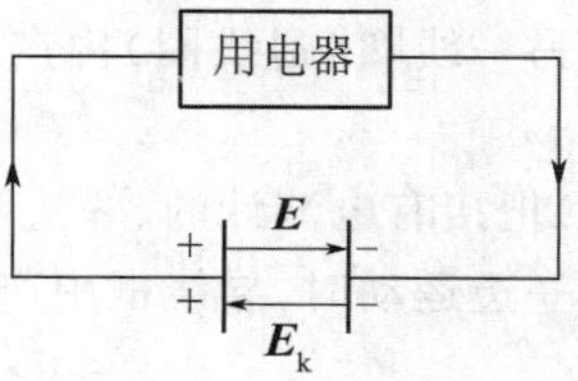


图 11-2　电源

作用在单位正电荷上的非静电力称为**非静电场**，其电场强度记作 $\boldsymbol{E}_k$，则

$$\boldsymbol{E}_k=\frac{\boldsymbol{F}_k}{q}. \tag{11-1}$$

一个电源的电动势 $\mathscr{E}$ 定义为当单位正电荷从负极通过电源内部移到正极时，电源中的非静电力所做的功，即

$$\mathscr{E}=\int_-^+\boldsymbol{E}_k\cdot \mathrm{d}\boldsymbol{l}. \tag{11-2}$$

电动势与电势一样，也是标量，规定自负极经电源内部到正极的方向为电动势的正方向.

由于电源外部 $\boldsymbol{E}_k$ 为零，所以电源电动势又可以定义为当单位正电荷绕闭合回路 $L$ 一周时，电源中非静电力所做的功，即

$$\mathscr{E}=\oint_L \boldsymbol{E}_k \cdot d\boldsymbol{l}. \tag{11-3}$$

此定义对非静电力作用在整个回路上的情况(如电磁感应)也适用,这时电动势 $\mathscr{E}$ 的方向与回路中电流的方向一致.

### 11.1.2 电磁感应现象

在丹麦物理学家奥斯特发现电流的磁效应后,人们就提出磁能否产生电的问题.英国物理学家法拉第经过多年反复实验和研究发现:不论用什么方法,只要穿过闭合导体回路的磁通量发生变化,此回路中就会有电流产生,这一现象称为**电磁感应现象**,回路中产生的电流称为**感应电流**,而驱动感应电流的电动势则称为**感应电动势**.

基本的电磁感应现象可以归纳如下.

(1)当磁棒移近并插入线圈时,与线圈串联的电流计上有电流通过;当磁棒拔出时,电流计上的电流流向方向相反,磁棒相对于线圈拔出的速度越快,线圈中产生的电流越大,如图 11-3 所示.

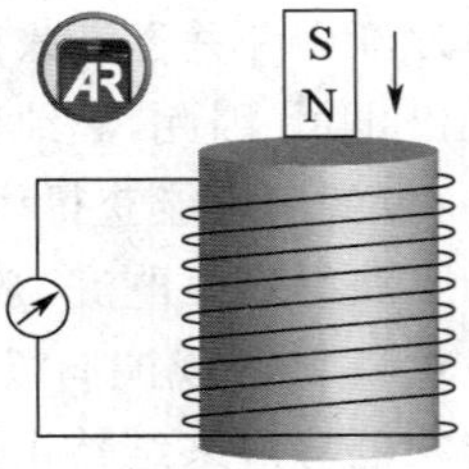

图 11-3 电磁感应现象实验图

(2)当用一个通有电流的线圈代替(1)中磁棒时,结果相同.

(3)如果两个靠近的线圈相互位置固定,当与电源相连的原线圈中电流发生变化时(接通或断开开关,改变电阻大小),也会在另一线圈(副线圈)内产生电流.若线圈中有铁磁性介质棒,则效果更明显.

(4)把接有电流计的、一边可滑动的导线框放在均匀的稳恒磁场中,当可滑动的一边运动时,导线框中产生电流.

### 11.1.3 电磁感应定律

11.1.2 小节中事实的共同特点是:当穿过闭合回路的磁通量发生变化时,回路中将产生感应电动势.法拉第提出的电磁感应定律:不论任何原因使通过回路面积的磁通量发生变化时,回路中产生的感应电动势都与磁通量对时间的变化率成正比,即

$$\mathscr{E}=-K\frac{d\Phi_m}{dt}, \tag{11-4}$$

式中,$K$ 为比例系数,其值取决于式中各量所采用的单位.在 SI 中,$\mathscr{E}$ 的单位为 V,$\Phi$ 的单位为 Wb,则 $K=1$,所以

$$\mathscr{E}=-\frac{d\Phi_m}{dt}. \tag{11-5}$$

若线圈密绕 $N$ 匝,则

$$\mathscr{E}=-N\frac{\mathrm{d}\Phi_{\mathrm{m}}}{\mathrm{d}t}=-\frac{\mathrm{d}\Psi_{\mathrm{m}}}{\mathrm{d}t},$$

式中，$\Psi_{\mathrm{m}}=N\Phi_{\mathrm{m}}$，称为**磁通链**.

式(11-5)中的负号反映了感应电动势的方向，是后面要介绍的楞次定律的数学表示. 使用式(11-5)时，先在闭合回路上任意规定一个正绕向，并用右手螺旋定则确定回路所包围面积的法线 $\boldsymbol{n}$ 的方向. 于是磁通量 $\Phi_{\mathrm{m}}$ 的变化率 $\frac{\mathrm{d}\Phi_{\mathrm{m}}}{\mathrm{d}t}$ 和感应电动势 $\mathscr{E}$ 的正负均可确定. 例如，磁场方向与 $\boldsymbol{n}$ 方向相同，即磁通量为正值，此时若磁通量增加，则 $\frac{\mathrm{d}\Phi_{\mathrm{m}}}{\mathrm{d}t}>0$，$\mathscr{E}<0$，表示感应电动势 $\mathscr{E}$ 的方向与规定的正绕向相反；若此时磁通量减少，则 $\frac{\mathrm{d}\Phi_{\mathrm{m}}}{\mathrm{d}t}<0$，$\mathscr{E}>0$，表示感应电动势 $\mathscr{E}$ 的方向与规定的正绕向相同. 对磁通量的其他变化情况可作类似分析.

对于只有电阻 $R$ 的回路，感应电流

$$I=\frac{\mathscr{E}}{R}=-\frac{1}{R}\frac{\mathrm{d}\Phi_{\mathrm{m}}}{\mathrm{d}t},$$

则在时刻 $t_1$ 到 $t_2$ 的一段时间内，通过回路导线中任意一截面的感应电量为

$$q=\int_{t_1}^{t_2}I\,\mathrm{d}t=-\frac{1}{R}\int_{\Phi_1}^{\Phi_2}\mathrm{d}\Phi_{\mathrm{m}}=\frac{1}{R}(\Phi_{\mathrm{m1}}-\Phi_{\mathrm{m2}}),\tag{11-6}$$

式中，$\Phi_{\mathrm{m1}}$ 和 $\Phi_{\mathrm{m2}}$ 分别是时刻 $t_1$ 和 $t_2$ 通过回路的磁通量. 式(11-6)表明，在一段时间内通过导体任意截面的电量与这段时间内通过导线所包围面积的磁通量的变化量成正比，而与磁通量变化快慢无关. 常用的测量磁感应强度的磁通计(又称高斯计)就是根据这个原理制成的.

### 11.1.4　楞次定律

**楞次定律**可以表述为**闭合回路中感应电流的方向，总是使它所激发的磁场来阻止引起感应电流的磁通量的变化**，或者也可以表述为**感应电流的效果总是反抗引起感应电流的原因.**

楞次定律是能量守恒定律在电磁感应现象上的具体体现. 例如，当把磁棒 N 极插入线圈时，线圈中因有感应电流流过，也相当于一根磁棒. 由楞次定律知，线圈的 N 极应出现在上端，与磁棒的 N 极相对，这样，当插入磁棒时，外力必须克服两个 N 极的斥力做机械功，正是这机械功使机械能转化为感应电流的焦耳热.

楞次定律

在不要求具体确定感应电流方向，只要判断感应电流引起的机械效果时，采用楞次定律的第二种表述分析问题更为方便.

**例 11-1** 设有矩形回路放在均匀磁场中，如图 11-4 所示，$AB$ 边可以左右滑动，设其匀速向右运动，求回路中感应电动势.

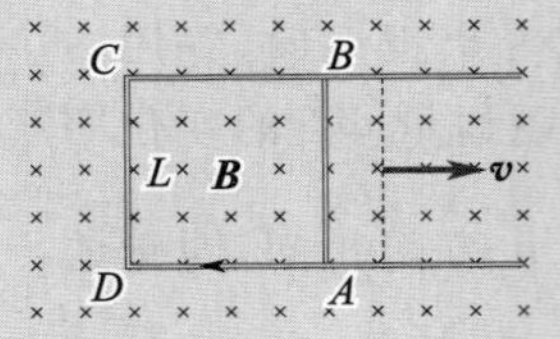

图 11-4 例 11-1 图

**解** 取回路顺时针绕行方向为正，$AB=L$，$AD=x$，则通过线圈的磁通量为

$$\Phi=\boldsymbol{B}\cdot\boldsymbol{S}=BS\cos 0^\circ=BS=BLx.$$

由法拉第电磁感应定律有

$$\mathscr{E}=-\frac{\mathrm{d}\Phi_{\mathrm{m}}}{\mathrm{d}t}=-Bl\frac{\mathrm{d}x}{\mathrm{d}t}=-Blv\quad\left(v=\frac{\mathrm{d}x}{\mathrm{d}t}>0\right),$$

式中负号说明：$\mathscr{E}$ 与回路绕行方向相反，即逆时针方向. 由楞次定律也能得知，$\mathscr{E}$ 沿逆时针方向.

**例 11-2** 一长直导线中通有交变电流 $I=I_0\sin\omega t$，式中 $I$ 表示瞬时电流，$I_0$ 为电流振幅，$\omega$ 为角频率，$I_0$ 和 $\omega$ 是常量. 在导线旁平行放置一矩形线圈，线圈平面与导线在同一平面内，如图 11-5 所示. 已知线圈的长为 $l$，宽为 $b$，线圈近导线的一边与导线距离为 $a$. 求任一瞬时线圈中的感应电动势.

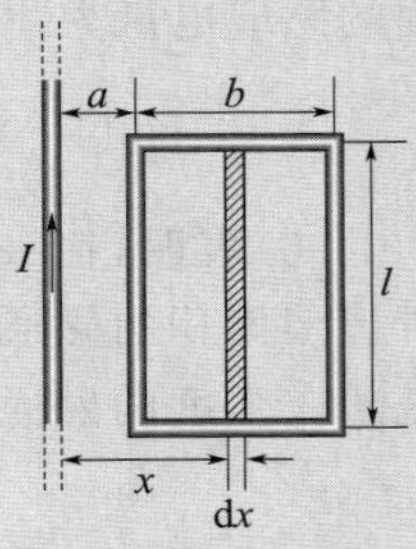

图 11-5 例 11-2 图

**解** 某一瞬间，距离导线 $x$ 处的磁感应强度大小为

$$B=\frac{\mu_0 I}{2\pi x}.$$

选顺时针方向为矩形线圈的绕行正方向，则通过图中阴影部分的磁通量为

$$\mathrm{d}\Phi_{\mathrm{m}}=B\mathrm{d}S\cos 0^\circ=\frac{\mu_0 I}{2\pi x}l\mathrm{d}x.$$

于是在该瞬时 $t$ 通过整个线圈的磁通量为

$$\Phi_{\mathrm{m}}=\int\mathrm{d}\Phi_{\mathrm{m}}=\int_a^{a+b}\frac{\mu_0 I}{2\pi x}l\mathrm{d}x=\frac{\mu_0 lI_0\sin\omega t}{2\pi}\ln\left(\frac{a+b}{a}\right).$$

由于电流随时间变化，通过线圈的磁通量也随时间变化，故线圈内的感应电动势为

$$\mathscr{E}=-\frac{\mathrm{d}\Phi_{\mathrm{m}}}{\mathrm{d}t}=-\frac{\mu_0 lI_0}{2\pi}\ln\left(\frac{a+b}{a}\right)\frac{\mathrm{d}}{\mathrm{d}t}(\sin\omega t)=-\frac{\mu_0 lI_0\omega}{2\pi}\ln\left(\frac{a+b}{a}\right)\cos\omega t.$$

感应电动势随时间按余弦规律变化，其方向也随余弦值的正负作顺逆时针转向的变化.

**例 11-3** 两个同心圆环，如图 11-6 所示，已知 $r_1\ll r_2$，大圆环中通有电流 $I$，当小圆环绕直径以 $\omega$ 转动时，求小圆环中的感应电动势.

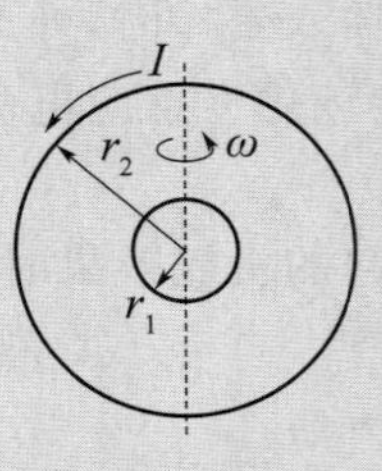

图 11-6 例 11-3 图

**解** 大圆环在圆心处产生的磁感应强度大小为

$$B=\frac{\mu_0 I}{2r_2},$$

则通过小圆环的磁通量

$$\Phi_{\mathrm{m}}=\boldsymbol{B}\cdot\boldsymbol{S}=\frac{\mu_0 I}{2r_2}\pi r_1^2\cos\theta=\frac{\mu_0 I}{2r_2}\pi r_1^2\cos\omega t,$$

于是有感应电动势

$$\mathscr{E}=-\frac{\mathrm{d}\Phi_{\mathrm{m}}}{\mathrm{d}t}=\frac{\mu_0 I\pi r_1^2\omega}{2r_2}\sin\omega t.$$

# 11.2 动生电动势和感生电动势

法拉第电磁感应定律说明，只要通过回路面积的磁通量发生变化，回路中就有感应电动势产生. 而磁通量的变化不外乎有两种原因：一种是回路或其一部分在磁场中有相对磁场的运动，这样产生的感应电动势称为**动生电动势**；另一种是回路不动，而磁场发生变化，这样产生的感应电动势称为**感生电动势**. 下面主要讨论两类感应电动势产生的机制，并由电磁感应定律导出相应电动势的表达式.

## 11.2.1 动生电动势

动生电动势产生的原因可以用洛伦兹力来解释. 如图 11-7 所示，长为 $l$ 的导体棒与导轨所构成的矩形回路 $abcda$ 平放在纸面内，磁感应强度为 $\boldsymbol{B}$ 的均匀磁场垂直于纸面向里. 当导体棒以速度 $\boldsymbol{v}$ 沿导轨向右滑动时，导体棒内的自由电子也以速度 $\boldsymbol{v}$ 随之向右运动. 电子受到的洛伦兹力为

$$\boldsymbol{f}=(-e)\boldsymbol{v}\times\boldsymbol{B}.$$

$\boldsymbol{f}$ 的方向从 $b$ 到 $a$. 在洛伦兹力作用下，自由电子有向下的定向漂移运动. 如果导轨是导体，则在回路中将产生沿 $abcda$ 方向的电流；如果导轨是绝缘体，则洛伦兹力将使电子在 $a$ 端积累，使 $a$ 端带负电而 $b$ 端带正电，在导体棒上产生自上而下的静电场. 静电场对电子的作用力从 $a$ 指向 $b$，与电子所受洛伦兹力方向相反. 当静电力与洛伦兹力达到平衡时，$ab$ 间的电势差达到稳定值，$b$ 端电势比 $a$ 端电势高. 由此可见，这段运动导体棒相当于一个电源，它的非静电力就是洛伦兹力.

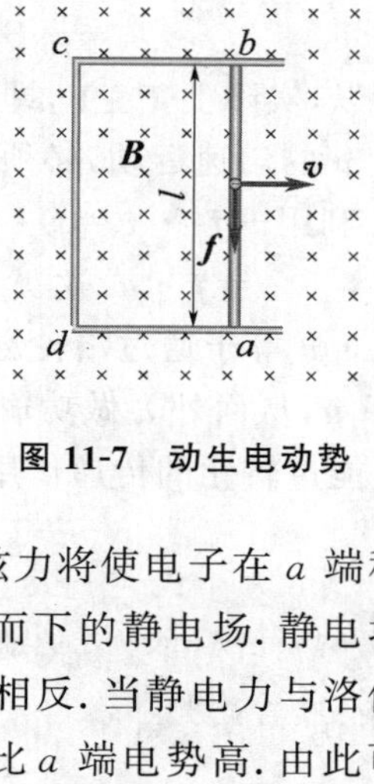

图 11-7　动生电动势

已经知道，电动势定义为把单位正电荷从负极通过电源内部移到正极的过程中非静电力做的功. 在动生电动势的情形中，作用在单位正电荷上的非静电力是洛伦兹力，由此可得此非静电场的电场强度为

$$\boldsymbol{E}_{\mathrm{k}}=\frac{\boldsymbol{f}}{-e}=\boldsymbol{v}\times\boldsymbol{B},$$

所以，动生电动势为

$$\mathscr{E}_{ab}=\int_{-}^{+}\boldsymbol{E}_{\mathrm{k}}\cdot\mathrm{d}\boldsymbol{l}=\int_{a}^{b}(\boldsymbol{v}\times\boldsymbol{B})\cdot\mathrm{d}\boldsymbol{l}.$$

一般而言，在任意的稳恒磁场中，一个任意形状的导线 $L$（闭合的或不闭合的）在运动或发生形变时，各个线元 $\mathrm{d}\boldsymbol{l}$ 的速度 $\boldsymbol{v}$ 的大小和方向都可能不同. 这时，在整个导线 $L$ 中所产生的动生电动势为

$$\mathscr{E}=\int_L (\boldsymbol{v}\times\boldsymbol{B})\cdot \mathrm{d}\boldsymbol{l}. \tag{11-7}$$

式(11-7)提供了计算动生电动势的方法.

由于洛伦兹力总是垂直于电荷的运动速度,即$\boldsymbol{f}\perp\boldsymbol{v}$,因此洛伦兹力对电荷不做功. 然而,当导体棒与导轨构成的回路中有感应电流时,感应电动势是要做功的. 那么做功的能量从何而来? 为了说明这个问题,就必须考虑到,在运动导体中的自由电子不但具有导体本身的运动速度 $\boldsymbol{v}$,而且还有相对于导体的定向运动速度 $\boldsymbol{u}$,如图11-8 所示. 于是,自由电子所受的洛伦兹力为

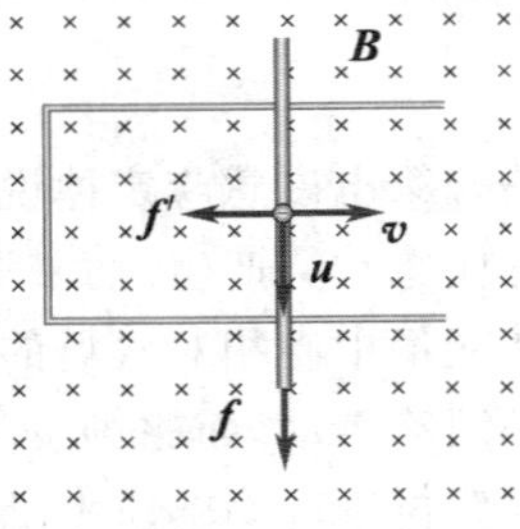

图 11-8 导体中自由电子的运动

$$\boldsymbol{F}=-e(\boldsymbol{u}+\boldsymbol{v})\times\boldsymbol{B}=-e\boldsymbol{u}\times\boldsymbol{B}-e\boldsymbol{v}\times\boldsymbol{B}=\boldsymbol{f}'+\boldsymbol{f}.$$

这个力 $\boldsymbol{F}$ 与合速度 $\boldsymbol{V}=\boldsymbol{u}+\boldsymbol{v}$ 的标积为功率,即

$$P=\boldsymbol{F}\cdot\boldsymbol{V}=(\boldsymbol{f}'+\boldsymbol{f})\cdot(\boldsymbol{u}+\boldsymbol{v})=\boldsymbol{f}\cdot\boldsymbol{u}+\boldsymbol{f}'\cdot\boldsymbol{v}$$
$$=evBu-euBv=0.$$

所以,实际上 $\boldsymbol{F}\perp\boldsymbol{V}$,即总洛伦兹力对电子不做功. 然而,为使导体棒保持速度为 $\boldsymbol{v}$ 的匀速运动,必须施加外力 $\boldsymbol{f}_0$ 以克服洛伦兹力的一个分力 $\boldsymbol{f}'=-e\boldsymbol{u}\times\boldsymbol{B}$. 利用$-\boldsymbol{f}'\cdot\boldsymbol{v}=\boldsymbol{f}\cdot\boldsymbol{u}$ 的结果可以知道,外力克服 $\boldsymbol{f}'$做功的功率为 $\boldsymbol{f}_0\cdot\boldsymbol{v}=-\boldsymbol{f}'\cdot\boldsymbol{v}=\boldsymbol{f}\cdot\boldsymbol{u}$. 这就是说,外力克服洛伦兹力的一个分量 $\boldsymbol{f}'$所做功的功率 $\boldsymbol{f}_0\cdot\boldsymbol{v}$ 等于通过洛伦兹力的另一个分量 $\boldsymbol{f}$ 对电子的定向运动做正功的功率 $\boldsymbol{f}\cdot\boldsymbol{u}$,从而外力做功输入的机械能全部转化为感应电流的能量. 洛伦兹力起到了能量转化的传递作用,但前提是运动导体中必须有能自由移动的电荷.

**例 11-4** 如图 11-9 所示,长为 $l$ 的细导体棒在均匀磁场中,绕过 $A$ 处垂直于纸面的轴以角速度 $\omega$ 匀速转动. 求棒上的感应电动势.

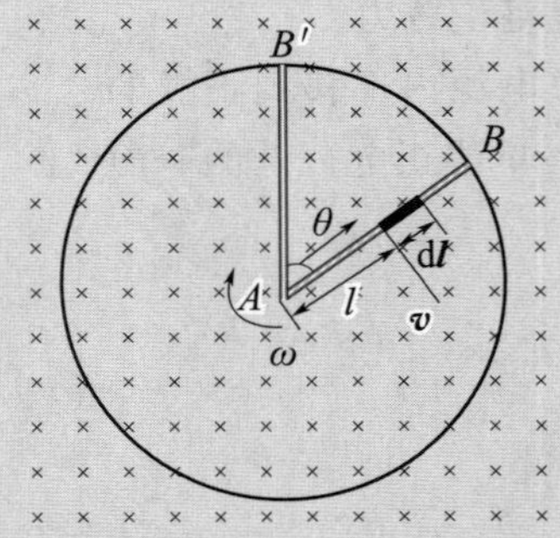

图 11-9 例 11-4 图

**解** 方法一:用 $\mathscr{E}=\int_A^B(\boldsymbol{v}\times\boldsymbol{B})\cdot\mathrm{d}\boldsymbol{l}$ 解($\mathrm{d}\boldsymbol{l}$ 沿 A→B 方向),$\mathrm{d}l$ 段产生的动生电动势为

$$\mathrm{d}\mathscr{E}=(\boldsymbol{v}\times\boldsymbol{B})\cdot\mathrm{d}\boldsymbol{l}.$$

已知 $\boldsymbol{v}\times\boldsymbol{B}$ 与 $\mathrm{d}\boldsymbol{l}$ 同向,则

$$\mathrm{d}\mathscr{E}=vB\,\mathrm{d}l=\omega Bl\,\mathrm{d}l.$$

感应电动势为

$$\mathscr{E}=\int \mathrm{d}\mathscr{E}=\int_A^B(\boldsymbol{v}\times\boldsymbol{B})\cdot\mathrm{d}\boldsymbol{l}$$
$$=\int_0^l \omega Bl\,\mathrm{d}l=\frac{1}{2}\omega Bl^2.$$

因为 $\mathscr{E}>0$,所以 $\mathscr{E}$ 沿 A→B 方向,即 $B$ 点比 $A$ 点电势高($\mathscr{E}$ 的方向为沿 $\boldsymbol{v}\times\boldsymbol{B}$ 在 $\mathrm{d}\boldsymbol{l}$ 上分量的方向).

方法二：用 $\mathscr{E}=-\dfrac{d\Phi}{dt}$ 解. 设 $t=0$ 时，棒位于 $AB'$ 位置，$t$ 时刻转到实线位置，取 $A\to B'\to B\to A$ 为绕行方向（$AB'BA$ 视为回路），则通过此回路所围面积的磁通量为

$$\Phi = B\cdot S = BS\cos 0^\circ = B\,\frac{1}{2}\omega t l^2,$$

$$\mathscr{E} = -\frac{d\Phi}{dt} = -\frac{1}{2}\omega B l^2.$$

因为 $\mathscr{E}<0$，所以 $\mathscr{E}$ 沿 $A\to B\to B'\to A$ 方向.

又因为回路中只有棒产生电动势，所以棒上感应电动势值为 $\mathscr{E}=B\,\dfrac{1}{2}\omega l^2$，$\mathscr{E}$ 沿 $A\to B$ 方向.

**例 11-5**　如图 11-10 所示，一无限长载流导线，电流为 $I$，导体细棒（两端分别为 $C$，$D$）与导线共面，并互相垂直，棒长为 $l$，$C$ 距导线 $a$，棒以速度 $\boldsymbol{v}$ 沿 $A\to B$ 方向匀速运动，求棒中的感应电动势.

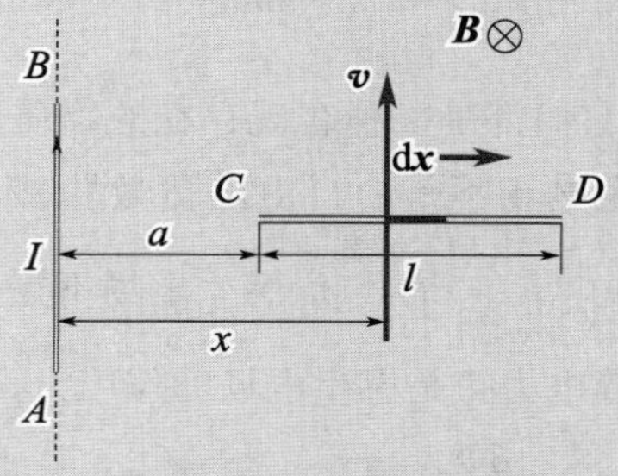


**图 11-10　例 11-5 图**

**解**　$dx$ 段产生的动生电动势为

$$d\mathscr{E} = (\boldsymbol{v}\times\boldsymbol{B})\cdot d\boldsymbol{x},$$

因为 $\boldsymbol{B}$ 垂直指向纸面，所以 $\boldsymbol{v}\times\boldsymbol{B}$ 沿 $D\to C$ 方向，即与 $d\boldsymbol{x}$ 反向，$\boldsymbol{v}\times\boldsymbol{B}$ 大小为 $vB$. 于是

$$\begin{aligned} d\mathscr{E} &= (\boldsymbol{v}\times\boldsymbol{B})\cdot d\boldsymbol{x} \\ &= vB\,dx\cos\pi \\ &= -vB\,dx = -v\frac{\mu_0 I}{2\pi x}dx. \end{aligned}$$

棒产生的感应电动势 $\mathscr{E}$ 为

$$\begin{aligned} \mathscr{E} &= \int d\mathscr{E} \\ &= -\int_a^{a+l} v\frac{\mu_0 I}{2\pi x}dx \\ &= -\frac{\mu_0 I v}{2\pi}\ln\frac{a+l}{a}. \end{aligned}$$

因为 $\mathscr{E}<0$，所以 $\mathscr{E}$ 沿 $D\to C$ 方向，即 $C$ 点比 $D$ 点电势高（$\mathscr{E}$ 沿 $\boldsymbol{v}\times\boldsymbol{B}$ 在 $dx$ 上投影分量的方向）.

**例 11-6**　如图 11-11 所示，长为 $L$ 的导体棒（两端分别为 $O$，$P$）处于均匀磁场中，并绕 $OO'$ 轴以角速度 $\omega$ 旋转，棒与转轴间夹角恒为 $\theta$，磁感应强度 $\boldsymbol{B}$ 与转轴平行. 求棒在图示位置处的电动势.

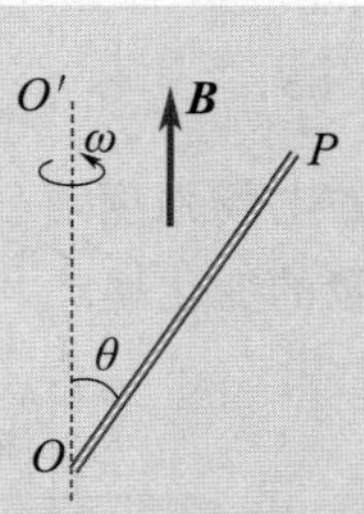


**图 11-11　例 11-6 图**

**解**　由 $\mathscr{E}=\displaystyle\int_A^B(\boldsymbol{v}\times\boldsymbol{B})\cdot d\boldsymbol{l}$，得

$$\begin{aligned} \mathscr{E} &= \int_O^P(\boldsymbol{v}\times\boldsymbol{B})\cdot d\boldsymbol{l} \\ &= \int_0^L \omega r\sin\theta B\sin 90^\circ dr\cos\left(\frac{\pi}{2}-\theta\right) \\ &= \frac{1}{2}\omega B(L\sin\theta)^2. \end{aligned}$$

$\mathscr{E}$ 的方向为 $O\to P$.

### 11.2.2 感生电动势

感生电场和
静电场的区别

导体在磁场中运动时，其内的自由电子也跟随运动，因此受到磁场力的作用. 洛伦兹力是动生电动势产生的根源，即产生动生电动势的非静电力. 对于磁场随时间变化而线圈不动的情况，导体中电子不受洛伦兹力作用，但感生电动势和感应电流的出现都是事实. 那么感生电动势对应的非静电力是什么？麦克斯韦分析了这种情况以后提出：变化的磁场在它周围空间产生电场，这种电场与导体无关，即使无导体存在，只要磁场变化，就有这种场存在，该场称为**感生电场**或**涡旋电场**，其电场强度用 $\boldsymbol{E}_{\mathrm{i}}$ 表示. 涡旋电场对电荷的作用力是产生感生电动势的非静电力.

感生电场与静电场的共同之处在于，它们都是一种客观存在的物质，对其内部的电荷都有作用力；不同之处在于，感生电场不是由自由电荷激发，而是由变化的磁场激发的. 它的电场线是闭合的，即 $\oint_L \boldsymbol{E}_{\mathrm{i}} \cdot \mathrm{d}\boldsymbol{l} \neq 0$. 感生电场不是保守场，而在闭合回路 $L$ 中产生感生电动势的非静电力正是感生电场的作用力，即

$$\mathscr{E}=\oint_L \boldsymbol{E}_{\mathrm{i}} \cdot \mathrm{d}\boldsymbol{l}=-\frac{\mathrm{d}\Phi_{\mathrm{m}}}{\mathrm{d}t}.$$

因为对应 $L$ 围成的面积 $S$，磁通量

$$\Phi_{\mathrm{m}}=\iint_S \boldsymbol{B} \cdot \mathrm{d}\boldsymbol{S},$$

所以感生电动势可表示为

$$\mathscr{E}=\oint_L \boldsymbol{E}_{\mathrm{i}} \cdot \mathrm{d}\boldsymbol{l}=-\frac{\mathrm{d}}{\mathrm{d}t}\iint_S \boldsymbol{B} \cdot \mathrm{d}\boldsymbol{S}.$$

当闭合回路 $L$ 不动时，可以把对时间的微商和对曲面 $S$ 的积分两个运算的顺序交换，得

$$\oint_L \boldsymbol{E}_{\mathrm{i}} \cdot \mathrm{d}\boldsymbol{l}=-\iint_S \frac{\partial \boldsymbol{B}}{\partial t} \cdot \mathrm{d}\boldsymbol{S}. \tag{11-8}$$

式(11-8)说明，在变化的磁场中，感生电场的电场强度对任意闭合回路 $L$ 的线积分等于这一闭合回路所包围面积上磁通量的变化率.

使闭合回路 $L$ 的积分绕行正方向与其所包围面积的法线正方向满足右手螺旋定则，由式(11-8)可知，$\boldsymbol{E}_{\mathrm{i}}$ 的方向与 $\partial \boldsymbol{B}/\partial t$ 的方向之间满足左手螺旋定则，由图 11-12 可以说明这个关系. 假设图 11-12 中 $\boldsymbol{B}$ 在增大，于是 $\partial \boldsymbol{B}/\partial t$ 的方向与 $\boldsymbol{B}$ 相同. 若取逆时针方向为闭合回路 $L$ 的积分绕行正方向，则 $\partial \boldsymbol{B}/\partial t$ 的方向与闭合回路

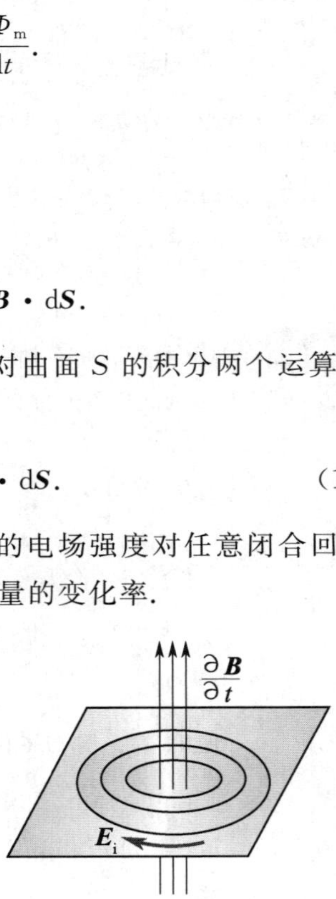

图 11-12 感生电场 $\boldsymbol{E}_{\mathrm{i}}$ 的方向判定

$L$ 包围面积的法线正方向一致. 由式(11-8)得到$\oint_L \boldsymbol{E}_i \cdot \mathrm{d}\boldsymbol{l} < 0$，表明$\boldsymbol{E}_i$ 的方向与积分绕行方向相反，为顺时针方向. 由此可见，$\boldsymbol{E}_i$ 与 $\partial \boldsymbol{B}/\partial t$ 两者的方向满足左手螺旋定则.

**例 11-7**　如图 11-13 所示，磁感应强度为 $\boldsymbol{B}$ 的均匀磁场被局限在半径为 $R$ 的圆筒内，$\boldsymbol{B}$ 与筒轴平行，且$\dfrac{\mathrm{d}B}{\mathrm{d}t}>0$，求筒内、外的感生电场的电场强度 $\boldsymbol{E}_i$，$\boldsymbol{E}_i'$.

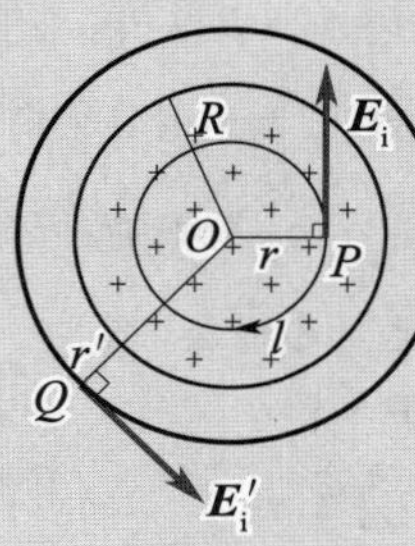


**图 11-13　例 11-7 图**

**解**　根据磁场分布的对称性可知，变化磁场产生的感生电场，其闭合的电场线是一系列同心圆周，圆心在圆筒的轴线处.

①筒内 $P$ 点的 $\boldsymbol{E}_i$.

取过 $P$ 点电场线为闭合回路 $l$，绕行方向取为逆时针，可知

$$\oint_l \boldsymbol{E}_i \cdot \mathrm{d}\boldsymbol{l} = -\frac{\mathrm{d}\Phi_m}{\mathrm{d}t},$$

$$\oint_l \boldsymbol{E}_i \cdot \mathrm{d}\boldsymbol{l} = \oint_l E_i \mathrm{d}l = E_i \oint_l \mathrm{d}l = E_i 2\pi r,$$

$$\frac{\mathrm{d}\Phi_m}{\mathrm{d}t} = \frac{\mathrm{d}}{\mathrm{d}t}(\boldsymbol{B}\cdot\boldsymbol{S}) = \frac{\mathrm{d}}{\mathrm{d}t}(BS\cos 0°) = \pi r^2 \frac{\mathrm{d}B}{\mathrm{d}t},$$

则
$$E_i 2\pi r = -\pi r^2 \frac{\mathrm{d}B}{\mathrm{d}t},$$

即
$$E_i = -\frac{1}{2} r \frac{\mathrm{d}B}{\mathrm{d}t}.$$

因为$\dfrac{\mathrm{d}B}{\mathrm{d}t}>0$，所以 $E_i<0$.

$\boldsymbol{E}_i$ 方向如图 11-13 所示，即电场线与 $l$ 绕向相反(实际上，用楞次定律可直接判定电场线的绕行方向).

②筒外 $Q$ 点的 $\boldsymbol{E}_i'$.

取过 $Q$ 点的电场线 $l'$ 为回路，绕行方向为顺时针，则

$$\oint_{l'} \boldsymbol{E}_i' \cdot \mathrm{d}\boldsymbol{l}' = \oint_{l'} E_i' \mathrm{d}l' = E_i' \oint_{l'} \mathrm{d}l' = E_i' 2\pi r',$$

及
$$\frac{\mathrm{d}\Phi_m}{\mathrm{d}t} = \frac{\mathrm{d}}{\mathrm{d}t}(\boldsymbol{B}\cdot\boldsymbol{S}) = \frac{\mathrm{d}}{\mathrm{d}t}(BS\cos 0°) = \pi R^2 \frac{\mathrm{d}B}{\mathrm{d}t},$$

$$E_i' 2\pi r' = -\pi R^2 \frac{\mathrm{d}B}{\mathrm{d}t},$$

即
$$E_i' = -\frac{R^2}{2r'}\frac{\mathrm{d}B}{\mathrm{d}t}.$$

因为$\dfrac{\mathrm{d}B}{\mathrm{d}t}>0$，所以 $E_i'<0$，$\boldsymbol{E}_i'$ 方向如图 11-13 所示.

**例 11-8**　如图 11-14 所示，磁感应强度为 $\boldsymbol{B}$ 的均匀磁场被限制在半径为 $R$ 的圆筒内，$\boldsymbol{B}$ 与筒轴平行，$\dfrac{\mathrm{d}B}{\mathrm{d}t}>0$. 回路 $L$ 为 $abcda$，其中 $ad$，$bc$ 均在半径方向上，$ab$，$dc$ 均为圆弧，半径分别为 $r$，$r'$. $\theta$ 已知，求该回路的感生电动势.

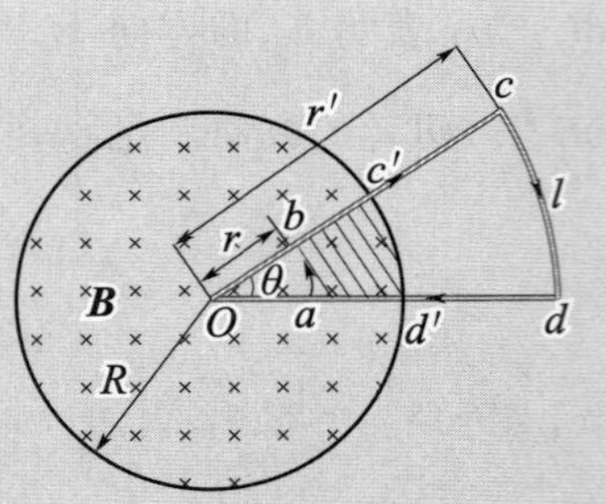


图 11-14 例 11-8 图

**解** 根据磁场分布的对称性可知,变化磁场产生的涡旋电场的电场线是一系列同心圆,圆心为 $O$.

方法一:用 $\mathscr{E}=\oint_l \boldsymbol{E}_i\cdot d\boldsymbol{l}$ 解.取 $abcda$ 为绕行方向,则

$$\mathscr{E}=\oint_l \boldsymbol{E}_i\cdot d\boldsymbol{l}$$
$$=\int_{ab}\boldsymbol{E}_i\cdot d\boldsymbol{l}+\int_{bc}\boldsymbol{E}_i\cdot d\boldsymbol{l}+\int_{cd}\boldsymbol{E}_i\cdot d\boldsymbol{l}+\int_{da}\boldsymbol{E}_i\cdot d\boldsymbol{l}.$$

因为在 $bc$,$da$ 上,$d\boldsymbol{l}$ 垂直于 $\boldsymbol{E}_i$,所以 $\boldsymbol{E}_i\cdot d\boldsymbol{l}=0$,于是

$$\begin{aligned}\mathscr{E}&=\int_{ab}\boldsymbol{E}_i\cdot d\boldsymbol{l}+\int_{cd}\boldsymbol{E}_i\cdot d\boldsymbol{l}\\&=\int_{ab}E_i dl\cos 0^\circ+\int_{cd}E_i dl\cos\pi\\&=\int_0^r\frac{1}{2}r\frac{dB}{dt}dl-\int_0^R\frac{R^2}{2r'}\frac{dB}{dt}\cdot dl\\&=\frac{1}{2}r\frac{dB}{dt}\int_0^r dl-\frac{R^2}{2r'}\frac{dB}{dt}\int_0^{r'}dl\\&=\frac{1}{2}r\frac{dB}{dt}\cdot\theta r-\frac{R^2}{2r'}\frac{dB}{dt}\cdot\theta r'\\&=\frac{1}{2}\theta(r^2-R^2)\frac{dB}{dt}.\end{aligned}$$

因为 $\mathscr{E}<0$,所以 $\mathscr{E}$ 为逆时针方向.

方法二:用 $\mathscr{E}=-\dfrac{d\Phi_m}{dt}$ 解.通过回路 $l$ 的磁通量等于通过阴影面积的磁通量,即

$$\begin{aligned}\Phi_m&=\boldsymbol{B}\cdot\boldsymbol{S}=BS\\&=B\left(\frac{1}{2}\theta R^2-\frac{1}{2}\theta r^2\right),\end{aligned}$$

$$\mathscr{E}=-\frac{d\Phi_m}{dt}=\frac{1}{2}\theta(r^2-R^2)\frac{dB}{dt}.$$

因为 $\mathscr{E}<0$,所以 $\mathscr{E}$ 为逆时针方向.

建立感生电场需要由变化的磁场提供能量,而感生电场又为电能的利用开辟了新的途径.电子感应加速器是感生电场的一个实用例子,接下来较详细地分析电子感应加速器的工作原理.

电子感应加速器,简称感应加速器,是回旋加速器的一种,是由美国物理学家克斯特在 1940 年研制成功的,是利用变化磁场激发的感生电场来加速电子的.

图 11-15 是电子感应加速器基本结构的原理图.在电磁铁的两磁极间放一个环形真空室.电磁铁是由频率为几十赫兹的交变电流来激磁的,且磁极间的磁场呈对称分布.当两磁极间的磁场发生变化时,两极间任意闭合回路的磁通量亦将随时间发生变化,从而在回路上激起感生电场.此时若用电子枪将电子沿回路的切线方向射入环形的真空室,电子就将在感生电场作用下被加速.与此同时电子还要受到磁场对它的洛伦兹力作用,从而将沿着真空室内的圆形轨道运动.

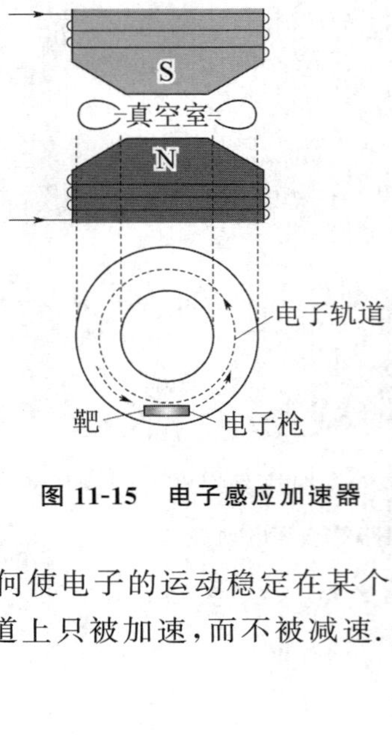


图 11-15 电子感应加速器

为使电子在电子感应加速器中不断地被加速,这里必须考虑两个问题:第一个问题是如何使电子的运动稳定在某个圆形轨道上;第二个问题是如何使电子在圆形轨道上只被加速,而不被减速.先

来讨论第一个问题.

在图 11-15 中的电子以速率 $v$ 在半径为 $R$ 的圆形轨道上运动，圆形轨道所在处的磁感应强度为 $\boldsymbol{B}_R$. 由洛伦兹力和牛顿第二定律，有

$$evB_R = m\frac{v^2}{R}, \tag{11-9}$$

得

$$R = \frac{mv}{eB_R}. \tag{11-10}$$

从式(11-10)可以看出，要使电子沿给定半径 $R$ 做圆周运动，必须使磁感应强度大小 $B_R$ 随电子的动量($mv$)成比例地增加才行. 如果 $p$ 表示电子的动量，则

$$p = ReB_R. \tag{11-11}$$

把式(11-11)两边对时间 $t$ 求导数，由于 $R$ 和 $e$ 为常量，可得

$$\frac{\mathrm{d}p}{\mathrm{d}t} = Re\frac{\mathrm{d}B_R}{\mathrm{d}t}. \tag{11-12}$$

而根据牛顿第二定律，电子的 $\mathrm{d}p/\mathrm{d}t$ 只能来自感生电场对它的作用力，即如果只考虑数值上的关系，有

$$\frac{\mathrm{d}p}{\mathrm{d}t} = F = eE_{\mathrm{i}}, \tag{11-13}$$

式中，$E_{\mathrm{i}}$ 为感生电场的电场强度大小，$\boldsymbol{E}_{\mathrm{i}}$ 的方向与圆形轨道处处相切. 根据感生电动势 $\mathscr{E} = \oint_l \boldsymbol{E}_{\mathrm{i}} \cdot \mathrm{d}\boldsymbol{l} = -\frac{\mathrm{d}\Phi}{\mathrm{d}t}$，如果只考虑数值关系，有

$$2\pi RE_{\mathrm{i}} = \frac{\mathrm{d}\Phi}{\mathrm{d}t},$$

得

$$E_{\mathrm{i}} = \frac{1}{2\pi R}\frac{\mathrm{d}\Phi}{\mathrm{d}t},$$

式中，$\frac{\mathrm{d}\Phi}{\mathrm{d}t}$ 为穿过电子圆轨道所包围面积的磁通量随时间的变化率. 设此面积内磁感应强度的平均值为 $\overline{B}$，则

$$\Phi = \pi R^2\overline{B}. \tag{11-14}$$

由此可得

$$E_{\mathrm{i}} = \frac{\pi R^2}{2\pi R}\frac{\mathrm{d}\overline{B}}{\mathrm{d}t} = \frac{R}{2}\frac{\mathrm{d}\overline{B}}{\mathrm{d}t}, \tag{11-15}$$

于是

$$\frac{\mathrm{d}p}{\mathrm{d}t} = eE_{\mathrm{i}} = \frac{eR}{2}\frac{\mathrm{d}\overline{B}}{\mathrm{d}t}, \tag{11-16}$$

进而有

$$\frac{\mathrm{d}B_R}{\mathrm{d}t} = \frac{1}{2}\frac{\mathrm{d}\overline{B}}{\mathrm{d}t}. \tag{11-17}$$

式(11-17)表明，要使电子能够在稳定的轨道上被加速，则真空室内电子

轨道所在处的磁感应强度随时间的增长率，应该是电子轨道所包围的面积内磁场的平均磁感应强度随时间增长率的1/2. 克斯特正是解决了这个“1/2”的问题，使电子能够在稳定轨道上加速，才研制出可用加速器的.

再来讨论第二个问题. 由于电磁铁的激磁电流是随时间正弦变化的，所以磁感应强度也是时间的正弦函数，如图11-16所示. 仔细分析在一个周期内磁感应强度的变化，可以看出，若在第一个1/4周期中，感生电场对电子做顺时针方向的加速，那么从第二个1/4周期开始，感生电场则对电子做逆时针方向的加速，直至第二个1/4周期结束. 所以，较妥当的选择是在第一个1/4周期内完成对电子的加速过程. 这也就是说，为使电子加速获得最好的效果，应在 $t=0$ 时将电子注入，在 $t=T/4$ 前，将被加速的电子引出轨道射在靶子上.

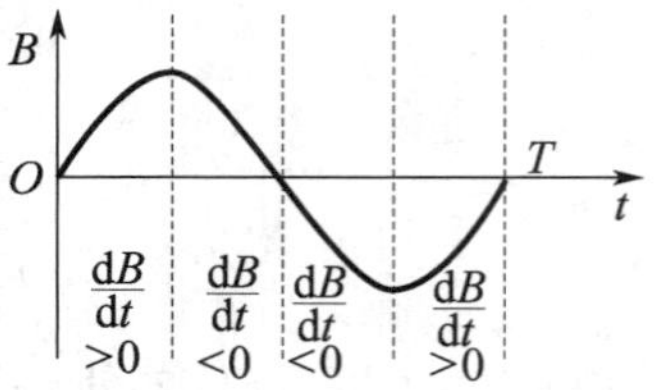


图 11-16　磁感应强度随时间变化的关系图

这里可能产生这样一个问题：交变电流的频率只有几十赫兹，1/4周期约为 $10^{-3}$ s，在这样短的时间里，能使电子加速到很大的速率吗？表面上看来，1/4周期的时间是很短暂的，但是可设法使电子在注入时有一定的初速率，使得在1/4周期内，电子在圆形轨道上可转过上百万圈. 而每转一圈，电子被感生电场加速一次，因此电子在1/4周期里可以获得很高的速率和能量.

最后应当指出，用电子感应加速器来加速电子，要受到电子因加速运动而辐射能量的限制. 因此，用电子感应加速器还不能把电子加速到拥有极高的能量. 一般小型电子感应加速器可以将电子加速到几十万电子伏特，大型的可以达数千万电子伏特. 现在利用电子感应加速器已可使电子的速度达到 $0.999\,987c$. 利用高能电子束打击在靶子上，便得到能量较高的X射线，可用于研究某些核反应和制备一些放射性同位素，小型电子感应加速器所产生的X射线可用于工业探伤和医治癌症等.

### 11.2.3　涡电流

安检门的原理是什么？

在一些电器设备中，常常遇到大块的金属导体在磁场中运动或者处在变化的磁场中. 此时，金属内部也会有感应电流，这种在金属导体内部自成闭合回路的电流称为**涡电流**. 由于在大块金属中电流流经的截面很大，电阻很小，所以涡电流可能达到很大的数值.

利用涡电流的热效应可以使金属导体加热，如高频感应冶金炉就是把难熔或贵重的金属放在陶瓷坩埚里，坩埚外面套上线圈，线圈中通以高频电流，利用高频电流激发的交变磁场在金属中产生的涡电流的热效应把金属熔化. 在真空技术方面，也广泛利用涡电流给待抽真空仪器内的金属部分加热，以清除附在其表面的气体.

当大块金属导体在磁场中运动时，导体上产生涡电流. 反过来，有涡电流的导体又受到磁场安培力的作用. 根据楞次定律,安培力阻碍金属导体在磁场中的运动,这就是电磁阻尼原理. 一般的电磁测量仪器中,都设计有电磁阻尼装置.

产生涡电流当然会消耗能量,然后生成焦耳热. 在发电机和变压器的铁芯中就有这种能量损失,称为涡流损耗. 为了减少这种损失,可以把铁芯做成层状,层与层之间用绝缘材料隔开,以减少涡电流. 一般变压器铁芯均做成叠片式就是这个道理. 另外,为减小涡电流,应增大铁芯电阻,所以用电阻率较大的硅钢做铁芯材料.

当一段柱状的均匀导体通过直流电流时,电流在导体的横截面上是均匀分布的. 然而,当交流电流通过柱状导体时,由于交变电流激发的交变磁场会在导体中产生涡电流,涡电流使得交变电流在导体的横截面上不再均匀分布,而是越靠近导体表面处电流密度越大. 这种交变电流集中于导体表面的效应叫趋肤效应,严格地解释趋肤效应必须求解电磁场方程组. 由于趋肤效应,在高频电路中可以用空心导线代替实心导线. 在工业应用方面,利用趋肤效应可以对金属进行表面淬火.

## 11.3 自感和互感

本节将对线圈中的感应现象作进一步的讨论.

### 11.3.1 自感电动势　自感

一导线回路或 $N$ 匝线圈的回路中通有电流 $I$. 如果回路中电流发生变化、回路大小发生变化或回路周围磁介质的情况发生变化,则由回路电流产生的、通过回路自身的磁通量或磁通链将发生变化. 根据法拉第电磁感应定律,当通过回路的磁通量发生变化时,回路中就会形成感应电动势. 在这种情况下,感应电动势的形成与回路自身的电流相关,这种电动势称为**自感电动势**,这种现象被称为**自感现象**.

自感

对于一个导线回路或 $N$ 匝线圈,回路中通有电流 $I$,根据毕奥-萨伐尔定律,由回路自身电流产生的通过回路的磁通链应该与电流 $I$ 成正比,即

$$\Psi_m = LI, \tag{11-18}$$

式中,$L$ 称为回路的自感系数,简称**自感**,它的大小取决于回路的大小、形状以及周围磁介质的分布情况.

根据法拉第电磁感应定律,回路中的自感电动势为

$$\mathscr{E}_L = -\frac{\mathrm{d}\Psi_m}{\mathrm{d}t} = -L\frac{\mathrm{d}I}{\mathrm{d}t} - I\frac{\mathrm{d}L}{\mathrm{d}t}, \tag{11-19}$$

式中,$-L\dfrac{\mathrm{d}I}{\mathrm{d}t}$表示回路中电流的变化引起通过回路磁通量的变化而对自感电动势的贡献;$-I\dfrac{\mathrm{d}L}{\mathrm{d}t}$表示回路的大小、形状以及周围磁介质的分布情况发生变化

而对自感电动势的贡献.

如果自感 $L$ 不变,则自感电动势为

$$\mathscr{E}_L = -L\frac{dI}{dt}, \tag{11-20}$$

式中的负号说明自感电动势的方向与回路中电流变化率的方向相反,即当回路电流减小时,$\mathscr{E}_L>0$,自感电动势的方向与回路中电流的方向相同,阻碍回路中电流的减小;当回路电流增加时,$\mathscr{E}_L<0$,自感电动势的方向与回路中电流的方向相反,阻碍回路中电流的增加.由此可见,如果回路中电流要变化,回路中激发的自感电动势 $\mathscr{E}_L$ 总是阻碍电流变化,自感系数越大,这种阻碍越强,回路中电流越不容易改变,回路的这一性质称为电磁惯性.电磁惯性的大小用回路自感 $L$ 来衡量,这类似于力学中物体的惯性,力学中物体惯性的大小用惯性质量 $m$ 来衡量,物体惯性质量越大,其速度越不容易改变.在 SI 中,自感系数的单位是亨利,用符号 H 表示,1 H=1 Wb.由于亨利的单位比较大,实用上常用微亨(μH)或毫亨(mH)作为自感的单位.

关于自感的计算,一般有两种方法:其一,从定义出发,设回路中通有电流 $I$,计算磁感应强度及磁通链,由公式 $L=\frac{\Psi_m}{I}$ 计算自感系数;其二,让回路电流有一个变化,设法得到回路中的自感电动势,由公式 $L=-\mathscr{E}_L/(dI/dt)$ 计算自感系数.在实验中这种方法可以很方便地测量复杂系统的自感.

**例 11-9** 一空心单层密绕长直螺线管,总匝数为 $N$,长为 $l$,半径为 $R$,且 $l\gg R$.求螺线管的自感 $L$.

**解** 用公式 $\Psi_m=LI$ 计算 $L$ 值时,应先假设回路通有电流 $I$,然后求出穿过回路的总磁通链 $\Psi_m$,代入 $\Psi_m=LI$,即可求得 $L$ 的值.

设螺线管中通有电流 $I$,由于 $l\gg R$,对于长直螺线管,管内各处的磁场可近似地看作是均匀的,且磁感应强度的大小为

$$B=\mu_0 nI=\mu_0\frac{N}{l}I.$$

总磁通链为

$$\Psi_m=NBS=\mu_0\frac{N^2I}{l}\pi R^2,$$

代入 $\Psi_m=LI$ 中,得

$$L=\frac{\Psi_m}{I}=\mu_0\frac{N^2}{l}\pi R^2=\mu_0 n^2V,$$

式中,$V=\pi R^2 l$ 是螺线管的体积.可见 $L$ 与 $I$ 无关,仅由 $n,V$ 决定.若采用较细的导线绕制螺线管,可增大单位长度的匝数 $n$,使自感 $L$ 变大.另外,若在螺线管中插入磁介质,可使 $L$ 值增大到原来的 $\mu_r$ 倍.但若插入铁磁质,由于铁磁质的磁导率 $\mu$ 与 $I$ 有关,则此时 $L$ 值与 $I$ 有关.

本题如果用式 $\mathscr{E}_L=-\frac{d\Psi_m}{dt}=-L\frac{dI}{dt}$ 计算 $L$,则在求得 $\Psi_m$ 后,应假设螺线管中通有随时间变化的电流,求出 $\mathscr{E}_L$ 后代入就可以求得 $L$,即

$$\mathscr{E}_L=-\frac{d\Psi_m}{dt}=-\frac{d}{dt}\left(\mu_0\frac{N^2}{l}\pi R^2 I\right)=-\mu_0\frac{N^2}{l}\pi R^2\frac{dI}{dt},$$

$$L=-\frac{\mathscr{E}_L}{(dI/dt)}=\mu_0\frac{N^2}{l}\pi R^2=\mu_0 n^2 V.$$

在实际中,一个密绕的多匝线圈常称为自感线圈,它是电子技术中的基本元件之一,多用在稳流、滤波及产生电磁振荡等电路中.日光灯上的镇流器,电工中用的扼流圈等都是一些具有一定 $L$ 值的电感元件.另外,大型电动机、发电机、电磁铁等,它们的绕线都具有很大的自感,在电闸接通和断开时,强大的自感电动势可能使电介质击穿,因此必须采取措施以保护人身和设备的安全.

**例 11-10**　同轴电缆由半径分别为 $R_1$ 和 $R_2$ 的两个无限长同轴柱面组成，如图 11-17 所示，求无限长同轴电缆单位长度上的自感.

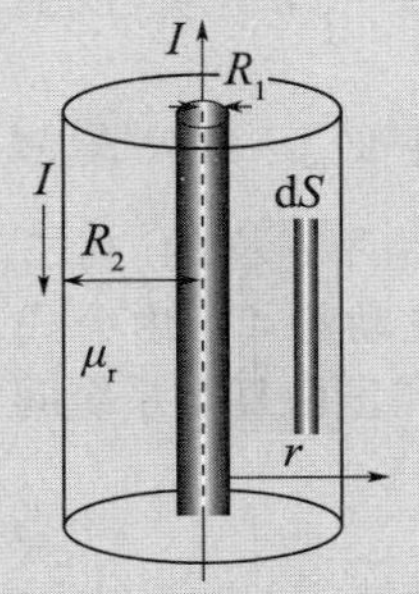


图 11-17　例 11-10 图

**解**　由安培环路定理可知

当 $R_1<r<R_2$ 时，$B=\frac{\mu_0\mu_r I}{2\pi r}$；

当 $r<R_1$ 或 $r>R_2$ 时，$B=0$.

$$\mathrm{d}\Phi_m = B\mathrm{d}S = \frac{\mu_0\mu_r I}{2\pi r}l\,\mathrm{d}r,$$

$$\Phi_m = \int_{R_1}^{R_2}\frac{\mu_0\mu_r I}{2\pi r}l\,\mathrm{d}r = \frac{\mu_0\mu_r Il}{2\pi r}\ln\frac{R_2}{R_1},$$

$$L = \frac{\Phi_m}{Il} = \frac{\mu_0\mu_r}{2\pi}\ln\frac{R_2}{R_1}.$$

### 11.3.2　互感电动势　互感

互感

如图 11-18 所示，设有两个邻近的载流线圈 1 和 2，其中电流强度分别为 $I_1$ 和 $I_2$. 回路 1 中的电流 $I_1$ 产生一个磁场，它的部分磁感线通过线圈 2，给线圈 2 一个磁通链 $\Psi_{m21}$. 当线圈 1 中的电流发生变化时或两个线圈的尺寸、距离及周围磁介质情况发生变化时，都将引起 $\Psi_{m21}$ 的变化. 根据法拉第电磁感应定律，回路 2 中就会出现感应电动势 $\mathscr{E}_{21}$. 同样，回路 2 中的电流 $I_2$ 也要产生磁场，其通过线圈 1 的磁通链为 $\Psi_{m12}$，当线圈 2 中的电流发生变化时或两个线圈的尺寸、距离及周围磁介质情况发生变化时，回路 1 中就会出现感应电动势 $\mathscr{E}_{12}$. 像这样两个载流线圈相互在对方线圈中激发感应电动势的现象称为**互感现象**，出现的电动势称为**互感电动势**.

根据毕奥-萨伐尔定律，显然，

$$\Psi_{m21} = M_{21}I_1, \tag{11-21}$$

$$\Psi_{m12} = M_{12}I_2. \tag{11-22}$$

理论和实验都证明 $M_{12}=M_{21}$，可统一用 $M$ 表示，称为两回路之间的**互感**. 它取决于两个线圈的尺寸、距离及周围磁介质情况，其单位与自感的单位相同.

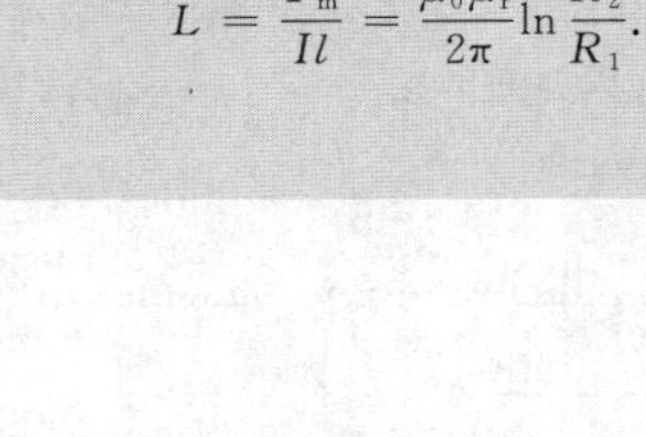


图 11-18　两个载流线圈的互感

根据法拉第电磁感应定律有

$$\mathscr{E}_{21} = -\frac{\mathrm{d}\Psi_{m21}}{\mathrm{d}t} = -M\frac{\mathrm{d}I_1}{\mathrm{d}t} - I_1\frac{\mathrm{d}M}{\mathrm{d}t}, \tag{11-23}$$

$$\mathscr{E}_{12} = -\frac{\mathrm{d}\Psi_{m12}}{\mathrm{d}t} = -M\frac{\mathrm{d}I_2}{\mathrm{d}t} - I_2\frac{\mathrm{d}M}{\mathrm{d}t}. \tag{11-24}$$

因互感 $M$ 不变，即 $\frac{\mathrm{d}M}{\mathrm{d}t}=0$，故

$$\mathscr{E}_{21} = -M\frac{\mathrm{d}I_1}{\mathrm{d}t}, \tag{11-25}$$

$$\mathscr{E}_{12}=-M\frac{\mathrm{d}I_2}{\mathrm{d}t}. \tag{11-26}$$

互感的计算

关于互感的计算，一般有两种方法. 其一，从定义出发，给线圈 1 一个电流 $I_1$，计算它给线圈 2 的磁通链 $\Psi_{m21}$，由公式 $M=\frac{\Psi_{m21}}{I_1}$计算互感. 当然也可以给线圈 2 一个电流 $I_2$，计算它给线圈 1 的磁通链 $\Psi_{m12}$，由公式 $M=\frac{\Psi_{m12}}{I_2}$计算互感. 这两种做法结果是一样的，但有时难易程度是不一样的. 其二，让线圈 1 电流有一个变化，设法求其在线圈 2 中激发的互感电动势 $\mathscr{E}_{21}$，由公式 $M=\mathscr{E}_{21}/(\mathrm{d}I_1/\mathrm{d}t)$计算互感，在实验上这种方法能方便地用来测量两复杂系统间的互感.

**例 11-11** 如图 11-19 所示，一螺线管长为 $l$，横截面积为 $S$，密绕导线 $N_1$ 匝，在其中部再绕另一导线线圈 $N_2$ 匝. 管内介质的磁导率为 $\mu$，求此两线圈互感 $M$.

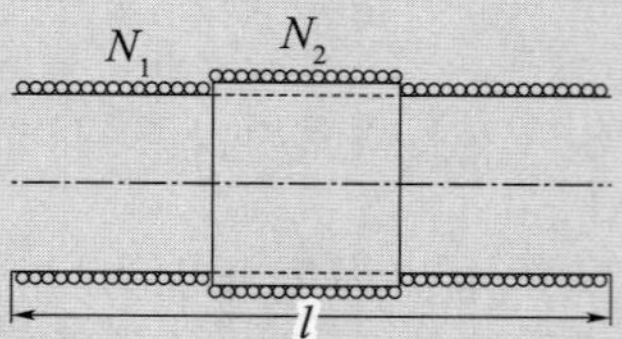


**图 11-19 例 11-11 图**

**解** 设长螺线管导线中电流为 $I_1$，它在中部产生磁感应强度 $\boldsymbol{B}_1$ 大小为

$$B_1=\mu\frac{N_1}{l}I_1.$$

$I_1$ 产生的磁场通过第 2 个线圈的磁通链为

$$\Psi_{m21}=N_2\Phi_{m21}=N_2\boldsymbol{B}_1\cdot\boldsymbol{S}$$
$$=N_2B_1S=N_2\mu\frac{N_1}{l}I_1S.$$

根据互感定义有 $M=\frac{\Phi_{m21}}{I_1}$，

则 $M=\mu\frac{N_1N_2}{l}S.$

**例 11-12** 两同心共面导体线圈 1 和 2，半径分别为 $r_1$ 和 $r_2(r_1\ll r_2)$，如图 11-20 所示. 小线圈中电流为$I=kt$，$k$ 为正的常数，求变化磁场在大线圈内激发的感生电动势.

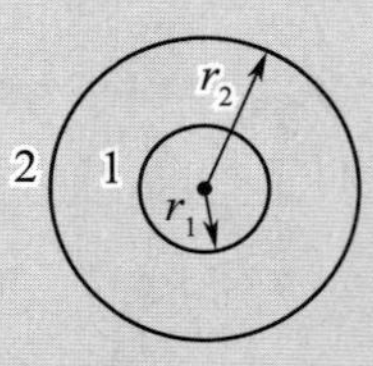


**图 11-20 例 11-12 图**

**解** 给线圈 1 一个电流 $I_1$，计算它给线圈 2 的磁通链 $\Psi_{m21}$，也可以给线圈 2 一个电流 $I_2$，计算它给线圈 1 的磁通链 $\Psi_{m12}$，由此计算互感

$$M=\frac{\Psi_{m21}}{I_1}=\frac{\Psi_{m12}}{I_2}$$

但给线圈 1 一个电流 $I_1$，不能解析得到线圈平面内除圆心外任意点的磁感应强度，更难得到磁通链 $\Psi_{m21}$. 反过来，给线圈 2 一个电流 $I_2$，虽然也不能解析得到线圈平面内除圆心外任意点的磁感应强度，但由于 $r_1\ll r_2$，可以认为小线圈内各点磁感应强度近似相等，等于线圈 2 中的电流 $I_2$ 在圆心处产生的磁感应强度 $\boldsymbol{B}_2$. 这样分析以后有

$$M=\frac{\Psi_{m12}}{I_2}=\frac{B_2\pi r_1^2}{I_2},$$

式中

$$B_2=\frac{\mu_0I_2}{2r_2},$$

所以

$$M=\frac{\mu_0\pi r_1^2}{2r_2}.$$

再根据实际情况有

$$\mathscr{E}_{21}=-\frac{\mathrm{d}\Psi_{m21}}{\mathrm{d}t}=-M\frac{\mathrm{d}I}{\mathrm{d}t}=-k\frac{\mu_0\pi r_1^2}{2r_2},$$

式中，负号表示大线圈中感生电动势的方向与小线圈中电流的方向相反.

# 11.4 磁场的能量　磁场能量密度

在静电场一章中讨论过，在形成带电系统的过程中，外力必须克服静电场力做功，根据功能原理，外界做功所消耗的能量最后转化为带电系统或电场的能量. 同样，在回路系统中通以电流时，由于各回路的自感和回路之间互感的作用，因此回路中的电流要经历一个从零到稳定值的变化过程，在这个过程中，电源必须提供能量来克服自感电动势及互感电动势而做功，使电能转化为载流回路的能量和回路电流间的相互作用能，也就是磁场的能量. 以图 11-21 所示简单 $RL$ 回路为例，设电路接通后回路中某瞬时的电流为 $I$，自感电动势为 $-L\mathrm{d}I/\mathrm{d}t$，由回路的欧姆定律得

磁场的能量

$$\mathscr{E}-L\frac{\mathrm{d}I}{\mathrm{d}t}=IR.$$

如果从 $t=0$ 开始，经过足够长的时间，可以认为回路中的电流已从零增大到稳定值 $I_0$，则在这段时间内电源电动势所做的功为

$$\int_0^t \mathscr{E}I\,\mathrm{d}t=\int_0^{I_0} LI\,\mathrm{d}I+\int_0^t RI^2\,\mathrm{d}t. \tag{11-27}$$

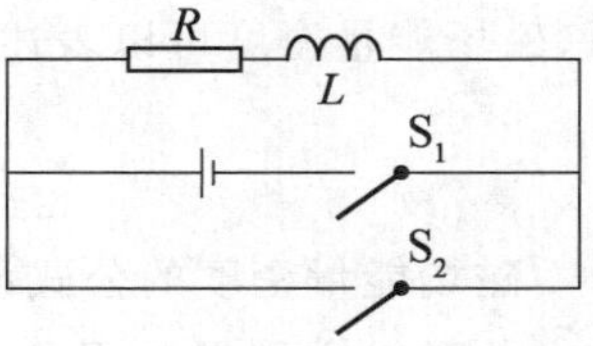

图 11-21　简单 *RL* 回路

在自感 $L$ 与电流无关的情况下，式(11-27)化为

$$\int_0^t \mathscr{E}I\,\mathrm{d}t=\frac{1}{2}LI_0^2+\int_0^t RI^2\,\mathrm{d}t. \tag{11-28}$$

式(11-28)说明电源电动势所做的功转化为两部分能量，其中，$\int_0^t RI^2\,\mathrm{d}t$ 是 $t$ 时间内消耗在电阻 $R$ 上的焦耳热；$\frac{1}{2}LI_0^2$ 是回路中建立电流的变化过程中电源电动势克服自感电动势所做的功，这部分电能转化为载流回路的能量. 由于在回路中形成电流的同时，在回路周围空间也建立了磁场，因此，这部分能量也就是储存在磁场中的能量. 当回路中的电流达到稳定值 $I_0$ 后，断开 $\mathrm{S}_1$，并同时接通 $\mathrm{S}_2$，这时回路中的电流按指数规律 $I=I_0\mathrm{e}^{-\frac{R}{L}t}$ 衰减. 此电流通过 $R$ 时，放出的焦耳热为

$$Q=\int_0^\infty RI^2\,\mathrm{d}t=RI_0^2\int_0^\infty \mathrm{e}^{-2\frac{R}{L}t}\,\mathrm{d}t=\frac{1}{2}LI_0^2. \tag{11-29}$$

这表明随着电流衰减引起的磁场变小，原来储存在磁场中的能量又反馈到回路中以热的形式全部释放出来，这也说明了磁场具有能量 $\frac{1}{2}LI_0^2$ 的推断是正确的. 由此可知，一个自感为 $L$ 的回路，当其中通有电流 $I_0$ 时，其周围空间磁场的能量为

$$W_m=\frac{1}{2}LI_0^2. \tag{11-30}$$

式(11-30)是用线圈的自感及其中电流表示的磁能，经过变换，磁能也可用描述磁场本身的量 $\boldsymbol{B}$，$\boldsymbol{H}$ 来表示. 为了简单起见，考虑一个很长的直螺线管，管内充满磁导率为 $\mu$ 的均匀磁介质. 当螺线管通有电流 $I$ 时，管中磁场近似看作均匀分布的，而且把磁场看作全部集中在管内. 由于螺线管内的磁感应强度大小 $B=\mu nI$，它的自感 $L=\mu n^2V$，其中 $n$ 为螺线管单位长度的匝数，$V$ 为螺线管内磁场空间的体积. 把 $L$ 及 $I_0=B/\mu n$ 代入式(11-30)，得到磁能的另一种表示式，即

$$W_m=\frac{1}{2}\mu n^2V\left(\frac{B}{\mu n}\right)^2=\frac{1}{2}\frac{B^2}{\mu}V=\frac{1}{2}BHV. \tag{11-31}$$

因而磁场能量密度是

$$w_m=\frac{W_m}{V}=\frac{1}{2}\frac{B^2}{\mu}=\frac{1}{2}\mu H^2=\frac{1}{2}BH. \tag{11-32}$$

遥感技术

磁场能量密度的公式是从螺线管中均匀磁场的特例得出的，在一般情况下，磁场能量密度可以表述为

$$w_m=\frac{1}{2}\boldsymbol{B}\cdot\boldsymbol{H}. \tag{11-33}$$

磁场能量密度的公式说明，在任何磁场中，某一点的磁场能量密度都只与该点的磁感应强度 $\boldsymbol{B}$ 及介质的性质有关，这也说明了磁能是定域在磁场中的这个客观事实.

如果知道磁场能量密度及均匀磁场所占的空间，可用式(11-33)计算出磁场的总磁能. 倘若磁场不是均匀的，那么可以把磁场划分为无数体积元 $\mathrm{d}V$，在每个体积元内，磁场可以看成是均匀的，因此式(11-33)就能表示这些体积元内的磁场能量密度，于是体积为 $\mathrm{d}V$ 的磁场能量为

$$\mathrm{d}W_m=w_m\mathrm{d}V=\frac{1}{2}\boldsymbol{B}\cdot\boldsymbol{H}\mathrm{d}V. \tag{11-34}$$

对整个磁场不为零的空间积分，即得磁场的总能量为

$$W_m=\iiint_V w_m\mathrm{d}V=\frac{1}{2}\iiint_V\boldsymbol{B}\cdot\boldsymbol{H}\mathrm{d}V. \tag{11-35}$$

因为式(11-30)和式(11-35)都是磁场的能量的表达式，所以两式相等，即

$$\frac{1}{2}LI_0^2=\frac{1}{2}\iiint_V\boldsymbol{B}\cdot\boldsymbol{H}\mathrm{d}V. \tag{11-36}$$

如果能先求出等式(11-36)右边电流回路的磁场能量，根据式(11-36)也可以求出回路的自感 $L$，这是计算自感很重要的一种方法.

**例 11-13**　如图 11-22 所示,同轴电缆内、外半径分别为 $a$,$b$,电流从内筒流入,经外筒流出,筒间充满磁导率为 $\mu$ 的介质,电流为 $I$.求单位长度同轴电缆磁场能量及其自感.

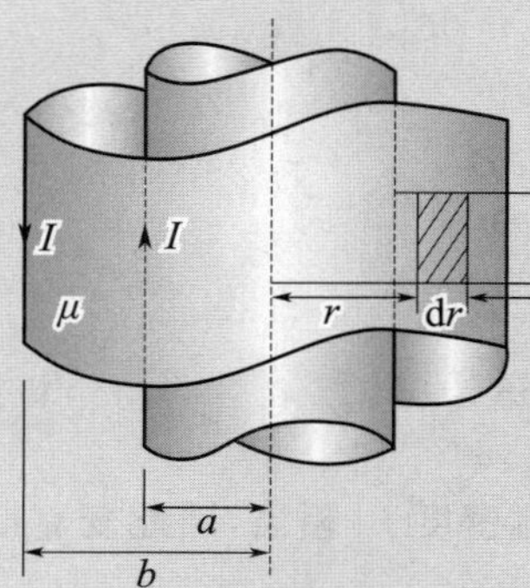


图 11-22　例 11-13 图

**解**　由安培环路定理知,空间距轴线 $r$ 处的磁感应强度大小为

$$B=\begin{cases}0, & 0<r<a,\\ \dfrac{\mu I}{2\pi r}, & a<r<b,\\ 0, & b<r,\end{cases}$$

所以除两筒间外无磁场能量.在筒间距轴线为 $r$ 处,磁场能量密度为

$$w_{\mathrm{m}}=\frac{1}{2\mu}B^2=\frac{\mu I^2}{8\pi^2 r^2}.$$

在半径为 $r$、宽为 $\mathrm{d}r$、高为 $h$ 的薄圆筒内的能量为

$$\mathrm{d}W_{\mathrm{m}}=w_{\mathrm{m}}\mathrm{d}V=\frac{\mu I^2}{8\pi^2 r^2}\cdot 2\pi r\cdot \mathrm{d}r\cdot h=\frac{\mu h I^2}{4\pi r}\mathrm{d}r,$$

则筒间磁场能量为

$$W_{\mathrm{m}}=\frac{W_m}{h}=\frac{\mu I^2}{4\pi}\ln\frac{b}{a},$$

又

$$W_{\mathrm{m}}=\frac{1}{2}LI^2,$$

所以

$$L=\frac{\mu h}{2\pi}\ln\frac{b}{a}.$$

单位长同轴电缆的自感为

$$L_0=\frac{L}{h}=\frac{\mu}{2\pi}\ln\frac{b}{a}.$$

# 11.5　麦克斯韦电磁场理论

## 11.5.1　位移电流

位移电流的提出是由于在恒定电流所激发的磁场当中,安培环路定律出现了矛盾.以图 11-23 为例,在传导电流周围取一闭合回路 $L$,以 $L$ 为边界分别取截面 $S_1$ 和 $S_2$,其中 $S_1$ 穿过导线,而 $S_2$ 将电容器的一个极板包括在内.那么磁场强度沿闭合回路 $L$ 的积分为 $\oint_L \boldsymbol{H}\cdot\mathrm{d}\boldsymbol{l}$.显然,若以 $S_1$ 为 $L$ 的截面,则有 $\oint_L \boldsymbol{H}\cdot\mathrm{d}\boldsymbol{l}=I$;若以 $S_2$ 为 $L$ 的截面,则有 $\oint_L \boldsymbol{H}\cdot\mathrm{d}\boldsymbol{l}=0$.为解决上述矛盾,麦克斯韦提出了一个存在位移电流的假设.

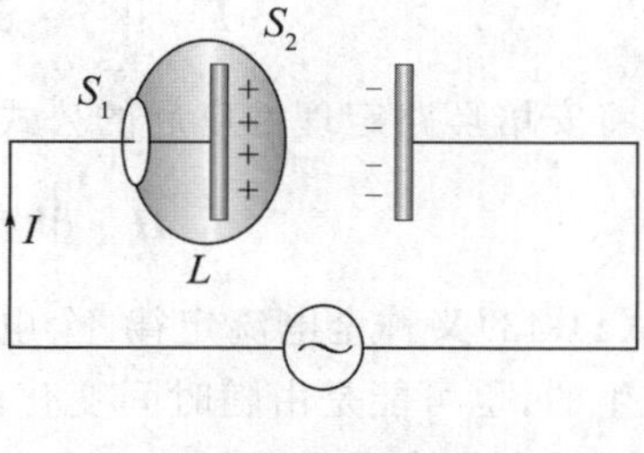


图 11-23　位移电流假设

位移电流

在图 11-23 中,$S_1$ 和 $S_2$ 构成一个闭合曲面,在此闭合曲面上应用高斯定理有

$$\oiint_S \boldsymbol{D}\cdot d\boldsymbol{S}=q.$$

同时,根据电荷守恒定律有

$$I_c=\oiint_S \boldsymbol{j}_c\cdot d\boldsymbol{S}=-\frac{dq}{dt},$$

所以有

$$\oiint_S \boldsymbol{j}_c\cdot d\boldsymbol{S}=-\oiint_S \frac{\partial \boldsymbol{D}}{\partial t}\cdot d\boldsymbol{S}. \tag{11-37}$$

从而

$$\oiint_S \left(\boldsymbol{j}_c+\frac{\partial \boldsymbol{D}}{\partial t}\right)\cdot d\boldsymbol{S}=0. \tag{11-38}$$

在式(11-38)中,可以看出$\frac{\partial \boldsymbol{D}}{\partial t}$与传导电流密度$\boldsymbol{j}_c$相当,因此麦克斯韦称其为**位移电流密度**,表示为

$$\boldsymbol{j}_D=\frac{\partial \boldsymbol{D}}{\partial t}. \tag{11-39}$$

则位移电流可以表示为

$$I_D=\oiint_S \boldsymbol{j}_D\cdot d\boldsymbol{S}=\oiint_S \frac{\partial \boldsymbol{D}}{\partial t}\cdot d\boldsymbol{S}. \tag{11-40}$$

由式(11-40)可以看出,传导电流是电荷定向移动形成的,而在位移电流中并不存在真实移动的电荷,它只是电位移矢量随时间的变化率.

### 11.5.2 全电流安培环路定理

在定义了位移电流后,11.5.1小节所提出的矛盾便得到了解决.因为现在可以定义一个新的电流,即全电流,全电流密度定义为

$$\boldsymbol{j}=\boldsymbol{j}_c+\frac{\partial \boldsymbol{D}}{\partial t}. \tag{11-41}$$

它由传导电流密度和位移电流密度组成.那么全电流定义为

$$I=\iint_S \boldsymbol{j}\cdot d\boldsymbol{S}=\iint_S \left(\boldsymbol{j}_c+\frac{\partial \boldsymbol{D}}{\partial t}\right)\cdot d\boldsymbol{S}, \tag{11-42}$$

则将安培环路定理推广后的公式形式为

$$\oint_L \boldsymbol{H}\cdot d\boldsymbol{l}=I=I_c+\iint_S \frac{\partial \boldsymbol{D}}{\partial t}\cdot d\boldsymbol{S}. \tag{11-43}$$

式(11-43)又称全电流定律.全电流定律表明,空间磁场既可能是由传导电流产生的,也可能是由随时间变化的电场产生的.由此可以得到一个结论:变化的电场必然会激发磁场.

### 11.5.3 麦克斯韦方程组

**麦克斯韦方程组**由4个方程组成,是电磁场的集大成理论,准确而又精炼

地描述了电磁场的运动规律，其中描述电场的方程是

$$\oiint_S \boldsymbol{D} \cdot \mathrm{d}\boldsymbol{S} = q_0, \tag{11-44}$$

式中，电荷 $q_0$ 为自由电荷，而电场既包含电荷激发的静电场，也包含感生电场. 由于感生电场是无源场，因此对电通量没有贡献.

麦克斯韦描述磁场的方程为

$$\oiint_S \boldsymbol{B} \cdot \mathrm{d}\boldsymbol{S} = 0, \tag{11-45}$$

也就是磁场中的高斯定理. 其中的磁场既可以是电流激发的磁场，也可以是变化的电场所激发的磁场. 同样的道理，磁场本身也是无源场，因此对磁通量没有贡献.

500 米口径球面射电望远镜

麦克斯韦对电磁感应的描述有两个方程，第一个方程是

$$\oint_L \boldsymbol{E} \cdot \mathrm{d}\boldsymbol{l} = -\iint_S \frac{\partial \boldsymbol{B}}{\partial t} \cdot \mathrm{d}\boldsymbol{S}, \tag{11-46}$$

即法拉第电磁感应定律. 表明空间变化的磁场必然会激发感生电场，其中的电场既包含感生电场，也包含电荷激发的电场. 第二个方程是

$$\oint_L \boldsymbol{H} \cdot \mathrm{d}\boldsymbol{l} = I_c + \iint_S \frac{\partial \boldsymbol{D}}{\partial t} \cdot \mathrm{d}\boldsymbol{S}, \tag{11-47}$$

即全电流定律. 表明空间变化的电场必然会激发磁场. 上述两个方程描述了空间电场和磁场相互激发的运动规律.

麦克斯韦方程组

已知在上述 4 个方程中的物理量之间的关系，即在各向同性的介质中有

$$\boldsymbol{D} = \varepsilon \boldsymbol{E}, \quad \boldsymbol{B} = \mu \boldsymbol{H}, \quad \boldsymbol{j} = \gamma \boldsymbol{E}.$$

此关系及麦克斯韦方程组将电磁场有机地结合为一个整体. 根据电磁场的方程组及关系，麦克斯韦预言了电磁波的存在，并且证明了光也是电磁波.

## 11.6 电磁波

### 11.6.1 无阻尼自由电磁振荡

#### 1. 振荡电路

振荡电路是产生电磁波的硬件设备，本小节介绍最基本的产生无阻尼自由电磁振荡的振荡电路. 图 11-24 所示为一个简单的 $LC$ 振荡电路，电源首先对电容器充电，电容器两端的电势差为 $U$. 然后切换开关，使电容与线圈连接. 当电容器放电时，电流从 0 逐渐增大，并在线圈中引发感应电流抵抗原电流的增大；当电容器放电结束时，电容器极板上的电量为 0，此时电路中的电流达到最大，并反方向对电容器充电；当电路中的电流为 0 时，电容器极板上电量达到最大值. 此后，电容器反方向对线圈放电，并重复上述过程. 伴随电容器不断充放电的过程，也是电场能量与磁场能量不断转换的过程. 这种电量和电流、

探雷器是如何工作的？

电场和磁场随时间周期性变化的现象称为**电磁振荡**. 如果忽略掉电路中的损耗(如焦耳热等),那么这种振荡将一直持续下去,这种振荡称为**无阻尼自由电磁振荡**.

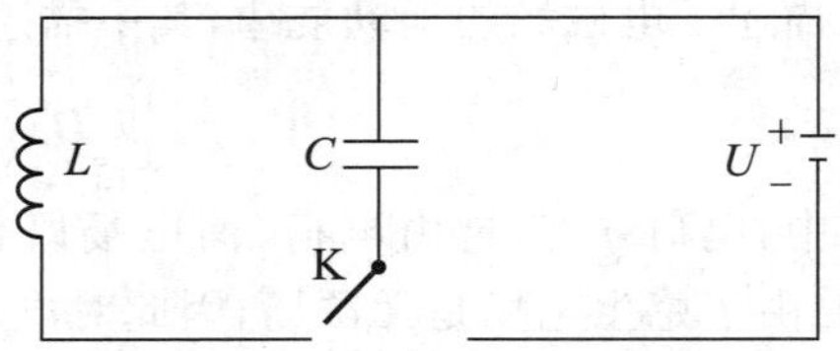


图 11-24 *LC* 振荡电路

**2. 振荡方程**

设 $LC$ 振荡电路中某任意时刻电路中的电流为 $i$,此时电容器两端的电势差为 $U=\frac{q}{C}$,其中,$q$ 为此时电容器极板上的电量,$C$ 为电容器的电容. 根据自感理论,此时线圈两端的电动势为 $\mathscr{E}=-L\frac{\mathrm{d}i}{\mathrm{d}t}$. 由于在任意时刻有 $U=\mathscr{E}$,且 $i=\frac{\mathrm{d}q}{\mathrm{d}t}$,因此有 $\frac{1}{C}q=-L\frac{\mathrm{d}i}{\mathrm{d}t}$,由此可得

$$\frac{\mathrm{d}^2q}{\mathrm{d}t^2}=-\frac{1}{LC}q. \tag{11-48}$$

令 $\omega^2=\frac{1}{LC}$,有

$$\frac{\mathrm{d}^2q}{\mathrm{d}t^2}=-\omega^2q.$$

其解为

$$q=Q_0\cos(\omega t+\varphi), \tag{11-49}$$

式中,$q$ 为任意时刻电容器上的电量,$Q_0$ 为极板上电量的最大值,$\omega$ 是角频率. 则此谐振动的频率为

$$\nu=\frac{\omega}{2\pi}=\frac{1}{2\pi\sqrt{LC}}. \tag{11-50}$$

根据式(11-49)可求得电路中任意时刻电流为

$$i=\frac{\mathrm{d}q}{\mathrm{d}t}=-\omega Q_0\sin(\omega t+\varphi)=\omega Q_0\cos\left(\omega t+\varphi+\frac{\pi}{2}\right). \tag{11-51}$$

比较式(11-49)和式(11-51)可以看出,电流与电量相位相差 $\frac{\pi}{2}$. 当电容器极板上的电量达到最大时,电路中的电流为零;反之,电路中的电流最大时,电量为零.

下面来讨论 $LC$ 振荡电路中的能量问题.

设某时刻电容器极板上的电量为 $q$,则电容器中的电场能量为

$$W_{\mathrm{e}}=\frac{q^2}{2C}=\frac{Q_0^2}{2C}\cos^2(\omega t+\varphi). \tag{11-52}$$

此时,设线圈中的电流为 $i$,则线圈中的磁场能量为

$$W_{\mathrm{m}}=\frac{1}{2}Li^2=\frac{1}{2}LI_0^2\sin^2(\omega t+\varphi)=\frac{Q_0^2}{2C}\sin^2(\omega t+\varphi). \tag{11-53}$$

于是,$LC$ 振荡电路中的总能量为

$$W = W_e + W_m = \frac{Q_0^2}{2C}. \qquad (11\text{-}54)$$

由此可见,虽然在 $LC$ 振荡电路中的电场和磁场能量都在随时间发生周期性的变化,但在任何时刻,其总能量是不变的.

此外,$LC$ 振荡电路的能量守恒也是有条件的. 首先,电路中的电阻必须为零以避免出现焦耳热;其次,电路中不能出现电动势,否则电动势会参与能量交换;最后,电磁能量不能辐射电磁波.

**例 11-14** 在 $LC$ 振荡电路中,已知 $L=260\ \mu\text{H}$,$C=120\ \text{pF}$,初始时电容器两极板电势差 $U_0=1\ \text{V}$,且初始时刻电流为零,试求:

(1)振荡频率;

(2)最大电流;

(3)电场能量随时间的变化关系;

(4)磁场能量随时间的变化关系;

(5)振荡电路的总能量.

**解** (1)振荡频率为

$$\nu = \frac{\omega}{2\pi} = \frac{1}{2\pi\sqrt{LC}} = 9.01\times 10^5\ \text{Hz}.$$

(2)当 $t=0$ 时,$i_0=0$,$q_0=CU_0$,则

$$CU_0 = Q_0\cos\varphi, \quad -\omega Q_0\sin\varphi = 0,$$

解得

$$\varphi = 0, \quad Q_0 = CU_0.$$

因此有最大电流为

$$I_0 = \omega Q_0 = \omega C U_0 = \sqrt{\frac{C}{L}}U_0 = 0.679\ \text{mA}.$$

(3)电容器两极板间电场能量为

$$W_e = \frac{q^2}{2C} = \frac{Q_0^2}{2C}\cos^2(\omega t+\varphi) = \frac{1}{2}CU_0^2\cos^2\omega t$$
$$= 0.60\times 10^{-10}\cos^2\omega t\ \text{J}.$$

(4)线圈中磁场能量为

$$W_m = \frac{Q_0^2}{2C}\sin^2(\omega t+\varphi) = \frac{1}{2}CU_0^2\sin^2\omega t$$
$$= 0.60\times 10^{-10}\sin^2\omega t\ \text{J}.$$

(5)总能量为

$$W = W_e + W_m = 0.60\times 10^{-10}\ \text{J}.$$

### 11.6.2 电磁波的产生和传播

理论上已经证明,电磁波单位时间内传播的能量与其频率的四次方成正比,因此电磁振荡电路的固有频率越高,电磁波的辐射效果越好. 图 11-24 中的振荡电路的固有频率为 $\nu=\frac{\omega}{2\pi}=\frac{1}{2\pi\sqrt{LC}}$,由此可以看出,若要增加电磁波的频率,就必须降低线圈的自感系数 $L$ 和电容器的电容 $C$. 此外,图 11-24 中电磁波辐射的空间范围很小. 为满足上述条件,需要对此振荡电路加以修改.

首先,增加电容器两极板之间的距离,以减小电容;然后,减少线圈的匝数,以降低线圈的自感系数,直到线圈变成一根直线;最后,为增大电磁波的辐射空间,需增大电容器极板之间的夹角,直到两极板之间的夹角为 $\pi$. 图 11-25 所示的振荡电路产生的电磁波就会辐射到全部空间.

当在上述直线型电路中引发电磁振荡时,在直线的两端会出现做加速运

动的等量异号的电荷.这种做加速运动的电荷称为**振荡电偶极子**.

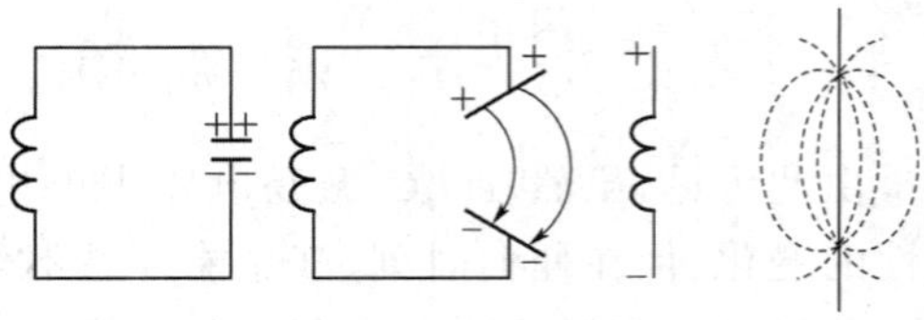

图 11-25 振荡电路的改进

下面以振荡电偶极子为例来解释电磁波的产生和传播.

从式(11-51)中可以看出,振荡电路中电流的运动方程为简谐振动方程,因此,电偶极子在振荡电路中的运动是简谐振动.设初始时刻,正、负电荷处于直线中心,如图 11-26(a)所示.此后正负电荷分别向直线两端运动,此时,空间电场线分布情况如图11-26(b)所示.电偶极子达到振幅位置后向中心返回,如图 11-26(c)所示.到此,电偶极子完成了半个周期的运动.此后半个周期的运动完全相同,但正、负电荷运动相反,如图 11-26(d)和图 11-26(e)所示.从图 11-26 中可以看出,在离电偶极子足够远的区域中,电场线全部是闭合的,而且波面逐渐形成球面.在球形波面上,电场强度方向(电场线切向)与电场传播方向(矢径)垂直.由于变化的电场会产生磁场,因此,在垂直于电场方向的平面内还会产生闭合的磁场,二者不断地相互激发并向外传播.

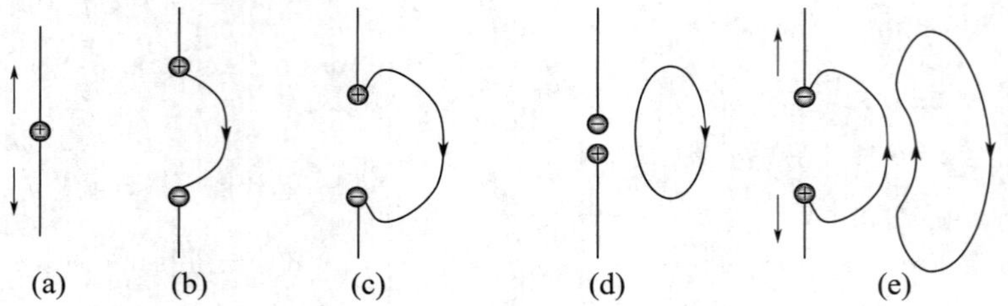


图 11-26 振荡电偶极子

由麦克斯韦方程组可以得到电偶极子在各向同性的介质中,在远离电偶极子的空间任意一点的电磁波方程为

$$E(r,t)=\frac{\omega^2 p_0 \sin\theta}{4\pi\varepsilon u^2 r}\cos\omega\left(t-\frac{r}{u}\right), \tag{11-55}$$

$$H(r,t)=\frac{\omega^2 p_0 \sin\theta}{4\pi u r}\cos\omega\left(t-\frac{r}{u}\right), \tag{11-56}$$

式中,$p_0=ql$ 称为电偶极矩.

在更加远离电偶极子的地方($r\gg l$),在角度变化较小的范围内,可以将 $E$,$H$ 看作振幅恒定的常量,这样电偶极子的波动方程转化为平面电磁波方程,即

$$E=E_0\cos\omega\left(t-\frac{r}{u}\right), \tag{11-57}$$

$$H=H_0\cos\omega\left(t-\frac{r}{u}\right). \tag{11-58}$$

对于平面电磁波,其性质概括如下.

(1)平面电磁波是横波,且 $\boldsymbol{E}$,$\boldsymbol{H}$ 相互垂直.

(2)$\boldsymbol{E}$,$\boldsymbol{H}$ 振动的相位在任意时刻都相同,且 $\boldsymbol{E}\times\boldsymbol{H}$ 的方向指向电磁波的传播方向.

(3)电磁波的波速大小 $u=\dfrac{1}{\sqrt{\varepsilon\mu}}$. 在真空中,$u=c=\dfrac{1}{\sqrt{\varepsilon_0\mu_0}}=2.997\ 9\times 10^8\ \mathrm{m\cdot s^{-1}}$,其中,$\varepsilon_0=8.854\times10^{-12}\ \mathrm{F\cdot m^{-1}}$,$\mu_0=4\pi\times10^{-7}\ \mathrm{H\cdot m^{-1}}$. 由此可以肯定,光是电磁波.

以上性质虽然是从电偶极子得出的,但具有普遍性,适用于任何做加速运动的带电粒子. 例如,原子中的带电粒子、加速器中的带电粒子所辐射的电磁波.

1886 年,德国物理学家赫兹证实了电磁波的存在. 他利用感应线圈放电产生高频电磁振荡,然后将两个两端带有金属小球的细铜棒弯成矩形的开路. 当其中一个矩形开路与感应线圈的次级相连时,两球间的空气产生火花. 此时,在附近的另一个矩形开路的两球间也产生了微弱的火花,说明第二个矩形开路收到了第一个矩形开路的电磁波,从而证实了电磁波的存在. 此后数年,赫兹用实验进一步证明电磁波与光一样,具有相同的速度,能够反射和折射,还具有干涉和衍射及偏振等特性.

### 11.6.3　电磁波的能量

电磁波的传播本质上是一种能量流动,因此必然伴随着能量的传播.

设垂直于电磁波传播方向的某截面的面积为 $dA$,电磁场能量密度为 $w$,则单位时间内流过此截面的能量为 $wu\,dA$,那么电磁波的能流密度为

$$S=wu. \tag{11-59}$$

电磁波的能量密度应包括电场和磁场的能量密度,分别为

$$w_e=\frac{1}{2}\varepsilon E^2,\quad w_m=\frac{1}{2}\mu H^2.$$

因此电磁场的能量密度为 $w=w_e+w_m=\dfrac{1}{2}(\varepsilon E^2+\mu H^2)$,代入式(11-59)中,根据电磁波的波动方程整理后可得

$$S=EH. \tag{11-60}$$

由于 $\boldsymbol{E}$,$\boldsymbol{H}$ 和电磁波的传播方向三者互相垂直,且满足右手螺旋定则,因此式(11-60) 可写成矢量式为

$$\boldsymbol{S}=\boldsymbol{E}\times\boldsymbol{H}, \tag{11-61}$$

式中,$\boldsymbol{S}$ 称为**电磁波的能流密度**,也称**坡印廷矢量**.

对平面电磁波,其能流密度的平均值为

$$\overline{S}=\frac{1}{2}E_0H_0, \tag{11-62}$$

式中,$E_0$,$H_0$ 分别是电场强度和磁场强度的幅值.

将式(11-55)和式(11-56)代入式(11-60),可得振荡电偶极子辐射的电磁

波的能流密度为

$$S = EH = \frac{\sqrt{\varepsilon\mu^3}\, p_0^2 \omega^4 \sin^2\theta}{16\pi^2 r^2}\cos^2\omega\left(t - \frac{r}{u}\right). \tag{11-63}$$

振荡电偶极子在单位时间内辐射出去的能量称为**辐射功率**. 如果将式(11-63)在以振荡电偶极子为中心、$r$ 为半径的球面上积分,并将所得结果对时间取平均值,则振荡电偶极子的**平均辐射功率**为

$$\overline{P} = \frac{\mu p_0^2 \omega^4}{12\pi u}. \tag{11-64}$$

从式(11-64)中可以看出,电偶极子的平均辐射功率与电偶极子频率的四次方成正比. 因此,随着振荡电偶极子的频率增加,辐射功率会迅速增大.

### 11.6.4 电磁波谱

电磁波的范围很广,无线电波、红外线、可见光、紫外线、X 射线和 $\gamma$ 射线等都是电磁波. 它们的基本性质完全相同,但波长和频率有很大差异. 为方便比较,人们按照它们的波长或频率大小依次排列,构成电磁波谱. 图 11-27 所示的电磁波谱列出了各种电磁波的频率范围.

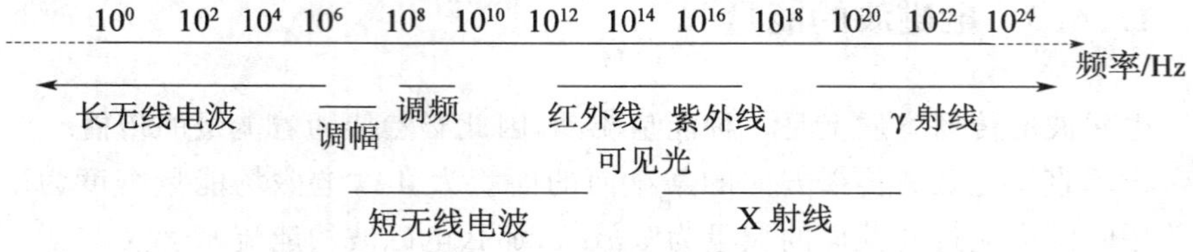


**图 11-27 电磁波谱**

在电磁波谱中,波长最长的是无线电波. 根据波长的不同(从几千米到几毫米)又细分为长波、中波、短波、超短波和微波等. 长波在空气中传播时损耗很小,故常用于远距离通信和导航;中波多用于航海和航空定向以及无线电广播;短波除可用于无线电广播外,还可用于电报等;超短波和微波多用于电视、雷达以及无线电导航等.

红外线的波长在 0.76～400 $\mu$m 范围内,由于它在电磁波谱上处于红光外侧,故称为红外线. 红外线主要用于雷达、照相和夜视仪等;同时,因为红外线有显著的热效应,还可用来取暖. 波长在 400～760 nm 范围内的电磁波可以被人的眼睛感知,称为可见光. 波长在 5～400 nm 范围内的电磁波称为紫外线,由于紫外线具有化学效应和荧光效应,因此常用于杀菌以及农业用途.

X 射线(伦琴射线)的波长在 5～0.04 nm 范围内,具有很强的穿透力,因此可以用于医疗透视、检查金属内部损伤和分析物质的晶体结构等.

波长最短的是 $\gamma$ 射线,在 0.04 nm 以下. $\gamma$ 射线的穿透能力比 X 射线还大,可以用来进行放射性实验和产生高能粒子,还可以用于天体和宇宙的研究.

# 本 章 提 要

(1)电动势.

一个电源的电动势 $\mathscr{E}$ 定义为当单位正电荷从负极通过电源内部移到正极时,电源中的非静电力所做的功,即

$$\mathscr{E}=\int_{-}^{+}\boldsymbol{E}_{\mathrm{k}}\cdot\mathrm{d}\boldsymbol{l}.$$

电动势与电势一样,也是标量,规定自负极经电源内部到正极的方向为电动势的正方向.

由于电源外部 $\boldsymbol{E}_{\mathrm{k}}$ 为零,所以电源电动势又可以定义为把单位正电荷绕闭合回路一周时,电源中非静电力所做的功,即

$$\mathscr{E}=\oint_{L}\boldsymbol{E}_{\mathrm{k}}\cdot\mathrm{d}l.$$

此定义对非静电力作用在整个回路上的情况(如电磁感应)也适用,这时电动势 $\mathscr{E}$ 的方向与回路中电流的方向一致.

(2)电磁感应的基本定律.

①法拉第电磁感应定律:$\mathscr{E}=-\dfrac{\mathrm{d}\Phi_{\mathrm{m}}}{\mathrm{d}t}$.

②楞次定律:感应电流的效果总是反抗引起感应电流的原因.

(3)动生电动势与感生电动势.

①动生电动势:$\mathscr{E}=\int_{L}(\boldsymbol{v}\times\boldsymbol{B})\cdot\mathrm{d}\boldsymbol{l}$.

②感生电动势:$\oint_{L}\boldsymbol{E}_{\mathrm{i}}\cdot\mathrm{d}l=-\iint_{S}\dfrac{\partial\boldsymbol{B}}{\partial t}\cdot\mathrm{d}\boldsymbol{S}$.

(4)自感与互感.

①自感电动势:$\mathscr{E}_{L}=-L\dfrac{\mathrm{d}I}{\mathrm{d}t}$.

②互感电动势:$\mathscr{E}_{21}=-M\dfrac{\mathrm{d}I_{1}}{\mathrm{d}t}$, $\mathscr{E}_{12}=-M\dfrac{\mathrm{d}I_{2}}{\mathrm{d}t}$.

(5)磁场能量.

①自感磁能:$W_{\mathrm{m}}=\dfrac{1}{2}LI_{0}^{2}$.

②磁场能量密度:$w_{\mathrm{m}}=\dfrac{W_{\mathrm{m}}}{V}=\dfrac{1}{2}BH$.

③磁场能量:$W_{\mathrm{m}}=\iiint_{V}w_{\mathrm{m}}\mathrm{d}V=\dfrac{1}{2}\iiint_{V}\boldsymbol{B}\cdot\boldsymbol{H}\mathrm{d}V$.

(6)电磁场理论.

①位移电流.

a. 位移电流密度:$\boldsymbol{j}_{\mathrm{D}}=\dfrac{\partial\boldsymbol{D}}{\partial t}$.

b. 位移电流:$I_{\mathrm{D}}=\oiint_{S}j_{\mathrm{D}}\cdot\mathrm{d}\boldsymbol{S}=\oiint_{S}\dfrac{\partial\boldsymbol{D}}{\partial t}\cdot\mathrm{d}\boldsymbol{S}$.

②麦克斯韦方程组：

$$\begin{cases}\oiint_S \boldsymbol{D}\cdot \mathrm{d}\boldsymbol{S} = \sum q_i, \\ \oint_l \boldsymbol{E}\cdot \mathrm{d}\boldsymbol{l} = -\iint_S \dfrac{\partial \boldsymbol{B}}{\partial t}\cdot \mathrm{d}\boldsymbol{S}, \\ \oiint_S \boldsymbol{B}\cdot \mathrm{d}\boldsymbol{S} = 0, \\ \oint_l \boldsymbol{H}\cdot \mathrm{d}\boldsymbol{l} = I_c + \iint_S \dfrac{\partial \boldsymbol{D}}{\partial t}\cdot \mathrm{d}\boldsymbol{S}.\end{cases}$$

## 习题

**11-1** 选择题.

(1)在回路中引起感应电动势的因素不可能是(　　).

(A) 磁场　　(B) 回路面积

(C) 静电场　　(D) 磁通量

(2)根据法拉第电磁感应定律可知,感应电动势与穿过导体回路的(　　).

(A) 磁通量的变化无关

(B) 电通量的变化有关

(C) 磁通量的变化有关

(D) 电通量的变化无关

(3)一圆形线圈在均匀磁场中做下列运动时,会产生感应电流的是(　　).

(A) 沿垂直磁场方向平移

(B) 以直径为轴转动,轴跟磁场垂直

(C) 沿平行磁场方向平移

(D) 以直径为轴转动,轴跟磁场平行

(4)下列说法中不正确的是(　　).

(A) 由于磁通量的变化而产生的电动势称为感应电动势

(B) 感应电流的效果总是反抗引起感应电流的原因

(C) 电磁感应所产生的电动势的大小与回路中的电阻成反比

(D) 导体回路中感应电动势的大小与穿过回路的磁通量的变化率成正比

(5)如题 11-1(5)图所示,同一平面内线圈向长直导线移动时,线圈中的感应电流为(　　).

(A) 逆时针方向　　(B) 顺时针方向

(C) 无　　(D) 无法判断

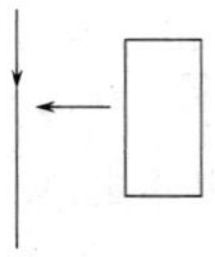

**题 11-1(5)图**

(6)如题 11-1(6)图所示,通电环形导体中间和上部各有一小磁针,当通以如图所示方向的电流 $I$ 后,(　　).

(A) a 的 N 极向纸外的方向偏转,b 的 N 极向纸里的方向偏转

(B) a 的 N 极向纸里的方向偏转,b 的 N 极向纸外的方向偏转

(C) a 和 b 的 N 极都向纸外的方向偏转

(D) a 和 b 的 N 极都向纸里的方向偏转

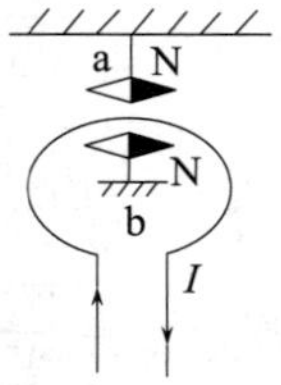


**题 11-1(6)图**

(7)下列矢量场中为保守力场的有(　　).

(A) 静电场　　(B) 稳恒磁场

(C) 感生电场　　(D) 变化的磁场

(8)如题 11-1(8)图所示,长度为 $l$ 的直导线在均匀磁场(磁感应强度为 $\boldsymbol{B}$ )中以速度 $\boldsymbol{v}$ 移动,直导线中的电动势为(　　).

(A) $Blv$　　(B) $Blv\sin\theta$

(C) $Blv\cos\theta$　　　(D) 0

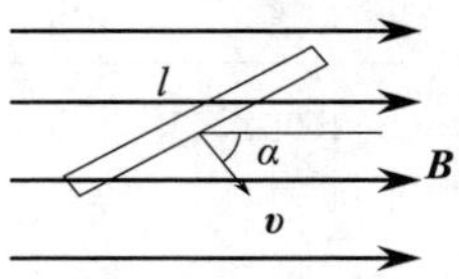


题 11-1(8)图

(9)对于感生电场,下列说法中不正确的是(　　).

(A) 感生电场对电荷有作用力

(B) 感生电场由变化的磁场产生

(C) 感生电场由电荷激发

(D) 感生电场的电场线是闭合的

(10)下列现象或仪器工作原理中没有涉及感生电场的是(　　).

(A) 质谱仪　　　(B) 电子感应加速器

(C) 趋肤效应　　　(D) 涡电流热效应

(11)下列电动势中非静电场力与其他三个不同的是(　　).

(A) 动生电动势　　　(B) 感生电动势

(C) 自感电动势　　　(D) 互感电动势

(12)在感生电场中电磁感应定律可写成 $\oint_L \boldsymbol{E}_i \cdot d\boldsymbol{l} = -\frac{d\Phi_m}{dt}$,式中 $\boldsymbol{E}_i$ 为感生电场的电场强度,此式表明(　　).

(A) 闭合曲线 $L$ 上 $E_i$ 处处相等

(B) 感生电场是保守力场

(C) 感生电场的电力线不是闭合曲线

(D) 在感生电场中不能像对静电场那样引入电势的概念

(13)关于静电场和感生电场,下列说法中正确的是(　　).

(A) 静电场中场强的环流不等于零

(B) 感生电场由变化的磁场激发

(C) 静电场的电场线是闭合的

(D) 感生电场的电场线是不闭合的

**11-2**　填空题.

(1)楞次定律是________在电磁感应现象上的具体体现.

(2)产生动生电动势的非静电力是________.

(3)长为 $l$ 的金属直导线在垂直于磁感应强度为 $\boldsymbol{B}$ 的均匀磁场的平面内以角速度 $\omega$ 转动,如果转轴的位置在端点,这个导线上的电动势最大,数值为________.

(4)激发感生电场的场源是________.

(5)产生感生电动势的非静电场力是________.

(6)产生感生电动势的非静电场是________.

**11-3**　简述法拉第电磁感应定律及其数学表达式.

**11-4**　简述感生电场与静电场的区别.

**11-5**　在没有铁心的自感线圈中,影响自感的因素有哪些?

**11-6**　影响线圈自感与互感的因素分别是什么?

**11-7**　如题 11-7 图所示,空间分布着均匀磁场,磁感应强度为 $\boldsymbol{B}$,一旋转半径为 $r$、长为 $l$ 的矩形导体线圈以匀角速度 $\omega$ 绕与磁场垂直的轴 $OO'$ 旋转,当 $t=0$ 时,线圈的法向向量 $\boldsymbol{n}$ 与磁感应强度 $\boldsymbol{B}$ 之间夹角 $\varphi_0=0$,求线圈中感应电动势的大小.

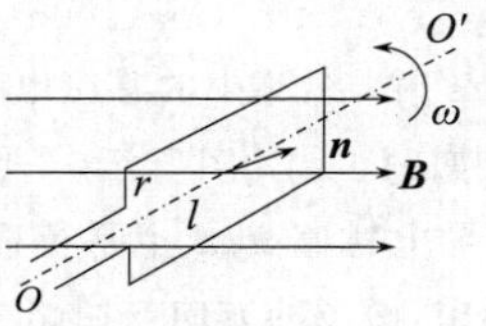


题 11-7 图

**11-8**　磁感应强度大小为 $B=5$ T 的均匀磁场垂直穿过半径为 $r$ m 的圆形弹性导线所在的平面,已知圆形弹性导线半径 $r$ 随时间变化关系为 $dr/dt=2\ \mathrm{m\cdot s^{-1}}$,求当圆形弹性导线半径 $r=1$ m 时导线中的感应电动势大小.

**11-9**　一半径 $r=10$ cm 的圆形回路放在磁感应强度大小为 $B=0.8$ T 的均匀磁场中,回路平面与磁感线垂直.求当回路半径以恒定速率 $\frac{dr}{dt}=80\ \mathrm{cm\cdot s^{-1}}$ 收缩时,回路中感应电动势的大小.

**11-10**　如题 11-10 图所示,一半径为 $a=0.10$ m 的圆形导体回路置于均匀磁场中,磁场方向与回路面积的法向之间的夹角为 $\pi/3$,若磁场变化率为 $B(t)=(3t^2+4t+2)\times10^{-4}$ T,求当 $t=1$ s 时回路的感应电动势大小.

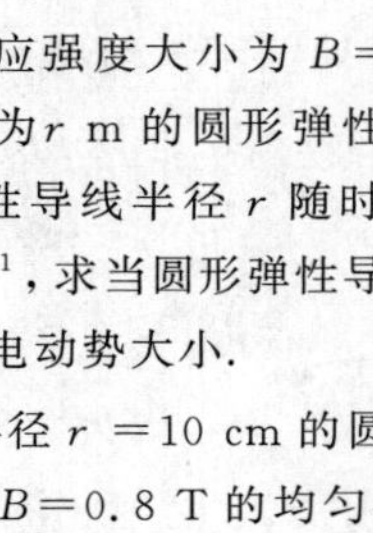


题 11-10 图

**11-11** 一无限长直导线通有电流 $i = kt$，在距它 $s$ 处有一与它共面的矩形线圈 $abcd$，如题 11-11 图所示，试求矩形线圈所围面积的磁通量，以及线圈中的感应电动势.

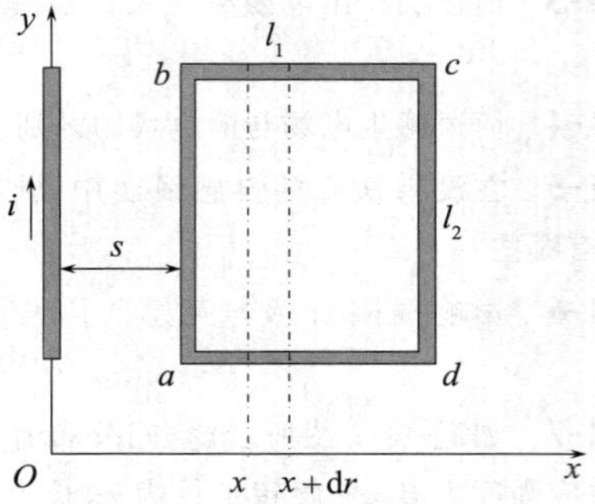


题 11-11 图

**11-12** 一铁心上绕有线圈 100 匝，已知铁心中的磁通量与时间的关系为

$$\Phi = 1.0 \times 10^{-5} \cos(100\pi t),$$

求在 $t = 10^{-2}$ s 时，线圈中的感应电动势.

**11-13** 如题 11-13 图所示，长度为 $l$ 的金属杆以速度 $\boldsymbol{v}$ 在导电轨道 $abcd$ 上平行移动，已知导轨处于均匀磁场中，磁场的方向与回路法线成 60°角，磁感应强度的大小为 $B = kt$（$k$ 为正常数）. 设 $t = 0$ s 时杆位于 $cd$ 处，求任一时刻 $t$ 导线回路中感应电动势的大小.

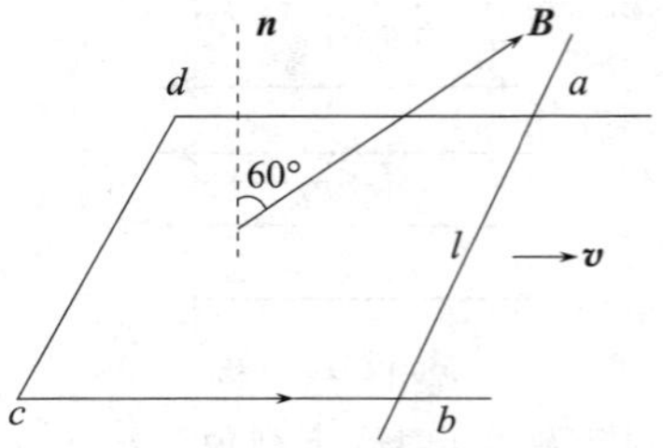


题 11-13 图

**11-14** 电流为 $I$ 的长直载流导线近旁有一与之共面的导体（两端分别为 $a$，$b$），长为 $l$. 设导体的 $a$ 端与长导线相距为 $d$，$ab$ 延长线与长导线的夹角为 $\theta$，如题 11-14 图所示. 导体以匀速率 $v$ 沿电流方向平移. 求导体上的感应电动势.

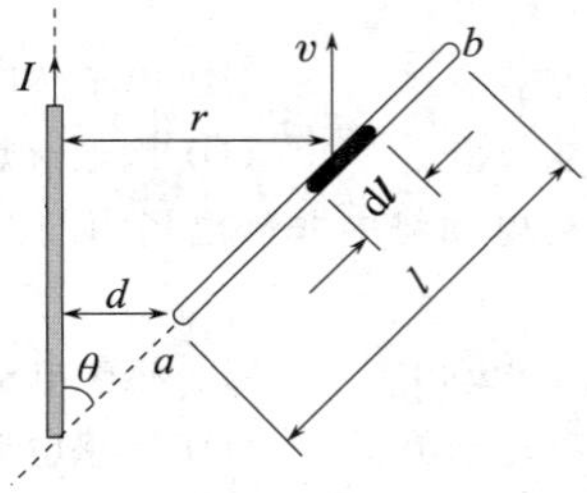


题 11-14 图

# 第 12 章

# 光学

光学是研究光的本质、光的传播和光与物质相互作用等规律的学科，其内容通常分为几何光学、波动光学和量子光学三部分. 以光的直线传播为基础，研究光在介质中传播规律的光学称为几何光学；以光的波动性为基础，研究光的传播及规律的光学称为波动光学；以光的粒子性为基础，研究光与物质相互作用规律的光学称为量子光学.

人们对光的研究至少已有两千多年的历史，世界上最早的关于光学的记载见于我国的《墨经》. 17 世纪和 18 世纪是光学发展史上的重要时期，在这段时间里，科学家们不仅开始从实验上对光学进行研究，而且也着手进行关于已有光学知识的系统化、理论化的研究. 17 世纪初，李普塞、伽利略和开普勒等人发明了望远镜. 1621 年，斯涅耳发现了折射定律，不久，笛卡儿导出了用正弦函数表达的折射定律. 关于光的本性认识，存在两种观点：一种是牛顿支持的光的微粒说，利用光的微粒说可以很好地解释光的直线传播性、光的反射与折射现象，只不过在解释光的折射时，认为光在水中的传播速度要大于在空气中的传播速度；另一种是惠更斯支持的光的波动说，利用光的波动说同样可以解释光的反射与折射，不过认为光在水中的传播速度要小于在空气中的传播速度，并且运用光的波动说可以解释方解石的双折射现象. 但在光的直线传播性上，光的波动说遇到了困难. 由于牛顿在科学界的地位，因此在很长一个时期内，微粒说占主导地位，这种情况直到 1801 年才发生改变. 1801 年，英国科学家托马斯 · 杨提出了光波的干涉原理并进行了杨氏双缝实验加以验证，同时应用光波的干涉原理解释了薄膜的彩色条纹. 十几年后，法国科学家菲涅耳在阿拉果的支持和帮助下，系统地用光的波动说和干涉原理研究了光通过障碍物和小孔后所产生的衍射图样，并对光的直线传播性给出了令人满意的解释. 后来，马吕斯、托马斯 · 杨、菲涅耳和阿拉果等人对光的偏振性进行研究，确定了光具有横波的偏振性. 关于光在水中和空气中的速度问题，则直到 1850 年才分别由傅科和斐索解决，他们各自独立地得到光在水中的传播速度小于在空气中的传播速度. 至此，支持光的微粒说的人就很少了，光的波动说获得了决定性的胜利. 19 世纪中期，麦克斯韦和赫兹等找到了光与电磁波之间的联系，奠定了光的电磁理论基础. 19 世纪末 20 世纪初，光电效应等现象的发现，证明光具有量子性. 1905 年，爱因斯坦提出了光的波粒二象性，确立了量子光学的基础.

本章介绍波动光学，研究光的干涉、衍射与偏振.

# 12.1 光的干涉

### 12.1.1 发光机制

能发射光的物体称为光源. 大量分子和原子在外部能量的激发下处于高能量的激发态，当它从激发态返回较低能量态时，就把多余的能量以光波的形式辐射出来，这便形成了发光. 这种能量跃迁过程是间歇性的，时间极短，只有 $10^{-8}\sim10^{-10}$ s. 辐射出的光波是一段频率不变、振动方向不变、有限长的波列，通常称为光波列.

### 12.1.2 相干光源

大连相干光源

在讨论机械波时已经指出，两列波相遇发生干涉现象的条件是振动频率相同、振动方向相同和相位差恒定. 在光学中，实验证明两个独立的、同频率的单色普通光源(如钠光灯)发出的光相遇时不能得到干涉图样. 因此实现光的干涉，必须创造一定的条件.

普通光源发出的光是由光源中各个分子或原子发出的波列组成的，而这些波列之间没有固定的相位联系，如图 12-1 所示. 因此，来自两个独立光源的光波，即使频率相同、振动方向相同，它们的相位差也不可能保持恒定，因而不可能得到干涉现象. 同一光源的两个不同部分发出的光，也不满足相干条件，因此也不是相干光. 只有从同一光源的同一部分发出的光，通过某些装置后，才能获得相干光.

菲涅耳

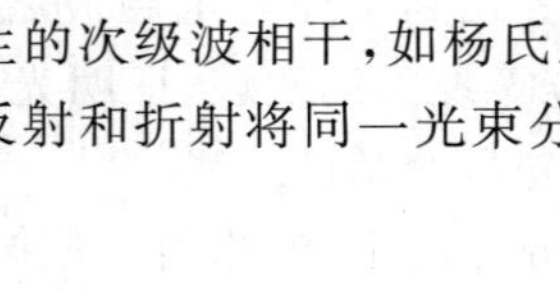

图 12-1　普通光源的各原子或分子所发出的光波波列彼此完全独立

获得相干光的具体方法有两种：分波阵面法和分振幅法. 分波阵面法是同一波阵面上的不同部分产生的次级波相干，如杨氏双缝干涉；分振幅法是利用光在透明介质薄膜表面的反射和折射将同一光束分割成振幅较小的两束相干光，如薄膜干涉.

### 12.1.3 双缝干涉

托马斯・杨在 1801 年首先用实验方法研究了光的干涉现象. 他使太阳光

先通过一个针孔；然后，再通过与这针孔有一段距离的两个针孔，于是在两针孔后面的屏幕上得到干涉图样. 继而他发现，用相互平行的狭缝代替针孔，会得到更加明亮的干涉条纹. 这些干涉实验统称为杨氏双缝干涉实验. 杨氏双缝干涉实验的成功，为光的波动理论确定了实验基础.

杨氏双缝干涉实验装置如图 12-2(a)所示. 在普通单色光源后放置一狭缝 S，相当于一个线光源. S 后又放置一与 S 平行且等间距的两平行狭缝 $S_1$ 和 $S_2$，两缝之间的距离很小. 这时 $S_1$ 和 $S_2$ 构成一对相干光源，从 $S_1$ 和 $S_2$ 发出的光波在空间叠加，产生干涉现象. 如果在双缝后放置一屏幕，在屏幕上将出现一系列稳定的明暗相间的条纹，称为干涉条纹. 这些条纹都与狭缝平行，条纹间的距离彼此相等，如图 12-2(b)所示.

严济慈

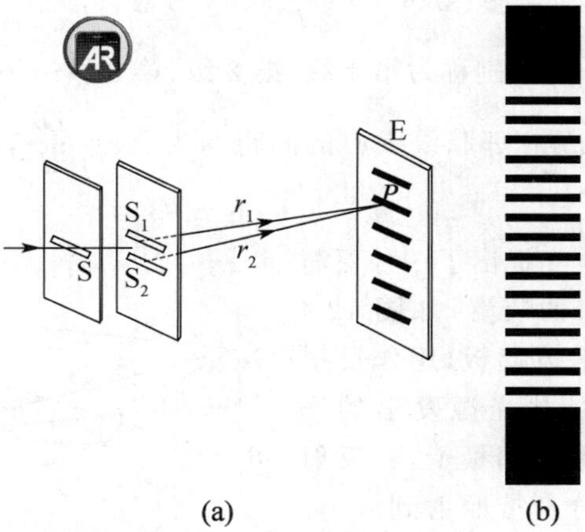


图 12-2 杨氏双缝干涉实验

在实验中，由光源 S 发出的光的波阵面同时到达 $S_1$ 和 $S_2$，通过 $S_1$ 和 $S_2$ 时将发生衍射现象，$S_1$ 和 $S_2$ 就成为两个新的光源，这两个新光源发出的光满足相干光的条件. 由于 $S_1$ 和 $S_2$ 是从 S 发出的波阵面上取出的两部分，所以把这种获得相干光的方法称为分波阵面法.

现在对屏幕上干涉条纹的位置作定量分析. 如图 12-3 所示，设相干光源 $S_1$ 和 $S_2$ 之间的距离为 $d$，连线中点为 $M$，到屏幕的距离为 $D$. 在屏幕上任意一点 $P$，$P$ 点距 $S_1$ 和 $S_2$ 的距离分别为 $r_1$ 和 $r_2$. 从 $S_1$ 与 $S_2$ 发出的光到达 $P$ 点时的波程差为

$$\delta = r_2 - r_1.$$

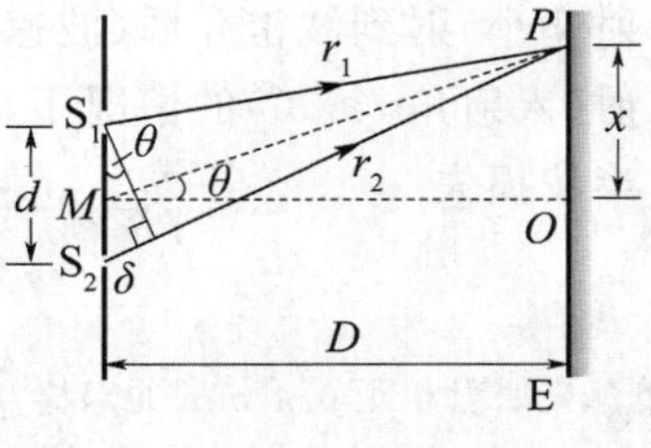


图 12-3 双缝干涉条纹位置计算

设 $P$ 点到屏幕对称中心 $O$ 的距离为 $x$，$\theta$ 是 $PM$ 和 $MO$ 之间的夹角. 为了能看到干涉条纹，在通常的观测条件下要求 $D \gg d$，$D \gg x$，即 $\theta$ 角很小. 因此有 $\sin\theta \approx \tan\theta$，所以

$$\delta = r_2 - r_1 \approx d\sin\theta \approx d\tan\theta = \frac{xd}{D}.$$

从波动理论可知：如果 $\delta=\dfrac{xd}{D}=\pm k\lambda$，点 $P$ 处为明纹，即各级明纹中心到 $O$ 点距离为

$$x=\pm k\frac{D}{d}\lambda\quad(k=0,1,2,\cdots). \tag{12-1a}$$

对应于 $k=0$，称为零级明纹或中央明纹；对应于 $k=1,2,3,\cdots$，分别称为第1级、第2级、第3级……明纹.

如果 $\delta=\dfrac{xd}{D}=\pm(2k-1)\dfrac{\lambda}{2}$，点 $P$ 处为暗纹，即各级暗纹中心到 $O$ 点距离为

$$x=\pm(2k-1)\frac{D\lambda}{2d}\quad(k=1,2,3,\cdots). \tag{12-1b}$$

对应于 $k=1,2,3,\cdots$，分别称为第1级、第2级、第3级……暗纹.

两相邻明纹或两相邻暗纹中心的间距均为 $\Delta x=\dfrac{D\lambda}{d}$，所以干涉条纹是等间距分布的.

劳埃德于1834年提出了一种更简单的获得干涉现象的装置，如图12-4所示. MN是一块平玻璃板，用作反射镜，$S_1$ 是一线光源. 从光源发出的光波，一部分掠射到平玻璃板上，经反射到达屏上；另一部分直接照射到屏上. 这两部分光也是相干光，它们同样是由分波阵面法得到的. 反射光可看作是由虚光源 $S_2$ 发出的. $S_1$ 和 $S_2$ 构成一对相干光源，对干涉条纹的分析与杨氏双缝干涉实验相似. 图中阴影部分为相干区域.

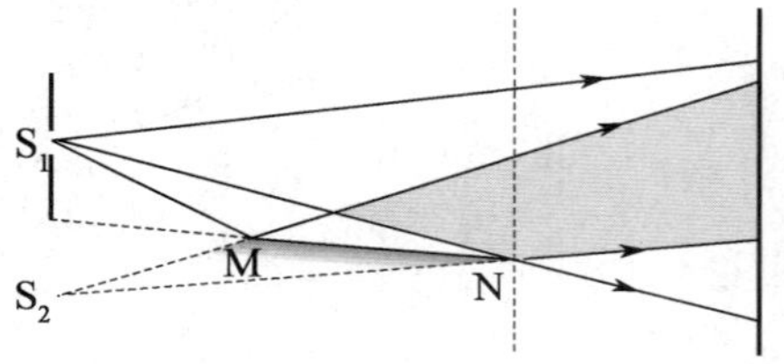

**图 12-4　劳埃德镜装置示意图**

实验证明，当将屏放在平玻璃板的一端N处时，N处并没有出现明纹，而是出现了暗纹，这说明反射光出现了相位 $\pi$ 的跃变. 当光从波疏介质（波速高，折射率小）射到波密介质（波速低，折射率大）时，在掠射（入射角 $i\approx 90^\circ$）或正入射（入射角 $i\approx 0^\circ$）的情况下，反射光的相位较入射光的相位发生的突变，称为半波损失.

**例 12-1**　用单色光照射相距0.4 mm的双缝，缝屏间距为1 m.（1）从第1级明纹到同侧第5级明纹的距离为6 mm，求此单色光的波长；（2）若入射单色光为波长为400 nm的紫光，求相邻两条纹的间距；（3）当用（1）、（2）中所述两种单色光同时照射时，求两种波长的明条纹第一次重合在屏上的位置，以及这两种波长的光从双缝到该位置的波程差.

**解**　(1)由双缝干涉明纹公式可得

$$\Delta x_{1-5}=x_5-x_1=\frac{D}{d}(k_5-k_1)\lambda,$$

得

$$\lambda=\frac{d}{D}\frac{\Delta x_{1-5}}{(k_5-k_1)}=\frac{4\times10^{-4}\times6\times10^{-3}}{1\times(5-1)}\text{ m}$$
$$=6.0\times10^{-7}\text{ m(橙光)}.$$

(2)当 $\lambda=400$ nm 时，相邻两明纹间距为

$$\Delta x=\frac{D}{d}\lambda=\frac{1\times4\times10^{-7}}{4\times10^{-4}}\text{ m}$$
$$=1.0\times10^{-3}\text{ m}=1.0\text{ mm}.$$

(3)设两单色光明纹第一次重合处到中央明纹中心距离为 $x$，则有

$$x=k_1\frac{D}{d}\lambda_1=k_2\frac{D}{d}\lambda_2,$$

即

$$\frac{k_1}{k_2}=\frac{\lambda_2}{\lambda_1}=\frac{400}{600}=\frac{2}{3}.$$

由此可见，波长为 400 nm 的紫光的第 3 级明纹与波长为 600 nm 的橙光的第 2 级明纹重合，位置在

$$x=k_1\frac{D}{d}\lambda_1=\frac{2\times1\times6\times10^{-7}}{4\times10^{-4}}\text{ m}$$
$$=3\times10^{-8}\text{ m}=3\text{ mm}.$$

双缝到重合处的波程差为

$$\delta=k_1\lambda_1=k_2\lambda_2=1.2\times10^{-6}\text{ m}.$$

### 12.1.4　光程与光程差

在 12.1.3 小节的讨论中，两束相干光都是在同一种介质中传播的，所以只要计算出两相干光到达相遇点的几何路程差就可以计算出它们的相位差。但是，当两束光通过不同的介质时，例如，光通过空气射入薄膜时，两相干光的相位差就不能简单地由路程差来决定.

光程和光程差

单色光的频率不论在任何介质中都不会发生变化. 因此由波速、波长与频率的关系式可知，若光在真空中的波速为 $c$，则真空中的波长为 $\lambda=\frac{c}{v}$. 而光在介质中传播的波速为 $u=\frac{c}{n}$，所以光在介质中的波长为 $\lambda_n=\frac{u}{v}=\frac{c}{nv}=\frac{\lambda}{n}$. 这表明介质中的光波波长是其在真空中波长的 $\frac{1}{n}$. 由于光每传播一个波长的距离其相位就变化 $2\pi$，所以当光分别在介质和真空中传播相同的几何路程时，其相位的变化并不相同，不能再用几何路程差的计算来代替相位差的计算，为了解决这一问题，现引入光程与光程差的概念.

如图 12-5 所示，假设从同相位的两相干光源 $S_1$ 和 $S_2$ 发出两相干光分别在折射率为 $n_1$ 和 $n_2$ 的介质中传播. 相遇点 $P$ 与光源 $S_1$ 和 $S_2$ 的距离分别为 $r_1$ 和 $r_2$，则在 $P$ 点两束光的相位差为

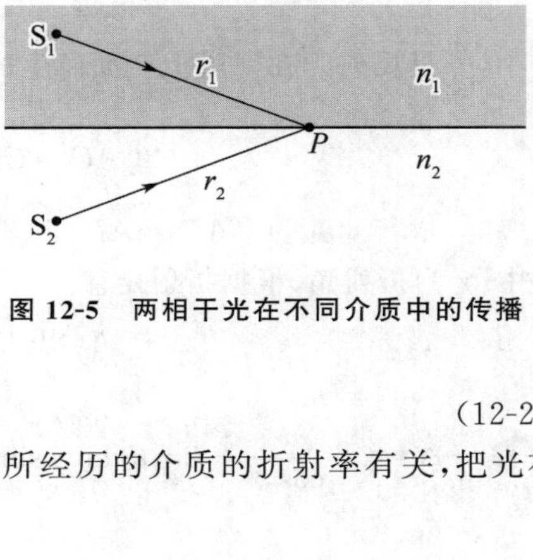


**图 12-5　两相干光在不同介质中的传播**

$$\Delta\varphi=\frac{2\pi r_2}{\lambda_{n_1}}-\frac{2\pi r_1}{\lambda_{n_1}}=\frac{2\pi}{\lambda}(n_2r_2-n_1r_1).\tag{12-2}$$

式(12-2)表明，相位差与几何路程和所经历的介质的折射率有关，把光在

某种介质中经历的几何路程与该介质的折射率的乘积 $nr$ 称为**光程**. 当光先后经历几种不同的介质时,

$$\text{光程} = \sum n_i r_i. \tag{12-3}$$

通过光程概念的引入,可以把两束光在两种不同介质中的传播,转化为它们在同一种介质——真空中传播的路程差,这样原来得到的波程差与相位差的关系就可以重新使用了. 把两束光分别在两种介质中传播的光程的差值称为**光程差**. 在图 12-5 中,两束光的光程差为

$$\Delta = n_2 r_2 - n_1 r_1,$$

则其相位差为

$$\Delta\varphi = \frac{2\pi}{\lambda}\Delta. \tag{12-4}$$

这样,对于两同相位的相干光源发出的两束光,其干涉条纹的明暗条件可由光程差 $\Delta$ 决定,即

$$\Delta = \begin{cases} \pm k\lambda & (k = 0,1,2,\cdots,\text{加强,明纹}), \\ \pm(2k+1)\dfrac{\lambda}{2} & (k = 0,1,2,\cdots,\text{减弱,暗纹}). \end{cases} \tag{12-5}$$

在进行光学实验时,经常要使用透镜,光线通过透镜可改变传播方向. 实验表明,薄透镜不会引起附加的光程差.

### 12.1.5 薄膜干涉 增透膜及增反膜

薄膜干涉现象在日常生活和生产技术中都经常见到,例如,肥皂泡在日光照射下的彩色条纹,镀膜眼镜片和照相机镜头表面上见到的彩色条纹等都是日光的薄膜干涉图样.

接下来讨论光线入射在厚度均匀的薄膜上产生的干涉现象. 如图 12-6 所示,波长为 $\lambda$ 的单色光入射到薄膜表面上,入射角为 $i$. 经薄膜的反射与折射后,产生一对平行光束 $a$ 和 $b$. 这一对光束是相干光束,它们经过透镜后会在屏上产生干涉图样. 现计算其光程差:

$$\Delta = n(AC + CB) - n_1 AD + \frac{\lambda}{2}, \tag{12-6}$$

式中,$\frac{\lambda}{2}$是反射光在薄膜上表面产生的半波损失. 由图 12-6 可知

$$AC = CB = \frac{d}{\cos\gamma},$$

$$AD = AB\sin i = 2d\tan\gamma\sin i,$$

式中,$\gamma$ 为折射角,根据折射定律

$$n_1\sin i = n\sin\gamma,$$

有

$$\Delta = 2n\frac{d}{\cos\gamma} - 2n_1 d\tan\gamma\sin i + \frac{\lambda}{2} = \frac{2nd}{\cos\gamma}(1-\sin^2\gamma) + \frac{\lambda}{2}$$

$$=2nd\cos\gamma+\frac{\lambda}{2}=2d\sqrt{n^2-n_1^2\sin^2 i}+\frac{\lambda}{2}.$$

$P$ 点明、暗纹条件分别为

$$\Delta=2d\sqrt{n^2-n_1^2\sin^2 i}+\frac{\lambda}{2}=\begin{cases}k\lambda & (k=1,2,3,\cdots,\text{加强,明纹}),\\(2k+1)\dfrac{\lambda}{2} & (k=0,1,2,\cdots,\text{减弱,暗纹}).\end{cases}\tag{12-7}$$

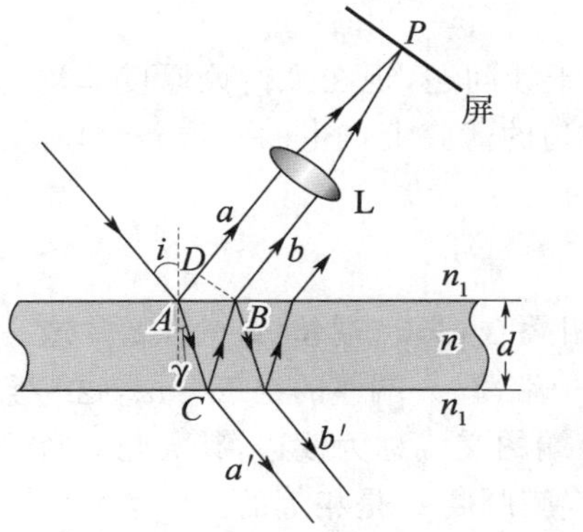


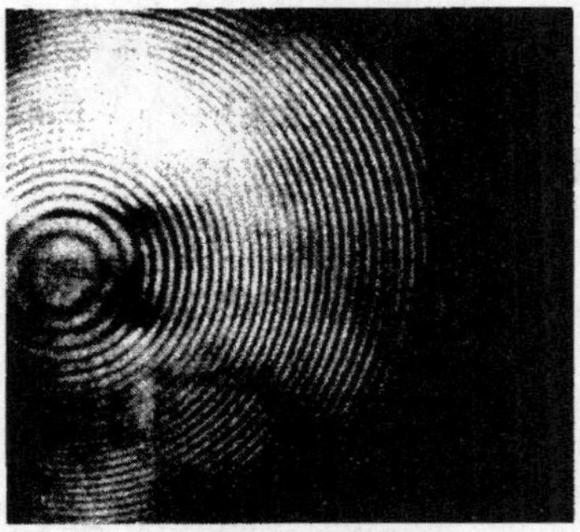

图 12-6　薄膜的干涉

利用薄膜干涉不仅可以测定光波波长和薄膜厚度，而且还可以提高或降低光学器件的透射率. 光在两介质分界面上反射时，透射光的强度将减少，随着界面数的增加，光能的损失还要增多. 为了减少光能的损失，通常在透镜表面镀一层透明薄膜(通常为氟化镁 $MgF_2$，$n=1.38$，介于空气和玻璃之间)，利用薄膜干涉使反射光减到最小，这样的薄膜称为**增透膜**.

如图 12-7 所示，在玻璃表面镀一层厚度为 $d$ 的氟化镁薄膜，由于上下两界面反射光均有半波损失，所以光程差中没有附加光程差，于是两反射光相干减弱的条件为

$$\Delta=2nd=(2k+1)\frac{\lambda}{2}\quad(k=0,1,2,\cdots).$$

膜的最小厚度(相应于 $k=0$)应为

$$d=\frac{\lambda}{4n}.$$

由于反射光相消，所以透射光加强(能量守恒).

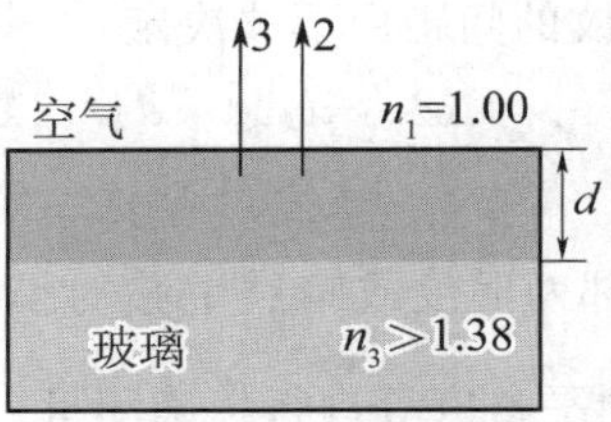


图 12-7　增透膜

有些光学器件需要减少透射率，以增加反射光的强度. 利用薄膜干涉也可以制成**增反膜**(或**高反膜**). 在图 12-7 中，氟化镁改用硫化锌($ZnS$，$n=2.40$)，这时上下两个界面仅有一个产生半波损失，因而反射光相干加强，透射光减弱. 有时为了增加反射率，也采用多层镀膜(如用氟化镁和硫化锌交替镀膜)使某一特定波长的光反射率增加，使反射达到更好的效果.

### 12.1.6 等厚干涉

等厚干涉的光程差及应用

12.1.5 小节讨论了厚度均匀的薄膜干涉问题，现在来讨论厚度非均匀的薄膜干涉问题. 人们把光入射在厚度非均匀的薄膜上产生的干涉条纹，称为**等厚干涉条纹**.

**1. 劈尖干涉**

有两个平面玻璃片，将它们一端互相叠合，另一端垫入一薄纸片或一细丝，如图 12-8 所示，在两玻璃片之间形成一端薄、一端厚的空气薄层，这一劈尖形的空气薄层称为**空气劈尖**. 两玻璃片合端的交线称为棱边，其夹角 $\theta$ 称为劈尖楔角. 在平行于棱边的直线上各点，空气膜厚度 $d$ 是相等的.

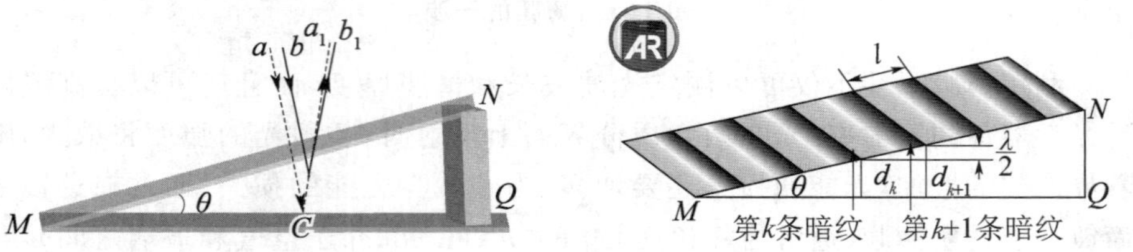


**图 12-8　劈尖干涉**

当平行单色光垂直照射在平板玻璃片上时，劈尖上、下表面的反射光是一对相干光. 劈尖在 $C$ 处厚度为 $d$，该处劈尖上、下表面反射光的光程差为

$$\Delta=2d+\frac{\lambda}{2}, \tag{12-8}$$

于是上、下表面反射光的干涉条件为

$$\Delta=2d+\frac{\lambda}{2}=\begin{cases}k\lambda & (k=1,2,3,\cdots,\text{明纹}),\\(2k+1)\dfrac{\lambda}{2} & (k=0,1,2,\cdots,\text{暗纹}).\end{cases} \tag{12-9}$$

在棱边处，$d=0$，看到的是暗纹，这也是存在半波损失的证据.

任意相邻两明纹或暗纹的间距由下式决定：

$$\sin\theta=\frac{\Delta d}{l}=\frac{d_{k+1}-d_k}{l}=\frac{\lambda}{2l}. \tag{12-10}$$

由式(12-10)可知，相邻两明纹或暗纹中心的膜厚差为 $\frac{\lambda}{2}$. 因此，可应用劈尖干涉对膜的厚度、平面的平整度等进行精确测量.

**例 12-2**　为了测量金属细丝的直径，把金属丝夹在两块平板玻璃之间. 若用单色光垂直照射，已知 $\lambda = 589.3\ \text{nm}$，金属丝到棱边的距离 $L = 28.880\ \text{mm}$，30 条明纹间的距离为 4.295 mm，求金属丝的直径 $D$.

**解**　相邻两明纹间距 $l = \frac{4.295}{30-1}\ \text{mm}$，因为 $\theta$ 角很小，所以有

$$\theta \approx \sin\theta \approx \tan\theta \approx \frac{\lambda}{2l} \approx \frac{D}{L},$$

$$D = \frac{L\lambda}{2l} = \frac{28.880 \times 10^{-3} \times 589.3 \times 10^{-9}}{2 \times \frac{4.295 \times 10^{-3}}{29}}\ \text{m} = 0.057\ 46\ \text{mm}.$$

**2. 牛顿环**

在一块平整的光学玻璃片上，放置一个曲率半径很大的平凸透镜，在它们之间形成一上表面为球面、下表面为平面的空气薄膜. 当平行光垂直照射在平凸透镜上时，可以观测到以平凸透镜与平玻璃接触点为中心的一组由同心圆环构成的干涉条纹，称为**牛顿环**，如图 12-9 所示.

牛顿环的条纹公式

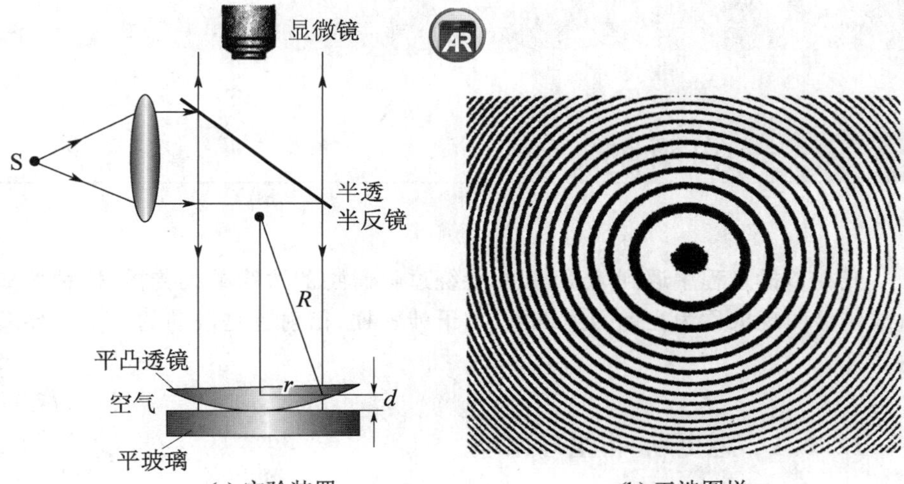

(a) 实验装置　　(b) 干涉图样

**图 12-9　牛顿环**

下面来推导干涉条纹的半径公式. 膜厚为 $d$ 处的光程差为

$$\Delta = 2d + \frac{\lambda}{2}.$$

由图 12-9(a)可知

$$r^2 = R^2 - (R-d)^2 = 2dR - d^2.$$

已知 $R \gg d$，可以略去 $d^2$，故得

$$r = \sqrt{2dR} = \sqrt{\left(\Delta - \frac{\lambda}{2}\right)R}.$$

结合式(12-9)，解得

$$\text{明环半径}\qquad r = \sqrt{\left(k - \frac{1}{2}\right)R\lambda}\quad (k = 1, 2, 3, \cdots), \tag{12-11}$$

暗环半径 $r=\sqrt{kR\lambda}\quad(k=0,1,2,\cdots).\qquad(12\text{-}12)$

由明环、暗环公式可知，相邻条纹的间距是变化的，且离中心越远，条纹越密集.

**例 12-3** 在牛顿环实验中，平凸透镜的曲率半径为 5.0 m，圆平面的直径为 2.0 cm.

(1)用波长为 $\lambda=589.3$ nm 的单色光垂直照射时，可看到多少个明环？

(2)若在空气膜中充以折射率为 $n$ 的液体，可看到 46 个明环，求液体的折射率.

**解** (1)由牛顿环明环半径公式

$$r=\sqrt{\left(k-\frac{1}{2}\right)R\lambda},$$

可得

$$k=\frac{r^2}{R\lambda}+\frac{1}{2}=\frac{(1.0\times10^{-2})^2}{5\times589.3\times10^{-9}}+\frac{1}{2}=34.4,$$

即可看到 34 个明环.

(2)充以液体，则明环半径为

$$r=\sqrt{\left(k-\frac{1}{2}\right)R\frac{\lambda}{n}},$$

故

$$n=\frac{(2k-1)R\lambda}{2r^2}=\frac{(2\times46-1)\times5\times589.3\times10^{-9}}{2\times(1.0\times10^{-2})^2}=1.34.$$

## 12.2 光的衍射

光在传播过程中遇到障碍物时，能绕过障碍物的边缘继续传播，这种偏离直线传播的现象称为**光的衍射**现象. 和干涉一样，衍射也是波动的一个重要基本特征.

### 12.2.1 惠更斯-菲涅耳原理

惠更斯

根据光源、衍射屏和接收屏三者之间的位置关系，可以把衍射分为两类：一类是光源和接收屏都距离衍射屏为有限远时的衍射，称为**菲涅耳衍射**[见图 12-10(a)]；另一类是当把光源和接收屏都移至无穷远时的衍射，称为**夫琅禾费衍射**，这时，光到达衍射屏和到达接收屏时的波阵面都是平面波[见图 12-10(b)]. 在实验中，常把光源放在透镜 $L_1$ 的焦点上，而把接收屏放在透镜 $L_2$ 的焦平面上[见图 12-10(c)]，这样到达衍射屏的光和衍射光都是平行光，满足夫琅禾费衍射的条件. 在本书中只讨论夫琅禾费衍射.

应用惠更斯原理可以对波的衍射现象作定性说明，但不能解释光的衍射图样中光强的分布. 菲涅耳发展了惠更斯原理，为衍射理论奠定了基础. 菲涅耳假定：波在传播过程中，同一波阵面上的各子波源是相干子波源，从同一波阵面上各子波源发出的子波是相干子波，各相干子波向前传播的过程中，相遇时发生相干叠加，空间各点波的强度，由各子波在该点的相干叠加所确定. 这称为**惠更斯-菲涅耳原理**.

应用惠更斯-菲涅耳原理,原则上可解决一般的衍射问题,但其计算极其复杂.

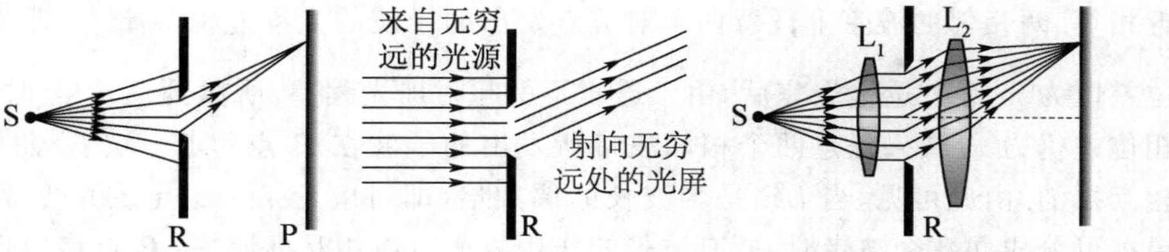


(a) 菲涅耳衍射　(b) 夫琅禾费衍射　(c) 在实验室中实现夫琅禾费衍射

**图 12-10　菲涅耳衍射和夫琅禾费衍射**

## 12.2.2　单缝衍射

单缝夫琅禾费衍射的实验装置如图 12-11 所示. 单色光源 S 放置在凸透镜 $L_1$ 的焦点上,其发出的光经凸透镜 $L_1$ 后与主光轴平行垂直照射在单缝上,经单缝衍射后的平行衍射光束经凸透镜 $L_2$ 会聚于放置在其焦平面上的屏上.

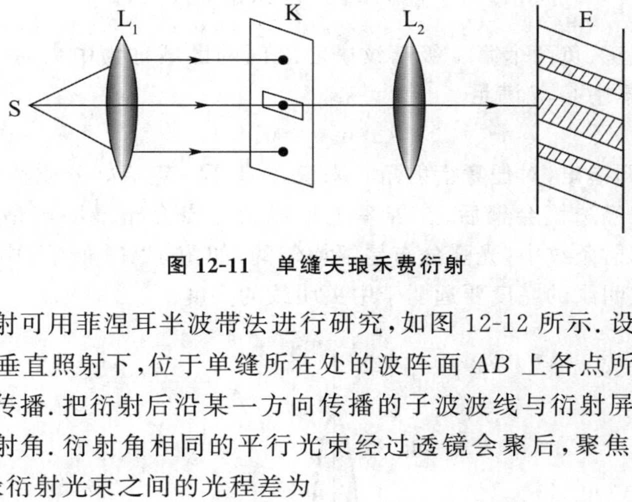


**图 12-11　单缝夫琅禾费衍射**

夫琅禾费

单缝衍射原理

单缝衍射可用菲涅耳半波带法进行研究,如图 12-12 所示. 设单缝宽度为 $a$,在平行光垂直照射下,位于单缝所在处的波阵面 $AB$ 上各点所发出的子波沿各个方向传播. 把衍射后沿某一方向传播的子波波线与衍射屏法线之间的夹角称为衍射角. 衍射角相同的平行光束经过透镜会聚后,聚焦于屏幕上 $P$ 点. 两条边缘衍射光束之间的光程差为

$$BC = a\sin\theta.$$

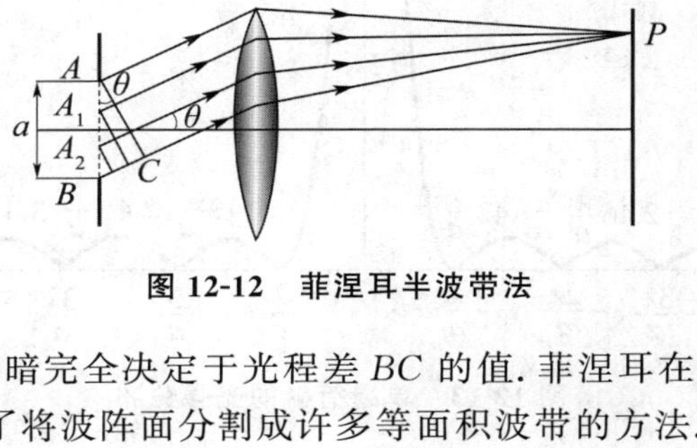


**图 12-12　菲涅耳半波带法**

$P$ 点条纹的明暗完全决定于光程差 $BC$ 的值. 菲涅耳在惠更斯-菲涅耳原理的基础上,提出了将波阵面分割成许多等面积波带的方法. 在单缝衍射的例

子中,可以作一些平行于 $AC$ 的平面,使两相邻平面之间的距离等于入射光的半波长. 假定这些平面将单缝处的波阵面 $AB$ 平均分成 $AA_1, A_1A_2, A_2B$ 等整数个波带. 由于各波带的面积相等,所以各个波带在 $P$ 点所引起的光振幅也接近相等. 两相邻的波带上任意两个对应点发出的子波的光程差恒等于 $\frac{\lambda}{2}$,即相位差恒为 $\pi$. 经过透镜聚焦后,由于透镜不引起附加光程差,所以到达 $P$ 点时,相位差仍为 $\pi$. 结果任意两个相邻波带所发出的子波在 $P$ 点引起的光振动将相互抵消. 由此可见,当 $BC$ 是半波长的偶数倍,即对应于某个给定的角度 $\theta$,单缝可分成偶数个波带时,所有波带的作用将成对地相互抵消,在 $P$ 点将出现暗纹;当 $BC$ 是半波长的奇数倍,即对应于某个给定的角度 $\theta$,单缝可分成奇数个波带时,相互抵消的结果是还留下一个波带的作用,在 $P$ 点将出现明纹. 上述结果表达式为

当 $\theta$ 满足

$$a\sin\theta = \pm 2k\frac{\lambda}{2} \quad (k=1,2,3,\cdots) \tag{12-13}$$

时为暗纹;

当 $\theta$ 满足

$$a\sin\theta = \pm(2k+1)\frac{\lambda}{2} \quad (k=1,2,3,\cdots) \tag{12-14}$$

时为明纹. 把正、负两个第 1 级暗纹中心之间的区域称为中央明纹,中央明纹中心位于屏幕中心,$\theta$ 满足

$$a\sin\theta = 0. \tag{12-15}$$

必须强调指出,对任意衍射角 $\theta$ 来说,$AB$ 不一定恰好分成整数个波带,此时,衍射光束经透镜会聚后,在屏幕上形成的亮点介于最明与最暗之间的区域. 在单缝衍射条纹中,光强分布是不均匀的. 如图 12-13 所示,中央明纹的亮度最大,其他明纹的亮度要远弱于中央明纹的亮度.

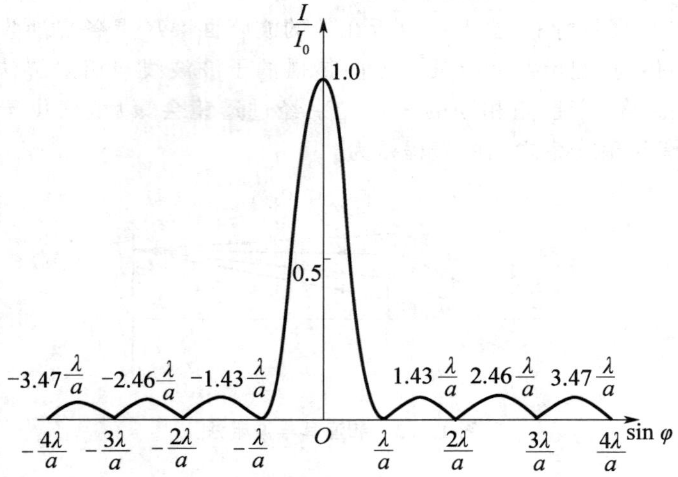


图 12-13 单缝衍射的光强分布

单缝衍射明暗纹中心在屏幕上的位置与衍射角一一对应,即

$$x = f\tan\theta. \tag{12-16}$$

一般情况下,衍射角 $\theta$ 很小,满足 $\theta \approx \tan\theta \approx \sin\theta$,即

$$x \approx f\theta.$$

中央明纹宽度由两个第 1 级暗纹中心界定,即

$$\Delta x_0 = 2f\,\frac{\lambda}{a}. \tag{12-17}$$

一般明纹和暗纹的宽度为

$$\Delta x = f\,\frac{\lambda}{a}. \tag{12-18}$$

**例 12-4** 波长 $\lambda = 600$ nm 的单色光垂直照射在缝宽 $a = 0.2$ mm 的单缝上,缝后用焦距 $f = 0.5$ m 的凸透镜将衍射光会聚在屏幕上.求:(1)中央明纹的宽度;(2)第 1 级明纹的位置以及单缝处波面可分为几个半波带;(3)第 1 级明纹的宽度.

**解** (1)由中央明纹宽度公式得

$$\Delta x_0 = 2f\,\frac{\lambda}{a} = \frac{2\times 0.5\times 600\times 10^{-9}}{0.2\times 10^{-3}}\ \text{m}$$

$$= 3\times 10^{-3}\ \text{m} = 3\ \text{mm}.$$

(2)由单缝明纹公式得

$$\sin\varphi_1 = (2k+1)\,\frac{\lambda}{2a} = \frac{(2\times 1+1)\times 600\times 10^{-9}}{2\times 0.2\times 10^{-3}}$$

$$= 4.5\times 10^{-3}.$$

所以第 1 级明纹在屏幕上的位置,即第 1 级明纹中心到中央明纹中心的距离为

$$x_1 = f\tan\varphi_1 \approx f\sin\varphi_1 = 0.5\times 4.5\times 10^{-3}\ \text{m}$$

$$= 2.25\times 10^{-3}\ \text{m} = 2.25\ \text{mm}.$$

对应于第 1 级明纹,单缝处的波面可分为 $2k+1=3$ 个半波带.

(3)由一般明纹宽度公式得

$$\Delta x = \frac{f\lambda}{a} = \frac{0.5\times 600\times 10^{-9}}{0.2\times 10^{-3}}\ \text{m}$$

$$= 1.5\times 10^{-3}\ \text{m} = 1.5\ \text{mm}.$$

### 12.2.3 圆孔衍射 光学仪器分辨率

在单缝夫琅禾费实验装置中,如果用一小圆孔代替单缝,也会产生衍射现象.如图 12-14(a)所示,当用单色光垂直照射小圆孔 K 时,在透镜 L 的焦平面处的屏幕 E 上可以观察到圆孔夫琅禾费衍射图样.其正中央是一个明亮的圆斑,周围是一组同心的明暗相间的圆环.由最靠近中央的第 1 级暗环所围成的中央亮斑称为**艾里斑**,艾里斑的直径为 $d$,其半径对透镜 L 光心的张角 $\theta$ 称为艾里斑的半角宽度.圆孔夫琅禾费衍射图样的光强分布如图 12-14(b)所示,其中艾里斑的光强约占整个入射光的光强的 80%以上.根据理论计算,艾里斑的半角宽度与圆孔直径 $D$ 以及入射光波长 $\lambda$ 之间的关系为

$$\theta \approx \sin\theta = 1.22\,\frac{\lambda}{D} = \frac{d}{2f}, \tag{12-19}$$

式中,$f$ 为透镜焦距,如图 12-14(c)所示.由式(12-19)可知,圆孔直径越小,或入射光波长 $\lambda$ 越大,则衍射现象越明显.

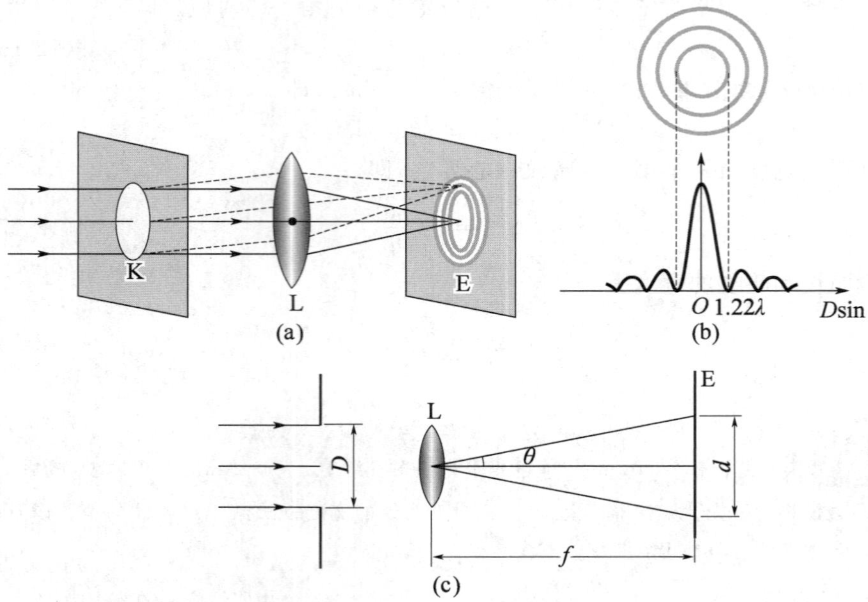


图 12-14　圆孔夫琅禾费衍射

在讨论各种光学仪器的成像问题时，如果仅从几何光学的规律来考虑问题，则只需要适当选择透镜焦距并且适当安排多个透镜的组合，总可以用提高放大率的方法，把任意小的物体或远处的物体放大到清晰可见的程度. 但是，实际上各种光学仪器成像的清晰程度最终要受到光的衍射现象的限制. 当放大率提高到一定程度时，仪器分辨物体细节的性能就不会再提高了，也就是说，由于衍射的限制，光学仪器的分辨能力有一个极限. 下面将讨论光学仪器的分辨能力，说明为什么有一个分辨极限以及分辨极限的大小.

光学仪器中的透镜、光阑等都相当于一个小圆孔. 从波动光学的观点来看，光源上的一个点所发出的光波经过仪器中的透镜或光阑后，并不能会聚成一个点，而是形成一个衍射图样，例如，一个点光源发出的光经过望远镜的物镜后所形成的像不是一个点，而是圆孔衍射图样，其主要部分就是艾里斑. 虽然望远镜的物镜的孔径（直径）远大于光波的波长，不是平常演示用的“小圆孔”，但是孔径毕竟是有限的，一个点光源的像仍然是一个小亮斑，其中心的位置就是几何光学像的位置. 两个点光源的像就是两个这样的圆斑，如果这两个点光源相距很近，而它们形成的衍射圆斑又比较大，以至于两个圆斑的绝大部分相互重叠，那么就分辨不出这是两个点了，这种情况如图 12-15(a)所示，此图的照片就是放大若干倍后，还是不能分辨出这两个点；若这两个圆斑足够小，或它们中心的距离足够远，如图 12-15(b)所示，那么两个圆斑虽然有一些重叠，但是也能分辨这两个点光源；若一个点光源的衍射图样的中心恰与另一个点光源的衍射图样的第一个最暗处重合，如图 12-15(c)所示，这时两衍射图样（重叠区）光强度约为单个衍射图样的中央最大光强的 80%，人的眼睛刚刚能判断出这是两个点的像，这时，可以说这两个点恰能被这一光学仪器分辨.

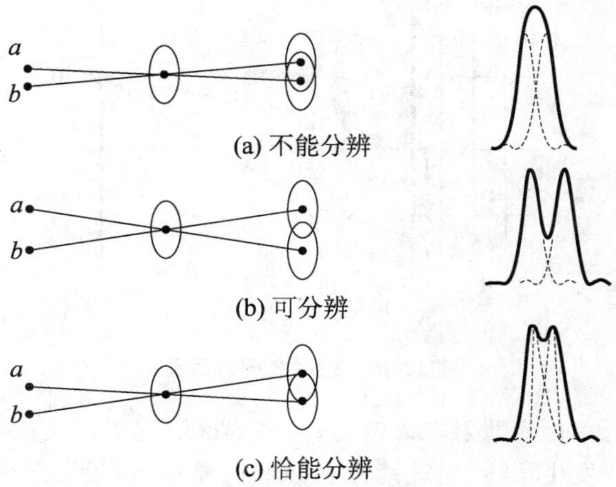


图 12-15　光学仪器的分辨能力

当两个点光源的像恰好可分辨时，两个点光源对透镜光心的张角称为光学仪器的**最小分辨角**，用 $\theta_0$ 表示. 它正好等于每个艾里斑的半角宽度，即

$$\theta_0 = 1.22\frac{\lambda}{D}. \tag{12-20}$$

最小分辨角的倒数$\frac{1}{\theta_0}$称为光学仪器的**分辨率**. 由式(12-20)可知，光学仪器的分辨率与波长 $\lambda$ 成反比，与仪器的孔径 $D$ 成正比.

### 12.2.4　光栅衍射

从前面的讨论中知道，原则上可以利用单色光通过单缝时所产生的衍射条纹来测定单色光的波长. 但为了测定的准确性，要求衍射条纹必须分得很开，条纹很细且很明亮，对单缝衍射而言，这两个要求难以同时满足. 这是因为若要条纹分得很开，单缝的宽度就要很小，这样通过单缝的光能量就少，则条纹不够明亮；若要条纹明亮，单缝的宽度就要很大，但这时条纹间距变小，则不易分辨开来. 所以测定光波波长时，往往不使用单缝，而是采用能满足上述条件的衍射光栅.

光栅衍射原理及缺级现象

由大量等间距、等宽度的平行狭缝所组成的光学元件称为**衍射光栅**. 利用透射光衍射的叫透射光栅，利用反射光衍射的叫反射光栅. 透射光栅一般是在一块光学玻璃片上刻划很多等间距、等宽度的平行刻痕，刻痕处相当于毛玻璃，不易透光，刻痕之间的光滑部分可以透光，相当于一个单缝，如图 12-16 所示. 透光部分的宽度记为 $a$，不透光部分的宽度记为 $b$，相邻的一个透光部分和一个不透光部分的宽度之和记为 $d$，即 $d=a+b$，称为**光栅常量**. 一般光栅的光栅常量为 $10^{-5}\sim10^{-6}$ m 的数量级.

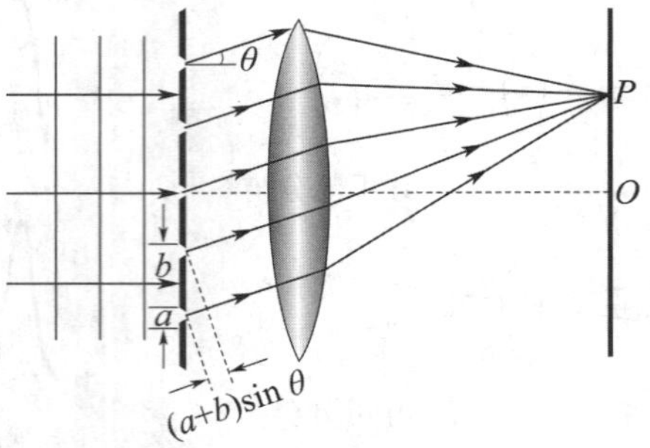


图 12-16　透射光栅截面图

当一束平行单色光照射在光栅上时，每个狭缝都要产生衍射，而缝与缝之间透过的光又要发生干涉.用透镜将其会聚在屏幕上，就会产生如图 12-17 所示的光栅衍射条纹.实验表明，随着缝数的增加，明纹的亮度增大，明纹的宽度变小.

(a) 1条缝　(b) 2条缝　(c) 3条缝　(d) 5条缝　(e) 6条缝　(f) 20条缝

图 12-17　多缝衍射条纹

下面简单讨论在屏幕上某处出现光栅衍射明纹所应满足的条件.

在图 12-16 中，任意选择两个相邻的透光狭缝来分析.设这两个相邻缝发出沿衍射角 $\theta$ 方向的光，经透镜会聚于 $P$ 点，其光程差为 $\Delta=(a+b)\sin\theta=d\sin\theta$.如果满足关系式

$$d\sin\theta=\pm k\lambda \quad (k=0,1,2,\cdots), \tag{12-21}$$

则干涉加强，在屏幕上出现明纹.式(12-21)称为**光栅方程**，满足光栅方程的明纹又称主极大，这些主极大细窄而明亮.$k$ 为明纹级数，$k=0$，为零级主极大；$k=1$，为第 1 级主极大，其余依次类推.除零级主极大只有一条外，其余主极大

均有两条，它们对称地分布在零级主极大的两侧.

由光栅方程可知，在光栅常数 $d$ 一定时，主极大衍射角 $\theta$ 的大小与入射光的波长有关. 若用白光照射光栅，则各种不同波长的光将产生各自分开的主极大. 屏幕上，零级主极大由各种波长的光混合呈现为白光，其两侧将形成各级由紫到红对称排列的彩色光带，这些彩色光带的整体称为衍射光谱，如图 12-18 所示(V 表示紫光，R 表示红光). 在第 2 级和第 3 级光谱中，发生了重叠，级数越高，重叠情况越严重.

由于光栅可以将不同波长的光分隔开，且光栅衍射条纹宽度小，测量误差较小，所以常用它作为分光元件，其分光性能要比棱镜优越得多.

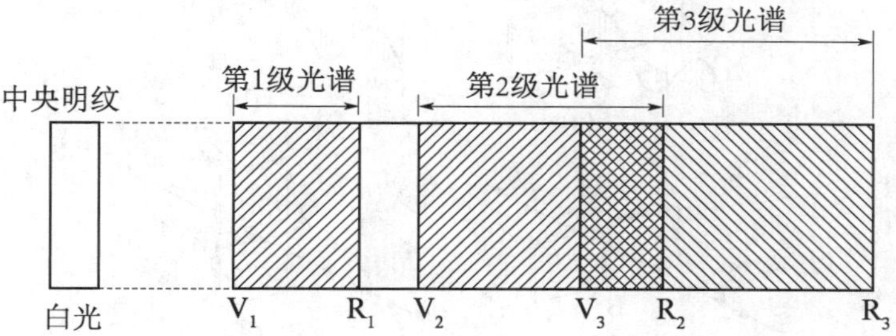


图 12-18　光栅光谱

**例 12-5**　用每毫米刻有 500 条刻痕的光栅，观察钠光谱线($\lambda=589.3$ nm). 问：当平行光垂直入射时，最多能看到第几级主极大？总共有多少条主极大？

**解**　由光栅公式 $d\sin\theta=\pm k\lambda$ 得

$$k=\frac{d}{\lambda}\sin\theta. \quad ①$$

可见 $k$ 的最大值对应 $\sin\theta=1$.

光栅常量为

$$d=\frac{1}{500}\ \text{mm}=2\times10^{-6}\ \text{m},$$

将结果代入式①，并令 $\sin\theta=1$，得

$$k=\frac{2\times10^{-6}}{589.3\times10^{-9}}=3.4,$$

由于 $k$ 只能取整数，故 $k=3$，即最多只能看到第 3 级主极大，总共有 $2k+1=7$ 条主极大(其中加一条零级主极大).

## 12.3 光的偏振

光的干涉和衍射现象显示了光的波动性，但这些现象并不能说明光是横波还是纵波. 光的偏振现象清楚地显示出光具有横波的性质，这一点和光的电磁理论的预言完全一致. 可以说，光的偏振现象为证明光是电磁波提供了进一步的证据.

伦琴

光的偏振现象在自然界中普遍存在. 光的反射、折射以及光在晶体中传播时的双折射都与光的偏振现象有关，而且偏振光有着极其广泛的应用.

### 12.3.1 自然光和偏振光

怎样选择夏天戴的偏光太阳镜？

横波和纵波在某些方面的表现是截然不同的. 如图 12-19 所示，在机械波的传播路径上，放置一狭缝 AB. 当狭缝 AB 与横波的振动方向平行时[见图 12-19(a)]，横波可以通过狭缝继续向前传播；当狭缝 AB 与横波的振动方向垂直时[见图 12-19(b)]，横波不能通过狭缝继续向前传播，而纵波却能通过狭缝继续向前传播[见图 12-19(c)、(d)].

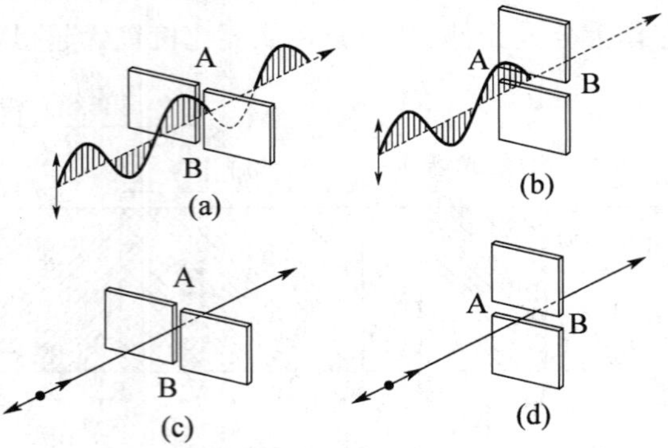


图 12-19 横波与纵波的区别

光是一种电磁波. 就可见光而言，能够引起人们视觉或感光器件起作用的是电场强度 $\boldsymbol{E}$ 的振动，因此用 $\boldsymbol{E}$ 的振动代表光振动，$\boldsymbol{E}$ 称为**光矢量**. 光波的传播过程中，在垂直于传播方向的平面内，光矢量可能有不同的振动状态. 光矢量既可以始终在一个方向上振动，也可以随时改变方向，甚至绕传播方向以光频率旋转. 光矢量的这种振动状态称为**光的偏振态**. 按光的偏振态不同，可以把光束分为五类：线偏振光、部分偏振光、椭圆偏振光、圆偏振光和自然光. 下面将分别加以说明.

光波在传播过程中，若空间各点的光矢量都沿同一固定的方向振动，如图 12-20 所示，称这种光波为**线偏振光**. 由光矢量的振动方向和传播方向决定的平面称为振动面. 在图 12-20 中用黑点表示垂直于纸面的光振动，用短线表示平行于纸面的光振动.

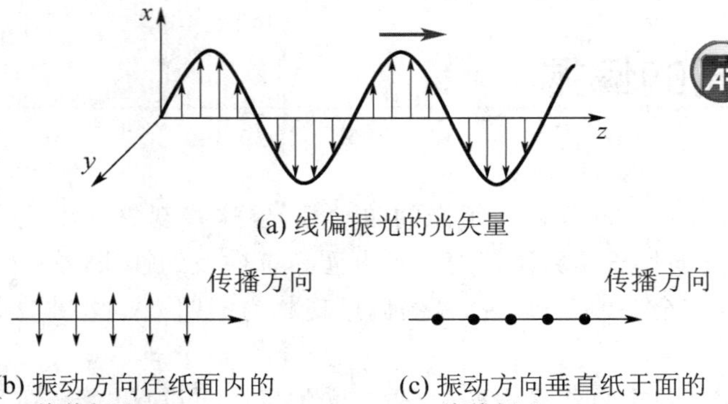


(a) 线偏振光的光矢量

(b) 振动方向在纸面内的线偏振光

(c) 振动方向垂直纸于面的线偏振光

图 12-20 线偏振光

普通光源中，每个原子(或分子)每次发光所发出的波列可以认为是线偏振光，但是，普通光源所发出的光是由大量原子发出的持续时间很短的波列组成的，这些波列的振动方向和相位是无规律且随机变化的. 在垂直于光传播方向的平面上看，几乎各个方向都有大小不等、前后参差不齐且变化很快的光矢量的振动. 按照统计平均来说，无论哪一个方向的振动都不比其他方向的振动更有优势，即光矢量的振动在各个方向上的分布是对称的，振幅也可看作完全相等(见图 12-21)，这种光称为**自然光**，它是非偏振光.

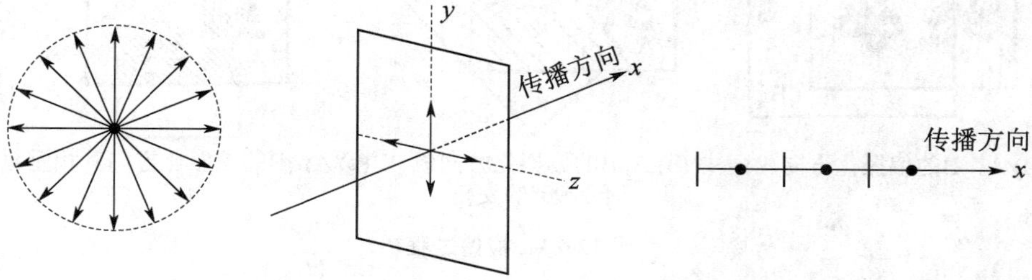


**图 12-21　自然光**

把自然光在两个相互垂直的振动方向上进行分解，得到的两个分量光束振幅相同，振动方向彼此垂直. 它们相互独立，都是线偏振光，这两个线偏振光的光强各占自然光光强的 1/2. 自然光可以用图 12-21(c)所示的方法表示.

与自然光相类似，若某束光可以在相互垂直的两个方向上进行分解，而这两个分量光的强度不等，则这样的光称为**部分偏振光**，可以用图 12-22 所示的两种方法表示.

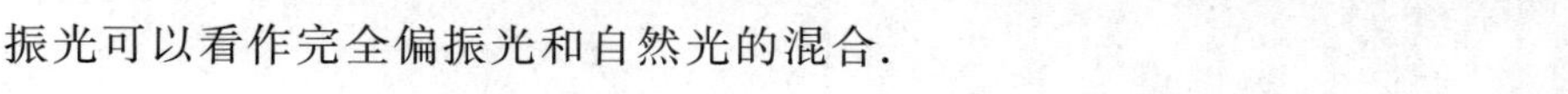


(a) 在纸面内的光振动较强　　(b) 垂直于纸面的光振动较强

**图 12-22　部分偏振光**

相对于自然光(非偏振光)和部分偏振光而言，线偏振光是完全偏振光. 实际上，部分偏振光是介于完全偏振光和自然光之间的. 理论分析表明，部分偏振光可以看作完全偏振光和自然光的混合.

## 12.3.2　马吕斯定律

从自然光获得偏振光的过程称为**起偏**，产生起偏作用的光学器件称为**起偏器**. 偏振片是一种常见的起偏器，它能对入射自然光的光矢量在某个方向上的分量有强烈的吸收，而对与它相垂直的分量吸收很少. 当自然光照射在偏振片上时，它只让某一特定振动方向的光矢量通过，这个方向称为偏振化方向或透射方向，通常用符号“↕”把偏振化方向标示在偏振片上.

马吕斯定律

偏振片不仅可以用来使自然光变成线偏振光，还可以用来检测某一光是否为偏振光，这一过程称为**检偏**，即起偏器也可作为**检偏器**. 图 12-23 演示了检偏过程：将 B 绕入射光的方向旋转一周，透过 B 的光由全明逐渐变为全暗，又由全暗变为全明，再由全明变全暗，由全暗变全明，共经历两个全明和全暗的过程，则入射光是线偏振光. 若改用自然光作此实验，则在旋转偏振片 B 的过程中，不会观察到明暗的变化.

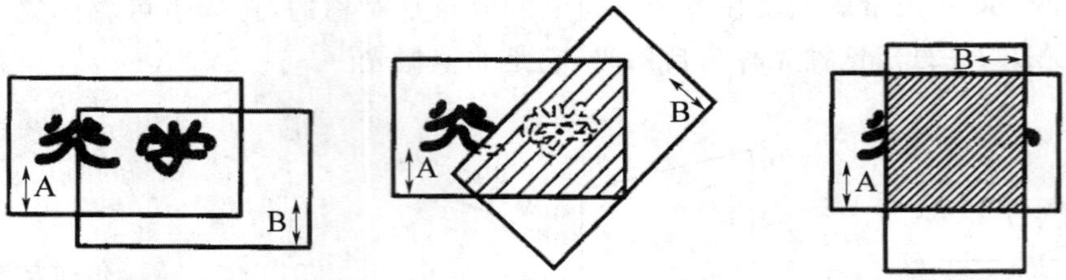


(a) A，B的偏振化方向相同　(b) A, B的偏振化方向成一不为90°的交角　(c) A，B的偏振化方向互相垂直

**图 12-23　检偏过程**

1809 年，马吕斯在研究线偏振光通过检偏器后的透射光光强时发现，若入射光光强为 $I_0$，线偏振光的振动方向与检偏器的偏振化方向间夹角为 $\alpha$，则透射光光强为

$$I = I_0 \cos^2\alpha. \tag{12-22}$$

式(12-22)称为**马吕斯定律**. 现证明如下.

如图 12-24 所示，$ON_1$ 表示入射线偏振光的振动方向，$ON_2$ 表示检偏器的偏振化方向，两者的夹角为 $\alpha$. 入射线偏振光的光矢量振幅为 $E_0$，将此光矢量沿 $ON_2$ 方向及垂直于 $ON_2$ 方向分解为两个分量，其中平行于检偏器偏振化方向的分量可以通过检偏器，其光矢量的振幅为 $E_0\cos\alpha$. 由于光强与振幅的二次方成正比，所以通过检偏器的透射光光强 $I$ 与入射光光强 $I_0$ 之比为

$$\frac{I}{I_0} = \frac{(E_0\cos\alpha)^2}{E_0^2} = \cos^2\alpha,$$

即

$$I = I_0\cos^2\alpha.$$

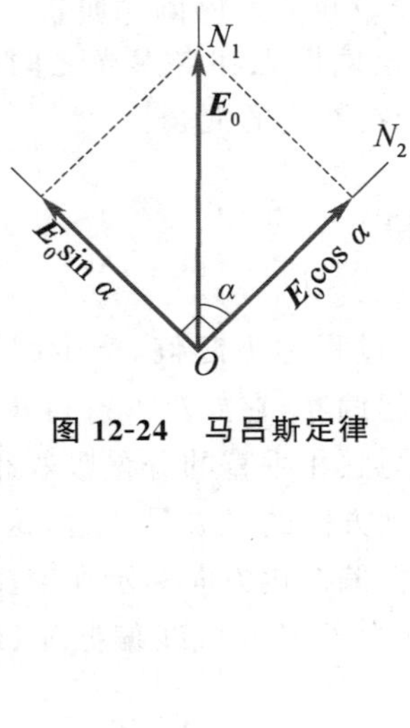


**图 12-24　马吕斯定律**

**例 12-6**　一束光由线偏振光和自然光混合而成，当它通过偏振片时，改变偏振片的透光轴的方向，发现透射光的光强的最大值是最小值的 3 倍. 求入射光中两种成分的光的相对强度.

**解**　设光束的总光强为 $I$，线偏振光的光强为 $I_1$，自然光的光强为 $I_0$，则 $I=I_0+I_1$. 设透射光光强的最大值为 $I_{\max}$，最小值为 $I_{\min}$，由题意有

$$\frac{I_{\max}}{I_{\min}}=\frac{I_1+\frac{1}{2}I_0}{\frac{1}{2}I_0}=3.$$

由此得到

$$\frac{I_1}{I_0}=\frac{1}{1}, I_1=I_0.$$

则入射光中线偏振光光强 $I_1=\frac{1}{2}I$，自然光光强

$$I_0=\frac{1}{2}I.$$

## 12.3.3　布儒斯特定律

自然光在两种各向同性的不同介质的分界面上反射和折射时，反射光和折射光都将成为部分偏振光. 在特定的情况下，反射光有可能成为完全偏振光.

如图 12-25 所示，$MM'$是两种介质(如空气和玻璃)的分界面. $SI$ 是一束自然光，$IR$ 和 $IR'$分别是反射光和折射光. $i$ 为入射角，$\gamma$ 为折射角. 图中黑点表示垂直于入射面的光振动，短线表示平行于入射面的光振动. 实验表明，反射光是垂直于入射面振动较强的部分偏振光，而折射光是平行于入射面振动较强的部分偏振光. 实验还表明，随着入射角 $i$ 的变化，反射光的偏振化程度也发生变化，当入射角 $i_0$ 满足

$$\tan i_0=\frac{n_2}{n_1} \tag{12-23}$$

时，反射光中只有垂直于入射面的光振动，而没有平行于入射面的光振动. 这时，反射光为完全线偏振光，而折射光仍为部分偏振光，但反射光的偏振化程度这时最强[见图 12-25(b)]. 式(12-23)是 1815 年由布儒斯特从实验中得到的，所以称为**布儒斯特定律**. $i_0$ 称为**起偏角或布儒斯特角**. 当入射角 $i$ 等于起偏角 $i_0$ 入射时，反射光为完全线偏振光，而折射光为部分偏振光.

布儒斯特

布儒斯特定律

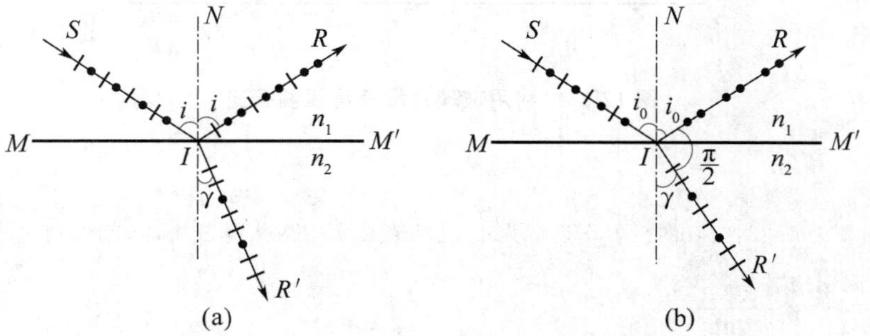


**图 12-25　反射和折射时光的偏振**

根据折射定律，$n_1\sin i_0=n_2\sin\gamma$，又由布儒斯特定律有

$$\tan i_0=\frac{\sin i_0}{\cos i_0}=\frac{n_2}{n_1},$$

可得

$$\sin\gamma=\cos i_0,$$

故

$$i_0+\gamma=\frac{\pi}{2}.$$

这表明当入射角为起偏角时,反射光与折射光相互垂直.

对于一般的光学玻璃,当自然光以起偏角入射时,反射光虽然是垂直于入射面的完全线偏振光,但其光强只占入射光中垂直于入射面的光振动强度的15%,而折射光的光强是由入射光中全部的平行于入射面的振动强度和垂直于入射面的振动强度的85%.所以,反射光虽然偏振化程度好,但光强很弱;而折射光虽然光强很强,但偏振化程度差.

为了解决上述问题,实验室常用玻璃片堆获得振动相互垂直的两束线偏振光,如图12-26所示.玻璃片堆是由多片彼此平行的平板光学玻璃中间夹以空气膜构成的.当自然光(或单色光)以大于或等于起偏角入射到玻璃片堆上时,入射光束经多次反射和折射,反射光中集中了入射光中几乎全部的垂直于入射面的光矢量,而折射光中集中了入射光中全部的平行于入射面的光矢量和极少量的垂直入射面的光矢量.这样,就可以获得偏振化程度极佳的两束振动方向相互垂直的偏振光.

液晶

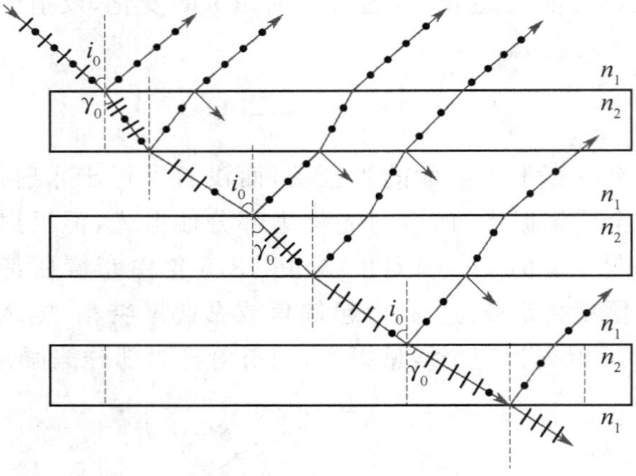


**图 12-26 利用玻璃片堆获得线偏振光**

**例 12-7** 水的折射率为1.33,空气的折射率近似为1.自然光从水中射入空气中时,起偏角是多少?从空气中射入水中时,起偏角又是多少?

**解** 由布儒斯特定律,当光从水中射入空气中时

$$\tan i_0=\frac{n_1}{n_2}=\frac{1}{1.33},\quad i_0=36.9°.$$

当光从空气中射入水中时

$$\tan i_0'=\frac{n_2}{n_1}=1.33,\quad i_0'=53.1°.$$

## 12.4 光的双折射

光的双折射

## *12.5 偏振光的干涉

偏振光的干涉

## 12.6 现代光学

现代光学

## 本章提要

(1)光的干涉现象及相干条件.

①光的干涉现象：两列光波叠加时产生的光强在空间中有一个稳定分布的现象.

②光的相干条件：两光波必须频率相同，振动方向相同，相位差恒定.

③获取相干光的方法：将同一光源同一点发出的光波分成两束，在空间经过不同路径传播后再使它们相遇. 分法有两种，即分波阵面法(如杨氏双缝干涉实验)和分振幅法(如薄膜干涉).

(2)光程、光程差与半波损失.

①光程：光在折射率为 $n$ 的介质中经过的几何路程为 $x$，则相应的光程为 $nx$.

②光程差：两束光到达空间某点的光程之差，称为光程差，用 $\Delta$ 表示，$\Delta=n_2x_2-n_1x_1$，相位差 $\Delta\varphi$ 与光

程差 Δ 的关系：$\Delta\varphi = \frac{2\pi}{\lambda}\Delta$（$\lambda$ 为光在真空中的波长）.

③半波损失：光由光疏介质入射到光密介质而在界面上反射时产生 $\pi$ 的相位突变，称为半波损失，该损失相当于 $\frac{\lambda}{2}$ 的光程.

(3)干涉明暗条纹的条件.

两束相干光在空间某点相遇，相位差 $\Delta\varphi=\begin{cases}\pm 2k\pi, & \text{明纹,}\\ \pm(2k+1)\pi, & \text{暗纹}\end{cases}$ $(k=0,1,2,\cdots)$，或者光程差

$$\Delta=\begin{cases}\pm k\lambda, & \text{明纹,}\\ \pm(2k+1)\dfrac{\lambda}{2}, & \text{暗纹}\end{cases}\quad (k=0,1,2,\cdots,k\ \text{称为干涉级}).$$

①杨氏双缝干涉(分波阵面法).

a. 条纹位置 $x=\begin{cases}\pm k\dfrac{D}{d}\lambda, & \text{明纹中心,}\\ \pm(2k+1)\dfrac{D}{d}\dfrac{\lambda}{2}, & \text{暗纹中心}\end{cases}\quad (k=0,1,2,\cdots).$

b. 条纹特点为等间距；

c. 相邻明纹中心(或暗纹中心)间的距离 $\Delta x=\frac{D}{d}\lambda$ .

②薄膜干涉.

入射光在薄膜上表面因反射和折射而分振幅，薄膜上下表面发射的光为相干光.

光程差的计算有两项，一项由几何路程差而引起，另一项要考虑反射面是否有半波损失.

a. 等倾干涉(膜厚 $e$ 均匀，倾角 $i$ 变化).

$$\Delta = 2e\sqrt{n_2^2-n_1^2\sin^2 i}+\frac{\lambda}{2}=\begin{cases}k\lambda, & \text{明纹中心,}\\ (2k+1)\dfrac{\lambda}{2}, & \text{暗纹中心}\end{cases}\quad (k=0,1,2,\cdots).$$

b. 等厚干涉(膜厚 $e$ 不均匀，垂直入射 $i=0$).

$$\Delta = 2n_2 e+\frac{\lambda}{2}=\begin{cases}k\lambda, & \text{明纹中心,}\\ (2k+1)\dfrac{\lambda}{2}, & \text{暗纹中心}\end{cases}\quad (k=0,1,2,\cdots).$$

劈尖干涉：$l\sin\theta=\frac{\lambda}{2n_2}$（楔角 $\theta$ 减小，条纹间隔增大）.

③牛顿环：薄膜的上下表面中一个是球面，另一个是平面(或两者都是球面)时，干涉图样为明暗相间的同心圆环，用圆环半径来确定条纹的空间位置. 如平面或球面均为玻璃($n_1$)，膜层为空气($n_2$)时，有

$$r=\begin{cases}\sqrt{\dfrac{2k-1}{2n_2}R\lambda}, & k=1,2,\cdots,\text{明环半径,}\\ \dfrac{kR\lambda}{n_2}, & k=0,1,2,\cdots,\text{暗环半径.}\end{cases}$$

(4)夫琅禾费衍射.

单缝衍射：能用半波带法对衍射条纹的分布规律进行解释. 单色光垂直入射时，有：

暗纹位置 $\quad a\sin\varphi=\pm k\lambda\ (k=1,2,3,\cdots)$；

明纹位置 $\quad a\sin\varphi=\pm(2k+1)\frac{\lambda}{2}(k=1,2,3,\cdots)$；

中央明纹角 $\quad -\lambda<a\sin\varphi<\lambda$；

中央明纹半角宽度　　$\varphi_0 = \frac{\lambda}{a}$；

线宽度　　$l_0 = 2\frac{\lambda}{a}f$.

注意：中央明纹宽度是其他明纹宽度的两倍.

(5)光栅衍射.

①光栅衍射图样是单缝衍射和多缝干涉的综合效应.

②光栅方程：$(a+b)\sin\varphi = \pm k\lambda (k = 0,1,2,\cdots)$.

(6)自然光和偏振光.

光是横波，在垂直于光的传播方向的平面内，光振动(即 $\boldsymbol{E}$ 矢量振动)各方向振幅都相等的光为自然光；只在某一方向有光振动的光称为线偏振光；各方向光振动都有，但振幅不同的光称为部分偏振光.

(7)起偏与检偏.

自然光通过某种装置成为偏振光称为起偏，该装置称为起偏器(通常用偏振片)，其只允许某一方向的光振动通过，而与这一方向垂直的光振动则被完全吸收. 偏振片也可用作检偏器.

(8)马吕斯定律.

光强为 $I_0$ 的线偏振光通过偏振片后，若不考虑吸收，则透射光强为

$$I = I_0\cos^2\alpha,$$

式中，$\alpha$ 是入射线偏振光的振动方向与偏振片的偏振化方向之间的夹角.

(9)布儒斯特定律.

自然光入射到两种各向同性介质的分界面时，反射光和折射光都是部分偏振光. 在反射光束中，若入射角 $i_0$ 满足 $\tan i_0 = \frac{n_2}{n_1}$，则反射光为完全偏振光，其光振动方向垂直于入射面，$i_0$ 称为布儒斯特角.

## 习题

**12-1** 选择题.

(1)在杨氏双缝干涉实验中，下列方法能使屏上的干涉条纹间距变大的是(　　).

(A) 使屏靠近双缝

(B) 使两缝的间距变小

(C) 把两缝的宽度稍微调窄

(D) 改用波长较小的单色光源

(2)一束波长为 $l$ 的单色光由空气垂直入射到折射率为 $n$ 的透明薄膜上，透明薄膜放在空气中，要使反射光得到干涉加强，则薄膜的最小厚度为(　　).

(A) $l/4$　　(B) $l/4n$

(C) $l/2$　　(D) $l/2n$

(3)在单缝夫琅禾费衍射实验中，对于给定的入射单色光，当缝宽变小时，衍射条纹(　　).

(A) 变疏　　(B) 变密

(C) 不变　　(D) 变宽

(4)波长为 $\lambda$ 的单色光垂直入射于光栅常量为 $a+b$、缝宽为 $a$、总缝数为 $N$ 的光栅上. 取 $k = 0, \pm1, \pm2, \cdots$，则决定出现主极大的衍射角 $\varphi$ 的公式可写成(　　).

(A) $Na\sin\varphi = k\lambda$

(B) $a\sin\varphi = k\lambda$

(C) $N(a+b)\sin\varphi = k\lambda$

(D) $(a+b)\sin\varphi = k\lambda$

(5)在杨氏双缝干涉实验中，若在两缝后放一个偏振片，则(　　).

(A) 干涉条纹的间距不变，但明纹的亮度加强

(B) 干涉条纹的间距不变，但明纹的亮度减弱

(C) 干涉条纹的间距变窄，且明纹的亮度减弱

(D) 无干涉条纹

(6)设光栅平面、透镜均与屏幕平行，则当入射

的平行单色光从垂直于光栅平面入射变为斜入射时，能观察到的光谱线的最高级次 $k$（　　）.

(A) 变小　　(B) 变大

(C) 不变　　(D) 改变无法确定

**12-2**　填空题.

(1)光的干涉和衍射现象反映了光的__________性质；光的偏振现象说明光波是________波.

(2)马吕斯定律的数学表达式为 $I = I_0\cos^2 a$，式中，$I$ 为通过检偏器的透射光的光强；$I_0$ 为__________的光强；$a$ 为入射光__________方向和检偏器__________方向之间的夹角.

(3)一束光强为 $I_0$ 的自然光垂直穿过两个偏振片，且此两偏振片的偏振化方向成 45°角，则穿过两个偏振片后的光强 $I$ 为__________.

(4)当一束自然光以布儒斯特角入射到两种介质的分界面上时，就偏振状态来说，反射光为____光，其振动方向__________于入射面.

(5)在杨氏双缝干涉实验中，整个装置的结构不变，将其全部由空气中浸入水中，则干涉条纹将变__________（填“疏”或“密”）.

(6)在杨氏双缝干涉实验中，所用单色光的波长为 $\lambda = 562.5$ nm，双缝与观察屏的距离 $D = 1.2$ m，若测得屏上相邻明条纹的间距为 $\Delta x = 1.5$ mm，则双缝的间距 $d =$__________.

**12-3**　什么是光程？在不同的均匀介质中，若单色光通过的光程相等，则其几何路程是否相同？

**12-4**　衍射的本质是什么？衍射和干涉有什么联系和区别？

**12-5**　自然光一定不是单色光吗？线偏振光一定是单色光吗？

**12-6**　用哪些方法可以获得线偏振光？怎样用实验来检验线偏振光、部分偏振光和自然光？

**12-7**　在杨氏双缝干涉实验中，双缝间距 $d = 0.20$ mm，缝、屏间距 $D = 1.0$ m.

(1) 若第 2 级明纹到屏幕中心的距离为 6.0 mm，计算入射单色光的波长.

(2) 求相邻两明纹间的距离.

**12-8**　一单色平行光垂直照射一单缝，若其第 3 级明纹位置正好与波长为 600 nm 的单色平行光的第 2 级明纹位置重合，求前一种单色光的波长.

**12-9**　用 $\lambda = 590$ nm 的钠黄光垂直照射每毫米有 500 条刻痕的光栅，最多能看到第几级明纹？

**12-10**　(1)若用波长不同的光观察牛顿环，观察到用波长为 $\lambda_1 = 600$ nm 的光时的第 $k$ 级暗环与用波长为 $\lambda_2 = 450$ nm 的光时的第 $k+1$ 级暗环重合，已知透镜的曲率半径是 190 cm. 求用波长为 $\lambda_1$ 的光时，第 $k$ 级暗环的半径.

(2)在牛顿环实验中，用波长为 500 nm 的光获得的第 5 级明环与用波长为 $\lambda_2$ 的光获得的第 6 级明环重合，求未知波长 $\lambda_2$.

**12-11**　在圆孔夫琅禾费衍射中，设圆孔半径为 0.10 mm，透镜焦距为 50 cm，所用单色光波长为 500 nm，求在透镜焦平面处屏幕上呈现的艾里斑半径.

**12-12**　投射到起偏器的自然光的光强为 $I_0$，开始时，起偏器和检偏器的透光轴方向平行. 然后使检偏器绕入射光的传播方向依次转过 30°，45°，60°，试分别求出在上述三种情况下，透过检偏器后光的强度是 $I_0$ 的几倍.

## 第⑬章

# 量子物理基础

经典物理理论(经典力学、热力学、电磁学及统计物理学)发展到 19 世纪末期,可以说已达到了相当完美、相当成熟的程度. 牛顿预言了海王星的存在,麦克斯韦电磁学理论预言了电磁波的存在,这些均得到了证实. 然而,19 世纪末到 20 世纪初,一系列实验现象或问题却无法用已知的经典理论来解释,其中包括黑体辐射、光电效应、普朗克散射、固体的比热容以及原子的光谱等. 为此,普朗克提出了量子说,成功地解释了黑体辐射的规律;爱因斯坦发展了普朗克理论,提出了光量子说,成功地解释了固体比热容的实验规律;康普顿的 X 射线散射实验证明了爱因斯坦理论的正确性;玻尔在普朗克和爱因斯坦理论的基础上,提出了原子的量子模型,初步解释了原子光谱.

量子力学的十大应用

# 13.1 经典力学遇到的困难

## 13.1.1 黑体辐射问题

冶金测量技术及天文学等方面的需要，推动了对热辐射现象的研究．人们经研究得出了大量结论，如基尔霍夫定律、斯特藩四次方律等．到 19 世纪末，人们已经认识到热辐射与光辐射都是电磁波，并开始研究辐射能量在不同频率范围内的分布问题，特别是对黑体辐射进行了较为深入的理论和实验上的研究．

**1. 热辐射现象**

所有物体在任何温度下都要辐射电磁波，所辐射电磁波的强度与物体的性质及表面形状有关．电磁波携带能量，物体温度的高低与辐射能量的多少密切相关，这种现象称为**热辐射**．其中，单位时间内辐射出的所有能量的多少称为**辐射能通量**，公式为

$$\Phi=\int_0^{\infty} e(\lambda)\mathrm{d}\lambda. \tag{13-1}$$

同样，当电磁波到达物体表面时，物体也会吸收相应的电磁波，即**热吸收**．

在单位表面积上，单位时间内发出的波长在 $\lambda$ 附近单位波长间隔的电磁波的能量为

$$M_{\lambda}(T)=\frac{\mathrm{d}\Phi(\lambda)}{\mathrm{d}\lambda}, \tag{13-2}$$

$M_{\lambda}(T)$ 也记作 $M(\lambda,T)$，称为**单色辐出度**．将式(13-1)对全范围波长积分，则有

$$M(T)=\int_0^{\infty} M_{\lambda}(T)\ \mathrm{d}\lambda. \tag{13-3}$$

$M(T)$称为**辐出度**．

为了描述物体的辐射和吸收能力，定义物体吸收的能量 $\varepsilon^{\mathrm{a}}$ 与外界入射的能量 $\varepsilon^{\mathrm{i}}$ 之比为物体的**吸收比**，即

$$\alpha(T)=\frac{\varepsilon^{\mathrm{a}}}{\varepsilon^{\mathrm{i}}}. \tag{13-4}$$

而物体反射的能量 $\varepsilon^{\mathrm{r}}$ 与外界入射的能量 $\varepsilon^{\mathrm{i}}$ 之比为物体的**反射比**，即

$$R(T)=\frac{\varepsilon^{\mathrm{r}}}{\varepsilon^{\mathrm{i}}}. \tag{13-5}$$

单位波长内物体吸收的能量 $\varepsilon^{\mathrm{a}}$ 与外界入射的能量 $\varepsilon^{\mathrm{i}}$ 之比为物体的**单色吸收比**，即

$$\alpha(\lambda,T)=\frac{\mathrm{d}\varepsilon_{\lambda}^{\mathrm{a}}}{\mathrm{d}\varepsilon_{\lambda}^{\mathrm{i}}}. \tag{13-6}$$

单位波长内物体反射的能量 $\varepsilon^{r}$ 与外界入射的能量 $\varepsilon^{i}$ 之比为物体的**单色反射比**，即

$$R(\lambda, T)=\frac{\mathrm{d}\varepsilon_{\lambda}^{r}}{\mathrm{d}\varepsilon_{\lambda}^{i}}. \tag{13-7}$$

入射能量为吸收能量和反射能量的和，即

$$\mathrm{d}\varepsilon_{\lambda}^{i}=\mathrm{d}\varepsilon_{\lambda}^{r}+\mathrm{d}\varepsilon_{\lambda}^{a}, \tag{13-8}$$

$$\alpha(\lambda, T)+R(\lambda, T)=1. \tag{13-9}$$

若 $\alpha(\lambda, T)=1$，则说明物体吸收了所有入射的能量.

将到达该物体表面的热辐射能量完全吸收的物体称为**黑体**. 它能吸收各种频率的电磁波，是一种理想的模型. 它的吸收比和单色吸收比皆为 1.

1860 年，基尔霍夫发现在一定温度下，波长 $\lambda$ 附近单位波长内单色辐出度与单色吸收比的比值与材料及材料表面的性质无关，仅取决于物体的温度和波长，等同于同温度下黑体对同一波长的单色辐出度，即

$$\frac{M_1(\lambda, T)}{\alpha_1(\lambda, T)}=\frac{M_2(\lambda, T)}{\alpha_2(\lambda, T)}=\cdots=M_{\mathrm{B}}(\lambda, T), \tag{13-10}$$

式中，$M_{\mathrm{B}}(\lambda, T)$ 为黑体的单色辐出度.

**2. 黑体辐射的基本规律**

对于黑体，$\alpha(\lambda, T)=1$，则式(13-10)可改写为

$$M_1(\lambda, T)=M_2(\lambda, T)=\cdots=M_{\mathrm{B}}(\lambda, T). \tag{13-11}$$

对于黑体，单色辐射出射度是一个十分重要的物理量.

1)斯特藩-玻尔兹曼定律

斯特藩和玻尔兹曼分别在实验和理论上证明：温度为 $T$ 的黑体的辐出度与温度的四次方成正比，即

$$M_{\mathrm{B}}(T)=\sigma T^{4}. \tag{13-12}$$

2)维恩位移律

黑体单色辐出度的峰值波长 $\lambda_{\mathrm{m}}$(使黑体辐出度取极大值时的波长)与黑体温度之积为常数，即

$$T\lambda_{\mathrm{m}}=b, \tag{13-13}$$

式中，$b=2.898\times10^{-3}\ \mathrm{m}\cdot\mathrm{K}$ 为**维恩常数**，该定律为**维恩位移律**.

斯特藩-玻尔兹曼定律和维恩位移律是以经典物理学的理论为基础的.

3)维恩公式

1896 年，维恩基于经典统计理论，导出了黑体单色辐出度的数学表达式：

$$M_{\lambda}(T)=\frac{c_1}{\lambda^{5}}\mathrm{e}^{-c_2/(\lambda T)}, \tag{13-14}$$

式中，$c_1$，$c_2$ 为常数，这就是维恩公式. 维恩公式在短波段与实际相符，当波长较长时，计算结果与实验偏差较大，如图 13-1 所示.

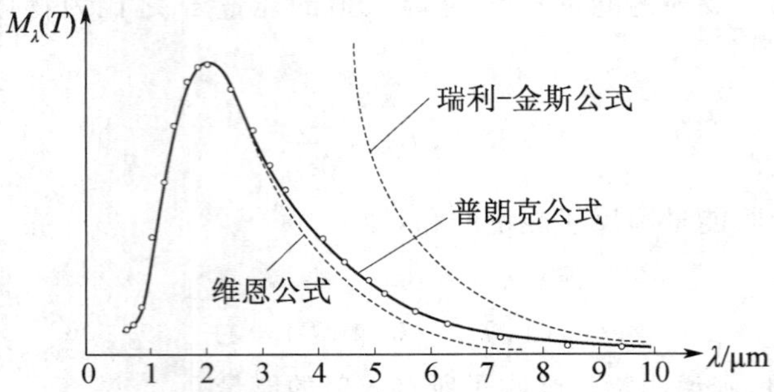


图 13-1 黑体辐射实验数据与经验公式的对比曲线

4)瑞利-金斯公式

瑞利和金斯从经典动力学和统计物理学理论出发,利用能量均分定理得到单色辐出度公式为

$$M_\lambda(T)=\frac{2\pi ckT}{\lambda^5}, \tag{13-15}$$

式中,$k=1.380\ 658\times10^{-23}$ J/K 为玻尔兹曼常数,$c=3\times10^8\ \mathrm{m\cdot s^{-1}}$ 为真空中的光速.

瑞利-金斯公式在长波段与实验符合得特别好,在短波段与实验有明显区别. 特别是当波长趋于零时,单色辐出度趋于无穷大,在历史上称为"紫外灾难".

### 13.1.2 光电效应

19 世纪末,赫兹和德国的物理学家霍尔瓦克斯先后制备了电路,他们发现当紫外光照射在抛光的金属表面时,回路中有电流产生,并称此现象为**光电效应现象**,但对其机制还不清楚. 由于电气工业的发展,稀薄气体放电现象开始引起人们的注意,汤姆孙通过气体放电现象及对阴极射线的研究发现了电子. 之后赫兹意识到光电效应现象实际上是由于紫外线照射,大量电子从金属表面逸出的现象. 1899 年,勒纳德通过荷质比的测定,证明了光电效应中金属发射的是电子.

光电效应对一定的金属材料制成的电极有一定的临界频率,如果照射光的频率小于临界频率,则没有光电效应现象. 每一个光电子的能量只与照射频率有关,与光强无关,光强只影响电流的强度. 一旦发生光电效应,响应时间就很短,几乎立刻($10^{-9}$ s)发生,这些无法用经典理论解释.

### 13.1.3 原子的光谱及其规律

最原始的光谱分析始于牛顿(17 世纪). 到了 19 世纪中叶,这种方法在生产中得到了广泛应用,例如,本生、基尔霍夫等人开始利用不同元素所特有的标志谱线来做微量元素的成分分析,而元素铷(Rb)和铯(Cs)就是根据光谱分析发现的.

由于光谱分析积累了相当丰富的资料,因此不少人对这些资料进行了整理与分析. 1885 年,巴耳末发现,氢原子光谱中可见光的波数$\left(\tilde{\nu}=\frac{1}{\lambda}=\frac{\nu}{c}\right)$具有以下规律：

$$\tilde{\nu}=R\left(\frac{1}{2^2}-\frac{1}{n^2}\right)(n=3,4,5,\cdots), \tag{13-16}$$

式中,$R=1.096\ 776\times10^7\ \mathrm{m}^{-1}$(里德伯常量的实验值).

巴耳末公式与实验观测结果非常符合,如图 13-2 所示,引起了光谱学家的注意. 紧接着人们对其他谱线也得到了类似的结论,最后里兹的组合原则对此进行了更普遍的概括. 按此原则,每一种原子都有它特有的光谱项 $T(n)$,而原子发出的光谱线的波数 $\tilde{\nu}$,总可以表示成两个光谱项之差,即

$$\tilde{\nu}_{mn}=T(m)-T(n), \tag{13-17}$$

式中,$m$,$n$ 是整数. 显然,光谱项数比光谱线数少得多,这一结论用经典理论难以解释.

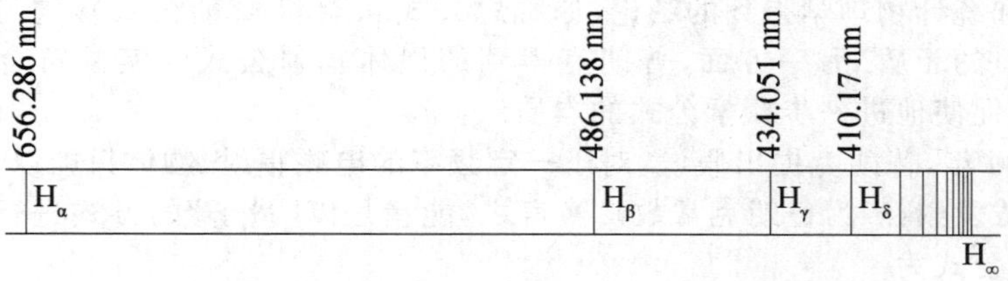


图 13-2　氢原子光谱的巴耳末系谱线图

## 13.1.4　原子的稳定性

1895 年,伦琴发现了 X 射线. 1896 年,贝可勒尔从铀盐中发现了天然放射线(后来知道这些天然射线是由 α,β,γ 三种射线构成的). 1898 年,居里夫妇发现了放射性元素钋和镭. 经进一步的研究发现,原子由原子核和核外运动的电子构成. 而按经典理论,加速运动的带电粒子将不断辐射而丧失能量. 因此电子最终会掉到原子核上,同时原子也会崩溃,而实际原子是相当稳定的.

## 13.1.5　固体与分子的比热问题

在单原子分子的固体中,每一个原子在其平衡位置附近做小幅振动,可以看成具有 3 个自由度的粒子. 按经典理论,其平均动能与势能均为$\frac{3}{2}kT$,总能量为 $3kT$. 因此,1 g 原子固体物质的平均热能为 $3N_{\mathrm{A}}kT=3RT$,固体的定容比热为 $C_V=3R\approx5.958\ \mathrm{cal/K}$,此即为**杜隆-珀蒂定律**,如图 13-3 所示. 但后来实验发现,极低温下固体的比热都趋于零,这是什么原因？此外,若考虑到原

子由原子核与若干电子组成，为什么原子核与电子的这样多自由度对于固体比热都没有贡献？多原子分子的比热也有类似的问题，例如，双原子分子可认为有 5 个自由度，比热应该是 $\frac{5}{2}RT\approx 5$ cal/K. 常温下结果的确相近，但在温度低于 60 K 后，它们的比热降到了 3 cal/K 左右，这又是什么原因？

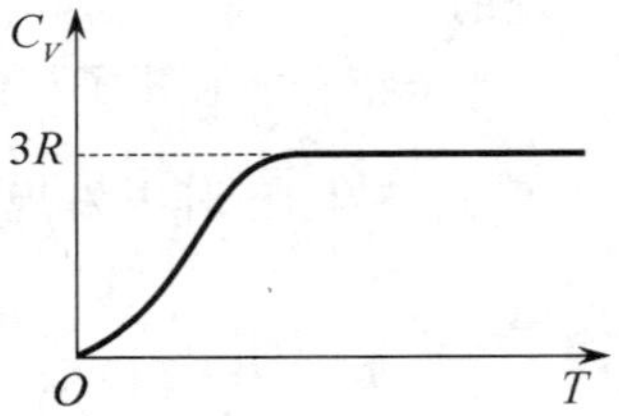

图 13-3　固体的比热

量子理论就是在解决生产实践和科学实验同经典物理学的矛盾中逐步建立起来的.

## 13.2 普朗克量子假设

普朗克

历史上，量子力学首先是在黑体辐射问题上取得突破的. 一方面，按照电磁理论和统计物理学得到的结论(如维恩公式和瑞利-金斯公式)，均与实验结果有明显的矛盾. 另一方面，普朗克得到的黑体辐射公式与实验符合得非常好，这就促使他进一步探索公式的本质.

1900 年，普朗克提出假设：**对于一定频率的电磁辐射，物体只能以 $h\nu$ 为单位吸收或发射**($h$ 为普朗克常数). 换言之，能量是以“量子”的方式进行吸收和辐射的，公式为

$$\varepsilon = h\nu, \tag{13-18}$$

式中，$\varepsilon$ 称为能量子，$h$ 为普朗克常数. 这种吸收和发射是不连续的，是经典力学无法理解的.

利用经典动力学，黑体的辐出度为

$$M_0(\nu, T) = \frac{2\pi\nu^2}{c^2}\bar{\varepsilon}, \tag{13-19}$$

式中，$\bar{\varepsilon}$ 为频率为 $\nu$ 的振子的平均能量，遵循玻尔兹曼能量分布律. 能量为 $\varepsilon_n = nh\nu$ 的振子出现的概率与玻尔兹曼因子 $e^{-\varepsilon_n/kT}$ 成正比，所以振子的平均能量为

$$\bar{\varepsilon} = \frac{\sum_{n=0}^{\infty}\varepsilon_n e^{-nh\nu/kT}}{\sum_{n=0}^{\infty} e^{-nh\nu/kT}} = \frac{\sum_{n=0}^{\infty} nh\nu e^{-nh\nu/kT}}{\sum_{n=0}^{\infty} e^{-nh\nu/kT}} = \frac{h\nu}{e^{h\nu/kT}-1}, \tag{13-20}$$

代入式(13-19)有

$$M_0(\nu, T) = \frac{2\pi\nu^2}{c^2}\frac{h\nu}{e^{h\nu/kT}-1}. \tag{13-21}$$

这就是**普朗克公式**.

从经典的观点看，能量子的假设是不可思议的，就连普朗克本人也觉得难以相信. 直到 1905 年，爱因斯坦为了解释光电效应，在普朗克的基础上提出光量子概念后，能量子的假设才逐渐被人们接受. 1918 年，因对量子理论的杰出贡献，普朗克获得了诺贝尔物理学奖.

# 13.3 光电效应　爱因斯坦的光子理论

在光电效应(见图 13-4)中,按照光的经典电磁理论,光波的能量与光的强度或振幅有关,与频率无关.一定强度的光照射金属表面一定时间后,只要电子吸收足够的能量即可逸出金属表面,这与光的频率无关,更不存在遏止频率.

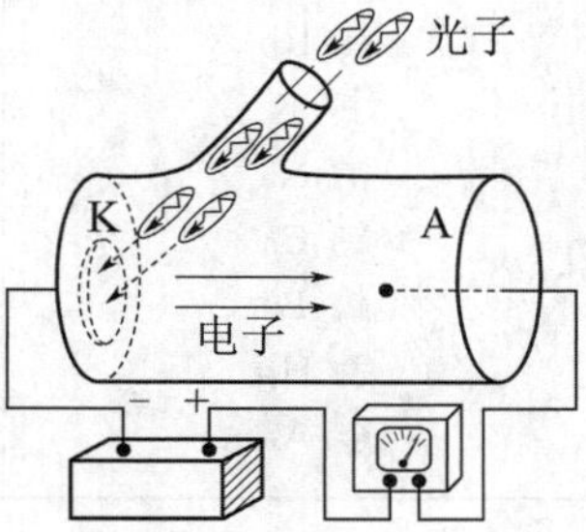

图 13-4　光电效应实验装置

按照经典理论,若用极微弱的光照射阴极,阴极电子要积累一定能量达到能够挣脱表面束缚能量 $W$(称为逸出功)需要一定时间.理论计算表明,1 mW 的光照射逸出功为 1 eV 的金属,从光照射到阴极,到光电子逸出这一过程需要大约十几分钟,光电效应是不可能瞬时发生的.然而,光电效应实验却表明,无论这种光照射多久,都没有电子逸出.而且实验发现,电子是否逸出与光强没有关系,光强只会影响到电流的强度,其实验曲线如图 13-5 所示.

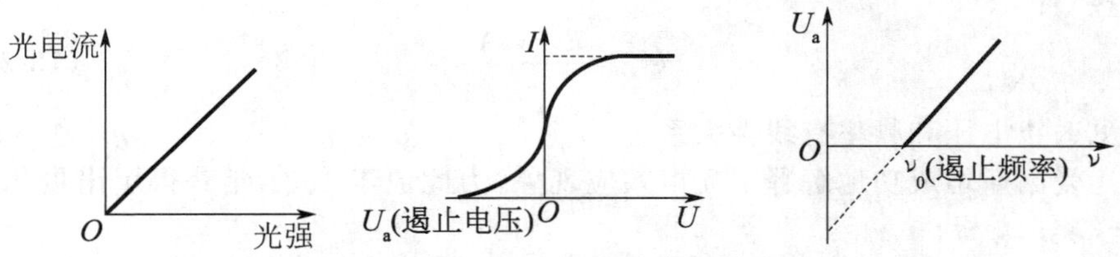

图 13-5　光电效应实验曲线

爱因斯坦在 1905 年用普朗克的量子假设去解决光电效应问题,进一步提出了光量子的概念,即认为辐射场由光量子组成,每一个光量子的能量 $E$ 与辐射场频率 $\nu$ 的关系为

$$E = h\nu. \tag{13-22}$$

他还根据狭义相对论,以及光速不变原理,得出光子的动量 $p$ 与能量 $E$ 的关系为

$$p = E/c = h/\lambda, \tag{13-23}$$

式中,$\lambda$ 为光子的波长.

当采用了光量子概念之后,光电效应问题迎刃而解.当光子射到金属表面时,一个光子的能量可能被一个电子吸收.但入射光的频率只有足够大,即每一个光子的能量足够大时,电子才从金属表面逸出.逸出后电子的动能为

$$\frac{1}{2}mv^2 = h\nu - W. \tag{13-24}$$

由式(13-24)可以看出,入射光频率 $\nu$ 必须大于或等于 $\frac{W}{h}$,才有电子逸出,$\frac{W}{h}$ 称为**遏止频率**,记为 $\nu_0$,即有

$$\nu_0=\frac{A}{h}. \tag{13-25}$$

表 13-1 列出了几种金属材料的逸出功和遏止频率.

**表 13-1 几种金属的逸出功和遏止频率**

| 金属 | 逸出功 $W$/eV | 遏止频率 $\nu_0$/($10^{14}$ Hz) |
|---|---|---|
| 铯 Cs | 1.94 | 4.69 |
| 铷 Rb | 2.13 | 5.15 |
| 钾 K | 2.25 | 5.44 |
| 钠 Na | 2.29 | 5.53 |
| 钙 Ca | 3.20 | 7.73 |
| 铍 Be | 3.90 | 9.40 |
| 汞 Hg | 4.53 | 10.95 |
| 金 Au | 4.80 | 11.60 |

当电子吸收频率为 $\nu$ 的光子后,若初始动能不为零,则有光电流产生.若加上反向电压,则电子的运动受到抑制,光电流会减小,当光电流为零时,所加反向电压的大小称为**遏止电压**,记为 $U_a$,遏止电压与电子动能之间应有关系:

$$\frac{1}{2}mv^2=eU_a. \tag{13-26}$$

因此,有

$$U_a=\frac{h\nu-A}{e}. \tag{13-27}$$

可见遏止电压和频率有线性关系.

爱因斯坦成功地解释了光电效应现象,为此他于 1921 年获得了诺贝尔物理学奖.

密立根

美国物理学家密立根花了 10 年时间测量光电效应,得到了遏止电压和光子频率的严格线性关系,并由直线斜率的测量得到了普朗克常数 $h$ 的精确值,测量值与热辐射和其他实验测得的值符合得相当好.密立根也由此从反对光量子学说转变为支持光量子学说,他于 1923 年获得了诺贝尔物理学奖.

**例 13-1** 已知铯的逸出功为 $W=1.9$ eV,用钠黄光($\lambda=589.3$ nm)照射铯.(1)计算钠黄光光子的能量、质量和动量;(2)求铯在光电效应中释放的电子的动能;(3)求铯的遏止电压和遏止频率.

**解** (1)钠黄光光子的能量、质量和动量分别为

$$E=h\nu=hc/\lambda=3.4\times10^{-19}\ \text{J},$$

$$m=h\nu/c^2=3.8\times10^{-36}\ \text{kg},$$

$$p=\frac{h\nu}{c}=1.1\times10^{-27}\ \text{kg}\cdot\text{m}\cdot\text{s}^{-1}.$$

(2)铯在光电效应中释放的电子的动能为

$$E_k=\frac{mv^2}{2}=h\nu-W=2.9\times10^5\ \text{eV}.$$

(3)铯的遏止电压和遏止频率分别为

$$U_a=\frac{h\nu-W}{e}=\frac{E_k}{e}=2.9\times10^5\ \text{V},$$

$$\nu_0=\frac{W}{h}=4.6\times10^{14}\ \text{Hz}.$$

# 13.4 康普顿效应

康普顿

1922 年到 1923 年，康普顿研究了 X 射线在石墨上的散射，发现在散射光中不但存在与波长 $\lambda$ 与入射光波长 $\lambda_0$ 相同的射线成分，同时还存在波长 $\lambda$ 大于入射光波长 $\lambda_0$ 的射线成分，这一现象称为**康普顿效应**，其实验装置如图 13-6 所示.

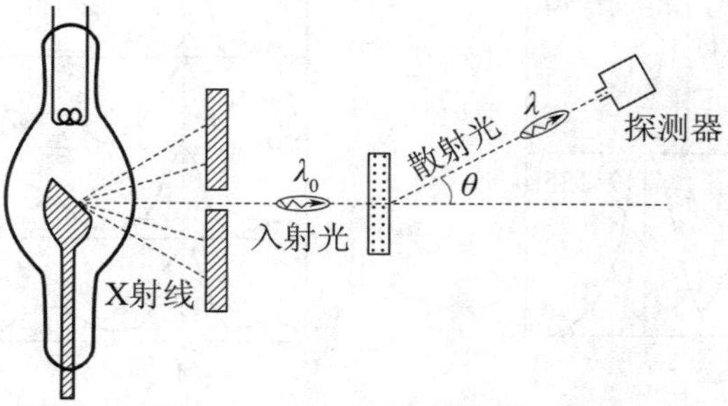


**图 13-6　康普顿效应实验装置**

康普顿散射实验进一步验证了光的量子性. 为此，康普顿获得了 1927 年的诺贝尔物理学奖.

康普顿散射实验结论如下.

(1)散射光除有波长 $\lambda$ 与入射光波长 $\lambda_0$ 相等的谱线外，还出现了波长 $\lambda$ 大于入射光波长的成分.

(2)波长差 $\Delta\lambda=\lambda-\lambda_0$ 随散射角的增大而增大，如图 13-7(a)所示.

(3)新波长的谱线强度随散射角 $\theta$ 的增加而增加，单元波长的谱线强度降低.

(4)对不同的散射物质，只要在同一个散射角下，波长的改变量 $\Delta\lambda=\lambda-\lambda_0$ 都相同，与散射物质无关，如图 13-7(b)所示.

按照波动理论，如果入射的 X 射线是某种波长的电磁波，散射后波长是不会改变的.

康普顿认为 X 射线的散射应是光子与原子内部电子碰撞的结果，如图 13-8 所示. 由于内层电子与原子核结合得较为紧密，散射实际上可以看作是发生在光子与质量很大的整体原子间的碰撞，光子基本上不失去能量，保持波长不变. 但当 X 射线光子与原子外层电子发生碰撞时，由于外层电子与原子结合较弱，因此与 X 射线光子相比，这些电子可近似看成静止的自由电子. 当光子与这些电子碰撞时，光子会失去部分能量，使得频率下降，波长增加.

下面给出康普顿效应的定量计算结果，X 射线光子与静止的自由电子发生弹性碰撞，动量守恒，因此有

$$\frac{h}{\lambda_0}=\frac{h}{\lambda}+mv. \tag{13-28}$$

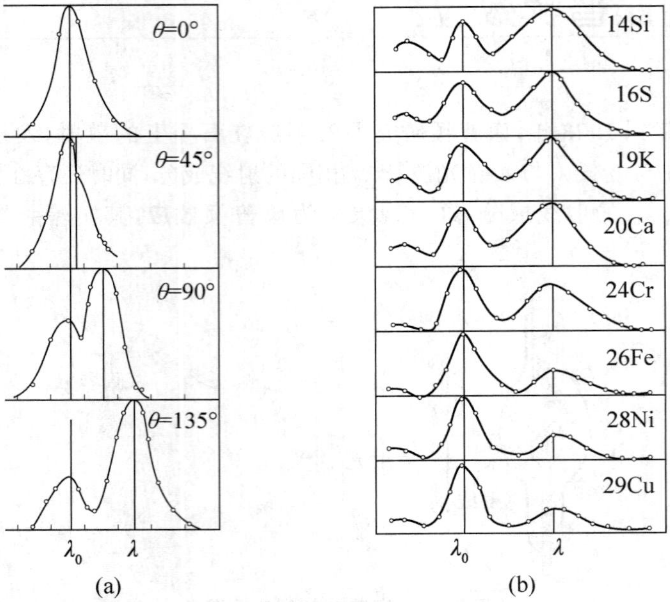


图 13-7 散射光谱谱线图

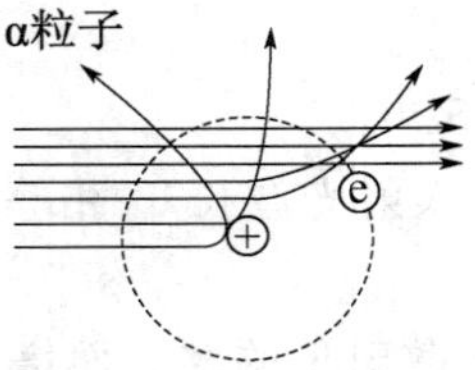


图 13-8 散射原理图

根据能量守恒定律，则有

$$h\nu_0=h\nu+mc^2. \tag{13-29}$$

考虑到相对论效应，电子的质量应取

$$m=\frac{m_0}{\sqrt{1-\frac{v^2}{c^2}}}, \tag{13-30}$$

则波长差为

$$\Delta\lambda=\lambda-\lambda_0=\frac{h}{m_0c}(1-\cos\theta)=2\lambda_C\sin^2\frac{\theta}{2}, \tag{13-31}$$

式中，$\lambda_C=h/m_0c=0.002\ 426\ 2\ \text{nm}$，称为**康普顿波长**，与散射物质无关.

应该说明，只有当入射光波长 $\lambda_0$ 与康普顿波长 $\lambda_C$ 相当时，康普顿效应才显著.

**例 13-2**　已知入射光的波长为 $\lambda_0$，求在 $\theta$ 方向上观测到的散射光波长，并计算相应的康普顿散射反冲电子的动量 $\boldsymbol{p}$ 和动能 $E_k$.

**解**　根据 $\Delta\lambda=\lambda-\lambda_0=2\lambda_C\sin^2\dfrac{\theta}{2}$，波长为

$$\lambda=\Delta\lambda+\lambda_0=\lambda_0+2\lambda_C\sin^2\frac{\theta}{2}.$$

根据能量守恒定律有

$$h\nu_0=h\nu+mc^2,$$

$$\boldsymbol{p}=\frac{h\nu_0}{c}\boldsymbol{n}_0-\frac{h\nu}{c}\boldsymbol{n},$$

$$p_x=\frac{h\nu_0}{c}-\frac{h\nu}{c}\cos\theta=\frac{h}{\lambda_0}-\frac{h}{\lambda}\cos\theta,$$

$$p_y=-\frac{h\nu}{c}\sin\theta=-\frac{h}{\lambda}\sin\theta,$$

$$E_k=mc^2-m_0c^2=h\nu_0-h\nu=hc\left(\frac{1}{\lambda_0}-\frac{1}{\lambda}\right).$$

## 13.5　氢原子光谱　玻尔理论

普朗克和爱因斯坦的光量子以及实物粒子的能量不连续性的概念，促进了物理学中其他领域的一些疑难问题的解决. 当时，正逢原子的“有核模型”被提出，经典物理理论与原子的稳定性发生矛盾的时刻. 玻尔把这种概念应用到原子结构问题上，提出了他的原子量子论. 这个理论虽然最终被量子力学所替代，但在历史上曾经起过重大的推动作用. 图 13-9 给出了原子能级模型的示意.

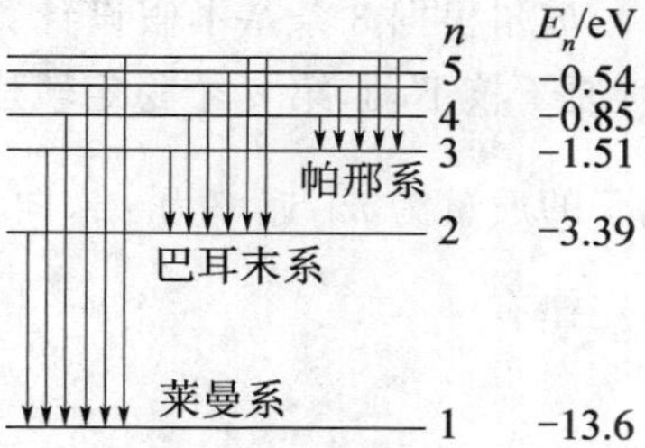


图 13-9　原子能级模型示意图

玻尔

### 13.5.1　玻尔假设

为了解决经典物理理论所遇到的困难，玻尔提出了以下 3 条基本假设.

**1. 定态假设**

电子绕原子核做圆周运动，但不辐射能量，是稳定的状态，称为**定态**，每一个定态对应着电子的一个能量级.

他提出，原子的定态只能是某些具有一定分立值能量（$E_1, E_2, E_3, \cdots, E_m, \cdots, E_n, \cdots$）的状态.

**2. 轨道角动量量子化假设**

电子绕原子核做圆周运动时，角动量 $L$ 是量子化的，角动量取值为

$$L=mv_nr_n=n\frac{h}{2\pi}=n\hbar\quad(n=1,2,3\cdots),\tag{13-32}$$

式中，$n$ 称为量子数. 式(13-32)也称为轨道动量量子化条件.

**3. 频率假设**

原子处于定态时是不辐射能量的，但由于某种原因，电子从一个能级 $E_m$ 跃迁到另一个能级 $E_n$ 时会发射或吸收一个光子，且光子的频率满足条件：

$$\nu_{mn}=\frac{E_m-E_n}{h}. \tag{13-33}$$

处于基态的原子，则不再发射光子，而稳定地存在着. 量子跃迁概念深刻地反映了微观粒子运动的特征，而频率条件则揭示了里兹组合原则的实质——光谱项是与原子不连续的能级 $E_n$ 联系在一起的.

## 13.5.2 氢原子光谱的玻尔理论

玻尔理论对于当时已发现的氢原子光谱线系的规律给出了很好的解释，并预言在紫外区还有另外一个线系存在. 第二年，这个线系居然被莱曼观测到了，而且与理论计算的结果相当符合. 原子能量不连续的概念也在第二年被弗兰克与赫兹直接用实验证实. 因此，玻尔理论立即引起了人们的注意，并促进了光谱分析等方面实验的发展.

玻尔根据 3 条基本假设计算了氢原子在定态中的轨道半径和能量. 他认为，原子核不动，第 $n$ 个稳定轨道的电子以核为中心做半径为 $r_n$ 的圆周运动. 电子的质量为 $m$，速率为 $v_n$，向心加速度为 $\frac{v_n^2}{r_n}$，向心力为静电力，根据牛顿第二定律有

$$\frac{e^2}{4\pi\varepsilon_0 r_n^2}=\frac{mv_n^2}{r_n}. \tag{13-34}$$

再利用玻尔的轨道角动量量子化条件知

$$L=mv_nr_n=n\hbar, \tag{13-35}$$

从而得到氢原子电子第 $n$ 个稳定轨道的半径为

$$r_n=n^2\frac{\varepsilon_0 h^2}{\pi me^2}=n^2r_1, \tag{13-36}$$

式中，

$$r_1=\frac{\varepsilon_0 h^2}{\pi me^2}=a_0=0.053\ \text{nm}. \tag{13-37}$$

这一结果被称为第一玻尔轨道半径.

氢原子的能量为电子的动能和电子与原子核相互作用的势能之和，即

$$E_n=\frac{1}{2}mv_n^2-\frac{e^2}{4\pi\varepsilon_0 r_n}. \tag{13-38}$$

而 $\frac{1}{2}mv_n^2=\frac{e^2}{8\pi\varepsilon_0 r_n}$，则有

$$E_n=-\frac{e^2}{8\pi\varepsilon_0 r_n}. \tag{13-39}$$

将式(13-36)代入得

$$E_n = -\frac{e^2}{8\pi\varepsilon_0 r_n} = -\frac{me^4}{8\varepsilon_0^2 h^2 n^2}, \tag{13-40}$$

则有

$$E_1 = -\frac{me^4}{8\varepsilon_0^2 h^2}, \tag{13-41}$$

及

$$E_n = -\frac{E_1}{n^2}. \tag{13-42}$$

式中，$n=1,2,3,\cdots$. $E_1=-13.6$ eV 称为氢原子的**基态能**(也称电离能).

氢原子在两能级之间跃迁，释放的光子的频率为

$$\nu = -\frac{E_m - E_n}{h} = \frac{E_n - E_m}{h} = R_H\left(\frac{1}{m^2} - \frac{1}{n^2}\right), \tag{13-43}$$

式中，

$$R_H = \frac{me^4}{8\varepsilon_0^2 h^3 c} = 1.097\ 373 \times 10^7\ \mathrm{m^{-1}},$$

为里德伯常量的理论值，与 13.1.3 小节中给出的里德伯常量的实验值相比，可见符合得非常好. 于是氢原子能级的表达式可写为

$$E_n = -\frac{Rch}{n^2}\quad (n=1,2,3,\cdots). \tag{13-44}$$

玻尔理论是半经验理论，是在经典理论的基础上加上一个量子化条件，不自成体系，因此称为旧量子学，但它为后来量子力学的建立打下了坚实的基础.

**例 13-3**　用动能为 12.6 eV 的电子轰击基态氢原子，最高能使氢原子激发到哪一能级？当氢原子回到基态时能产生哪些谱线？

**解**　设氢原子全部吸收电子的动能后最高能激发到第 $n$ 个能级，则有

$$\Delta E = E_n - E_1 = \frac{E_1}{n^2} - E_1.$$

将 $E_1=-13.6$ eV 和 $\Delta E=12.6$ eV 代入上式，可解出

$$n = \sqrt{\frac{13.6}{13.6-12.6}} \approx 3.69.$$

由于 $n$ 只能取整数，所以用能量为 12.6 eV 的电子轰击氢原子，只能使氢原子所处的能级为 $E_3$. 氢原子在该能级上可以向低能级跃迁，产生如下 3 条谱线.

$$3\to 1:\frac{1}{\lambda_1} = R_H\left(\frac{1}{1^2}-\frac{1}{3^2}\right) = \frac{8}{9}R_H,$$

$$\lambda_1 = \frac{9}{8R_H} = 1.025\times 10^{-7}\ \mathrm{m}.$$

$$3\to 2:\frac{1}{\lambda_2} = R_H\left(\frac{1}{2^2}-\frac{1}{3^2}\right) = \frac{5}{36}R_H,$$

$$\lambda_2 = \frac{36}{5R_H} = 6.561\times 10^{-7}\ \mathrm{m}.$$

$$2\to 1:\frac{1}{\lambda_3} = R_H\left(\frac{1}{1^2}-\frac{1}{2^2}\right) = \frac{3}{4}R_H,$$

$$\lambda_3 = \frac{4}{3R_H} = 1.215\times 10^{-7}\ \mathrm{m}.$$

## 13.6 量子力学的建立

从原子稳定性的分析中可以看出，玻尔理论并不完善，存在下列问题.

(1)玻尔理论虽然成功地说明了氢原子光谱的规律，但在对复杂的原子光谱，如氦原子光谱的分析上，玻尔理论遇到了极大的困难，不但无法定量处理，而且在原则上对有的问题也无法解决.

(2)玻尔理论只提出了计算光谱谱线频率的规则，而对于光谱分析中另外一个重要的观测量——谱线强度却无法计算.

(3)玻尔理论认为电子做简单的周期运动，不能解决电子束缚态问题，如散射问题.

(4)从理论上来看，他提出的量子化条件与经典力学是不相容的，因此多少带点人为的性质.而且它只是把能量的不连续性问题转化为角动量的不连续性，并未从根本上解决不连续的本质.

正是这一切问题的存在，推动了理论的进一步发展，而量子力学就是在克服这些困难中逐步建立起来的.

量子力学本身是在1923～1927年期间建立起来的，两个等价的理论——矩阵力学与波动力学几乎同时提出.

### 13.6.1 矩阵力学的提出

矩阵力学的创始人是海森伯，他的观点是任何物理理论只应讨论物理上可以观察的物理量，对于建立微观现象的正确理论，尤其要注意.他认为旧量子学理论中引用了一整套没有实验根据的概念，如没有任何实验支持的电子轨道的概念：首先，假设玻尔轨道半径为 $a$；其次，必须要求轨道半径时时检测，且误差必须远小于 $a$；再次，要确定电子真的沿这一轨道运动；最后，这些只有用波长远远小于 $a$ 的X射线进行观察才行.但按照康普顿效应的理论，X射线的光子与电子相互作用，伴随着动量转移 $h/\lambda \gg h/a$，因此对电子的运动将有一个扰动.如果位置测量要求越精确，使用的光的波长就越短，但这会导致给电子的扰动就越大，电子就不可能维持原来的运动状态，所以无法无限精确地跟踪一个电子.事实上，没有什么实验证据妨碍人们抛弃电子有绝对精确轨道的概念.

海森伯、玻恩与约当的矩阵力学从物理上可观测(如原子辐射的频率及强度)出发，赋予每一个物理量一个矩阵，它们的代数运算规则与经典物理的运算规则不相同，遵守乘法不可对易的代数.量子体系的各力学量(矩阵)之间的关系(矩阵方程)，形式上与经典力学相似，但运算规则不同.

海森伯、玻恩与约当的矩阵力学被应用到原子光谱上，成功地解决了光谱中的一系列问题.

### 13.6.2　波动力学的提出

波动力学理论是由薛定谔提出的.

德布罗意在研究力学与光学的相似性后，想找到实物粒子与辐射统一的基础. 他提出了下列假设：波动-粒子两重性是微观客体的普遍特性. 他从这一概念出发，较自然地导出了量子化条件.

薛定谔基于德布罗意物质波的思想，从与海森伯、玻恩与约当的矩阵力学完全不同的观点出发，进一步推广了物质波的概念，找到了一个量子化体系的物质波运动方程——薛定谔方程，它是波动力学的核心.

薛定谔运用波函数成功地解决了原子光谱的一系列问题. 接着他还证明了矩阵力学和波运动力学是等价的，是同一种力学规则的两种不同表述.

## 13.7　粒子的波动性

德布罗意

光具有波粒二象性：光的干涉和衍射现象证明光具有波动性；而光电效应则说明光具有粒子性. 法国物理学家德布罗意大胆假设所有的物质都具有波粒二象性，提出了物质波的理论. 德布罗意认为，所有的物质既有能量、动量（粒子性），又有波长、频率（波动性）. 他假设与实物粒子相联系的波的波长为

$$\lambda = \frac{h}{p},$$

式中，$h = 6.63 \times 10^{-34}$ J·s，为普朗克常量；$p$ 是物质的动量大小. 与实物粒子相联系的波称为**德布罗意波**或**物质波**. 假设有一实物粒子，速率为 $v$，静止质量为 $m$，若按照相对论理论，其动量为

$$p = \gamma m v. \tag{13-45}$$

那么这种实物粒子的德布罗意波波长为

$$\lambda = \frac{h}{\gamma m v}. \tag{13-46}$$

在通常情况下，由于普通物质的质量很大，而普朗克常量又非常小，因此宏观上的物质表现出来的波动性几乎观察不到；但在微观世界，粒子的质量非常小，因此波动性非常大. 对德布罗意波理论最强有力的证明是电子衍射实验. 戴维孙-革末实验以及汤姆孙实验都证明电子可产生晶体衍射图案. 1961 年，约恩松也通过实验证实电子可产生单缝衍射图案. 电子能够进行衍射，说明电子也具有波动的形态. 此后，物理学家陆续证实质子、中子等微观粒子都具有波动性. 这都说明波动性也是物质运动的基本属性之一.

德布罗意波的意义还在于它强调了物质运动的概率性，即粒子在某处出现的可能性取决于其德布罗意波的强度. 已知在光的衍射图案中，明纹意味着光波在该处的波强极大，那么单位时间内到达该处的光量子就多. 对于微观粒子也是如此，波强大的地方，粒子出现的概率就大；反之，出现的概率就小，不能简单地理解为它同一时间只出现在某一点.

微观粒子的波动性在现代科学技术上得到了广泛应用. 由于电子的波长远小于光的波长，因此电子显微镜的分辨率比光学显微镜高. 由于技术上的问题，电子显微镜在1932年才由德国的鲁斯卡研究成功. 1981年，德国的宾宁和瑞士的罗雷尔研制出扫描隧道显微镜，分辨率可以达到0.001 nm，它对纳米材料、生命科学和微电子学的发展起到了巨大的促进作用.

**例 13-4** 计算温度为25 ℃时慢中子的德布罗意波长(中子的质量 $m_n = 1.67\times10^{-27}$ kg).

**解** 按照能量均分定理，慢中子的平均平动动能为

$$\bar{\varepsilon} = \frac{3}{2}kT.$$

已知 $T=298$ K，则慢中子的平均平动动能为

$$\bar{\varepsilon} = 3.85\times10^{-2}\ \text{eV}.$$

考虑到中子的质量 $m_n = 1.67\times10^{-27}$ kg，其动能与动量的关系为 $p=\sqrt{2m_n\bar{\varepsilon}}$，那么中子的动量为

$$p = 4.54\times10^{24}\ \text{kg}\cdot\text{m}\cdot\text{s}^{-1}.$$

因此，慢中子的德布罗意波长为

$$\lambda = \frac{h}{p} = 0.146\ \text{nm}.$$

# 13.8 不确定关系

在经典力学中，对质点在任意一时刻的位置及动量都可以进行精确的描述或测量. 然而在微观状态下，对波动性极为明显的微观粒子来说却做不到这一点. 下面以电子单缝衍射实验来说明，如图13-10所示.

单缝宽度为 $b$，电子波长为 $\lambda$，动量为 $p$. 那么有一个问题，一个电子究竟从缝中的哪一点通过单缝？根据德布罗意波的理论，此时，电子是一列波. 既然是一列波，显然无法找到它的具体位置，但电子肯定通过了单缝. 那么可以认定电子处于缝宽的范围，因此有 $\Delta x=b$. 那么此时电子的动量多大？假设此电子最终到达第1级暗纹处，那么其沿 $x$ 轴的动量分量为

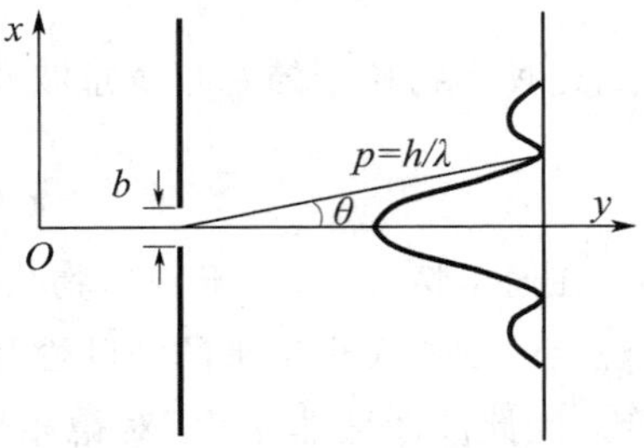

图 13-10 电子单缝衍射

$$\Delta p_x = p\sin\theta = p\,\frac{\lambda}{b} = \frac{h}{b}. \tag{13-47}$$

不难看出此时有

$$\Delta x \Delta p_x = h.$$

考虑到电子可以到达更高级次的条纹，由此可得

$$\Delta x \Delta p_x \geqslant h. \quad (13\text{-}48)$$

式(13-48)称为**不确定关系**或**测不准关系**. 从式中可以看出，粒子在某一时刻所处的空间范围要受到其动量的限制，若 $\Delta x = 0$(即电子位置可以具体确定)，那么其动量的不确定范围为无穷大；反之，对具有有限动量范围的粒子，其具体位置不可能确定，也就是说在某一时刻，粒子究竟处于什么位置是无法确定的，只能确定它出现的空间范围. 对微观粒子而言，企图同时确定其位置和动量是办不到的. 必须明确的是，不确定关系并不是由仪器或技术不够精确造成的，而是理论上就是如此.

**例 13-5**　一电子的速率为 $200\ \text{m}\cdot\text{s}^{-1}$，其动量的不确定范围为其动量的 0.01%，则该电子位置的不确定范围有多大？

**解**　电子动量为 $p = mv = 9.1\times 10^{-31}\times 200\ \text{kg}\cdot\text{m}\cdot\text{s}^{-1} = 1.8\times 10^{-28}\ \text{kg}\cdot\text{m}\cdot\text{s}^{-1}$，且动量的不确定范围为

$$\Delta p = 0.01\% \times p = 1.8\times 10^{-32}\ \text{kg}\cdot\text{m}\cdot\text{s}^{-1},$$

则电子位置的不确定范围为

$$\Delta x = \frac{h}{\Delta p} = \frac{6.63\times 10^{-34}}{1.8\times 10^{-32}} = 3.7\times 10^{-2}\ \text{m}.$$

可见，电子位置的不确定范围远远超过了原子的位置大小($10^{-10}$ m).

## 13.9 波函数及统计解释

从 19 世纪末到 20 世纪初，物理学家在对微观领域的研究中发现，微观粒子有着与宏观物质完全不同的性质和运动规律. 无论是光的波粒二象性、电磁波频谱以及原子能级分布等都使得经典力学遇到了不可克服的困难. 对经典力学进行改造以解释微观物理现象更是漏洞百出. 这都说明经典力学在微观领域已经不再适用. 在大量物理实验的基础上，经过薛定谔、海森伯、玻恩和狄拉克等杰出物理学家的工作，量子力学最终建立. 量子力学可以非常准确地解决微观领域的物质运动规律问题. 从本节开始，将介绍量子力学的一些基本概念和原理.

既然微观粒子的行为遵从德布罗意波的规律，那么是否可以用已知的关于机械波的理论来研究微观粒子的运动规律？答案是不可以. 原因在于机械波仍属于经典力学范畴，而微观粒子则存在相对论效应. 相对于机械波，微观粒子的波动更类似电磁波. 因此薛定谔认为微观粒子如电子、中子和质子等也同样具有波粒二象性，而且，微观粒子的频率、波长、能量和动量也应该和光是一样的.

为了得到德布罗意波的波函数形式，可借用平面电磁波的波动方程.

平面电磁波的波动方程为

$$E(x,t)=E_0\cos 2\pi\left(\nu t-\frac{x}{\lambda}\right),H(x,t)=H_0\cos 2\pi\left(\nu t-\frac{x}{\lambda}\right).$$

参考该方程并将其改写为复数形式，得

$$\Psi(x,t)=\Psi_0 e^{-i2\pi\left(\nu t-\frac{x}{\lambda}\right)}. \tag{13-49}$$

式(13-49)中的实数部分即为平面电磁波的波动方程. 考虑到德布罗意波的波长 $\lambda=\frac{h}{p}$，以及光的能量公式 $E=h\nu$，式(13-49)还可以写为

$$\Psi(x,t)=\Psi_0 e^{-i\frac{2\pi}{h}(Et-px)}. \tag{13-50}$$

已知，微观粒子在空间出现的概率取决于其德布罗意波的强度，也就是物质波函数中的实数部分. 由于波强与波函数中的实数部分的二次方成正比，因此微观粒子在 $dV$ 体积内出现的概率为

$$|\Psi|^2 dV=\Psi\Psi^* dV, \tag{13-51}$$

式中，$\Psi^*$ 是 $\Psi$ 的共轭复数. 在空间某处，$|\Psi|^2$ 越大，粒子在该处出现的概率就越大，只要 $|\Psi|^2$ 不是零，粒子总是有可能在该点出现，因此德布罗意波有时又称概率波. 上述观点是物理学家玻恩于 1926 年提出的，因此称为**玻恩假设**.

由于理论上微观粒子在限定的空间范围内都有可能出现，那么在此空间内发现该粒子的概率应为 1，那么有

$$\int |\Psi|^2 dV=1. \tag{13-52}$$

式(13-52)称为**波函数的归一化条件**.

## 13.10 薛定谔方程

薛定谔

薛定谔猫

在经典力学中，可以根据牛顿第二定律确定质点的运动状态. 在量子力学中则具有不同的方法，下面介绍量子力学中粒子运动的基本方程.

### 13.10.1 薛定谔方程的建立

已知一维自由粒子的波函数为

$$\Psi(x,t)=\Psi_0 e^{-i\frac{2\pi}{h}(Et-px)}.$$

将上式分别对 $x$ 取二阶偏导数，对 $t$ 取一阶偏导数得

$$\frac{\partial^2\Psi}{\partial x^2}=-\frac{4\pi^2 p^2}{h^2}\Psi,\quad \frac{\partial\Psi}{\partial t}=-\frac{i2\pi}{h}E\Psi.$$

对自由粒子，其能量等于其动能. 当自由粒子的速度远小于光速时，其动量与动能之间的关系为 $p^2=2mE$，由此可得

$$-\frac{h^2}{8\pi^2 m}\frac{\partial^2\Psi}{\partial x^2}=i\frac{h}{2\pi}\frac{\partial\Psi}{\partial t}. \tag{13-53}$$

这就是做一维运动自由粒子的**薛定谔方程**.

若粒子处于势能为 $E_p$ 的势场中，其能量为 $E=E_p+\frac{p^2}{2m}$，由此可得

$$-\frac{h^2}{8\pi^2 m}\frac{\partial^2\Psi}{\partial x^2}+E_p\Psi=\mathrm{i}\frac{h}{2\pi}\frac{\partial\Psi}{\partial t}. \tag{13-54}$$

这就是在势场中做一维运动粒子的薛定谔方程.

在某些情况下，微观粒子的势能仅仅是空间坐标的函数，与时间无关. 在这种情况下，波函数可以写成

$$\Psi(x,t)=\Psi(x)\varphi(t)=\psi_0(x)\mathrm{e}^{-\mathrm{i}\frac{2\pi}{h}Et},$$

式中，$\psi(x)=\psi_0\mathrm{e}^{-\mathrm{i}\frac{2\pi}{h}px}$. 将此公式代入式(13-54)得

$$\frac{\mathrm{d}^2\psi(x)}{\mathrm{d}x^2}+\frac{8\pi^2 m}{h^2}(E-E_p)\psi(x)=0.$$

由于在这种情况下，波函数只是空间坐标的函数，与时间无关，因此又称势场中做一维运动粒子的**定态薛定谔方程**.

若粒子在三维势场中运动，则定态薛定谔方程可改写为

$$\nabla^2\psi+\frac{8\pi^2 m}{h^2}(E-E_p)\psi=0, \tag{13-55}$$

式中，$\nabla$ 是拉普拉斯算符，$\nabla^2=\frac{\partial^2}{\partial x^2}+\frac{\partial^2}{\partial y^2}+\frac{\partial^2}{\partial z^2}$.

薛定谔方程是量子力学中的基本方程，由此方程得出的理论结果与实验结果符合得非常好.

### 13.10.2　一维无限深势阱

如图 13-11 所示，有一粒子处于势能为 $E_p$ 的场中，沿 $x$ 轴做一维运动. 同时，粒子满足边界条件：

$$E_p=\begin{cases}0, & 0<x<a,\\ \infty, & x\leqslant 0, x\geqslant a.\end{cases}$$

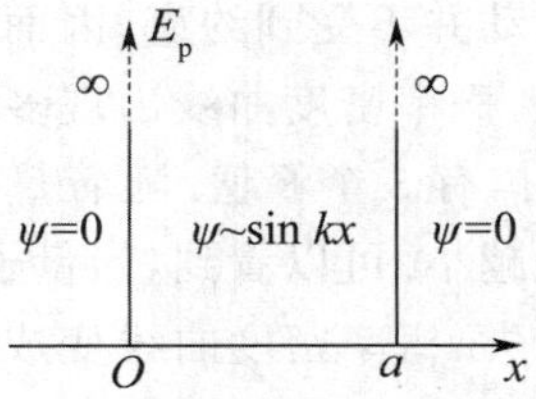


**图 13-11　一维无限深势阱中的粒子**

这样的场称为一维无限深势阱，粒子在一维无限深势阱中的定态薛定谔方程为

$$\nabla^2\psi+\frac{8\pi^2 m}{h^2}E\psi=0,$$

其通解结构为 $\psi(x)=A\sin kx$，其中 $k=\sqrt{\frac{8\pi^2 mE}{h^2}}$.

根据边界条件：当 $x=a$ 时，$\psi(a)=0$，此时有 $\psi(a)=A\sin ka=0$，因此，$ka=n\pi(n=1,2,3,\cdots)$，于是 $k=\frac{n\pi}{a}$. 由此可得粒子在一维无限深势阱中的能量值为

$$E=n^2\frac{h^2}{8ma^2},$$

式中，$n$ 称为**量子数**. 上式表明在势能场中的粒子，其能量取值只能是离散的，

或者说是量子化的. 当 $n=1$ 时,势阱中粒子的能量为最小值 $E_1=\frac{h^2}{8ma^2}$($m=2,3,4,\cdots$),称为零点能.

根据归一化条件

$$\int |\Psi|^2 \mathrm{d}V = 1,$$

有

$$A^2\int_0^a \sin^2 \frac{n\pi}{a}x\,\mathrm{d}x = 1,$$

解得

$$A=\sqrt{\frac{2}{a}}.$$

由此得一维无限深势阱波函数为

$$\psi(x)=\sqrt{\frac{2}{a}}\sin\frac{n\pi}{a}x \quad (0\leqslant x\leqslant a).$$

最后,粒子在一维无限深势阱中的概率密度为

$$|\psi(x)|^2=\frac{2}{a}\sin^2\frac{n\pi}{a}x.$$

从图 13-12 中可以看出,粒子在势阱中的概率密度并不均匀,随量子数的不同而改变,例如,当量子数 $n=1$ 时,粒子在势阱中部出现的概率最大,在两端出现的概率为零,这一点与经典力学很不相同. 按照经典力学,粒子在势阱中的运动并不受到约束,因而在各处出现的概率应该相同. 此外,随着量子数的增大,概率密度曲线出现多个峰值,例如,当量子数 $n=2$ 时,有 2 个峰值;当 $n=3$ 时,有 3 个峰值. 随着量子数的增加,峰值数相应增加,且峰值之间的间距越来越小. 可以看到,当量子数 $n$ 趋于无穷大时,峰值也趋于无穷多个. 最终峰值消失,概率密度曲线变成一条直线,粒子在各处出现的概率相同,即经典力学的结果.

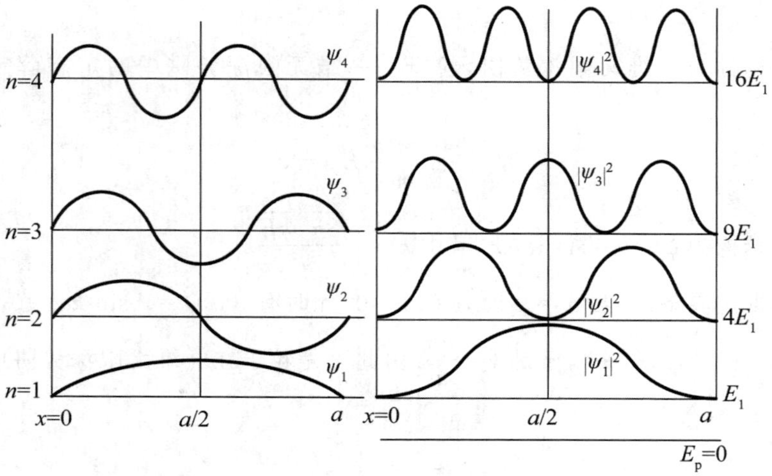


**图 13-12　粒子的能级、波函数的概率密度**

**例 13-6**　已知质量为 $m$ 的一维粒子的波函数为

$$\psi(x,t)=\begin{cases}\sqrt{\dfrac{2}{a}}\sin\dfrac{n\pi}{a}x\mathrm{e}^{-\mathrm{i}E_n t/h}, & 0<x<a,\\ 0, & x\leqslant 0,x\geqslant a,\end{cases}$$

其中，$E_n=n^2\dfrac{h^2}{8ma^2}(n=1,2,3,\cdots)$. 求：

(1)基态和第 4 激发态的能量；

(2)粒子的概率密度函数；

(3)粒子在基态和第 2 激发态出现概率最大的位置.

**解**　由于 $\Psi(x,t)=\psi(x)\varphi(t)$，其中

$$\psi(x)=\sqrt{\frac{2}{a}}\sin\frac{n\pi}{a}x,\quad \varphi(t)=\mathrm{e}^{-\mathrm{i}E_n t/h},$$

则粒子的能级为

$$E_n=n^2\frac{h^2}{8ma^2}.$$

(1)取 $n=1$，得基态能量为

$$E_1=\frac{h^2}{8ma^2};$$

取 $n=5$，得第 4 激发态能量为

$$E_5=\frac{25h^2}{8ma^2}.$$

(2)粒子的概率密度函数为

$$|\psi(x)|^2=\begin{cases}\dfrac{2}{a}\sin^2\dfrac{n\pi}{a}x, & 0<x<a,\\ 0, & x\leqslant 0,x\geqslant a.\end{cases}$$

(3)在势阱内部，基态波函数概率密度函数为

$$|\psi(x)|^2=\frac{2}{a}\sin^2\frac{\pi}{a}x.$$

令 $\dfrac{\mathrm{d}|\psi(x)|^2}{\mathrm{d}x}=0$，则有

$$\frac{4\pi}{a^2}\sin\frac{\pi}{a}x\cos\frac{\pi}{a}x=0,$$

解得

$$x=ka\quad 或\quad x=\frac{(2k+1)a}{2},$$

其中，$k=0,1,2,\cdots$. 考虑到 $0\leqslant x\leqslant a$，则粒子在基态出现概率最大的位置可取

$$x=0,\frac{a}{2},a.$$

最后，经过验证，粒子在 $x=\dfrac{a}{2}$ 处出现的概率最大.

同理，在第 2 激发态有

$$|\psi(x)|^2=\frac{2}{a}\sin^2\frac{3\pi}{a}x.$$

令 $\dfrac{\mathrm{d}|\psi(x)|^2}{\mathrm{d}x}=0$，最后解得粒子在第 2 激发态出现概率最大的位置为

$$x=\frac{a}{6},\frac{a}{2},\frac{5a}{6}.$$

# 13.11 量子力学中的氢原子问题

量子力学中的氢原子问题

## 13.12 电子的自旋　泡利不相容原理

电子的自旋　泡利不相容原理

## 本 章 提 要

(1)量子理论的诞生:描述量子理论的起源,包括普朗克的量子假设、爱因斯坦的光子理论等.

①普朗克的量子假设:对于一定频率的电磁辐射,物体只能以 $h\nu$ 为单位吸收或发射($h$ 为普朗克常量).换言之,能量是以"量子"的方式进行吸收和辐射的,公式为

$$\varepsilon = h\nu.$$

②爱因斯坦的光子理论:辐射场由光量子组成,每一个光量子的能量 $E$ 与辐射场频率 $\nu$ 的关系为

$$E = h\nu.$$

(2)波粒二象性:探讨光和物质的波粒二象性,包括德布罗意的物质波假设和电子衍射实验.

(3)量子力学的数学基础:介绍波函数、薛定谔方程等量子力学的数学工具.

## 习 题

**13-1** 选择题.

(1)下列选项中可以作为黑体的物体有(　　).

(A)不能反射可见光的物体

(B)不辐射可见光的物体

(C)不能反射任何光线的物体

(D)不辐射任何光线的物体

(2)金属的光电效应的遏止频率依赖于(　　).

(A)入射光的频率

(B)入射光的光强

(C)金属的逸出功

(D)入射光的频率和金属的逸出功

(3)两电子显微镜中的电子从静止开始通过电势差为 $U$ 的静电场加速后,其德布罗意波长是 $0.4\times10^{-10}$ m,已知电子电量 $e=1.60\times10^{-19}$ C,$h=6.63\times10^{-34}$ J·s,电子静止质量 $m_e=9.11\times10^{-31}$ kg,则 $U$ 约为(　　).

(A) 150 V　　(B) 330 V

(C) 630 V　　(D) 940 V

(4)如果两种不同质量的粒子的德布罗意波长相同,则这两种粒子的(　　).

(A)动量大小相同

(B)能量相同

(C)速率相同

(D)能量和动量大小均相同

**13-2** 填空题.

(1)一光子波长为 $\lambda$,则其能量和动量分别为________.

(2)钨的遏止波长是 230 nm，被波长为 180 nm 的紫外光照射时，从表面逸出的电子的最大动能为________eV.（普朗克常量 $h=6.63\times10^{-34}$ J·s，基本电荷 $e=1.60\times10^{-19}$ C.）

(3)静止质量为 $m_e$ 的电子，经电势差为 $U$ 的静电场加速后，若不考虑相对论效应，电子的德布罗意波长 $\lambda=$________.

(4) 已知某金属的逸出功为 $W$，则该金属的遏止频率为________.

(5)原子中电子速度的不确定量为_____m·s$^{-1}$（取原子的线度约为 $10^{-10}$ m，不确定关系 $\Delta p_x \Delta x \geqslant \frac{\hbar}{2}$，普朗克常量 $h=6.63\times10^{-34}$ J·s).

**13-3**　什么是黑体？关于黑体辐射的普朗克公式是不是完全根据经典物理理论得到的？

**13-4**　德布罗意的波粒二象性具体是什么意思？这一概念在量子力学的发展中有何重要意义？

**13-5**　分析下面几种说法是否正确：(1)波是由粒子组成的；(2)粒子是由波组成的；(3)在某一时刻，在空间某一地点，粒子出现的概率与该时刻、该地点的波函数成正比.

**13-6**　将星球看成黑体，按照维恩位移律，测量 $\lambda_m$ 便可求出星球表面温度. 如测得北极星的 $\lambda_m=350$ nm，天狼星的 $\lambda_m=290$ nm，试求出这些星球的表面温度.

**13-7**　计算巴耳末系中波长最短的谱线的波长及相应光子的质量和动量.

**13-8**　根据玻尔理论计算氢原子中在 $n=2$ 的轨道上运动的电子的线速度、每秒绕核旋转的周数和动能.

**13-9**　已知 α 粒子的静止质量为 $6.68\times10^{-27}$ kg，求速率为 5 000 km·s$^{-1}$ 的 α 粒子的德布罗意波长.

**13-10**　在康普顿效应中，若入射光子的波长为 $3.0\times10^{-3}$ nm，反冲电子的速度为光速的 60%，求散射光子的波长及散射角.

**13-11**　已知某一维运动粒子的波函数为

$$\psi(x)=\begin{cases} Axe^{-\lambda x}, & x\geqslant 0, \\ 0, & x<0, \end{cases}$$

式中，$\lambda>0$. 求：(1)归一化常数和归一化波函数；(2)该粒子位置坐标的概率分布函数（又称概率密度）；(3)在何处找到粒子的概率最大.

第 14 章

# 近代物理的应用

近代物理的应用

附录

# 常用资料

矢量的基本运算

我国法定计量单位和国际单位制

常用基本物理常量表

空气、水、地球、太阳系的一些常用数据

历年诺贝尔物理学奖获得者

# 参考文献


[1] 赵近芳,王登龙.大学物理学:上[M].6版.北京:北京邮电大学出版社,2021.

[2] 赵近芳,王登龙.大学物理学:下[M].6版.北京:北京邮电大学出版社,2021.

[3] 东南大学等七所工科院校.物理学:上册[M].7版.北京:高等教育出版社,2020.

[4] 东南大学等七所工科院校.物理学:下册[M].7版.北京:高等教育出版社,2020.

[5] 刘克哲,张承琚,刘建强,等.物理学:上卷[M].5版.北京:高等教育出版社,2018.

[6] 刘克哲,张承琚,刘建强,等.物理学:下卷[M].5版.北京:高等教育出版社,2019.

[7] 张三慧.大学物理学:力学、热学[M].4版.北京:清华大学出版社,2018.

[8] 张三慧.大学物理学:电磁学、光学、量子物理[M].4版.北京:清华大学出版社,2018.

[9] 上海交通大学物理教研室.大学物理:上册[M].上海:上海交通大学出版社,2014.

[10] 上海交通大学物理教研室.大学物理:下册[M].上海:上海交通大学出版社,2014.